量 子 化 学

翟玉春　编著

科 学 出 版 社
北 京

内 容 简 介

本书系统地阐述了量子化学的基础理论和基本知识。内容包括微观粒子的波粒二象性、海森伯测不准原理、德布罗意方程、薛定谔方程、量子力学的假设、氢原子结构和氢原子光谱、微分方程的近似解法、多电子原子的中心势场模型和原子光谱、多电子原子的哈特里自洽场方法、多电子原子的哈特里-福克自洽场方法、量子力学的定理、简单分子轨道理论、休克尔分子轨道法、哈特里自洽场方法、闭壳层组态的哈特里-福克自洽场方法、开壳层组态的哈特里-福克自洽场方法、哈特里-福克-卢森方程、从头计算方法、海特勒-伦敦法解氢分子薛定谔方程、杂化轨道理论、单组态价键理论、多组态价键理论、分子的对称性和群、微观化学反应理论、碰撞(散射)理论、分子光谱、光化学基元过程等。

本书适合高等学校化学、物理、化工、材料、冶金、地质、矿物加工等学科的本科生、研究生以及相关领域的教师、科技人员阅读和参考。

图书再版编目（CIP）数据

量子化学 / 翟玉春编著. —北京：科学出版社，2022.2

ISBN 978-7-03-070294-4

Ⅰ. ①量… Ⅱ. ①翟… Ⅲ. ①量子化学 Ⅳ. ①O641.12

中国版本图书馆 CIP 数据核字（2021）第 215927 号

责任编辑：张淑晓　高　微 / 责任校对：杜子昂

责任印制：吴兆东 / 封面设计：东方人华

科学出版社 出版

北京东黄城根北街 16 号

邮政编码：100717

http://www.sciencep.com

北京中石油彩色印刷有限责任公司印刷

科学出版社发行　各地新华书店经销

*

2022 年 2 月第　一　版　开本：787 × 1092　1/16

2023 年 1 月第二次印刷　印张：27

字数：650 000

定价：150.00 元

(如有印装质量问题，我社负责调换)

前　　言

量子化学是用量子力学的理论在原子和分子的水平上研究化学问题。研究原子、分子中电子的能量、动量和角动量等力学量，相应的状态函数及其变化；揭示原子、分子的能级结构，原子分子之间的相互作用，原子光谱、分子光谱与原子、分子内部能级变化的关系，以及微观化学反应。

微观粒子具有波粒二象性，服从测不准原理，坐标和动量不能同时准确测量。因此，以坐标和动量为自变量的经典力学方程不能描述微观粒子的运动，需要建立可以描述微观粒子运动的理论。

德布罗意将自由电子与平面波相类比，给出了描述自由电子运动的德布罗意方程。薛定谔在德布罗意方程中加上势能项，得到描述在势场中运动的束缚电子的薛定谔方程。

量子力学采用的数学方法与经典力学不同。经典力学的力学量是通过各力学量间关系的公式计算得到的。而量子力学的力学量是利用力学量相应的算符构建出力学量的本征方程，通过解力学量的本征方程得到本征值，即力学量的值，以及相应于该本征值的本征函数——状态波函数，即微观粒子具有该力学量的状态。量子力学的力学量都有相应的算符，都可以构造出相应的本征方程。

除少数简单体系外，薛定谔方程是难以求解的微分方程。量子化学采用求薛定谔方程近似解的方法处理问题。为此，对薛定谔方程中复杂的哈密顿算符加以简化。由于考虑问题的着眼点不同，简化的结果不同，产生了多个近似求解薛定谔方程的方法，将每种方法和得到的结果加以推广，就得到了量子化学关于原子结构、分子结构的各种理论：多电子原子的中心势场模型、原子结构的自洽场方法、分子结构的简单分子轨道理论、休克尔分子轨道理论、自洽场分子轨道理论、价键理论、微观化学反应理论等。

本书重点讲每种简化薛定谔方程的思路，考虑问题的侧重点、产生误差的原因，而不过多地介绍各具体积分的计算。这样，就使初学者容易理解各种理论的实质，使初学者弄清量子化学的脉络，而不是陷入复杂的数学公式中难以自拔，跨过有些初学者数学知识欠缺的障碍。

牛顿力学、热力学、电动力学是人类认识物质的宏观运动规律的知识结晶和工具，量子力学是人类认识物质微观运动规律的知识结晶和工具。只认识宏观物质的运动规律而不了解微观物质的运动规律，这对物质世界的认识是不完整的，难以树立正确的物质世界观。量子化学是用量子力学的理论研究化学问题，研究原子、分子的结构和微观化学反应，建立起完整的理论体系和解决问题的方法。化学反应都会涉及物质的微观结构变化，仅在宏观层面上无法认识其过程的本质和微观机理。只有采用量子化学的理论和方法才能深化对化学变化的认识，正确理解化学反应过程的机理。量子化学构建了物质的原子、分子结构的完整理论体系和解决涉及原子、分子相互作用和变化的方法，是解决原子、分子层面化学问题的有力工具。通过量子化学的学习，人们可以正确、全面地认识物质世界，深化理解物质的微观化学反应，解决仅从宏观层面无法解决的问题。

随着科学技术的发展，对微观世界的认识越来越重要，不论是信息技术、材料、能源利用的发展和创新都离不开对物质微观世界的认识和理解。信息领域的量子缠绕，材料领域应用量子化学第一原理(从头计算)计算相图，发展介观尺度的化学理论以及能源领域光-电转换效率的提高都与量子理论和量子化学密切相关。

可见，量子化学对于人们正确、全面地认识物质世界，建立正确的世界观，推动科学技术的进步具有重要作用，并能产生良好的社会效益和经济效益。

本书主要内容有微观粒子的波粒二象性、海森伯测不准原理、德布罗意方程、薛定谔方程、量子力学的假设、氢原子结构和氢原子光谱、微分方程的近似解法、多电子原子的中心势场模型和原子光谱、多电子原子的哈特里自洽场方法、多电子原子的哈特里-福克自洽场方法、量子力学的定理、简单分子轨道理论、休克尔分子轨道法、哈特里-福克-卢森方程、从头计算方法、海特勒-伦敦法解氢分子薛定谔方程、杂化轨道理论、单组态价键理论、多组态价键理论、分子的对称性和群、微观化学反应理论、碰撞(散射)理论、分子光谱、光化学基元过程等。

本书基于作者为东北大学冶金物理化学专业、化学专业、化工专业、矿物加工专业的本科生、研究生讲授量子化学课程所编写的讲义。我的学生于凯硕士、沈洪涛博士、王乐博士、崔富晖博士、黄红波博士、刘彩玲博士、张俊博士等录入了本书的全文，于凯硕士对各章节进行了编排并配置了全书的插图。在此，向他们表示衷心感谢！

科学出版社张淑晓编辑和高微编辑为本书的出版倾注了大量的心血和精力，作者向科学出版社、向两位编辑表示衷心的感谢！

感谢东北大学、东北大学秦皇岛分校为我提供了良好的写作条件！

还要感谢那些被本书引用的有关文献的作者！感谢所有支持和帮助我完成本书编写的人！尤其是我的妻子李桂兰女士对我的全力支持，使我能够完成本书的编写！

由于作者水平有限，书中不足之处，诚请读者指正。

作　者

2020年12月17日

于沈阳

目　录

第1章　微观粒子的波粒二象性

1.1　量　子　论

19世纪末，经典物理学已经发展到相当完善的程度。机械运动有牛顿(Newton)力学；电磁运动有麦克斯韦(Maxwell)方程，光现象有光的波动理论，也归结为麦克斯韦方程；热运动有热力学理论及统计力学理论。在这种情况下，当时物理学界普遍认为：物理现象的基本规律已经被发现，物理学的理论体系已经完备，以后的工作只是将物理学的理论应用于具体问题，进行一些计算——这已不属于物理学家的工作。

就在物理学取得重大成就的同时，人们发现了一些实验现象，如黑体辐射、光电效应和原子的光谱线系等。这些实验现象都与物质的微观结构有关，这些实验现象用上述经典物理理论都无法解释。这就暴露了经典物理的局限性，突出了经典物理理论与微观物质运动的矛盾。

1.1.1　黑体辐射

所有物体都能发射出热辐射，这种辐射是在一定波长范围内的电磁波。对于外来的辐射，物体有反射或吸收的能力。如果一个物体能全部吸收投射在其上面的辐射而无反射，这种物体就称为绝对黑体，简称黑体。

实验测得平衡时，黑体辐射的能量密度按波长分布的曲线，其形状和位置仅与黑体的热力学温度有关，与黑体的形状和构成黑体的物质无关。

维恩(Wien)应用热力学理论推导出黑体辐射能量密度和波长的关系式——维恩公式。这个公式仅在一段短波部分与实验结果相符。瑞利(Rayleigh)和金斯(Jeans)根据经典电动力学和统计物理学理论推得一个黑体辐射能量分布公式，但只在长波部分与实验结果相符，而在短波部分则完全不符。

1900年普朗克(Planck)提出：物体只能以$h\nu$为能量单元发射或吸收一定频率的电磁辐射。其中$h = 6.62559\times10^{-34}\ \mathrm{J\cdot s}$，称为普朗克常数。基于这个假设，普朗克得出了与实验结果符合很好的黑体辐射公式

$$\rho_\nu \mathrm{d}\nu = \frac{8\pi h\nu^3}{c^3}\left(\exp\frac{h\nu}{k_\mathrm{B}T}-1\right)^{-1}\mathrm{d}\nu \tag{1.1}$$

式中，$\rho_\nu \mathrm{d}\nu$是黑体内频率在ν～$\nu+\mathrm{d}\nu$之间的辐射能量密度；c是光速；k_B是玻尔兹曼常量；T是黑体的热力学温度。

普朗克的理论意味着，物体发射或吸收电磁辐射不是像经典理论所认为的是以连续

的方式进行，而是不连续的，以不可分割的单元——能量量子 $h\nu$ 进行的。即能量是量子化的。

1.1.2 光电效应

光电效应是当光照射在金属上，金属会发射电子，这种电子称为光电子。实验表明，对于一定的金属，只有当光的频率大于一定值时，才有光电子发射出来。如果光的频率低于这个值，则不论光的强度多大，照射的时间多长，都没有光电子产生。光电子的能量只与光的频率有关，而与光的强度无关。光的频率越高，光电子的能量越大。光的强度决定光电子的数目，光的强度增大，光电子的数目增加。光电效应的这些特点与光的波动理论相矛盾，根据光的波动理论，光的能量取决于光的强度，即光的振幅。因而经典的光的电磁理论不能解释光电效应。

1905 年，依据普朗克的量子假说，爱因斯坦(Einstein)提出光的量子理论：光是一种微粒，称为光子或光量子。频率为 ν 的光，每个光子的能量为 $h\nu$ 。根据这个理论，光电效应可以简单地得出解释：当光照射在金属板上时，能量为 $h\nu$ 的光子被电子吸收，电子从金属表面逸出所需要的逸出功为 W_0，动能为 $\frac{1}{2}mv^2$，根据能量守恒定律，有

$$h\nu = W_0 + \frac{1}{2}mv^2 \tag{1.2}$$

此即爱因斯坦光电效应方程。如果电子所吸收的光子的能量 $h\nu$ 小于 W_0，则电子不能逸出金属表面，因而没有光电子产生。这时对应最小的频率值

$$h\nu_0 = W_0 \tag{1.3}$$

即逸出的电子动能为零时所吸收的光子的频率 ν_0，该频率称为红限。光的频率决定光子的能量，光子的数目决定光的强度，光子越多，产生的光电子越多，光电子数目与光的强度成正比。当光照射金属时，一个光子的全部能量立即被一个电子所吸收，不需要积累能量的时间，所以光电效应瞬时发生。这样经典理论所不能解释的光电效应得到了说明。

按照相对论的质量-能量关系式，每个光子的质量 m_0 为

$$m_0 = \frac{E}{c^2} = \frac{h\nu}{c^2} \tag{1.4}$$

m_0 是有限值，由光子的能量决定。每个光子的动量为

$$p = m_0 c = \frac{h\nu}{c} = \frac{h}{\lambda} \tag{1.5}$$

由此可见，光不仅具有波动性，而且具有粒子性。式(1.4)和式(1.5)把光的波动性和粒子性联系起来。动量和能量是描述粒子性的，而频率和波长是描述波动性的。

1.1.3　原子光谱和原子结构

原子发光是重要的原子现象，人们对原子光谱进行了长期的深入研究，得出许多有关原子光谱的重要规律。1885 年，巴耳末(Balmer)总结出氢原子光谱线的经验公式

$$\tilde{\nu} = \tilde{R}_{\mathrm{H}}\left(\frac{1}{n_1^2} - \frac{1}{n_2^2}\right) \quad (n_1, n_2 = 1, 2, 3, \cdots; n_2 > n_1) \tag{1.6}$$

式中，$\tilde{\nu}$ 是波数，即单位长度上波的个数；$\tilde{R}_{\mathrm{H}}$ 称为里德伯(Rydberg)常量。由巴耳末公式可以得出，如果光谱中有频率为ν_1和ν_2的两条谱线，则频率为$\nu_1 + \nu_2$或$|\nu_1 - \nu_2|$的谱线也一定存在，这称为里茨(Ritz)组合原则。

原子光谱与原子结构有关，原子光谱的规律性是原子结构规律性的表现。那时，人们对原子的结构还不清楚。1906 年，汤姆孙(Thomson)提出的原子结构模型认为：原子是一个带正电的球，电子嵌在球体上，像花生米嵌在面包里似的。但是这个模型无法解释β 粒子、α 粒子轰击原子的实验。当用β 粒子、α 粒子轰击金属箔时，β 粒子很容易穿透金属箔沿直线前进，几乎未受到阻碍；α 粒子除少数发生偏转，极少数弹回来外，也几乎未受到阻碍。为说明这种异常的碰撞现象，卢瑟福(Rutherford)在 1911 年提出了一个新的原子结构模型。他指出，原子的正电荷集中在一个体积微小而集中了几乎全部原子质量的核上，原子中的电子绕核运转。这样原子内部就有足够大的空间使β 粒子和α 粒子几乎自由通过。原子中所有电子的负电荷和原子核的正电荷电量相等，互相抵消，从而整个原子显电中性。

卢瑟福的原子结构模型可以完满地解释β 粒子和α 粒子轰击金属箔的实验，但也存在着严重的致命缺陷。根据麦克斯韦的电磁理论，卢瑟福模型中电子绕核做加速运动时会自动地发射辐射能，辐射能的频率为电子绕核转动的频率。在发射辐射能时，电子的能量逐渐减少，频率逐渐改变，因而原子光谱应是连续的。电子将逐渐接近原子核，最后落在原子核上，原子不可能是稳定体系。1913 年，玻尔(Bohr)把普朗克的量子论应用于卢瑟福的原子结构模型，进一步假定原子中的电子不能沿着经典理论所允许的每一条轨道运动，只能沿着其中一组特殊的轨道运动；沿着这组特殊轨道运动的电子不发射也不吸收辐射，处于稳定状态，简称定态；当电子从一个定态跃迁到另一个定态时，才发射或吸收辐射；电子由能量为E_{n_1}的定态跃迁至能量为E_{n_2}的定态时，吸收或发射的辐射频率ν由下式决定

$$\nu = \frac{|E_{n_1} - E_{n_2}|}{h} \tag{1.7}$$

电子绕核做圆周运动所允许的轨道必须满足电子的角动量具有$\hbar = \dfrac{h}{2\pi}$的整数倍这一量子化条件。依据这些假设，玻尔从经典力学推导出巴耳末公式

$$\tilde{\nu} = \tilde{R}_{\mathrm{H}}\left(\frac{1}{n_1^2} - \frac{1}{n_2^2}\right) \quad (n_1, n_2 = 1, 2, 3, \cdots; n_2 > n_1)$$

并且得出里德伯常量

$$\tilde{R}_{\mathrm{H}}=\frac{m_{\mathrm{e}}e^4}{8\varepsilon_0^2\hbar^3c}=1.097373\times10^7\,\mathrm{m}^{-1} \tag{1.8}$$

和实验值符合得很好。式中，m_{e}是电子的静止质量；e是电子的电量，$e=1.602176487(40)\times10^{-19}\,\mathrm{C}$；$\varepsilon_0$是介电常数。

玻尔将量子论应用于氢原子结构，把原子光谱与原子结构联系起来，原子光谱是原子内电子在不同能级的轨道上跃迁产生的辐射，形成谱线。玻尔建立起来的理论在解决氢原子结构和氢原子光谱问题上取得了成功。

索末菲(Sommerfeld)将玻尔理论推广，应用于Li^+、Na^+、K^+等一价离子的光谱，也取得了成功。但应用于氦原子时，结果与实验不符，应用于核外电子更多的原子就不行了。这说明玻尔理论存在着严重的缺陷。

1.1.4 德布罗意公式

玻尔理论的缺陷主要是由于把微观粒子(电子、原子等)看作经典力学的质点，把经典力学的理论应用于微观粒子。

在光具有波粒二象性的思想启发下，1923年德布罗意(de Broglie)提出微观粒子也具有波粒二象性。他说：整个世纪以来，在光学上，比起波动的研究方法是过于忽略了粒子的研究方法；在实物理论上，是否发生了相反的错误呢？是不是我们把粒子的图像想象得太多，而过分忽略了波的图像？德布罗意提出了微观粒子具有波动性的假设，并给出如下方程

$$\nu=\frac{E}{h} \tag{1.9}$$

$$\lambda=\frac{h}{p} \tag{1.10}$$

式中，ν、λ、E、p分别是微观粒子的频率、波长、能量和动量。这样，就将描述微观粒子波动性的物理量ν、λ和粒子性的物理量E、p联系起来，揭示了微观粒子的波粒二象性。

自由粒子的能量和动量都是确定的量。由式(1.9)和式(1.10)可知，与自由粒子相联系的波，其频率和波长都不变，是一个平面波。

频率为ν，波长为λ，沿x方向传播的平面单色波的波函数由下式表示

$$\varPsi=A\cos\left[2\pi\left(\frac{x}{\lambda}-\nu t\right)\right]$$

写成复数形式，则为

$$\varPsi=A\mathrm{e}^{\mathrm{i}\left[2\pi\left(\frac{x}{\lambda}-\nu t\right)\right]} \tag{1.11}$$

将式(1.9)和式(1.10)代入式(1.11)，得

$$\Psi = A\mathrm{e}^{\frac{\mathrm{i}}{\hbar}(xp_x - Et)} \tag{1.12}$$

式中，$\hbar = \dfrac{h}{2\pi}$，称为约化普朗克常量。这种波称为德布罗意波。

速度远小于光速的电子，能量 $E = \dfrac{p^2}{2m_\mathrm{e}}$，其中 m_e 为电子的质量，由式(1.10)可得相应的德布罗意波的波长：

$$\lambda = \frac{h}{\sqrt{2m_\mathrm{e}E}} \tag{1.13}$$

如果电子被 V 伏特的电势差加速，则 $E = eV$，e 为电子的电量，代入式(1.13)，得

$$\lambda = \frac{h}{\sqrt{2m_\mathrm{e}eV}} \tag{1.14}$$

根据式(1.14)可求得电子的波长。

1927 年，戴维森(Davisson)和革末(Germer)用实验证实了电子具有衍射现象，衍射波的波长和动量符合德布罗意公式。后来，人们也观察到原子、分子、中子等微观粒子的衍射现象，衍射波的波长和粒子的动量符合德布罗意关系。至此，人们对微观粒子波粒二象性有了正确的认识。

1.2　测不准原理

电子等实物粒子的衍射实验证明，粒子束通过的圆孔或单狭缝越小，产生衍射花样的中心极大区就越大。1927 年，海森伯(Heisenberg)研究了这个现象，得出著名的海森伯测不准原理。

设电子通过一狭缝后打在狭缝后面的屏幕上。设狭缝的宽度为 Δx，通过这个狭缝的电子的位置不确定性则为 Δx。由于电子具有波动性，通过狭缝后发生衍射，在屏幕上显示出花样。其强度的变化如图 1.1 所示，电子通过狭缝后可能偏离原来的方向，以 α 角表示偏离的大小。打在第一条暗纹 P 处和打在中心 F 处电子的动量相差

$$\Delta p_x = p\sin\alpha \tag{1.15}$$

产生暗条纹的条件是

$$d = \frac{1}{2}(2k+1)\lambda \quad (k = 0, \pm 1, \pm 2, \cdots) \tag{1.16}$$

其中，d 是波程差。如图 1.1 可得，若

$$\angle ACD = 90^\circ$$

则

$$\angle DAC = \alpha$$

与 DP 相比，DC 很小，d 也很小，所以

$$d \approx DC = \frac{1}{2}\Delta x \sin\alpha \tag{1.17}$$

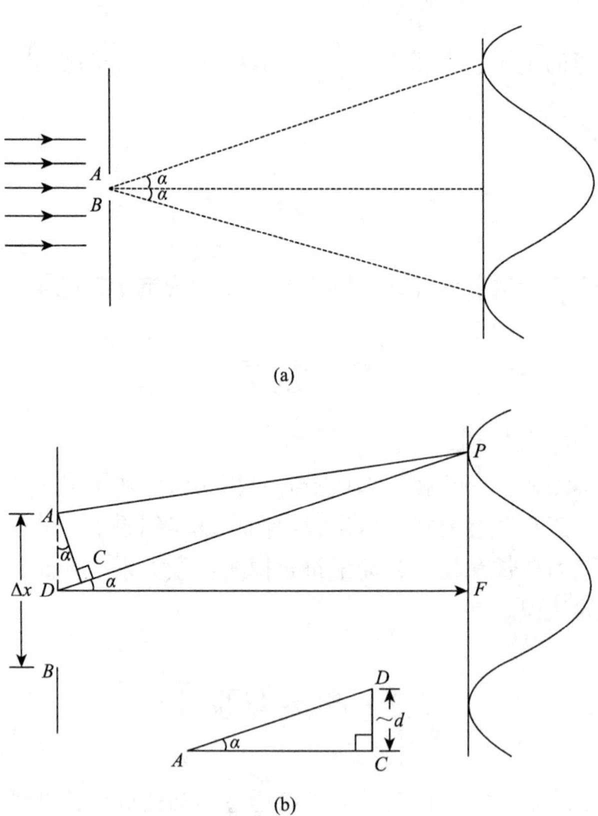

图 1.1　电子通过单个狭缝的衍射

第一个暗条纹相应的 $k = 0$，由式(1.16)得

$$d = \frac{1}{2}\lambda \tag{1.18}$$

比较式(1.17)和式(1.18)得

$$\Delta x = \frac{\lambda}{\sin\alpha} \tag{1.19}$$

Δx 乘以 Δp_x 得

$$\Delta x \Delta p_x = \lambda p \tag{1.20}$$

利用德布罗意关系

$$\lambda = \frac{h}{p}$$

得

$$\Delta x \Delta p_x = \frac{\hbar}{2} \tag{1.21}$$

若考虑电子的次级衍射，则有

$$\Delta x \Delta p_x \geqslant \frac{\hbar}{2} \tag{1.22}$$

对于三维空间，则有

$$\begin{aligned} \Delta x \Delta p_x &\geqslant \frac{\hbar}{2} \\ \Delta y \Delta p_y &\geqslant \frac{\hbar}{2} \\ \Delta z \Delta p_z &\geqslant \frac{\hbar}{2} \end{aligned} \tag{1.23}$$

此即海森伯测不准原理，表示电子的位置和动量不能同时准确测量，相互间制约，是相关量。

1.3　宏观质点和微观粒子的运动方程

1.3.1　牛顿力学

一维运动的质点，其经典力学的牛顿第二定律方程为

$$F = m\frac{\mathrm{d}^2 x}{\mathrm{d}t^2} \tag{1.24}$$

式中，F 是质点所受到的作用力；m 是质点的质量；x 是质点的坐标。积分上式可得质点运动方程

$$x = f(t, c_1, c_2) \tag{1.25}$$

根据方程(1.25)，如果知道了质点在某确定时刻的运动状态，就可得知以后任一时刻的运动状态，即若知道 t_0 时刻质点的位置 x_0 和速度 v_0，则可知道质点在任一时刻 t 的位置 x 和速度 v 。x_0、v_0 是微分方程(1.25)的初始条件，有

$$x_0 = f(t_0, c_1, c_2) \tag{1.26}$$

$$v_0 = \left.\frac{\mathrm{d}x}{\mathrm{d}t}\right|_{t=t_0} = \left.\frac{\mathrm{d}f(t, c_1, c_2)}{\mathrm{d}t}\right|_{t=t_0} \tag{1.27}$$

由式(1.26)和式(1.27)确定了任意常数 c_1、c_2，则可由方程(1.25)确定质点未来的运动情况，即质点的坐标和速度。质点的质量是一定的，速度确定，动量也就确定了。质点的坐标和动量确定了，也就是质点的状态确定了。对于宏观质点的运动状态，坐标和

动量是相互独立的量，可以作为自变量来描述质点的运动状态和计算其他物理量。而对于微观粒子，由海森伯测不准关系知道，不能同时确定其位置和速度，即坐标和动量不是相互独立的，二者是相关联的。这就决定了微观粒子的运动不能用经典力学来描述，必须建立新的理论体系。

1.3.2 德布罗意方程

微观粒子的运动不能用牛顿力学理论描述，那么应该如何描述微观粒子的运动状态呢?怎样用其现在的状态去求未来的状态呢？德布罗意认为：由于微观粒子具有波动性，所以微观粒子的状态可以用描写波动性的函数Ψ来描述，称之为状态波函数。状态波函数应是某个微分方程的解。如何得出这个微分方程呢？只要知道状态波函数的解析表达式，求其所满足的微分方程，再将其推广到一般情况。

设一维直线方向运动的自由粒子的波函数为式(1.12) $\Psi = A\mathrm{e}^{\frac{\mathrm{i}}{\hbar}(xp_x - Et)}$。这是所需要建立的微分方程的解，为得出其所满足的微分方程，将式(1.12)对t求偏微商，得

$$\frac{\partial \Psi}{\partial t} = -\frac{\mathrm{i}}{\hbar} E\Psi \tag{1.28}$$

两边乘以$-\mathrm{i}\hbar$得

$$\mathrm{i}\hbar \frac{\partial \Psi}{\partial t} = E\Psi \tag{1.29}$$

再将式(1.12)对x求二次偏微商，得

$$\frac{\partial^2 \Psi}{\partial x^2} = -\frac{p_x^2}{\hbar^2}\Psi \tag{1.30}$$

由一维运动

$$E = \frac{1}{2} m_\mathrm{e} v_x^2 = \frac{p_x^2}{2m_\mathrm{e}}$$

得

$$p_x^2 = 2m_\mathrm{e} E \tag{1.31}$$

式中，m_e为电子的质量。将式(1.31)代入式(1.30)，得

$$-\frac{\hbar^2}{2m_\mathrm{e}} \frac{\partial^2 \Psi}{\partial x^2} = E\Psi \tag{1.32}$$

比较式(1.29)和式(1.32)得

$$\mathrm{i}\hbar \frac{\partial \Psi}{\partial t} = -\frac{\hbar^2}{2m_\mathrm{e}} \frac{\partial^2 \Psi}{\partial x^2} \tag{1.33}$$

此即一维直线运动的自由电子所满足的微分方程。根据同样的方法可得三维运动的自由电子波函数

$$\Psi\left(x,y,z,t\right)=A\mathrm{e}^{\frac{\mathrm{i}}{\hbar}\left(xp_x+yp_y+zp_z-Et\right)}\tag{1.34}$$

所满足的微分方程为

$$\mathrm{i}\hbar\frac{\partial\Psi}{\partial t}=-\frac{\hbar^2}{2m_\mathrm{e}}\nabla^2\Psi\tag{1.35}$$

式中

$$\nabla^2=\frac{\partial^2}{\partial x^2}+\frac{\partial^2}{\partial y^2}+\frac{\partial^2}{\partial z^2}$$

是拉普拉斯(Laplace)算符。式(1.33)和式(1.35)称为德布罗意方程。

1.3.3　薛定谔方程

德布罗意方程的解是自由运动的电子的波函数，描述自由运动的电子的运动状态。德布罗意方程可作为描述自由电子运动的方程。但在很多情况下，电子在外势场中运动。例如，原子、分子中的电子受到原子核的吸引和其他电子的排斥。有外场存在的电子为束缚电子，其波函数所满足的微分方程应该是什么样的呢？这可以在德布罗意方程中加上一个势能项，即对于势能为$V\left(x,t\right)$的一维运动的束缚电子波函数所满足的微分方程为

$$\mathrm{i}\hbar\frac{\partial\Psi}{\partial t}=-\frac{\hbar^2}{2m_\mathrm{e}}\frac{\partial^2\Psi}{\partial x^2}+V\Psi\tag{1.36}$$

对势能为$V\left(x,y,z,t\right)$的三维运动的束缚电子所满足的微分方程为

$$\mathrm{i}\hbar\frac{\partial\Psi}{\partial t}=-\frac{\hbar^2}{2m_\mathrm{e}}\nabla^2\Psi+V\Psi\tag{1.37}$$

上面讨论的是一个粒子的情况，可以将其推广到多粒子的情况。对于多粒子体系，则有

$$\mathrm{i}\hbar\frac{\partial\Psi}{\partial t}=-\frac{\hbar^2}{2}\sum_{i=1}^{n}\frac{1}{m_i}\nabla_i^2\Psi+V\Psi\tag{1.38}$$

式中，m_i为粒子的质量。

$$V=V\left(x_1,y_1,z_1;x_2,y_2,z_2;\cdots;x_n,y_n,z_n;t\right)$$
$$\Psi=\Psi\left(x_1,y_1,z_1;x_2,y_2,z_2;\cdots;x_n,y_n,z_n;t\right)$$

上面的假设是薛定谔(Schrödinger)在 1927 年最先提出来的，称之为薛定谔方程。方程(1.36)～方程(1.38)都是薛定谔方程。

1.3.4　波函数的统计解释

1927 年，玻恩(Born)首先提出了波函数的统计解释：波函数在空间某一点的强度，

即波函数绝对值的平方与粒子在该点出现的概率成正比。按照这种解释，描述粒子的波是概率波。

由于粒子必定在空间中的某一点出现，所以粒子在空间各点出现的概率总和等于 1，因而粒子在空间各点出现的概率只取决于波函数在空间各点的相对强度，而不取决于强度的绝对大小。如果将波函数乘上一个常数后，所描述的粒子的状态并不改变。量子力学中的波函数的这种性质是其他波动过程(如声波、光波等)所没有的。波函数的绝对值的平方表示为

$$|\Psi|^2 = \Psi^*\Psi \tag{1.39}$$

式中，Ψ^* 是 Ψ 的共轭复数。以 $\mathrm{d}\tau$ 表示空间某点附近的小体积元，则

$$|\Psi|^2 \mathrm{d}\tau \tag{1.40}$$

表示粒子在小体积元 $\mathrm{d}\tau$ 内出现的概率，将上式对整个空间积分，则有

$$\int_\tau |\Psi|^2 \mathrm{d}\tau = \int_\tau \Psi^*\Psi \mathrm{d}\tau = 1 \tag{1.41}$$

表示粒子在整个空间内出现的概率是 1，即粒子在整个空间内出现是一必然事件。满足式(1.41)的波函数称为归一化波函数。如果一波函数没有归一化，可将其归一化。例如，以 f 表示某一尚未归一化的波函数，即其平方积分不等于 1，而是

$$\int_\tau f^* f \,\mathrm{d}\tau = c \tag{1.42}$$

波函数乘一常数后，并不改变它所描述的粒子在空间各点出现的概率，即不改变波函数描述的状态。则将上式中的 c 开方后取倒数乘以 f，并以 Φ 表示之，得

$$\Phi = \frac{1}{\sqrt{c}} f$$

这样

$$\int_\tau \Phi^*\Phi \mathrm{d}\tau = \int_\tau \frac{1}{\sqrt{c}} f^* \frac{1}{\sqrt{c}} f \,\mathrm{d}\tau = 1 \tag{1.43}$$

这一过程称为归一化，波函数 Φ 则是归一化了的波函数。

按照波函数的统计解释，$|\Psi|^2$ 表示空间某点的概率密度。对于一个体系而言，在时刻 t 这个概率必须是确定的，所以 Ψ 值必须是单值和连续的。波函数 Ψ 是薛定谔方程的解，薛定谔方程是一个二阶偏微分方程，所以 Ψ 及其对坐标的一阶导数必须是连续的。而式(1.41)又要求 Ψ 必须是平方可积分的。因此，合乎要求的波函数必须满足三个条件：单值、连续、平方可积，这是合格波函数的基本条件。满足这三个条件的函数称为品优函数。

1.3.5 定态薛定谔方程

对于一维情况，如果势能函数

$$V = V(x)$$

不含时间，即势能仅是坐标的函数，不随时间变化，则可令

$$\Psi(x,t) = f(t)\psi(x) \tag{1.44}$$

代入方程(1.36)中，各项除以 $f(t)\psi(x)$，得

$$\frac{\mathrm{i}\hbar}{f(t)}\frac{\mathrm{d}f(t)}{\mathrm{d}t} = \frac{1}{\psi(x)}\left[-\frac{\hbar^2}{2m_\mathrm{e}}\frac{\mathrm{d}^2\psi(x)}{\mathrm{d}x^2} + V(x)\psi(x)\right] \tag{1.45}$$

式(1.45)左边只是 t 的函数，右边只是 x 的函数，x、t 为相互独立的变量，该式成立必等于一常量，以 E 表示该常量，得

$$\mathrm{i}\hbar\frac{\mathrm{d}f(t)}{\mathrm{d}t} = Ef(t) \tag{1.46}$$

和

$$-\frac{\hbar^2}{2m_\mathrm{e}}\frac{\mathrm{d}^2\psi(x)}{\mathrm{d}x^2} + V(x)\psi(x) = E\psi(x) \tag{1.47}$$

方程(1.46)移项积分，得

$$f(t) = A\mathrm{e}^{-\frac{\mathrm{i}E}{\hbar}t}$$

将上式代入式(1.44)中，得

$$\Psi(x,t) = \psi(x)\mathrm{e}^{-\frac{iE}{\hbar}t} \tag{1.48}$$

将式(1.48)与式(1.12)相比较，可见此常量 E 就是微观粒子的能量，即波函数 $\Psi(x,t)$ 所描述的体系所处状态的能量。在该状态，体系具有确定的能量，该种状态称为定态。式(1.48)称为定态波函数。由于

$$|\Psi|^2 = \Psi^*\Psi = \left(\psi\mathrm{e}^{-\frac{\mathrm{i}}{\hbar}Et}\right)^*\psi\mathrm{e}^{-\frac{\mathrm{i}}{\hbar}Et} = \psi^*\psi = |\psi|^2 \tag{1.49}$$

所以 $\psi = \psi(x)$ 也称为定态波函数，它是方程(1.47)的解。方程(1.47)称为定态薛定谔方程，因为它的解所描述的状态具有确定的能量。

对于三维情况，定态薛定谔方程为

$$-\frac{\hbar^2}{2m_\mathrm{e}}\nabla^2\psi + V\psi = E\psi \tag{1.50}$$

其中

$$\psi = \psi(x,y,z)$$
$$V = V(x,y,z)$$

并有

$$\Psi(x,y,z,t)=\psi(x,y,z)\mathrm{e}^{-\frac{\mathrm{i}E}{\hbar}t}$$

对于多个粒子体系，则有

$$-\frac{\hbar^2}{2}\sum_{i=1}^{n}\frac{1}{m_i}\nabla_i^2\psi+V\psi=E\psi \tag{1.51}$$

式中，m_i 为第 i 个粒子的质量，粒子可以是电子、质子等。

$$\psi=\psi(x_1,y_1,z_1;x_2,y_2,z_2;\cdots;x_n,y_n,z_n)$$
$$V=V(x_1,y_1,z_1;x_2,y_2,z_2;\cdots;x_n,y_n,z_n)$$

并有

$$\Psi=\psi(x_1,y_1,z_1;x_2,y_2,z_2;\cdots;x_n,y_n,z_n)\mathrm{e}^{-\frac{\mathrm{i}E}{\hbar}t}$$

方程(1.50)、方程(1.51)都是定态薛定谔方程。

方程(1.46)仅是 t 的函数，$\psi(x)$ 不含时间变量，各项乘以 $\psi(x)$ 仍成立，则

$$\mathrm{i}\hbar\frac{\mathrm{d}}{\mathrm{d}t}\left[f(t)\psi(x)\right]=Ef(t)\psi(x)$$

即

$$\mathrm{i}\hbar\frac{\partial\Psi(x,t)}{\partial t}=E\Psi(x,t) \tag{1.52}$$

方程(1.47)仅是 x 的函数，$f(t)=\mathrm{e}^{-\frac{\mathrm{i}E}{\hbar}t}$ 不含 x 变量，各项乘以 $f(t)$ 仍成立，则

$$-\frac{\hbar^2}{2m_\mathrm{e}}\frac{\mathrm{d}^2}{\mathrm{d}x^2}\left[\psi(x)f(t)\right]+V\psi(x)f(t)=E\psi(x)f(t)$$

即

$$-\frac{\hbar^2}{2m_\mathrm{e}}\frac{\partial^2}{\partial x^2}\Psi(x,t)+V\Psi(x,t)=E\Psi(x,t) \tag{1.53}$$

在三维情况下，则有

$$\mathrm{i}\hbar\frac{\partial\Psi(x,y,z,t)}{\partial t}=E\Psi(x,y,z,t) \tag{1.54}$$

$$-\frac{\hbar^2}{2m_\mathrm{e}}\nabla^2\Psi(x,y,z,t)+V\Psi(x,y,z,t)=E\Psi(x,y,z,t) \tag{1.55}$$

方程(1.52)～方程(1.55)也是定态薛定谔方程。

对于多粒子体系，则有

$$\mathrm{i}\hbar\frac{\partial \Psi}{\partial t}=E\Psi \tag{1.56}$$

和

$$-\frac{\hbar^2}{2}\sum_{i=1}^{n}\frac{1}{m_i}\nabla_i^2\Psi+V\Psi=E\Psi \tag{1.57}$$

式中的波函数为

$$\Psi=\Psi\left(x_1,y_1,z_1;x_2,y_2,z_2;\cdots;x_n,y_n,z_n;t\right)$$

势能为

$$V=V\left(x_1,y_1,z_1;x_2,y_2,z_2;\cdots;x_n,y_n,z_n;t\right)$$

1.4　势阱中的粒子

1.4.1　一维势阱中的粒子

1. 薛定谔方程及其解

所谓一维无限深势阱是指由图 1.2 所描述的势场。相应的势能函数可由下式表示

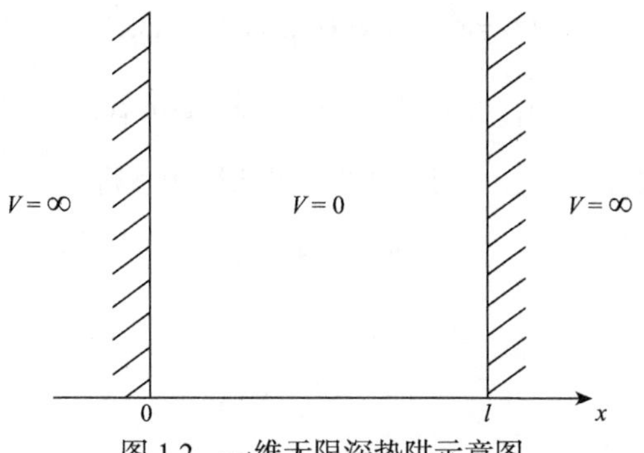

图 1.2　一维无限深势阱示意图

$$V(x)=\begin{cases}0 & 0<x<l\\ \infty & x\leqslant 0, x\geqslant l\end{cases}$$

粒子在这样的势场中运动，其状态是什么样呢？这是一微观粒子的运动，需要求解薛定谔方程。所以第一步先写出体系的薛定谔方程。两端势能无限大，粒子不可能出现在势阱外，考虑在势阱内的情况，体系的薛定谔方程为

$$\hat{H}\psi=E\psi$$

$$\hat{H}=\hat{T}+\hat{V}=-\frac{\hbar^2}{2m}\frac{\mathrm{d}^2}{\mathrm{d}x^2}$$

所以有

$$-\frac{\hbar^2}{2m}\frac{d^2}{dx^2}\psi = E\psi \tag{1.58}$$

即

$$\frac{d^2}{dx^2}\psi + \frac{2mE}{\hbar^2}\psi = 0$$

令

$$k = \sqrt{\frac{2mE}{\hbar^2}} \tag{1.59}$$

则得

$$\frac{d^2\psi}{dx^2} + k^2\psi = 0$$

这是一个二阶常系数线性齐次微分方程，可用代数法求解，其特征方程为

$$r^2 + k^2 = 0$$

$$r_i = \pm ik$$

所以

$$\psi_1 = c_1 e^{ikx} = c_1(\cos kx + i\sin kx)$$

$$\psi_2 = c_2 e^{-ikx} = c_2(\cos kx - i\sin kx)$$

将解写成实数形式，取$c_1 = c_2$，上面两式各乘以 i 后相减得

$$\psi_1 = C\sin kx$$

上面两式相加得

$$\psi_2 = D\cos kx$$

所以，实数形式的通解为

$$\psi = C\sin kx + D\cos kx \tag{1.60}$$

利用边界条件可确定常数C和D，得出满足边界条件的特解。

当$x=0$和$x=l$时，$V=\infty$，所以粒子不可能透过两边的势垒，即在$x=0$、$x=l$处，粒子出现的概率为零。

当$x=0$时，$\psi(0)=0$代入通解中，得

$$\psi(0) = C\sin 0 + D\cos 0 = 0$$

由于

$$\sin 0 = 0, \quad \cos 0 = 1$$

为满足边界条件必须$D=0$，而C可以不为零。这样为满足第一个边界条件，解变为

$$\psi = C\sin kx \tag{1.61}$$

当 $x = l$ 时，$\psi(l) = 0$，代入式(1.61)中，得

$$\psi(l) = C\sin kl = 0$$

若上式成立，则 $C = 0$ 或 $\sin kx = 0$。而若 C 为零得出的是零解，没有意义，所以必须 $C \neq 0$

$$\sin kl = 0$$

而上式成立的条件是

$$kl = n\pi \qquad (n = 1,2,3,\cdots)$$

$$k = \frac{n\pi}{l}$$

将此 k 值代入式(1.59)，得

$$\sqrt{\frac{2mE}{\hbar^2}} = \frac{n\pi}{l}$$

所以

$$E_n = \frac{n^2\hbar^2\pi^2}{2ml^2} \qquad (n = 1,2,3,\cdots) \tag{1.62}$$

式中 $\hbar^2$、π^2、$2m$、l^2 均为常数，n 只能取整数。可见，能量本征值 E_n 是不连续的，即分立的或量子化的。相应的本征函数为

$$\psi_n = C\sin\frac{n\pi}{l}x \quad (n = 1,2,3,\cdots)$$

常数 C 只有相对大小的意义，可通过波函数的归一化确定

$$\int_0^l \psi_n^*\psi_n \mathrm{d}x = \int_0^l C^2\sin^2\frac{n\pi}{l}x\mathrm{d}x = C^2\frac{l}{2} = 1$$

所以

$$C^2 = \frac{2}{l}$$

$$C = \pm\sqrt{\frac{2}{l}}$$

取正数

$$C = \sqrt{\frac{2}{l}}$$

得满足边界条件的归一化波函数

$$\psi_n = \sqrt{\frac{2}{l}}\sin\frac{n\pi}{l}x \quad (n = 1,2,3,\cdots) \tag{1.63}$$

至此，求得了一维无限深势阱中粒子运动的波函数和相应的能量。

下面给出几个与 n 的取值相应的能量和波函数：

$$n=1,\quad E_1=\frac{\hbar^2}{8ml^2},\qquad \psi_1=\sqrt{\frac{2}{l}}\sin\frac{\pi}{l}x$$

$$n=2,\quad E_2=\frac{\hbar^2}{8ml^2}\times 2^2,\ \psi_2=\sqrt{\frac{2}{l}}\sin\frac{2\pi}{l}x$$

$$n=3,\quad E_3=\frac{\hbar^2}{8ml^2}\times 3^2,\ \psi_3=\sqrt{\frac{2}{l}}\sin\frac{3\pi}{l}x$$

$$n=4,\quad E_4=\frac{\hbar^2}{8ml^2}\times 4^2,\ \psi_4=\sqrt{\frac{2}{l}}\sin\frac{4\pi}{l}x$$

$$\vdots$$

$n=1$ 称为第一能级，$n=2$ 称为第二能级，…。

图 1.3 给出了 $n=1,2,3,4$ 四个能级的波函数 ψ_n 和概率密度 $|\psi_n|^2$。

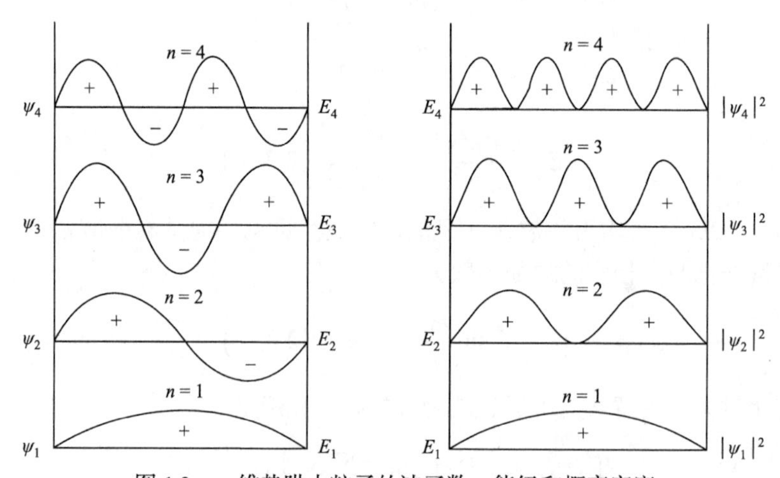

图 1.3　一维势阱中粒子的波函数、能级和概率密度

$$|\psi_n|^2=\psi_n^2=\frac{2}{l}\left(\sin\frac{n\pi}{l}x\right)^2\qquad (n=1,2,3,\cdots)$$

一维无限深势阱中粒子的波函数都是正交的。正交的概念是几何学中垂直的概念在多维函数空间的推广。

2. 解的讨论

一维势阱中的粒子是一个最简单的体系，从以上结果可以看到：

(1) 量子数 n 对体系的能量 E_n 和波函数 Ψ_n 起控制作用，可以用量子数 n 表示体系的特定状态，n 与能量相联系，可以称为能量量子数。

(2) 能量值是分立的、不连续的，即量子化的。能量的量子化是解方程过程中自然得到的，不是人为引入的。$n=1$，体系的能量最低，称为基态，其他的称为激发态。能量随 n 的增大而增大，能级间隔随 n 的增大而增大，体系最低能级——基态能量不等于零，表明了运动的永恒性。

(3) 对一确定的量子数 n 值，能量 E_n 与粒子质量 m 和势阱长度 l 的平方成反比。因此，当粒子的质量增大，势阱长度增长时，能量降低，能级差变小。两相邻能级差值为

$$\Delta E = \frac{h^2}{8ml^2}\left[(n+1)^2 - n^2\right] = \frac{h^2}{8ml^2}(2n+1)$$

当势阱长度 $l \to \infty$ 时，$\Delta E \to 0$，即粒子的能量趋于连续化。可见，粒子能量量子化是因被束缚在势阱中引起的。若将一个电子束缚在长度 $l = 10^{-10}\,\text{m}$ 的一维无限深势阱中，电子的质量为 $9.10956\times10^{-31}\,\text{kg}$，能级差 $\Delta E_n = (2n^2+1)\times 37.60\,\text{eV}$，能级分立现象极为明显。若将一个电子束缚在势阱长度为 $l = 1\text{m}$ 的一维无限深的势阱中，则能级差 $\Delta E_n = (2n^2+1)\times 37.60\times10^{-20}\,\text{eV}$，能级分立现象不明显，可看作是连续的。若势阱中束缚的不是电子，而是质量为 1g 的宏观物体，则能级差为 $\Delta E_n = (2n^2+1)\times 3.43\times10^{-42}\,\text{eV}$。能级间隔极小，在测量误差之内，完全可以认为能量变化是连续的。由此可见，量子化是微观世界的特征，是微观粒子在束缚状态下运动的特征。

(4) 除两端点外，波函数 $\Psi(x) = 0$ 的点称为节点，第 n 个状态节点数为 $n-1$。一般来说，节点数越多，能量越高。并且波长越短，粒子性越强，动量越大，这是由于 $p = \dfrac{h}{\lambda}$。

(5) 将一维势阱中粒子的波函数用复数表示，则为

$$\psi_n = c_1\mathrm{e}^{\mathrm{i}kx} + c_2\mathrm{e}^{-\mathrm{i}kx}$$

定态波函数可写为

$$\begin{aligned}\psi_n(x,t) &= \psi_n\mathrm{e}^{-\frac{\mathrm{i}}{\hbar}E_n t} = \left(c_1\mathrm{e}^{\mathrm{i}kx} + c_2\mathrm{e}^{-\mathrm{i}kx}\right)\mathrm{e}^{-\frac{\mathrm{i}}{\hbar}E_n t} \\ &= c_1\mathrm{e}^{\frac{\mathrm{i}}{\hbar}\left(\frac{n\pi\hbar}{l}x - E_n t\right)} + c_2\mathrm{e}^{-\frac{\mathrm{i}}{\hbar}\left(\frac{n\pi\hbar}{l}x - E_n t\right)} \\ &= c_1\mathrm{e}^{\frac{\mathrm{i}}{\hbar}(p_x x - E_n t)} + c_2\mathrm{e}^{-\frac{\mathrm{i}}{\hbar}(p_x x - E_n t)}\end{aligned}$$

后一步利用了公式

$$E = \frac{p^2}{2m}$$

及

$$k = \sqrt{\frac{2mE}{\hbar^2}} = \frac{n\pi}{l}$$

式中，c_1、c_2 是任意常数。由上式可见，定态波函数 $\psi_n(x,t)$ 是由两个沿相反方向传播的平面波叠加而成的驻波。

此外，我们还看到用量子力学处理问题的程序：

(1) 写出体系的薛定谔方程。

(2) 求解该薛定谔方程。

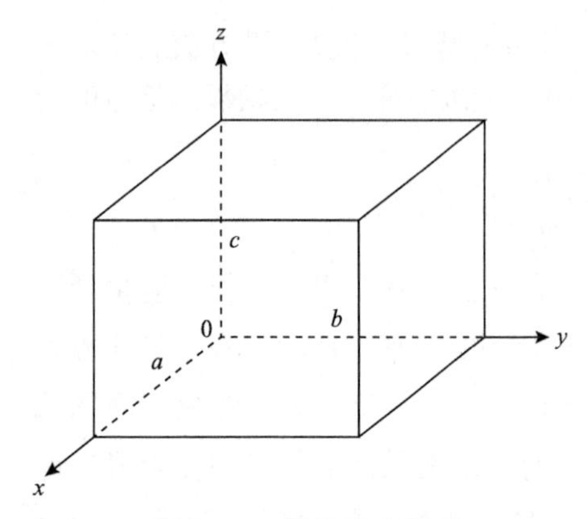

图 1.4 三维势阱示意图

(3) 对所得到的解和其他结果进行分析讨论。

1.4.2 三维势阱中的粒子

如图 1.4 所示，三维势阱是边长为 a、b、c 的六面体。在势阱内，势能为零，势阱外势能无穷大。即

$$V(x,y,z)=0 \quad \begin{cases} 0<x<a \\ 0<y<b \\ 0<z<c \end{cases}$$

$$V(x,y,z)=\infty \quad \begin{cases} a\leqslant x, & x\leqslant 0 \\ b\leqslant y, & y\leqslant 0 \\ c\leqslant z, & z\leqslant 0 \end{cases}$$

薛定谔方程为

$$\hat{H}\psi=E\psi$$

$$\hat{H}=\hat{T}+\hat{V}=-\frac{\hbar^2}{2m}\left(\frac{\partial^2\psi}{\partial x^2}+\frac{\partial^2\psi}{\partial y^2}+\frac{\partial^2\psi}{\partial z^2}\right) \tag{1.64}$$

有

$$-\frac{\hbar^2}{2m}\nabla^2\psi=E\psi$$

式中

$$\nabla^2=\frac{\partial^2}{\partial x^2}+\frac{\partial^2}{\partial y^2}+\frac{\partial^2}{\partial z^2}$$

令

$$\psi(x,y,z)=\psi(x)\psi(y)\psi(z) \tag{1.65}$$

将式(1.65)代入式(1.64)，得

$$-\frac{\hbar^2}{2m}\frac{\partial^2\psi_1(x)}{\partial x^2}=E_x\psi_1(x) \tag{1.66}$$

$$-\frac{\hbar^2}{2m}\frac{\partial^2\psi_2(y)}{\partial y^2}=E_x\psi_2(y) \tag{1.67}$$

$$-\frac{\hbar^2}{2m}\frac{\partial^2\psi_3(z)}{\partial z^2}=E_x\psi_3(z) \tag{1.68}$$

这样就将三个变量的偏微分方程转化成三个常微分方程。这与一维势阱中粒子的薛定谔方程相同。根据边界条件，得

$$x=0,\quad \psi(x)=\psi(0)=0$$

$$x=a,\quad \psi(x)=\psi(a)=0$$

$$y=0,\quad \psi(y)=\psi(0)=0$$

$$y=b,\quad \psi(y)=\psi(b)=0$$

$$z=0,\quad \psi(z)=\psi(0)=0$$

$$z=c,\quad \psi(z)=\psi(c)=0$$

这里是用a,b,c代替了一维势阱的l。所以，方程(1.66)～方程(1.68)的解和能量本征值分别为

$$\psi(x)=\sqrt{\frac{2}{a}}\sin\frac{n_x\pi}{a}x \tag{1.69}$$

$$E_x=\frac{n_x^2\hbar^2\pi^2}{2ma^2}\quad (n_x=1,2,3,\cdots)$$

$$\psi(y)=\sqrt{\frac{2}{b}}\sin\frac{n_y\pi}{b}y \tag{1.70}$$

$$E_y=\frac{n_y^2\hbar^2\pi^2}{2mb^2}\quad (n_y=1,2,3,\cdots)$$

$$\psi(z)=\sqrt{\frac{2}{c}}\sin\frac{n_z\pi}{c}z \tag{1.71}$$

$$E_z=\frac{n_z^2\hbar^2\pi^2}{2mc^2}\quad (n_z=1,2,3,\cdots)$$

将式(1.69)～式(1.71)代入式(1.65)，得三维势阱中粒子运动的波函数：

$$\psi(x,y,z)=\sqrt{\frac{8}{abc}}\sin\frac{n_x\pi}{a}x\sin\frac{n_y\pi}{b}y\sin\frac{n_z\pi}{c}z$$

能量为

$$E=\frac{\hbar^2\pi^2}{2m}\left(\frac{n_x^2}{a^2}+\frac{n_y^2}{b^2}+\frac{n_z^2}{c^2}\right)=\frac{h^2}{8m}\left(\frac{n_x^2}{a^2}+\frac{n_y^2}{b^2}+\frac{n_z^2}{c^2}\right)$$

$$(n_x,n_y,n_z=1,2,3,\cdots)$$

1.5　谐　振　子

1.5.1　一维谐振子

一个质量为m的粒子，被力$-kx=-4\pi^2mv_0^2x$束缚在平衡位置$x=0$，并且只限于沿x轴运动，其经典运动是频率为v_0的简谐振动，此即一维谐振子(图 1.5)。

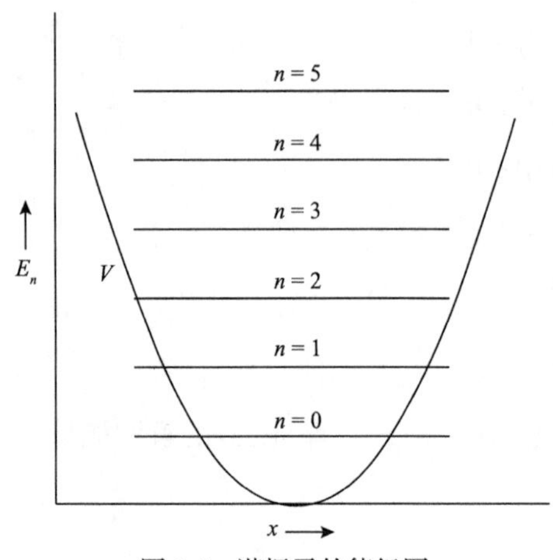

图 1.5 谐振子的能级图

下面讨论谐振子的量子力学处理。

一维谐振子的势能为

$$V(x)=2\pi^2 m\nu_0^2 x^2 \tag{1.72}$$

其中，x 是粒子离开平衡位置 $x=0$ 的位移。

该体系的薛定谔方程为

$$\hat{H}\psi = E\psi$$

$$\hat{H}=\hat{T}+\hat{V}$$

$$\hat{T}=-\frac{\hbar^2}{2m}\frac{\mathrm{d}^2}{\mathrm{d}x^2}$$

$$\hat{V}=2\pi^2 m\nu_0^2 x^2$$

所以

$$-\frac{\hbar^2}{2m}\frac{\mathrm{d}^2\psi}{\mathrm{d}x^2}+2\pi^2 m\nu_0^2 x^2\psi = E\psi$$

即

$$\frac{\mathrm{d}^2\psi}{\mathrm{d}x^2}+\left(E-2\pi^2 m\nu_0^2 x^2\right)\psi=0 \tag{1.73}$$

令

$$\lambda=\frac{2mE}{\hbar^2}$$

$$\alpha=\frac{2\pi m\nu_0}{\hbar}$$

得

$$\frac{\mathrm{d}^2\psi}{\mathrm{d}x^2}+\left(\lambda-\alpha^2x^2\right)\psi=0 \tag{1.74}$$

采用多项式法解薛定谔方程(1.74)。首先求出薛定谔方程在 $|x|$ 非常大时的渐近解。对于任何能量常数 E，总可以找出一个 $|x|$ 值，使得 λ 相对于 α^2x^2 而言，小到可以忽略。这样，薛定谔方程(1.74)的渐近形式为

$$\frac{\mathrm{d}^2\psi}{\mathrm{d}x^2}=\alpha^2x^2\psi \tag{1.75}$$

其解为

$$\psi=\exp\left(\pm\frac{\alpha}{2}x^2\right)$$

其中，$\exp\left(+\frac{\alpha}{2}x^2\right)$ 随 $|x|$ 增大变得无穷大，不满足波函数的条件；$\exp\left(-\frac{\alpha}{2}x^2\right)$ 满足波函数的条件。

有了渐近解就可以求薛定谔方程(1.74)的精确解。令

$$\psi = \exp\left(+\frac{\alpha}{2}x^2\right)f(x)$$

$$\frac{\mathrm{d}^2\psi}{\mathrm{d}x^2} = \exp\left(\frac{\alpha}{2}x^2\right)\left(\alpha^2 xf + \alpha f + 2\alpha xf' + f''\right)$$

其中

$$f' = \frac{\mathrm{d}f}{\mathrm{d}x}$$

$$f'' = \frac{\mathrm{d}^2 f}{\mathrm{d}x^2}$$

将ψ和$\frac{\mathrm{d}^2\psi}{\mathrm{d}x^2}$代入方程(1.74)后，除以$\exp\left(-\frac{\alpha}{2}x^2\right)$，得

$$\frac{\mathrm{d}^2 f}{\mathrm{d}x^2} - 2\alpha x\frac{\mathrm{d}f}{\mathrm{d}x} + (\lambda - \alpha)f = 0 \tag{1.76}$$

令

$$\xi = \alpha^{\frac{1}{2}}x$$

并用$H(\xi)$代替$f(x)$，得

$$\frac{\mathrm{d}^2 H}{\mathrm{d}\xi^2} - 2\xi\frac{\mathrm{d}H}{\mathrm{d}\xi} + \left(\frac{\lambda}{\alpha} - 1\right)H = 0 \tag{1.77}$$

将$H(\xi)$写成幂级数，

$$\begin{aligned} H(\xi) &= \sum_{\nu=0}^{n} a_\nu \xi^\nu \\ &= a_0 + a_1\xi + a_2\xi^2 + \cdots \end{aligned} \tag{1.78}$$

求$H(\xi)$的导数，得

$$\begin{aligned} \frac{\mathrm{d}H}{\mathrm{d}\xi} &= \sum_{\nu=0}^{n} \nu a_\nu \xi^{\nu-1} \\ &= a_1 + 2a_2\xi + 3a_3\xi^2 + \cdots \end{aligned} \tag{1.79}$$

$$\begin{aligned} \frac{\mathrm{d}^2 H}{\mathrm{d}\xi^2} &= \sum_{\nu=0}^{n} \nu(\nu-1)a_\nu \xi^{\nu-2} \\ &= 1\times 2a_2 + 2\times 3a_3\xi + \cdots \end{aligned} \tag{1.80}$$

将式(1.78)～式(1.80)代入式(1.77)，得

$$\begin{aligned} &1\times 2a_2 + 2\times 3a_3\xi + 3\times 4a_4\xi^2 + 4\times 5a_5\xi^3 + \cdots - 2a_1\xi - 2\times 2a_2\xi^2 - 2\times 3a_3\xi^3 - \cdots \\ &+\left(\frac{\lambda}{\alpha}-1\right)a_0 + \left(\frac{\lambda}{\alpha}-1\right)a_1\xi + \left(\frac{\lambda}{\alpha}-1\right)a_2\xi^2 + \left(\frac{\lambda}{\alpha}-1\right)a_3\xi^3 + \cdots = 0 \end{aligned} \tag{1.81}$$

为使这个级数对于所有的ξ值都等于零[即使$H(\xi)$是式(1.77)的解]，ξ的各次幂的系数必须等于零，有

$$1\times 2a_2+\left(\frac{\lambda}{\alpha}-1\right)a_0=0$$

$$2\times 3a_3+\left(\frac{\lambda}{\alpha}-1-2\right)a_1=0$$

$$3\times 4a_4+\left(\frac{\lambda}{\alpha}-1-2\times 2\right)a_2=0$$

$$4\times 5a_5+\left(\frac{\lambda}{\alpha}-1-2\times 3\right)a_3=0$$

一般来说，ξ^ν的系数为

$$(\nu+1)(\nu+2)a_{\nu+2}+\left(\frac{\lambda}{\alpha}-2\nu-1\right)a_\nu=0$$

即

$$a_{\nu+2}=-\frac{\left(\frac{\lambda}{\alpha}-2\nu-1\right)}{(\nu+1)(\nu+2)}a_\nu \tag{1.82}$$

这是一个递推公式，利用递推公式可以由a_0、a_1计算a_2、a_3、$a_4\cdots$。

对于任意的能量参数λ，上面的级数会随着x值的增大而无限地增大，这不符合波函数的要求。因此，必须选择适当的能量参数，以使级数在有限项后被截断，成为一个多项式。由式(1.82)可以看出，能使级数在第n项以后终止的λ值为

$$\lambda=(2n+1)\alpha$$

此外，根据n是奇数或者是偶数，还必须令a_0或者a_1的值等于零，以使得合适的λ值只能使偶级数中断或奇级数中断，而不是两者都中断。因此，多项式解可以是ξ的奇函数，也可以是ξ的偶函数。这个条件是满足薛定谔方程(1.77)解的充分必要条件。没有其他的λ值可以得到满足薛定谔方程(1.77)的解。对于n的每一个整数值$0,1,2,\cdots$都有满足薛定谔方程(1.77)的解。这些整数称为量子数，是解薛定谔方程的过程中作为多项式$H(\xi)$的幂次自然引入的。

将λ和α代回原式，得

$$E=E_n=\left(n+\frac{1}{2}\right)h\nu_0$$

$$(n=0,1,2,\cdots)$$

1.5.2　一维谐振子的波函数

对于每一个能量本征值，可以利用递推公式(1.82)求得相应的薛定谔方程的解。方程(1.77)的解可以表示为

$$\psi_n(x)=N_n\exp\left(-\frac{\xi^2}{2}\right)H_n(\xi) \tag{1.83}$$

其中

$$\xi=\sqrt{\alpha}x$$

$H_n(\xi)$是ξ的n次多项式，N_n是归一化常数，能量最低的解为

$$\psi_0(x)=\left(\frac{\alpha}{\pi}\right)^{\frac{1}{4}}\exp\left(-\frac{\xi^2}{2}\right)=\left(\frac{\alpha}{\pi}\right)^{\frac{1}{4}}\exp\left(-\frac{\alpha}{2}x^2\right)$$

图 1.6 给出了函数$\psi_0(x)$和$|\psi_0(x)|^2$的图。

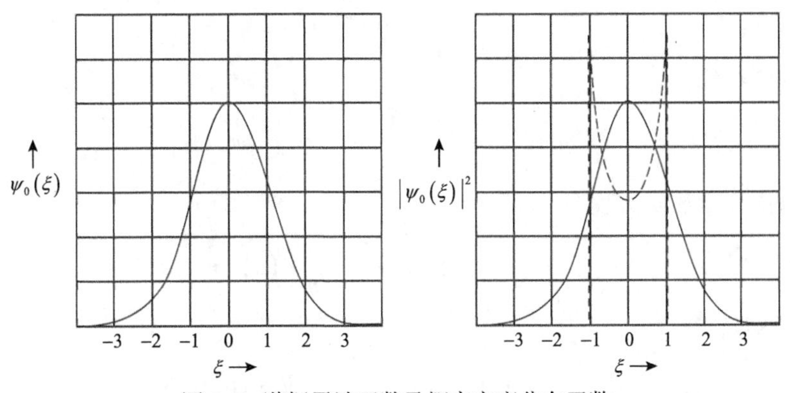

图 1.6　谐振子波函数及概率密度分布函数

$|\psi_0(x)|^2$表示在x处找到粒子的概率。从图可见，量子力学给出的结果和经典力学是不同的。经典力学给出的结果是在两个端点粒子出现的概率最大，而量子力学给出的结果是在x=0 的原点粒子出现的概率最大，而且在经典力学允许范围之外可以找到粒子出现的概率，即粒子可能穿入其总能量小于势能的区域。

1.5.3　三维谐振子

三维谐振子的势能为

$$\hat{V}=2\pi^2m\left(\nu_x^2x^2+\nu_y^2y^2+\nu_z^2z^2\right) \tag{1.84}$$

薛定谔方程为

$$\hat{H}\psi = E\psi \tag{1.85}$$

$$\hat{H} = \frac{\hbar^2}{2m}\nabla^2$$

所以

$$\nabla^2\psi + \frac{2m}{\hbar^2}\left[E - 2\pi^2 m\left(\nu_x^2 x^2 + \nu_y^2 y^2 + \nu_z^2 z^2\right)\right]\psi = 0 \tag{1.86}$$

令

$$\lambda = \frac{2m}{\hbar^2}E$$

$$\alpha_x = \frac{2\pi m}{\hbar}\nu_x$$

$$\alpha_y = \frac{2\pi m}{\hbar}\nu_y$$

$$\alpha_z = \frac{2\pi m}{\hbar}\nu_z$$

则方程(1.86)变为

$$\nabla^2\psi + \left(\lambda - \alpha_x^2 x^2 - \alpha_y^2 y^2 - \alpha_z^2 z^2\right)\psi = 0 \tag{1.87}$$

采用分离变量法解方程(1.87)，令

$$\psi\left(x, y, z\right)=X\left(x\right)Y\left(y\right)Z\left(z\right)$$

代入方程(1.87)，得

$$\left(\frac{1}{X}\frac{\mathrm{d}^2X\left(x\right)}{\mathrm{d}x^2} - \alpha^2x^2\right) + \left(\frac{1}{Y}\frac{\mathrm{d}^2Y\left(y\right)}{\mathrm{d}y^2} - \alpha^2y^2\right) + \left(\frac{1}{Z}\frac{\mathrm{d}^2Z\left(z\right)}{\mathrm{d}z^2} - \alpha^2z^2\right) = -\lambda$$

因此，有

$$\frac{\mathrm{d}^2X\left(x\right)}{\mathrm{d}x^2} + \left(\lambda_x - \alpha_2^2x^2\right)X\left(x\right) = 0 \tag{1.88}$$

$$\frac{\mathrm{d}^2Y\left(y\right)}{\mathrm{d}y^2} + \left(\lambda_y - \alpha_y^2y^2\right)Y\left(y\right) = 0 \tag{1.89}$$

$$\frac{\mathrm{d}^2Z\left(z\right)}{\mathrm{d}z^2} + \left(\lambda_z - \alpha_z^2z^2\right)Z\left(z\right) = 0 \tag{1.90}$$

其中

$$\lambda_x + \lambda_y + \lambda_z = \lambda \tag{1.91}$$

方程(1.88)～方程(1.90)与一维谐振子方程(1.77)相同。参照方程(1.77)的求解过程，得

$$X(x) = N_{nx} \exp\left(-\frac{\alpha_x x^2}{2}\right) H_n\left(\sqrt{\alpha_x} x\right) \tag{1.92}$$

$$\lambda_x = (2n_x + 1)\alpha_x$$

$$Y(y) = N_{ny} \exp\left(-\frac{\alpha_y y^2}{2}\right) H_n\left(\sqrt{\alpha_y} y\right) \tag{1.93}$$

$$\lambda_y = (2n_y + 1)\alpha_y$$

$$Z(z) = N_{nz} \exp\left(-\frac{\alpha_z z^2}{2}\right) H_n\left(\sqrt{\alpha_z} z\right) \tag{1.94}$$

$$\lambda_z = (2n_z + 1)\alpha_z$$

$$(n_x, n_y, n_z = 0,1,2,\cdots)$$

$$E_{n_x n_y n_z}(x, y, z) = h\left[\left(n_x + \frac{1}{2}\right)\nu_x + \left(n_y + \frac{1}{2}\right)\nu_y + \left(n_z + \frac{1}{2}\right)\nu_z\right] \tag{1.95}$$

$$\psi_{n_x n_y n_z}(x, y, z) = N_{n_x n_y n_z} \exp\left[-\frac{1}{2}\left(\alpha_x^2 x^2 + \alpha_y^2 y^2 + \alpha_z^2 z^2\right)\right] H_{nx}\left(\sqrt{\alpha_x} x\right) H_{ny}\left(\sqrt{\alpha_y} y\right) H_{nz}\left(\sqrt{\alpha_z} z\right) \tag{1.96}$$

$$\psi_{n_x n_y n_z}(x, y, z) = N_{n_x n_y n_z} \exp\left[-\frac{1}{2}\left(x^2 + y^2 + z^2\right)\right] H_{nx}\left(\sqrt{\alpha_x} x\right) H_{ny}\left(\sqrt{\alpha_y} y\right) H_{nz}\left(\sqrt{\alpha_z} z\right) \tag{1.97}$$

$$N_{n_x n_y n_z} = \frac{\left(\alpha_x \alpha_y \alpha_z\right)^{\frac{1}{2}}}{\pi^{\frac{3}{2}} 2^{n_x + n_y + n_z} n_x!\ n_y!\ n_z!} \tag{1.98}$$

对于$\nu_x = \nu_y = \nu_z$，$\alpha_x = \alpha_y = \alpha_z$的各向同性谐振子，有

$$\begin{aligned} E &= \left(n_x + n_y + n_z + \frac{3}{2}\right) h\nu_0 \\ &= \left(n + \frac{3}{2}\right) h\nu_0 \end{aligned} \tag{1.99}$$

$$n = n_x + n_y + n_z \tag{1.100}$$

称为总量子数。

习　题

1.1 计算下面粒子的德布罗意波长：

(1)质量为10g 、速度为1000m·s^{-1}的子弹；

(2)质量为10^{-6}g、速度为$10\text{m}\cdot\text{s}^{-1}$的尘埃；

(3)质量为10^{-10}g、速度为$1\text{m}\cdot\text{s}^{-1}$的做布朗运动的花粉；

(4)质量为1.6×10^{-24}g、速度为$10^{6}\text{m}\cdot\text{s}^{-1}$的质子；

(5)质量为9.1×10^{-28}g、速度为$10^{6}\text{m}\cdot\text{s}^{-1}$的电子。

1.2 显像管加速电子的电压为1000V，电子运动速度的不确定度Δv为10%，电子打到荧光屏上能否清晰成像？

1.3 光学光栅的周期为10^{-6}m，被10000V电压加速的电子通过光栅，能否观测到衍射条纹？

1.4 测不准原理的本质是什么？谈谈你对测不准原理的理解。

1.5 下列算符中哪些是线性算符？

$\frac{\text{d}}{\text{d}x}$，ln，sin，$\frac{\text{d}^2}{\text{d}x^2}$

1.6 从下列函数中找出$\frac{\text{d}^2}{\text{d}x^2}$的本征函数，求出本征值：

$\sin x$，$\cos x$，e^x，$2x^3$

1.7 讨论二维和三维无限深势阱中粒子的运动状况。

1.8 直线烯类分子的π电子可以近似看作一维无限深势阱中粒子的运动。若分子的长度为1.3 nm，计算π电子跃迁时所吸收的光的波长。

第 2 章　量子力学的假设

2.1　力学量和力学量算符

2.1.1　算符

1. 定义

算符是指作用在一个函数上得出另一个函数的运算符号，可表示为

$$\hat{G}u = v \tag{2.1}$$

其中 $\hat{G}$ 称为算符。例如，$\frac{\mathrm{d}}{\mathrm{d}x}x^2 = 2x$，$\frac{\mathrm{d}}{\mathrm{d}x}$是微商算符；$xu = v$，$x$ 也是算符，其作用是与 u 相乘。

如果算符作用在一个函数上得到的是这个函数自身乘以一个常数，即

$$\hat{G}f = \lambda f \tag{2.2}$$

则称 λ 是算符 $\hat{G}$ 的本征值，f 是属于本征值 λ 的本征函数，式(2.2)称为算符 $\hat{G}$ 的本征方程。

2. 运算规则

算符满足以下的运算规则

分配律

$$\left(\hat{A} + \hat{B}\right) f = \hat{A}f + \hat{B}f \tag{2.3}$$

结合律

$$\left(\hat{A}\hat{B}\right) f = \hat{A}\left(\hat{B}f\right) \tag{2.4}$$

乘方

$$\left(\hat{A}\hat{A}\right) f = \hat{A}^2 f \tag{2.5}$$

一般情况下不满足交换律

$$\hat{A}\hat{B} \neq \hat{B}\hat{A} \tag{2.6}$$

矩阵可以看作算符，算符的这些性质和矩阵的性质相同。

3. 线性算符和厄米算符

若算符满足

$$\hat{G}\left(af+b\phi\right)=a\hat{G}f+b\hat{G}\phi \tag{2.7}$$

则称 $\hat{G}$ 为线性算符。式中，a、b 为常数；f、ϕ 为任意函数。

若算符满足

$$\int f^{*}\hat{G}\phi\mathrm{d}\tau=\int f\left(\hat{G}\phi\right)^{*}\mathrm{d}\tau \tag{2.8}$$

则称 $\hat{G}$ 为厄米(Hermite)算符。式中，f 和 ϕ 为任意函数。厄米算符具有如下性质：

(1)本征值是实数，且是分立的，即不连续的或量子化的；

(2)对应于不同本征值的本征函数正交，即 $\int f_1^{*}f_2\mathrm{d}\tau=0$；

(3)所有的本征函数构成一完备集合，即构成一广义傅里叶(Fourier)级数。任一和本征函数具有相同边界条件的函数可以用本征函数集展开。

2.1.2 量子力学的力学量算符

1. 动量和动量算符

一维德布罗意波为

$$\Psi\left(x,t\right)=A\mathrm{e}^{\frac{\mathrm{i}}{\hbar}\left(xp_x-Et\right)}$$

对 x 微商，得

$$-\mathrm{i}\hbar\frac{\partial}{\partial x}\Psi\left(x,t\right)=p_x\Psi\left(x,t\right) \tag{2.9}$$

将 $-\mathrm{i}\hbar\frac{\partial}{\partial x}$ 看作算符，式(2.9)符合本征方程的定义，是一维动量本征方程，其中

$$-\mathrm{i}\hbar\frac{\partial}{\partial x}=\hat{p}_x \tag{2.10}$$

$\hat{p}_x$ 称为 x 方向一维动量算符；p_x 是动量 p 在 x 方向分量的数值，是动量算符 $\hat{p}_x$ 的本征值。

同理有

$$-\mathrm{i}\hbar\frac{\partial}{\partial y}\Psi\left(y,t\right)=p_y\Psi\left(y,t\right) \tag{2.11}$$

$$-\mathrm{i}\hbar\frac{\partial}{\partial z}\Psi\left(z,t\right)=p_z\Psi\left(z,t\right) \tag{2.12}$$

其中

$$-\mathrm{i}\hbar\frac{\partial}{\partial y}=\hat{p}_y \tag{2.13}$$

$$-\mathrm{i}\hbar\frac{\partial}{\partial z}=\hat{p}_z \tag{2.14}$$

$\hat{p}_y$、$\hat{p}_z$分别是 y 方向和 z 方向一维动量算符。而 p_y、p_z 则分别是动量算符 $\hat{p}_y$、$\hat{p}_z$ 的本征值。

将式(2.10)、式(2.13)和式(2.14)分别乘以单位矢量 e_x、e_y、e_z 后相加，左式为

$$-\mathrm{i}\hbar\left(e_x\frac{\partial}{\partial x}+e_y\frac{\partial}{\partial y}+e_z\frac{\partial}{\partial z}\right)=-\mathrm{i}\hbar\nabla$$

右式为

$$e_x\hat{p}_x+e_y\hat{p}_y+e_z\hat{p}_z=\hat{p}$$

即

$$-\mathrm{i}\hbar\nabla=\hat{p} \tag{2.15}$$

$\hat{p}$ 为三维动量算符，其本征方程为

$$-\mathrm{i}\hbar\nabla\Psi(x,y,z,t)=\boldsymbol{p}\Psi(x,y,z,t) \tag{2.16}$$

其中 $\boldsymbol{p}$ 为动量本征值，是矢量，并有

$$\boldsymbol{p}=e_xp_x+e_yp_y+e_zp_z$$

2. 能量及能量算符

定态薛定谔方程

$$\left[-\frac{\hbar^2}{2m}\nabla^2+V\right]\psi=E\psi$$

是算符 $-\frac{\hbar^2}{2m}\nabla^2+V$ 的本征方程。本征值 E 是能量，则相应的算符 $-\frac{\hbar^2}{2m}\nabla^2+V$ 就是能量算符，所以此方程也是能量本征方程。其中 $-\frac{\hbar^2}{2m}\nabla^2$ 是动能算符，V 是势能算符，也是体系的势能。在经典力学中动能和势能之和是体系的总能量，称为哈密顿(Hamilton)函数，以 H 表示，有

$$H=T+V$$

其中，T 为体系的动能；V 为体系的势能。在量子力学中以 $\hat{H}$ 表示能量算符，称为哈密顿算符，并有

$$\hat{H}=\hat{T}+\hat{V}=-\frac{\hbar^2}{2m}\nabla^2+V \tag{2.17}$$

其中

$$\hat{T}=-\frac{\hbar^2}{2m}\nabla^2 \tag{2.18}$$

为动能算符

$$\hat{V} = V \tag{2.19}$$

为势能算符。

由能量本征方程

$$\mathrm{i}\hbar\frac{\partial}{\partial t}\psi = E\psi$$

可知 $\mathrm{i}\hbar\frac{\partial}{\partial t}$ 也是能量算符，且和 $-\frac{\hbar^2}{2m}\nabla^2 + V$ 是完全相当的。

由动量和能量算符可见，量子力学中的力学量和算符相对应，力学量是相应力学量算符的本征方程的本征值，解此本征方程则可求得一系列力学量的值。这和经典力学中求力学量的办法是不同的。算符及其相应的本征方程是量子力学的数学工具。求解本征方程就可以同时得出波函数和相应的本征值。而本征值是该波函数所表示的状态下力学量的值。

由经典力学知，动能和动量的关系为

$$T = \frac{1}{2}mv^2 = \frac{p^2}{2m} \tag{2.20}$$

相应的量子力学的动能算符和动量算符的关系为

$$\hat{T} = \frac{\hbar^2}{2m}\nabla^2 = \frac{\hat{p}^2}{2m} \tag{2.21}$$

比较式(2.20)和式(2.21)可见，经典力学的力学量间的关系和相应量子力学的力学量算符间的关系相同。据此可得出构造量子力学力学量算符的一般法则。将经典力学中的力学量 G 表示为坐标和动量的函数，将动量用动量算符取代，坐标不变(坐标本身也就是坐标算符)，按算符的法则运算，即可得出该力学量 G 相应的量子力学的力学量算符 $\hat{G}$ 。

3. 角动量和角动量算符

在经典力学中，角动量为

$$\boldsymbol{L} = \boldsymbol{r} \times \boldsymbol{p}$$

其中，$\boldsymbol{r}$ 为位移(坐标)；$\boldsymbol{p}$ 为动量。相应的量子力学中角动量算符为

$$\hat{L} = \hat{r} \times \hat{p} \tag{2.22}$$

其中，$\hat{L}$ 为角动量算符；$\hat{r}$ 为位移(坐标)算符；$\hat{p}$ 为动量算符。在直角坐标系中角动量 $\boldsymbol{L}$ 写作

$$\boldsymbol{L} = \boldsymbol{r} \times \boldsymbol{p} = \begin{vmatrix} e_x & e_y & e_z \\ x & y & z \\ p_x & p_y & p_z \end{vmatrix}$$

展开则为

$$\boldsymbol{L} = e_x\left(yp_z - zp_y\right) + e_y\left(zp_x - xp_z\right) + e_z\left(xp_y - yp_x\right) = e_x L_x + e_y L_y + e_z L_z$$

其中

$$L_x = yp_z - zp_y$$
$$L_y = zp_x - xp_z$$
$$L_z = xp_y - yp_x$$

相应的角动量算符则为

$$\hat{L} = \hat{r} \times \hat{p} = \begin{vmatrix} e_x & e_y & e_z \\ x & y & z \\ -\mathrm{i}\hbar\dfrac{\partial}{\partial x} & -\mathrm{i}\hbar\dfrac{\partial}{\partial y} & -\mathrm{i}\hbar\dfrac{\partial}{\partial z} \end{vmatrix}$$

展开则为

$$\begin{aligned}\hat{L} &= -\mathrm{i}\hbar\left[e_x\left(y\frac{\partial}{\partial z} - z\frac{\partial}{\partial y}\right) + e_y\left(z\frac{\partial}{\partial x} - x\frac{\partial}{\partial z}\right) + e_z\left(x\frac{\partial}{\partial y} - y\frac{\partial}{\partial x}\right)\right] \\ &= e_x\hat{L}_x + e_y\hat{L}_y + e_z\hat{L}_z\end{aligned} \tag{2.23}$$

其中

$$\begin{cases}\hat{L}_x = -\mathrm{i}\hbar\left(y\dfrac{\partial}{\partial z} - z\dfrac{\partial}{\partial y}\right) \\ \hat{L}_y = -\mathrm{i}\hbar\left(z\dfrac{\partial}{\partial x} - x\dfrac{\partial}{\partial z}\right) \\ \hat{L}_z = -\mathrm{i}\hbar\left(x\dfrac{\partial}{\partial y} - y\dfrac{\partial}{\partial x}\right)\end{cases} \tag{2.24}$$

角动量平方算符则是

$$\begin{aligned}\hat{L}^2 &= \hat{L}\cdot\hat{L} = \hat{L}_x^2 + \hat{L}_y^2 + \hat{L}_z^2 \\ &= -\hbar^2\left[\left(y\frac{\partial}{\partial z} - z\frac{\partial}{\partial y}\right)^2 + \left(z\frac{\partial}{\partial x} - x\frac{\partial}{\partial z}\right)^2 + \left(x\frac{\partial}{\partial y} - y\frac{\partial}{\partial x}\right)^2\right]\end{aligned} \tag{2.25}$$

4. 坐标算符和势能算符

坐标算符就是坐标本身，经典力学中仅是坐标函数的力学量，其量子力学的力学量算符就是该函数。例如

$$\hat{x} = x, \hat{y} = y, \hat{z} = z$$

$$\hat{V}\left(x,y,z\right) = V\left(x,y,z\right)$$

量子力学的力学量算符都是线性厄米算符。

2.2 薛定谔方程

2.2.1 含时薛定谔方程

1. 一维单粒子薛定谔方程

一维单粒子薛定谔方程为

$$\mathrm{i}\hbar\frac{\partial\psi}{\partial t}=-\frac{\hbar^2}{2m}\frac{\partial^2\Psi}{\partial x^2}+V\Psi \tag{2.26}$$

式中

$$\Psi=\Psi(x,t)$$
$$V=V(x,t)$$

2. 三维单粒子薛定谔方程

三维单粒子薛定谔方程为

$$\mathrm{i}\hbar\frac{\partial\psi}{\partial t}=-\frac{\hbar^2}{2m}\nabla^2\Psi+V\Psi \tag{2.27}$$

式中

$$\Psi=\Psi(x,y,z,t)$$
$$V=V(x,y,z,t)$$

3. 一维多粒子薛定谔方程

一维多粒子薛定谔方程为

$$\mathrm{i}\hbar\frac{\partial\Psi}{\partial t}=-\frac{\hbar^2}{2}\sum_{i=1}^{n}\frac{1}{m_i}\frac{\partial^2}{\partial x_i^2}\Psi+V\Psi \tag{2.28}$$

式中

$$\Psi=\Psi(x_1,x_2,\cdots,x_n,t)$$
$$V=V(x_1,x_2,\cdots,x_n,t)$$

4. 三维多粒子薛定谔方程

三维多粒子薛定谔方程为

$$\mathrm{i}\hbar\frac{\partial\Psi}{\partial t}=-\frac{\hbar^2}{2}\sum_{i=1}^{n}\frac{1}{m_i}\nabla_i^2\Psi+V\Psi \tag{2.29}$$

式中

$$\Psi=\Psi(x_1,y_1,z_1;x_2,y_2,z_2;\cdots;x_n,y_n,z_n;t)$$

$$V = V\left(x_1, y_1, z_1; x_2, y_2, z_2; \cdots; x_n, y_n, z_n; t\right)$$

2.2.2　定态薛定谔方程

对于一维情况，如果势能函数

$$V = V\left(x\right)$$

不含时间，即势能仅是坐标的函数，不随时间变化，则有

$$-\frac{\hbar^2}{2m}\frac{\mathrm{d}^2\psi\left(x\right)}{\mathrm{d}x^2} + V\left(x\right)\psi\left(x\right) = E\psi\left(x\right) \tag{2.30}$$

方程(2.30)称为定态薛定谔方程，因为它的解所描述的状态具有确定的能量。

对于三维情况，定态薛定谔方程为

$$-\frac{\hbar^2}{2m}\nabla^2\psi + V\psi = E\psi \tag{2.31}$$

其中

$$\psi = \psi\left(x, y, z\right)$$
$$V = V\left(x, y, z\right)$$

并有

$$\Psi\left(x, y, z, t\right) = \psi\left(x, y, z\right)\mathrm{e}^{-\frac{\mathrm{i}E}{\hbar}t}$$

对于多粒子体系，则有

$$-\frac{\hbar^2}{2}\sum_{i=1}^{n}\frac{1}{m_i}\frac{\mathrm{d}^2\psi}{\mathrm{d}x_i^2} + V\psi = E\psi \tag{2.32}$$

$$V = V\left(x_1, x_2, \cdots, x_n\right)$$
$$\psi = \psi\left(x_1, x_2, \cdots, x_n\right)$$

和

$$-\frac{\hbar^2}{2}\sum_{i=1}^{n}\frac{1}{m_i}\nabla_i^2\psi + V\psi = E\psi \tag{2.33}$$

$$\psi = \psi\left(x_1, y_1, z_1; x_2, y_2, z_2; \cdots; x_n, y_n, z_n\right)$$
$$V = V\left(x_1, y_1, z_1; x_2, y_2, z_2; \cdots; x_n, y_n, z_n\right)$$

式中，m_i 为第 i 个粒子的质量，粒子可以是电子、质子等。方程(2.32)、方程(2.33)都是定态薛定谔方程。

$$-\mathrm{i}\hbar\frac{\partial\Psi\left(x,t\right)}{\partial t} = E\Psi\left(x,t\right) \tag{2.34}$$

$$-\frac{\hbar^2}{2m}\frac{\partial^2}{\partial x^2}\Psi(x,t)+V\Psi(x,t)=E\Psi(x,t) \tag{2.35}$$

$$\Psi(x,t)=\psi(x)\mathrm{e}^{-\frac{\mathrm{i}E}{\hbar}t}$$

在三维情况下，则有

$$-\mathrm{i}\hbar\frac{\partial\Psi(x,y,z,t)}{\partial t}=E\Psi(x,y,z,t) \tag{2.36}$$

$$-\frac{\hbar^2}{2m_\mathrm{e}}\nabla^2\Psi(x,y,z,t)+V\Psi(x,y,z,t)=E\Psi(x,y,z,t) \tag{2.37}$$

$$\Psi(x,y,z,t)=\psi(x,y,z)\mathrm{e}^{-\frac{\mathrm{i}E}{\hbar}t}$$

方程(2.34)～方程(2.37)也是定态薛定谔方程。

对于多粒子体系，则有

$$-\mathrm{i}\hbar\frac{\partial\Psi}{\partial t}=E\Psi \tag{2.38}$$

和

$$-\frac{\hbar^2}{2}\sum_{i=1}^{n}\frac{1}{m_i}\nabla_i^2\Psi+V\Psi=E\Psi \tag{2.39}$$

式中的波函数为

$$\begin{aligned}\Psi&=\Psi(x_1,y_1,z_1;x_2,y_2,z_2;\cdots;x_n,y_n,z_n;t)\\&=\psi(x_1,y_1,z_1;x_2,y_2,z_2;\cdots;x_n,y_n,z_n)\mathrm{e}^{-\frac{\mathrm{i}E}{\hbar}t}\end{aligned}$$

势能为

$$V=V(x_1,y_1,z_1;x_2,y_2,z_2;\cdots;x_n,y_n,z_n;t)$$

2.3 状态波函数

2.3.1 含时波函数

波函数绝对值的平方和粒子在该点出现的概率成正比，描述粒子的波是概率波。

波函数的绝对值的平方为

$$|\Psi|^2=\Psi^*\Psi \tag{2.40}$$

式中，Ψ^* 是 Ψ 的共轭复数。以 $\mathrm{d}\tau$ 表示空间某点附近的小体积元，则

$$|\Psi|^2\,\mathrm{d}\tau \tag{2.41}$$

表示粒子在小体积元 $\mathrm{d}\tau$ 内出现的概率，将上式对整个空间积分，则有

$$\int_{\tau}|\Psi|^2\,\mathrm{d}\tau=\int_{\tau}\Psi^*\Psi\,\mathrm{d}\tau=1 \tag{2.42}$$

表示粒子在整个空间内出现的概率是 1，即粒子在整个空间内出现是一必然事件。

合格波函数的条件是单值、连续、平方可积。

2.3.2　定态波函数

势能函数不含时间，有

$$V=V(x,y,z)$$

则

$$|\Psi|^2=\Psi^*\Psi=\left(\psi\mathrm{e}^{-\frac{\mathrm{i}E}{\hbar}t}\right)^*\left(\psi\mathrm{e}^{-\frac{\mathrm{i}E}{\hbar}t}\right)=\psi^*\psi=|\psi|^2$$

所以

$$\int_{\tau}|\Psi|^2\,\mathrm{d}\tau=\int_{\tau}|\psi|^2\,\mathrm{d}\tau=\int_{\tau}\psi^*\psi\mathrm{d}\tau=1$$

可见，若势能与时间无关，则$\psi^*\psi\mathrm{d}\tau$也表示微观粒子在点(x,y,z)附近的微体积元$\mathrm{d}\tau$内出现的概率。ψ是定态薛定谔方程的解，称为定态波函数。

由于

$$|\psi|^2=\psi^*\psi$$

不随时间改变，在点(x,y,z)附近的微体积元$\mathrm{d}\tau$内粒子出现的概率$\psi^*\psi\mathrm{d}\tau$不随时间改变。而若势能与时间有关，即

$$V=V(x,y,z,t)$$

则在点(x,y,z)附近的微体积元$\mathrm{d}\tau$内粒子出现的概率$\Psi^*\Psi\mathrm{d}\tau$随时间变化。

2.4　态叠加原理

电子的衍射现象说明，实物粒子的德布罗意波Ψ是描述微观粒子的运动状态的，所以称为态叠加原理。

量子力学的态叠加原理表述如下：如果Ψ_1和Ψ_2是体系的可能状态，那么它们的线性叠加

$$\Psi=c_1\Psi_1+c_2\Psi_2 \tag{2.43}$$

也是体系的一个可能状态，其中c_1、c_2是复数。

态叠加原理有如下含义：当微观粒子处于Ψ_1和Ψ_2的线性叠加态Ψ时，粒子既处在态Ψ_1，又处在态Ψ_2。

式(2.43)中Ψ表示为两个态Ψ_1和Ψ_2的线性叠加，推广到更一般的情况，有

$$\Psi = c_1\Psi_1 + c_2\Psi_2 + \cdots + c_n\Psi_n = \sum_{i=1}^{n} c_i\Psi_i \tag{2.44}$$

式中，c_i为复数。这样，态叠加原理可表述如下：如果$\Psi_1,\Psi_2,\cdots$是体系的可能状态，则它们的线性叠加Ψ也是体系的一个可能状态。也就是说，当体系处于状态Ψ时，体系部分处于状态$\Psi_1,\Psi_2,\cdots$中。而c_i^2表示状态Ψ_i出现的概率。

2.5 测量理论

一个体系的状态为$\Psi(q,t)$，测量该体系的力学量为G，如果该体系的状态$\Psi(q,t)$是力学量G的力学量算符$\hat{G}$的本征函数，则测得的值g是$\hat{G}$的本征值，即

$$\hat{G}\Psi(q,t) = g\Psi(q,t) \tag{2.45}$$

状态函数$\Psi(q,t)$是$\hat{G}$的本征函数，而且每次测量结果都是g。

如果$\Psi(q,t)$不是$\hat{G}$的本征函数，则每次测量的结果不相同，可以是g_1、g_2、…、g_n。g_1、g_2、…、g_n以一定的概率出现，它们都是$\hat{G}$的本征值。并且力学量G的平均值为

$$\begin{aligned}\bar{G} &= \frac{\int \psi^*(q,t)\hat{G}\psi(q,t)\mathrm{d}\tau}{\int \psi^*(q,t)\psi(q,t)\mathrm{d}\tau} \\ &= \sum_{i=1}^{n} c_i^2 g_i\end{aligned} \tag{2.46}$$

式中，c_i^2为g_i出现的概率。

2.6 宇称

宇称算符的定义为

$$\hat{\Pi} f(x,y,z) = f(-x,-y,-z) \tag{2.47}$$

即宇称算符作用到函数$f(x,y,z)$上，将每个笛卡儿坐标换成其负值。例如

$$\hat{\Pi} f\left(x^2 - z\mathrm{e}^{ay}\right) = x^2 + z\mathrm{e}^{-ay}$$

宇称算符的本征值和本征函数为

$$\hat{\Pi} g_i = c_i g_i \tag{2.48}$$

$$\begin{aligned}\hat{\Pi}^2 f(x,y,z) &= \hat{\Pi}\left[\hat{\Pi} f(x,y,z)\right] \\ &= \hat{\Pi} f(-x,-y,-z) \\ &= f(x,y,z)\end{aligned} \tag{2.49}$$

则

$$\hat{\Pi}^2 = \hat{1} = 1 \tag{2.50}$$

$$\begin{aligned}\hat{\Pi}^2 g_i &= \hat{\Pi}\left[\hat{\Pi} g_i\right] = \hat{\Pi} c_i g_i \\ &= c_i \hat{\Pi} g_i = c_i^2 g_i\end{aligned} \tag{2.51}$$

$$\hat{\Pi}^2 g_i = \hat{1} g_i = g_i \tag{2.52}$$

所以

$$g_i = c_i^2 g_i \tag{2.53}$$

$$c_i^2 = 1 \tag{2.54}$$

$$c_i = \pm 1 \tag{2.55}$$

即 $\hat{\Pi}$ 的本征值是+1 和 −1。

由式(2.48)可得

$$\hat{\Pi} g_i\left(x,y,z\right) = \pm g_i\left(x,y,z\right) \tag{2.56}$$

有

$$g_i\left(-x,-y,-z\right) = \pm g_i\left(x,y,z\right) \tag{2.57}$$

若本征值为+1，则

$$g_i\left(-x,-y,-z\right) = g_i\left(x,y,z\right) \tag{2.58}$$

所以 g_i 是一个偶函数。

若本征值为 −1，则

$$g_i\left(-x,-y,-z\right) = -g_i\left(x,y,z\right) \tag{2.59}$$

所以 g_i 是一个奇函数。

因此，所有可能的品优的偶函数或奇函数都是 $\hat{\Pi}$ 的本征函数。

若宇称算符 $\hat{\Pi}$ 与哈密顿算符 $\hat{H}$ 可对易，它们有共同的本征函数集。$\hat{H}$ 的本征函数是定态波函数 ψ_i，则若

$$\left[\hat{\Pi}, \hat{H}\right] = 0 \tag{2.60}$$

波函数 ψ_i 可作为 $\hat{\Pi}$ 的本征函数。式(2.60)是泊松(Poisson)括号。

对于单粒子体系，有

$$\begin{aligned}\left[\hat{H}, \hat{\Pi}\right] &= \left[\hat{T}, \hat{\Pi}\right] + \left[\hat{V}, \hat{\Pi}\right] \\ &= -\frac{\hbar^2}{2m_e}\left[\frac{\partial^2}{\partial x^2}, \hat{\Pi}\right] - \frac{\hbar^2}{2m_e}\left[\frac{\partial^2}{\partial y^2}, \hat{\Pi}\right] - \frac{\hbar^2}{2m_e}\left[\frac{\partial^2}{\partial z^2}, \hat{\Pi}\right] + \left[\hat{V}, \hat{\Pi}\right]\end{aligned}$$

由于

$$\hat{\Pi}\left[\frac{\partial^2}{\partial x^2}\phi(x,y,z)\right]=\frac{\partial}{\partial(-x)}\frac{\partial}{\partial(-x)}\phi(-x,-y,-z)$$
$$=\frac{\partial^2}{\partial x^2}\phi(-x,-y,-z) \tag{2.61}$$
$$=\frac{\partial^2}{\partial x^2}\hat{\Pi}\phi(x,y,z)$$

式中，ϕ 是任意函数，因此

$$\left[\frac{\partial^2}{\partial x^2},\hat{\Pi}\right]=0 \tag{2.62}$$

同理，对 y 和 z 坐标也有相类似的等式。因此，式(2.61)成为

$$\left[\hat{\Pi},\hat{H}\right]=\left[\hat{V},\hat{\Pi}\right] \tag{2.63}$$

并有

$$\hat{\Pi}\left[V(x,y,z)\phi(x,y,z)\right]=V(-x,-y,-z)\phi(-x,-y,-z) \tag{2.64}$$

若势能函数 $V(x,y,z)$ 是偶函数，则式(2.64)成为

$$\hat{\Pi}\left[V(x,y,z)\phi(x,y,z)\right]=V(x,y,z)\phi(-x,-y,-z)$$
$$=V(x,y,z)\hat{\Pi}\phi(x,y,z) \tag{2.65}$$

所以

$$\left[\hat{V},\hat{\Pi}\right]=\left[\hat{V},\hat{\Pi}\right]-\left[\hat{V},\hat{\Pi}\right]=0 \tag{2.66}$$

式(2.63)成为

$$\left[\hat{\Pi},\hat{H}\right]=0 \tag{2.67}$$

即式(2.60)成立。可见，势能函数为偶函数，则式(2.67)成立。

这个结果可以推广到 n 个粒子的体系。宇称算符为

$$\hat{\Pi}f(x_1,y_1,z_1,\cdots,x_n,y_n,z_n)=f(-x_1,-y_1,-z_1,\cdots,-x_n,-y_n,-z_n) \tag{2.68}$$

势能

$$V(x_1,y_1,z_1,\cdots,x_n,y_n,z_n)=V(-x_1,-y_1,-z_1,\cdots,-x_n,-y_n,-z_n) \tag{2.69}$$

式(2.60)成立。

若势能 V 是偶函数，则选取的波函数 ψ_i 不是偶的就是奇的。一个函数不是偶的就是奇的就说此函数有一定的宇称。

如果能级不是简并的，则对应每一能级 E_i 只有一个独立的波函数 ψ_i。若势能 V 是偶函数，定态波函数必须有一确定的宇称。

如果能级是简并的，取波函数适当的线性组合可以选择具有一定宇称的波函数。组合中的每一个波函数并不需要都具有一定的宇称。

2.7　位置算符及其本征函数

位置算符就是它自己，即

$$\hat{x} = x$$

用 $\phi_a(x)$ 表示位置的本征函数，有

$$x\phi_a(x) = a\phi_a(x)$$

式中，a 表示可能的本征值，由此得

$$(x-a)\phi_a(x) = 0 \tag{2.70}$$

因此

$$x \neq a\,,\quad \phi_a(x) = 0 \tag{2.71}$$

$$x = a\,,\quad \phi_a(x) \neq 0 \tag{2.72}$$

这表明，如果状态函数是 $\hat{x}$ 的具有本征值 a 的本征函数，$\Psi = \phi_a(x)$，则 x 的测量值即为 a；这只有概率密度 $|\Psi|^2$ 在 $x \neq a$ 处为零才是正确的。这与式(2.71)相一致。

定义赫维赛德(Heaviside)阶梯函数(图 2.1)为

$$\begin{aligned} &H(x) = 1, \quad x > 0 \\ &H(x) = 0, \quad x < 0 \\ &H(x) = \frac{1}{2}, \quad x = 0 \end{aligned} \tag{2.73}$$

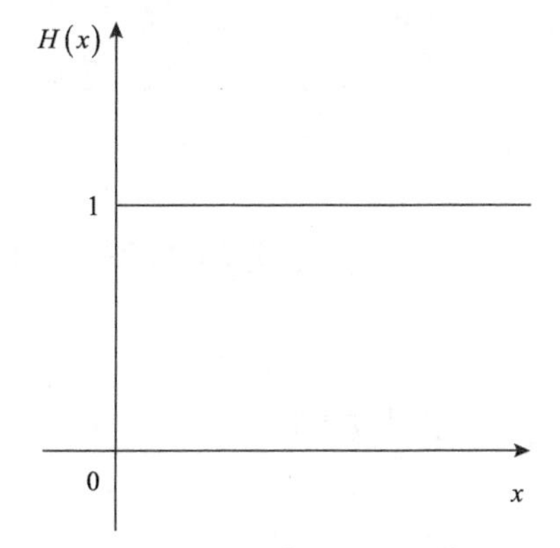

图 2.1　赫维赛德阶梯函数

定义赫维赛德阶梯函数的导数为

$$\delta(x) = \frac{\mathrm{d}H(x)}{\mathrm{d}x} \tag{2.74}$$

式中，$\delta(x)$ 为狄拉克(Dirac)函数。

由式(2.73)和式(2.74)，有

$$\delta(x) = 0\,,\quad x \neq 0 \tag{2.75}$$

由于 $H(x)$ 在 $x = 0$ 处突然跃迁，它的导数在原点为无穷大

$$\delta(x) = \infty\,,\quad x = 0 \tag{2.76}$$

令 $x = t - a$，将 t 改为 x，则式(2.73)～式(2.76)成为

$$H(x-a) = 1\,,\quad x > a \tag{2.77}$$

$$H(x-a)=0\,,\quad x<a \tag{2.78}$$

$$H(x-a)=\frac{1}{2}\,,\quad x=a \tag{2.79}$$

$$\delta(x-a)=\frac{\mathrm{d}}{\mathrm{d}x}H(x-a) \tag{2.80}$$

$$\delta(x-a)=0\,,\quad x\neq a \tag{2.81}$$

$$\delta(x-a)=\infty\,,\quad x=a \tag{2.82}$$

积分

$$\begin{aligned}\int_{-\infty}^{\infty}f(x)\delta(x-a)\mathrm{d}x&=f(\infty)-\int_{a}^{\infty}f(x)\mathrm{d}x=f(\infty)-f(x)\Big|_{a}^{\infty}\\&=f(a)\end{aligned} \tag{2.83}$$

式(2.83)与

$$\sum_i c_j\delta_{ij}=c_j$$

比较可见，狄拉克 δ 函数在积分中的作用与克罗尼克 δ 符号在求和中作用相同。

当 $f=1$ 时，式(2.83)成为

$$\int_{-\infty}^{\infty}\delta(x-a)\mathrm{d}x=1 \tag{2.84}$$

狄拉克 δ 函数的性质与式(2.81)、式(2.82)相同。令

$$\phi_a(x)=\delta(x-a) \tag{2.85}$$

根据玻恩假设

$$|\Psi(a,t)|^2\,\mathrm{d}a$$

是在 a 与 $a+\mathrm{d}a$ 之间观测到 x 值的概率。这一概率由下式给出

$$\left|\langle\phi_a(x)|\Psi(x,t)\rangle\right|^2\mathrm{d}a=\left|\int_{-\infty}^{\infty}\phi_a^*(x)\Psi(x,t)\mathrm{d}x\right|^2\mathrm{d}a \tag{2.86}$$

利用式(2.85)，再利用式(2.83)，由式(2.86)得

$$\left|\int_{-\infty}^{\infty}\delta(x-a)\Psi(x,t)\mathrm{d}x\right|^2\mathrm{d}a=|\Psi(a,t)|^2\,\mathrm{d}a \tag{2.87}$$

由于在 $\delta(x-a)$ 中 a 可是任一实数，$\hat{x}$ 的本征值构成连续区 $-\infty<a<\infty$。像一般的连续区一样，$\delta(x-a)$ 不是平方可积的，由式(2.83)有

$$\int_{-\infty}^{\infty}|\delta(x-a)|^2\,\mathrm{d}x=\int_{-\infty}^{\infty}\delta(x-a)\delta(x-a)\mathrm{d}x=\delta(a-a)=\delta(0)=\infty \tag{2.88}$$

位置的本征函数和本征值是

$$\hat{x}\delta(x-a)=a\delta(x-a) \tag{2.89}$$

式中，a 为任意实数。

图 2.2 函数逐渐提高其近似于 $\delta(x)$ 的精确性。每条横线下面的面积都是 1。

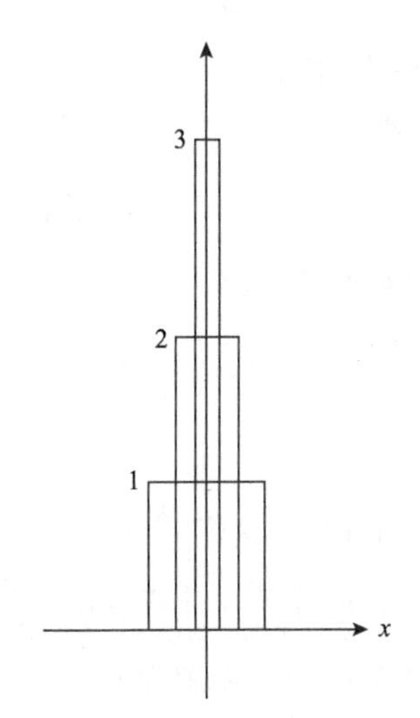

图 2.2　把 $\delta(x)$ 函数看作在原点逐渐变得陡峭的一个函数的极限

2.8　泡利不相容原理

对于多粒子体系的完全波函数来说，交换体系中任意两个粒子的坐标(包括空间坐标和自旋坐标)必须是对称的或反对称的。自旋量子数为半整数的粒子称为费米子(fermion)，如电子、质子、中子等必须是反对称的；自旋量子数为整数或零的粒子称为玻色子(boson)，如光子、α 粒子等必须是对称的。

具有完全相同的质量、电荷、自旋等内禀性质的多粒子体系称为全同粒子体系。虽然粒子的内禀性质完全相同，但在经典力学中每个粒子都有确定的位置和动量，有确定的运动轨道，两个完全相同的粒子是可以区分的。而量子力学中的微观粒子无法同时确定其位置和动量，没有确定的运动轨道。因而量子力学的全同微观粒子无法区分。

由于全同粒子不可区分，在全同粒子中交换两个粒子不改变体系的物理状态。设 $\hat{P}_{ij}$ 是交换体系中两个粒子的算符，$\psi(1,2,\cdots,i,\cdots,j,\cdots,n)$ 是 n 粒子体系的波函数，有

$$\hat{P}_{ij}\psi(1,2,\cdots,i,\cdots,j,\cdots,n)=\psi(1,2,\cdots,j,\cdots,i,\cdots,n)$$

由于 $\psi(1,2,\cdots,i,\cdots,j,\cdots,n)$ 和 $\psi(1,2,\cdots,j,\cdots,i,\cdots,n)$ 描述体系的同一状态，它们最多只差一个常数。设该常数为 λ，则

$$\psi(1,2,\cdots,j,\cdots,i,\cdots,n)=\lambda\psi(1,2,\cdots,i,\cdots,j,\cdots,n)$$

即 ψ 是 $\hat{P}_{ij}$ 的本征函数，本征值为 λ，

$$\hat{P}_{ij}\psi(1,2,\cdots,i,\cdots,j,\cdots,n)=\lambda\psi(1,2,\cdots,i,\cdots,j,\cdots,n)$$

那么

$$\begin{aligned}\hat{P}_{ij}^2\psi(1,2,\cdots,i,\cdots,j,\cdots,n)&=\lambda^2\psi(1,2,\cdots,i,\cdots,j,\cdots,n)\\&=\psi(1,2,\cdots,i,\cdots,j,\cdots,n)\end{aligned}$$

解得

$$\lambda=\pm1$$

取 $\lambda=1$

$$\psi(1,2,\cdots,i,\cdots,j,\cdots,n)=\psi(1,2,\cdots,j,\cdots,i,\cdots,n)$$

为对称波函数；

取 $\lambda=-1$

$$\psi(1,2,\cdots,i,\cdots,j,\cdots,n)=-\psi(1,2,\cdots,j,\cdots,i,\cdots,n)$$

为反对称波函数。

习　题

2.1 什么是算符？什么是力学量算符？

2.2 证明 $\left(\frac{\mathrm{d}}{\mathrm{d}x}+x\right)\left(\frac{\mathrm{d}}{\mathrm{d}x}-x\right)=\frac{\mathrm{d}^2}{\mathrm{d}x^2}-x^2-1$，式中 $\frac{\mathrm{d}}{\mathrm{d}x}$、$x$ 为算符。

2.3 算符的零次幂等于什么？

2.4 对于任意(线性或非线性)算符，证明 $\left(\hat{A}+\hat{B}\right)^2=\left(\hat{B}+\hat{A}\right)^2$。

2.5 证明两个线性算符的积是线性算符。

2.6 证明 $\left[\hat{A},\hat{B}\right]^2=-\left[\hat{B},\hat{A}\right]^2$。

2.7 证明 $\left[\hat{x},\hat{p}_x^2\right]=2\hbar^2\frac{\partial}{\partial x}$，式中，$\hat{x}=x$，$p_x=-\mathrm{i}\hbar\frac{\partial}{\partial x}$。

2.8 下列哪些算符是厄米算符？

$\frac{\mathrm{d}}{\mathrm{d}x}$，$\mathrm{i}\left(\frac{\mathrm{d}}{\mathrm{d}x}\right)$，$\frac{\mathrm{d}^2}{\mathrm{d}x^2}$，$\mathrm{i}\frac{\mathrm{d}^2}{\mathrm{d}x^2}$

2.9 计算 $\int_0^\infty f(x)\delta(x)\mathrm{d}x$。

2.10 证明 $\hat{\Pi}$ 对应于不同本征值的两个本征函数正交。

2.11 简述态叠加原理。

2.12 简述测量理论。

第3章　氢　原　子

3.1　氢原子的薛定谔方程及其解

3.1.1　氢原子的薛定谔方程

氢原子是最简单的原子，核外只有一个电子，研究它的意义在于由简单问题入手，逐渐深入。通过这样一个相对简单的问题的处理，可以看到量子力学解决问题的方法和结果，了解到量子力学是怎样描述物质的微观结构的。

与氢原子相似，核外只有一个电子的体系还有氦离子(He^+)、锂离子(Li^+)等，统称为类氢离子。

将坐标原点选在原子核上，电子和原子核的距离为 r，电子的质量为m_e，相应的坐标如图 3.1 所示。该体系的薛定谔方程为

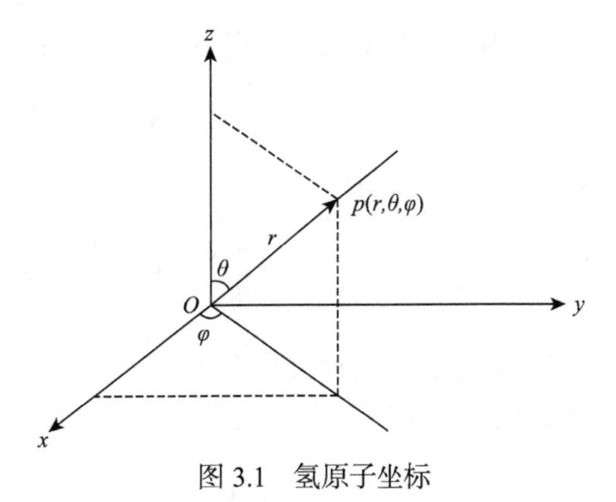

图 3.1　氢原子坐标

$$\hat{H}\psi=E\psi \tag{3.1}$$

$$\hat{H}=-\frac{\hbar^2}{2m_e}\nabla^2-\frac{Ze^2}{r} \tag{3.2}$$

方程(3.1)可以用分离变量法求解，势能函数中 r 在分母上，写成直角坐标无法分离变量，而写成球坐标的形式可以进行变量分离。

球坐标的变量为

$$0\leqslant r<\infty\,,\quad 0\leqslant\theta\leqslant\pi\,,\quad 0\leqslant\varphi\leqslant 2\pi$$

球坐标与直角坐标间的关系式如下

$$x=r\sin\theta\cos\varphi\,,\quad y=r\sin\theta\sin\varphi\,,\quad z=r\cos\theta$$

$$r=\sqrt{x^2+y^2+z^2}\,,\quad \cos\theta=\frac{z}{\sqrt{x^2+y^2+z^2}}\,,\quad \tan\varphi=\frac{y}{x}$$

在直角坐标系中

$$\mathrm{d}\tau=\mathrm{d}x\mathrm{d}y\mathrm{d}z$$

在球坐标系中

$$\mathrm{d}\tau = r^2\sin\theta\mathrm{d}r\mathrm{d}\theta\mathrm{d}\varphi$$

利用这些关系进行坐标变换，得球坐标中拉普拉斯算符 ∇^2 的表达式

$$\nabla^2 = \frac{1}{r^2}\frac{\partial}{\partial r}\left(r^2\frac{\partial}{\partial r}\right)+\frac{1}{r^2\sin\theta}\frac{\partial}{\partial\theta}\left(\sin\theta\frac{\partial}{\partial\theta}\right)+\frac{1}{r^2\sin^2\theta}\frac{\partial^2}{\partial\varphi^2} \tag{3.3}$$

代入薛定谔方程式(3.1)，得

$$-\frac{\hbar^2}{2m_\mathrm{e}}\left[\frac{1}{r^2}\frac{\partial}{\partial r}\left(r^2\frac{\partial\psi}{\partial r}\right)+\frac{1}{r^2\sin\theta}\frac{\partial}{\partial\theta}\left(\sin^2\theta\frac{\partial\psi}{\partial\theta}\right)+\frac{1}{r^2\sin^2\theta}\frac{\partial^2\psi}{\partial\varphi^2}\right]-\frac{Ze^2}{r}\psi=E\psi \tag{3.4}$$

3.1.2 求解薛定谔方程

采用分离变量法解方程(3.4)，令方程的解为

$$\psi(r,\theta,\varphi)=R(r)Y(\theta,\varphi) \tag{3.5}$$

代入方程(3.4)，得

$$\frac{1}{R}\frac{\mathrm{d}}{\mathrm{d}r}\left(r^2\frac{\mathrm{d}R}{\mathrm{d}r}\right)+\frac{2m_\mathrm{e}r^2}{\hbar^2}\left(E+\frac{Ze^2}{r}\right)=-\frac{1}{Y}\left[\frac{1}{\sin\theta}\frac{\partial}{\partial\theta}\left(\sin\theta\frac{\partial Y}{\partial\theta}\right)+\frac{1}{\sin^2\theta}\frac{\partial^2 Y}{\partial\varphi^2}\right] \tag{3.6}$$

式(3.6)左边是 r 的函数，右边是 θ 、φ 的函数，r、θ 、φ 是独立变量。若式(3.6)成立，必须等于一个与 r、θ 、φ 都无关的常数，令此常数为 λ，于是薛定谔方程(3.4)被分解为

$$\frac{1}{r^2}\frac{\mathrm{d}}{\mathrm{d}r}\left(r^2\frac{\mathrm{d}R}{\mathrm{d}r}\right)+\left[\frac{2m_\mathrm{e}}{\hbar^2}\left(E+\frac{Ze^2}{r}\right)-\frac{\lambda}{r^2}\right]R=0 \tag{3.7}$$

$$\frac{1}{\sin\theta}\frac{\partial}{\partial\theta}\left(\sin\theta\frac{\partial Y}{\partial\theta}\right)+\frac{1}{\sin^2\theta}\frac{\partial^2 Y}{\partial\varphi^2}+\lambda Y=0 \tag{3.8}$$

方程(3.8)可进一步进行变量分离，设

$$Y(\theta,\varphi)=\Theta(\theta)\Phi(\varphi) \tag{3.9}$$

代入方程(3.8)，得

$$\frac{1}{\Theta}\sin^2\theta\left[\frac{1}{\sin\theta}\frac{\mathrm{d}}{\mathrm{d}\theta}\left(\sin\theta\frac{\mathrm{d}\Theta}{\mathrm{d}\theta}\right)+\lambda\Theta\right]=-\frac{1}{\Phi}\frac{\mathrm{d}^2\Phi}{\mathrm{d}\varphi^2} \tag{3.10}$$

式(3.10)左边是 θ 的函数，右边是 φ 的函数，θ 、φ 是独立变量。式(3.10)若成立，则应等于一常数，令其为 m^2，则有

$$\frac{1}{\sin\theta}\frac{\mathrm{d}}{\mathrm{d}\theta}\left(\sin\theta\frac{\mathrm{d}\Theta}{\mathrm{d}\theta}\right)+\left(\lambda-\frac{m^2}{\sin^2\theta}\right)\Theta=0 \tag{3.11}$$

$$-\frac{1}{\Phi}\frac{\mathrm{d}^2\Phi}{\mathrm{d}\varphi^2}=m^2 \tag{3.12}$$

采用分离变量的方法将三维薛定谔方程(3.4)分离成三个一维的方程(3.7)、方程(3.11)、方程(3.12)。下面分别求解这三个方程。

1. *Φ*方程的解

方程(3.12)是未知函数Φ的一维方程，称为Φ方程。该方程是常系数二阶线性齐次方程，可写成

$$\frac{\mathrm{d}^2\Phi}{\mathrm{d}\varphi^2}+m^2\Phi=0 \tag{3.13}$$

其复数形式的解为

$$\Phi=A\mathrm{e}^{\mathrm{i}m\varphi} \tag{3.14}$$

m可取正数、负数或零。由于角度θ转2π的整数倍后在空间代表同一点，根据波函数的单值条件，必须要求

$$\Phi(\varphi)=\Phi(\varphi+2\pi) \tag{3.15}$$

则

$$A\mathrm{e}^{\mathrm{i}m\varphi}=A\mathrm{e}^{\mathrm{i}m(\varphi+2\pi)}=A\mathrm{e}^{\mathrm{i}m\varphi}\mathrm{e}^{\mathrm{i}m2\pi} \tag{3.16}$$

即

$$\mathrm{e}^{\mathrm{i}m2\pi}=1 \tag{3.17}$$

由欧拉(Euler)公式得

$$\mathrm{e}^{\mathrm{i}m2\pi}=\cos m2\pi+\mathrm{i}\sin m2\pi=1 \tag{3.18}$$

只有当$m=0,\pm1,\pm2,\cdots$时，式(3.18)才能成立。常数m取整数的条件是根据波函数的单值条件自然得到的，不是人为规定的。m被称为磁量子数。

积分常数A可用归一化条件得到。

$$\int_0^{2\pi}\Phi_m^*(\varphi)\Phi_m(\varphi)\mathrm{d}\varphi=\int_0^{2\pi}A^2\mathrm{e}^{-\mathrm{i}m\varphi}\mathrm{e}^{\mathrm{i}m\varphi}\mathrm{d}\varphi=A^2 2\pi=1$$

$$A=\frac{1}{\sqrt{2\pi}} \tag{3.19}$$

于是得到Φ方程复数形式的解

$$\Phi_m(\varphi)=\frac{1}{\sqrt{2\pi}}\mathrm{e}^{\mathrm{i}m\varphi}\qquad m=0,\pm1,\pm2,\cdots \tag{3.20}$$

式(3.20)为复数形式的解，也可得到实数形式的解。对于绝对值相同的m值，式(3.14)可写作

$$\Phi_{|m|}(\varphi)=A\mathrm{e}^{\mathrm{i}|m|\varphi}=A\cos|m|\varphi+\mathrm{i}A\sin|m|\varphi$$

和

$$\Phi_{-|m|}(\varphi)=A\mathrm{e}^{-\mathrm{i}|m|\varphi}=A\cos|m|\varphi-\mathrm{i}A\sin|m|\varphi$$

这是两个特解，m 为某具体值时，其线性组合后仍是特解，而有

$$\Phi_{|m|}=\Phi_{|m|}+\Phi_{-|m|}=A\cos|m|\varphi \tag{3.21}$$

和

$$\Phi'_{|m|}=\mathrm{i}\Phi_{|m|}-\mathrm{i}\Phi_{-|m|}=B\sin|m|\varphi \tag{3.22}$$

由归一化条件可得

$$\Phi=\frac{1}{\sqrt{2\pi}}\quad(m=0)$$

$$A=B=\frac{1}{\sqrt{\pi}}\quad(m\neq 0,m=\pm1,\pm2,\cdots)$$

所以 Φ 方程实数形式的解为

$$\Phi_0=\frac{1}{\sqrt{2\pi}} \tag{3.23}$$

$$\Phi_{|m|}=\frac{1}{\sqrt{\pi}}\cos|m|\varphi \tag{3.24}$$

$$\Phi'_{|m|}=\frac{1}{\sqrt{\pi}}\sin|m|\varphi \tag{3.25}$$

$$m=\pm1,\pm2,\cdots$$

2. Θ 方程的解

方程(3.11)是含参数 m、λ 的二阶常微分方程，式中参数 m 的取值已确定，

$$\frac{1}{\sin\theta}\frac{\mathrm{d}}{\mathrm{d}\theta}\left(\sin\theta\frac{\mathrm{d}\Theta}{\mathrm{d}\theta}\right)+\left(\lambda-\frac{m^2}{\sin^2\theta}\right)\Theta=0$$

参数 λ 尚未确定。该方程可用级数展开的方法求解。展开后发现，并不是参数 λ 为任何值时该方程的级数解都收敛，仅当

$$\lambda=l(l+1)\quad(l=0,1,2,3,\cdots) \tag{3.26}$$

且

$$l\geqslant|m| \tag{3.27}$$

才能得到收敛的解。λ 是该方程的本征值，l 是量子数，称为角动量量子数，简称角量子数。用 $l(l+1)$ 代替 λ，得

$$\frac{1}{\sin\theta}\frac{\mathrm{d}}{\mathrm{d}\theta}\left(\sin\theta\frac{\mathrm{d}\Theta}{\mathrm{d}\theta}\right)-\frac{m^2}{\sin^2\theta}\Theta+l(l+1)\Theta=0 \tag{3.28}$$

此类常数微分方程称为联属勒让德(Legendre)方程，是数理方程中的重要方程，工程中常遇到，已经被详细研究。其解称为联属勒让德函数，常用 $P_l^{|m|}(\cos\theta)$ 表示。方程(3.28)的解可写作

$$\Theta_{l|m|}(\theta)=\left[\frac{2l+1}{2}\cdot\frac{(l-|m|)!}{(l+|m|)!}\right]^{\frac{1}{2}}P_l^{|m|}(\cos\theta) \tag{3.29}$$

其中等式右边的系数因子为归一化系数，由于负数的阶乘无意义，零的阶乘等于 1，所以 $l\geqslant|m|$；联属勒让德函数可用下式表示

$$P_l^{|m|}(\cos\theta)=\frac{(1-\cos^2\theta)^{\frac{|m|}{2}}}{2^l l!}\frac{\mathrm{d}^{l+|m|}}{\mathrm{d}\cos\theta^{l+|m|}}(\cos^2\theta-1)^l \tag{3.30}$$

其具体函数形式随 l、m 的取值不同而不同，例如

$$l=0,\ m=0,\ \Theta_{00}=\frac{\sqrt{2}}{2}$$

$$l=1\begin{cases}m=0,\ \Theta_{10}=\dfrac{\sqrt{6}}{2}\cos\theta\\ m=\pm1,\ \Theta_{11}=\dfrac{\sqrt{3}}{2}\sin\theta\end{cases}$$

$$l=2\begin{cases}m=0,\ \Theta_{20}=\dfrac{\sqrt{10}}{4}(3\cos^2\theta-1)\\ m=\pm1,\ \Theta_{21}=\dfrac{\sqrt{15}}{2}\sin\theta\cos\theta\\ m=\pm2,\ \Theta_{22}=\dfrac{\sqrt{15}}{4}\sin^2\theta\end{cases}$$

$$\vdots$$

3. *R* 方程的解

由于 $\lambda=l(l+1)$，所以方程(3.7)可写作

$$\frac{1}{r^2}\frac{\mathrm{d}}{\mathrm{d}r}\left(r^2\frac{\mathrm{d}R}{\mathrm{d}r}\right)+\left[-\frac{l(l+1)}{r^2}+\frac{2m_\mathrm{e}}{\hbar^2}\left(E+\frac{Ze^2}{r}\right)\right]R=0 \tag{3.31}$$

这也是一个含参数的二阶常微分方程。其中参数 l 的取值范围已确定，参数 E 尚未确定。方程(3.31)也需用级数展开的方法求解。当 E 取大于零的任何值时，方程(3.31)的级数解都收敛，都有满足波函数条件的解，即对于方程(3.31) E 可取大于零的任何值。也就是 $E>0$ 时体系的能量是连续的、非量子化的。然而，$E>0$，表示电子离开原子核运动到无限远处，虽可看成一个电子和一个原子核构成的体系，但已不是一个稳定的氢原子了。所以，这里不做讨论。

当$E<0$时，对应于电子的束缚态，即稳定的氢原子。用级数展开的方法求解发现，仅当

$$E_n = -\frac{m_e Z^2 e^4}{2\hbar^2 n^2} \quad (n = 1, 2, 3, \cdots) \tag{3.32}$$

时，级数解才收敛。式(3.32)中等号右边除n外都是常数，因此E是n的函数而写作E_n。由于n只能取正整数，所以E_n是不连续的、量子化的。

方程(3.31)称为联属拉盖尔(Laguerre)方程，在工程问题中常用到，是数理方程中一类重要的方程，已经被详细研究。其解称为联属拉盖尔函数，可写作

$$R_{nl}(r) = N_{nl} e^{-\frac{\rho}{2}} \rho^l L_{n+l}^{2l+1}(\rho) \tag{3.33}$$

式中

$$\rho = \frac{2Z}{na_0} r \tag{3.34}$$

而

$$a_0 = \frac{\hbar^2}{m_e e^2} \tag{3.35}$$

称为第一玻尔轨道半径；N_{nl}是归一化常数，由归一化条件

$$\int_0^\infty R_{nl}^2(r) r^2 \mathrm{d}r = 1$$

计算得

$$N_{nl} = -\left\{ \left(\frac{2Z}{na_0} \right)^3 \frac{(n-l-1)!}{2n\left[(n+l)!\right]^3} \right\}^{\frac{1}{2}} \tag{3.36}$$

引入负号是为了使函数在小的r值时为正值，由$n-l-1 \geqslant 0$得到

$$l = 0, 1, 2, \cdots, n-1 \tag{3.37}$$

而

$$L_{n+l}^{2l+1}(\rho) = \sum_{k=0}^{n-l-1} (-1)^k \frac{\left[(n+l)!\right]^2}{(n-l-1-k)!(2l+1+k)!k!} \rho^k \tag{3.38}$$

称为缔合拉盖尔多项式，也可写作

$$L_{n+l}^{2l+1}(\rho) = \frac{\mathrm{d}^{2l+1}}{\mathrm{d}\rho^{2l+1}} \left[e^{\rho} \frac{\mathrm{d}^{n+l}}{\mathrm{d}\rho^{n+l}} \left(\rho^{n+l} e^{-\rho} \right) \right] \tag{3.39}$$

其具体函数形式依n、l取值的不同而不同，例如

$$n=1,\ l=0,\ R_{10}(r)=\left(\frac{Z}{a_0}\right)^{\frac{3}{2}}2\mathrm{e}^{-\frac{Zr}{a_0}}$$

$$n=2\begin{cases} l=0,\ R_{20}(r)=\left(\dfrac{Z}{2a_0}\right)^{\frac{3}{2}}\left(2-\dfrac{Zr}{a_0}\right)\mathrm{e}^{-\frac{Zr}{2a_0}} \\ l=1,\ R_{21}(r)=\left(\dfrac{Z}{2a_0}\right)^{\frac{3}{2}}\dfrac{Zr}{\sqrt{3}a_0}\mathrm{e}^{-\frac{Zr}{2a_0}} \end{cases}$$

$$n=3\begin{cases} l=0,\ R_{30}(r)=\left(\dfrac{Z}{3a_0}\right)^{\frac{3}{2}}\left[2-\dfrac{4Zr}{3a_0}+\dfrac{4}{27}\left(\dfrac{Zr}{a_0}\right)^2\right]\mathrm{e}^{-\frac{Zr}{3a_0}} \\ l=1,\ R_{31}(r)=\left(\dfrac{2Z}{a_0}\right)^{\frac{3}{2}}\left(\dfrac{2}{27\sqrt{3}}-\dfrac{Zr}{81a_0\sqrt{3}}\right)\dfrac{Zr}{a_0}\mathrm{e}^{-\frac{Zr}{3a_0}} \\ l=2,\ R_{32}(r)=\left(\dfrac{2Z}{a_0}\right)^{\frac{3}{2}}\dfrac{1}{81\sqrt{15}}\left(\dfrac{Zr}{a_0}\right)^2\mathrm{e}^{-\frac{Zr}{3a_0}} \end{cases}$$

$$\vdots$$

3.1.3 氢原子的波函数

上面采用分离变量法将方程(3.4)分离成三个常微分方程ψ、Θ、R，并依次得到它们的解，则方程(3.4)的解应为

$$\begin{aligned}\psi_{nlm}(r,\theta,\varphi)&=R_{nl}(r)\Theta_{lm}(\theta)\Phi_m(\varphi)\\&=-\left\{\left(\frac{2Z}{na_0}\right)^3\frac{(n-l-1)!}{2n\left[(n+l)!\right]^3}\right\}^{\frac{1}{2}}\mathrm{e}^{-\frac{\rho}{2}}\rho^l L_{n+l}^{2l+1}(\rho)\left\{\frac{(2l+1)(l-|m|)!}{2(l+|m|)!}\right\}^{\frac{1}{2}}\rho_l^{|m|}(\cos\theta)\frac{1}{\sqrt{2\pi}}\mathrm{e}^{im\varphi}\end{aligned} \tag{3.40}$$

其中

$$\rho=\frac{2Z}{na_0}r$$
$$a_0=\frac{\hbar^2}{me^2}$$
$$n=1,2,\cdots$$
$$l=0,1,2,\cdots,n-1$$
$$m=0,\pm1,\pm2,\cdots,\pm l$$

这些函数都是归一化的，还是相互正交的。当 n、l、m 取确定值时，具体函数形式为

$$n=1,\ l=0,\ m=0,\ \psi_{100}=\frac{1}{\sqrt{\pi}}\left(\frac{Z}{a_0}\right)^{\frac{3}{2}}\mathrm{e}^{-\rho}$$

$$n=2\begin{cases} l=0,\ m=0,\ \psi_{200}=\dfrac{1}{4\sqrt{2\pi}}\left(\dfrac{Z}{2a_0}\right)^{\frac{3}{2}}(2-\rho)\mathrm{e}^{-\frac{\rho}{2}} \\ l=1,\ m=0,\ \psi_{210}=\dfrac{1}{4\sqrt{2\pi}}\left(\dfrac{Z}{2a_0}\right)^{\frac{3}{2}}\rho\mathrm{e}^{-\frac{\rho}{2}}\cos\theta \end{cases}$$

$$\begin{cases} l=1,\ m=+1,\ \psi_{211}=\dfrac{1}{4\sqrt{2\pi}}\left(\dfrac{Z}{2a_0}\right)^{\frac{3}{2}}\rho\mathrm{e}^{-\frac{\rho}{2}}\sin\theta\cos\varphi \\ l=1,\ m=-1,\ \psi_{21-1}=\dfrac{1}{4\sqrt{2\pi}}\left(\dfrac{Z}{2a_0}\right)^{\frac{3}{2}}\rho\mathrm{e}^{-\frac{\rho}{2}}\sin\theta\sin\varphi \end{cases}$$

$$\vdots$$

定态波函数$\psi_{nlm}(r,\theta,\varphi)$描述氢原子和类氢离子中电子在恒定引力场中的运动状态，其能量为负值，这是由取无穷远处的势能为零所致。由于波函数为三个量子数 n、l、m 所决定，而能量E_n仅与n有关。对应于一个n，l可取$0,1,2,\cdots,n-1$共n个值；而对应于一个l，m可取$0,\pm1,\pm2,\cdots,\pm l$共$2l+1$个值；n、l、m有一个不同则波函数就不同，因此，对应于一个n值，就有

$$\sum_{l=0}^{n-1}(2l+1)=n^2$$

个波函数。称这种能量相同而波函数不同的状态为能量简并态；对应于同一能量的波函数的个数为简并度，所以能级为E_n的简并度为n^2。

3.2 严格求解氢原子的薛定谔方程

3.2.1 双粒子体系的薛定谔方程

氢原子是由一个原子核和一个电子构成的双粒子体系。用x_1、y_1、z_1和x_2、y_2、z_2分别表示原子核和电子的坐标。用M和m分别表示原子核和电子的质量。薛定谔方程为

$$-\frac{\hbar^2}{2M}\nabla_1^2\psi_t-\frac{\hbar^2}{2m}\nabla_2^2\psi_t+V\psi_t=E_t\psi_t \tag{3.41}$$

其中

$$\psi_t=\psi_t(x_1,y_1,z_1;x_2,y_2,z_2)$$

$$V=\frac{ze^2}{\sqrt{(x_2-x_1)^2+(y_2-y_1)^2+(z_2-z_1)^2}}$$

3.2.2 双粒子问题化为单粒子问题

为了进行变量分离，引入新的变量x、y、z和r、θ、φ。其中x、y、z是体系质心的笛卡儿坐标；r、θ、φ是电子相对于原子核的球极坐标。并有

$$x = \frac{Mx_1 + mx_2}{M_1 + m_2}$$

$$y = \frac{My_1 + my_2}{M_1 + m_2}$$

$$z = \frac{Mz_1 + mz_2}{M_1 + m_2}$$

$$r\sin\theta\cos\varphi = x_2 - x_1$$

$$r\sin\theta\cos\varphi = y_2 - y_1$$

$$r\cos\theta = z_2 - z_1$$

将上面的变量代入方程(3.41)，得

$$-\frac{\hbar^2}{2(M+m)}\left(\nabla_1^2\psi_t\right) - \frac{\hbar^2}{2\mu}\left[\frac{1}{r^2}\frac{\partial}{\partial r}\left(r^2\frac{\psi_t}{\partial r}\right) + \frac{1}{r^2\sin\theta}\frac{\partial}{\partial\theta}\left(\sin\theta\frac{\partial\psi_t}{\partial\theta}\right) + \frac{1}{r^2\sin^2\theta}\frac{\partial\psi_t}{\partial\varphi^2}\right] + V\psi_t = E_t\psi_t \tag{3.42}$$

其中

$$\mu = \frac{Mm}{M+m}$$

即

$$\frac{1}{\mu} = \frac{1}{M} + \frac{1}{m}$$

称为约化质量或折合质量。

令

$$\psi_t(x, y, z, r, \theta, \varphi) = \varPhi(x, y, z)\psi(r, \theta, \varphi) \tag{3.43}$$

将式(3.43)代入式(3.42)后将整个方程除以$\varPhi\psi$，得

$$-\frac{\hbar^2}{2(M+m)}\nabla^2\varPhi = E_{\text{tr}}\varPhi \tag{3.44}$$

$$-\frac{\hbar^2}{2\mu}\left[\frac{1}{r^2}\frac{\partial}{\partial r}\left(r^2\frac{\psi}{\partial r}\right) + \frac{1}{r^2\sin\theta}\frac{\partial}{\partial\theta}\left(\sin\theta\frac{\partial\psi}{\partial\theta}\right) + \frac{1}{r^2\sin^2\theta}\frac{\partial^2\psi}{\partial\varphi^2}\right] + V(r, \theta, \varphi)\psi = E\psi \tag{3.45}$$

$$E_t = E_{\text{tr}} + E \tag{3.46}$$

方程(3.44)是质量为$M+m$的自由粒子的运动方程。在很多问题中，该运动状态并

不重要，相应的能量E_{tr}不需要知道。在以后的讨论中，将不包括能量E_{tr}的能量E看作体系的能量。方程(3.45)是具有约化质量μ的粒子在势能$V(r,\theta,\varphi)$场中的运动方程。方程(3.45)与前面讨论的氢原子和类氢离子的薛定谔方程的差别只是用约化质量μ代替了电子质量m，其解是相同的，只需用μ代替m即可。这样求得的能量更精确，有

$$E_n=-\frac{\mu z^2e^2}{2\hbar^2n^2}\qquad (n=1,2,3,\cdots) \tag{3.47}$$

$$\psi_{nlm}(r,\theta,\varphi)=\left\{\left(\frac{2z}{na_0}\right)^3\frac{(n-l-1)!}{2n\left[(n+l)!\right]^3}\right\}^{\frac{1}{2}}\mathrm{e}^{-\frac{\rho}{2}}\rho^lL_{n+l}^{2l+1}(\rho)\left\{\frac{(2n+1)(l-|m|)!}{2(l+|m|)!}\right\}^{\frac{1}{2}}P_l^{|m|}(\cos\theta)\frac{1}{\sqrt{2\pi}}\mathrm{e}^{\mathrm{i}m\varphi} \tag{3.48}$$

其中

$$\rho=\frac{2z}{na_0}$$

$$a_0=\frac{\hbar^2}{\mu e^2}$$

$$n=1,2,\cdots$$

$$l=0,1,2,\cdots,n-1$$

$$m=0,\pm1,\pm2,\cdots,\pm l$$

3.3 波函数和电子云图像

3.3.1 波函数和电子云

波函数$\psi_{nlm}(r,\theta,\varphi)$描述了氢原子和类氢离子中电子的运动状态。由于该种体系核外只有一个电子,也称之为单电子波函数。这种单电子波函数所描述的状态也称原子轨道。而波函数绝对值的平方即$|\psi_{nlm}(r,\theta,\varphi)|^2$则表示电子在原子核周围空间各点出现概率的大小，也称概率密度。而把电子在原子核周围的概率分布，即$|\psi|^2$的分布称为电子云。

波函数$\psi_{nlm}(r,\theta,\varphi)$是$r,\theta,\varphi$三个变量的函数，难以用图像表达，根据

$$\psi_{nlm}(r,\theta,\varphi)=R_{nl}(r)Y_{lm}(\theta,\varphi)$$

可将其分成两部分讨论。第一部分为径向波函数即联属拉盖尔函数$R_{nl}(r)$；第二部分为角度波函数即球谐函数$Y_{lm}(\theta,\varphi)$。

3.3.2 径向分布

1. 径向波函数

径向波函数$R_{nl}(r)$表示的是在不考虑角度时，波函数随r变化的情况。图3.2(a)给

出了 $R_{nl}(r)-r$ 的变化。径向波函数有正负及节面[$R_{nl}(r)=0$处]，节面的个数 N 与 n、l 有关，可用下式求得

$$N=n-l-1 \tag{3.49}$$

l 相同时，n 越大，节面数量越多，能量越高。

2. 径向密度函数

径向密度函数 $R_{nl}^2(r)=\left|R_{nl}(r)\right|^2$ [因为 $R_{nl}^2(r)$ 为实函数]描述了在不考虑角度时，电子在距原子核 r 处的某点单位体积内出现的概率。图 3.2(b)则表示的是 $R_{nl}^2(r)$-r 的变化曲线。

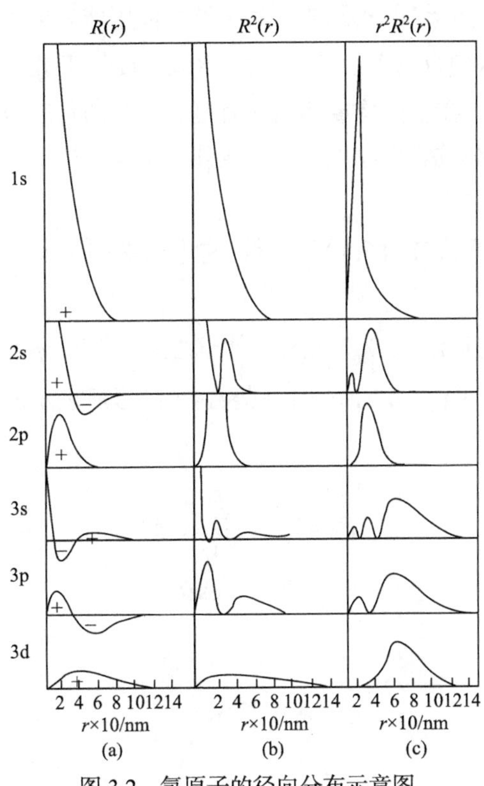

图 3.2 氢原子的径向分布示意图

3. 径向分布函数——电子云的径向分布

将波函数的角度部分积分

$$\begin{aligned}\int_0^{2\pi}\int_0^{\pi}\left|\psi_{nlm}(r,\theta,\varphi)\right|^2 r^2\sin\theta\mathrm{d}r\mathrm{d}\theta\mathrm{d}\varphi&=\int_0^{2\pi}\int_0^{\pi}R_{nl}^2(r)\left|Y_{lm}(\theta,\varphi)\right|^2 r^2\sin\theta\mathrm{d}r\mathrm{d}\theta\mathrm{d}\varphi\\&=r^2R_{nl}^2(r)\mathrm{d}r\\&=D(r)\mathrm{d}r\end{aligned}$$

式中

$$D(r)=r^2R_{nl}^2(r) \tag{3.50}$$

表示在半径为 r 的球面附近单位厚度球壳内电子出现的概率。因为 $4\pi r^2$ 表示球表面积，而 $4\pi r^2$ 与 r^2 仅差常数 4π 倍，概率仅有相对的意义，所以 $r^2R_{nl}^2(r)$ 和 $4\pi r^2R_{nl}^2(r)$ 可同等看待。而 $D(r)\mathrm{d}r$ 则表示在 $r\sim r+\mathrm{d}r$ 的球壳上电子出现的概率。图 3.2(c) 给出了 $D(r)$-r 的变化曲线。

3.3.3 角度分布

波函数的角度部分 $Y_{lm}(\theta,\varphi)$ 称为角度分布，反映了波函数在同一球面的不同方向上的相对大小和符号的正负。这对于讨论化学键的生成、变化和分子几何构型具有重要意义。为易于作图，将 $Y_{lm}(\theta,\varphi)$ 取实函数，其图形可以用球坐标表示。其做法是：选原子核为坐标原点，在某一方向 (θ,φ) 上引一直线，直线长度等于 $Y_{lm}(\theta,\varphi)$ 的绝对值 $|Y_{lm}(\theta,\varphi)|$ 的大小。所有直线的端点在空间构成的曲面就是波函数的角度分布图。而实际上不是画的立体图，而是借助于经过坐标原点的一个或几个平面上的 $Y_{lm}(\theta,\varphi)$ 函数的极坐标剖面图来表示其角度分布的性质。

波函数角度部分的平方 $|Y_{lm}(\theta,\varphi)|^2$ 表示的是电子在同一球面上不同方向上的概率密度。其作图方法同上述。

图 3.3 和图 3.4 分别给出了 $Y_{lm}(\theta,\varphi)$ 和 $|Y_{lm}(\theta,\varphi)|^2$ 对 θ、φ 的图形。给出的直角坐标是表示剖开图形的平面。而 p、d 的下角标则表达了图形所表示的函数式的直角坐标和球坐标的变换关系。例如

$$P_Z=Y_{10}=\frac{\sqrt{3}}{\sqrt{4\pi}}\cos\theta$$
$$Z=r\cos\theta$$

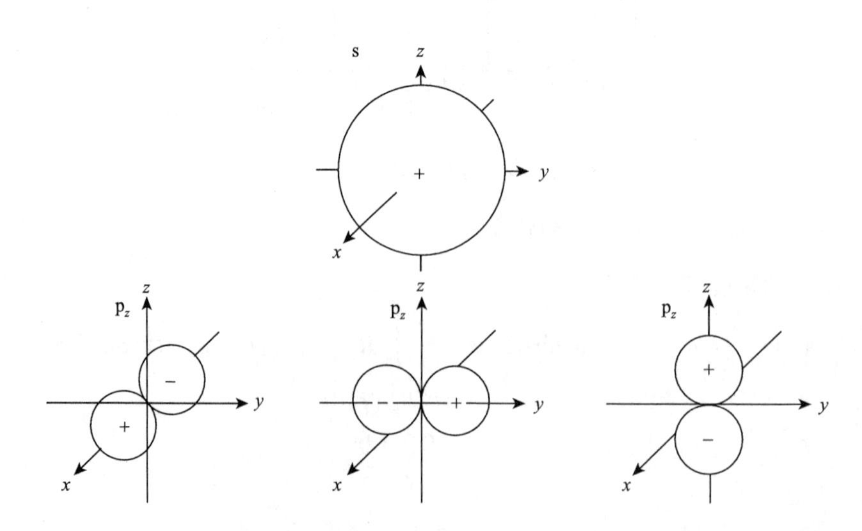

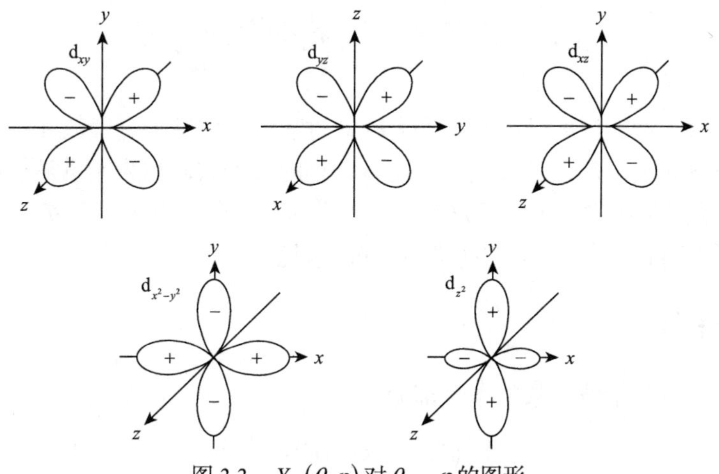

图 3.3 $Y_{lm}(\theta,\varphi)$对θ、φ的图形

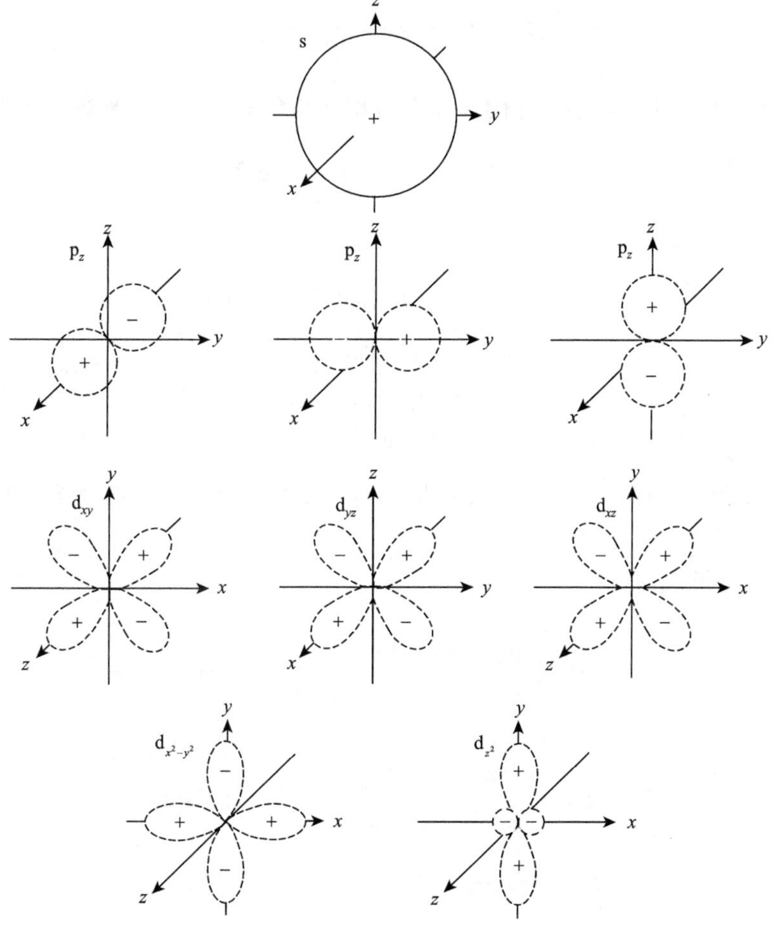

图 3.4 $\left|Y_{lm}(\theta,\varphi)\right|^2$对$\theta$、$\varphi$的图形(虚线)

3.4 量子数 l、m 的物理意义

在求解氢原子和类氢离子的薛定谔方程的过程中，引进了量子数 n、l 和 m。n 在电子的总能量表达式中出现，是决定电子能量大小的量子数，称为能量量子数，也称主量子数。其物理意义很明确。而量子数 l 和 m 的物理意义在解 Θ 方程和 Φ 方程的过程中并未能体现。下面对量子数 l、m 的物理意义进行讨论。

3.4.1 角量子数 l

氢原子和类氢离子波函数的角度部分

$$Y_{lm}(\theta,\varphi)=\Theta_{lm}(\theta)\Phi_m(\theta)$$

是方程

$$-\left[\frac{1}{\sin\theta}\frac{\partial}{\partial\theta}\left(\sin\theta\frac{\partial}{\partial\theta}\right)+\frac{1}{\sin^2\theta}\frac{\partial^2}{\partial\varphi^2}\right]Y=l(l+1)Y \tag{3.51}$$

的解。方程(3.51)是把 $\lambda=l(l+1)$ 代入方程(3.8)所得到的。其解的复数形式为

$$Y_{lm}(\theta,\varphi)=N_{lm}P_l^{|m|}(\cos\theta)\mathrm{e}^{\mathrm{i}m\varphi}$$

式中

$$N_{lm}=\left[\frac{1}{2\pi}\frac{2l+1}{2}\frac{(l-|m|)!}{(l+|m|)!}\right]^{\frac{1}{2}}$$

$$l=0,1,2,\cdots,n-1;\quad m=0,\pm1,\pm2,\cdots,\pm l$$

$$\varphi:0\sim2\pi;\quad \theta:0\sim\pi$$

该解称为球谐函数，解的全体是一完备性集合，球面上定义的连续函数可用球谐函数展开。

其解的实数形式为

$$Y_{l|m|}(\theta,\varphi)=\left[\frac{1}{\pi}\frac{2l+1}{2}\frac{(l-|m|)!}{(l+|m|)!}\right]^{\frac{1}{2}}P_l^{|m|}(\cos\theta)\cos|m|\varphi$$

$$Y'_{l|m|}(\theta,\varphi)=\left[\frac{1}{\pi}\frac{2l+1}{2}\frac{(l-|m|)!}{(l+|m|)!}\right]^{\frac{1}{2}}P_l^{|m|}(\cos\theta)\sin|m|\varphi$$

$$l=0,1,2,\cdots,n-1;\quad m=0,\pm1,\pm2,\cdots,\pm l$$

$$\varphi:0\sim2\pi;\quad \theta:0\sim\pi$$

称为田谐函数。

将方程(3.51)的两边乘以$\hbar^2$，得

$$-\hbar^2\left[\frac{1}{\sin\theta}\frac{\partial}{\partial\theta}\left(\sin\theta\frac{\partial}{\partial\theta}\right)+\frac{1}{\sin^2\theta}\frac{\partial^2}{\partial\varphi^2}\right]Y=l(l+1)\hbar^2Y \tag{3.52}$$

即

$$\hat{L}^2Y=l(l+1)\hbar^2Y \tag{3.53}$$

式中

$$\hat{L}^2=-\hbar^2\left[\frac{1}{\sin\theta}\frac{\partial}{\partial\theta}\left(\sin\theta\frac{\partial}{\partial\theta}\right)+\frac{1}{\sin^2\theta}\frac{\partial^2}{\partial\varphi^2}\right] \tag{3.54}$$

是球坐标形式的角动量平方算符表达式。方程(3.52)或方程(3.53)是角动量平方算符的本征方程。角度部分波函数$Y_{lm}(\theta,\varphi)$是角动量平方算符$\hat{L}^2$的本征函数。$l(l+1)\hbar^2$是角动量平方算符的本征值，即角动量平方的值。以$\boldsymbol{L}^2$表示角动量平方，有

$$\boldsymbol{L}^2=l(l+1)\hbar^2 \tag{3.55}$$

或

$$|\boldsymbol{L}|=\sqrt{l(l+1)}\hbar \tag{3.56}$$

当体系处于式(3.52)或式(3.53)的某个具体的本征函数$Y_{lm}(\theta,\varphi)$所描述的状态时，具有确定的角动量平方值$\boldsymbol{L}^2$或角动量绝对值$|\boldsymbol{L}|$，其大小由l决定，可根据式(3.55)、式(3.56)求得。由于l决定角动量的大小，所以称为角动量量子数，简称为角量子数。

3.4.2 磁量子数 *m*

角动量z方向分量算符在球坐标的表达式为

$$\hat{L}_z=-\mathrm{i}\hbar\frac{\partial}{\partial\varphi} \tag{3.57}$$

将其作用于角度波函数$Y_{lm}(\theta,\varphi)$得

$$\hat{L}_zY_{lm}(\theta,\varphi)=-\mathrm{i}\hbar\frac{\partial}{\partial\varphi}\left[N_{lm}P_l^{|m|}(\cos\theta)\mathrm{e}^{\mathrm{i}m\varphi}\right]=m\hbar Y_{lm}(\theta,\varphi) \tag{3.58}$$

式(3.58)表明，当体系处于$Y_{lm}(\theta,\varphi)$所描述的状态时，体系的角动量在z方向的分量是

$$L_z=m\hbar\quad(m=0,\pm1,\pm2,\cdots,\pm l) \tag{3.59}$$

通常将外加磁场的方向取为z轴的方向，所以角动量在z轴方向的分量又称为角动量在磁场方向的分量。由于m仅能取整数值，所以角动量在磁场方向的分量也是量子化的。其大小由m所决定，因而称m为磁量子数，其物理意义表示其值决定电子角动量在磁场方向分量的大小。

由于一个 l 值可有 $2l+1$ 个 m 值相对应，所以角动量的绝对值一定时，角动量在 z 方向的分量还可以有 $2l+1$ 个不同的值。这表明，当角动量矢量长度一定时，在空间可有 $2l+1$ 个不同的取向，这称为角动量的方向量子化。角动量的方向量子化决定了角动量分量大小的量子化。

下面举例说明角动量的方向量子化和分量量子化。

例 3.1 $l=1$，$m=0,\pm1$，则 $|\boldsymbol{L}|=\sqrt{l(l+1)}\hbar=\sqrt{2}\hbar$，在 z 方向上的分量为 $L_z=m\hbar$，$L_z=0$，$L_z=\hbar$，$L_z=-\hbar$，共计三个，即角动量矢量 $\boldsymbol{L}$ 有三种取向。将结果示意于图 3.5。

例 3.2 $l=2$，$m=0,\pm1,\pm2$，则 $|\boldsymbol{L}|=\sqrt{6}\hbar$，在 z 方向上的分量 L_z 分别为 $0,\pm\hbar,\pm2\hbar$ 共计五个，即角动量矢量 $\boldsymbol{L}$ 有五种取向。结果示意于图 3.6。

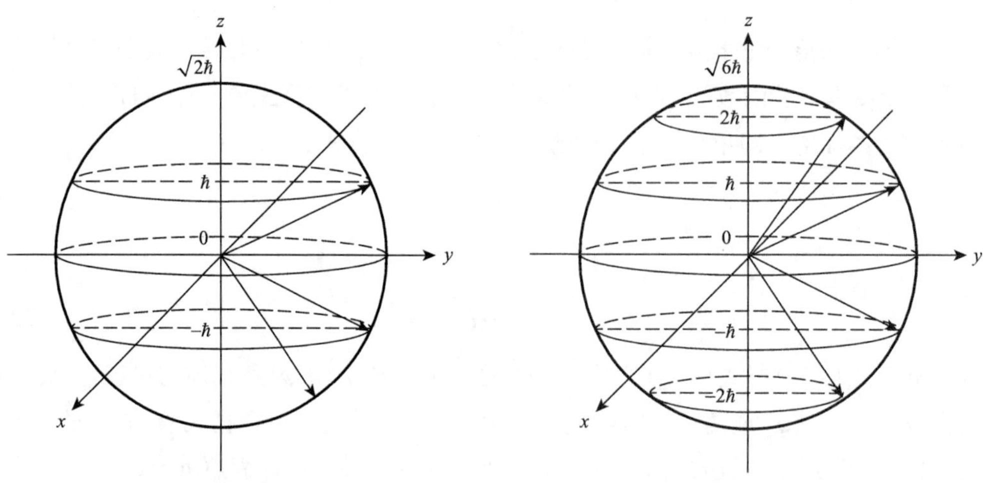

图 3.5 角动量矢量 $\boldsymbol{L}$ 的三种取向　　图 3.6 角动量矢量 $\boldsymbol{L}$ 的五种取向

3.4.3 算符的对易性

函数 $Y_{lm}(\theta,\varphi)$ 是 $\hat{L}^2$ 算符的本征函数，因而有

$$\hat{L}^2Y_{lm}(\theta,\varphi)=l(l+1)\hbar^2Y_{lm}(\theta,\varphi) \tag{3.60}$$

两边同时左乘 $R_{nl}(r)$，由于 $R_{nl}(r)$ 仅是 r 的函数，而算符 $\hat{L}^2$ 仅包含对 θ、φ 的微分，所以 $R_{nl}(r)$ 可看作常数移到 $\hat{L}^2$ 的右侧。式(3.60)的左边为

$$R_{nl}(r)\hat{L}^2Y_{lm}(\theta,\varphi)=\hat{L}^2R_{nl}(r)Y_{lm}(\theta,\varphi)=\hat{L}^2\psi_{nlm}(r,\theta,\varphi)$$

右边为

$$R_{nl}(r)l(l+1)\hbar^2Y_{lm}(\theta,\varphi)=l(l+1)\hbar^2R_{nl}(r)Y_{lm}(\theta,\varphi)=l(l+1)\hbar^2\psi_{nlm}(r,\theta,\varphi)$$

所以有

$$\hat{L}^2\Psi_{nlm}(r,\theta,\varphi)=l(l+1)\hbar^2\psi_{nlm}(r,\theta,\varphi)$$

即氢原子波函数$\psi_{nlm}(r,\theta,\varphi)$也是$\hat{L}^2$的本征函数。

将式(3.58)

$$\hat{L}_z Y_{lm}(\theta,\varphi) = m\hbar Y_{lm}(\theta,\varphi)$$

两边同时左乘$R_{nl}(r)$，因算符$\hat{L}_z$对φ求导，而$R_{nl}(r)$仅是r的函数，所以$R_{nl}(r)$可移到$\hat{L}_z$的右边；$m\hbar$是常数，$R_{nl}(r)$可与其换位，因而有左边

$$R_{nl}(r)\hat{L}_z Y_{lm}(\theta,\varphi) = \hat{L}_z R_{nl}(r) Y_{lm}(\theta,\varphi) = \hat{L}_z \psi_{nlm}(r,\theta,\varphi)$$

右边

$$R_{nl}(r) m\hbar Y_{lm}(\theta,\varphi) = m\hbar R_{nl}(r) Y_{lm}(\theta,\varphi) = m\hbar \psi_{nlm}(r,\theta,\varphi)$$

即

$$\hat{L}_z \psi_{nlm}(r,\theta,\varphi) = m\hbar \psi_{nlm}(r,\theta,\varphi)$$

可见，氢原子和类氢离子波函数也是算符$\hat{L}_z$的本征函数。

由上可见，氢原子和类氢离子波函数$\psi_{nlm}(r,\theta,\varphi)$是算符$\hat{H}$、$\hat{L}^2$和$\hat{L}_z$共同的本征函数。对该体系进行测量，可得到$E$、$|\boldsymbol{L}|$和$L_z$的确定值，即本征值。

为什么$\hat{H}$、$\hat{L}^2$和$\hat{L}_z$能有共同的本征函数呢？哪些力学量能有共同的本征函数呢？为什么力学量E、$|\boldsymbol{L}|$和L_z可同时准确测定呢？哪些力学量可同时准确测定呢？

这实质是由于$\hat{H}$、$\hat{L}^2$和$\hat{L}_z$三个算符可以对易所致。所谓对易就是算符可以交换顺序，结果不变。如果$\hat{A}$、$\hat{B}$两个算符可以对易，那么下式成立

$$\hat{A}\hat{B} = \hat{B}\hat{A}$$

如果$\hat{A}$、$\hat{B}$两个算符不可对易，则

$$\hat{A}\hat{B} \neq \hat{B}\hat{A}$$

一般说来，对易算符有一组共同的构成完备集合的本征函数，都具有和本征函数相对应的本征值，即对易算符所表示的力学量可同时准确测定。

下面证明算符$\hat{H}$、$\hat{L}^2$和$\hat{L}_z$是可对易的。

$$\begin{aligned}\hat{H}\hat{L}_z \psi_{nlm}(r,\theta,\varphi) &= \hat{H}\left[\hat{L}_z \psi_{nlm}(r,\theta,\varphi)\right] \\ &= \hat{H} m\hbar \psi_{nlm}(r,\theta,\varphi) \\ &= m\hbar \hat{H} \psi_{nlm}(r,\theta,\varphi) \\ &= m\hbar E \psi_{nlm}(r,\theta,\varphi)\end{aligned}$$

$$\begin{aligned}\hat{L}_z \hat{H} \psi_{nlm}(r,\theta,\varphi) &= \hat{L}_z\left[\hat{H} \psi_{nlm}(r,\theta,\varphi)\right] \\ &= \hat{L}_z E \psi_{nlm}(r,\theta,\varphi) \\ &= E \hat{L}_z \psi_{nlm}(r,\theta,\varphi) \\ &= E m\hbar \psi_{nlm}(r,\theta,\varphi)\end{aligned}$$

比较以上两式可见

$$\hat{H}\hat{L}_z\psi_{nlm}(r,\theta,\varphi)=\hat{L}_z\hat{H}\psi_{nlm}(r,\theta,\varphi)$$

所以

$$\hat{H}\hat{L}_z=\hat{L}_z\hat{H} \tag{3.61}$$

即算符 $\hat{H}$ 、$\hat{L}_z$ 可对易。同理可证明算符 $\hat{H}$ 、$\hat{L}^2$ 可对易；算符 $\hat{L}^2$ 、$\hat{L}_z$ 可对易。即算符 $\hat{H}$ 、$\hat{L}^2$ 和 $\hat{L}_z$ 可两两对易，所以它们有共同的本征函数 $\psi_{nlm}(r,\theta,\varphi)$ 。

坐标和动量两个力学量不能同时准确测定，就是由于两者的力学量算符不可对易。以 $\hat{x}$ 和 $\hat{p}_x$ 分别表示 x 方向的坐标算符和动量算符。对坐标而言，坐标也是算符。令 f 表示一个函数，则

$$\hat{x}\hat{p}_x f=x\left(-\mathrm{i}\hbar\frac{\partial}{\partial x}f\right)=-\mathrm{i}\hbar x\frac{\partial f}{\partial x}$$

$$\hat{p}_x\hat{x}f=-\mathrm{i}\hbar\frac{\partial}{\partial x}(xf)=-\mathrm{i}\hbar\left(f+x\frac{\partial f}{\partial x}\right)$$

两式相减，得

$$(\hat{x}\hat{p}_x-\hat{p}_x\hat{x})f=-\mathrm{i}\hbar f$$

即

$$\hat{x}\hat{p}_x-\hat{p}_x\hat{x}=-\mathrm{i}\hbar\neq 0$$

所以

$$\hat{x}\hat{p}_x\neq\hat{p}_x\hat{x} \tag{3.62}$$

两者不可对易。若两个算符不可对易，就不会有这两个算符共同的本征函数集合，也不会有和共同的本征函数相对应的本征值，所以这样两个算符表示的两个力学量就不能同时测得。这就是坐标和动量不能同时准确测定的原因。

除坐标和动量外，量子力学中还有能量和时间、角动量和角位移之间的测不准关系，分别表示为

$$\Delta E\Delta t\geqslant\frac{\hbar}{2} \tag{3.63}$$

$$\Delta L_\varphi\Delta\varphi\geqslant\frac{\hbar}{2} \tag{3.64}$$

3.5 原子中电子的磁矩

3.5.1 电子的磁矩

由电子绕原子核运转所产生的角动量 $\boldsymbol{L}$ 称为原子轨道角动量（图 3.7）。原子的轨道

角动量和原子的磁矩有关。从经典电磁学观点来看，电子绕核做轨道运动，相当于电流在一个小线圈上流动，会产生磁矩。磁矩 $\boldsymbol{\mu}$ 与电子轨道角动量 $\boldsymbol{L}$ 成正比，即

$$\boldsymbol{\mu}=-\frac{e}{2m_{\mathrm{e}}c}\boldsymbol{L} \tag{3.65}$$

或

$$\mu_z=-\frac{e}{2m_{\mathrm{e}}c}L_z \tag{3.66}$$

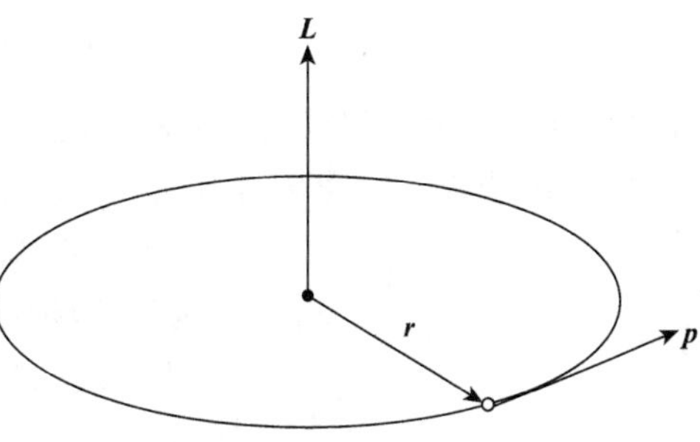

图 3.7　轨道角动量示意图 $\boldsymbol{L}=\boldsymbol{r}\times\boldsymbol{p}$

式中，$-\frac{e}{2m_{\mathrm{e}}c}$ 称为轨道运动的磁旋比，即轨道磁矩与轨道角动量的比值；$\boldsymbol{\mu}$ 为电子轨道运动的磁矩，称为轨道磁矩；μ_z 为电子轨道磁矩在 z 方向的分量；m_{e} 为电子的质量；e 为电子的电荷；c 为光速；负号表示轨道磁矩方向与轨道角动量方向相反，因为电子带负电。

3.5.2　磁矩的量子理论

在量子力学中，在原子核周围运动的电子虽然没有经典概念的轨道，但用波函数描述的状态(习惯上也称为轨道)仍然具有角动量 $\boldsymbol{L}$ 和 L_z 。由量子力学原理可以证明，电子只要有角动量就有磁矩，而且 $\boldsymbol{\mu}$ 和 μ_z 与 $\boldsymbol{L}$ 和 L_z 的关系和由经典电磁学理论所得到的式(3.65)、式(3.66)相同。

由式(3.65)可得

$$|\boldsymbol{\mu}|=\frac{e}{2m_{\mathrm{e}}c}|\boldsymbol{L}|=\frac{e}{2m_{\mathrm{e}}c}\sqrt{l(l+1)}\hbar=\sqrt{l(l+1)}\mu_{\mathrm{B}} \tag{3.67}$$

式中

$$\mu_{\mathrm{B}}=\frac{e\hbar}{2m_{\mathrm{e}}c}=9.27\times10^{-24}\,\mathrm{A\cdot m^2} \tag{3.68}$$

称为玻尔磁子，是磁矩的一个自然单位。

磁矩在 z 方向的分量可由式(3.59)、式(3.66)和式(3.68)得到

$$\mu_z=\frac{-e}{2m_{\mathrm{e}}c}L_z=-\frac{e}{2m_{\mathrm{e}}c}m\hbar=-m\mu_{\mathrm{B}} \tag{3.69}$$

由式(3.67)和式(3.69)可见，量子数 l 和 m 不但决定轨道角动量及其 z 方向分量的大小，同时还决定轨道磁矩及其在 z 方向分量的大小。由于量子数 m 决定磁矩在 z 方向分量的大小，所以称 m 为磁量子数。显然轨道磁矩是量子化的，其方向也是量子化的。

3.5.3　磁矩和外磁场的相互作用

当有外磁场存在时，轨道磁矩和外磁场会发生相互作用，其效果是磁矩 $\boldsymbol{\mu}$ 绕外磁场 $\boldsymbol{H}$ 的方向旋进。选外磁场的方向为 z 轴方向，则相互作用能为

$$E = -\boldsymbol{\mu} \cdot \boldsymbol{H} = -\mu_z H = m\mu_B H \tag{3.70}$$

式中，$\boldsymbol{H}$ 为外磁场强度。由于 $m = 0, \pm1, \pm2, \cdots, \pm l$，所以在外磁场作用下，原先角动量量子数为 l 的能级分裂为 $2l+1$ 个能级。这样，n、l 相同的电子状态在外磁场中能量不同了。这就导致在没有磁场存在时，对应同一能量变化的能级跃迁变为有磁场存在时对应不同能量变化的能级跃迁。因而，相应能级跃迁产生的光谱线也由一条变成多条。这种在没有磁场时的一条光谱线在磁场中可以分裂为多条的现象称为塞曼效应(图 3.8)，是 1896 年塞曼(Zeeman)发现的。

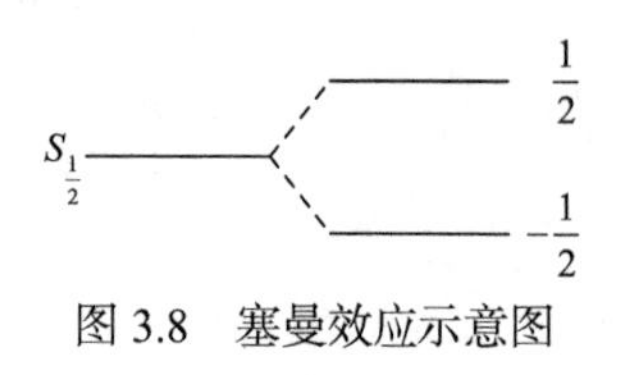

图 3.8　塞曼效应示意图

3.6　氢原子光谱

3.6.1　光谱与选择定则

原子被电火花、电弧、火焰等激发后，能发射具有一定频率和波长的谱线。这些光谱线构成原子光谱，有

$$\Delta E = h\nu$$

$$\nu = \frac{E_2 - E_1}{h}$$

$$\tilde{\nu} = \frac{1}{\lambda} = \frac{\nu}{c} = \frac{E_2 - E_1}{hc}$$

即电子从高激发态向低激发态(或基态)跃迁时，以光的形式向外辐射能量。利用量子力学原理可以证明，满足下列规则的跃迁才能发生

$$\Delta l = \pm1;\quad \Delta m = 0, \pm1;\quad \Delta n \text{没有限制}$$

3.6.2　氢原子光谱

在分辨率不很高的光谱仪中观察氢原子光谱，其谱线符合如下经验公式

$$\tilde{\nu} = \frac{1}{\lambda} = \tilde{R}_H \left(\frac{1}{n_1^2} - \frac{1}{n_2^2} \right)$$

$$\left(n_2 \geqslant n_1 + 1,\ \text{其中} n_1\text{、} n_2 \text{为正整数} \right)$$

式中，$\tilde{R}_H = 109677.58\text{cm}^{-1}$ 是里德伯常量。在求解氢原子的薛定谔方程时，得到氢原子的能级公式为

$$E_n = -\frac{m_e e^4}{2\hbar^2 n^2} \quad (n = 1, 2, 3, \cdots)$$

则发射的光的能量为

$$\Delta E_n = h\nu = E_{n_2} - E_{n_1} = \frac{m_e e^4}{2\hbar^2}\left(\frac{1}{n_1^2} - \frac{1}{n_2^2}\right)$$

则

$$\tilde{\nu} = \frac{\nu}{c} = \frac{m_e e^4}{4\pi c\hbar^3}\left(\frac{1}{n_1^2} - \frac{1}{n_2^2}\right) = \tilde{R}_H\left(\frac{1}{n_1^2} - \frac{1}{n_2^2}\right)$$

式中

$$\tilde{R}_H = \frac{m_e e^4}{4\pi c\hbar^3} = 109736.39\text{cm}^{-1}$$

是计算得到的里德伯常量，与经验值109677.58cm^{-1}符合得很好，若采用约化质量，将电子绕核运动的坐标选在质心，将此两体问题分解为质心的平动和约化质量的物质绕质心的运动，则里德伯常量为109677.66cm^{-1}，与实验值进一步吻合。若再考虑相对论效应，则两者完全符合了。

3.7 电 子 自 旋

3.7.1 电子自旋的假设

基态氢原子束经由狭缝穿过一不均匀的磁场后，照射到底片上，实验结果是照相底片出现两条分立的线，即氢原子被磁场分裂成两束。这说明氢原子具有磁矩，所以氢原子束通过非均匀磁场时受到力的作用而发生偏转。由分立线只有两条可推断，原子的磁矩在磁场中只有两种取向，即它们是空间量子化的。基态氢原子只有一个 1s 电子，其轨道磁矩为零，这一磁矩也不可能是氢原子核的贡献，因为核磁矩很小，比电子磁矩小三个数量级，在该实验条件下不会产生如此明显的效果。

应用分辨率较高的光学仪器观察钠原子光谱发现，$2p \rightarrow 1s$ 的谱线是由两条靠得很近的谱线组成，称为钠 D 谱线的精细结构。1s 和 2p 都只有一个能级，为什么会发生分裂呢?

为了解释上述实验事实和其他一些实验现象，1925 年乌伦贝克(Uhlenbeck)和戈尔德施米特(Goldschmidt)提出了电子具有自旋的假设。内容如下：

(1)每个电子具有自旋角动量 $\boldsymbol{S}$，它在空间任何方向上的投影只能取两个数值

$$S_z = \pm\frac{\hbar}{2} \tag{3.71}$$

(2)每个电子具有自旋磁矩 $\boldsymbol{\mu}_s$，这是和电子的自旋运动相联系的电子的固有磁矩，它和自旋角动量 $\boldsymbol{S}$ 的关系是

$$\boldsymbol{\mu}_s = -\frac{e}{m_e c}\boldsymbol{S} \tag{3.72}$$

电子自旋及其性质可由相对论波动方程——狄拉克方程导出。

3.7.2 自旋波函数

电子具有自旋运动这一特性纯属量子特性，它不能用经典力学来解释。它是电子内部状态的表征，是描述电子状态的第四个变量。

像量子力学的所有力学量一样，自旋角动量也有一个相应的算符，以 $\hat{S}$ 表示。类比于轨道角动量，电子自旋角动量也有相应的本征方程，可以写作

$$\hat{S}^2\eta = s(s+1)\hbar^2\eta \tag{3.73}$$

$$\hat{S}_z\eta = m_s\hbar\eta \tag{3.74}$$

式中，$\hat{S}^2$ 为自旋角动量平方算符；η 为自旋波函数；s 为自旋量子数；$\hat{S}_z$ 为自旋角动量 z 方向分量算符；m_s 为自旋磁量子数。于是

$$|\boldsymbol{S}|^2 = s(s+1)\hbar^2 \tag{3.75}$$

$$|\boldsymbol{S}| = \sqrt{s(s+1)}\hbar \tag{3.76}$$

$$S_z = m_s\hbar \tag{3.77}$$

式中，$m_s = s, s-1, \cdots, -s$，共 $2s+1$ 个 m_s 值。实验发现自旋角动量在 z 方向的分量仅有两个值，即

$$2s+1=2$$

得自旋量子数 $s=\frac{1}{2}$，自旋磁量子数 m_s 可取 $\pm\frac{1}{2}$。对于 $m_s=\frac{1}{2}$ 的状态，用 α 表示自旋波函数 $\eta_{\frac{1}{2}}$；对于 $m_s=-\frac{1}{2}$ 的状态，用 β 表示自旋波函数 $\eta_{-\frac{1}{2}}$。

将 $s=\frac{1}{2}$ 代入式(3.76)，得

$$|\boldsymbol{S}| = \sqrt{s(s+1)}\hbar = \frac{\sqrt{3}}{2}\hbar$$

将 $m_s=\pm\frac{1}{2}$ 代入式(3.77)，得

$$S_z = m_s\hbar = \pm\frac{1}{2}\hbar$$

自旋波函数的正交归一化条件为

$$\begin{cases} \sum \alpha^*\alpha = 1 \\ \sum \beta^*\beta = 1 \\ \sum \alpha^*\beta = \sum \beta^*\alpha = 0 \end{cases} \tag{3.78}$$

或

$$\begin{cases}\int \alpha^*(\gamma)\alpha(\gamma)\mathrm{d}\gamma = 1\\ \int \beta^*(\gamma)\beta(\gamma)\mathrm{d}\gamma = 1\\ \int \alpha^*(\gamma)\beta(\gamma)\mathrm{d}\gamma = \int \beta^*(\gamma)\alpha(\gamma)\mathrm{d}\gamma = 0\end{cases} \tag{3.79}$$

式中，γ 表示自旋变量。

电子具有第四个状态量子数 m_s，所以氢原子中电子的运动要用 n、l、m、m_s 四个量子数来描述。描述电子运动的完全波函数要包含两个部分，即空间部分 $\psi_{nlm}(r,\theta,\varphi)$ 和自旋部分 $\eta_{m_s}(\gamma)$，当电子的自旋运动和轨道运动相互作用很小，可以忽略时，电子的完全波函数可写作

$$\psi_{nlmm_s}(r,\theta,\varphi,\gamma) = \psi_{nlm}(r,\theta,\varphi)\eta_{m_s}(\gamma) \tag{3.80}$$

3.7.3 自旋磁矩

电子的自旋磁矩为

$$\boldsymbol{\mu}_s = -\frac{e}{m_e c}\boldsymbol{S} \tag{3.81}$$

所以

$$|\boldsymbol{\mu}_s| = \frac{e}{m_e c}|\boldsymbol{S}| = \frac{e}{m_e c}\sqrt{s(s+1)}\hbar = \sqrt{3}\mu_B \tag{3.82}$$

式中

$$\mu_B = \frac{e\hbar}{2m_e c}$$

电子自旋磁矩在 z 方向上的分量为

$$\mu_{sz} = -\frac{e}{m_e c}S_z = -\frac{e}{m_e c}m_s\hbar = -2m_s\mu_B = \mp\mu_B \tag{3.83}$$

3.7.4 旋轨耦合

对氢原子和类氢离子，我们已经得到如下力学量：E、$\boldsymbol{L}$、L_z、$\boldsymbol{\mu}$、μ_z、$\boldsymbol{S}$、S_z、$\boldsymbol{\mu}_s$ 和 μ_{sz}。前五个可以由空间波函数 ψ_{nlm} 得到，后四个可由自旋波函数 α 和 β 得到。

前面已经分别讨论了电子具有轨道角动量和自旋角动量的情况，还需讨论电子既有轨道角动量又有自旋角动量的情况。因为轨道角动量和自旋角动量是同一种矢量，当其同时存在会发生相互作用，这种相互作用的实质是电子的自旋磁矩与轨道运动产生的内部磁场的相互作用。

电子的自旋角动量和轨道角动量间的相互作用称为旋轨耦合，可按矢量求和规则处理。为简化计算，可采用近似的方法求出自旋角动量和轨道角动量耦合后的总角动量量子数，有了总角动量量子数就可求得电子的总角动量和总磁矩了。做法如下：

总角动量为

$$\boldsymbol{j} = \boldsymbol{L} + \boldsymbol{S} \tag{3.84}$$

$$|\boldsymbol{j}| = \sqrt{j(j+1)}\hbar \tag{3.85}$$

其中，$\boldsymbol{L}$ 为电子的轨道角动量；$\boldsymbol{S}$ 为电子的自旋角动量；$\boldsymbol{j}$ 为电子的总角动量；$|\boldsymbol{j}|$ 为总角动量的绝对值大小；j 为总角动量量子数或内量子数，j 的取值为

$$j = l+s, l+s-1, \cdots, |l-s|$$

知道了 l 和 s 值就可求得 j，进而求得 $\boldsymbol{j}$。

总角动量在 z 方向的分量为

$$j_z = m_j \hbar$$

式中，m_j 为总磁量子数，取值为

$$m_j = j, j-1, \cdots, -j$$

共 $2j+1$ 个。

电子的总磁矩为

$$\boldsymbol{\mu}_j = -\frac{g\mu_{\mathrm{B}}}{\hbar}\boldsymbol{j} \tag{3.86}$$

和

$$|\boldsymbol{\mu}_j| = \frac{g\mu_{\mathrm{B}}}{\hbar}|\boldsymbol{j}| = g\mu_{\mathrm{B}}\sqrt{j(j+1)} \tag{3.87}$$

其中

$$g = 1 + \frac{j(j+1) - l(l+1) + s(s+1)}{2j(j+1)} \tag{3.88}$$

称为原子的 g 因子。式(3.81)和式(3.83)也有 g 因子，为 1。

3.7.5 氢原子光谱的精细结构

氢原子和类氢离子的薛定谔方程中并未包括电子的自旋和轨道之间的相互作用能这部分能量。与从薛定谔方程解出来的能量相比，这部分能量是小的，但对原子光谱还是有影响的，在氢原子光谱中可以显示出来。用分辨率低的光谱仪观察氢原子光谱，只能得到原子光谱的粗结构。如果用分辨力较强的光谱仪观察，则粗结构中的一条谱线常常是由几条谱线组成的。这些谱线称为光谱线的多重结构或精细结构。例如，氢原子的 H_α 线的粗结构为一条谱线，精细结构则为两条支线组成(图 3.9)。为了把这部分能量对原子运动状态的影响也考虑进去，可用量子数 s、l、j 和 m_j 代替 n、l、m 和 m_s 来表示氢原子的运动状态。对于氢原子而言，由于核外只有一个电子，所以其自旋角动量量子数就是总自旋角动量量子数 S，其轨道角动量量子数 l 就是总轨道角动量量子数 L，其总角

动量量子数j和总磁量子数也可以写作J和M_j，即可以用S、L、J和M_j表示氢原子的运动状态。通常用符号$S,P,D,F,G,H,\cdots$来依次表示$L=0,1,2,3,4,5,\cdots$。把2S+1的数值写在表示L相应字母的左上角，例如^1P代表L=1，S=0；^3P代表L=1，S=1等。这样构成的符号在光谱学上称为光谱项。2S+1称为光谱项的多重态，$2S+1=1,2,3,\cdots$分别称为单重态、二重态、三重态等。如果将J值也考虑进去，写在光谱项的右下角，例如$^3P_2$、$^3P_1$、$^3P_0$依次表示$J=2,1,0$。这样的符号称为光谱支项。$L>S$的光谱项有2S+1个光谱支项；$L<S$的光谱项有2L+1个光谱支项；每个光谱支项还包括2J+1个状态，相应于不同的M_j值。在无外磁场时，它们的能级是相同的，在外磁场中，它们会进一步分裂为不同的能级。这就是塞曼效应产生的原因。

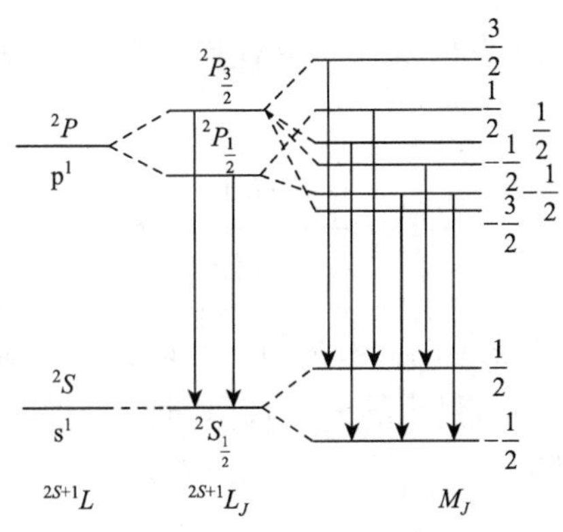

图3.9 氢原子$^2P\rightarrow{}^2S$跃迁所产生的光谱的粗结构和精细结构

习 题

3.1 概述氢原子薛定谔方程的求解过程。

3.2 量子数n、l、m、s、m_s如何得到的？物理意义是什么？请给出它们的取值范围。

3.3 波函数角度部分$Y_{lm}(\theta,\varphi)$和电子云角度部分的图形是怎样做的？

3.4 力学量算符的对易性反映了力学量间的什么关系？

3.5 计算氢原子第一激发态的角动量和角动量在z方向的分量。

3.6 计算氢原子基态和第一激发态电子的磁矩。

3.7 计算氢原子基态和第一激发态电子与原子核的平均距离。

3.8 计算基态氢原子电子出现概率最大的位置。

第4章　微分方程的近似解法

4.1　变分原理与变分法

4.1.1　变分原理

对于给定体系的哈密顿算符 $\hat{H}$，若 f 是任何一个满足该问题边界条件的合格函数，则有

$$\langle E\rangle=\frac{\int_\tau f^*\hat{H}f\mathrm{d}\tau}{\int_\tau f^*f\mathrm{d}\tau}\geqslant E_0 \tag{4.1}$$

式中，E_0 是 $\hat{H}$ 的最低能量本征值的真实数值。此即变分原理。据此可以在多个函数中找出按式(4.1)计算的能量 $\langle E\rangle$ 值最小的一个 f，就是这些函数中最好的一个近似解。

下面给出变分原理的证明。

对于薛定谔方程

$$\hat{H}\psi=\varepsilon\psi$$

其真实波函数和相应的能量分别为

$$\psi_0,\psi_1,\psi_2,\cdots,\psi_i,\cdots$$
$$\varepsilon_0,\ \varepsilon_1,\ \varepsilon_2,\cdots,\ \varepsilon_i,\cdots$$

且

$$\varepsilon_0\leqslant\varepsilon_1\leqslant\varepsilon_2\leqslant\cdots\leqslant\varepsilon_i\leqslant\cdots$$

其本征函数 $\{\psi_i\}$ 组成一个完备集合，与 $\{\psi_i\}$ 满足相同的边界条件的任意函数 f 可用 $\{\psi_i\}$ 展开，即

$$f=\sum_i c_i\psi_i \tag{4.2}$$

则相应于函数 f 的平均能量为

$$\begin{aligned}\langle E\rangle&=\frac{\int_\tau f^*\hat{H}f\mathrm{d}\tau}{\int_\tau f^*f\mathrm{d}\tau}=\frac{\int_\tau(\sum_i c_i\psi_i)^*\hat{H}(\sum_j c_j\psi_i)\mathrm{d}\tau}{\int_\tau(\sum_i c_i\psi_i)^*(\sum_j c_j\psi_i)\mathrm{d}\tau}=\frac{\sum_i\sum_j c_i^*c_j\int_\tau\psi_i^*\hat{H}\psi_j\mathrm{d}\tau}{\sum_i\sum_j c_i^*c_j\int_\tau\psi_i^*\psi_j\mathrm{d}\tau}\\&=\frac{\sum_i\sum_j c_i^*c_j\varepsilon_j\delta_{ij}}{\sum_i\sum_j c_i^*c_j\delta_{ij}}=\frac{\sum_i c_i^2\varepsilon_i}{\sum_i c_i^2}\geqslant\frac{(\sum_i c_i^2)\varepsilon_0}{\sum_i c_i^2}=\varepsilon_0\end{aligned} \tag{4.3}$$

式中

$$\delta_{ij}=\begin{cases}1 & i=j\\0 & j\neq j\end{cases} \tag{4.4}$$

称为克罗内克(Kronecker)符号。引入 δ_{ij} 的一步利用了 ψ_i 是 $\hat{H}$ 的本征函数，ψ_i、ψ_j 是正交归一的。可见，利用函数 f 计算得到的平均能量 $\langle E\rangle$ 值越小，则越接近真实的基态能量 ε_0，也就认为函数 f 越接近薛定谔方程的真实解——波函数 ψ_i。

4.1.2　变分法

变分原理指出了寻找微分方程近似解的方向，即找一个能使平均值 $\langle E\rangle$ 尽可能小的函数 f。寻找近似函数 f 的方法有多种。通常选择函数 f 时，使其含有若干个参数 $c_1,c_2,\cdots$。这实际是找一个含有若干个参数具有相同形式的函数族。通过调整参数，找出此族函数中使平均值 $\langle E\rangle$ 小的那个函数。

4.1.3　线性变分法

选择函数 f 时，有一种方法是将 f 写成一组已知函数的线性组合，即

$$f=\sum_{i=1}^{n}c_i\phi_i$$

式中，ϕ_i 是和方程具有相同边界条件的任意已知函数；c_i 是参数。将变分函数选作已知函数线性组合形式的变分就称为线性变分法。

用变分法解微分方程的第一步就是选择合适的变分函数。选择什么样的函数，以及选择多少个函数作为变分函数对线性变分法是十分重要的。虽然原则上讲，只要和微分方程具有相同边界条件的函数都可以作为变分函数，但实际上所选择的变分函数的形式与所得结果密切相关。若所选择的变分函数接近真实解，则仅需要少的函数就可以得到好的计算结果；所选择的变分函数和真实解越不接近，若想得到好的结果，需要的函数个数就越多。为了得到合适的变分函数，需要对所研究的问题有深刻理解和解决问题的经验，利用物理或化学的知识，构造出合理的模型。

下面介绍线性变分法。令单电子薛定谔方程

$$\hat{H}\psi=E\psi$$

的近似解为

$$\psi\approx f=\sum_{i=1}^{n}c_i\phi_i \tag{4.5}$$

式中，ϕ_i 是满足边界条件的已知独立函数；c_i 为实数。将式(4.5)代入求平均能量值的表达式 $\langle E\rangle$ 中，得

$$\langle E\rangle=\frac{\int_\tau f^*\hat{H}f\mathrm{d}\tau}{\int_\tau f^*f\mathrm{d}\tau}=\frac{\int_\tau(\sum_{i=1}^n c_i\phi_i)^*\hat{H}(\sum_{j=1}^n c_j\phi_j)\mathrm{d}\tau}{\int_\tau(\sum_{i=1}^n c_i\phi_i)^*(\sum_{j=1}^n c_j\phi_j)\mathrm{d}\tau}$$

$$=\frac{\sum_{i=1}^n\sum_{j=1}^n c_i^*c_j\int_\tau\phi_i^*\hat{H}\phi_j\mathrm{d}\tau}{\sum_{i=1}^n\sum_{j=1}^n c_i^*c_j\int_\tau\phi_i^*\phi_j\mathrm{d}\tau}=\frac{\sum_{i=1}^n c_i\,c_jH_{ij}}{\sum_{i=1}^n\sum_{j=1}^n c_i\,c_jS_{ij}} \tag{4.6}$$

其中

$$H_{ij}=\int_\tau\phi_i^*\hat{H}\phi_j\,\mathrm{d}\tau,\quad S_{ij}=\int_\tau\phi_i^*\phi_j\,\mathrm{d}\tau$$

式(4.6)可变成

$$\sum_{i=1}^n\sum_{j=1}^n c_i\,c_j\left[H_{ij}-\langle E\rangle S_{ij}\right]=0 \tag{4.7}$$

若$\langle E\rangle$取极小值，需

$$\frac{\partial\langle E\rangle}{\partial c_i}=0\quad(i=1,2,\cdots,n) \tag{4.8}$$

由此得

$$\sum_{j=1}^n c_j\left[H_{ij}-\langle E\rangle S_{ij}\right]=0\quad(i=1,2,\cdots,n) \tag{4.9}$$

这是以c_i为未知数的齐次线性方程组。总计有n个方程，$n+1$个未知数(n个c_i和一个$\langle E\rangle$)。未知数的个数多于方程的个数，是不定方程组。根据克拉默(Cramer)法则，这种方程组有非零解的条件是方程组系数行列式为零，即

$$\det\left[H_{ij}-\langle E\rangle S_{ij}\right]=0 \tag{4.10}$$

或写作

$$\begin{vmatrix}H_{11}-\langle E\rangle S_{11} & H_{12}-\langle E\rangle S_{12} & \cdots & H_{1n}-\langle E\rangle S_{1n}\\ H_{21}-\langle E\rangle S_{21} & H_{22}-\langle E\rangle S_{22} & \cdots & H_{2n}-\langle E\rangle S_{2n}\\ \vdots & \vdots & & \vdots\\ H_{n1}-\langle E\rangle S_{n1} & H_{n2}-\langle E\rangle S_{n2} & \cdots & H_{nn}-\langle E\rangle S_{nn}\end{vmatrix}=0 \tag{4.11}$$

其中$\langle E\rangle$为未知数，是此行列式的特征值。展开此行列式，可得以$\langle E\rangle$为未知数的一元n次方程，解之可得n个$\langle E\rangle$值，且有

$$\langle E\rangle_0\leqslant\langle E\rangle_1\leqslant\langle E\rangle_2\leqslant\cdots\leqslant\langle E\rangle_{n-1}$$

由变分原理可知

$$\varepsilon_0 \leqslant \langle E \rangle_0$$

若$\phi_1,\phi_2,\cdots$彼此正交，还有

$$\varepsilon_1 \leqslant \langle E \rangle_1, \varepsilon_2 \leqslant \langle E \rangle_2, \cdots, \varepsilon_{n-1} \leqslant \langle E \rangle_{n-1}$$

将n个能量$\langle E \rangle_i$分别代入方程组(4.9)，结合归一化条件，可得n套系数。其中每套系数都和一个能量值$\langle E \rangle_i$相对应，将其代入展开式(4.5)中，就得到一个相应于该能量$\langle E \rangle_i$的近似解。这样，我们就得到了薛定谔方程的n个近似解、n个近似的能量，分别对应于基态、第一激发态、第二激发态等，即

$$\psi_0 \approx f_0, \psi_1 \approx f_1, \cdots, \psi_i \approx f_i, \cdots, \psi_{n-1} \approx f_{n-1}$$
$$\varepsilon_0 \approx \langle E \rangle_0, \varepsilon_1 \approx \langle E \rangle_1, \cdots, \varepsilon_i \approx \langle E \rangle_i, \cdots, \varepsilon_{n-1} \approx \langle E \rangle_{n-1}$$

4.2　微　扰　法

微扰理论是解微分方程的一种近似方法，从简单问题的精确解出发，求复杂问题的近似解。微扰理论可以用于体系的哈密顿算符含时间的情况，讨论体系状态之间的跃迁问题，如光的发射和吸收；也可以用于体系的哈密顿算符不含时间的情况，讨论定态体系薛定谔方程的近似解。

4.2.1　非简并定态微扰理论

将定态体系的哈密顿算符分为两部分，即

$$\hat{H} = \hat{H}^0 + \hat{H}' \tag{4.12}$$

其中$\hat{H}^0$的本征值E_n^0和相应的本征函数ψ_n^0已知，即

$$\hat{H}^0 \psi_n^0 = E_n^0 \psi_n^0 \quad (n = 1, 2, \cdots) \tag{4.13}$$

$\hat{H}'$很小，是加在$\hat{H}^0$上的微扰，E_n是$\hat{H}$的本征值，ψ_n是$\hat{H}$的本征函数，有

$$\hat{H} \psi_n = E_n \psi_n \quad (n = 1, 2, \cdots) \tag{4.14}$$

为了表示微扰的程度，令

$$\hat{H}' = \lambda \hat{H}^1 \tag{4.15}$$

其中λ是一小的实数常数，取值为 0~1。若取值为 0，则没有微扰，

$$\hat{H}' = \hat{H}^0 \tag{4.16}$$

若取值为 1，则

$$\hat{H}' = \hat{H}^1 \tag{4.17}$$

因为E_n和ψ_n都与微扰有关，可以把E_n和ψ_n看作是表征微扰程度的参数λ的函数，并将E_n和ψ_n展开为λ的幂级数，即

$$E_n = E_n^0 + \lambda E_n^1 + \lambda^2 E_n^2 + \cdots \tag{4.18}$$

$$\psi_n = \psi_n^0 + \lambda\psi_n^1 + \lambda^2\psi_n^2 + \cdots \tag{4.19}$$

其中E_n^0是E_n的零级近似能量，λE_n^1、$\lambda^2 E_n^2$是E_n^0的一级修正、二级修正。ψ_n^0是ψ_n的零级近似波函数，$\lambda\psi_n^1$、$\lambda^2\psi_n^2$是ψ_n^0的一级修正、二级修正。

将式(4.12)、式(4.15)、式(4.18)、式(4.19)代入式(4.14)，得

$$\left(\hat{H}^0 + \lambda\hat{H}^1\right)\left(\psi_n^0 + \lambda\psi_n^1 + \lambda^2\psi_n^2 + \cdots\right) = \left(E_n^0 + \lambda E_n^1 + \lambda^2 E_n^2\right)\left(\psi_n^0 + \lambda\psi_n^1 + \lambda^2\psi_n^2 + \cdots\right) \tag{4.20}$$

式(4.20)等号两边λ的同次幂的系数应该相等，即

$$\left(\hat{H}^0 - E_n^0\right)\psi_n^0 = 0 \tag{4.21}$$

$$\left(\hat{H}^0 - E_n^0\right)\psi_n^1 = -\left(\hat{H}^1 - E_n^1\right)\psi_n^0 \tag{4.22}$$

$$\left(\hat{H}^0 - E_n^0\right)\psi_n^2 = -\left(\hat{H}^1 - E_n^1\right)\psi_n^1 + E_n^2\psi_n^0 \tag{4.23}$$

$$\vdots$$

方程(4.21)就是方程(4.13)，方程(4.22)是ψ_n^1所满足的方程，解方程(4.22)可以得到E_n^1和ψ_n^1。如果ψ_n^1是方程(4.22)的解，则由方程(4.22)可知，$\psi_n^1 + \alpha\psi_n^0$也应是方程(4.22)的解，$\alpha$是任意常数。引进$\lambda$的目的是从方程(4.20)按数量级分出方程(4.21)、方程(4.22)、方程(4.23)、…。令$\lambda = 1$，则$\hat{H}^1$为$\hat{H}'$，E_n^1、ψ_n^1为能量和波函数的一级修正。

将ψ_n^{0*}左乘方程(4.22)的两边，并做积分，得

$$\int_\tau \psi_n^{0*}\left(\hat{H}^0 - E_n^0\right)\psi_n^1 \mathrm{d}\tau = E_n^1\int_\tau \psi_n^{0*}\psi_n^0 \mathrm{d}\tau - \int_\tau \psi_n^{0*}\hat{H}^1\psi_n^0 \mathrm{d}\tau$$

左式有

$$\int_\tau \psi_n^{0*}\left(\hat{H}^0 - E_n^0\right)\psi_n^1 \mathrm{d}\tau = \int_\tau \left[\left(\hat{H}^0 - E_n^0\right)\psi_n^0\right]^* \psi_n^1 \mathrm{d}\tau = 0$$

右式有

$$E_n^1\int_\tau \psi_n^{0*}\psi_n^0 \mathrm{d}\tau - \int_\tau \psi_n^{0*}\hat{H}^1\psi_n^0 \mathrm{d}\tau = \text{左式} = 0$$

所以

$$\begin{aligned} E_n^1 &= \int_\tau \psi_n^{0*}\hat{H}^1\psi_n^0 \mathrm{d}\tau = H_{nn}^1 \\ &= \int_\tau \psi_n^{0*}\hat{H}'\psi_n^0 \mathrm{d}\tau = H'_{nn} \end{aligned} \tag{4.24}$$

式中

$$\int_\tau \psi_n^{0*}\psi_n \mathrm{d}\tau = 1$$

式(4.24)表明，能量E_n的一级修正E_n^1是$\hat{H}'$在ψ_n^0态的平均值。式(4.24)的后两式是由$\hat{H}'$即$\hat{H}^1$所致。

将ψ_n^1用$\hat{H}^0$的本征函数展开，得

$$\psi_n^1 = \sum_i \alpha_i^1 \psi_i^0$$

由于$\psi_n^1 + \alpha\psi_n^0$也是方程(4.22)的解，因此可以选取$\alpha$使上面的展开式中不含$\psi_n^0$，即

$$\psi_n^1 = \sum_{i(\neq n)} \alpha_i^1 \psi_i^0 \tag{4.25}$$

将式(4.25)代入式(4.22)，得

$$\sum_{i(\neq n)} E_i^0 \alpha_i^1 \psi_i^0 - E_n^0 \sum_{i(\neq n)} \alpha_i^1 \psi_i^0 = E_n^1 \psi_n^0 - \hat{H}' \psi_n^0$$

以$\psi_j^{0*}(j \neq n)$左乘上式两边，并积分，得

$$\sum_{i(\neq n)} E_i^0 \alpha_i^1 \psi_j^{0*} \psi_i^0 - E_n^0 \sum_{i(\neq n)} \alpha_i \psi_j^{0*} \psi_i^0 = E_n^1 \psi_j^{0*} \psi_n^0 - \psi_j^{0*} \hat{H}' \psi_n^0$$

即

$$\sum_{i(\neq n)} E_i^0 \alpha_i^1 \delta_{ji} - E_n^0 \sum_{i(\neq n)} \alpha_i^1 \delta_{ji} = -\int_\tau \psi_j^{0*} \hat{H}' \psi_n^0 \mathrm{d}\tau \tag{4.26}$$

简写为

$$\left(E_n^0 - E_j^0\right) \alpha_j^1 = H'_{jn} \tag{4.27}$$

式中

$$H'_{jn} = \int_\tau \psi_j^{0*} \hat{H}' \psi_n^0 \mathrm{d}\tau$$

所以

$$\alpha_j^1 = \frac{H'_{jn}}{E_n^0 - E_j^0} \tag{4.28}$$

将式(4.28)代入式(4.25)，得

$$\psi_n^1 = \sum_{j(\neq n)} \frac{H'_{jn}}{E_n^0 - E_j^0} \psi_j^0 \tag{4.29}$$

这样就求出了能量和波函数的一级修正。

下面求能量的二级修正。将式(4.25)代入式(4.23)，得

$$\left(\hat{H}^0 - E_n^0\right)\psi_n^2 = -\left(\hat{H}^1 - E_n^1\right) \sum_{i(\neq n)} \alpha_i^1 \psi_i^0 + E_n^2 \psi_n^0$$

用ψ_n^{0*}左乘上式并积分，得

$$\int_\tau \psi_n^{0*} \left(\hat{H}^0 - E_n^0\right) \psi_n^2 \mathrm{d}\tau = -\int_\tau \sum_{i(\neq n)} \alpha_i^1 \psi_n^{0*} \hat{H}' \psi_i^0 \mathrm{d}\tau + E_n^1 \sum_{i(\neq n)} \alpha_i \delta_{ni} + E_n^2$$

上式的左边为零，以及 $\sum_{i(\neq n)} \alpha_i \delta_{ni} = 0$ ，所以

$$E_n^2 = \sum_{i(\neq n)} \alpha_i^1 H'_{ni} = \sum_{i(\neq n)} \frac{H'_{in} H'_{ni}}{E_n^0 - E_i^0} = \sum_{i(\neq n)} \frac{\left(H'_{ni}\right)^2}{E_n^0 - E_i^0} \tag{4.30}$$

式中

$$H'_{in} = \int_\tau \psi_n^{0*} \hat{H}' \psi_i^0 \mathrm{d}\tau$$

根据式(4.28)，有

$$\alpha_i^1 = \frac{H'_{in}}{E_n^0 - E_i^0}$$

后一步利用了 $\hat{H}'$ 是厄米算符。

利用式(4.23)还可以求出 ψ_n^2 。用类似的步骤可以求出能量波函数更高级的修正。

将式(4.24)和式(4.30)代入式(4.18)，得到受微扰体系的能量

$$E_n = E_n^0 + H'_{nn} + \sum_{i(\neq n)} \frac{\left(H'_{ni}\right)^2}{E_n^0 - E_i^0} + \cdots \tag{4.31}$$

将式(4.29)代入式(4.19)，得到受微扰体系的波函数为

$$\psi_n = \psi_n^0 + \sum_{i(\neq n)} \frac{H'_{ni}}{E_n^0 - E_i^0} \psi_i^0 + \cdots \tag{4.32}$$

微扰理论使用的条件是级数(4.31)和(4.32)收敛。要判断级数是否收敛，必须知道级数的一般项。而所讨论的两个级数的高级项并不知道。因此，只能要求级数的已知的几项中后面的项要远小于前面的项。由此得到微扰理论适用的条件是

$$\left|\frac{H'_{ni}}{E_n^0 - E_i^0}\right| \ll 1 \quad \left(E_n^0 \neq E_i^0\right) \tag{4.33}$$

这是 $\hat{H}'$ 近似程度低的表达式。如果式(4.33)得到满足，计算一级修正就能得到相当精确的结果。

4.2.2 简并能级的微扰理论

前面的式(4.23)以后的结果只适用于 E_n^0 不是简并的情况。如果 E_n^0 是简并的，属于 $\hat{H}^0$ 的本征值 E_n^0 有 k 个本征函数：$\psi_1^0, \psi_2^0, \cdots, \psi_k^0$

$$\hat{H}^0 \psi_{ni}^0 = E_n^0 \psi_{ni}^0 \quad (i = 1, 2, \cdots, k) \tag{4.34}$$

令 $\hat{H}_n$ 的零级近似波函数为

$$\psi_n^0 = \sum_{i=1}^{k} c_i^0 \psi_{ni}^0 \tag{4.35}$$

将式(4.35)代入式(4.22)，得

$$\left(\hat{H}^0 - E_n^0\right)\psi_n^1 = E_n^1\sum_{i=1}^{k} c_i^0\psi_{ni}^0 - \sum_{i=1}^{k} c_i^0\hat{H}'\psi_{ni}^0 \tag{4.36}$$

以 ψ_{nj}^{0*} 左乘上式两边后积分，得

$$\sum_{i=1}^{k}\left(\hat{H}'_{ji} - E_n^1\delta_{ji}\right)c_i^0 = 0 \quad \left(j=1,2,\cdots,k\right) \tag{4.37}$$

式中

$$\hat{H}'_{ji} = \int_\tau \psi_{nj}^0\hat{H}'\psi_{ni}^0\mathrm{d}\tau$$

式(4.37)是以系数 c_i^0 为未知数的 k 元齐次线性方程组，根据克拉默法则，该方程组有不全为零的解的条件是其系数行列式为零，即

$$\begin{vmatrix} H'_{11}-E_n^1 & H'_{12} & \cdots & H'_{1k} \\ H'_{21} & H'_{22}-E_n^1 & \cdots & H'_{2k} \\ \vdots & \vdots & & \vdots \\ H'_{k1} & H'_{k2} & \cdots & H'_{kk}-E_n^1 \end{vmatrix} = 0 \tag{4.38}$$

展开行列式，得到未知量 E_n^1 的一元 k 次方程。解此方程可得 E_n^1 的 k 个根：$E_{nj}^1\left(j=1,2,\cdots,k\right)$。这样就得到能量 E_n 的一级近似值

$$E_n = E_n^0 + E_{nj}^1 \quad \left(j=1,2,\cdots,k\right) \tag{4.39}$$

若 k 个 E_{nj}^1 都不相等，则意味着一级微扰就将 k 重简并完全消除；若 k 个 E_{nj}^1 有几个是重根，说明 k 重简并仅部分消除，必须进一步考虑能量的二级修正，以使简并完全消除。

为了得到能量 $E_{nj} = E_n^0 + E_{nj}^1$ 所对应的波函数，把 $E_{nj}^1\left(j=1,2,\cdots,k\right)$ 值代入式(4.37)中，相应于每个 j，解出一组 c_i^0，再将 c_i^0 代入式(4.35)即可得到一个 ψ_n^0，其中由最小的 E_{nj}^1 解得的一组 c_i^0 代入式(4.35)得到的 ψ_n^0 就是零级近似波函数。

习　题

4.1 用变分函数

$$\varphi = c_1x^2\left(l-x\right) + c_2x\left(l-x\right)^2 \quad (0 \le x \le l)$$

解一维势阱的薛定谔方程。计算 $n=1$ 和 $n=2$ 的状态的误差。

4.2 证明变分原理。

4.3 什么是线性变分法。

4.4 什么是微扰法？比较变分法与微扰法的异同。

4.5 一维非谐振子的哈密顿算符为

$$\hat{H} = -\frac{\hbar^2}{2m}\frac{\mathrm{d}^2}{\mathrm{d}x^2} + \frac{1}{2}kx^2 - cx^3 + dx^4$$

$$\hat{H}^0 = -\frac{\hbar^2}{2m}\frac{d^2}{dx^2} + \frac{1}{2}kx^2$$

计算基态、第一激发态的能量的一级校正值。

4.6 一维势能函数为

$$V = \infty, \quad x < 0, \; x > a$$

$$V = 0, \quad 0 \leqslant x \leqslant \frac{1}{4}a, \; \frac{3}{4}a \leqslant x \leqslant a$$

$$V = k, \quad \frac{1}{4}a < x < \frac{3}{4}a$$

k 为常数。按势阱中微扰粒子处理此体系，求出能量和波函数的一级校正。

第5章　多电子原子

5.1　多电子原子的中心势场模型

5.1.1　多电子原子的薛定谔方程

将原子核选为坐标原点，多电子原子的薛定谔方程为

$$\hat{H}\psi = E\psi \tag{5.1}$$

$$\psi = \psi\left(1, 2, \cdots, n\right)$$

式中

$$\hat{H} = -\frac{\hbar^2}{2m_{\mathrm{e}}}\sum_{i=1}^{n}\nabla_i^2 - \sum_{i=1}^{n}\frac{Ze^2}{r_i} + \sum_{i=1}^{n}\sum_{\substack{j=1\\(j>i)}}^{n}\frac{e^2}{r_{ij}} \tag{5.2}$$

第一项表示所有电子的动能之和，其中 m_{e} 是电子的质量，n 是电子个数，

$$\nabla_i^2 = \frac{\partial^2}{\partial x_i^2} + \frac{\partial^2}{\partial y_i^2} + \frac{\partial^2}{\partial z_i^2}$$

是第 i 个电子的拉普拉斯算符；第二项表示原子核对所有电子的吸引能之和，其中 Z 为原子序数，r_i 是第 i 个电子与原子核的距离；第三项是电子间相互排斥能之和，其中 r_{ij} 是第 i 个电子和第 j 个电子之间的距离，是第 i 个电子和第 j 个电子坐标的函数。由于第 i 个电子对第 j 个电子排斥，就是第 j 个电子对第 i 个电子的排斥，为避免重复计算，在求和号下加注（$j>i$）。

势能表达式中 $\dfrac{e^2}{r_{ij}}$ 项的存在给薛定谔方程的求解带来困难，使得多电子体系的薛定谔方程不能精确求解，必须采用各种近似方法来解薛定谔方程，因此产生了处理多体问题的多种方法和理论。

5.1.2　屏蔽效应和有效核电荷

在多电子原子中，第 i 个电子的势能

$$V_i = -\frac{Ze^2}{r_i} + \sum_{\substack{j=1\\(j\neq i)}}^{n}\frac{e^2}{r_{ij}} \tag{5.3}$$

为了解薛定谔方程，将第 i 个电子受其他 $n-1$ 个电子的排斥势能项简化。假设除第 i 个

电子外的其他 $n-1$ 个电子在空间呈球形对称分布，第 i 个电子所受其他 $n-1$ 个电子的排斥相当于受到来自坐标原点即原子核的 σ_i 个电子的排斥作用，即

$$\sum_{\substack{j=1\\(j\neq i)}}^{n}\frac{e^2}{r_{ij}}=\frac{\sigma_i e^2}{r_i} \tag{5.4}$$

所以

$$V_i=-\frac{Ze^2}{r_i}+\frac{\sigma_i e^2}{r_i}=-\frac{(Z-\sigma_i)e^2}{r_i} \tag{5.5}$$

式中，σ_i 称为其他 $n-1$ 个电子对第 i 个电子的屏蔽常数，其数值相当于其他 $n-1$ 个电子对第 i 个电子的排斥作用所产生的总效果。第 i 个电子好像在一个有效核电荷为 $(Z-\sigma_i)e$ 的核的中心势场中运动，故称之为“中心势场模型”。

采用中心势场模型后，多电子原子体系的总哈密顿式(5.2)可近似为

$$\begin{aligned}\hat{H}&=-\frac{\hbar^2}{2m_{\mathrm{e}}}\sum_{i=1}^{n}\nabla_i^2-\sum_{i=1}^{n}\frac{(Z-\sigma_i)e^2}{r_i}\\&=\sum_{i=1}^{n}\left[-\frac{\hbar^2}{2m_{\mathrm{e}}}\nabla_i^2-\frac{(Z-\sigma_i)e^2}{r_i}\right]\\&=\sum_{i=1}^{n}\hat{H}(i)\end{aligned} \tag{5.6}$$

式中

$$\hat{H}(i)=-\frac{\hbar^2}{2m_{\mathrm{e}}}\nabla_i^2-\frac{(Z-\sigma_i)e^2}{r_i} \tag{5.7}$$

方程(5.1)则可近似为

$$\sum_{i=1}^{n}\hat{H}(i)\psi=E\psi \tag{5.8}$$

可分离变量为 n 个单电子的薛定谔方程，即仅以一个电子坐标为变量的薛定谔方程

$$\left[-\frac{\hbar^2}{2m_{\mathrm{e}}}\nabla_i^2-\frac{(Z-\sigma_i)e^2}{r_i}\right]\phi(i)=\varepsilon\phi(i)\quad(i=1,2,\cdots,n) \tag{5.9}$$

每个电子的运动由各自的波函数描述，整个原子的波函数可写为各单电子波函数的乘积。

$$\psi=\psi(1,2,\cdots,n)=\prod_{i=1}^{n}\phi_i(i) \tag{5.10}$$

原子的总能量等于各电子的能量之和。

$$E=\sum_{i=1}^{n}\varepsilon(i)$$

方程(5.9)与氢原子和类氢离子的薛定谔方程相类似，只是以 $Z-\sigma_i$ 代替了氢原子薛定谔

方程中的 Z，σ_i 可以看作常数，所以方程(5.9)同样可用分离变量法求解，其求解过程与氢原子和类氢离子薛定谔方程的求解过程相似，令

$$\phi(i)=R(r_i)Y(\theta_i,\varphi_i) \tag{5.11}$$

代入方程(5.9)，可得 i 电子的角度和径向部分 $Y(\theta_i,\varphi_i)$ 和 $R(r_i)$ 方程

$$-\left[\frac{1}{\sin\theta_i}\frac{\partial}{\partial\theta_i}\left(\sin\theta_i\frac{\partial}{\partial\theta_i}\right)+\frac{1}{\sin^2\theta_i}\frac{\partial^2}{\partial\varphi_i^2}\right]Y=l(l+1)Y \tag{5.12}$$

和

$$\frac{1}{r_i^2}\frac{\mathrm{d}}{\mathrm{d}r_i}\left(r_i^2\frac{\mathrm{d}R}{\mathrm{d}r_i}\right)+\left\{\frac{2m_\mathrm{e}}{\hbar^2}\left[\varepsilon+\frac{(Z-\sigma_i)e^2}{r_i}\right]-\frac{l(l+1)}{r_i^2}\right\}R=0 \tag{5.13}$$

由方程(5.12)可见，i 电子角度部分的 $Y(\theta_i,\varphi_i)$ 方程与氢原子角度部分的方程 $Y(\theta,\varphi)$ 是同样形式的方程，其解相同，只是以 θ_i,φ_i 代替 θ,φ 而已，量子数 l、m 的取值也相同。由方程(5.13)可见，i 电子径向部分的 $R(r_i)$ 方程与氢原子的 $R(r)$ 方程的不同之处只是以 $Z-\sigma_i$ 代替 Z，以 r_i 代替 r，具有相同形式的解。因此，i 电子的波函数可根据氢原子和类氢离子的波函数写出，为

$$\phi_{nlm}(r_i,\theta_i,\varphi_i)=\frac{\left(\dfrac{2\xi}{a_0}\right)^{n+\frac{1}{2}}}{\left[(2n)!\right]^{\frac{1}{2}}}r_i^{n-1}\mathrm{e}^{\frac{2\xi}{a_0}}L_{n+l}^{2l+1}(r_i)Y_l^m(\theta_i,\varphi_i) \tag{5.14}$$

式中，$\xi=Z-\sigma_i$，称为轨道指数。相应的能量为

$$\varepsilon=-\frac{(Z-\sigma_i)^2m_\mathrm{e}e^4}{2\hbar^2n^2}=-\frac{(Z-\sigma_i)^2}{n^2}R \tag{5.15}$$

由于 σ_i 与 i 电子本身的状态及其他电子的数目和状态有关，而电子的状态与 n、l 有关，因而能量 ε 除与 n 有关外还与 l 有关。

多电子原子中的每个电子的运动状态可用波函数 $\phi(i)=\phi(r_i,\theta_i,\varphi_i)$ $(i=1,2,\cdots,n)$ 来描述，这种只与一个电子的坐标有关的波函数称为单电子波函数，也称原子轨道和斯莱特(Slater)轨道。它描述的是第 i 个电子的运动状态，并不同于经典物理的运动轨迹，这里轨道是波函数的代名词。单电子波函数绝对值的平方 $|\phi(i)|^2$ 表示第 i 个电子在空间各点出现的概率。

5.2　多电子波函数和泡利不相容原理

5.2.1　全同性原理

单电子波函数 $\phi(i)=\phi_{nlm}(r_i,\theta_i,\varphi_i)$ 仅是空间坐标的函数，考虑到电子具有自旋运动，

如果忽略自旋运动和轨道运动之间的相互作用，认为两者是相互独立的运动，则完整的单电子波函数可近似写成轨道与自旋波函数的乘积

$$\phi(q_i)=\phi_{nlm}(r_i,\theta_i,\varphi_i)\eta(i)=\phi_i(i)\eta_i(i)$$

多电子原子的整体波函数可写作

$$\psi_q=\psi(q_1,q_2,\cdots,q_n)\approx\Phi_q=\Phi_q(1,2,\cdots,n)=\Phi(q_1,q_2,\cdots,q_n)=\prod_{i=1}^{n}\phi_i(q_i)=\prod_{i=1}^{n}\phi_i(i)\eta_i(i)\quad(5.16)$$

进一步考察上式发现，上式相当于认为多电子原子中的各电子在指定的轨道中，这是做不到的。在多电子体系中，电子是完全等同的。具有相同的质量、电荷和自旋，不可能用这些性质来区分它们。微观粒子的运动具有统计性，也不能用追踪电子运动轨迹来辨认它们。在量子力学中，称质量、电荷、自旋等固有性质完全相同的微观粒子为全同粒子。全同粒子的不可区分性是微观粒子的特性。由于这一特性，在全同粒子所组成的体系中，两个全同粒子相互替换不引起体系物理状态的改变，这就是量子力学的全同性原理。

5.2.2 泡利不相容原理

全同性原理会给体系波函数带来什么限制呢？下面以只有两个电子的体系为例进行讨论。同时发现第一个电子在点(x_1,y_1,z_1)附近微小体积$\mathrm{d}\tau_1$内和第二个电子在点(x_2,y_2,z_2)附近微小体积$\mathrm{d}\tau_2$内的概率必定等于同时发现第一个电子在$\mathrm{d}\tau_2$内和第二个电子在$\mathrm{d}\tau_1$内的概率，即

$$|\psi(1,2)|^2=|\psi(2,1)|^2\quad(5.17)$$

则

$$\psi(1,2)=\pm\psi(2,1)\quad(5.18)$$

此式表示交换波函数两个电子的空间坐标后，其值不变或改变符号。取正号称为对称波函数，取负号称为反对称波函数。对于多于两个粒子的全同粒子体系，该结论也成立。

对于自旋，多电子体系总的自旋波函数同样也必须是对称和反对称的。仍以两个电子的体系为例，可以组成四种自旋状态

$$\eta_1=\alpha(1)\alpha(2)\quad(5.19)$$

$$\eta_2=\beta(1)\beta(2)\quad(5.20)$$

$$\eta_3=\alpha(1)\beta(2)\quad(5.21)$$

$$\eta_4=\beta(1)\alpha(2)\quad(5.22)$$

上面四式中，η_1和η_2是对称的，而η_3和η_4是非对称的，但可将η_3和η_4线性组合成两个等价的自旋波函数

$$\eta_5=\frac{1}{\sqrt{2}}\left[\alpha(1)\beta(2)+\beta(1)\alpha(2)\right] \tag{5.23}$$

$$\eta_6=\frac{1}{\sqrt{2}}\left[\alpha(1)\beta(2)-\beta(1)\alpha(2)\right] \tag{5.24}$$

其中η_5是对称的，η_6是反对称的。

包括空间坐标与自旋坐标的多电子体系的完全波函数是否必须是对称或反对称的呢？并且是对称的还是反对称的呢？泡利(Pauli)在总结大量实验结果的基础上得出：包含两个或两个以上的微观粒子体系的完全波函数，对于交换体系中任意两个粒子的坐标(包括空间坐标和自旋坐标)必须是对称或反对称的；对于自旋量子数为半整数的粒子，称为费米子，如电子、质子、中子等必须是反对称的；对于自旋量子数为整数或零的粒子，称为玻色子，如α粒子、光子等必须是对称的。此即泡利不相容原理。

下面讨论两个电子体系的完全波函数。若两个电子都处在1s轨道，例如 He 原子的基态，分别以1s(1)和1s(2)表示，则两个电子体系的空间部分可写作

$$\psi(1,2)=1s(1)1s(2) \tag{5.25}$$

完全波函数还应包括自旋部分。为了符合泡利不相容原理，完全波函数必须是反对称的。由于空间部分式(5.25)是对称的，而只有自旋波函数η是反对称的，与对称的空间波函数相乘，才能得到反对称的完全波函数，所以只有式(5.24)的η_6符合要求。这样两个电子体系的完全波函数为

$$\begin{aligned}\psi_q(1,2)&=\psi(q_1,q_2)\\&=\psi(1,2)\eta_6\\&=\frac{1}{\sqrt{2}}1s(1)1s(2)\left[\alpha(1)\beta(2)-\beta(1)\alpha(2)\right]\\&=\frac{1}{\sqrt{2}}\begin{vmatrix}1s(1)\alpha(1) & 1s(2)\alpha(2)\\ 1s(1)\beta(1) & 1s(2)\beta(2)\end{vmatrix}\end{aligned} \tag{5.26}$$

式(5.26)表明，若两个电子都处于1s轨道，其自旋必须相反。否则，波函数就是零了。

对于三电子体系，例如锂原子，是否三个电子都可处于1s轨道呢？如果三个电子都在1s轨道上，即

$$\psi(1,2,3)=1s(1)1s(2)1s(3)$$

其空间波函数是对称的。自旋状态只有α、β两种，三个电子两种自旋，由三个电子组成的自旋波函数必有两个电子自旋相同，即

$$\begin{aligned}\eta_1(1,2,3)&=\alpha(1)\alpha(2)\beta(3)\\ \eta_2(1,2,3)&=\alpha(1)\beta(2)\alpha(3)\\ \eta_3(1,2,3)&=\alpha(1)\beta(2)\beta(3)\\ \eta_4(1,2,3)&=\beta(1)\alpha(2)\alpha(3)\end{aligned}$$

$$\eta_5(1,2,3)=\beta(1)\beta(2)\alpha(3)$$
$$\eta_6(1,2,3)=\beta(1)\alpha(2)\beta(3)$$

交换这两个自旋相同的电子的坐标，自旋波函数必然是对称的。这就形成空间部分对称，自旋部分也对称，构造不出反对称波函数，这违背泡利不相容原理。由此可见，不能三个电子都处于1s态。

由上面的两个例子可知，在一个多电子原子中，不允许两个或两个以上的电子具有完全相同的四个量子数 n、l、m、和 m_s。在同一原子中最多只能有两个电子占据同一空间轨道，而自旋还必须相反。这是泡利不相容原理的推论。

式(5.26)构造反对称波函数的方式可以推广到两个电子以上的多电子体系。记 $\phi_i(q_i)$ 为第 i 个电子的完全波函数(包括空间坐标和自旋坐标)，则 n 个电子体系的反对称波函数可写为

$$\begin{aligned}\Phi_q&=\Phi(q_1,q_2,\cdots,q_n)\\&=\Phi_q(1,2,\cdots,n)\\&=\frac{1}{\sqrt{n!}}\begin{vmatrix}\phi_1(q_1)&\phi_1(q_2)&\cdots&\phi_1(q_n)\\\phi_2(q_1)&\phi_2(q_2)&\cdots&\phi_2(q_n)\\\vdots&\vdots&&\vdots\\\phi_n(q_1)&\phi_n(q_2)&\cdots&\phi_n(q_n)\end{vmatrix}\\&=\frac{1}{\sqrt{n!}}\left|\phi_1(q_1)\quad\phi_2(q_2)\quad\cdots\quad\phi_n(q_n)\right|\end{aligned}\tag{5.27}$$

由于行列式的两行或两列交换改变符号，所以行列式(5.27)满足反对称要求。这种行列式称为斯莱特行列式，是由斯莱特最早引入的。

5.3 原子中电子的排布和元素周期律

5.3.1 原子中电子排布的原则

前面已经讨论了原子中电子的各种可能的运动状态及相应的能级。那么原子中核外的电子是怎样分配到各种状态中？基态原子的核外电子的分配遵从如下三条原则：

(1)泡利不相容原理。在同一原子中不能有两个或两个以上的电子具有完全相同的四个量子数，即每一个原子轨道最多只能填充两个自旋相反的电子。

(2)最低能量原理。在符合泡利不相容原理的前提下，电子填充后尽可能使体系的能量最低。

(3)洪德规则。在等价轨道(量子数 n、l 都相同)上排布的电子尽可能分占不同的轨道，且自旋平行。

5.3.2 元素周期律

按照上面的三条原则，从能量最低的1s轨道开始，将电子逐渐填充，将具有相同最

大 n 值轨道的元素排在同一周期，最大 l 值轨道上填充的电子个数相同的元素排在同一族，就得到化学元素周期表。

第一周期中填充的是1s轨道，最多只能填两个电子，所以只包含两个元素。第二周期填充2s和2p轨道，最多填8个电子，所以包含8个元素。第三周期填充3s和3p轨道，可以填8个电子。3d轨道虽然可填10个电子，但由于优先填充4s比优先填充3d的体系总能量低，所以3p轨道填满后，先填4s轨道。4s填满后再填3d。然后再填4p。4d和5s情况与3p和4s类似。这样就造成第三周期填充的轨道为3s3p，总数仍是8个电子。第四、第五周期填充的轨道为4s3d4p和5s4d5p，各包含18个元素。这两个周期都涉及d轨道的填充，含有未充满的d轨道的元素称为过渡元素。第四周期的过渡元素称为第一过渡元素系，第五周期的过渡元素称为第二过渡元素系。第六、第七周期分别填充6s4f5d6p和7s5f6d7p轨道，这两个周期出现的能级交错填充情况的原因和第四、第五周期的能级交错情况相同，这样填充会使体系的总能量最低。第六、第七周期各包含32个元素，第七周期中的最后几个元素还没制造出来，所以还没填满。这两个周期都涉及f轨道的填充。从58号元素Ce开始填充4f电子，到70号Yb填满，71号Lu的电子组态为$6s^2 4f^{14} 5d^1$。由于4f轨道电子密度大的位置比5s、5p更靠近原子核，很少受环境影响，对成键贡献很小。从La到Lu的三价离子具有$f^x(x=0\sim14)$的组态，化学性质非常相似，称为镧系元素。属于同一族的Y的化学性质与镧系元素相似，通常将Y和镧系元素统称为稀土元素。同一族的Sc也常常被包括在内。由于4f电子对4f电子屏蔽作用很小，对5s、5p、5d轨道屏蔽不完全，所以随着核电荷的增加，4f、5s、5p、5d轨道上的电子受核的吸引作用加强，因此原子和离子半径逐渐收缩，这个现象称为镧系收缩。从72号Hf开始重新填充5d轨道，到79号Au，5d轨道填满，形成第三过渡元素系。由于镧系收缩，第三过渡系的元素与第二过渡系的元素中同族元素的原子、离子半径很相近，化学性质很相近。第七周期的5f轨道参与成键的程度比第六周期的4f轨道要大(由于5f轨道有节面，4f轨道没有节面，5f轨道电子云分布比4f更为弥散，离原子核更远)。从Ac到Lr的离子都具有f^x的组态，化学性质很相似，称为锕系元素。

5.4　零级近似和一级近似波函数

5.4.1　零级近似波函数和相应的能量

由中心势场近似得到的波函数是零级近似波函数。它给出的能量是粗略的近似，表示原子的电子结构各支壳层(即 n、l 相同)具有相同的能量。例如，碳原子的$2p^2$就分裂为^3P、^1D和^1S三组能级。采用中心势场模型的零级近似不能解释这类现象。

下面分析中心势场模型的能量近似程度。

为了满足多电子波函数反对称的要求，需将中心势场模型得到的各单电子波函数$\phi_i(i)$乘以自旋构成自旋-轨道波函数$\phi_i(i)\eta_i=\phi_i(q_i)$，用其构造成斯莱特行列式

$$
\begin{aligned}
\Phi_q^0 &= \Phi_q^0(1,2,\cdots,n) \\
&= \Phi^0(q_1,q_2,\cdots,q_n) \\
&= \frac{1}{\sqrt{n!}}\begin{vmatrix} \phi_1(q_1) & \phi_1(q_2) & \cdots & \phi_1(q_n) \\ \phi_2(q_1) & \phi_2(q_2) & \cdots & \phi_2(q_n) \\ \vdots & \vdots & & \vdots \\ \phi_n(q_1) & \phi_n(q_2) & \cdots & \phi_n(q_n) \end{vmatrix} \\
&= \frac{1}{\sqrt{n!}}\left|\phi_1(q_1) \quad \phi_2(q_2) \quad \cdots \quad \phi_n(q_n)\right|
\end{aligned}
\tag{5.28}
$$

式中，Φ_q^0 即为零级近似波函数，对于一种原子组态，相应的能量为

$$
E_0 = \sum_{i=1}^{n} \varepsilon_i \tag{5.29}
$$

例如，碳原子电子排列方式为$(1\mathrm{s}\alpha)(1\mathrm{s}\beta)(2\mathrm{s}\alpha)(2\mathrm{s}\beta)(2\mathrm{p}_y\alpha)(2\mathrm{p}_z\alpha)$，相应的斯莱特行列式为

$$
\begin{aligned}
\Phi_{q_1}^0 &= \frac{1}{\sqrt{6!}}\begin{vmatrix} 1\mathrm{s}(1)\alpha(1) & 1\mathrm{s}(2)\alpha(2) & \cdots & 1\mathrm{s}(6)\alpha(6) \\ 1\mathrm{s}(1)\beta(1) & 1\mathrm{s}(2)\beta(2) & \cdots & 1\mathrm{s}(6)\beta(6) \\ 2\mathrm{s}(1)\alpha(1) & 2\mathrm{s}(2)\alpha(2) & \cdots & 2\mathrm{s}(6)\alpha(6) \\ 2\mathrm{s}(1)\beta(1) & 2\mathrm{s}(2)\beta(2) & \cdots & 2\mathrm{s}(6)\beta(6) \\ 2\mathrm{p}_y(1)\alpha(1) & 2\mathrm{p}_y(2)\alpha(2) & \cdots & 2\mathrm{p}_y(6)\alpha(6) \\ 2\mathrm{p}_z(1)\alpha(1) & 2\mathrm{p}_z(2)\alpha(2) & \cdots & 2\mathrm{p}_z(6)\alpha(6) \end{vmatrix} \\
&= \frac{1}{\sqrt{6!}}\left|1\mathrm{s}(1)\alpha(1)1\mathrm{s}(2)\beta(2)2\mathrm{s}(3)\alpha(3)2\mathrm{s}(4)\beta(4)2\mathrm{p}_y(5)\alpha(5)2\mathrm{p}_z(6)\alpha(6)\right|
\end{aligned}
\tag{5.30}
$$

相应的能量为

$$
E_0 = 2\varepsilon_{1\mathrm{s}} + 2\varepsilon_{2\mathrm{s}} + 2\varepsilon_{2\mathrm{p}} \tag{5.31}
$$

碳原子电子排列方式还可以有$(1\mathrm{s}\alpha)(1\mathrm{s}\beta)(2\mathrm{s}\alpha)(2\mathrm{s}\beta)2\mathrm{p}_y\alpha 2\mathrm{p}_z\beta$，相应的斯莱特行列式为

$$
\Phi_{q_2}^0 = \frac{1}{\sqrt{6!}}\left|1\mathrm{s}(1)\alpha(1)1\mathrm{s}(2)\beta(2)2\mathrm{s}(3)\alpha(3)2\mathrm{s}(4)\beta(4)2\mathrm{p}_y(5)\alpha(5)2\mathrm{p}_z(6)\beta(6)\right| \tag{5.32}
$$

相应的能量为

$$
E_0 = 2\varepsilon_{1\mathrm{s}} + 2\varepsilon_{2\mathrm{s}} + 2\varepsilon_{2\mathrm{p}} \tag{5.33}
$$

这两种电子状态对应于同一组态

$$
1\mathrm{s}(1)\alpha(1)1\mathrm{s}(2)\beta(2)2\mathrm{s}(3)\alpha(3)2\mathrm{s}(4)\beta(4)2\mathrm{p}(5)\eta(5)2\mathrm{p}(6)\eta(6)
$$

它们的零级近似波函数Φ_q^0具有相同的能量E_0，是简并的，因为它们的单电子波函数的n、l相等。

除这两种电子排列方式外，碳原子基态还有多种排列方式。因而有多种电子状态，每种电子状态对应一个斯莱特行列式。这些电子状态的能量是相同的，都是 E_0 。

5.4.2　一级近似波函数和相应的能量

采用中心势场模型的零级近似的精度不够，需要在零级近似波函数的基础上求解更精确的波函数，即一级近似波函数和相应的一级近似能量。这可以采用线性变分法来处理。

选择全部零级近似波函数 Φ_q^0 的线性组合作为变分函数，即

$$\psi \approx \Phi_q' = \sum_{i=1}^{m} c_i \Phi_{qi}^0 \tag{5.34}$$

薛定谔方程为

$$\hat{H}\psi = E\psi \tag{5.35}$$

式中

$$\begin{aligned}\hat{H} &= \sum_{i=1}^{n}\left[-\frac{\hbar^2}{2m_{\mathrm{e}}}\nabla_i^2 - \frac{Ze^2}{r_i} + \sum_{\substack{j=1\\(j\neq i)}}^{n}\frac{e^2}{r_{ij}}\right] - \frac{1}{2}\sum_{i=1}^{n}\sum_{\substack{j=1\\(j\neq i)}}^{n}\frac{e^2}{r_{ij}} \\ &= \sum_{i=1}^{n}\hat{H}_i - \frac{1}{2}\sum_{i=1}^{n}\sum_{\substack{j=1\\(j\neq i)}}^{n}\frac{e^2}{r_{ij}}\end{aligned} \tag{5.36}$$

将式(5.34)和式(5.36)代入薛定谔方程(5.35)，并用式(5.34)左乘后积分，得一级近似能量

$$E = \frac{\int \Phi_q^* \hat{H} \Phi_q \,\mathrm{d}\tau}{\int \Phi_q^* \Phi_q \,\mathrm{d}\tau} \tag{5.37}$$

的最小值，得到的系数必须满足方程

$$\sum_{i=1}^{m}\left(H_{ji} - S_{ji}E\right)c_i = 0 \quad \left(j = 1,2,\cdots,m\right) \tag{5.38}$$

式中

$$H_{ji} = \int \Phi_{qj}^{0*}\hat{H}\Phi_{qi}^{0}\mathrm{d}\tau$$

$$S_{ji} = \int \Phi_{qj}^{0*}\Phi_{qi}^{0}\mathrm{d}\tau$$

解方程(5.38)得到一级近似本征能量 E_1 和一级近似波函数

$$\Phi_q' = \sum_{i=1}^{m} c_i' \Phi_{qi}^0 \tag{5.39}$$

这里c_i'已求得。

然而，这样处理不能得到零级简并能级分裂的一般规律，而且计算量相当大。为了得到零级简并能级分裂的规律性，可以采用角动量理论求一级近似波函数和一级近似能量。

5.5 多电子原子的电子光谱

5.5.1 组态

原子具有一定的电子层结构，即原子中的每个电子的量子数 n 和 l 确定，则称原子具有某一确定的组态。例如，O 的电子层结构为$1s^2 2s^2 2p^4$，此即 O 的电子组态。为简便计算，一般只写出价电子，例如 O 的电子组态可简写为$2s^2 2p^4$。通常把这些用来描述原子状态的电子层结构称为组态。这是在中心势场近似下，用电子在各支壳层的分布表示原子的电子结构。

所有 n 相同、l 相同的轨道构成一支壳层。如果某一组态的多个支壳层已填满电子，则称为闭壳层组态。例如，He 的$1s^2$、Ne 的$1s^2 2s^2 2p^6$等。若支壳层未填满电子，则称为开壳层组态，如 H 的$1s$、Li 的$1s^2 2s^1$等。

原子的电子组态确定了，即原子中每个电子的量子数 n 和 l 确定了。而要想完全确定一个电子的状态，必须具备 4 个量子数即 n、l、m、m_s。而且，在多电子原子中，即使每个电子的状态确定了，原子的整体状态还有多种可能。因此，用组态所描述的原子状态除闭壳层外，不是一个状态，而是一组状态。在仅考虑电子的动能、电子和原子核的吸引势能，以及电子和电子间的排斥势能的总能量中，同一组态的各状态是简并的。也就是说，薛定谔方程所给出的能量中，同一组态的各状态是简并的。具有相同的能量，此能量就是采用中心势场近似得到的能量。元素周期表中每一格所给出的电子层结构就是这样一个基态组态。

5.5.2 原子状态

多电子原子中所有电子的总的运动状态称为原子状态。它反映了原子中的电子经过各种复杂相互作用后的整体行为。如何描述多电子原子的运动状态呢？用单个电子的量子数 n、l、m、m_s 不行，这些量子数不能反映多个电子的整体行为，需用下列量子数描述。

1. 总轨道角动量量子数 L

多电子的轨道角动量 $\boldsymbol{L}_i$ 之间存在着相互作用，它们不是独立的。它们相互耦合构成原子的总轨道角动量 $\boldsymbol{L}$。原子的总轨道角动量 $\boldsymbol{L}$ 是各电子的轨道角动量的矢量和

$$\boldsymbol{L}=\sum_{i=1}^{n}\boldsymbol{L}_i \tag{5.40}$$

$\boldsymbol{L}$ 的大小$|\boldsymbol{L}|$可由总轨道角动量量子数求得

$$|\boldsymbol{L}| = L(L+1)\hbar \tag{5.41}$$

其中 L 由每个电子的轨道角动量量子数 l 求得。角量子数分别为 l_1 和 l_2 的两个电子的总轨道角动量量子数 L 为

$$l_1 + l_2, l_1 + l_2 - 1, \cdots, |l_1 - l_2|$$

$\boldsymbol{L}$ 沿磁场方向（z 方向）的分量为

$$L_z = M_L \hbar \tag{5.42}$$

式中，M_L 可取 $0, \pm 1, \pm 2, \cdots, \pm L$，共有 $2L+1$ 个，M_L 称为总轨道磁量子数。

2. 总自旋角动量量子数 S

由于各个电子之间存在着自旋相关，各电子的自旋角动量 $\boldsymbol{S}_i$ 也不是独立的。它们相互耦合构成原子的总自旋角动量。总自旋角动量 $\boldsymbol{S}$ 是各电子的自旋角动量矢量和

$$\boldsymbol{S} = \sum_{i=1}^{n} \boldsymbol{S}_i \tag{5.43}$$

$\boldsymbol{S}$ 的大小 $|\boldsymbol{S}|$ 可由总自旋角动量量子数求得

$$|\boldsymbol{S}| = S(S+1)\hbar \tag{5.44}$$

其中 S 由每个电子的自旋角动量量子数 s 求得。若两个自旋角动量量子数分别为 s_1 和 s_2，则总自旋角动量量子数 S 为

$$s_1 + s_2, s_1 + s_2 - 1, \cdots, |s_1 - s_2|$$

$\boldsymbol{S}$ 沿磁场方向（z 方向）的分量为

$$S_z = M_S \hbar \tag{5.45}$$

式中，M_S 可取 $0, \pm 1, \pm 2, \cdots, \pm S$（如 S 为整数）或 $\pm\frac{1}{2}, \pm\frac{3}{2}, \cdots, \pm S$（如 S 为半整数），共有 $2S+1$ 个。M_S 称为总自旋磁量子数。

3. 总角动量量子数 J

总轨道角动量 $\boldsymbol{L}$ 和总自旋角动量 $\boldsymbol{S}$ 之间还存在自旋-轨道相互作用，得到原子的总角动量。总角动量 $\boldsymbol{J}$ 等于 $\boldsymbol{L}$ 和 $\boldsymbol{S}$ 的矢量和

$$\boldsymbol{J} = \boldsymbol{L} + \boldsymbol{S} \tag{5.46}$$

$\boldsymbol{J}$ 的大小可由总角动量量子数（也称内量子数）J 决定

$$|\boldsymbol{J}| = J(J+1)\hbar \tag{5.47}$$

其中，J 可由总轨道角动量量子数 L 和总自旋角动量量子数 S 得到，可取 $L+S$，$L+S-1$，…，$|L-S|$。如果 $L \geqslant S$，则有 $2S+1$ 个值，如果 $S \geqslant L$，则有 $2S+1$ 个值。$\boldsymbol{J}$ 沿磁场方向的分量为

$$J_z = M_J \hbar \tag{5.48}$$

式中，M_J 为内磁量子数，取值为 0 或 $\pm\frac{1}{2}$ 到 $\pm J$，间隔 1，共有 2J+1 个。

上面把每一个电子的 $\boldsymbol{L}_i$ 合并成 $\boldsymbol{L}$，$\boldsymbol{S}_i$ 合并成 $\boldsymbol{S}$，然后将 $\boldsymbol{L}$ 和 $\boldsymbol{S}$ 合并成 $\boldsymbol{J}$ 的处理方法称为 L-S 耦合，或称拉塞尔(Russell)-桑德斯(Saunders)耦合。L-S 耦合适合于轻元素和中等元素。采用 L-S 耦合可以得到一级近似波函数和一级近似能量。零级近似斯莱特行列式波函数 Φ_q^0 是 $\hat{L}_z$ 和 $\hat{S}_z$ 的本征函数。对于闭壳层，Φ_q^0 也是 $\hat{L}_z$ 和 $\hat{S}_z$ 的本征函数(本征值为 $L=S=0$)，但一般而言，Φ_q^0 不是 $\hat{L}_z$ 和 $\hat{S}_z$ 的本征函数，可以将具有相同的 M_L 和 M_S 的波函数重新组合成 $\hat{L}^2$、$\hat{L}_z$、$\hat{S}^2$、$\hat{S}_z$ 的共同本征函数。

如果属于本征值 L、M_L、S、M_S 的本征函数只有一个，它也一定是 $\hat{H}$ 的本征函数 Φ，即 Φ 是 $\hat{H}$、$\hat{L}^2$、$\hat{L}_z$、$\hat{S}^2$、$\hat{S}_z$ 的共同本征函数，所以一级近似能量为

$$E = \int \Phi^* \hat{H} \Phi \mathrm{d}\tau$$

式中

$$\Phi = \Phi(LM_L SM_S)$$

为一级近似波函数，是以总量子数 L、M_L、S、M_S 表示原子状态的波函数。

如果属于本征值 L、M_L、S、M_S 的本征函数有两个或两个以上，分别为

$$\Phi_1 = \Phi_1(LM_L SM_S),\quad \Phi_2 = \Phi_2(LM_L SM_S),\quad \cdots$$

则 $\hat{H}$ 的本征函数是它们的线性组合，即

$$\Phi = c_1\Phi_1 + c_2\Phi_2 + \cdots$$

式中，系数 c_1、c_2、$\cdots$ 及相应的本征能量可以用线性变分法求得。

由上面可见，采用这种方法求原子的一级近似波函数和一级近似能量比解式(5.33)简便，并且得到一级近似波函数 Φ 具有确定的 L、M_L、S、M_S 值。

另外，还有一种耦合方案是先把每一个电子的 $\boldsymbol{S}_i$ 和 $\boldsymbol{L}_i$ 耦合成 $\boldsymbol{j}_i$，再把 $\boldsymbol{j}_i$ 耦合成 $\boldsymbol{J}$，这种处理方法称为 j-j 耦合，适用于重元素。因此有

$$\boldsymbol{j}_i = \boldsymbol{L}_i + \boldsymbol{S}_i \tag{5.49}$$

$$\boldsymbol{J} = \sum_{i=1}^{n} \boldsymbol{j}_i \tag{5.50}$$

$$|\boldsymbol{J}| = J(J+1)\hbar \tag{5.51}$$

由 j_1 和 j_2 两个内量子数可得总角动量量子数 J，为 $j_1+j_2, j_1+j_2-1, |j_1-j_2|$。$\boldsymbol{J}$ 沿磁场方向的分量为

$$J_z = M_J \hbar \tag{5.52}$$

M_J 的取值为 0 或 $\pm\frac{1}{2}$ 到 $\pm J$，间隔 1，共有 2J+1 个。

5.5.3　原子光谱项和光谱支项

和氢原子一样，多电子原子的状态可用 L、S、J、M_J 四个量子数表示。在同一原子组态下，可出现 L、S、J 不同的原子状态。它们反映了电子的相互作用情况的不同，在能量上有所差别，用多电子原子光谱项符号表示。写法与前面讲的氢原子的情况相同，将 $2S+1$ 的数值写在代表 L 值的英文字母的左上角，即 ^{2S+1}L。通常把 $L=0,1,2,3,4,5,\cdots$ 依次以大写英文字母 $S,P,D,F,G,H,\cdots$ 表示，把 J 值写在光谱项的右下角即 $^{2S+1}L_J$，称为光谱支项。

5.5.4　光谱项能量

从原子光谱的大量实验资料中，洪德总结出以下规律：

(1) 由同一电子组态导出的各光谱项中，S 最大者能级最低；如 S 相同，则 L 最大者能级最低。此即洪德第一规律。

(2) 如果 S 和 L 相同，则对于正光谱项，J 值越小，能级越低；而对于反光谱项，J 值越大，能级越低。所谓正光谱项是指从原子轨道电子未充满到半充满的电子组态。例如，p^1、p^2、p^3 等导出的光谱项；所谓反光谱项是指从半充满以后的电子组态。例如，p^4、p^5 等导出的光谱项。这是洪德第二规律。

一般而言，多重度 $2S+1$ 不同的谱项之间能量相差比较大，多重度相同、L 不同的谱项能量相差比较小。这是因为前者来源于相互作用较强的自旋相关效应，后者来源于相互作用较弱的轨道-轨道相互作用。

谱项的能量用斯莱特-康登(Condon)参量表示。例如，对于 p^2 组态导出的谱项能量为

$$E\left({}^1S\right)=F_0+10F_2$$

$$E\left({}^1D\right)=F_0+F_2$$

$$E\left({}^3P\right)=F_0-5F_2$$

式中，F_0、F_2 等即为斯莱特-康登参量，它们是表示电子之间相互作用的一些积分，也可做经验参数处理，具体数值可由光谱数据得到。

组态为 p^2 的原子能级结构示于图 5.1。由图可见，多电子原子的薛定谔方程给出的能量精确到原子的电子组态，确定了原子的电子层结构，并没有考虑电子的轨道相互作用、自旋相互作用及自旋-轨道相互作用。光谱项考虑了电子的轨道角动量之间的相互作用和自旋角动量之间的相互作用。光谱支项进一步考虑了总轨道角动量和总自旋角动量之间的相互作用。电子能级在外磁场中的分裂则是考虑了角动量和外磁场之间的相互作用。

5.5.5　原子光谱的选择定则

当原子由较高能级 E_2 跃迁到较低能级 E_1 时就放出光子，产生了一条光谱线。其频率 ν 由玻尔频率公式

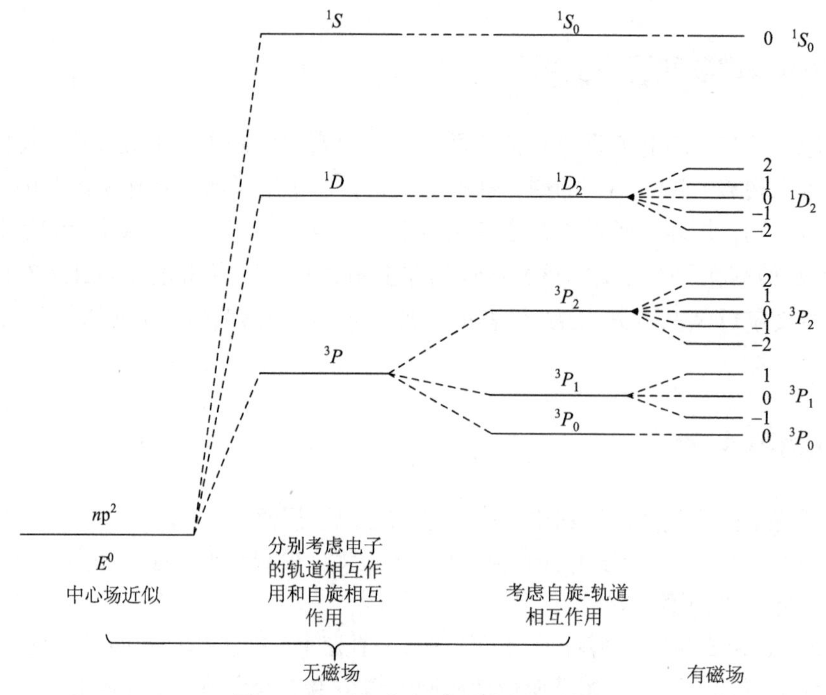

图 5.1　电子组态为 p^2 的能级示意图

$$\nu = \frac{E_2 - E_1}{h} \tag{5.53}$$

决定。在光谱学中，常用波数 $\tilde{\nu}$ 代替频率，

$$\tilde{\nu} = \frac{1}{\lambda} = \frac{E_2 - E_1}{hc} \tag{5.54}$$

从大量的原子光谱实验总结出，并不是任何两个能级之间都可以发生辐射跃迁，发生辐射跃迁的能级间需满足下列选择定则。

(1) L-S 耦合

$$\Delta S = 0$$
$$\Delta L = \pm 1$$
$$\Delta J = 0, \pm 1 \quad (0 \to 0\text{除外})$$

有外磁场时，还需

$$\Delta M_J = 0, \pm 1 \quad (\text{对}\Delta J = 0, 0 \to 0\text{除外})$$

(2) j-j 耦合

$$\Delta j = 0, \pm 1(\text{对跃迁电子}),\ \Delta j = 0(\text{对其余电子})$$
$$\Delta J = 0, \pm 1(0 \to 0\text{除外})$$

有外磁场时，还需

$$\Delta M_J = 0, \pm 1 \quad (\text{对}\Delta J = 0, 0 \to 0\text{除外})$$

用量子力学理论可以证明上述选择定则。

5.5.6　钠原子的光谱

表 5.1 列出钠原子的基态和激发态的各光谱项。图 5.2 给出了钠原子光谱。图 5.3 给出了钠原子的能级图。

表 5.1　钠原子的基态和激发态的各光谱项

电子组态	最外层电子的主量子数	光谱支项
$1s^22s^22p^33s^1$	3	$2S_{1/2}$
$1s^22s^22p^33p^1$	3	$2P_{1/2}$，$2P_{3/2}$
$1s^22s^22p^33d^1$	3	$2D_{3/2}$，$2D_{5/2}$
$1s^22s^22p^34s^1$	4	$2S_{1/2}$
$1s^22s^22p^34p^1$	4	$2P_{1/2}$，$2P_{3/2}$
$1s^22s^22p^34d^1$	4	$2D_{3/2}$，$2D_{5/2}$
$1s^22s^22p^34f^1$	4	$2F_{5/2}$，$2F_{7/2}$
⋮	⋮	⋮

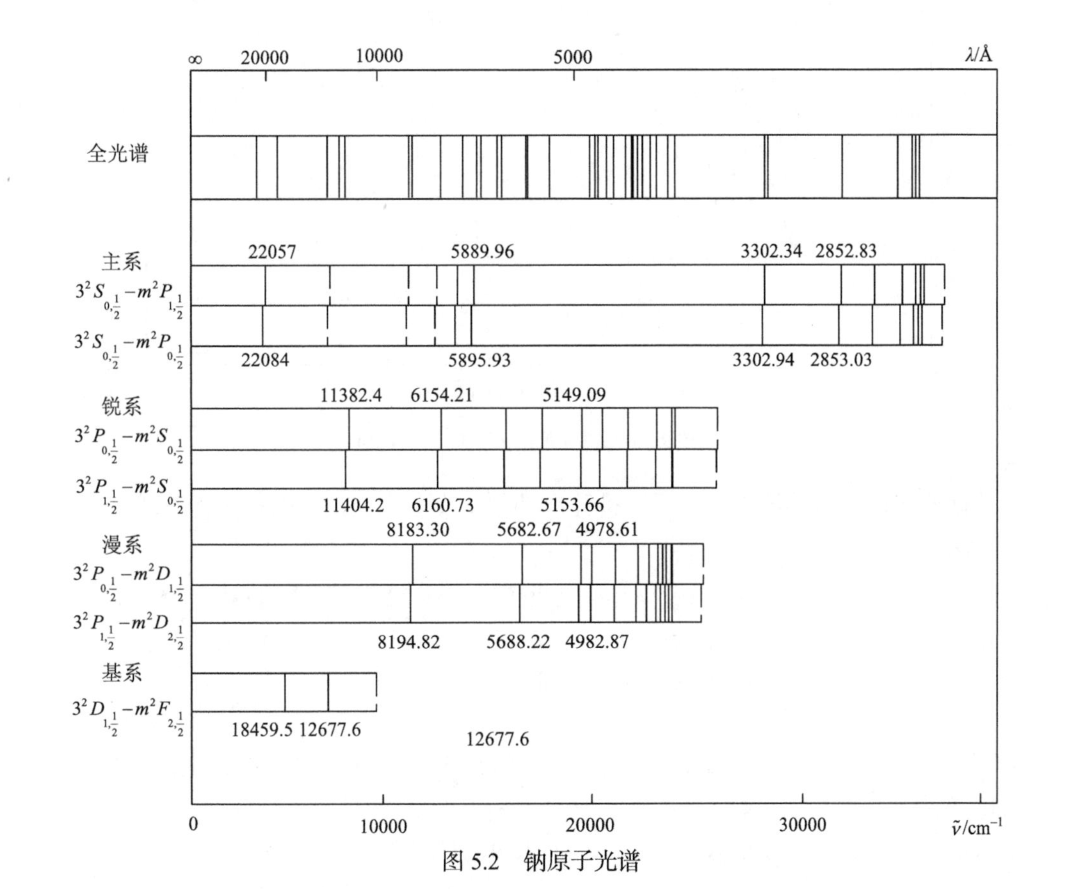

图 5.2　钠原子光谱

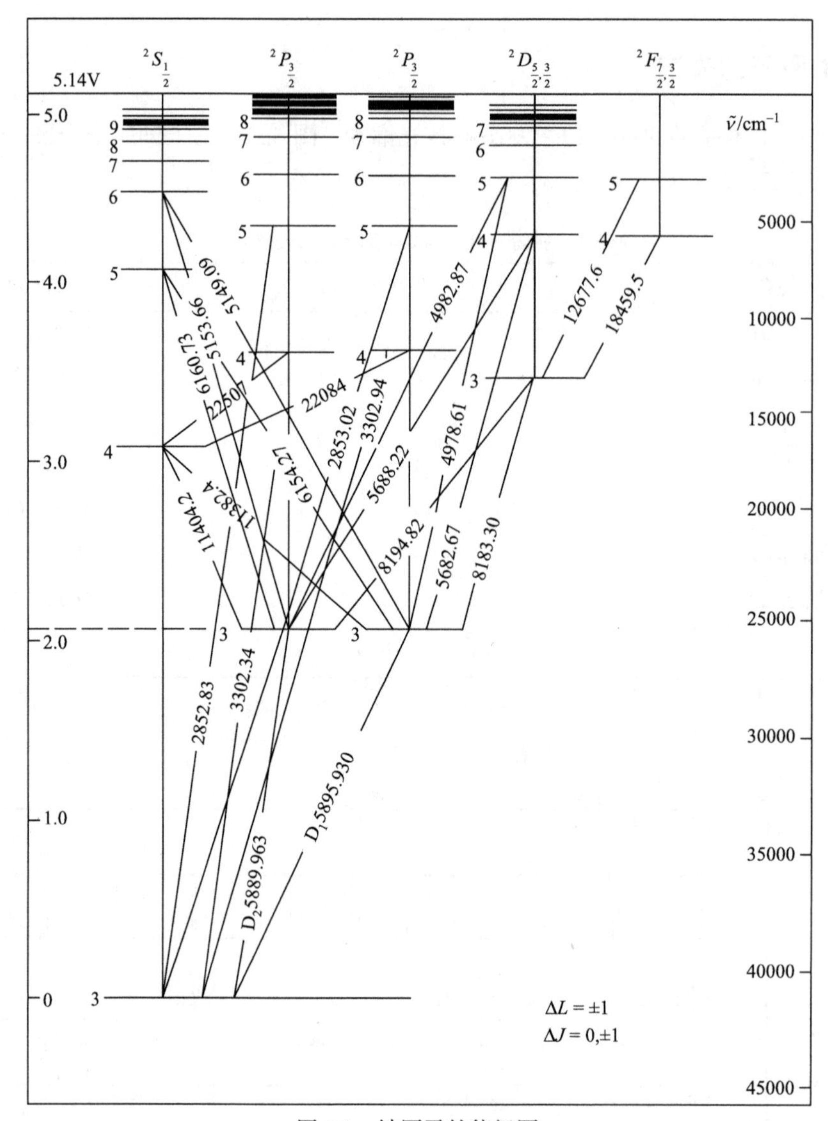

图 5.3 钠原子的能级图

图中的波长以 Å 为单位，1Å = 10^{-10}m = 0.1nm

从钠原子的能级图和选律，可以推算出钠原子光谱应包括下列各系光谱线：

(1)主系	$nP \rightarrow 3S$	λ / nm
	$3P \rightarrow 3S$	589.59，589.00 即两重钠 D 线
	$4P \rightarrow 3S$	330.29，330.23
	$5P \rightarrow 3S$	285.30，285.28
	⋮	⋮
	$\infty P \rightarrow 3S$	245.5(5.138eV，第一电离能，主系的极限)
(2)锐系	$nS \rightarrow nP$	λ / nm
	$4S \rightarrow 3P$	1140.4，1138.2

	$5S \to 3P$	616.1，615.4
	$6S \to 3P$	515.4，514.9
	⋮	⋮
	$\infty S \to 3P$	407.8，407.6(锐系的两个极限)
(3)漫系	$nD \to 3P$	λ / nm
	$3D \to 3P$	819.5(2)，818.3(1)
	$4D \to 3P$	568.8(2)，568.3(1)
	$5D \to 3P$	498.3(2)，497.9(1)
	⋮	⋮
	$\infty D \to 3P$	407.8(2)，497.6(1)(漫系的极限=锐系的极限=3p 电子的电离能)
(4)基系	$nF \to nD$	λ / nm
	$4F \to 3D$	1846.0(3)
	$5F \to 3D$	1267.8(3)
	⋮	⋮
	$\infty F \to 3D$	814.9(3)(基系的极限)

5.5.7　多电子原子的磁矩和塞曼效应

多电子原子的磁矩是各个电子的轨道运动磁矩和自旋运动磁矩之和，即

$$\boldsymbol{\mu} = \sum_{i=1}^{n} \boldsymbol{\mu}_{li} + \sum_{i=1}^{n} \boldsymbol{\mu}_{si} = -\frac{\mu_{\mathrm{B}}}{\hbar}\left(g_l \sum_{i=1}^{n} \boldsymbol{l}_i + g_s \sum_{i=1}^{n} \boldsymbol{s}_i\right) = -\frac{\mu_{\mathrm{B}}}{\hbar}\left(\sum_i \boldsymbol{l}_i + 2\sum_i \boldsymbol{s}_i\right) \tag{5.55}$$

如果原子按 L-S 方式耦合，则

$$\boldsymbol{\mu} = -\frac{\mu_{\mathrm{B}}}{\hbar}(\boldsymbol{L} + 2\boldsymbol{S}) \tag{5.56}$$

原子的总磁矩 $\boldsymbol{\mu}_J$ (是 $\boldsymbol{\mu}$ 在 $\boldsymbol{J}$ 方向上的分量)为

$$\boldsymbol{\mu}_J = -\frac{g\mu_{\mathrm{B}}}{\hbar}\boldsymbol{J} \tag{5.57}$$

其中

$$g = 1 + \frac{J(J+1) - L(L+1) + S(S+1)}{2J(J+1)} \tag{5.58}$$

可见，当 L=0 时，g=2；当 S=0 时，g=1。所以 g 介于 1 和 2 之间。

当有磁场存在时，原子的总磁矩和磁场发生作用，作用能为

$$\varepsilon = -\boldsymbol{\mu}_J \cdot \boldsymbol{B} \tag{5.59}$$

式中，$\boldsymbol{B}$ 为磁场强度。将式(5.57)代入式(5.59)得

$$\varepsilon = \frac{g\mu_{\mathrm{B}}}{\hbar}\boldsymbol{J} \cdot \boldsymbol{B} = \frac{g\mu_{\mathrm{B}}}{\hbar}|\boldsymbol{J}|\boldsymbol{B}\cos\theta$$

式中，θ为$\boldsymbol{J}$和$\boldsymbol{B}$之间的夹角，$|\boldsymbol{J}|\cos\theta$为$\boldsymbol{J}$在磁场$\boldsymbol{B}$方向的投影，应有

$$|\boldsymbol{J}|\cos\theta = M_J\hbar$$

所以

$$\varepsilon = M_J g \mu_B B \tag{5.60}$$

$$M_J = J, J-1, \cdots, -J$$

由此可见，在磁场作用下，总角动量量子数为J的能级分裂为$2J+1$个能级。例如图5.4中的光谱项$^3P_2$共包含$2J+1=5$个状态，在没有磁场时，它们是兼并的。在磁场作用下，$^3P_2$分裂为五个能量不同的状态，每个状态的能量由相应的量子数M_J决定，M_J越小，能量越低。因此，在没有磁场时的一条光谱线在磁场作用下将分裂为多条光谱线。图5.4给出了有磁场存在时的能级分裂和能级跃迁。

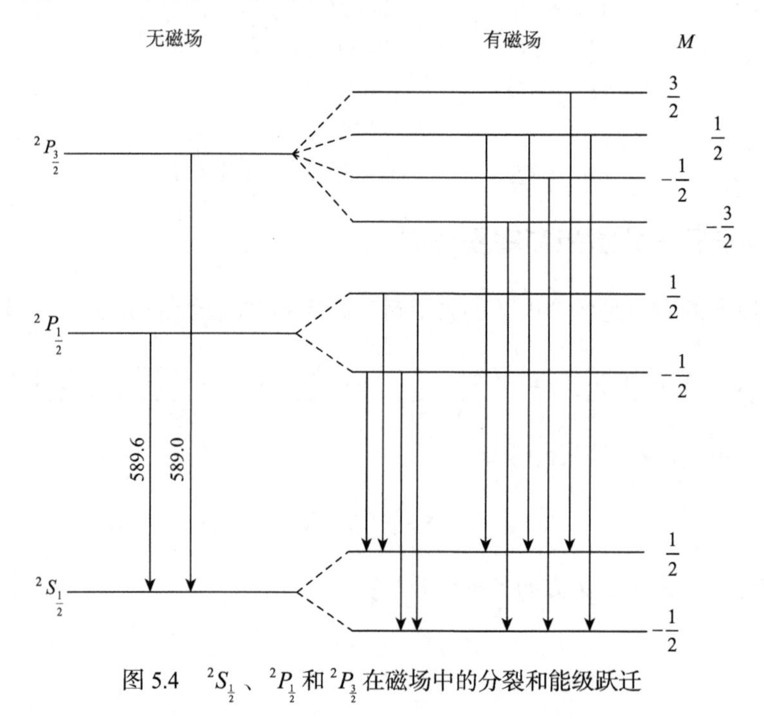

图5.4 $^2S_{\frac{1}{2}}$、$^2P_{\frac{1}{2}}$和$^2P_{\frac{3}{2}}$在磁场中的分裂和能级跃迁

5.6 多电子原子的哈特里自洽场方法

5.6.1 薛定谔方程

多电子体系的薛定谔方程为

$$\hat{H}\psi = E\psi \tag{5.61}$$

其中

$$\psi = \psi(1,2,\cdots,n)$$

哈密顿算符

$$\begin{aligned}\hat{H} &= -\frac{\hbar^2}{2m_e}\sum_{i=1}^{n}\nabla_i^2 - \sum_{i=1}^{n}\frac{Ze^2}{r_i} + \frac{1}{2}\sum_{i=1}^{n}\sum_{\substack{j=1\\(j\neq i)}}^{n}\frac{e^2}{r_{ij}} \\ &= \sum_{i=1}^{n}\left(-\frac{\hbar^2}{2m_e}\nabla_i^2 - \frac{Ze^2}{r_i} + \sum_{\substack{j=1\\(j\neq i)}}^{n}\frac{e^2}{r_{ij}}\right) - \frac{1}{2}\sum_{i=1}^{n}\sum_{\substack{j=1\\(j\neq i)}}^{n}\frac{e^2}{r_{ij}} \\ &= \sum_{i=1}^{n}\hat{H}_i - \frac{1}{2}\sum_{i=1}^{n}\sum_{\substack{j=1\\(j\neq i)}}^{n}\frac{e^2}{r_{ij}}\end{aligned} \tag{5.62}$$

式中

$$\hat{H}_i = -\frac{\hbar^2}{2m_e}\nabla_i^2 - \frac{Ze^2}{r_i} + \sum_{\substack{j=1\\(j\neq i)}}^{n}\frac{e^2}{r_{ij}} \tag{5.63}$$

是第 i 个电子的动能、第 i 个电子与原子核的吸引能与第 i 个电子受其他 $n-1$ 个电子的排斥能之和。

如果忽略式(5.62)后一求和项，则有

$$\hat{H} \approx \sum_{i=1}^{n}\hat{H}_i \tag{5.64}$$

n 个电子体系的哈密顿近似为 n 个单电子体系的哈密顿之和。这样 n 个电子体系的薛定谔方程(5.61)可分离变量为 n 个单电子体系的薛定谔方程

$$\hat{H}_i\phi(i) = \varepsilon\phi(i) \quad (i = 1,2,\cdots,n) \tag{5.65}$$

n 个电子体系薛定谔方程的解 $\psi(1,2,\cdots,n)$ 近似等于各单电子薛定谔方程解 $\phi_k(i)$ 之积，即

$$\psi(1,2,\cdots,n) \approx \Phi(1,2,\cdots,n) = \phi_1(1)\phi_2(2)\cdots\phi_n(n) \tag{5.66}$$

5.6.2　哈特里方程

由于单电子薛定谔方程(5.65)中包含

$$\sum_{\substack{j=1\\(j\neq i)}}^{n}\frac{e^2}{r_{ij}}$$

而不能解出精确的解析解，需求近似解。单电子哈密顿算符 $\hat{H}_i$ 中包含的任意两个电子间的排斥能 $\frac{e^2}{r_{ij}}$ 是与 i 、 j 两个电子坐标有关的函数，如果对于二者之一的电子 j 的所有位置取平均，其平均值就只是电子 i 的坐标的函数。若电子 j 的波函数已知，则对 j 所有位置取平均可写为

$$\left\langle\frac{e^2}{r_{ij}}\right\rangle_j = \int_\tau \phi_j^*(j)\frac{e^2}{r_{ij}}\phi_j(j)\mathrm{d}\tau_j \tag{5.67}$$

$\left\langle \dfrac{e^2}{r_{ij}} \right\rangle_j$ 只是电子 i 的坐标的函数，与电子 j 的坐标无关。这样，单电子哈密顿算符式(5.63)近似为

$$\begin{aligned}\hat{H}_i &= -\frac{\hbar^2}{2m_e}\nabla_i^2 - \frac{Ze^2}{r_i} + \sum_{\substack{j=1\\(j\neq i)}}^{n}\left\langle \frac{e^2}{r_{ij}} \right\rangle_j \\ &= -\frac{\hbar^2}{2m_e}\nabla_i^2 - \frac{Ze^2}{r_i} + \sum_{\substack{j=1\\(j\neq i)}}^{n}\int_\tau \phi_j^*(j)\frac{e^2}{r_{ij}}\phi_j(j)\mathrm{d}\tau_j\end{aligned} \tag{5.68}$$

称为哈特里(Hartree)算符。每个电子的波函数 $\psi_i(i)$ 满足哈特里方程

$$\left[-\frac{\hbar^2}{2m_e}\nabla_i^2 - \frac{Ze^2}{r_i} + \sum_{\substack{j=1\\(j\neq i)}}^{n}\int_\tau \phi_j^*(j)\frac{e^2}{r_{ij}}\phi_j(j)\mathrm{d}\tau_j\right]\phi_i(i) = \varepsilon_i\phi_i(i) \tag{5.69}$$

$$(i = 1, 2, \cdots, n)$$

下面讨论哈特里方程的求解方法。因为哈特里方程的势能项中包含所要求解的单电子波函数 $\phi_j(j)$，因此需要先选取一组尝试波函数 $\phi_1^0(1), \phi_2^0(2), \cdots, \phi_n^0(n)$ 作为 n 个电子的波函数初值。用它们计算每个电子的 $\left\langle \dfrac{e^2}{r_{ij}} \right\rangle_j$，构造出每个电子的哈特里算符式(5.68)，对每个电子解哈特里方程(5.69)，求得每个电子的第一级近似波函数 $\phi_1^1(1), \phi_2^1(2), \cdots, \phi_n^1(n)$，它们比尝试波函数 $\phi_1^0(1), \phi_2^0(2), \cdots, \phi_n^0(n)$ 更接近真实波函数。然后再以 $\phi_1^1(1), \phi_2^1(2), \cdots, \phi_n^1(n)$ 计算每个电子的 $\left\langle \dfrac{e^2}{r_{ij}} \right\rangle_j$，再解每个电子的哈特里方程，求得每个电子的第二级近似波函数 $\phi_1^2(1)$，$\phi_2^2(2)$，…，$\phi_n^2(n)$。重复上述步骤，直到第 n 级近似波函数相应的能量与第 $n-1$ 级近似波函数相应的能量之差对于每个电子都满足预定的精度要求，于是得到该体系的一组自洽解。该过程所用的势场称为自洽场(self-consistent-field，SCF)。这种近似解多电子体系薛定谔方程的方法是由哈特里于 1928 年最先提出来的，所以称为哈特里自洽场方法，简写作 SCF 方法。

5.6.3 原子的总能量

考虑自洽场近似，多电子体系的哈密顿算符可写为

$$\hat{H} = \sum_{i=1}^{n}\hat{H}_i - \frac{1}{2}\sum_{i=1}^{n}\sum_{\substack{j=1\\(j\neq i)}}^{n}\int_\tau \phi_j^*(j)\frac{e^2}{r_{ij}}\phi_j(j)\mathrm{d}\tau_j \tag{5.70}$$

式中第一个求和项 $\sum_{i=1}^{n}\hat{H}_i$ 是 n 个电子的哈特里 $\hat{H}_i$ 之和；第二个求和项

$\frac{1}{2}\sum_{i=1}^{n}\sum_{\substack{j=1\\(j\neq i)}}^{n}\int_{\tau}\phi_j^*(j)\frac{e^2}{r_{ij}}\phi_j(j)\mathrm{d}\tau_j$ 是由于第一个求和项中对 n 个电子两两相互排斥作用的重复计算而需减去的值。由哈密顿算符式(5.70)得相应的薛定谔方程

$$\left[\sum_{i=1}^{n}\hat{H}_i-\frac{1}{2}\sum_{i=1}^{n}\sum_{\substack{j=1\\(j\neq i)}}^{n}\int_{\tau}\phi_j^*(j)\frac{e^2}{r_{ij}}\phi_j(j)\mathrm{d}\tau_j\right]\Phi=E\Phi \tag{5.71}$$

其解可近似为单电子哈特里方程式(5.36)解的乘积，即

$$\Phi=\Phi(1,2,\cdots,n)=\phi_1(1)\phi_2(2)\cdots\phi_n(n) \tag{5.72}$$

将式(5.72)代入式(5.71)后，并用式(5.72)左乘后，再积分，得

$$E=\int_{\tau}\phi_1^*(1)\phi_2^*(2)\cdots\phi_n^*(n)\left[\sum_{i=1}^{n}\hat{H}_i-\frac{1}{2}\sum_{i=1}^{n}\sum_{\substack{j=1\\(j\neq i)}}^{n}\int_{\tau}\phi_j^*(j)\frac{e^2}{r_{ij}}\phi_j(j)\mathrm{d}\tau_j\right]\phi_1(1)\phi_2(2)\cdots\phi_n(n)\mathrm{d}\tau \tag{5.73}$$

其中 $\mathrm{d}\tau=\mathrm{d}\tau_1\mathrm{d}\tau_2\cdots\mathrm{d}\tau_n$。若 $\phi_1(1)\phi_2(2)\cdots\phi_n(n)$ 已归一化，上式成为

$$\begin{aligned}E&=\sum_{i=1}^{n}\int_{\tau}\phi_i^*(i)\hat{H}_i\phi_i(i)\mathrm{d}\tau_i-\frac{1}{2}\sum_{i=1}^{n}\sum_{\substack{j=1\\(j\neq i)}}^{n}\iint_{\tau}\phi_i^*(i)\phi_j^*(j)\frac{e^2}{r_{ij}}\phi_i(i)\phi_j(j)\mathrm{d}\tau_i\mathrm{d}\tau_j\\&=\sum_{i=1}^{n}\varepsilon_i-\frac{1}{2}\sum_{i=1}^{n}\sum_{\substack{j=1\\(j\neq i)}}^{n}J_{ij}\end{aligned} \tag{5.74}$$

式中

$$\begin{aligned}\varepsilon_i&=\int_{\tau}\phi_i^*(i)\left[-\frac{\hbar^2}{2m_\mathrm{e}}\nabla_i^2-\frac{Ze^2}{r_i}+\sum_{\substack{j=1\\(j\neq i)}}^{n}\int_{\tau}\phi_j^*(j)\frac{e^2}{r_{ij}}\phi_j(j)\mathrm{d}\tau_j\right]\phi_i(i)\mathrm{d}\tau_i\\&=\int_{\tau}\phi_i^*(i)\left[-\frac{\hbar^2}{2m_\mathrm{e}}\nabla_i^2-\frac{Ze^2}{r_i}\right]\phi_i(i)\mathrm{d}\tau_i+\sum_{\substack{j=1\\(j\neq i)}}^{n}\int_{\tau}\phi_i^*(j)\frac{e^2}{r_{ij}}\phi_i(i)\phi_j(j)\mathrm{d}\tau_i\mathrm{d}\tau_j\\&=\varepsilon_i^0+\sum_{\substack{j=1\\(j\neq i)}}^{n}J_{ij}\end{aligned} \tag{5.75}$$

是由单电子哈特里方程(5.69)求得的单电子能量，它近似等于在该自洽场原子轨道上运动的电子的电离能的负值。其中

$$\varepsilon_i^0=\int_{\tau}\phi_i^*(i)\left[-\frac{\hbar^2}{2m_\mathrm{e}}\nabla_i^2-\frac{Ze^2}{r_i}\right]\phi_i(i)\mathrm{d}\tau_i$$

是未考虑其他 $n-1$ 个电子对电子 i 的排斥作用时电子 i 的能量。而

$$\sum_{i=1}^{n}\varepsilon_i=\sum_{i=1}^{n}\varepsilon_i^0+\sum_{i=1}^{n}\sum_{\substack{j=1\\(j\neq i)}}^{n}J_{ij} \tag{5.76}$$

是n个电子的能量之和，它与多电子原子体系的总能量E不相等，比较式(5.74)和式(5.76)可见两者相差$\frac{1}{2}\sum_{i=1}^{n}\sum_{\substack{j=1\\(j\neq i)}}^{n}J_{ij}$。其中

$$J_{ij}=\iint_{\tau}\psi_i^*(i)\psi_j^*(j)\frac{e^2}{r_{ij}}\psi_i(i)\psi_j(j)\mathrm{d}\tau_i\mathrm{d}\tau_j \tag{5.77}$$

是电子i与电子j之间的排斥能，称为库仑积分。

哈特里自洽场方法的计算结果与实验数据能很好地符合，但哈特里方程是一个积分微分方程，一般只能求得数值解，因此自洽场原子轨道通常以数据表的形式给出，但也是用量子数n、l、m表征的。

5.7 多电子原子的哈特里-福克自洽场方法

根据泡利不相容原理，多电子体系的波函数应当包括自旋并且是反对称的，哈特里自洽场方法所选的波函数初始迭代函数未包括自旋，并且不满足反对称的要求。福克(Fock)和斯莱特考虑了电子的自旋，用单电子自旋-轨道波函数构造成多电子原子的斯莱特行列式波函数，以此做平均场近似，得到单电子薛定谔方程的近似方程称为哈特里-福克方程，这种近似求解多电子体系薛定谔方程的方法称为哈特里-福克自洽场方法。

5.7.1 闭壳层组态的哈特里-福克方法

1. 斯莱特行列式

闭壳层的所有电子都按自旋相反的方式配对，每个闭壳层的组态只能是一种电子组态，只需用一个斯莱特行列式表示闭壳层多电子波函数。在构造斯莱特行列式时，每个空间轨道使用两次。

对于$2n$个电子体系，有n个空间轨道，这$2n$个电子排布在能量最低的N个空间轨道上，斯莱特行列式为

$$\begin{aligned}\Phi_q&=\Phi_q(1,2,\cdots,n)\\&=\Phi(q_1,q_2,\cdots,q_n)\\&=\frac{1}{\sqrt{2n!}}\begin{vmatrix}\phi_1(1)\alpha(1)&\phi_1(2)\alpha(2)&\cdots&\phi_1(2n)\alpha(2n)\\\phi_1(1)\beta(1)&\phi_1(2)\beta(2)&\cdots&\phi_1(2n)\beta(2n)\\\vdots&\vdots&&\vdots\\\phi_n(1)\alpha(1)&\phi_n(2)\alpha(2)&\cdots&\phi_n(2n)\alpha(2n)\\\phi_n(1)\beta(1)&\phi_n(2)\beta(2)&\cdots&\phi_n(2n)\beta(2n)\end{vmatrix}\\&=\frac{1}{\sqrt{2n!}}\left|\phi_1(1)\alpha(1)\phi_1(2)\beta(2)\cdots\phi_n(2n-1)\alpha(2n-1)\phi_n(2n)\beta(2n)\right|\end{aligned}\tag{5.78}$$

式中，n个空间轨道$\phi_1,\phi_2,\cdots,\phi_n$是正交归一的函数集合，可以取多电子原子中心势场的

零级近似波函数或一级近似波函数，每个空间轨道填充两个电子，共计 $2n$ 个电子，是闭壳层电子组态。

2. 计算能量

多电子原子的薛定谔方程为

$$\hat{H}\psi = E\psi \tag{5.79}$$

式中

$$\begin{aligned}\hat{H} &= \sum_{i=1}^{2n}\left(-\frac{\hbar^2}{2m_e}\nabla_i^2 - \frac{Ze^2}{r_i}\right) + \sum_{i=1}^{2n}\sum_{\substack{j=1\\(i\neq j)}}^{2n}\frac{e^2}{r_{ij}} - \frac{1}{2}\sum_{i=1}^{2n}\sum_{\substack{j=1\\(i\neq j)}}^{2n}\frac{e^2}{r_{ij}} \\ &= \sum_{i=1}^{2n}\hat{h}_i + \sum_{i=1}^{2n}\sum_{\substack{j=1\\(i\neq j)}}^{2n}\frac{e^2}{r_{ij}} - \frac{1}{2}\sum_{i=1}^{2n}\sum_{\substack{j=1\\(i\neq j)}}^{2n}\frac{e^2}{r_{ij}}\end{aligned} \tag{5.80}$$

$$\hat{h}_i = -\frac{\hbar^2}{2m_e}\nabla_i^2 - \frac{Ze^2}{r_i}$$

将近似波函数斯莱特行列式(5.78)和多电子原子的哈密顿算符表达式(5.80)代入薛定谔方程(5.79)，并用斯莱特行列式(5.78)左乘后积分，得

$$\int \Phi_q^*\left(\sum_{i=1}^{2n}\hat{h}_i\right)\Phi_q\,\mathrm{d}\tau + \int \Phi_q^*\left(\sum_{i=1}^{2n}\sum_{\substack{j=1\\(i\neq j)}}^{2n}\frac{e^2}{r_{ij}}\right)\Phi_q\,\mathrm{d}\tau - \int \Phi_q^*\left(\frac{1}{2}\sum_{i=1}^{2n}\sum_{\substack{j=1\\(i\neq j)}}^{2n}\frac{e^2}{r_{ij}}\right)\Phi_q\,\mathrm{d}\tau = \int \Phi_q^* E\Phi_q\,\mathrm{d}\tau \tag{5.81}$$

利用行列式的性质以及空间轨道和自旋轨道的正交归一性，得

$$\begin{aligned}\int \Phi_q^*\left(\sum_{i=1}^{2n}\hat{h}_i\right)\Phi_q\,\mathrm{d}\tau &= \sum_{i=1}^{2n}\int \Phi_q^*\hat{h}_i\Phi_q\,\mathrm{d}\tau \\ &= 2\sum_{i=1}^{n}\int \phi_i^*(1)\hat{h}(1)\phi_i\,\mathrm{d}\tau_1 \\ &= 2\sum_{i=1}^{2n}h_{ii}\end{aligned} \tag{5.82}$$

$$\begin{aligned}\int \Phi_q^*\left(\sum_{i=1}^{2n}\sum_{\substack{j=1\\(i\neq j)}}^{2n}\frac{e^2}{r_{ij}}\right)\Phi_q\,\mathrm{d}\tau &= \sum_{i=1}^{2n}\sum_{\substack{j=1\\(i\neq j)}}^{2n}\int \Phi_q^*\frac{e^2}{r_{ij}}\Phi_q\,\mathrm{d}\tau \\ &= 2\sum_{i=1}^{n}\sum_{\substack{j=1\\(i\neq j)}}^{n}\left[2\iint \phi_i^*(1)\phi_j^*(2)\frac{e^2}{r_{12}}\phi_i(1)\phi_j(2)\,\mathrm{d}\tau_1\mathrm{d}\tau_2\right. \\ &\quad \left. - \iint \phi_i^*(1)\phi_j^*(2)\frac{e^2}{r_{12}}\phi_j(1)\phi_i(2)\,\mathrm{d}\tau_1\mathrm{d}\tau_2\right] \\ &= 2\sum_{i=1}^{n}\sum_{\substack{j=1\\(i\neq j)}}^{n}\left(2J_{ij} - K_{ij}\right)\end{aligned} \tag{5.83}$$

$$\int \Phi_q^* \left(\frac{1}{2} \sum_{i=1}^{2n} \sum_{\substack{j=1 \\ (i \neq j)}}^{2n} \frac{e^2}{r_{ij}} \right) \Phi_q \, \mathrm{d}\tau = \frac{1}{2} \sum_{i=1}^{2n} \sum_{\substack{j=1 \\ (i \neq j)}}^{2n} \int \Phi_q^* \frac{e^2}{r_{ij}} \Phi_q \, \mathrm{d}\tau$$

$$= \sum_{i=1}^{n} \sum_{\substack{j=1 \\ (i \neq j)}}^{n} \Big[2 \iint \phi_i^*(1) \phi_j^*(2) \frac{e^2}{r_{12}} \phi_i(1) \phi_j(2) \mathrm{d}\tau_1 \mathrm{d}\tau_2 \tag{5.84}$$

$$- \iint \phi_i^*(1) \phi_j^*(2) \frac{e^2}{r_{12}} \phi_j(1) \phi_i(2) \mathrm{d}\tau_1 \mathrm{d}\tau_2 \Big]$$

$$= \sum_{i=1}^{n} \sum_{\substack{j=1 \\ (i \neq j)}}^{n} \left(2J_{ij} - K_{ij} \right)$$

$$\int \Phi_q^* E \Phi_q \, \mathrm{d}\tau = E \int \Phi_q^* \Phi_q \, \mathrm{d}\tau = E \tag{5.85}$$

式中

$$h_{ii} = \int \phi_i(1) \hat{h}(1) \phi_i(1) \mathrm{d}\tau_1$$

$$J_{ij} = \iint \phi_i^*(1) \phi_j^*(2) \frac{e^2}{r_{12}} \phi_i(1) \phi_j(2) \mathrm{d}\tau_1 \mathrm{d}\tau_2$$

$$K_{ij} = \iint \phi_i^*(1) \phi_j^*(2) \frac{e^2}{r_{12}} \phi_j(1) \phi_i(2) \mathrm{d}\tau_1 \mathrm{d}\tau_2$$

$$(i, j = 1, 2, \cdots, n)$$

由于电子的等同性，所以上述各式中的电子 1 和电子 2 可以代表其他所有电子。从数学上也是成立的，因为积分与自变量的符号无关。但是，对于不同的电子，其波函数形式不同。J_{ij}、K_{ij} 的下角标表示的是不同电子的不同函数形式，这样对电子坐标的求和就转换为对不同函数形式的求和了。

J_{ij} 表示 ϕ_i 与 ϕ_j 两个原子轨道上的电子之间的排斥能，K_{ij} 表示 ϕ_i 与 ϕ_j 两个原子轨道上的电子之间的交换能。交换的含义是 K_{ij} 和 J_{ij} 比较，前者是由交换后者的被积函数中两个轨道上的电子标号得到。由上面可知，交换能来源于电子的等同性和泡利不相容原理。两个自旋相同的电子不仅在空间同一点上出现的概率为零，而且它们互相靠得很近的概率也很小。也就是说，自旋相同的电子趋向于互相回避。这样，自旋相同的两个电子之间的排斥能要比自旋相反的两个电子之间的排斥能小。这种自旋相同的电子趋向于互相回避的效应称为自旋相关。交换能实质上是由于自旋相同的电子之间的自旋相关引起的相互排斥能减少的部分，并不是真的发生了两个电子的交换。由于自旋相关效应的存在，在一组等价轨道(如三个 p 轨道、五个 d 轨道)上排有的电子，它们将尽可能分占不同的轨道并保持自旋平行。这一规律最早是由洪德从光谱实验数据总结出来的，称为洪德规则。

将式(5.82)~式(5.85)代入式(5.81)，得总电子能量

$$E = 2\sum_{i=1}^{n} h_{ii} + \sum_{i=1}^{n} \sum_{\substack{j=1 \\ (i \neq j)}}^{n} \left(2J_{ij} - K_{ij} \right) \tag{5.86}$$

式中，J_{ij} 称为库仑积分；K_{ij} 称为交换积分。

定义单电子轨道的能量为

$$\varepsilon_i = h_{ii} + \sum_{j=1}^{n}\left(2J_{ij} - K_{ij}\right) \tag{5.87}$$

它是一个原子轨道 ϕ_i 中的电子与原子核及其余 $2n-1$ 个电子的相互作用能。假设电子 i 电离时其余 $2n-1$ 个电子没有变化，则 $-\varepsilon_i$ 就是 ϕ_i 中一个电子的电离能势，称为库普曼斯(Koopmans)电离势或垂直电离势。

总电子能量可以表示为

$$E = 2\sum_{i=1}^{n}\varepsilon_i - \sum_{i=1}^{n}\sum_{\substack{j=1 \\ (i\neq j)}}^{n}\left(2J_{ij} - K_{ij}\right) \tag{5.88}$$

或

$$E = \sum_{i=1}^{n}\left(\varepsilon_i + h_{ii}\right) \tag{5.89}$$

由此可见，总电子能量 E 并不等于单电子能量之和。这是因为单电子能量之和包含每一对电子间的相互排斥能两次。单电子的能量之和把排斥能重复计算了。式(5.88)等号右边第二个求和项就是对它的校正。

3. 哈特里-福克方程

有了闭壳层多电子波函数和电子能量的表达式，利用变分法可以给出优化的多电子原子轨道的微分方程，即哈特里-福克方程

$$\left[\hat{h}_i + \sum_{j=1}^{n}\left(2\hat{J}_j - \hat{K}_j\right)\right]\phi_i = \varepsilon_i\phi_i \tag{5.90}$$

$$\left(i = 1, 2, \cdots, n\right)$$

它们是对应于原子轨道 $\phi_1, \phi_2, \cdots, \phi_n$ 的 n 个单电子波动方程，可以写作

$$\hat{F}_i\phi_i = \varepsilon_i\phi_i \quad \left(i = 1, 2, \cdots, n\right) \tag{5.91}$$

式中，$\hat{F}$ 称为福克算符，它的定义是

$$\hat{F}_i = \hat{h}_i + \sum_{j=1}^{n}\left(2\hat{J}_j - \hat{K}_j\right) \tag{5.92}$$

其中，$\hat{J}$ 称为库仑算符，$\hat{K}$ 称为交换算符，它们的定义是

$$\hat{J}_j(1)\phi_i(1) = \left[\int \phi_j^*(2)\frac{e^2}{r_{12}}\phi_j(2)\,\mathrm{d}\tau_1\right]\phi_i(1) \tag{5.93}$$

$$\hat{K}_j(1)\phi_i(1)=\left[\int\phi_j^*(2)\frac{e^2}{r_{12}}\phi_i(2)\mathrm{d}\tau_2\right]\phi_j(1) \tag{5.94}$$

方程(5.90)、方程(5.91)称为哈特里-福克方程。这表明多电子原子的最优原子轨道是福克算符 $\hat{F}$ 的全部本征函数。

5.7.2 开壳层组态的哈特里-福克方法

1. 自旋非限制的哈特里-福克方法

在开壳层组态中，一般来说，一个组态会包含几个谱项(原子状态)，每个原子状态对应一个斯莱特行列式。因此，波函数是几个斯莱特行列式的线性组合。只有在特殊情况下，才是单一斯莱特行列式。下面假定波函数取单一斯莱特行列式。

与闭壳层不同，α 自旋电子和 β 自旋电子的数目不相等。设有 p 个 α 自旋的电子，$n-p$ 个 β 自旋的电子。斯莱特行列式波函数为

$$\begin{aligned}
\Phi_q&=\Phi_q(1,2,\cdots,n)=\Phi(q_1,q_2,\cdots,q_n)\\
&=\frac{1}{\sqrt{n!}}\begin{vmatrix}
\phi_1(1)\alpha(1) & \phi_1(2)\alpha(2) & \cdots & \phi_1(n)\alpha(n)\\
\phi_2(1)\alpha(1) & \phi_2(2)\alpha(2) & \cdots & \phi_2(n)\alpha(n)\\
\vdots & \vdots & & \vdots\\
\phi_p(1)\alpha(1) & \phi_p(2)\alpha(2) & \cdots & \phi_p(n)\alpha(n)\\
\phi_{p+1}(1)\beta(1) & \phi_{p+1}(2)\beta(2) & \cdots & \phi_{p+1}(n)\beta(n)\\
\vdots & \vdots & & \vdots\\
\phi_{n-1}(1)\beta(1) & \phi_{n-1}(2)\beta(2) & \cdots & \phi_{n-1}(n)\beta(n)\\
\phi_n(1)\beta(1) & \phi_n(2)\beta(2) & \cdots & \phi_n(n)\beta(n)
\end{vmatrix}\\
&=\frac{1}{\sqrt{n!}}\left|\phi_1(1)\alpha(1)\phi_2(2)\alpha(2)\cdots\phi_p(p)\alpha(p)\phi_{p+1}(p+1)\beta(p+1)\cdots\phi_{n-1}(n-1)\beta(n-1)\phi_n(n)\beta(n)\right|
\end{aligned} \tag{5.95}$$

式中，波函数 $\phi_1(1)$、$\phi_2(2)$、…、$\phi_n(n)$ 是正交归一的。

将近似波函数式(5.95)和式(5.80)代入薛定谔方程(5.79)，并用式(5.95)左乘后积分，得

$$\int\Phi_q^*\left(\sum_{i=1}^{n}\hat{h}_i\right)\Phi_q\,\mathrm{d}\tau+\int\Phi_q^*\left(\sum_{i=1}^{n}\sum_{\substack{j=1\\(i\neq j)}}^{n}\frac{e^2}{r_{ij}}\right)\Phi_q\,\mathrm{d}\tau-\frac{1}{2}\int\Phi_q^*\left(\sum_{i=1}^{n}\sum_{\substack{j=1\\(i\neq j)}}^{n}\frac{e^2}{r_{ij}}\right)\Phi_q\,\mathrm{d}\tau=E\int\Phi_q^*\Phi_q\,\mathrm{d}\tau \tag{5.96}$$

利用行列式的性质以及空间轨道和自旋轨道的正交归一性，得

$$\begin{aligned}
\int\Phi_q^*\left(\sum_{i=1}^{n}\hat{h}_i\right)\Phi_q\,\mathrm{d}\tau&=\sum_{i=1}^{n}\int\Phi_q^*\hat{h}_i(1)\Phi_q\,\mathrm{d}\tau_1\\
&=\sum_{i=1}^{n}\int\phi_i^*(1)\hat{h}_i(1)\phi_i(1)\,\mathrm{d}\tau_1\\
&=h_{ii}
\end{aligned} \tag{5.97}$$

$$
\begin{aligned}
\int \Phi_q^* \left(\sum_{i=1}^{n} \sum_{\substack{j=1 \\ (i \neq j)}}^{n} \frac{e^2}{r_{ij}} \right) \Phi_q \, \mathrm{d}\tau &= \sum_{i=1}^{n} \sum_{\substack{j=1 \\ (i \neq j)}}^{n} \int \Phi_q^* \frac{e^2}{r_{ij}} \Phi_q \, \mathrm{d}\tau \\
&= \sum_{i=1}^{n} \sum_{\substack{j=1 \\ (i \neq j)}}^{n} \left[\iint \phi_i^*(1) \phi_j^*(2) \frac{e^2}{r_{12}} \phi_i(1) \phi_j(2) \mathrm{d}\tau_1 \mathrm{d}\tau_2 \right. \\
&\quad \left. - \iint \phi_i^*(1) \phi_j^*(2) \frac{e^2}{r_{12}} \phi_j(1) \phi_i(2) \mathrm{d}\tau_1 \mathrm{d}\tau_2 \right] \\
&= \sum_{i=1}^{n} \sum_{\substack{j=1 \\ (i \neq j)}}^{n} \left(J_{ij} - K_{ij} \right)
\end{aligned}
\tag{5.98}
$$

$$
\frac{1}{2} \int \Phi_q^* \left(\sum_{i=1}^{n} \sum_{\substack{j=1 \\ (i \neq j)}}^{n} \frac{e^2}{r_{ij}} \right) \Phi_q \, \mathrm{d}\tau = \frac{1}{2} \sum_{i=1}^{n} \sum_{\substack{j=1 \\ (i \neq j)}}^{n} \left(J_{ij} - K_{ij} \right) \tag{5.99}
$$

$$
\int \Phi_q^* E \Phi_q \, \mathrm{d}\tau = E \int \Phi_q^* \Phi_q \, \mathrm{d}\tau = E \tag{5.100}
$$

式中

$$
h_{ii} = \iint \phi_i(1) \hat{h}_i(1) \phi_i(1) \mathrm{d}\tau_1
$$

$$
J_{ij} = \iint \phi_i^*(1) \phi_j^*(2) \frac{e^2}{r_{12}} \phi_i(1) \phi_j(2) \mathrm{d}\tau_1 \mathrm{d}\tau_2
$$

$$
K_{ij} = \iint \phi_i^*(1) \phi_j^*(2) \frac{e^2}{r_{12}} \phi_j(1) \phi_i(2) \mathrm{d}\tau_1 \mathrm{d}\tau_2
$$

$$
(i, j = 1, 2, \cdots, n)
$$

J_{ij} 称为库仑积分；K_{ij} 称为交换积分。所以，总电子能量为

$$
\begin{aligned}
E &= \sum_{i=1}^{n} h_{ii} + \sum_{i=1}^{n} \sum_{j=1}^{n} \left(J_{ij} - K_{ij} \right) - \frac{1}{2} \sum_{i=1}^{n} \sum_{\substack{j=1 \\ (i \neq j)}}^{n} \left(J_{ij} - K_{ij} \right) \\
&= \sum_{i=1}^{n} h_{ii} + \frac{1}{2} \sum_{i=1}^{n} \sum_{\substack{j=1 \\ (i \neq j)}}^{n} \left(J_{ij} - K_{ij} \right)
\end{aligned}
\tag{5.101}
$$

定义单电子轨道的能量为

$$
\varepsilon_i = h_{ii} + \sum_{j=1}^{n} \left(J_{ij} - K_{ij} \right) \tag{5.102}
$$

总电子能量也可以表示为

$$
E = \sum_{i=1}^{n} \varepsilon_i - \frac{1}{2} \sum_{i=1}^{n} \sum_{\substack{j=1 \\ (i \neq j)}}^{n} \left(J_{ij} - K_{ij} \right) \tag{5.103}
$$

或

$$E = \frac{1}{2}\sum_{i=1}^{n}(\varepsilon_i + h_{ii})$$

哈特里-福克方程为

$$\hat{F}_i(1)\phi_i(1) = \varepsilon_i\phi_i(1) \quad (i = 1, 2, \cdots, n) \tag{5.104}$$

式中

$$\hat{F}_i(1) = \hat{h}_i(1) + \sum_{j=1}^{n}\left[\hat{J}_j(1) - \hat{K}_j(1)\right]$$

$$\hat{J}_j(1)\phi_i(1) = \left[\int \phi_j^*(2)\frac{e^2}{r_{12}}\phi_j(2)\,\mathrm{d}\tau_2\right]\phi_i(1)$$

$$\hat{K}_j(1)\phi_i(1) = \left[\int \phi_j^*(2)\frac{e^2}{r_{12}}\phi_i(2)\,\mathrm{d}\tau_2\right]\phi_i(1)$$

n 个 $\hat{F}_i(1)$ 和 $\hat{h}_i(1)$ 是相同的，所以下角标 i 可以省略，写作 $\hat{F}(1)$ 和 $\hat{h}(1)$。

可将方程组(5.104)分成两组方程：

$$\hat{F}^\alpha(1)\phi_i^\alpha(1) = \varepsilon_i^\alpha\phi_i^\alpha(1) \tag{5.105}$$

$$(i = 1, 2, \cdots, p)$$

式中

$$\hat{F}^\alpha(1) = \hat{h}^\alpha(1) + \sum_{j=1}^{p}\left[\hat{J}_j^\alpha(1) - \hat{K}_j^\alpha(1)\right] + \sum_{j=p+1}^{n}\hat{J}_j^\beta(1)$$

$$\hat{J}_j^\alpha(1)\phi_i^\alpha(1) = \left[\int \phi_j^{\alpha *}(2)\frac{e^2}{r_{12}}\phi_j^\alpha(2)\,\mathrm{d}\tau_2\right]\phi_i^\alpha(1)$$

$$\hat{K}_j^\alpha(1)\phi_i^\alpha(1) = \left[\int \phi_j^{\alpha *}(2)\frac{e^2}{r_{12}}\phi_i^\alpha(2)\,\mathrm{d}\tau_2\right]\phi_j^\alpha(1)$$

$$\hat{F}^\beta(1)\phi_i^\beta(1) = \varepsilon_i^\beta\phi_i^\beta(1) \tag{5.106}$$

$$(i = p+1, p+2, \cdots, n)$$

式中

$$\hat{F}^\beta(1) = \hat{h}^\beta(1) + \sum_{j=1}^{p}\left[\hat{J}_j^\beta(1) - \hat{K}_j^\beta(1)\right] + \sum_{j=1}^{p}\hat{J}_j^\alpha(1)$$

$$\hat{J}_j^\beta(1)\phi_i^\beta(1) = \left[\int \phi_j^{\beta *}(2)\frac{e^2}{r_{12}}\phi_j^\beta(2)\,\mathrm{d}\tau_2\right]\phi_i^\beta(1)$$

$$\hat{K}_j^\beta(1)\phi_i^\beta(1)=\left[\int\phi_j^{\beta*}(2)\frac{e^2}{r_{12}}\phi_i^\beta(2)\mathrm{d}\tau_2\right]\phi_j^\beta(1)$$

定义单电子轨道的能量为

$$\varepsilon_i^\alpha=h_{ii}^\alpha+\sum_{i=1}^{p}\sum_{\substack{j=1\\(i\neq j)}}^{p}\left(J_{ij}^\alpha-K_{ij}^\alpha\right)+\sum_{i=p+1}^{n}\sum_{\substack{j=p+1\\(i\neq j)}}^{n}J_{ij}^\beta \tag{5.107}$$

式中

$$h_{ii}^\alpha=\iint\phi_i^{**}(1)\hat{h}^\alpha(1)\phi_i^{**}(1)\mathrm{d}\tau_1$$

$$J_{ij}^\alpha=\iint\phi_i^{\alpha*}(1)\phi_j^{\alpha*}(2)\frac{e^2}{r_{12}}\phi_i^\alpha(1)\phi_j^\alpha(2)\mathrm{d}\tau_1\mathrm{d}\tau_2$$

$$K_{ij}^\alpha=\iint\phi_i^{\alpha*}(1)\phi_j^{\alpha*}(2)\frac{e^2}{r_{12}}\phi_j^\alpha(1)\phi_i^\alpha(2)\mathrm{d}\tau_1\mathrm{d}\tau_2$$

$$J_{ij}^\beta=\iint\phi_i^{\beta*}(1)\phi_j^{\beta*}(2)\frac{e^2}{r_{12}}\phi_i^\beta(1)\phi_j^\beta(2)\mathrm{d}\tau_1\mathrm{d}\tau_2$$

$$\varepsilon_i^\beta=h_{ii}^\beta+\sum_{i=p+1}^{n}\sum_{j=p+1}^{n}\left(J_{ij}^\beta-K_{ij}^\beta\right)+\sum_{i=1}^{p}\sum_{j=1}^{p}J_{ij}^\alpha$$

$$h_{ii}^\beta=\iint\phi_i^{\beta*}(1)\hat{h}^\beta(1)\phi_i^\beta(1)\mathrm{d}\tau_1$$

$$J_{ij}^\beta=\iint\phi_i^{\beta*}(1)\phi_j^{\beta*}(2)\frac{e^2}{r_{12}}\phi_i^\beta(1)\phi_j^\beta(2)\mathrm{d}\tau_1\mathrm{d}\tau_2$$

$$K_{ij}^\beta=\iint\phi_i^{\beta*}(1)\phi_j^{\beta*}(2)\frac{e^2}{r_{12}}\phi_j^\beta(1)\phi_i^\beta(2)\mathrm{d}\tau_1\mathrm{d}\tau_2$$

$$J_{ij}^\alpha=\iint\phi_i^{\alpha*}(1)\phi_j^{\alpha*}(2)\frac{e^2}{r_{12}}\phi_i^\alpha(1)\phi_j^\alpha(2)\mathrm{d}\tau_1\mathrm{d}\tau_2$$

α 自旋电子的总能量为

$$E^\alpha=\frac{1}{2}\sum_{i=1}^{p}\left(\varepsilon_i^\alpha-h_{ii}^\alpha\right) \tag{5.108}$$

β 自旋电子的总能量为

$$E^\beta=\frac{1}{2}\sum_{i=p+1}^{n}\left(\varepsilon_i^\beta+h_{ii}^\beta\right) \tag{5.109}$$

总电子的能量为

$$\begin{aligned}E&=E^\alpha+E^\beta\\&=\frac{1}{2}\left[\sum_{i=1}^{p}\left(\varepsilon_i^\alpha+h_{ii}^\alpha\right)+\sum_{i=p+1}^{n}\left(\varepsilon_i^\beta+h_{ii}^\beta\right)\right]\\&=\frac{1}{2}\sum_{i=1}^{n}\left(\varepsilon_i+h_{ii}\right)\end{aligned} \tag{5.110}$$

2. 自旋限制的哈特里-福克方法

设有两组轨道波函数，一组为ϕ_1、ϕ_2、…、ϕ_p，属于闭壳层子空间，容纳$2p$个电子；另一组为ϕ_{p+1}、ϕ_{p+2}、…、ϕ_{p+q}，属于一个开壳层子空间。总电子数为N，$2p < N < 2(p+q)$。用这两组轨道可以组成多个斯莱特行列式波函数(包含$2p$个闭壳层电子和$N-2p$个开壳层电子)。用这些行列式的线性组合可以得到各谱项的波函数，从而求得谱项的能量，表达式为

$$E = 2\sum_{k=1}^{p} h_{kk} + \sum_{k=1}^{p}\sum_{\substack{l=1 \\ (k\neq l)}}^{p}\left(2J_{kl} - K_{kl}\right) + v\left[2\sum_{m=p+1}^{p+q} h_{mm} + v\sum_{m=p+1}^{p+q}\sum_{\substack{n=p+1 \\ (m\neq n)}}^{p+q}\left(2aJ_{mn} - bK_{mn}\right) + \sum_{k=1}^{p}\sum_{\substack{m=p+1 \\ (k\neq m)}}^{p+q}\left(2J_{km} - K_{km}\right)\right] \tag{5.111}$$

式中，$k,l=(1,2,\cdots,p)$表示闭壳层轨道；$m,n(=p+1,p+2,\cdots,p+q)$表示开壳层轨道；第一、第二个求和项表示闭壳层的能量；第三、第四个求和项表示开壳层的能量，第五个求和项表示闭壳层与开壳层之间的相互作用能。

$$0 < v = \frac{N-2p}{2q} < 1$$

是开壳层的占据分数；a、b是与谱项有关的系数。例如，对于半闭壳层(q个电子占据q个轨道，且自旋平行)：

$$v = \frac{1}{2}, a = 1, b = 2$$

有了能量表达式，得哈特里-福克方程

$$\hat{F}_{\mathrm{C}}\phi_k = \varepsilon_k\phi_k + \sum_m \varepsilon_{km}\phi_m \tag{5.112}$$

$$v\hat{F}_{\mathrm{O}}\phi_m = \varepsilon_m\phi_m + \sum_k \varepsilon_{mk}\phi_k \tag{5.113}$$

式中，ε_k、ε_m为实数。

$$\hat{F}_{\mathrm{C}} = \hat{h} + \sum_k\left(2\hat{J}_k - \hat{K}_k\right) + v\sum_m\left(2\hat{J}_m - \hat{K}_m\right) \tag{5.114}$$

$$\hat{F}_{\mathrm{O}} = \hat{h} + \sum_k\left(2\hat{J}_k - \hat{K}_k\right) + 2av\sum_m \hat{J}_m - bv\sum_m \hat{K}_m \tag{5.115}$$

方程(5.112)、方程(5.113)不是单粒子本征值方程，求解困难。需要用投影算符方法将其变成准本征方程。

用ϕ_m^*乘以式(5.112)并积分，得

$$\varepsilon_{km} = \int \phi_m^* \hat{F}_{\mathrm{C}} \phi_k \,\mathrm{d}\tau$$

用ϕ_k^*乘以式(5.113)并积分，得

$$\varepsilon_{km} = \varepsilon_{mk}^* = \int \phi_k^* v \hat{F}_{\mathrm{O}} \phi_m \mathrm{d}\tau = \int \phi_m^* v \hat{F}_{\mathrm{O}} \phi_k \mathrm{d}\tau \tag{5.116}$$

令

$$\hat{F}_{\mathrm{A}} = x\hat{F}_{\mathrm{C}} + (1-x) v\hat{F}_{\mathrm{C}}$$

得

$$\varepsilon_{km} = \int \phi_m^* \hat{F}_{\mathrm{A}} \phi_k \mathrm{d}\tau$$

式中，x 为权重因子。

对每个轨道 ϕ_j 引入一个投影算符 $\hat{P}_j$，其定义为

$$\hat{P}_j \phi = \phi_j \int \phi_j^* \phi \mathrm{d}\tau$$

对闭壳层轨道求和，得到闭壳层子空间的投影算符

$$\hat{Q}_{\mathrm{C}} \phi = \sum_{k=1}^{p} \hat{P}_k \phi = \sum_{k=1}^{p} \phi_k \int \phi_j^* \phi \mathrm{d}\tau$$

$$\hat{Q}_{\mathrm{C}} = \sum_{k=1}^{p} \hat{P}_k$$

同理，得到开壳层子空间的投影算符

$$\hat{Q}_{\mathrm{O}} = \sum_{m=p+1}^{p+q} \hat{P}_m$$

投影算符 $\hat{Q}_{\mathrm{C}}$ 和 $\hat{Q}_{\mathrm{O}}$ 对轨道的作用为

$$\hat{Q}_{\mathrm{C}} \phi_k = \phi_k,\ \ \hat{Q}_{\mathrm{C}} \phi_m = 0 \tag{5.117}$$

$$\hat{Q}_{\mathrm{O}} \phi_k = 0,\ \ \hat{Q}_{\mathrm{O}} \phi_m = \phi_m \tag{5.118}$$

于是，可将式(5.112)改写成

$$\begin{aligned} \hat{F}_{\mathrm{C}} \phi_k &= \varepsilon_k \phi_k + \sum_{m=1}^{p+q} \phi_m \int \phi_m^* \hat{F}_{\mathrm{A}} \phi_k \mathrm{d}\tau \\ &= \varepsilon_k \phi_k + \hat{Q}_{\mathrm{O}} \hat{F}_{\mathrm{A}} \phi_k \end{aligned}$$

移项，得

$$\left(\hat{F}_{\mathrm{C}} - \hat{Q}_{\mathrm{O}} \hat{F}_{\mathrm{A}}\right) \phi_k = \varepsilon_k \phi_k \tag{5.119}$$

由式(5.118)得

$$\hat{F}_{\mathrm{A}} \hat{Q}_{\mathrm{O}} \phi_k = 0$$

因此，式(5.119)可以写为

$$\left[\hat{F}_{\mathrm{C}} - \left(\hat{Q}_{\mathrm{O}} \hat{F}_{\mathrm{A}} + \hat{F}_{\mathrm{A}} \hat{Q}_{\mathrm{O}}\right)\right] \phi_k = \varepsilon_k \phi_k$$

即

$$\hat{H}_{\mathrm{C}}\phi_k = \varepsilon_k\phi_k \tag{5.120}$$

其中

$$\hat{H}_{\mathrm{C}} = \hat{F}_{\mathrm{C}} - \left(\hat{Q}_{\mathrm{O}}\hat{F}_{\mathrm{A}} + \hat{F}_{\mathrm{A}}\hat{Q}_{\mathrm{O}}\right) \tag{5.121}$$

类似地，对于开壳层轨道，有

$$\hat{H}_{\mathrm{O}}\phi_m = \eta_m\phi_m \tag{5.122}$$

其中

$$\hat{H}_{\mathrm{O}} = \hat{F}_{\mathrm{O}} - \frac{1}{v}\left(\hat{Q}_{\mathrm{C}}\hat{F}_{\mathrm{A}} + \hat{F}_{\mathrm{A}}\hat{Q}_{\mathrm{C}}\right) \tag{5.123}$$

$$\eta_m = \frac{1}{v}\varepsilon_m$$

令

$$x + (1-x)v = 0$$

即

$$x = -\frac{v}{1-v}$$

则式(5.121)和式(5.123)简化为

$$\hat{H}_{\mathrm{C}} = \hat{h} + 2\hat{J}_{\mathrm{C}} - \hat{K}_{\mathrm{C}} + 2\hat{J}_{\mathrm{O}} - \hat{K}_{\mathrm{O}} + 2\alpha\hat{L}_{\mathrm{O}} - \beta\hat{M}_{\mathrm{O}} \tag{5.124}$$

$$\hat{H}_{\mathrm{O}} = \hat{h} + 2\hat{J}_{\mathrm{C}} - \hat{K}_{\mathrm{C}} + 2a\hat{J}_{\mathrm{O}} - b\hat{K}_{\mathrm{O}} + 2\alpha\hat{L}_{\mathrm{C}} - \beta\hat{M}_{\mathrm{C}} \tag{5.125}$$

其中

$$\hat{J}_{\mathrm{C}} = \sum_k \hat{J}_k\,,\quad \hat{K}_{\mathrm{C}} = \sum_k \hat{K}_k$$

$$\hat{J}_{\mathrm{O}} = v\sum_m \hat{J}_m\,,\quad \hat{K}_{\mathrm{O}} = v\sum_m \hat{K}_m$$

$$\hat{L}_{\mathrm{C}} = \hat{Q}_{\mathrm{C}}\hat{J}_{\mathrm{O}} + \hat{J}_{\mathrm{O}}\hat{Q}_{\mathrm{C}}\,,\quad \hat{M}_{\mathrm{C}} = \hat{Q}_{\mathrm{C}}\hat{K}_{\mathrm{O}} + \hat{K}_{\mathrm{O}}\hat{Q}_{\mathrm{C}}$$

$$\hat{L}_{\mathrm{O}} = v\left(\hat{Q}_{\mathrm{O}}\hat{J}_{\mathrm{O}} + \hat{J}_{\mathrm{O}}\hat{Q}_{\mathrm{O}}\right),\quad \hat{M}_{\mathrm{O}} = v\left(\hat{Q}_{\mathrm{O}}\hat{K}_{\mathrm{O}} + \hat{K}_{\mathrm{O}}\hat{Q}_{\mathrm{O}}\right)$$

$$\alpha = \frac{1-a}{1-v}\,,\quad \beta = \frac{1-b}{1-v}$$

式中，$\hat{L}_{\mathrm{C}}$、$\hat{M}_{\mathrm{C}}$、$\hat{L}_{\mathrm{O}}$、$\hat{M}_{\mathrm{O}}$称为耦合算符。这样选择x，可以使耦合项L、M作用较小。

用ϕ_k^*和ϕ_m^*分别左乘式(5.120)和式(5.122)，利用式(5.124)和式(5.125)，得

$$\varepsilon_k = h_{kk} + \sum_{l=1}^{p}\left(2J_{kl} - K_{kl}\right) + v\sum_{m=p+1}^{p+q}\left(2J_{km} - K_{km}\right) \tag{5.126}$$

$$\eta_m = h_{mm} + \sum_{k=1}^{p}\left(2J_{km} - K_{km}\right) + v\sum_{n=p+1}^{p+q}\left(2aJ_{mn} - bK_{mn}\right) \tag{5.127}$$

与总能量表达式(5.110)比较，得

$$E = \sum_{k=1}^{p}\left(H_{kk} + \varepsilon_k\right) + v\sum_{m=p+1}^{p+q}\left(H_{mm} + \eta_m\right) \tag{5.128}$$

上面的推导是建立在能量可以表示为式(5.110)的基础上的，可以满足以上条件的情况有：

(1)开壳层中只有一个电子或者只缺少一个电子。

(2)半闭壳层，即一组简并轨道半充满，且电子自旋相互平行。

(3)开壳层是二重或三重简并的。

5.7.3　哈特里-福克方程的性质

(1)哈特里-福克方程是最佳的单电子薛定谔方程。哈特里-福克方程是单电子薛定谔方程的形式。福克算符是等效单电子哈密顿算符。哈特里-福克方程是从量子力学基本假设出发，在限定波函数取单斯莱特行列式的条件下，用变分原理严格推导出来的。它是在独立粒子近似下最佳的等效单电子薛定谔方程。用它的解构造单斯莱特行列式是独立粒子近似所得到的薛定谔方程的最佳解。利用哈特里-福克方程将多电子问题转化为单电子问题，使求解薛定谔方程大为简化。

(2)哈特里-福克方程的解不是唯一的。哈特里-福克方程是由能量取极值的条件下推导出来的。因此，它的解给出的能量可能是能量曲面上的局部极小值而不是绝对极小值。即使对于指定的组态，哈特里-福克方程的解仍然不是完全确定的。

(3)哈特里-福克方程的解构成正交归一的完备函数集合。哈特里-福克方程的解属于不同本征值的解相互正交。哈特里-福克方程的解构成的函数空间分解为两个正交的子空间。一个子空间是由电子占据的轨道构成；另一个子空间是由未被电子占据的空轨道构成(有无穷多个)。

(4)费米相关。哈特里-福克方程比哈特里方程多了 $\sum_{i=1}^{m}\sum_{\substack{j=1\\(i\neq j)}}^{m} K_{ij}$ 项，这是由于波函数具有反对称性而出现的。这表明自旋相同的电子的运动不是彼此“独立”的，而是相互制约的。这种相互制约性称为电子间的费米相关。实际上，自旋不同的电子之间也有相关性，即每个电子所到之处，自旋不同的电子由于静电排斥也会“躲开”。这种相关称为库仑相关。哈特里-福克方程没有反映这种相关。

5.7.4　哈特里-福克方程的求解方法

因为哈特里-福克方程的势能项中包含所要求解的波函数 ϕ，因此需要选取一组尝试零级波函数，构造成斯莱特行列式，作为初值，用其计算能量；构造出哈特里-福克算符和哈特里-福克方程，求解哈特里-福克方程得一级近似波函数，然后再用一级近似波函数计算能量；构造出哈特里-福克算符和哈特里-福克方程，求解哈特里-福克方程得二级近似波函数。重复上述步骤，直到第 n 级近似波函数相应的能量与第 $n-1$ 级近似波函数相应的能量之差满足预定的精度要求。这样就得到该体系的自洽解。这就是哈特里-福克自洽场方法，是由哈特里、福克和斯莱特提出并实现的。

习 题

5.1 写出碳原子的薛定谔方程。

5.2 概述中心势场模型。

5.3 为什么多电子原子轨道能量不仅与 n 有关，还与 l 有关？

5.4 概述多电子原子的自洽场方法。

5.5 按照电子填充原则构造元素周期表。

5.6 写出 He 原子基态的反对称波函数及斯莱特行列式。

5.7 写出下列原子的光谱项和光谱支项：C、O。

5.8 由泡利不相容原理推出同一原子中不能有四个量子数都相同的两个电子。

5.9 什么是组态？什么是原子状态？

5.10 概述用角动量理论求多电子原子的一级近似波函数和一级近似能量。

5.11 什么是光谱项？什么是光谱支项？

5.12 概述哈特里自洽场方法和哈特里-福克自洽场方法，并说明二者的异同。

第6章 量子力学的定理

6.1 玻恩-奥本海默定理(近似)

6.1.1 分子体系的薛定谔方程

分子的薛定谔方程为

$$\hat{H}\psi = E\psi \tag{6.1}$$

其中

$$\psi = \psi(q_i, q_\alpha) \tag{6.2}$$

式中，q_i、q_α 分别代表电子和原子核的坐标。在非相对论近似下，分子体系的哈密顿算符为

$$\begin{aligned}\hat{H} &= \hat{T}_{\mathrm{N}} + \hat{T}_{\mathrm{e}} + \hat{V}_{\mathrm{NN}} + \hat{V}_{\mathrm{Ne}} + \hat{V}_{\mathrm{ee}} \\ &= -\frac{\hbar^2}{2}\sum_{\alpha=1}^{N}\frac{1}{m_\alpha}\nabla_\alpha^2 - \frac{\hbar^2}{2m_{\mathrm{e}}}\sum_{i=1}^{n}\nabla_i^2 + \sum_{\alpha=1}^{N}\sum_{\substack{\beta=1\\(\beta>\alpha)}}^{N}\frac{z_\alpha z_\beta e^2}{r_{\alpha\beta}} \\ &\quad - \sum_{\alpha=1}^{N}\sum_{i=1}^{n}\frac{z_\alpha e^2}{r_{\alpha i}} + \sum_{i=1}^{n}\sum_{\substack{j=1\\(j>i)}}^{n}\frac{e^2}{r_{ij}}\end{aligned} \tag{6.3}$$

式中，$\hat{T}_{\mathrm{N}} = -\frac{\hbar^2}{2}\sum_{\alpha=1}^{N}\frac{1}{m_\alpha}\nabla_\alpha^2$ 为原子核的动能；$\hat{T}_{\mathrm{e}} = -\frac{\hbar^2}{2m_{\mathrm{e}}}\sum_{i=1}^{n}\nabla_i^2$ 为电子的动能；$\hat{V}_{\mathrm{NN}} = \sum_{\alpha=1}^{N}\sum_{\substack{\beta=1\\(\beta>\alpha)}}^{N}\frac{z_\alpha z_\beta e^2}{r_{\alpha\beta}}$ 为原子核间的排斥能；$\hat{V}_{\mathrm{Ne}} = -\sum_{\alpha=1}^{N}\sum_{i=1}^{n}\frac{z_\alpha e^2}{r_{\alpha i}}$ 为原子核和电子的吸引能；$\hat{V}_{\mathrm{ee}} = \sum_{i=1}^{n}\sum_{\substack{j=1\\(j>i)}}^{n}\frac{e^2}{r_{ij}}$ 为电子和电子的排斥能；α、β 表示原子核；i、j 表示电子。

例如，氢分子的哈密顿算符为

$$\hat{H} = -\frac{\hbar^2}{2m}\nabla_\alpha^2 - \frac{\hbar^2}{2m}\nabla_\beta^2 - \frac{\hbar^2}{2m_{\mathrm{e}}}\nabla_1^2 - \frac{\hbar^2}{2m_{\mathrm{e}}}\nabla_2^2 + \frac{e^2}{r_{\alpha\beta}} - \frac{e^2}{r_{\alpha1}} - \frac{e^2}{r_{\beta1}} - \frac{e^2}{r_{\alpha2}} - \frac{e^2}{r_{\beta2}} + \frac{e^2}{r_{12}}$$

式中，α 和 β 代表两个氢原子核；1、2 代表两个电子。

6.1.2 定核近似

电子运动速度很快，为$3\times10^6\,\mathrm{m\cdot s^{-1}}$。和电子的运动速度相比，核的运动速度很慢。在电子运动的一周内，原子核构型几乎没来得及变化。于是可以把原子核看成是固定的，电子处在各原子核位置固定时所形成的势场中运动。这样就可以把电子与原子核的运动分开处理。这种把电子的运动与原子核的运动分开的方法称为玻恩-奥本海默(Born-Oppenheimer)近似(定理)或定核近似，由玻恩-奥本海默在1928年提出。

令

$$\psi(q_i,q_\alpha)=\psi_{\mathrm{e}}(q_i,q_\alpha)\psi_{\mathrm{N}}(q_\alpha) \tag{6.4}$$

电子波函数以参数的形式依赖于原子核构型，即$\psi_{\mathrm{e}}(q_i,q_\alpha)$中$q_\alpha$可看作参数。将上式波函数代入薛定谔方程，可以证明，只要电子波函数ψ_{e}是核坐标q_α缓慢变化的函数，即

$$\frac{\partial\psi_{\mathrm{e}}(q_i,q_\alpha)}{\partial q_\alpha}=0 \tag{6.5}$$

这种分离就是可能的。实际上对于稳定的分子而言，由于原子核的质量比电子的质量大10^3倍以上，电子运动速度却比核的速度快得多，使得当原子核之间发生任一微小的相对运动时，迅速运动的电子都能立即进行调整，以建立与变化后的原子核势场相适应的运动状态。也就是说，在任一确定的原子核构型下，电子都有相应的一系列运动状态与其适应。因此，一般说来定核近似是合理的。在这种近似下，电子运动的薛定谔方程是

$$(\hat{H}_{\mathrm{e}}+V_{\mathrm{NN}})\psi_{\mathrm{e}}(q_i,q_\alpha)=E(q_\alpha)\psi_{\mathrm{e}}(q_i,q_\alpha) \tag{6.6}$$

其中

$$\hat{H}_{\mathrm{e}}=-\frac{\hbar^2}{2m_{\mathrm{e}}}\sum_{i=1}^{n}\nabla_i^2-\sum_{\alpha=1}^{N}\sum_{i=1}^{n}\frac{Z_\alpha e^2}{r_{\alpha i}}+\sum_{i}\sum_{\substack{j\\(j>i)}}\frac{e^2}{r_{ij}} \tag{6.7}$$

而原子核之间的排斥势能项V_{NN}在核固定时为一常数。从哈密顿算符中减去常数并不影响波函数的形式，只是使每个能量本征值减少该常数值。因此，电子的薛定谔方程可写为

$$\hat{H}_{\mathrm{e}}\psi_{\mathrm{e}}=E_{\mathrm{e}}\psi_{\mathrm{e}} \tag{6.8}$$

且有

$$E(q_\alpha)=E_{\mathrm{e}}+V_{\mathrm{NN}} \tag{6.9}$$

在确定的核构型下，电子波函数$\psi_{\mathrm{e}}(q_i,q_\alpha)$可以看作仅是电子坐标的函数

$$\psi_{\mathrm{e}}=\psi_{\mathrm{e}}(q_i)=\psi_{\mathrm{e}}(q_i,q_\alpha) \tag{6.10}$$

而原子核运动的方程为

$$\left[-\frac{\hbar^2}{2}\sum_{\alpha=1}^{N}\frac{1}{m_\alpha}\nabla_\alpha^2+E(q_\alpha)\right]\psi_{\rm N}(q_\alpha)=E\psi_{\rm N}(q_\alpha) \tag{6.11}$$

其中，E 是分子体系的总能量，即方程(6.1)中的能量本征值 E。$E(q_\alpha)$ 因电子状态而异，所以对分子的每种电子状态，必须解一个 $E(q_\alpha)$ 不同的核薛定谔方程。

如果采用原子单位，分子中电子的哈密顿算符成为

$$\hat{H}_{\rm e}=-\frac{1}{2}\sum_{i=1}^{n}\nabla_i^2-\sum_{\alpha=1}^{N}\sum_{i=1}^{n}\frac{z_\alpha}{r_{\alpha i}}+\sum_{i=1}^{n}\sum_{\substack{j=1\\(j>i)}}^{n}\frac{1}{r_{ij}} \tag{6.12}$$

和国际单位制相比，简化了不少。为方便计算，以后各章采用原子单位。原子单位定义如下：

单位质量——电子的质量 $m_{\rm e}$，单位电荷——电子的电荷 e，单位长度——玻尔半径 a，单位角动量——约化普朗克常数 $\hbar$，单位能量——哈特里能量 $\frac{e^2}{a_0}$。

6.1.3　轨道近似

由于第 i 个电子与其他 $n-1$ 个电子的排斥能项 $\frac{1}{r_{ij}}$ 的存在，分子中电子的薛定谔方程不能分离变量。类似于多电子原子的处理方式，采用单电子近似——轨道近似。

假设分子中每个电子 i 都处在所有原子核的库仑吸引场和其他 $n-1$ 个电子形成的排斥场中运动，电子和电子间的作用仅体现在排斥上，分子中的每个电子都有独立的运动状态，这样，分子中的每个电子就可以近似地用单电子波函数——分子轨道(MO)来描述其运动状态，所以轨道近似也称为单电子近似。数学基础是分子中电子的哈密顿算符式(6.7)可写成

$$\begin{aligned}\hat{H}_{\rm e}&=-\frac{1}{2}\sum_{i=1}^{n}\nabla_i^2-\sum_{\alpha=1}^{N}\sum_{i=1}^{n}\frac{z_\alpha}{r_{\alpha i}}+\frac{1}{2}\sum_{i=1}^{n}\sum_{\substack{j=1\\(j\neq i)}}^{n}\frac{1}{r_{ij}}\\&=\sum_{i=1}^{n}\left[-\frac{1}{2}\nabla_i^2-\sum_{\alpha=1}^{N}\frac{z_\alpha}{r_{\alpha i}}+\sum_{\substack{j=1\\(j\neq i)}}^{n}\frac{1}{r_{ij}}\right]-\frac{1}{2}\sum_{i=1}^{n}\sum_{\substack{j=1\\(j\neq i)}}^{n}\frac{1}{r_{ij}}\\&\approx\sum_{i=1}^{n}\left[-\frac{1}{2}\nabla_i^2-\sum_{\alpha=1}^{N}\frac{z_\alpha}{r_{\alpha i}}+\sum_{\substack{j=1\\(j\neq i)}}^{n}\frac{1}{r_{ij}}\right]\\&=\sum_{i=1}^{n}\hat{H}(i)\end{aligned} \tag{6.13}$$

其中

$$\hat{H}(i)=-\frac{1}{2}\nabla_i^2-\sum_{\alpha=1}^{N}\frac{z_\alpha}{r_{\alpha i}}+\sum_{\substack{j=1\\(j\neq i)}}^{n}\frac{1}{r_{ij}} \tag{6.14}$$

所以，分子中电子的薛定谔方程(6.8)就可近似地分离为 n 个单电子的薛定谔方程

$$\hat{H}(i)\psi(i)=\varepsilon\psi(i) \quad (i=1,2,\cdots,n) \tag{6.15}$$

式中，ε 是单个电子的能量。这 n 个方程是完全等价的，只要解一个就可以得到全部解。而分子中电子的薛定谔方程(6.8)的解可表示为各单电子波函数 $\psi_i(i)$ 的乘积，即

$$\psi_{\mathrm{e}}(q_i)=\psi(1,2,\cdots,n)=\prod_{i=1}^{n}\psi_i(i) \tag{6.16}$$

分子体系的总能量(不包括原子核的动能)为

$$E=\sum_{i=1}^{n}\varepsilon_i-V_{\mathrm{ee}}+V_{\mathrm{NN}}=E_{\mathrm{e}}+V_{\mathrm{NN}} \tag{6.17}$$

其中

$$E_{\mathrm{e}}=\sum_{i=1}^{n}\varepsilon_i-V_{\mathrm{ee}} \tag{6.18}$$

可见，n 个电子的总能量并不等于单个电子的能量之和。这是由于排斥能重复计算的缘故，所以要减去 V_{ee}。

在单电子薛定谔方程(6.15)中，由于含有电子间的排斥势能 $\dfrac{e^2}{r_{ij}}$，仍是 n 个电子坐标的函数，不能精确求解，需采用近似解法得到解析表达式，一般常用变分法求解。

6.2 赫尔曼-费恩曼定理

一个体系的哈密顿算符包含参数，但与时间无关。例如，分子中电子的哈密顿算符就包含核坐标参数。薛定谔方程为

$$\hat{H}\psi_n=E_n\psi_n$$

式中，$\hat{H}$ 包含参数，ψ_n 是归一化的本征函数。有

$$E_n=\int_\tau\psi_n^*\hat{H}\psi_n\mathrm{d}\tau$$

$$\begin{aligned}\frac{\partial E_n}{\partial\lambda}&=\frac{\partial}{\partial\lambda}\int_\tau\psi_n^*\hat{H}\psi_n\mathrm{d}\tau\\&=\int_\tau\frac{\partial}{\partial\lambda}\left(\psi_n^*\hat{H}\psi_n\right)\mathrm{d}\tau\\&=\int_\tau\frac{\partial\psi_n^*}{\partial\lambda}\hat{H}\psi_n\mathrm{d}\tau+\int_\tau\psi_n^*\frac{\partial}{\partial\lambda}\left(\hat{H}\psi_n\right)\mathrm{d}\tau\end{aligned} \tag{6.19}$$

利用

$$\hat{H}=\hat{T}+\hat{V}$$

得

$$\frac{\partial}{\partial\lambda}\left(\hat{H}\psi_n\right)=\frac{\partial}{\partial\lambda}\left(\hat{T}\psi_n\right)+\frac{\partial}{\partial\lambda}\left(\hat{V}\psi_n\right) \tag{6.20}$$

势能算符 $\hat{V}$ 就是势能本身，即

$$\hat{V}=V$$

所以

$$\frac{\partial}{\partial\lambda}\left(\hat{V}\psi_n\right)=\frac{\partial\hat{V}}{\partial\lambda}\psi_n+\hat{V}\frac{\partial\psi_n}{\partial\lambda} \tag{6.21}$$

$$\frac{\partial}{\partial\lambda}\left(\hat{T}\psi_n\right)=\frac{\partial\hat{T}}{\partial\lambda}\psi_n+\hat{T}\frac{\partial\psi_n}{\partial\lambda} \tag{6.22}$$

将式(6.21)、式(6.22)代入式(6.20)，得

$$\frac{\partial}{\partial\lambda}\left(\hat{H}\psi_n\right)=\frac{\partial\hat{H}}{\partial\lambda}\psi_n+\hat{H}\frac{\partial\psi_n}{\partial\lambda} \tag{6.23}$$

将式(6.23)代入式(6.19)，得

$$\begin{aligned}\frac{\partial E_n}{\partial\lambda}&=\int_\tau\frac{\partial\psi_n^*}{\partial\lambda}\hat{H}\psi_n\mathrm{d}\tau+\int_\tau\psi_n^*\frac{\partial\hat{H}}{\partial\lambda}\psi_n\mathrm{d}\tau+\int_\tau\psi_n^*\hat{H}\frac{\partial\psi_n}{\partial\lambda}\mathrm{d}\tau\\&=E_n\int_\tau\frac{\partial\psi_n^*}{\partial\lambda}\psi_n\mathrm{d}\tau+\int_\tau\psi_n^*\frac{\partial\hat{H}}{\partial\lambda}\psi_n\mathrm{d}\tau+E_n\int_\tau\psi_n^*\frac{\partial\psi_n}{\partial\lambda}\mathrm{d}\tau\end{aligned} \tag{6.24}$$

其中

$$\int_\tau\frac{\partial\psi_n^*}{\partial\lambda}\hat{H}\psi_n\mathrm{d}\tau=E_n\int_\tau\frac{\partial\psi_n^*}{\partial\lambda}\psi_n\mathrm{d}\tau$$

$$\int_\tau\psi_n^*\hat{H}\frac{\partial\psi_n}{\partial\lambda}\mathrm{d}\tau=\int_\tau\frac{\partial\psi_n}{\partial\lambda}\left(\hat{H}\psi_n\right)^*\mathrm{d}\tau=E_n\int_\tau\psi_n^*\frac{\partial\psi_n}{\partial\lambda}\mathrm{d}\tau$$

式(6.24)右边第一、第三项之和为

$$\begin{aligned}E_n\int_\tau\frac{\partial\psi_n^*}{\partial\lambda}\psi_n\mathrm{d}\tau+E_n\int_\tau\psi_n^*\frac{\partial\psi_n}{\partial\lambda}\mathrm{d}\tau&=E_n\left(\int_\tau\frac{\partial\psi_n^*}{\partial\lambda}\psi_n\mathrm{d}\tau+\int_\tau\psi_n^*\frac{\partial\psi_n}{\partial\lambda}\mathrm{d}\tau\right)\\&=E_n\left(\int_\tau\frac{\partial\psi_n^*}{\partial\lambda}\psi_n+\int_\tau\psi_n^*\frac{\partial\psi_n}{\partial\lambda}\right)\mathrm{d}\tau\\&=E_n\left(\frac{\partial}{\partial\lambda}\int_\tau\psi_n^*\psi_n\mathrm{d}\tau\right)\\&=E_n\left(\frac{\partial}{\partial\lambda}1\right)\\&=0\end{aligned}$$

所以式(6.24)成为

$$\frac{\partial E_n}{\partial \lambda}=\int_\tau \psi_n^* \frac{\partial \hat{H}}{\partial \lambda}\psi_n \mathrm{d}\tau \tag{6.25}$$

此即赫尔曼-费恩曼(Hellmann-Feynman)定理。

6.3 位力定理

定态薛定谔方程为

$$H\psi=E\psi$$

令 $\hat{A}$ 为不含时间的线性算符。取下列积分

$$\begin{aligned}\int\psi^*\left[\hat{H},\hat{A}\right]\psi\mathrm{d}\tau&=\int\psi^*\left[\hat{H}\hat{A}-\hat{A}\hat{H}\right]\psi\mathrm{d}\tau\\&=\int\psi^*\hat{H}\hat{A}\psi\mathrm{d}\tau-E\int\psi^*\hat{A}\psi\mathrm{d}\tau\end{aligned}$$

因为 $\hat{H}$ 为厄米算符，有

$$\int\psi^*\hat{H}\left(\hat{A}\psi\right)\mathrm{d}\tau=\int\left(\hat{A}\psi\right)^*\hat{H}\psi\mathrm{d}\tau$$

所以

$$\int\psi^*\left[\hat{H},\hat{A}\right]\psi\mathrm{d}\tau=E\int\left(\hat{A}\psi\right)\psi^*\mathrm{d}\tau-E\int\psi^*\hat{A}\psi\mathrm{d}\tau$$

$$\int\psi^*\left[\hat{H},\hat{A}\right]\psi\mathrm{d}\tau=0 \tag{6.26}$$

上式为超位力定理(hypervirial theorem)。

下面推导位力定理。令算符 $\hat{A}$

$$\sum_{i=1}^{n}\hat{q}_i\hat{p}_i=-\mathrm{i}\hbar\sum_{i=1}^{n}q_i\frac{\partial}{\partial q_i} \tag{6.27}$$

式中求和遍及 n 个粒子的 $3n$ 个笛卡儿坐标(粒子 i 有三个笛卡儿坐标和三个动量分量)

$$\begin{aligned}\left[\hat{H},\sum_{i=1}^{3n}\hat{q}_i\hat{p}_i\right]&=\sum_{i=1}^{3n}\left[\hat{H},\hat{q}_i\hat{p}_i\right]\\&=\sum_{i=1}^{3n}\hat{q}_i\left[\hat{H},\hat{p}_i\right]+\sum_{i=1}^{3n}\left[\hat{H},\hat{q}_i\right]\hat{p}_i\\&=\mathrm{i}\hbar\sum_{i=1}^{3n}q_i\frac{\partial V}{\partial q_i}-\mathrm{i}\hbar\sum_{i=1}^{3n}\frac{1}{m_i}\hat{p}_i\\&=\mathrm{i}\hbar\sum_{i=1}^{3n}q_i\frac{\partial V}{\partial q_i}-2\mathrm{i}\hbar\hat{T}\end{aligned} \tag{6.28}$$

式中，$\hat{T}$ 和 V 分别是体系的动能算符和势能算符。

应用式(6.26)，得

$$\int\psi^*\left(\sum_{i=1}^{3n}q_i\frac{\partial V}{\partial q_i}-2\hat{T}\right)\psi\,\mathrm{d}\tau=0$$

所以

$$\int\psi^*\left(\sum_{i=1}^{3n}q_i\frac{\partial V}{\partial q_i}\right)\psi\,\mathrm{d}\tau=2\int\psi^*\hat{T}\psi\,\mathrm{d}\tau \tag{6.29}$$

上式右端为体系动能的平均值，左端为求平均值的物理量，称为位力(Vire，是拉丁语中的“力”)。

将上式写作平均值的形式

$$\left\langle\sum_{i=1}^{3n}q_i\frac{\partial V}{\partial q_i}\right\rangle=2\langle T\rangle \tag{6.30}$$

上式即为量子力学的位力定理。在经典力学中有一个类似的定理(是对时间平均)。

位力定理的表达式与 V 的表达式有关。V 取某些表达式可使位力定理表达式简单。

例如，若用笛卡儿坐标表示的 V 是 n 次函数，根据欧拉定理，有

$$\sum_{i=1}^{n}q_i\frac{\partial V}{\partial q_i}=nV$$

则位力定理简化为

$$2\langle T\rangle=n\langle V\rangle$$

由于

$$\langle T\rangle+\langle V\rangle=E$$

所以

$$\langle V\rangle=\frac{2E}{n+2}$$

$$\langle T\rangle=\frac{nE}{n+2}$$

习　　题

6.1 什么是玻恩-奥本海默近似?

6.2 什么是轨道近似?

6.3 写出氢分子离子的完整薛定谔方程(包括原子核)，并分解为原子核的方程和电子的方程。

6.4 概述赫尔曼-费恩曼定理的意义。

6.5 概述位力定理的意义。

6.6 验证 $\xi=z-\frac{5}{16}$ 满足位力定理，而 $\xi=z$ 不满足位力定理。

6.7 一微观粒子的基态能量为10eV，势能为$V = ax^4 + by^4 + cz^4$，计算基态的平均动能和平均势能。

6.8 ψ_1和ψ_2是H_2的两个状态波函数，相应的能量为E_1和E_2，并有$E_2 > E_1$。哪个状态的电子平均动能大?

6.9 电子和原子核的动能算符分别为$\hat{T}_e$和$\hat{T}_N$，总的势能算符为$\hat{V}$，下式是否成立?

$$2\left\langle \psi \middle| \hat{T}_e + \hat{T}_N \middle| \psi \right\rangle = -\left\langle \psi \middle| \hat{V} \middle| \psi \right\rangle$$

第7章　分子轨道理论

7.1　氢　分　子

7.1.1　氢分子的薛定谔方程

氢分子的坐标如图7.1所示，薛定谔方程为

$$\hat{H}\psi(1,2)=E\psi(1,2) \tag{7.1}$$

式中，1、2表示1、2两个电子的坐标。

$$\psi(1,2)=\psi(x_1,y_1,z_1;x_2,y_2,z_2) \tag{7.2}$$

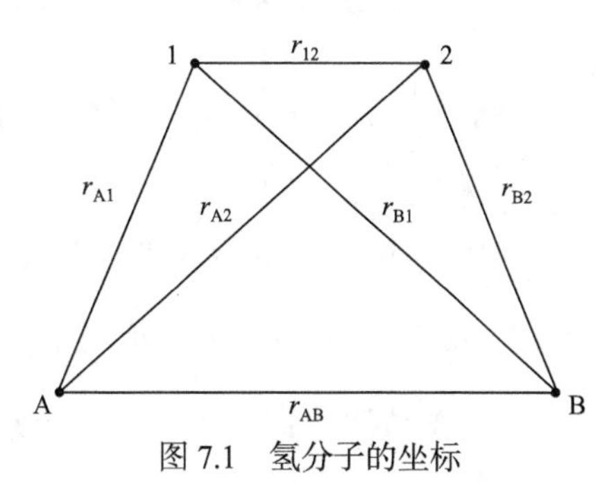

图7.1　氢分子的坐标

$$\begin{aligned}\hat{H}&=-\frac{1}{2}(\nabla_1^2+\nabla_2^2)-\frac{1}{r_{A1}}-\frac{1}{r_{B1}}-\frac{1}{r_{A2}}-\frac{1}{r_{B2}}+\frac{1}{r_{12}}\\&=(-\frac{1}{2}\nabla_1^2-\frac{1}{r_{A1}}-\frac{1}{r_{B1}}+\frac{1}{r_{12}})+(-\frac{1}{2}\nabla_2^2-\frac{1}{r_{A2}}-\frac{1}{r_{B2}}+\frac{1}{r_{21}})-\frac{1}{r_{21}}\\&=\hat{H}(1)+\hat{H}(2)-\frac{1}{r_{21}}\\&\approx\hat{H}(1)+\hat{H}(2)\end{aligned} \tag{7.3}$$

其中

$$\hat{H}(i)=-\frac{1}{2}\nabla_i^2-\frac{1}{r_{Ai}}-\frac{1}{r_{Bi}}+\frac{1}{r_{ij}} \qquad (i,j=1,2;i\neq j)$$

是单电子的哈密顿算符。氢分子的哈密顿算符被近似地分离为两个单电子的哈密顿算符。因此，氢分子的薛定谔方程可近似地分离成两个单电子的薛定谔方程

$$\hat{H}(i)\psi(i)=\varepsilon\psi(i) \qquad (i=1,2) \tag{7.4}$$

这两个方程是完全等价的，只解其中的一个就可得到全部解。此解是描述一个电子在两个原子核的吸引势场及另一个电子的排斥势场中的运动状态的波函数，即分子轨道。

氢分子薛定谔方程近似地分离为单电子薛定谔方程，所以其解近似地为单电子薛定谔方程解的乘积，即

$$\psi(1,2)=\psi_i(1)\psi_j(2) \tag{7.5}$$

式中，i、j表示波函数的形式，可以相同，也可以不同。

由式(7.3)可知，氢分子的能量为

$$E = \varepsilon(1) + \varepsilon(2) - E_{\text{ee}} \tag{7.6}$$

式中，$E_{\text{ee}} = \dfrac{1}{r_{ij}}$，为两个电子之间的排斥能，减去$E_{\text{ee}}$是由于将氢分子的哈密顿算符写作单电子的哈密顿算符时1、2两个电子间的排斥能E_{ee}重复计算了一次。

7.1.2 线性变分法解单电子薛定谔方程

由于$\dfrac{1}{r_{ij}}$项的存在，单电子薛定谔方程(7.4)仍不能精确求解。下面采用线性变分法求其近似解。

单电子薛定谔方程是两个原子核、一个电子的体系。当这个电子在A核附近运动时，受B核影响很小，相当于氢原子A的状态，它的基态是$\phi_{\text{A}} = \dfrac{1}{\sqrt{\pi}}\text{e}^{-r_{\text{A}}}$；当这个电子在B核附近运动时，受A核影响很小，相当于氢原子B的状态，它的基态是$\phi_{\text{B}} = \dfrac{1}{\sqrt{\pi}}\text{e}^{-r_{\text{B}}}$。而一般情况下既不是氢原子A的状态，也不是氢原子B的状态，可以认为既具有氢原子A的状态又具有氢原子B的状态。因此，可取两者的线性组合作为变分函数，即

$$\psi(i) \approx f = c_1\phi_{\text{A}} + c_2\phi_{\text{B}} \tag{7.7}$$

依据线性变分法，有

$$\begin{aligned}
\langle E\rangle &= \frac{\int_\tau (c_1\phi_{\text{A}} + c_2\phi_{\text{B}})^* \hat{H}(i)(c_1\phi_{\text{A}} + c_2\phi_{\text{B}})\,\text{d}\tau}{\int_\tau (c_1\phi_{\text{A}} + c_2\phi_{\text{B}})^*(c_1\phi_{\text{A}} + c_2\phi_{\text{B}})\,\text{d}\tau} \\
&= \frac{c_1^2\int_\tau \phi_{\text{A}}^*\hat{H}(i)\phi_{\text{A}}\,\text{d}\tau + 2c_1c_2\int_\tau \phi_{\text{A}}^*\hat{H}(i)\phi_{\text{B}}\,\text{d}\tau + c_2^2\int_\tau \phi_{\text{B}}^*\hat{H}(i)\phi_{\text{B}}\,\text{d}\tau}{c_1^2\int_\tau \phi_{\text{A}}^*\phi_{\text{A}}\,\text{d}\tau + 2c_1c_2\int_\tau \phi_{\text{A}}^*\phi_{\text{B}}\,\text{d}\tau + c_2^2\int_\tau \phi_{\text{B}}^*\phi_{\text{B}}\,\text{d}\tau} \\
&= \frac{c_1^2H_{11} + 2c_1c_2H_{12} + c_2^2H_{22}}{c_1^2S_{11} + 2c_1c_2S_{12} + c_2^2S_{22}}
\end{aligned}$$

其中

$$H_{11} = \int_\tau \phi_{\text{A}}^*\hat{H}(i)\phi_{\text{A}}\,\text{d}\tau$$

$$H_{22} = \int_\tau \phi_{\text{B}}^*\hat{H}(i)\phi_{\text{B}}\,\text{d}\tau$$

$$H_{12} = \int_\tau \phi_{\text{A}}^*\hat{H}(i)\phi_{\text{B}}\,\text{d}\tau = H_{21} = \int_\tau \phi_{\text{B}}^*\hat{H}(i)\phi_{\text{A}}\,\text{d}\tau$$

$$S_{11}=\int_{\tau}\phi_{A}^{*}\phi_{A}\,d\tau$$

$$S_{22}=\int_{\tau}\phi_{B}^{*}\phi_{B}\,d\tau$$

$$S_{12}=\int_{\tau}\phi_{A}^{*}\phi_{B}\,d\tau=S_{21}=\int_{\tau}\phi_{B}^{*}\phi_{A}\,d\tau$$

根据变分原理，系数c_1、c_2的选择应使$\langle E\rangle$最小，令

$$\frac{\partial\langle E\rangle}{\partial c_i}=0\qquad(i=1,2)\tag{7.8}$$

得线性代数方程组

$$\begin{cases}(H_{11}-\langle E\rangle S_{11})c_1+(H_{12}-\langle E\rangle S_{12})c_2=0\\(H_{21}-\langle E\rangle S_{21})c_1+(H_{22}-\langle E\rangle S_{22})c_2=0\end{cases}\tag{7.9}$$

为方便计算，下面用ε代替$\langle E\rangle$，表示体系的近似能量。方程组(7.9)具有非零解的条件是系数行列式为零[对于方程组(7.9)而言，c_1、c_2是要求解的未知数]，即

$$\begin{vmatrix}H_{11}-\varepsilon S_{11} & H_{12}-\varepsilon S_{12}\\H_{21}-\varepsilon S_{21} & H_{22}-\varepsilon S_{22}\end{vmatrix}=0\tag{7.10}$$

考虑到原子轨道是归一化的，A、B 两个原子核是等同的，所以有

$$H_{11}=H_{22}=\alpha$$
$$H_{12}=H_{21}=\beta$$
$$S_{11}=S_{22}=1$$
$$S_{12}=S_{21}=S$$

则式(7.10)变成

$$\begin{vmatrix}\alpha-\varepsilon & \beta-\varepsilon S\\\beta-\varepsilon S & \alpha-\varepsilon\end{vmatrix}=0$$

将行列式展开得

$$(\alpha-\varepsilon)^2-(\beta-\varepsilon S)^2=0$$

这是ε的一元二次方程，解得两个解

$$\varepsilon_1=\frac{\alpha+\beta}{1+S}$$

$$\varepsilon_2=\frac{\alpha-\beta}{1-S}$$

其中$\beta<0$，$0<S<1$，故$\varepsilon_1<\alpha$，对应于基态；$\varepsilon_2>\alpha$，对应于激发态。

将ε_1、ε_2代入线性方程组(7.9)，则得到以c_1、c_2为未知数的二元一次代数方程组

$$\begin{cases}(\alpha-\varepsilon_i)c_1+(\beta-\varepsilon_i S)c_2=0\\(\beta-\varepsilon_i S)c_1+(\alpha-\varepsilon_i)c_2=0\end{cases} \tag{7.11}$$

当$i=1$时，解得$c_{11}=c_{12}$，下角标第一个数字表示第一组解。代入式(7.7)，得

$$\psi_1=f_1=c_{11}(\phi_{\mathrm{A}}+\phi_{\mathrm{B}}) \tag{7.12}$$

当$i=2$时，解得$c_{21}=-c_{22}$，下角标第一个数字表示第二组解。代入式(7.7)，得

$$\psi_2=f_2=c_{21}(\phi_{\mathrm{A}}-\phi_{\mathrm{B}}) \tag{7.13}$$

这里用$\psi_i(i=1,2)$代替f，表示ψ_i是单电子薛定谔方程的近似解，即单电子波函数，已不是变分函数f了。

系数c_{11}、c_{21}可以利用归一化条件确定

$$\begin{aligned}\int_\tau\psi_1^2\mathrm{d}\tau&=c_{11}^2\int_\tau(\phi_{\mathrm{A}}+\phi_{\mathrm{B}})^2\,\mathrm{d}\tau\\&=c_{11}^2\left(\int_\tau\phi_{\mathrm{A}}^2\,\mathrm{d}\tau+2\int_\tau\phi_{\mathrm{A}}\phi_{\mathrm{B}}\,\mathrm{d}\tau+\int_\tau\phi_{\mathrm{B}}^2\,\mathrm{d}\tau\right)\\&=c_{11}^2(2+2S)\\&=1\end{aligned}$$

所以

$$c_{11}=\frac{1}{\sqrt{2+2S}} \tag{7.14}$$

同样可得

$$c_{21}=\frac{1}{\sqrt{2-2S}} \tag{7.15}$$

将式(7.14)和式(7.15)分别代入式(7.12)和式(7.13)中，得

$$\psi_1=\frac{1}{\sqrt{2+2S}}(\phi_{\mathrm{A}}+\phi_{\mathrm{B}}) \tag{7.16}$$

$$\psi_2=\frac{1}{\sqrt{2-2S}}(\phi_{\mathrm{A}}-\phi_{\mathrm{B}}) \tag{7.17}$$

式中，ψ_1是基态的近似波函数；ψ_2是第一激发态的近似波函数。

由两个氢原子的原子轨道形成氢分子的分子轨道示意于图 7.2。由图 7.2 可见，ψ_1和ψ_2的电子云都是关于两个原子核的连线呈轴对称的，称为σ轨道。ψ_1、ψ_2都是由氢原子的 1s 轨道组成。ψ_1的能量低于原子轨道 1s 的能量，称为成键轨道，以σ1s 表示；ψ_2的能量高于原子轨道 1s 的能量，称为反键轨道，以σ^*1s 表示。在不违背泡利不相容原理的前提下，电子尽量占据能量低的轨道，所以两个电子都填在σ1s 成键轨道上。

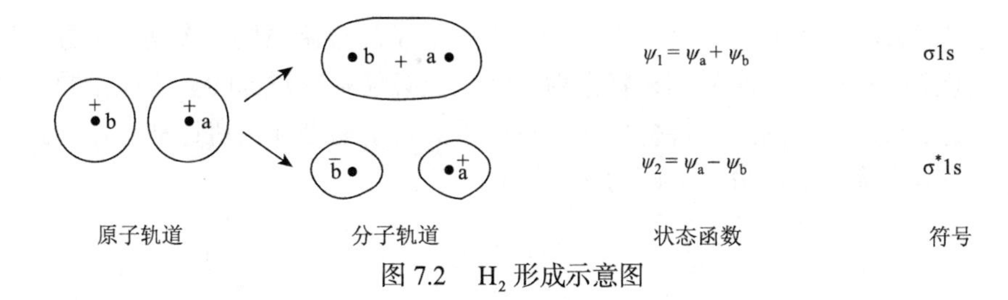

图 7.2　H_2 形成示意图

氢分子的轨道能级相关图示于图 7.3。

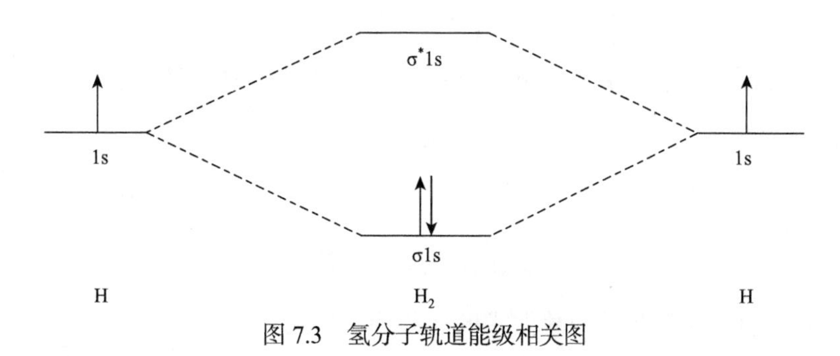

图 7.3　氢分子轨道能级相关图

氢分子的能量为

$$E \approx 2\varepsilon_1 = 2\frac{\alpha+\beta}{1+S} \approx 2(\alpha+\beta)$$

这里多算了一次电子间的排斥能。两个氢原子形成氢分子时，能量的降低值为

$$\begin{aligned}\Delta E &= 2E_{\mathrm{H}} - E_{\mathrm{H_2}} \\ &\approx 2\alpha - 2(\alpha+\beta) = -2\beta\end{aligned}$$

其中，ΔE 即为氢分子中共价键的键能。实验测得 $\Delta E = -435.33\ \mathrm{kJ\cdot mol^{-1}}$，所以 $\beta =$ $217.67\ \mathrm{kJ\cdot mol^{-1}}$。

7.1.3　氢分子的波函数和能量

1. 氢分子的完整波函数

式(7.16)和式(7.17)中 ψ_1 和 ψ_2 是单电子薛定谔方程(7.4)的解，是描述氢分子中单个电子的运动状态的波函数。将其代入式(7.5)就得到氢分子薛定谔方程(7.1)的近似解。对于氢分子的基态，两个电子都应当在能量最低的轨道上运动，即

$$\begin{aligned}\psi(1,2) &= \psi_1(1)\psi_1(2) \\ &= N\left[\phi_{\mathrm{A}}(1)+\phi_{\mathrm{B}}(1)\right]\left[\phi_{\mathrm{A}}(2)+\phi_{\mathrm{B}}(2)\right] \\ &= N\left[1S_{\mathrm{A}}(1)+1S_{\mathrm{B}}(1)\right]\left[1S_{\mathrm{A}}(2)+1S_{\mathrm{B}}(2)\right]\end{aligned} \tag{7.18}$$

式中 $1S$ 表示氢原子的基态波函数。式(7.18)没有考虑电子的自旋和泡利不相容原理，是

氢分子薛定谔方程(7.1)的近似解，但作为整个氢分子的波函数则不合适。氢分子的完整波函数需考虑电子自旋和泡利不相容原理，波函数必须是反对称的。为此必须用单电子波函数构造出自旋轨道的斯莱特行列式。将电子的自旋运动和轨道运动看作是独立的，则单电子基态自旋轨道可写出下面的四种形式

$$\psi_1(1)\alpha(1)$$
$$\psi_1(1)\beta(1)$$
$$\psi_1(2)\alpha(2)$$
$$\psi_1(2)\beta(2)$$

考虑泡利不相容原理，可构造出氢分子薛定谔方程(7.1)的两个解

$$\psi_1(1)\alpha(1)\psi_1(2)\beta(2)$$

和

$$\psi_1(1)\beta(1)\psi_1(2)\alpha(2)$$

将其线性组合可以得到满足反对称要求的斯莱特行列式

$$\begin{aligned}\psi(1,2) &= \frac{1}{\sqrt{2!}}\left[\psi_1(1)\alpha(1)\psi_1(2)\beta(2) - \psi_1(1)\beta(1)\psi_1(2)\alpha(2)\right] \\ &= \frac{1}{\sqrt{2!}}\begin{vmatrix}\psi_1(1)\alpha(1) & \psi_1(1)\beta(1) \\ \psi_1(2)\alpha(2) & \psi_1(2)\beta(2)\end{vmatrix}\end{aligned} \tag{7.19}$$

为了书写方便，常把$\psi_1\alpha$写成ψ_1，$\psi_1\beta$写成$\bar{\psi}_1$。这样，上式成为

$$\psi(1,2) = \frac{1}{\sqrt{2!}}\begin{vmatrix}\psi_1(1) & \bar{\psi}_1(1) \\ \psi_1(2) & \bar{\psi}_1(2)\end{vmatrix} \tag{7.20}$$

或只写行列式的对角元，简化记作

$$\bar{\psi}(1,2) = \left|\psi_1(1)\ \ \bar{\psi}_1(2)\right| \tag{7.21}$$

这样就得到了氢分子的完整波函数，它既是氢分子薛定谔方程(7.1)的近似解，又包括了自旋，并符合泡利不相容原理。

2. 氢分子的能量

以两个单电子的能量之和作为氢分子的能量较粗糙，这里重复计算了两个电子间的排斥能。氢分子的总能量可以利用氢分子的薛定谔方程计算。将氢分子薛定谔方程的解(7.18)代入氢分子的薛定谔方程(7.1)，并左乘之，然后积分，得

$$\begin{aligned}E &= \int_\tau \psi_1(1)\psi_1(2)\hat{H}(1,2)\psi_1(1)\psi_1(2)\mathrm{d}\tau \\ &= \int_\tau \psi_1(1)\psi_1(2)\left[-\frac{1}{2}(\nabla_1^2 + \nabla_2^2) - \frac{1}{r_{\mathrm{A1}}} - \frac{1}{r_{\mathrm{B1}}} - \frac{1}{r_{\mathrm{A2}}} - \frac{1}{r_{\mathrm{B2}}} + \frac{1}{r_{12}}\right]\psi_1(1)\psi_1(2)\mathrm{d}\tau\end{aligned}$$

$$
\begin{aligned}
&= \int_\tau \psi_1(1)\psi_1(2)\left[-\frac{1}{2}\nabla_1^2 - \frac{1}{r_{A1}} - \frac{1}{r_{B1}}\right]\psi_1(1)\psi_1(2)\mathrm{d}\tau \\
&\quad + \int_\tau \psi_1(1)\psi_1(2)\left[-\frac{1}{2}\nabla_2^2 - \frac{1}{r_{A2}} - \frac{1}{r_{B2}}\right]\psi_1(1)\psi_1(2)\mathrm{d}\tau \\
&\quad + \int_\tau \psi_1(1)\psi_1(2)\frac{1}{r_{12}}\psi_1(1)\psi_1(2)\mathrm{d}\tau \\
&= \int_{\tau_1} \psi_1(1)\left[-\frac{1}{2}\nabla_1^2 - \frac{1}{r_{A1}} - \frac{1}{r_{B1}}\right]\psi_1(1)\mathrm{d}\tau_1 \int_{\tau_2} \psi_1(2)\psi_1(2)\mathrm{d}\tau_2 \\
&\quad + \int_{\tau_2} \psi_1(2)\left[-\frac{1}{2}\nabla_2^2 - \frac{1}{r_{A2}} - \frac{1}{r_{B2}}\right]\psi_1(2)\mathrm{d}\tau_2 \int_{\tau_1} \psi_1(1)\psi_1(1)\mathrm{d}\tau_1 \\
&\quad + \int_\tau \psi_1(1)\psi_1(2)\frac{1}{r_{12}}\psi_1(1)\psi_1(2)\mathrm{d}\tau \\
&= H_{11}(1) + H_{11}(2) + J_{12}
\end{aligned}
\tag{7.22}
$$

其中

$$\mathrm{d}\tau = \mathrm{d}\tau_1\mathrm{d}\tau_2$$

$$H_{11}(1) = \int_{\tau_1} \psi_1(1)\left[-\frac{1}{2}\nabla_1^2 - \frac{1}{r_{A1}} - \frac{1}{r_{B1}}\right]\psi_1(1)\mathrm{d}\tau_1$$

$$H_{11}(2) = \int_{\tau_2} \psi_1(2)\left[-\frac{1}{2}\nabla_2^2 - \frac{1}{r_{A2}} - \frac{1}{r_{B2}}\right]\psi_1(2)\mathrm{d}\tau_2$$

$$J_{12} = \int_\tau \psi_1(1)\psi_1(2)\frac{1}{r_{12}}\psi_1(1)\psi_1(2)\mathrm{d}\tau$$

因为积分与自变量无关，只取决于函数的形式，所以

$$H_{11}(1) = H_{11}(2) = H_{11} \tag{7.23}$$

仅以被积函数的角标来标记，省去电子的坐标，式(7.22)成为

$$E=2H_{11} + J_{12} \tag{7.24}$$

式(7.18)是氢分子薛定谔方程的解，并不是氢分子的波函数。更准确的考虑应是以氢分子的波函数式(7.19)代替式(7.18)进行上述计算，即

$$
\begin{aligned}
E &= \int_v \left|\psi_1(1)\bar{\psi}_1(2)\right|\hat{H}(1,2)\left|\psi_1(1)\bar{\psi}_1(2)\right|\mathrm{d}v \\
&= \int_v \frac{1}{\sqrt{2}}\left[\psi_1(1)\alpha(1)\psi_1(2)\beta(2) - \psi_1(2)\alpha(2)\psi_1(1)\beta(1)\right]\hat{H}(1,2) \\
&\quad \frac{1}{\sqrt{2}}\left[\psi_1(1)\alpha(1)\psi_1(2)\beta(2) - \psi_1(2)\alpha(2)\psi_1(1)\beta(1)\right]\mathrm{d}v \\
&= \frac{1}{2}\left[\int_\tau \psi_1(1)\psi_1(2)\hat{H}(1,2)\psi_1(1)\psi_1(2)\mathrm{d}\tau + \int_\tau \psi_1(2)\psi_1(1)\hat{H}(1,2)\psi_1(2)\psi_1(1)\mathrm{d}\tau\right] \\
&= H_{11}(1) + H_{11}(2) + J_{12} \\
&= 2H_{11} + J_{12}
\end{aligned}
\tag{7.25}
$$

式中，第三个等式利用了自旋波函数正交归一的条件，第四个等式利用了式(7.22)的结果。计算结果与式(7.24)相同。若两个电子不只是填在同一基态空间轨道上，有自旋平行的电子，则以反对称的斯莱特行列式表示的近似波函数算得的能量和用乘积形式的波函数算得的能量会不同。

7.2 简单分子轨道理论

7.2.1 分子轨道理论要点

将线性变分法处理氢分子的结果抽象、推广，得到分子轨道理论。其要点如下：

(1)将分子中的每个电子都看成是在原子核和其他电子所形成的势场中运动。每个电子都具有独立的运动状态，可以用单电子波函数ψ_n来描述，单电子波函数的空间部分ψ称为分子轨道。

(2)分子轨道ψ可近似地用原子轨道的线性组合(英文缩写为 LCAO)表示，组合系数由变分法或其他方法确定。用 LCAO 表示的分子轨道称为原子轨道线性组合的分子轨道，以 LCAO-MO 表示。

(3)分子轨道ψ_i相应的能量ε_i近似地表示该分子轨道上电子的电离能，分子中的电子按照泡利不相容原理和能量最低原理排布在分子轨道上。

(4)为了有效地组成分子轨道，参与组成分子轨道的原子轨道必须满足对称性匹配、能量相近和最大重叠条件。

上述四条中，(1)和(3)实际是原子轨道概念和原子结构原理的推广。第(2)条用原子轨道的线性组合表示分子轨道其实意味着原子在形成分子后仍保留了原子的一些特性(一部分状态)，原来围绕一个核运动的电子现在围绕多个核运动，尽管电子的运动可以遍及整个分子，但当它靠近某个原子核时，则这个分子轨道必定接近该原子的原子轨道。

7.2.2 有效组成分子轨道的条件

1. 对称性匹配

所谓对称性匹配，即要求$\int_\tau \phi_A^* \phi_B \mathrm{d}\tau \neq 0$，因为若$\int_\tau \phi_A^* \phi_B \mathrm{d}\tau \neq 0$即意味着电子云不重叠，或两个重叠部分互相抵消。

$$
\begin{aligned}
\beta = H_{12} &= \int_\tau \phi_A^* \left[-\frac{\hbar^2}{2m_e}\nabla_1^2 - \frac{e^2}{r_{A1}} - \frac{e^2}{r_{B1}} + \frac{e^2}{r_{12}} \right] \phi_B \mathrm{d}\tau \\
&= \int_\tau \phi_A^* \left[-\frac{\hbar^2}{2m_e}\nabla_1^2 - \frac{e^2}{r_{B1}} \right] \phi_B \mathrm{d}\tau - \int_\tau \phi_A^* \frac{e^2}{r_{A1}} \phi_B \mathrm{d}\tau + \int_\tau \phi_A^* \frac{e^2}{r_{12}} \phi_B \mathrm{d}\tau \\
&\approx \int_\tau \phi_A^* \left[-\frac{\hbar^2}{2m_e}\nabla_1^2 - \frac{e^2}{r_{B1}} \right] \phi_B \mathrm{d}\tau \\
&= E_B \int_\tau \phi_A^* \phi_B \mathrm{d}\tau = E_B S
\end{aligned}
\tag{7.26}
$$

由式(7.26)可见，β 是否为零取决于 $\int_{\tau}\phi_{A}^{*}\phi_{B}\mathrm{d}\tau$，若 $\int_{\tau}\phi_{A}^{*}\phi_{B}\mathrm{d}\tau=0$，即 S=0，则 β=0。这样

$$\varepsilon_1=\frac{\alpha+\beta}{1+S}=\alpha$$

$$\varepsilon_2=\frac{\alpha-\beta}{1-S}=\alpha$$

分子轨道的能量和原子轨道的能量一样了，形成分子后体系能量不降低，不能形成稳定的分子轨道，所以不能成键。图 7.4 给出了对称性匹配和对称性不匹配的情况。

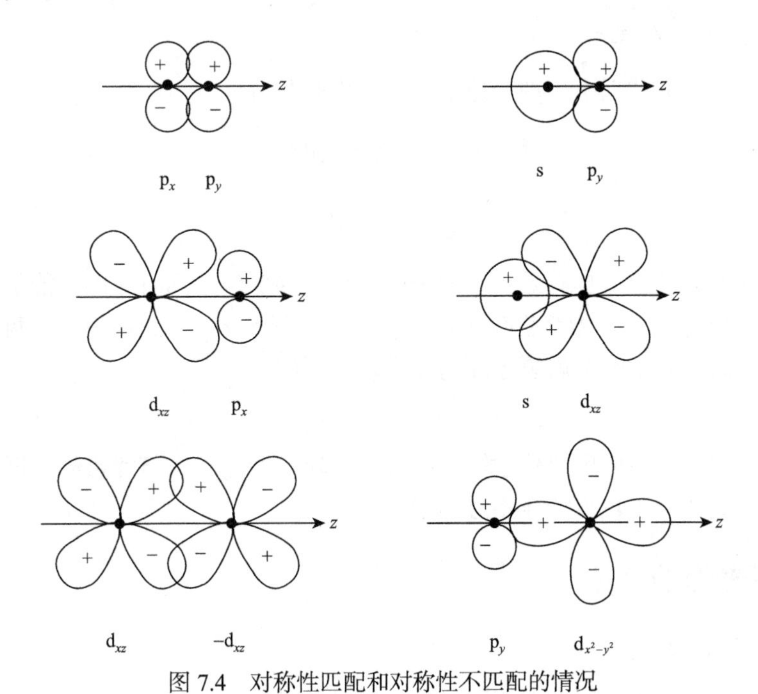

图 7.4　对称性匹配和对称性不匹配的情况

2. 最大重叠

在满足对称性匹配的条件下，原子轨道之间重叠越大，S 值越大，$|\beta|$ 值越大，即 β 负得越多；ε_1 值越小，ε_2 值越大，成键轨道能量低，越有利于形成稳定的分子。

重叠积分

$$S_{12}=\int_{\tau}\phi_{A}^{*}\phi_{B}\mathrm{d}\tau$$

当核 A、B 相距很远时，$S_{12}\approx0$；A 和 B 越接近，S_{12} 越大，当 A 和 B 重合时(假想的极端情况)，$S_{12}=1$。

重叠积分 S_{12} 的值和相互重叠的两个原子轨道的符号有关。当重叠部分中两个原子轨道具有相同的符号时，$S_{12}>0$，重叠部分使体系的能量降低，此即成键情况。当重叠部分两个原子轨道符号相反时，重叠积分为负，即 $S_{12}<0$，重叠结果使体系能量升高，此即反键情况。当重叠部分两个原子轨道有一部分符号相同，有一部分符号相反，重叠积

分 $S_{12}=0$，此时重叠结果不改变体系的能量，这种重叠为非键重叠。图 7.5 以 s 轨道和 p 轨道为例说明三种情况。

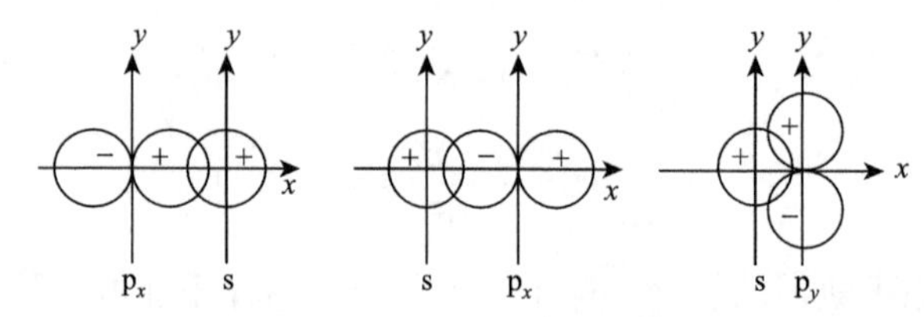

图 7.5 原子轨道的重叠

3. 原子轨道能量相近

在对称性匹配的情况下，两个原子轨道的库仑积分

$$\alpha_A=\int_\tau \phi_A \hat{H}\phi_A \mathrm{d}\tau$$

$$\alpha_B=\int_\tau \phi_B \hat{H}\phi_B \mathrm{d}\tau$$

越接近，形成的分子轨道越有效。当两个原子轨道的能量不同时，即由能量不同的原子轨道组成分子轨道时，其能级变化不仅与 β 有关，还与 $\alpha_A-\alpha_B$ 有关。当两个原子轨道能量相差很大时，分子轨道就要还原为原子轨道，即

$$\varepsilon_1\to\alpha_A,\varepsilon_2\to\alpha_B \quad (\alpha_A\gg\alpha_B)$$

就没有了成键效应，不能形成化学键。组成分子轨道的原子轨道能量越接近越有利于化学键的形成，此即原子轨道能量相近原则。

7.2.3 分子轨道的符号

1. σ 轨道和 π 轨道

如果分子轨道的电子云关于原子核的连线呈轴对称，就称为 σ 轨道。如果分子轨道的电子云关于过原子核连线的平面呈镜面对称，就称为 π 轨道。

图 7.6(a)是由 s 轨道和 p 轨道组成的 σ 轨道的示意图，图 7.6(b)是由两个 p_x 轨道组成的 π 轨道的示意图。

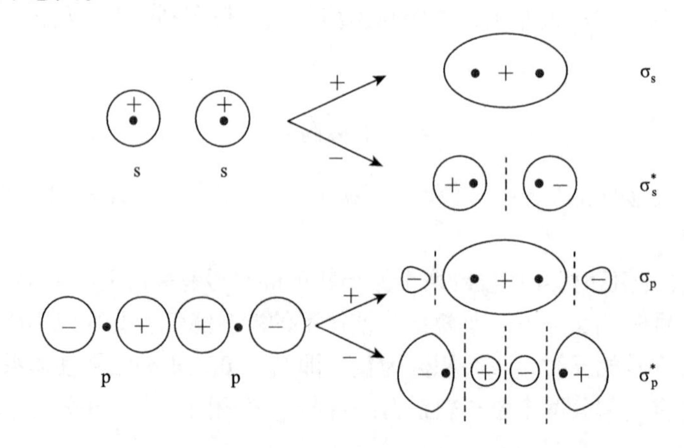

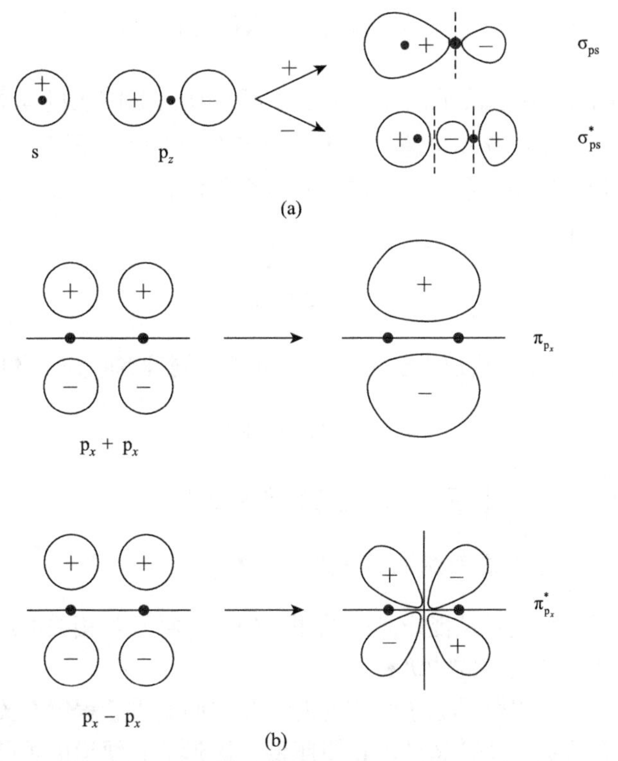

图 7.6　(a)由 s 和 p 轨道组成的 σ 轨道示意图；(b)由两个 p_x 轨道组成 π_{p_x} 和 $\pi^*_{p_x}$ 示意图

如果分子轨道关于键轴中点的反演操作不变，此分子轨道则是中心对称的，以下角标 g 表示。如果分子轨道关于键轴中点的反演操作改变符号，此分子轨道则是中心反对称的，以下角标 u 表示。

反键轨道在分子轨道符号的右上角打*号，成键轨道不打*号。

例如，氢分子的轨道 ψ_1 和 ψ_2 轨道都是关于原子核的连线呈轴对称的，ψ_1 在反演操作下不变，是中心对称的；ψ_2 在反演操作下改变符号，是中心反对称的。再者，ψ_1 和 ψ_2 都是由氢原子的 1s 轨道生成的。综上考虑，氢分子的 ψ_1 轨道以 $\sigma_g 1s$ 表示，ψ_2 轨道以 $\sigma_u 1s^*$ 表示。

同核双原子分子具有对称中心，异核双原子没有对称中心，因此异核双原子不标 g 和 u。

在 σ 轨道上的电子称为 σ 电子，在 π 轨道上的电子称为 π 电子，在成键轨道上的电子称为成键电子，在反键轨道上的电子称为反键电子。

2. 分子的电子层结构

将分子的分子轨道的符号按能级高低次序排列，并在每个分子轨道上写上电子的个数，就构成了分子的电子层结构。例如，氢分子的电子层结构为

$$\sigma_g 1s^2$$

锂分子 Li_2 的电子层结构可写为

$$(\sigma_g 1s)^2(\sigma_u^* 1s)^2(\sigma_g 2s)^2$$

对于 Li_2 而言，形成 $\sigma_g 1s$ 所降低的能量和形成 $\sigma_u^* 1s$ 所升高的能量基本相等，两个轨道上又都填了两个电子，所以互相抵消，对成键没有贡献。也就是说，原子的内层电子在形成分子时不发生相互作用，它们基本在原来的原子轨道上，不参与成键。据此，Li_2 分子的电子层结构可写作

$$KK(\sigma_g 2s)^2$$

每个字母 K 表示 K 层原子轨道上已填满两个电子。同理 Na_2 分子的电子层结构可写作

$$KKLL(\sigma_g 3s)^2$$

每个字母 L 表示 L 层的 4 个原子轨道上已填满 8 个电子。

3. 分子轨道和原子轨道的能级相关图

将分子轨道以短线表示按能级高低顺序排列，并将其与相关的原子轨道联系起来就构成了分子轨道和原子轨道的能级相关图。

分子轨道的能量与组合的原子轨道的能量及它们的重叠程度有关。原子轨道的能量越低，由它们组合成的分子轨道的能量也越低。因形成 σ 轨道的重叠积分比形成 π 轨道的重叠积分大，所以同一主壳层的原子轨道组合成的 σ 成键轨道能量比 π 成键轨道低，而 σ 反键轨道能量比 π 反键轨道高。

按上面的原则，图 7.7 给出了 O_2 分子的轨道能级相关图。从图中可以看到 O_2 分子轨道和 O 原子轨道间的关系及分子成键情况，可以判断分子的稳定性。

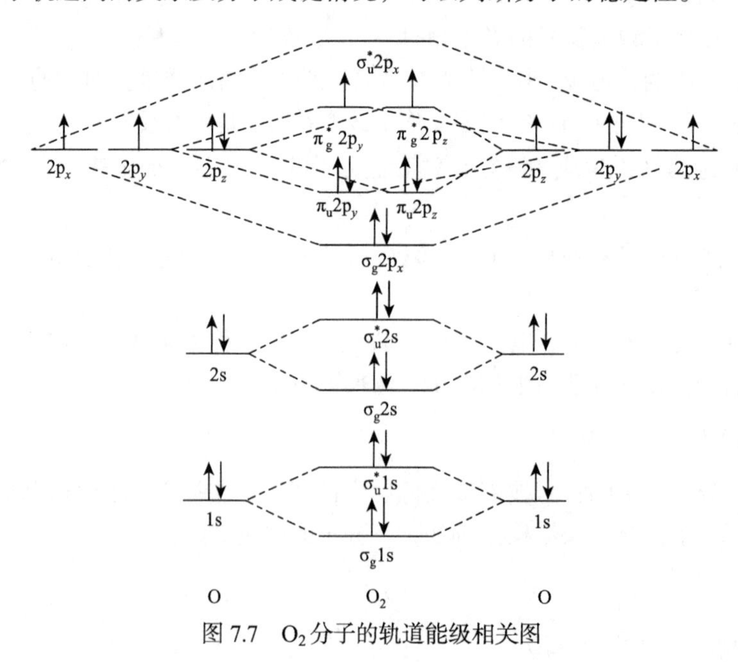

图 7.7 O_2 分子的轨道能级相关图

7.2.4　简单分子轨道理论的应用

1. 同核双原子分子

根据光电子能谱和分子光谱的研究，O_2分子轨道能量顺序为

$$\sigma_g 1s<\sigma_u^* 1s<\sigma_g 2s<\sigma_u^* 2s<\sigma_g 2p_x<\pi_u 2p_y=\pi_u 2p_z<\pi_g^* 2p_y=\pi_g^* 2p_z<\sigma_u^* 2p_x$$

所以 O_2分子的电子层结构可写作

$$KK(\sigma_g 2s)^2(\sigma_u^* 2s)^2(\sigma_g 2p_x)^2(\pi_u 2p_y)^2(\pi_u 2p_z)^2(\pi_g^* 2p_y)^1(\pi_g^* 2p_z)^1$$

O_2 分子的成键轨道为$\left(\sigma_g 2p_x\right)^2\left(\pi_u 2p_y\right)^2\left(\pi_u 2p_z\right)^2$，各有两个电子；反键轨道为$\left(\pi_g^* 2p_y\right)^1$ $\left(\pi_g^* 2p_z\right)^1$，各有一个电子。正反键相互抵消一部分，净成键相当于有两个轨道、四个电子，所以 O_2显双键。

除两个反键轨道外，其他轨道已填满电子。由于两个反键轨道上有两个未配对的电子，总自旋磁矩不为零，O_2 分子具有磁性，应是顺磁分子，这与实验事实相符合。O_2分子的轨道能级相关图已示于图 7.7。

实测 N_2分子的轨道能级顺序为

$$\sigma_g 1s<\sigma_u^* 1s<\sigma_g 2s<\sigma_u^* 2s<\pi_u 2p_y=\pi_u 2p_z<\sigma_g 2p_x<\pi_g^* 2p_y=\pi_g^* 2p_z<\sigma_u^* 2p_x$$

N_2分子的电子层结构为

$$KK(\sigma_g 2s)^2(\sigma_u^* 2s)^2(\pi_u 2p_y)^2(\pi_u 2p_z)^2(\sigma_g 2p_x)^2$$

与 O_2分子的电子层结构相比较可见，$\sigma_g 2p_x$ 与 $\pi_u 2p$ 能级顺序颠倒。这是由于 2s 轨道与 2p 轨道能量相差不多，s 与 p_x 轨道对称性匹配。因此，一个原子的 2s 轨道不但与另一个原子的 2s 轨道重叠，还可与其 $2p_x$ 轨道重叠。对 2p 轨道亦然。其结果是σ2s 中包含若干 2p 成分，σ2p 中也包含若干 2s 成分。这导致$\sigma_g 2s$ 和$\sigma_u^* 2s$ 的能量降低，$\sigma_g 2p$ 和$\sigma_u^* 2p$ 的能量升高，这种效应随 2s 和 2p 轨道能量差的增大而变小。第二周期 N 以前元素的同核双原子分子都有这种现象。O 以后由于 2s 和 $2p_x$ 轨道能级相差大而没有这种现象。N_2分子的轨道能级相关图示于图 7.8。

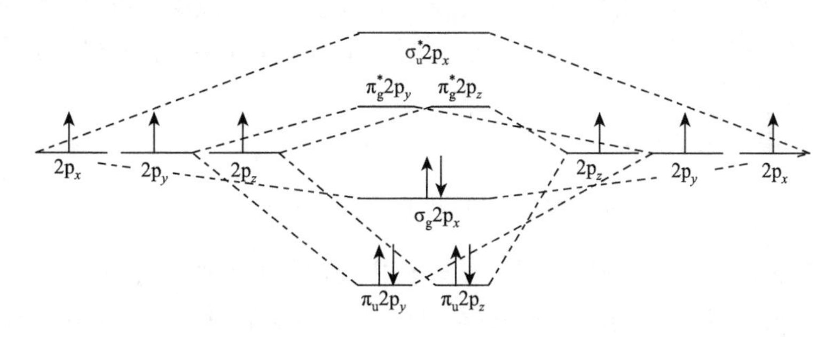

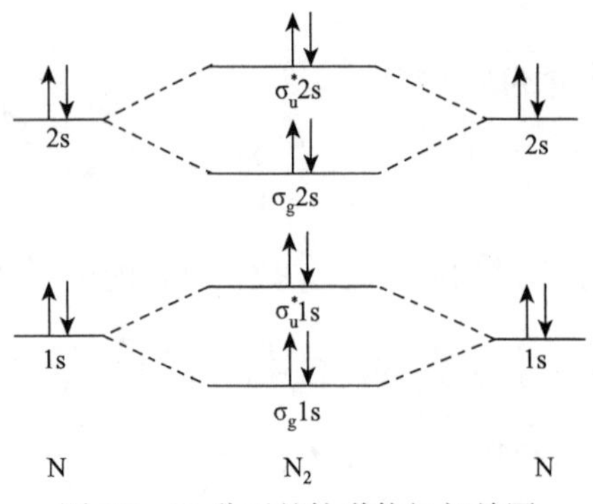

图 7.8 N_2分子的轨道能级相关图

Be 的电子层结构为$1s^2 2s^2$，两个 Be 原子共有 4 个价电子，如果形成Be_2分子，其电子层结构为

$$KK(\sigma_g 2s)^2 (\sigma_u^* 2s)^2$$

因$(\sigma_g 2s)^2$的成键作用与$(\sigma_u^* 2s)^2$的反键作用大致抵消，净成键电子数为零，故Be_2是极不稳定的分子。

B 的电子层结构为$1s^2 2s^2 2p^1$，两个 B 原子共有 6 个价电子，B_2分子的电子层结构为

$$KK(\sigma_g 2s)^2 (\sigma_u^* 2s)^2 (\pi_u 2p_y)^1 (\pi_u 2p_z)^1$$

B_2分子的两个原子间没有 σ 键，只有单电子 π 键。B_2分子显顺磁性。

F 原子的电子层结构为$1s^2 2s^2 2p^5$，F_2分子的电子层结构为

$$KK(\sigma_g 2s)^2 (\sigma_u^* 2s)^2 (\sigma_g 2p_x)^2 (\pi_u 2p_y)^2 (\pi_u 2p_z)^2 (\pi_g^* 2p_y)^2 (\pi_g^* 2p_z)^2$$

其中$(\sigma_g 2s)^2$的成键作用与$(\sigma_u^* 2s)^2$的反键作用抵消，$(\pi_u 2p_y)^2$、$(\pi_u 2p_z)^2$的成键作用和$(\pi_g^* 2p_y)^2$、$(\pi_g^* 2p_y)^2$的反键作用也相互抵消，所以F_2分子中实际对成键有贡献的只有一对$(\sigma_g 2p_x)^2$电子，F_2分子是单键结合的。

2. 异核双原子分子

异核双原子分子中两个原子相应的原子轨道(如$2s_a$和$2s_b$、$2p_a$和$2p_b$等)具有不同的能量，只有对称性匹配且能量又相近的原子轨道才能有效地组合成分子轨道。因此，异核双原子的分子轨道不一定由两个原子的相应原子轨道线性组合而成。分子轨道记号按能量顺序分类编号。

CO 分子的电子层结构为

$$(1\sigma)^2 (2\sigma)^2 (3\sigma)^2 (4\sigma)^2 (1\pi)^4 (5\sigma)^2$$

量子化学计算和光电子能谱测量表明，1σ 轨道主要由氧原子的 1s 轨道构成，2σ 主要由碳原子的 1s 轨道构成，属原子轨道，不参与成键。3σ 是氧原子的孤对电子轨道，5σ 是

碳原子的孤对电子轨道，4σ 和 1π 是成键轨道，3σ 有微弱的成键特性，5σ 有微弱的反键特性。CO 分子的轨道能级相关图示于图 7.9。

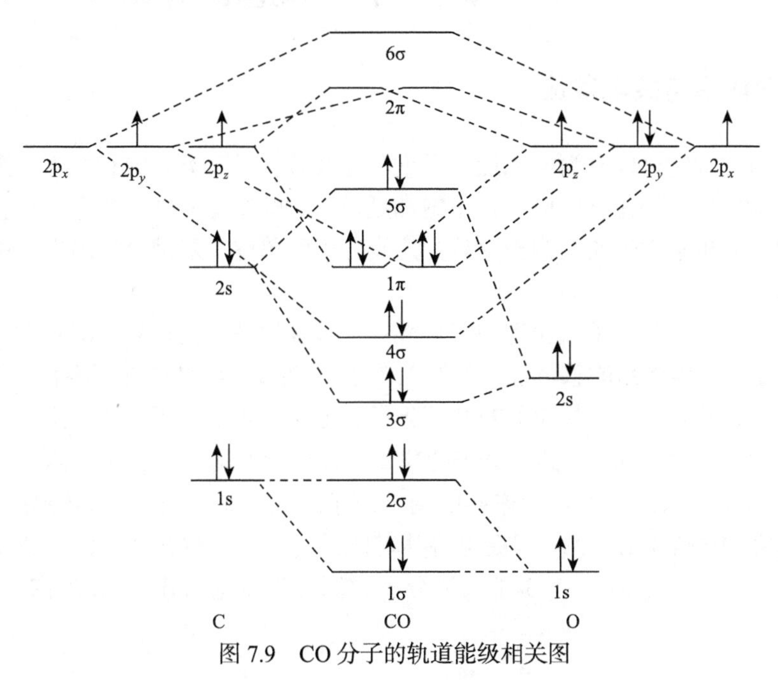

图 7.9　CO 分子的轨道能级相关图

HF 分子的电子层结构为

$$K(2\sigma)^2(1\pi)^4(3\sigma)^2$$

式中，K 是内层电子，2σ 是 F 原子的 2s 轨道，1π 是 F 原子的 $2p_y$ 和 $2p_z$ 轨道，3σ 是 H 原子的 1s 和 F 原子的 $2p_x$ 轨道组成的分子轨道，所以 HF 分子的电子层结构也可写作

$$K(2s)^2(2p_y)^2(2p_z)^2(\sigma)^2$$

成键轨道只有 3σ（或写作 σ），而 2σ 、1π 为非键轨道，对成键没有贡献。可见，HF 分子是单键分子。HF 分子的轨道能级相关图示于图 7.10。

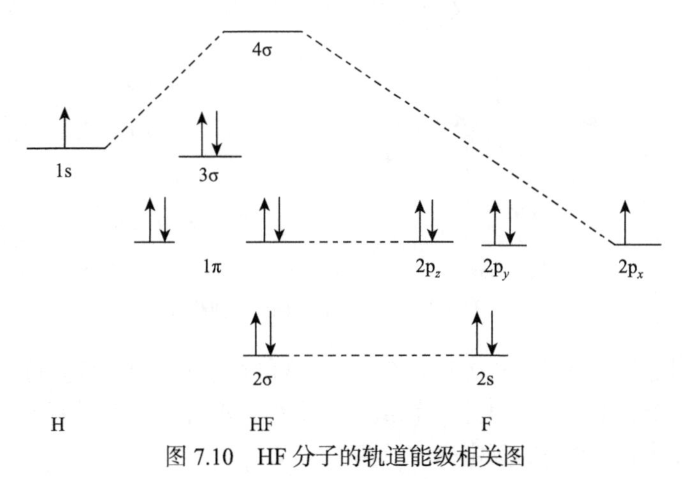

图 7.10　HF 分子的轨道能级相关图

7.3 休克尔分子轨道法

7.3.1 共轭体系与共轭效应

有机碳氢化合物可以分为饱和烃、不饱和烃及芳香烃三类。饱和烃不活泼，不饱和烃及芳香烃能发生多种化学反应。在不饱和烃及芳香烃中，π电子的存在是它们有较大活性的原因。有机化学经典结构理论认为这类分子的单键、双键交替出现，称这类物质为共轭分子。

共轭分子与非共轭分子相比有许多特性：一是键的平均化现象，即双键和单键键长差别缩小；二是共轭体系的整体性，例如1, 3-丁二烯的1, 4-加成和苯环上取代反应的定位效应；再者，共轭分子比相应的非共轭分子稳定，例如1, 3-丁二烯的生成热比不考虑共轭的计算多21.3kJ·mol^{-1}。共轭分子的这些特性称为共轭效应，这是由于共轭分子中存在着活动范围不只局限于双键连接的两个原子之间而是遍及整个共轭分子的π电子体系。休克尔(Hückel)在1931年提出将共轭体系的π电子与σ电子分开处理，建立了休克尔分子轨道法。下面以 1, 3-丁二烯分子为例说明休克尔分子轨道法对共轭分子的处理。

7.3.2 休克尔分子轨道法处理丁二烯分子

1, 3-丁二烯分子是一个平面分子，其几何构型如图7.11所示。

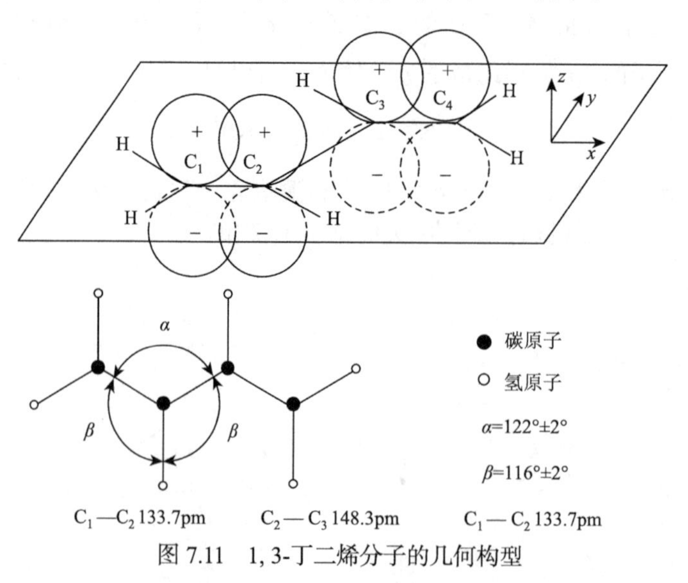

图7.11 1, 3-丁二烯分子的几何构型

碳原子采用sp^{2}杂化轨道构成3个C—Cσ键和6个C—Hσ键。每一个碳原子剩余一个p轨道和一个p电子，这4个p轨道相互平行、垂直于分子平面。

1, 3-丁二烯分子π电子的薛定谔方程为

$$\hat{H}_{\pi}(i)\psi(i)=\varepsilon\psi(i) \tag{7.27}$$

其中

$$\hat{H}_{\pi}(i)=-\frac{1}{2}\nabla_i^2-\sum_{\substack{\alpha=1\\(\alpha<i)}}^{4}\frac{6}{r_{\alpha i}}+\sum_{\substack{k=1\\(k<i)}}^{8}\frac{1}{r_{ik}}+\sum_{\substack{l=1\\(l<i)}}^{12}\frac{1}{r_{il}}+\sum_{\substack{j=1\\(j<i)}}^{4}\frac{1}{r_{ij}} \qquad (i=1,2,3,4) \tag{7.28}$$

式中 i,j=1,2,3,4 表示π电子，k=1,2,⋯,8 表示碳原子的内层 1s 电子，l=1,2,⋯,12 表示除π电子之外的碳原子的外层价电子。π电子和氢原子的作用忽略。令

$$U_{\text{core}}(i)=-\sum_{\alpha=1}^{4}\frac{6}{r_{\alpha i}}+\sum_{\substack{k=1\\(k<i)}}^{8}\frac{1}{r_{ik}} \tag{7.29}$$

表示碳原子实和π电子 i 之间的相互作用能，则

$$\hat{H}_{\pi}(i)=-\frac{1}{2}\nabla_i^2+U_{\text{core}}(i)+\sum_{\substack{l=1\\(l<i)}}^{12}\frac{1}{r_{il}}+\sum_{\substack{j=1\\(j<i)}}^{4}\frac{1}{r_{ij}} \qquad (i=1,2,3,4) \tag{7.30}$$

方程(7.27)须用线性变分法求解。π电子的分子轨道由四个碳原子的 $2p_z$ 轨道组合而成，即

$$\psi=c_1\phi_1+c_2\phi_2+c_3\phi_3+c_4\phi_4 \tag{7.31}$$

利用线性变分法，得

$$\sum_{j=1}^{4}c_i(H_{ij}-ES_{ij})=0 \qquad (i=1,2,3,4) \tag{7.32}$$

将上式展开，成为

$$\begin{cases}c_1(H_{11}-ES_{11})+c_2(H_{12}-ES_{12})+c_3(H_{13}-ES_{13})+c_4(H_{14}-ES_{14})\\c_1(H_{21}-ES_{21})+c_2(H_{22}-ES_{22})+c_3(H_{23}-ES_{23})+c_4(H_{24}-ES_{24})\\c_1(H_{31}-ES_{31})+c_2(H_{32}-ES_{32})+c_3(H_{33}-ES_{33})+c_4(H_{34}-ES_{34})\\c_1(H_{41}-ES_{41})+c_2(H_{42}-ES_{42})+c_3(H_{43}-ES_{43})+c_4(H_{44}-ES_{44})\end{cases} \tag{7.33}$$

其中

$$H_{ij}=\int_{\tau}\phi_i\hat{H}_{\pi}(i)\phi_j\,\mathrm{d}\tau \quad , \quad S_{ij}=\int_{\tau}\phi_i\phi_j\,\mathrm{d}\tau \tag{7.34}$$

方程组(7.33)包含了 32 个复杂的积分，计算起来很麻烦。为简化起见，休克尔提出同一个碳原子的库仑积分 H_{ii} 都相同，与碳原子的位置无关；相邻碳原子的交换积分也都相等；不相邻碳原子间的交换积分可以忽略，都是零；重叠积分 S_{ij} 对于同一个碳原子是 1，对于不同碳原子是零，统一可写作

$$H_{ij} = \begin{cases} \alpha_i = \alpha & i = j \\ \beta_{ij} = \beta & i = j \pm 1 \\ 0 & i \neq j, i \neq j \pm 1 \end{cases} \tag{7.35}$$

$$S_{ij} = \begin{cases} 1 & i = j \\ 0 & i \neq j \end{cases} \tag{7.36}$$

这样方程组(7.33)就简化成

$$\left.\begin{array}{lllll} c_1(\alpha - E) + c_2\beta & & & & = 0 \\ c_2\beta & + c_2(\alpha - E) + c_3\beta & & & = 0 \\ & + c_2\beta & + c_3(\alpha - E) + c_4\beta & & = 0 \\ & & + c_3\beta & + c_4(\alpha - E) & = 0 \end{array}\right\} \tag{7.37}$$

根据克拉默法则，此方程组有非零解的条件是变量 c 的系数行列式为零，即

$$\begin{vmatrix} \alpha - E & \beta & 0 & 0 \\ \beta & \alpha - E & \beta & 0 \\ 0 & \beta & \alpha - E & \beta \\ 0 & 0 & \beta & 0 \end{vmatrix} = 0$$

用 β 除行列式各项，并令 $x = \dfrac{\alpha - E}{\beta}$，则得

$$\begin{vmatrix} x & 1 & 0 & 0 \\ 1 & x & 1 & 0 \\ 0 & 1 & x & 1 \\ 0 & 0 & 1 & x \end{vmatrix} = 0$$

展开行列式，得到一元四次方程

$$x^4 - 3x^2 + 1 = 0$$

解之得四个解

$$x = \pm 0.618, \quad \pm 1.618 \tag{7.38}$$

代入 $E = \alpha - x\beta$，得 1, 3-丁二烯 π 轨道能量(图 7.12)

$$E_1 = \alpha + 1.618\beta, E_2 = \alpha + 0.618\beta, E_3 = \alpha - 0.618\beta, E_4 = \alpha - 1.618\beta$$

因为 $\beta < 0$，所以

$$E_1 < E_2 < E_3 < E_4$$

将四个能量值 E_1、E_2、E_3、E_4 依次代入方程组(7.37)，并利用归一化条件，得四个 π 分子轨道

$$\psi_1 = 0.3717\phi_1 + 0.6015\phi_2 + 0.6015\phi_3 + 0.3717\phi_4$$
$$\psi_2 = 0.6015\phi_1 + 0.3717\phi_2 - 0.3717\phi_3 - 0.6015\phi_4$$
$$\psi_3 = 0.6015\phi_1 - 0.3717\phi_2 - 0.3717\phi_3 + 0.6015\phi_4$$
$$\psi_4 = 0.3717\phi_1 - 0.6015\phi_2 + 0.6015\phi_3 - 0.3717\phi_4$$

分别对应于基态、第一激发态、第二激发态、第三激发态(图 7.13)。由于分子轨道ψ_1和ψ_2的能量E_1和E_2低于原子轨道的能量α，电子处于这样的分子轨道中，其能量比在原子轨道中低，因而起成键作用，所以称ψ_1和ψ_2为成键轨道。E_3和E_4高于α，电子填在这样的轨道上，其能量高于在原子轨道上的能量，所以ψ_3和ψ_4为反键轨道。在 1, 3-丁二烯分子的基态，四个 π 电子填充在两个成键轨道ψ_1和ψ_2上。

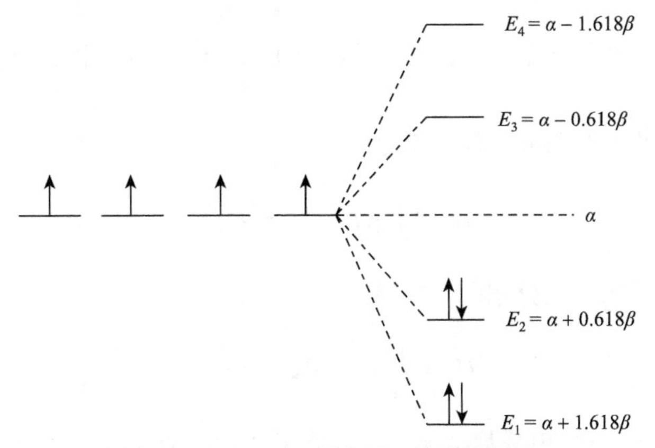

图 7.12　1, 3-丁二烯分子 π 轨道能级图

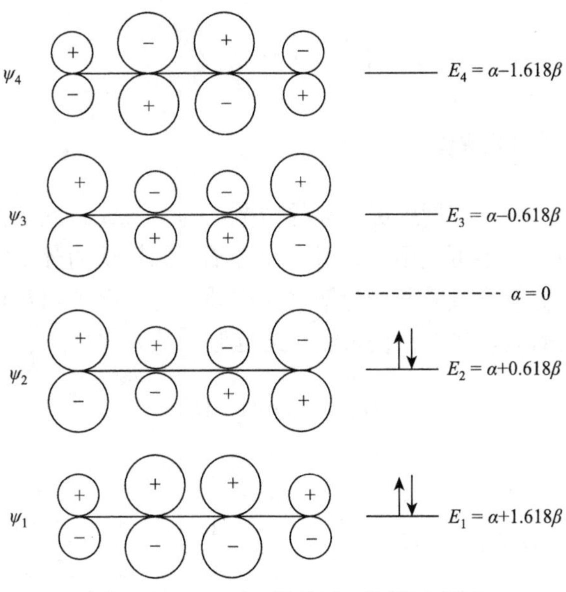

图 7.13　1, 3-丁二烯分子 π 轨道示意图

π 电子的总能量为

$$E_{D\pi} = 2(E_1 + E_2) = 4\alpha + 4.472\beta$$

比原子单独存在时的能量降低了 4.472 β 。乙烯π轨道的能量为$2\alpha + 2\beta$，若按经典结构式将 1, 3-丁二烯分子看作有两个小π键，则π轨道能量为$4\alpha + 4\beta$，与大π轨道相比，相差 0.472 β，大π轨道能量更低，此差值称为π电子的离域能。这是 1, 3-丁二烯分子形成大π轨道的原因。

7.3.3 休克尔分子轨道法要点

将休克尔分子轨道法对 1, 3-丁二烯分子的处理结果进行概括和抽象，得到处理有机共轭分子的休克尔分子轨道理论，这是适用于共轭π电子体系的简单分子轨道理论，其要点为

(1) π电子与σ电子互相独立，π电子在原子核、内层电子和σ键所形成的分子骨架之间运动。

(2) 各碳原子的库仑积分相同，都是

$$H_{ii} = \int_\tau \phi_i \hat{H} \phi_i \mathrm{d}\tau = \alpha_i = \alpha$$

(3) 键连碳原子间的积分相同，都是

$$H_{ij} = \int_\tau \phi_i \hat{H} \phi_j \mathrm{d}\tau = \beta_{ij} = \beta$$

而非键连碳原子间的交换积分都是零，即忽略了非键连原子的原子轨道间的相互作用。

(4) 各原子轨道间的重叠积分都是零，即

$$S_{ij} = \int_\tau \phi_i \hat{H} \phi_j \mathrm{d}\tau \qquad (i \neq j)$$

7.3.4 休克尔分子轨道理论

休克尔分子轨道法可以应用到更一般的情况，为了形成离域π轨道，提供 p 轨道的原子也不仅限于碳原子，还可应用于无机共轭分子。同样认为分子中的π电子在原子实(核和内层电子)和σ键所形成的分子骨架之间运动，与σ电子相互独立，可单独考虑。各π电子也具有独立的运动状态，仍采取轨道近似，其薛定谔方程为

$$\hat{H}_\pi(i)\psi(i) = \varepsilon\psi(i) \tag{7.39}$$

其中

$$\hat{H}_\pi(i) = -\frac{1}{2}\nabla_i^2 - \sum_{\alpha=1}^{N}\frac{Z}{r_{\alpha i}} + \sum_{\substack{k=1\\(k<i)}}^{q}\frac{1}{r_{ik}} + \sum_{\substack{l=1\\(l<i)}}^{r}\frac{1}{r_{il}} + \sum_{\substack{j=1\\(j<i)}}^{n}\frac{1}{r_{ij}} \tag{7.40}$$

式中，$\alpha=1,2,\cdots,N$ 表示分子中的原子核；$i,j=1,2,\cdots,n$ 表示π电子；$k=1,2,\cdots,q$ 表示内层电子；$l=1,2,\cdots,r$ 表示外层σ电子。可令

$$U_{\mathrm{core}}(i)=-\sum_{\alpha=1}^{N}\frac{Z}{r_{\alpha i}}+\sum_{\substack{k=1\\(k<i)}}^{q}\frac{1}{r_{ik}} \tag{7.41}$$

表示原子实和 π 电子 i 之间的相互作用能，则

$$\hat{H}_{\pi}(i)=-\frac{1}{2}\nabla_i^2+U_{\mathrm{core}}(i)+\sum_{\substack{l=1\\(l<i)}}^{r}\frac{1}{r_{il}}+\sum_{\substack{j=1\\(j<i)}}^{n}\frac{1}{r_{ij}} \tag{7.42}$$

这实际上是 σ - π 电子分离近似。π 电子薛定谔方程仍需采用线性变分法求解，变分函数仍取 LCAO-MO 近似。所得到的波函数描述单个 π 电子的运动状态——π 电子分子轨道。

按照线性变分法，非定域的 π 轨道是由具有相同对称性的所有相邻原子以适当的原子轨道线性组合而成

$$\psi=\sum_{i=1}^{n}c_i\phi_i \tag{7.43}$$

通常 ϕ_i 都是各原子的 p_y 轨道或 p_z 轨道。利用变分法得

$$\sum_{j=1}^{n}c_j(H_{ij}-ES_{ij})=0 \qquad (i,j=1,2,\cdots,n) \tag{7.44}$$

其久期行列式为

$$\begin{vmatrix} H_{11}-ES_{11} & H_{12}-ES_{12} & \cdots & H_{1n}-ES_{1n} \\ H_{21}-ES_{21} & H_{22}-ES_{22} & \cdots & H_{2n}-ES_{2n} \\ \vdots & \vdots & & \vdots \\ H_{n1}-ES_{n1} & H_{n2}-ES_{n2} & \cdots & H_{nn}-ES_{nn} \end{vmatrix}=0 \tag{7.45}$$

其中

$$H_{ij}=\int_{\tau}\phi_i\hat{H}\phi_j\mathrm{d}\tau$$

$$S_{ij}=\int_{\tau}\phi_i\phi_j\mathrm{d}\tau$$

方程的求解仍很麻烦。休克尔引入近似，令

$$H_{ij}=\begin{cases}\alpha_i & i=j & \text{为同一个原子}\\ \beta_{ij} & i=j\pm1 & \text{为相邻原子}\\ 0 & i\neq j,i\neq j\pm1 & \text{为非相邻原子}\end{cases} \tag{7.46}$$

这样行列式(7.45)简化为

$$\begin{vmatrix} \alpha_1 - E & \beta_{12} & 0 & 0 & \cdots & 0 & 0 \\ \beta_{21} & \alpha_2 - E & \beta_{23} & 0 & \cdots & 0 & 0 \\ \vdots & \vdots & \vdots & \vdots & & \vdots & \vdots \\ 0 & 0 & 0 & 0 & \cdots & \beta_{n(n-1)} & \alpha_n - E \end{vmatrix} = 0 \tag{7.47}$$

如果提供π电子的是同一种原子，例如共轭烯烃都是C原子提供π电子，不考虑原子位置所引起的α_i和β_{ij}差别，认为相同，其值由实验确定，则有

$$\alpha_i = \alpha \ , \ \beta_{ij} = \beta$$

式(7.47)成为

$$\begin{vmatrix} \alpha - E & \beta & 0 & 0 & \cdots & 0 & 0 \\ \beta & \alpha - E & \beta & 0 & \cdots & 0 & 0 \\ \vdots & \vdots & \vdots & \vdots & & \vdots & \vdots \\ 0 & 0 & 0 & 0 & \cdots & \beta & \alpha - E \end{vmatrix} = 0 \tag{7.48}$$

各项除以β，且令

$$x = \frac{\alpha - E}{\beta}$$

式(7.48)成为

$$\begin{vmatrix} x & 1 & 0 & 0 & \cdots & 0 & 0 \\ 1 & x & 1 & 0 & \cdots & 0 & 0 \\ \vdots & \vdots & \vdots & \vdots & & \vdots & \vdots \\ 0 & 0 & 0 & 0 & \cdots & 1 & x \end{vmatrix} = 0 \tag{7.49}$$

行列式中对角线上的元素都是x，与之相邻的元素为1，其余元素为0。据此，就能立即写出原子数为n的任意纯碳共轭体系的休克尔久期行列式。展开后得到能量E的n次代数方程，解此方程得到n个能量$E_i(i=1,2,\cdots,n)$；然后将E_i分别代入以$\{c_i\}$为未知数的久期方程(7.44)，并利用归一化条件，得到n组系数$\{c_i\}$；将各组系数分别代入展开式(7.43)，每组系数得到一个解，即分子轨道

$$\psi_j = \sum_{i=1}^{n} c_i^j \phi_i \qquad (j = 1, 2, \cdots, n) \tag{7.50}$$

对于环状分子，在行列式的一些位置上还会出现1，因为首尾相连，第一个原子和最后一个原子也成为相邻原子，$H_{1n} = H_{n1}$，所以行列式第一行的最末一个元素和行列式最末一行的第一个元素都是1，即

$$\begin{vmatrix} x & 1 & 0 & 0 & \cdots & 0 & 1 \\ 1 & x & 1 & 0 & \cdots & 0 & 0 \\ \vdots & \vdots & \vdots & \vdots & & \vdots & \vdots \\ 1 & 0 & 0 & 0 & \cdots & 1 & x \end{vmatrix} = 0 \tag{7.51}$$

7.3.5　休克尔分子轨道法的应用

1. 苯分子的 π 电子结构

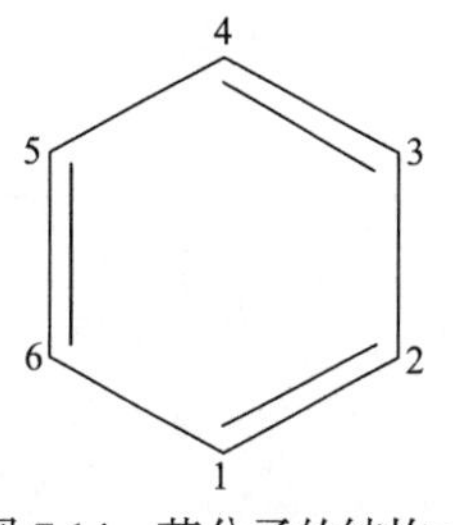

图 7.14　苯分子的结构式

苯分子的结构式如图 7.14 所示，为一环状分子，其久期方程和久期行列式为

$$\sum_{j=1}^{6} c_j (H_{ij} - ES_{ij}) = 0 \tag{7.52}$$

$$\begin{vmatrix} x & 1 & 0 & 0 & 0 & 1 \\ 1 & x & 1 & 0 & 0 & 0 \\ 0 & 1 & x & 1 & 0 & 0 \\ 0 & 0 & 1 & x & 1 & 0 \\ 0 & 0 & 0 & 1 & x & 1 \\ 1 & 0 & 0 & 0 & 1 & x \end{vmatrix} = 0 \tag{7.53}$$

展开得

$$(x-1)^2(x+1)^2(x-2)(x+2) = 0$$

解得

$$x_1 = -2, x_2 = x_3 = -1, x_4 = x_5 = 1, x_6 = 2$$

因而

$$E_1 = \alpha + 2\beta, E_2 = E_3 = \alpha + \beta, E_4 = E_5 = \alpha - \beta, E_6 = \alpha - 2\beta$$

代入久期方程，得六个 π 分子轨道

$$\psi_1 = \frac{1}{\sqrt{6}}(\psi_1 + \psi_2 + \psi_3 + \psi_4 + \psi_5 + \psi_6)$$

$$\psi_2 = \frac{1}{\sqrt{12}}(2\psi_1 + \psi_2 - \psi_3 - 2\psi_4 - \psi_5 + \psi_6)$$

$$\psi_3 = \frac{1}{2}(\psi_2 + \psi_3 - \psi_5 - \psi_6)$$

$$\psi_4 = \frac{1}{6}(\psi_2 - \psi_3 + \psi_5 - \psi_6)$$

$$\psi_5 = \frac{1}{\sqrt{12}}(2\psi_1 - \psi_2 - \psi_3 + 2\psi_4 - \psi_5 - \psi_6)$$

$$\psi_6 = \frac{1}{\sqrt{6}}(\psi_1 - \psi_2 + \psi_3 - \psi_4 + \psi_5 - \psi_6)$$

相应的分子轨道能级图如图 7.15 所示。

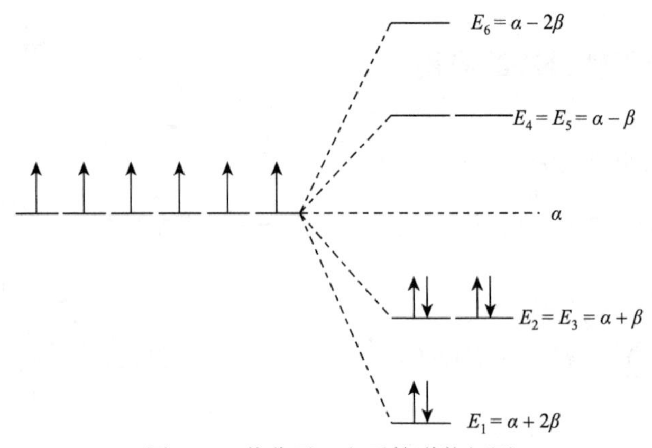

图 7.15　苯分子π电子轨道能级图

2. 离域π键形成的条件和类型

1) 离域π键形成的条件

分子的π轨道也可以称为离域π键，什么样的分子能形成离域π键呢？一般需满足如下形成条件：

(1) 参与形成离域π键的原子应在同一平面上。

(2) 参与形成离域π键的每个原子可以提供一个p轨道或两个p轨道，形成同一个离域π键的p轨道互相平行，且垂直于分子平面。

(3) 参与形成离域π键的各原子提供的π电子总数 m 小于参与形成离域π键的原子轨道数 n 的2倍，即 $m<2n$。

2) 离域π键的类型

由 n 个原子提供 n 个p轨道和 m 个π电子形成的离域π键记作 π_n^m。按 m 和 n 的关系将离域π键分成三种类型：

(1) $m=n$，为正常离域π键，例如，丁二烯分子(C_4H_6)有一个 π_4^4 键，苯分子(C_6H_6)有 π_6^6 键，二氧化氮分子(NO_2)有 π_3^3 键。

(2) $m>n$，为多电子离域π键，例如，二氧化碳分子(CO_2)有两个 π_3^4 键。

(3) $m<n$，为缺电子离域π键，例如，丙烯基阳离子($[CH_2{=}CH{-}CH_2]^+$)有一个 π_3^2 键。

3. 无机共轭分子

除有机共轭分子外，不少无机化合物也含有离域π键结构，称为无机共轭分子。例如，常见的 NO_2、CO_2、SO_2、CO_3^{2-}、NO_3^-、SO_3、BCl_3、$HgCl_2$、SO_4^{2-} 等。

1) AB_2 型无机共轭分子的结构

AB_2 型分子中，A原子的p轨道和两个B原子的p轨道组合得到三个分子轨道，其中一个为成键轨道，一个为反键轨道，一个为非键轨道。非键轨道的能量与B原子的p轨道能量相同。

例如，二氧化碳分子 CO_2 中碳原子采取sp杂化，形成σ骨架，另外 $2p_y$ 和 $2p_z$ 两个

轨道分别与氧的 $2p_y$ 和 $2p_z$ 轨道形成两个互相垂直的离域 π 键，可分别记作 π_{y3}^4 和 π_{z3}^4。CO_2 分子为直线形结构(图 7.16)。

2) AB_3 型无机共轭分子的结构

(1)碳酸根(CO_3^{2-})中碳原子采取 sp^2 杂化，与三个氧原子形成σ骨架，分子平面为三角形。碳原子的 $2p_z$ 轨道和三个氧原子的 3 个 $2p_z$ 轨道形成离域π键。四个 p 电子，再加上酸根负离子所带的两个电子，在π轨道上共有六个电子，形成 π_4^6 多电子离域π键，结构式为图 7.17。

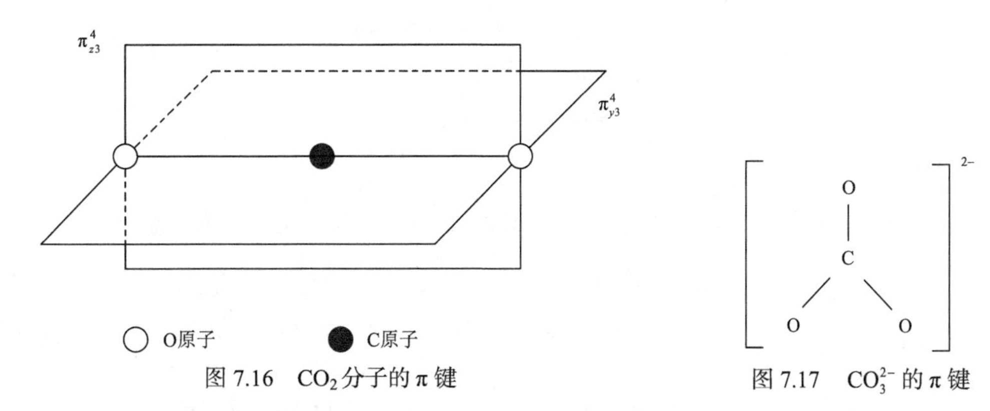

图 7.16　CO_2 分子的π键

图 7.17　CO_3^{2-} 的π键

(2)石墨是大量的碳原子组成的大分子，碳原子以 sp^2 杂化轨道形成σ骨架，排列成正六边形，形成沿平面方向无限伸展的平面型大分子。每个碳原子剩下一个 $2p_z$ 轨道和一个电子，$2p_z$ 轨道相互重叠形成很大范围的离域π键，n 很大。因此，石墨是很稳定的物质。石墨大分子π轨道上的电子在外电场作用下容易移动，所以石墨导电。石墨晶体是这种大分子的层状结构，层间仅以较弱的范德华(van der Waals)力结合，容易滑动，所以易破碎成片状。

7.4　哈特里自洽场方法

7.4.1　分子的近似波函数

分子轨道理论采用的轨道近似把分子中每个电子近似地看成在某个分子轨道 ψ_i 中。ψ_i 是单电子波函数，描述单个电子的运动状态，是以分子的全部原子核为中心的多中心轨道。每个电子的波函数的乘积是分子的薛定谔方程的解[式(7.5)]。例如，氢分子薛定谔方程

$$\hat{H}(1,2)\psi(1,2)=E\psi(1,2)$$

的解可写作单电子薛定谔方程

$$\hat{H}(i)\psi(i)=\varepsilon\psi(i)\qquad(i=1,2)$$

的解的乘积，即

$$\psi(1,2)=\psi_1(1)\psi_1(2)$$

上式没有考虑电子自旋和泡利不相容原理，是氢分子薛定谔方程的近似解，但作为氢分子的波函数则不合适。氢分子的波函数必须是考虑了电子自旋和泡利不相容原理的，由单电子波函数构造出的自旋-轨道的斯莱特行列式，即

$$\begin{aligned}\psi(1,2)&=\frac{1}{\sqrt{2!}}\begin{vmatrix}\psi_1(1)\alpha(1) & \psi_1(1)\beta(1)\\ \psi_1(2)\alpha(2) & \psi_1(2)\beta(2)\end{vmatrix}\\&=\frac{1}{\sqrt{2!}}\begin{vmatrix}\psi_1(1) & \bar{\psi}_1(1)\\ \psi_1(2) & \bar{\psi}_1(2)\end{vmatrix}\\&=\left|\bar{\psi}_1(1)\ \ \bar{\psi}_1(2)\right|\end{aligned}$$

推广到一般情况，若一个分子有 n 个电子，充满 $m(2m=n)$ 个分子轨道，则其波函数为

$$\psi(1,2,\cdots,n)=\frac{1}{\sqrt{n!}}\begin{vmatrix}\psi_1(1) & \bar{\psi}_1(1) & \psi_2(1) & \bar{\psi}_2(1) & \cdots & \psi_m(1) & \bar{\psi}_m(1)\\ \psi_1(2) & \bar{\psi}_1(2) & \psi_2(2) & \bar{\psi}_2(2) & \cdots & \psi_m(2) & \bar{\psi}_m(2)\\ \vdots & \vdots & \vdots & \vdots & & \vdots & \vdots\\ \psi_1(n) & \bar{\psi}_1(n) & \psi_2(n) & \bar{\psi}_2(n) & \cdots & \psi_m(n) & \bar{\psi}_m(n)\end{vmatrix} \tag{7.54}$$

简写作

$$\psi(1,2,\cdots,n)=\left|\psi_1(1)\bar{\psi}_1(2)\cdots\psi_m(n-1)\bar{\psi}_m(n)\right|$$

这里每个分子轨道填充两个电子，即都被充满，称为闭壳层。

7.4.2 薛定谔方程

分子的薛定谔方程

$$\hat{H}\psi=E\psi \tag{7.55}$$

式中

$$\begin{aligned}\hat{H}&=-\frac{1}{2}\sum_{i=1}^{n}\nabla_i^2-\sum_{\alpha=1}^{N}\sum_{i=1}^{n}\frac{Z}{r_{\alpha i}}+\frac{1}{2}\sum_{i=1}^{n}\sum_{\substack{j=1\\(j\neq i)}}^{n}\frac{1}{r_{ij}}\\&=\sum_{i=1}^{n}\left[-\frac{1}{2}\nabla_i^2-\sum_{\alpha=1}^{N}\frac{Z}{r_{\alpha i}}+\sum_{\substack{j=1\\(j\neq i)}}^{n}\frac{1}{r_{ij}}\right]-\frac{1}{2}\sum_{i=1}^{n}\sum_{j=1}^{n}\frac{1}{r_{ij}}\\&=\sum_{i=1}^{n}\hat{H}(i)-\frac{1}{2}\sum_{i=1}^{n}\sum_{j=1}^{n}\frac{1}{r_{ij}}\end{aligned} \tag{7.56}$$

其中

$$\hat{H}(i) = -\frac{1}{2}\nabla_i^2 - \sum_{\alpha=1}^{N}\frac{Z}{r_{\alpha i}} + \sum_{\substack{j=1\\(j\neq i)}}^{n}\frac{1}{r_{ij}} \tag{7.57}$$

忽略式(7.56)的后一项，则

$$\hat{H} \approx \sum_i \hat{H}(i) \tag{7.58}$$

方程(7.55)可以分离变量为 n 个单电子薛定谔方程

$$\hat{H}(i)\psi(i) = \varepsilon\psi(i) \qquad (i = 1,2,\cdots,n) \tag{7.59}$$

7.4.3　平均场近似

方程(7.59)的哈密顿算符含有双粒子项 $\frac{1}{r_{ij}}$ 而不能分离变量求解。为此考虑平均场近似，将 $\frac{1}{r_{ij}}$ 变成仅是第 i 个电子坐标的函数。第 i 个电子受到其他 n–1 个电子的排斥作用，稳定分子处在定态，电子在空间有一个稳定的分布，形成一个稳定的电场。第 i 个电子在电场中的势能应仅与第 i 个电子坐标有关。此即平均场近似的物理模型。其数学处理为，将双粒子项对 $j(\neq i)$ 取平均

$$\hat{H}(i) = -\frac{1}{2}\nabla_i^2 - \sum_{\alpha=1}^{N}\frac{Z_\alpha}{r_{\alpha i}} + \sum_{\substack{j=1\\(j\neq i)}}^{n}\left\langle\frac{1}{r_{ij}}\right\rangle_j \tag{7.60}$$

式中，$\left\langle\frac{1}{r_{ij}}\right\rangle_j$ 表示对电子 j 取平均。哈特里采用单电子波函数 $\psi_k(j)$ 的乘积函数 $\prod_{j=1}^{n}\psi_k(j)$ 作为对 j 求平均的函数。按量子力学原理，求平均值的方法是

$$\begin{aligned}\left\langle\frac{1}{r_{ij}}\right\rangle_j &= \int_\tau \psi_1^*(1)\psi_2^*(2)\psi_3^*(3)\cdots\psi_n^*(n)\frac{1}{r_{ij}}\psi_1(1)\psi_2(2)\psi_3(3)\cdots\psi_n(n)\mathrm{d}\tau \\ &= \int_\tau \psi_j^*(j)\frac{1}{r_{ij}}\psi_j(j)\mathrm{d}\tau_j\end{aligned} \tag{7.61}$$

式中，$\psi_j(j)$ 为第 j 个电子的分子轨道，即 j 电子的单电子波函数。由式(7.61)可见，实际对 j 求平均值时并不必用单电子波函数的乘积，而只需对第 j 个电子的波函数求积分。其他波函数积分为 1。

单电子波函数是我们要解的单电子薛定谔方程式(7.59)的解，而式(7.61)要求先知道它们才能求得 $\left\langle\frac{1}{r_{ij}}\right\rangle_j$。这种互为因果的求解问题在数学上可采用迭代法解决。

具体做法是先选取一组已知的单电子波函数 $\psi_1^0(1),\psi_2^0(2),\cdots,\psi_n^0(n)$，将它们代入式(7.61)算得 $\left\langle \dfrac{1}{r_{ij}} \right\rangle_j$，代入式(7.60)构造出 $\hat{H}(i)$，求解此微分方程，得到 n 个单电子本征函数 $\psi_1^1(1),\psi_2^1(2),\cdots,\psi_n^1(n)$ 及相应的 n 个本征值 $\left\{\varepsilon_k^1\right\}$；再以 $\psi_1^1(1),\psi_2^1(2),\cdots,\psi_n^1(n)$ 构造新的 $\left\langle \dfrac{1}{r_{ij}} \right\rangle_j$ 和 $\hat{H}(i)$，重复上述过程直到 $\left\{\varepsilon_k^r\right\}$、$\left\{\psi_k^r\right\}$ 的改变在所要求的精度范围之内，最后所得到的一组轨道波函数 $\psi_1^r(1),\psi_2^r(2),\cdots,\psi_2^r(n)$ 称为哈特里自洽场轨道，相应的本征值 $\varepsilon_1^r,\varepsilon_2^r,\cdots,\varepsilon_n^r$ 称为自洽轨道能。

将得到的单电子波函数构造成自旋-轨道，并写成斯莱特行列式的形式，有

$$\psi(1,2,\cdots,n)=\frac{1}{\sqrt{n!}}\begin{vmatrix} \psi_1(1) & \bar{\psi}_1(1) & \psi_2(1) & \bar{\psi}_2(1) & \cdots & \psi_m(1) & \bar{\psi}_m(1) \\ \psi_1(2) & \bar{\psi}_1(2) & \psi_2(2) & \bar{\psi}_2(2) & \cdots & \psi_m(2) & \bar{\psi}_m(2) \\ \vdots & \vdots & \vdots & \vdots & & \vdots & \vdots \\ \psi_1(n) & \bar{\psi}_1(n) & \psi_2(n) & \bar{\psi}_2(n) & \cdots & \psi_m(n) & \bar{\psi}_m(n) \end{vmatrix} \tag{7.62}$$

其中

$$n=2m$$

式(7.62)为用哈特里方法得到的分子体系的波函数。

7.5 分子的哈特里-福克自洽场方法

7.5.1 闭壳层组态的哈特里-福克自洽场方法

根据泡利不相容原理，多电子分子的波函数应当包括自旋并且是反对称的。哈特里自洽场方法所选的波函数初始迭代函数未包括自旋，并且不满足反对称的要求。福克和斯莱特用单电子自旋-轨道波函数构造了分子的斯莱特行列式波函数，作为单电子薛定谔方程的近似解。以此做平均场近似，得到分子单电子薛定谔方程的近似方程，称为哈特里-福克方程，这种近似求解分子薛定谔方程的方法称为哈特里-福克自洽场方法。

1. 斯莱特行列式

为了构造分子的单电子近似波函数，与多电子原子一样，闭壳层分子的所有电子都按自旋相反的方式配对，每个闭壳层的组态只有一种电子状态，只需用一个斯莱特行列式表示其波函数，每个空间轨道使用两次。

对于 $2n$ 个电子体，有 n 个空间轨道，斯莱特行列式为

$$\psi(1,2,\cdots,2n)=\frac{1}{\sqrt{2n!}}\begin{vmatrix}\psi_1(1)\alpha(1) & \psi_1(2)\alpha(2) & \cdots & \psi_1(2n)\alpha(2n)\\ \psi_1(1)\beta(1) & \psi_1(2)\beta(2) & \cdots & \psi_1(2n)\beta(2n)\\ \vdots & \vdots & & \vdots\\ \psi_n(1)\alpha(1) & \psi_n(2)\alpha(2) & \cdots & \psi_n(2n)\alpha(2n)\\ \psi_n(1)\beta(1) & \psi_n(2)\beta(2) & \cdots & \psi_n(2n)\beta(2n)\end{vmatrix}$$
$$=\frac{1}{\sqrt{2n!}}\left|\psi_1(1)\alpha(1)\psi_1(2)\beta(2)\cdots\psi_n(2n-1)\alpha(2n-1)\psi_n(2n)\beta(2n)\right| \tag{7.63}$$

式中，n 个空间轨道 $\psi_1,\psi_2,\cdots,\psi_n$ 是正交归一的函数集合。

2. 电子的能量

分子的薛定谔方程为

$$\hat{H}\psi=E\psi \tag{7.64}$$

式中

$$\hat{H}=-\sum_{i=1}^{2n}\frac{1}{2}\nabla_i^2-\sum_{i=1}^{2n}\sum_{\alpha=1}^{N}\frac{Z_\alpha}{r_{i\alpha}}+\sum_{i=1}^{2n}\sum_{\substack{j=1\\(i\neq j)}}^{2n}\frac{1}{r_{ij}}-\frac{1}{2}\sum_{i=1}^{2n}\sum_{\substack{j=1\\(i\neq j)}}^{2n}\frac{1}{r_{ij}}$$
$$=\sum_{i=1}^{2n}\hat{h}_i+\sum_{i=1}^{2n}\sum_{\substack{j=1\\(i\neq j)}}^{2n}\frac{1}{r_{ij}}-\frac{1}{2}\sum_{i=1}^{2n}\sum_{\substack{j=1\\(i\neq j)}}^{2n}\frac{1}{r_{ij}} \tag{7.65}$$

其中

$$\hat{h}_i=-\frac{1}{2}\nabla_i^2-\sum_{\alpha=1}^{N}\frac{Z_\alpha}{r_{i\alpha}} \tag{7.66}$$

将近似波函数斯莱特行列式(7.63)和分子的哈密顿算符表达式(7.65)代入薛定谔方程(7.64)，并用斯莱特行列式左乘后积分，得

$$\int\psi^*\left(\sum_{i=1}^{2n}\hat{h}_i\right)\psi\,\mathrm{d}\tau+\int\psi^*\left(\sum_{i=1}^{2n}\sum_{\substack{j=1\\(i\neq j)}}^{2n}\frac{1}{r_{ij}}\right)\psi\,\mathrm{d}\tau-\int\psi^*\left(\frac{1}{2}\sum_{i=1}^{2n}\sum_{\substack{j=1\\(i\neq j)}}^{2n}\frac{1}{r_{ij}}\right)\psi\,\mathrm{d}\tau=\int\psi^*E\psi\,\mathrm{d}\tau \tag{7.67}$$

利用行列式的性质以及空间轨道和自旋轨道的正交归一性，得

$$\int\psi^*\left(\sum_{i=1}^{2n}\hat{h}_i\right)\psi\,\mathrm{d}\tau=\sum_{i=1}^{2n}\int\psi_i^*\hat{h}_i\psi_i\,\mathrm{d}\tau$$
$$=2\sum_{i=1}^{n}\int\psi_i^*(1)\hat{h}(1)\psi_i(1)\,\mathrm{d}\tau_1 \tag{7.68}$$
$$=2\sum_{i=1}^{n}h_{ii}$$

$$\int \psi^* \left(\sum_{i=1}^{2n} \sum_{\substack{j=1 \\ (i \neq j)}}^{2n} \frac{1}{r_{ij}} \right) \psi \mathrm{d}\tau = \sum_{i=1}^{2n} \sum_{\substack{j=1 \\ (i \neq j)}}^{2n} \int \psi_i^* \frac{1}{r_{ij}} \psi_i \mathrm{d}\tau$$

$$= \sum_{i=1}^{2n} \sum_{\substack{j=1 \\ (i \neq j)}}^{2n} \left[2\int\int \psi_i^*(1) \psi_j^*(2) \frac{1}{r_{12}} \psi_i(1) \psi_j(2) \mathrm{d}\tau_1 \mathrm{d}\tau_2 \right. \tag{7.69}$$

$$\left. - \int\int \psi_i^*(1) \psi_j^*(2) \frac{1}{r_{12}} \psi_j(1) \psi_i(2) \mathrm{d}\tau_1 \mathrm{d}\tau_2 \right]$$

$$= 2\sum_{i=1}^{n} \sum_{\substack{j=1 \\ (i \neq j)}}^{n} \left(2J_{ij} - K_{ij} \right)$$

$$\int \psi^* \left(\frac{1}{2} \sum_{i=1}^{2n} \sum_{\substack{j=1 \\ (i \neq j)}}^{2n} \frac{1}{r_{ij}} \right) \psi \mathrm{d}\tau = \frac{1}{2} \sum_{i=1}^{2n} \sum_{\substack{j=1 \\ (i \neq j)}}^{2n} \int \psi_i^* \frac{1}{r_{ij}} \psi_i \mathrm{d}\tau$$

$$= \sum_{i=1}^{n} \sum_{\substack{j=1 \\ (i \neq j)}}^{n} \left(2J_{ij} - K_{ij} \right) \tag{7.70}$$

$$\int \psi^* E \psi \mathrm{d}\tau = E \int \psi^* \psi \mathrm{d}\tau = E \tag{7.71}$$

式中

$$h_{ii} = \int \psi_i(1) \hat{h}(1) \psi_i(1) \mathrm{d}\tau_1$$

$$J_{ij} = \int\int \psi_i^*(1) \psi_j^*(2) \frac{1}{r_{12}} \psi_i(1) \psi_j(2) \mathrm{d}\tau_1 \mathrm{d}\tau_2$$

$$K_{ij} = \int\int \psi_i^*(1) \psi_j^*(2) \frac{1}{r_{12}} \psi_j(1) \psi_i(2) \mathrm{d}\tau_1 \mathrm{d}\tau_2$$

$$(i, j = 1, 2, \cdots, n)$$

将式(7.68)~式(7.71)代入式(7.67)，得总电子能量

$$E = 2\sum_{i=1}^{n} h_{ii} + \sum_{i=1}^{n} \sum_{\substack{j=1 \\ (i \neq j)}}^{n} \left(2J_{ij} - K_{ij} \right) \tag{7.72}$$

式中，J_{ij}称为库仑积分；K_{ij}称为交换积分。

定义单电子轨道的能量为

$$\varepsilon_i = h_{ii} + \sum_{j=1}^{n} \left(2J_{ij} - K_{ij} \right) \tag{7.73}$$

它是一个分子轨道ψ_i中的电子与全部原子核及其余 $2n-1$ 个电子的相互作用能。假设电

子 i 电离时其余 $2n-1$ 个电子没有变化，则 $-\varepsilon_i$ 就是 ψ_i 中一个电子的电离势，称为库普曼斯电离势或垂直电离势。

总电子能量也可以表示为

$$E = 2\sum_{i=1}^{n}\varepsilon_i - \sum_{i=1}^{n}\sum_{j=1}^{n}\left(2J_{ij} - K_{ij}\right) \tag{7.74}$$

或

$$E = \sum_{i=1}^{n}\left(\varepsilon_i + h_{ii}\right) \tag{7.75}$$

由此可见，总电子能量 E 并不等于单电子能量之和。这是因为单电子能量之和包含每一对电子间的相互排斥能两次。单电子的能量之和把排斥能重复计算了。式(7.74)等号右边第二个求和项就是对它的校正。

3. 哈特里-福克方程

有了闭壳层多电子波函数和电子能量的表达式，利用变分法可以给出优化的分子轨道的微分方程——哈特里-福克方程

$$\left[\hat{h}_i + \sum_{j=1}^{n}\left(2\hat{J}_j - \hat{K}_j\right)\right]\psi_i = \varepsilon_i\psi_i \qquad (i = 1,2,\cdots,n) \tag{7.76}$$

它们是对应于分子轨道 $\psi_1,\psi_2,\cdots,\psi_n$ 的 n 个单电子波动方程。可以写作

$$\hat{F}_i\psi_i = \varepsilon_i\psi_i \qquad (i = 1,2,\cdots,n) \tag{7.77}$$

式中，$\hat{F}$ 称为福克算符，有

$$\hat{F}_i = \hat{h}_i + \sum_{j=1}^{n}\left(2\hat{J}_j - \hat{K}_j\right) \tag{7.78}$$

其中，$\hat{J}$ 称为库仑算符，$\hat{K}$ 称为交换算符，它们的定义是

$$\hat{J}_j(1)\psi_i(1) = \left[\int \psi_j^*(2)\frac{1}{r_{12}}\psi_j(2)\,\mathrm{d}\tau_2\right]\psi_i(1)$$

$$\hat{K}_j(1)\psi_i(1) = \left[\int \psi_j^*(2)\frac{1}{r_{12}}\psi_i(2)\,\mathrm{d}\tau_2\right]\psi_j(1)$$

方程(7.76)、方程(7.77)称为哈特里-福克方程。这表明分子的最优分子轨道是福克算符 $\hat{F}$ 的全部本征函数。

4. 求解哈特里-福克方程的方法

因为哈特里-福克方程的势能项中包含所要求解的波函数 ψ，因此需要选取一组尝试

零级波函数，构造成斯莱特行列式，作为初值并用其计算能量，构造出哈特里-福克算符式(7.78)和哈特里-福克方程(7.77)，求解得一级近似波函数和相应的能量。然后再用一级近似波函数计算能量，构造出哈特里-福克算符式(7.78)和哈特里-福克方程(7.77)，求解得二级近似波函数。重复上述步骤，直至第 n 级近似波函数相应的能量与第 n–1 级近似波函数相应的能量之差满足预定的精度要求。这样就得到该体系的自洽解，这就是哈特里-福克自洽场方法，是由哈特里、福克和斯莱特提出并实现的。

具体做法是：先选择一组试探函数 $\psi_1^0,\psi_2^0,\cdots,\psi_n^0$，由它们计算库仑算符和交换算符，从而可以进行福克算符的第一轮近似计算。由此算符得到本征函数 $\psi_1^1,\psi_2^1,\cdots,\psi_n^1$ 和本征能量 $\varepsilon_1^1,\varepsilon_2^1,\cdots,\varepsilon_n^1$，将此本征函数组成第二组试探函数。重复前面的工作，得到本征函数 $\psi_1^2,\psi_2^2,\cdots,\psi_n^2$ 和本征能量 $\varepsilon_1^2,\varepsilon_2^2,\cdots,\varepsilon_n^2$。重复上述过程，直到第 n 次本征函数相应的能量与第 n–1 次本征函数相应的能量之差达到预定的精度要求，即得到该体系的自洽解。

7.5.2 开壳层组态的哈特里-福克自洽场方法

1. 自旋非限制的哈特里-福克自洽场方法

在开壳层组态中，一般来说，一个组态会包含几个谱项(分子状态)。因此，波函数是几个斯莱特行列式的线性组合。只有在特殊情况下，才是单一斯莱特行列式。下面假定波函数取单一斯莱特行列式。

与闭壳层组态不同，α 自旋电子和 β 自旋电子的数目不相等。设有 p 个 α 自旋的电子，$n-p$ 个 β 自旋的电子。斯莱特行列式波函数为

$$\psi(1,2,\cdots,n)=\frac{1}{\sqrt{n!}}\begin{vmatrix}\psi_1(1)\alpha(1) & \psi_1(2)\alpha(2) & \cdots & \psi_1(n)\alpha(n)\\ \psi_2(1)\alpha(1) & \psi_2(2)\alpha(2) & \cdots & \psi_2(n)\alpha(n)\\ \vdots & \vdots & & \vdots\\ \psi_p(1)\alpha(1) & \psi_p(2)\alpha(2) & \cdots & \psi_p(n)\alpha(n)\\ \psi_{p+1}(1)\beta(1) & \psi_{p+1}(2)\beta(2) & \cdots & \psi_{p+1}(n)\beta(n)\\ \vdots & \vdots & & \vdots\\ \psi_{n-1}(1)\beta(1) & \psi_{n-1}(2)\beta(2) & \cdots & \psi_{n-1}(n)\beta(n)\\ \psi_n(1)\beta(1) & \psi_n(2)\beta(2) & \cdots & \psi_n(n)\beta(n)\end{vmatrix} \tag{7.79}$$

$$=\frac{1}{\sqrt{n!}}\left|\psi_1(1)\alpha(1)\psi_2(2)\alpha(2)\cdots\psi_p(p)\alpha(p)\psi_{p+1}(p+1)\beta(p+1)\cdots\psi_{n-1}(n-1)\beta(n-1)\psi_n(n)\beta(n)\right|$$

式中，波函数 $\psi_1(1)$、$\psi_2(2)$、…、$\psi_n(n)$ 是正交归一的。

将式(7.79)代入薛定谔方程(7.64)

$$\hat{H}\psi=E\psi$$

后，将式(7.79)左乘该式并积分，得

$$\int \psi^* \left(\sum_{i=1}^{n} \hat{h}_i \right) \psi \mathrm{d}\tau + \int \psi^* \left(\sum_{i=1}^{n} \sum_{\substack{j=1 \\ (i \neq j)}}^{n} \frac{1}{r_{ij}} \right) \psi \mathrm{d}\tau - \frac{1}{2} \int \psi^* \left(\sum_{i=1}^{n} \sum_{\substack{j=1 \\ (i \neq j)}}^{n} \frac{1}{r_{ij}} \right) \psi \mathrm{d}\tau = E \int \psi^* \psi \mathrm{d}\tau \tag{7.80}$$

利用行列式的性质以及空间轨道和自旋轨道的正交归一性，得

$$\begin{aligned} \int \psi^* \left(\sum_{i=1}^{n} \hat{h}_i \right) \psi \mathrm{d}\tau &= \sum_{i=1}^{n} \int \psi^* \hat{h}_i \psi \mathrm{d}\tau \\ &= \sum_{i=1}^{n} \int \psi_i^*(1) \hat{h}(1) \psi_i(1) \mathrm{d}\tau \\ &= \sum_{i=1}^{n} h_{ii} \end{aligned} \tag{7.81}$$

$$\begin{aligned} \int \psi^* \left(\sum_{i=1}^{n} \sum_{\substack{j=1 \\ (i \neq j)}}^{n} \frac{1}{r_{ij}} \right) \psi \mathrm{d}\tau &= \sum_{i=1}^{n} \sum_{\substack{j=1 \\ (i \neq j)}}^{n} \int \psi_i^* \frac{1}{r_{ij}} \psi_i \mathrm{d}\tau \\ &= \sum_{i=1}^{n} \sum_{\substack{j=1 \\ (i \neq j)}}^{n} \left[2 \iint \psi_i^*(1) \psi_j^*(2) \frac{1}{r_{12}} \psi_i(1) \psi_j(2) \mathrm{d}\tau_1 \mathrm{d}\tau_2 \right. \\ &\quad \left. - \iint \psi_i^*(1) \psi_j^*(2) \frac{1}{r_{12}} \psi_j(1) \psi_i(2) \mathrm{d}\tau_1 \mathrm{d}\tau_2 \right] \\ &= \sum_{i=1}^{n} \sum_{j=1}^{n} \left(J_{ij} - K_{ij} \right) \end{aligned} \tag{7.82}$$

$$\begin{aligned} \frac{1}{2} \int \psi^* \left(\sum_{i=1}^{n} \sum_{\substack{j=1 \\ (i \neq j)}}^{n} \frac{1}{r_{ij}} \right) \psi \mathrm{d}\tau &= \frac{1}{2} \sum_{i=1}^{n} \sum_{\substack{j=1 \\ (i \neq j)}}^{n} \psi^* \frac{1}{r_{ij}} \psi \mathrm{d}\tau \\ &= \frac{1}{2} \sum_{i=1}^{n} \sum_{j=1}^{n} \left(J_{ij} - K_{ij} \right) \end{aligned} \tag{7.83}$$

$$\int \psi^* E \psi \mathrm{d}\tau = E \int \psi^* \psi \mathrm{d}\tau = E \tag{7.84}$$

式中

$$J_{ij} = \iint \psi_i^*(1) \psi_j^*(2) \frac{1}{r_{12}} \psi_i(1) \psi_j(2) \mathrm{d}\tau_1 \mathrm{d}\tau_2$$

$$K_{ij} = \iint \psi_i^*(1) \psi_j^*(2) \frac{1}{r_{12}} \psi_j(1) \psi_i(2) \mathrm{d}\tau_1 \mathrm{d}\tau_2$$

$$(i, j = 1, 2, \cdots, n)$$

J_{ij} 称为库仑积分；K_{ij} 称为交换积分。

所以，总电子能量为

$$
\begin{aligned}
E &= \sum_{i=1}^{n} h_{ii} + \sum_{i=1}^{n}\sum_{\substack{j=1 \\ (i\neq j)}}^{n}\left(J_{ij}-K_{ij}\right) - \frac{1}{2}\sum_{i=1}^{n}\sum_{\substack{j=1 \\ (i\neq j)}}^{n}\left(J_{ij}-K_{ij}\right) \\
&= \sum_{i=1}^{n} h_{ii} + \frac{1}{2}\sum_{i=1}^{n}\sum_{\substack{j=1 \\ (i\neq j)}}^{n}\left(J_{ij}-K_{ij}\right)
\end{aligned}
\tag{7.85}
$$

定义单电子分子轨道的能量为

$$
\varepsilon_i = h_{ii} + \sum_{j=1}^{n}\left(J_{ij}-K_{ij}\right) \tag{7.86}
$$

总电子能量也可以表示为

$$
E = \sum_{i=1}^{n}\varepsilon_i - \frac{1}{2}\sum_{i=1}^{n}\sum_{j=1}^{n}\left(J_{ij}-K_{ij}\right) \tag{7.87}
$$

哈特里-福克方程为

$$
\hat{F}_i(1)\psi_i(1) = \varepsilon_i\psi_i(1) \qquad (i=1,2,\cdots,n) \tag{7.88}
$$

其中

$$
\hat{F}_i(1) = \hat{h}_i(1) + \sum_{j=1}^{n}\left[\hat{J}_j(1) - \hat{K}_j(1)\right]
$$

$$
\hat{J}_j(1)\psi_i(1) = \left[\int \psi_j^*(2)\frac{1}{r_{12}}\psi_j(2)\,\mathrm{d}\tau_2\right]\psi_i(1)
$$

$$
\hat{K}_j(1)\psi_i(1) = \left[\int \psi_j^*(2)\frac{1}{r_{12}}\psi_i(2)\,\mathrm{d}\tau_2\right]\psi_j(1)
$$

式中，n 个 $\hat{F}_i(1)$ 和 $\hat{h}_i(1)$ 是相同的，所以下角标 i 可以省略，写作 $\hat{F}(1)$ 和 $\hat{h}(1)$，即

$$
\hat{F}(1)\psi_i(1) = \varepsilon_i\psi_i(1)
$$

$$
\hat{F}(1) = \hat{h}(1) + \sum_{j=1}^{n}\left[\hat{J}_j(1) - \hat{K}_j(1)\right]
$$

$$
(i=1,2,\cdots,n)
$$

可将方程组(7.88)分成两组：

$$
\hat{F}^{\alpha}(1)\psi_i^{\alpha}(1) = \varepsilon_i^{\alpha}\psi_i^{\alpha}(1) \qquad (i=1,2,\cdots,p) \tag{7.89}
$$

式中

$$
\hat{F}^{\alpha}(1) = \hat{h}^{\alpha}(1) + \sum_{j=1}^{p}\left[\hat{J}_j^{\alpha}(1) - \hat{K}_j^{\alpha}(1)\right] + \sum_{j=p+1}^{n}\hat{J}_j^{\beta}(1)
$$

$$\hat{J}_j^{\alpha}(1)\psi_i^{\alpha}(1)=\left[\int\psi_j^{\alpha*}(2)\frac{1}{r_{12}}\psi_j^{\alpha}(2)\mathrm{d}\tau\right]\psi_i^{\alpha}(1)$$

$$\hat{K}_j^{\alpha}(1)\psi_i^{\alpha}(1)=\left[\int\psi_j^{\alpha*}(2)\frac{1}{r_{12}}\psi_i^{\alpha}(2)\mathrm{d}\tau\right]\psi_j^{\alpha}(1)$$

$$\hat{J}_j^{\beta}(1)\psi_i^{\beta}(1)=\left[\int\psi_j^{\beta*}(2)\frac{1}{r_{12}}\psi_j^{\beta}(2)\mathrm{d}\tau\right]\psi_i^{\beta}(1)$$

$$\hat{F}^{\beta}(1)\psi_i^{\beta}(1)=\varepsilon_i^{\beta}\psi_i^{\beta}(1) \tag{7.90}$$

$$(i=p+1,p+2,\cdots,n)$$

式中

$$\hat{F}^{\beta}(1)=\hat{h}^{\beta}(1)+\sum_{j=p+1}^{n}\left[\hat{J}_j^{\beta}(1)-\hat{K}_j^{\beta}(1)\right]+\sum_{j=1}^{p}\hat{J}_j^{\alpha}(1)$$

$$\hat{J}_j^{\beta}(1)\psi_i^{\beta}(1)=\left[\int\psi_j^{\beta*}(2)\frac{1}{r_{12}}\psi_j^{\beta}(2)\mathrm{d}\tau_2\right]\psi_i^{\beta}(1)$$

$$\hat{K}_j^{\beta}(1)\psi_i^{\beta}(1)=\left[\int\psi_j^{\beta*}(2)\frac{1}{r_{12}}\psi_i^{\beta}(2)\mathrm{d}\tau_2\right]\psi_j^{\beta}(1)$$

$$\hat{J}_j^{\alpha}(1)\psi_i^{\alpha}(1)=\left[\int\psi_j^{\alpha*}(2)\frac{1}{r_{12}}\psi_j^{\alpha}(2)\mathrm{d}\tau_2\right]\psi_i^{\alpha}(1)$$

定义单电子分子轨道的能量为

$$\varepsilon_i^{\alpha}=h_{ii}^{\alpha}+\sum_{i=1}^{p}\sum_{\substack{j=1\\(i\neq j)}}^{p}\left(J_{ij}^{\alpha}-K_{ij}^{\alpha}\right)+\sum_{i=p+1}^{n}\sum_{\substack{j=p+1\\(i\neq j)}}^{n}J_{ij}^{\beta} \tag{7.91}$$

式中

$$h_{ii}^{\alpha}=\int\psi_i^{\alpha*}\hat{h}^{\alpha}(1)\psi_i^{\alpha}\mathrm{d}\tau_1$$

$$J_{ij}^{\alpha}=\int\int\psi_i^{\alpha*}(1)\psi_j^{\alpha*}(2)\frac{1}{r_{12}}\psi_i^{\alpha}(1)\psi_j^{\alpha}(2)\mathrm{d}\tau_1\mathrm{d}\tau_2$$

$$K_{ij}^{\alpha}=\int\int\psi_i^{\alpha*}(1)\psi_j^{\alpha*}(2)\frac{1}{r_{12}}\psi_j^{\alpha}(1)\psi_i^{\alpha}(2)\mathrm{d}\tau_1\mathrm{d}\tau_2$$

$$J_{ij}^{\beta}=\int\int\psi_i^{\beta*}(1)\psi_j^{\beta*}(2)\frac{1}{r_{12}}\psi_i^{\beta}(1)\psi_j^{\beta}(2)\mathrm{d}\tau_1\mathrm{d}\tau_2$$

$$\varepsilon_i^{\beta}=h_{ii}^{\beta}+\sum_{i=p+1}^{n}\sum_{j=p+1}^{n}\left(J_{ij}^{\beta}-K_{ij}^{\beta}\right)+\sum_{i=1}^{p}\sum_{j=1}^{p}J_{ij}^{\alpha} \tag{7.92}$$

式中

$$h_{ii}^{\beta}=\int\psi_i^{\beta*}\hat{h}^{\beta}(1)\psi_i^{\beta}\mathrm{d}\tau_1$$

$$J_{ij}^{\beta}=\int\int\psi_i^{\beta*}(1)\psi_j^{\beta*}(2)\frac{1}{r_{12}}\psi_i^{\beta}(1)\psi_j^{\beta}(2)\mathrm{d}\tau_1\mathrm{d}\tau_2$$

$$K_{ij}^{\beta}=\int\int\psi_i^{\beta*}(1)\psi_j^{\beta*}(2)\frac{1}{r_{12}}\psi_j^{\beta}(1)\psi_i^{\beta}(2)\mathrm{d}\tau_1\mathrm{d}\tau_2$$

$$J_{ij}^{\alpha}=\int\int\psi_i^{\alpha*}(1)\psi_j^{\alpha*}(2)\frac{1}{r_{12}}\psi_i^{\alpha}(1)\psi_j^{\alpha}(2)\mathrm{d}\tau_1\mathrm{d}\tau_2$$

α 自旋电子的总能量为

$$E^{\alpha}=\frac{1}{2}\sum_{i=1}^{p}\left(\varepsilon_i^{\alpha}+h_{ii}^{\alpha}\right)\tag{7.93}$$

β 自旋电子的总能量为

$$E^{\beta}=\frac{1}{2}\sum_{i=p+1}^{n}\left(\varepsilon_i^{\beta}+h_{ii}^{\beta}\right)\tag{7.94}$$

总电子的能量为

$$\begin{aligned}E&=E^{\alpha}+E^{\beta}\\&=\frac{1}{2}\left[\sum_{i=1}^{p}\left(\varepsilon_i^{\alpha}+h_{ii}^{\alpha}\right)+\sum_{i=p+1}^{n}\left(\varepsilon_i^{\beta}+h_{ii}^{\beta}\right)\right]\\&=\frac{1}{2}\sum_{i=1}^{n}\left(\varepsilon_i+h_{ii}\right)\end{aligned}\tag{7.95}$$

2. 自旋限制的哈特里-福克方法

设有两组分子轨道波函数，一组为ψ_1、ψ_2、…、ψ_p，属于闭壳层子空间，容纳$2p$个电子；另一组为ψ_{p+1}、ψ_{p+2}、…、ψ_{p+q}，属于一个开壳层子空间。总电子数为N，$2p<N<2(p+q)$。用这两组轨道可以组成多个斯莱特行列式波函数(包含$2p$个闭壳层电子和$N-2p$个开壳层电子)，用这些行列式的线性组合可以得到各谱项的波函数，从而求得谱项的能量，表达式为

$$E=\sum_{k=1}^{p}h_{kk}+\sum_{k=1}^{p}\sum_{\substack{l=1\\(k\neq l)}}^{p}\left(2J_{kl}-K_{kl}\right)+v\left[2\sum_{m=p+1}^{p+q}h_{mm}+v\sum_{m=p+1}^{p+q}\sum_{\substack{n=p+1\\(m\neq n)}}^{p+q}\left(2aJ_{mn}-bK_{mn}\right)+\sum_{k=1}^{p}\sum_{m=p+1}^{p+q}\left(2J_{km}-K_{km}\right)\right]\tag{7.96}$$

式中，$k,l(=1,2,\cdots,p)$表示闭壳层轨道；$m,n(=p+1,p+2,\cdots,p+q)$表示开壳层轨道；第一、第二个求和项表示闭壳层的能量；第三、第四个求和项表示开壳层的能量，第五个求和项表示闭壳层与开壳层之间的相互作用能。

$$0<v=\frac{N-2p}{2q}<1$$

是开壳层的占据分数；a、b 是与谱项有关的系数。例如，对于半闭壳层（q 个电子占据 q 个轨道，且自旋平行）：

$$v=\frac{1}{2}, \quad a=1, \quad b=2$$

有了能量表达式，得哈特里-福克方程

$$\hat{F}_{\mathrm{C}}\psi_k=\varepsilon_k\psi_k+\sum_m \varepsilon_{km}\psi_m \tag{7.97}$$

$$v\hat{F}_{\mathrm{O}}\psi_m=\varepsilon_m\psi_m+\sum_k \varepsilon_{mk}\psi_k \tag{7.98}$$

式中，ε_k、ε_m 为实数。

$$\hat{F}_{\mathrm{C}}=\hat{h}+\sum_k\left(2\hat{J}_k-\hat{K}_k\right)+v\sum_m\left(2\hat{J}_m-\hat{K}_m\right)$$

$$\hat{F}_{\mathrm{O}}=\hat{h}+\sum_k\left(2\hat{J}_k-\hat{K}_k\right)+2av\sum_m\hat{J}_m-bv\sum_m\hat{K}_m$$

方程(7.97)、方程(7.98)不是单粒子本征方程，求解困难。需要用投影算符方法将其变成二维本征方程。

用 ψ_m^* 左乘式(7.97)并积分，得

$$\varepsilon_{km}=\int\psi_m^*\hat{F}_{\mathrm{C}}\psi_k\mathrm{d}\tau \tag{7.99}$$

用 ψ_k^* 左乘式(7.98)并积分，得

$$\varepsilon_{km}=\varepsilon_{mk}^*=\int\psi_k^* v\hat{F}_{\mathrm{O}}\psi_m\mathrm{d}\tau=\int\psi_m^* v\hat{F}_{\mathrm{O}}\psi_k\mathrm{d}\tau \tag{7.100}$$

令

$$\hat{F}_{\mathrm{A}}=x\hat{F}_{\mathrm{C}}+(1-x)v\hat{F}_{\mathrm{C}}$$

得

$$\varepsilon_{km}=\int\psi_m^*\hat{F}_{\mathrm{A}}\psi_k\mathrm{d}\tau$$

式中，x 为权重因子。

对每个轨道 ψ_j 引入一个投影算符 $\hat{P}_j$，其定义为

$$\hat{P}_j\psi=\psi_j\int\psi_j^*\psi\mathrm{d}\tau \tag{7.101}$$

对闭壳层轨道求和，得到闭壳层子空间的投影算符

$$\hat{Q}_{\mathrm{C}}\psi=\sum_{k=1}^{p}\hat{P}_k\psi=\sum_{k=1}^{p}\psi_k\int\psi_j^*\psi\mathrm{d}\tau$$

$$\hat{Q}_{\mathrm{C}} = \sum_{k=1}^{p} \hat{P}_k \tag{7.102}$$

同理，得到开壳层子空间的投影算符

$$\hat{Q}_{\mathrm{O}} = \sum_{m=p+1}^{p+q} \hat{P}_m \tag{7.103}$$

投影算符 $\hat{Q}_{\mathrm{C}}$ 和 $\hat{Q}_{\mathrm{O}}$ 对轨道的作用为

$$\hat{Q}_{\mathrm{C}}\psi_k = \psi_k\text{，}\quad \hat{Q}_{\mathrm{C}}\psi_m = 0 \tag{7.104}$$

$$\hat{Q}_{\mathrm{O}}\psi_k = 0\text{，}\quad \hat{Q}_{\mathrm{O}}\psi_m = \psi_m \tag{7.105}$$

于是，可将式(7.97)改写成

$$\begin{aligned}\hat{F}_{\mathrm{C}}\psi_k &= \varepsilon_k\psi_k + \sum_{m=1}^{p+q}\psi_m\int\psi_m^*\hat{F}_{\mathrm{A}}\psi_k\mathrm{d}\tau \\ &= \varepsilon_k\psi_k + \hat{Q}_{\mathrm{O}}\hat{F}_{\mathrm{A}}\psi_k\end{aligned}$$

移项，得

$$\left(\hat{F}_{\mathrm{C}} - \hat{Q}_{\mathrm{O}}\hat{F}_{\mathrm{A}}\right)\psi_k = \varepsilon_k\psi_k \tag{7.106}$$

由式(7.105)得

$$\hat{F}_{\mathrm{A}}\hat{Q}_{\mathrm{O}}\psi_k = 0$$

因此，式(7.106)成为

$$\left[\hat{F}_{\mathrm{C}} - \left(\hat{Q}_{\mathrm{O}}\hat{F}_{\mathrm{A}} + \hat{F}_{\mathrm{A}}\hat{Q}_{\mathrm{O}}\right)\right]\psi_k = \varepsilon_k\psi_k$$

即

$$\hat{H}_{\mathrm{C}}\psi_k = \varepsilon_k\psi_k \tag{7.107}$$

式中

$$\hat{H}_{\mathrm{C}} = \hat{F}_{\mathrm{C}} - \left(\hat{Q}_{\mathrm{O}}\hat{F}_{\mathrm{A}} + \hat{F}_{\mathrm{A}}\hat{Q}_{\mathrm{O}}\right) \tag{7.108}$$

类似地，对于开壳层轨道，有

$$\hat{H}_{\mathrm{O}}\psi_m = \eta_m\psi_m \tag{7.109}$$

式中

$$\hat{H}_{\mathrm{O}} = \hat{F}_{\mathrm{O}} - \frac{1}{\nu}\left(\hat{Q}_{\mathrm{C}}\hat{F}_{\mathrm{A}} + \hat{F}_{\mathrm{A}}\hat{Q}_{\mathrm{C}}\right) \tag{7.110}$$

$$\eta_m = \frac{1}{\nu}\varepsilon_m$$

令

$$x+(1-x)v=0$$

即

$$x=-\frac{v}{1-v}$$

则式(7.108)和式(7.110)简化为

$$\hat{H}_{\mathrm{C}}=\hat{h}+2\hat{J}_{\mathrm{C}}-\hat{K}_{\mathrm{C}}+2\hat{J}_{\mathrm{O}}-\hat{K}_{\mathrm{O}}+2a\hat{L}_{\mathrm{O}}-\beta\hat{M}_{\mathrm{O}} \tag{7.111}$$

$$\hat{H}_{\mathrm{O}}=\hat{h}+2\hat{J}_{\mathrm{C}}-\hat{K}_{\mathrm{C}}+2a\hat{J}_{\mathrm{O}}-b\hat{K}_{\mathrm{O}}+2a\hat{L}_{\mathrm{C}}-\beta\hat{M}_{\mathrm{C}} \tag{7.112}$$

式中

$$\hat{J}_{\mathrm{C}}=\sum_{k}\hat{J}_{k}\,,\quad \hat{K}_{\mathrm{C}}=\sum_{k}\hat{K}_{k}$$

$$\hat{J}_{\mathrm{O}}=v\sum_{m}\hat{J}_{m}\,,\quad \hat{K}_{\mathrm{O}}=v\sum_{m}\hat{K}_{m}$$

$$\hat{L}_{\mathrm{C}}=\hat{Q}_{\mathrm{C}}\hat{J}_{\mathrm{O}}+\hat{J}_{\mathrm{O}}\hat{Q}_{\mathrm{C}}\,,\quad \hat{M}_{\mathrm{C}}=\hat{Q}_{\mathrm{C}}\hat{K}_{\mathrm{O}}+\hat{K}_{\mathrm{O}}\hat{Q}_{\mathrm{C}}$$

$$\hat{L}_{\mathrm{O}}=v\left(\hat{Q}_{\mathrm{O}}\hat{J}_{\mathrm{O}}+\hat{J}_{\mathrm{O}}\hat{Q}_{\mathrm{O}}\right),\quad \hat{M}_{\mathrm{O}}=v\left(\hat{Q}_{\mathrm{O}}\hat{K}_{\mathrm{O}}+\hat{K}_{\mathrm{O}}\hat{Q}_{\mathrm{O}}\right)$$

$$\alpha=\frac{1-a}{1-v}\,,\quad \beta=\frac{1-b}{1-v}$$

其中，$\hat{L}_{\mathrm{C}}$、$\hat{M}_{\mathrm{C}}$、$\hat{L}_{\mathrm{O}}$、$\hat{M}_{\mathrm{O}}$称为耦合算符。这样选择 x，可以使耦合项 L、M 的作用较小。

用ψ_k^*和ψ_m^*分别左乘式(7.107)和式(7.109)，利用式(7.111)和式(7.112)，得

$$\varepsilon_k=h_{kk}+\sum_{l=1}^{p}\left(2J_{kl}-K_{kl}\right)+v\sum_{m=p+1}^{p+q}\left(2J_{km}-K_{km}\right) \tag{7.113}$$

$$\eta_m=h_{mm}+\sum_{k=1}^{p}\left(2J_{km}-K_{km}\right)+v\sum_{n=p+1}^{p+q}\left(2aJ_{mn}-bK_{mn}\right) \tag{7.114}$$

将式(7.113)和式(7.114)与总能量表达式(7.95)比较，得

$$E=\sum_{k=1}^{p}\left(h_{kk}+\varepsilon_k\right)+v\sum_{m=p+1}^{p+q}\left(h_{mm}+\eta_m\right) \tag{7.115}$$

上面的推导是建立在能量可以表示为式(7.95)的基础上的，可以满足式(7.95)条件的情况有：

(1)开壳层中只有一个电子或者只缺少一个电子。

(2)半闭壳层，即一组简并轨道半充满，且电子自旋相互平行。

(3)开壳层是二重或三重简并的。

7.6 哈特里-福克-卢森方程

原子具有球形对称的势场,其哈特里-福克方程可以简化为径向方程,用数值法求解,而分子一般做不到这点。除双原子分子外,很难用数值法求解其哈特里-福克方程。

为解决这个困难,1951 年,卢森(Roothaan)将分子轨道表示成原子轨道的线性组合。这样,对分子轨道的变分就转化为对展开式系数的变分。哈特里-福克方程就从一组非线性的积分-微分方程转化为一组数目有限的代数方程,这组方程仍然是非线性方程,需用迭代法求解。但是,比哈特里-福克方程求解容易得多。这种解是近似解,称为自洽场分子轨道,其极限精确值就是哈特里-福克轨道。

7.6.1 闭壳层组态的哈特里-福克-卢森方程

分子有 N 个原子核和 n 个电子,每个空间轨道可以容纳两个自旋相反的电子。近似波函数斯莱特行列式为

$$\psi(1,2,\cdots,2n)=\frac{1}{\sqrt{2n!}}\begin{vmatrix}\psi_1(1)\alpha(1) & \psi_1(2)\alpha(2) & \cdots & \psi_1(2n)\alpha(2n)\\ \psi_1(1)\beta(1) & \psi_1(2)\beta(2) & \cdots & \psi_1(2n)\beta(2n)\\ \vdots & \vdots & & \vdots\\ \psi_n(1)\alpha(1) & \psi_n(2)\alpha(2) & \cdots & \psi_n(2n)\alpha(2n)\\ \psi_n(1)\beta(1) & \psi_n(2)\beta(2) & \cdots & \psi_n(2n)\beta(2n)\end{vmatrix}$$

$$=\frac{1}{\sqrt{2n!}}\left|\psi_1(1)\alpha(1)\psi_1(2)\beta(2)\cdots\psi_n(2n-1)\alpha(2n-1)\psi_n(2n)\beta(2n)\right| \tag{7.116}$$

式中,n 个空间轨道 $\psi_1,\psi_2,\cdots,\psi_n$ 和自旋轨道是正交归一的函数集合。

分子的哈密顿算符为

$$\hat{H}=\sum_{i=1}^{2n}\hat{h}_i+\sum_{i=1}^{2n}\sum_{\substack{j=1\\(i\neq j)}}^{2n}\frac{1}{r_{ij}}-\frac{1}{2}\sum_{i=1}^{2n}\sum_{\substack{j=1\\(i\neq j)}}^{2n}\frac{1}{r_{ij}} \tag{7.117}$$

式中

$$\hat{h}_i=-\frac{1}{2}\nabla_i^2-\sum_{\alpha=1}^{N}\frac{Z_\alpha}{r_i\alpha}$$

分子体系的能量为

$$E=2\sum_{i=1}^{n}h_{ii}+\sum_{i=1}^{n}\sum_{\substack{j=1\\(i\neq j)}}^{n}\left(2J_{ij}-K_{ij}\right) \tag{7.118}$$

式中

$$h_{ii}=\int\psi_i(1)\hat{h}(1)\psi_i\mathrm{d}\tau_1 \tag{7.119}$$

$$J_{ij}=\iint\psi_i^*(1)\psi_j^*(2)\frac{1}{r_{12}}\psi_i(1)\psi_j(2)\mathrm{d}\tau_1\mathrm{d}\tau_2 \tag{7.120}$$

$$K_{ij}=\iint\psi_i^*(1)\psi_j^*(2)\frac{1}{r_{12}}\psi_j(1)\psi_i(2)\mathrm{d}\tau_1\mathrm{d}\tau_2 \tag{7.121}$$

$$(i,j=1,2,\cdots,n)$$

J_{ij} 称为库仑积分；K_{ij} 称为交换积分。

令

$$\psi_i=\sum_{\mu=1}^{m}c_{\mu i}\phi_\mu \qquad (i=1,2,\cdots,n) \tag{7.122}$$

式中，ϕ_μ 为构成分子的原子的原子轨道。

将式(7.122)代入式(7.119)～式(7.121)，得

$$h_{ii}=\sum_{\mu=1}^{m}\sum_{\nu=1}^{m}c_{\mu i}^*c_{\nu i}h_{\mu\nu}$$

$$J_{ij}=\sum_{\mu=1}^{m}\sum_{\lambda=1}^{m}\sum_{\nu=1}^{m}\sum_{\sigma=1}^{m}c_{\mu i}^*c_{\lambda j}^*c_{\nu i}c_{\sigma j}(\mu\nu|\lambda\sigma)$$

$$K_{ij}=\sum_{\mu=1}^{m}\sum_{\lambda=1}^{m}\sum_{\nu=1}^{m}\sum_{\sigma=1}^{m}c_{\mu i}^*c_{\lambda j}^*c_{\nu i}c_{\sigma j}(\mu\lambda|\nu\sigma)$$

$$\int\psi_i^*(1)\psi_j(1)\mathrm{d}\tau=\sum_{\mu=1}^{m}\sum_{\nu=1}^{m}c_{\mu i}^*c_{\nu j}S_{\mu\nu}$$

式中

$$h_{\mu\nu}=\int\phi_\mu^*(1)\hat{h}(1)\phi_\nu(1)\mathrm{d}\tau_1$$

$$(\mu\nu|\lambda\sigma)=\iint\phi_\mu^*(1)\phi_\nu^*(2)\frac{1}{r_{12}}\phi_\lambda(2)\phi_\sigma(2)\mathrm{d}\tau_1\mathrm{d}\tau_2$$

$$(\mu\lambda|\nu\sigma)=\iint\phi_\mu^*(1)\phi_\lambda^*(1)\frac{1}{r_{12}}\phi_\nu(2)\phi_\sigma(2)\mathrm{d}\tau_1\mathrm{d}\tau_2$$

$$S_{\mu\nu}=\int\phi_\mu^*(1)\phi_\nu(2)\mathrm{d}\tau_1$$

将这些关系式代入总能量式(7.118)，得

$$E=\sum_{\mu=1}^{m}\sum_{\nu=1}^{m}P_{\mu\nu}h_{\mu\nu}+\frac{1}{2}\sum_{\mu=1}^{m}\sum_{\lambda=1}^{m}\sum_{\nu=1}^{m}\sum_{\sigma=1}^{m}P_{\mu\nu}P_{\lambda\sigma}\left[(\mu\nu|\lambda\sigma)-\frac{1}{2}(\mu\lambda|\nu\sigma)\right] \tag{7.123}$$

其中

$$P_{\mu\nu}=2\sum_{i=1}^{\text{占有}}c_{\mu i}^*c_{\nu i}^*$$

$$P_{\lambda\sigma}=2\sum_{i=1}^{占有}c_{\lambda i}^{*}c_{\sigma i}^{*}$$

式中，占有表示电子填充轨道。

将式(7.122)代入哈特里-福克方程(7.77)，得

$$\sum_{\mu=1}^{m}c_{\mu i}\hat{F}\phi_{\mu}=\varepsilon_{i}\sum_{\mu=1}^{m}c_{\mu i}\phi_{\mu} \tag{7.124}$$

对式(7.124)进行变分，得久期方程

$$\sum_{\nu=1}^{m}\left(F_{\mu\nu}-\varepsilon_{i}S_{\mu\nu}\right)c_{\nu i}=0 \tag{7.125}$$

$$\left(\mu=1,2,\cdots,m\ ;\ i=1,2,\cdots,m\right)$$

式中

$$F_{\mu\nu}=\int\phi_{\mu}^{*}(1)\hat{\mathrm{F}}(1)\phi_{\nu}(1)\mathrm{d}\tau=h_{\mu\nu}+\sum_{\lambda=1}^{m}\sum_{\sigma=1}^{m}P_{\lambda\sigma}\left[\left(\mu\nu\mid\lambda\sigma\right)-\frac{1}{2}\left(\mu\lambda\mid\nu\sigma\right)\right]$$

式(7.125)即为哈特里-福克-卢森方程。

7.6.2 开壳层组态的哈特里-福克-卢森方程

1. 自旋非限制性哈特里-福克-卢森方程

设体系由u个α电子和ν个β电子$(u>\nu)$，斯莱特行列式为

$$\psi=\frac{1}{\sqrt{(u+\nu)!}}\left|\psi_{1}^{\alpha}(1)\alpha(1)\cdots\psi_{u}^{\alpha}(u)\alpha(u)\psi_{1}^{\beta}(u+1)\beta(u+1)\cdots\psi_{\nu}^{\beta}(u+\nu)\right| \tag{7.126}$$

式中，$\psi_{i}^{\alpha}\left(i=1,2,\cdots,u\right)$和$\psi_{i}^{\beta}\left(i=u+1,u+2,\cdots,u+\nu\right)$不一定相同。

分子体系的能量为

$$E=2\sum_{i=1}^{u+\nu}h_{ii}+\frac{1}{2}\left(\sum_{i=1}^{u+\nu}\sum_{\substack{j=1\\(i\neq j)}}^{u+\nu}J_{ij}-\sum_{i=1}^{u}\sum_{\substack{j=1\\(i\neq j)}}^{u}K_{ij}^{\alpha}-\sum_{i=1}^{\nu}\sum_{\substack{j=1\\(i\neq j)}}^{\nu}K_{ij}^{\beta}\right) \tag{7.127}$$

式中

$$h_{ii}=\int\psi_{i}^{*}(1)\hat{h}(1)\psi_{i}(1)\mathrm{d}\tau_{1}$$

$$\begin{aligned}J_{ij}&=J_{ij}^{\alpha}+J_{ij}^{\beta}\\&=\iint\psi_{i}^{\alpha*}(1)\psi_{j}^{\alpha*}(2)\frac{1}{r_{12}}\psi_{i}^{\alpha}(1)\psi_{j}^{\alpha}(2)\mathrm{d}\tau_{1}\mathrm{d}\tau_{2}+\iint\psi_{i}^{\beta*}(1)\psi_{j}^{\beta*}(2)\frac{1}{r_{12}}\psi_{i}^{\beta}(1)\psi_{j}^{\beta}(2)\mathrm{d}\tau_{1}\mathrm{d}\tau_{2}\end{aligned}$$

$$K_{ij}^{\alpha}=\iint\psi_{i}^{\alpha*}(1)\psi_{j}^{\alpha*}(2)\frac{1}{r_{12}}\psi_{j}^{\alpha}(1)\psi_{i}^{\alpha}(2)\mathrm{d}\tau_{1}\mathrm{d}\tau_{2}$$

$$K_{ij}^{\beta}=\int\int\psi_i^{\beta*}(1)\psi_j^{\beta*}(2)\frac{1}{r_{12}}\psi_j^{\beta}(1)\psi_i^{\beta}(2)\mathrm{d}\tau_1\mathrm{d}\tau_2$$

$$(i,j=1,2,\cdots,n)$$

将分子轨道用原子轨道展开，有

$$\psi_i^{\alpha}=\sum_{\mu=1}^{m}c_{\mu i}^{\alpha}\phi_{\mu} \tag{7.128}$$

$$\psi_i^{\beta}=\sum_{\mu=1}^{m}c_{\mu i}^{\beta}\phi_{\mu} \tag{7.129}$$

分子体系总能量为

$$E=\sum_{\mu=1}^{m}\sum_{\nu=1}^{m}P_{\nu\mu}h_{\mu\nu}+\frac{1}{2}\sum_{\mu=1}^{m}\sum_{\nu=1}^{m}\sum_{\lambda=1}^{m}\sum_{\sigma=1}^{m}\left[P_{\nu\mu}P_{\sigma\lambda}(\mu\nu\mid\lambda\sigma)-\left(P_{\nu\mu}^{\alpha}P_{\sigma\lambda}^{\alpha}+P_{\nu\mu}^{\beta}P_{\sigma\lambda}^{\beta}\right)(\mu\sigma\mid\lambda\nu)\right] \tag{7.130}$$

对α轨道和β轨道独立变分，得

$$\sum_{\nu=1}^{m}\left(F_{\mu\nu}^{\alpha}-\varepsilon_i^{\alpha}S_{\mu\nu}\right)c_{\nu i}^{\alpha}=0 \tag{7.131}$$

$$\sum_{\nu=1}^{m}\left(F_{\mu\nu}^{\beta}-\varepsilon_i^{\beta}S_{\mu\nu}\right)c_{\nu i}^{\beta}=0 \tag{7.132}$$

$$(i=1,2,\cdots,n)$$

式中

$$F_{\mu\nu}^{\alpha}=h_{\mu\nu}+\sum_{\lambda=1}^{m}\sum_{\sigma=1}^{m}\left[P_{\sigma\lambda}(\mu\nu\mid\lambda\sigma)-P_{\sigma\lambda}^{\alpha}(\mu\sigma\mid\lambda\nu)\right]$$

$$F_{\mu\nu}^{\beta}=h_{\mu\nu}+\sum_{\lambda=1}^{m}\sum_{\sigma=1}^{m}\left[P_{\sigma\lambda}(\mu\nu\mid\lambda\sigma)-P_{\sigma\lambda}^{\beta}(\mu\sigma\mid\lambda\nu)\right]$$

与解闭壳层的哈特里-福克-卢森方程相同，解方程组(7.131)、(7.132)需要使用迭代法。

2. 自旋限制性哈特里-福克-卢森方程

设有n个电子，其中$2p$个电子填充在闭壳层轨道$\psi_1(1),\psi_2(2),\cdots,\psi_p(p)$中，有$n-2p$个电子填充在开壳层轨道$\psi_{p+1}(p+1),\psi_{p+2}(p+2),\cdots,\psi_{p+q}(p+q)$中。斯莱特行列式为

$$\begin{aligned}\psi=\frac{1}{\sqrt{(p+q)!}}&\left|\psi_1(1)\alpha(1)\psi_2(2)\alpha(2)\cdots\psi_p(2p)\beta(2p)\psi_{2p+1}(2p+1)\beta(2p+1)\right.\\&\left.\cdots\psi_{p+q}(p+q)\eta(p+q)\right|\end{aligned} \tag{7.133}$$

式中，η表示$n-2p$个电子自旋不完全配对。

分子体系的能量为

$$
\begin{aligned}
E = & 2\sum_{k=1}^{p+k} h_{kk} + \sum_{k=1}^{p} \sum_{\substack{l=1 \\ (k \neq l)}}^{p} \left(2J_{kl} - K_{kl}\right) \\
& + \gamma \left[2\sum_{m} h_{mm} + \gamma \sum_{m=p+1}^{p+q} \sum_{\substack{n=p+1 \\ (m \neq n)}}^{p+q} \left(2aJ_{mn} - bK_{mn}\right) + 2\sum_{k=1}^{p} \sum_{m=p+1}^{p+q} \left(2J_{km} - K_{km}\right) \right]
\end{aligned}
\tag{7.134}
$$

式中，k、$l(=1,2,\cdots,p)$标记闭壳层轨道；m、$n(=p+1,p+2,\cdots,p+q)$标记开壳层轨道；a、b是与谱项有关的常数；$\gamma = \dfrac{n-2p}{2q}$是开壳层的电子占据分数，$0 \leqslant \gamma \leqslant 1$。

$$h_{kk} = \int \psi_k^*(1)\hat{h}(1)\psi_k(1)\mathrm{d}\tau_1$$

$$J_{kl} = \int\int \psi_k^*(1)\psi_l^*(2)\frac{1}{r_{12}}\psi_k(1)\psi_l(2)\mathrm{d}\tau_1\mathrm{d}\tau_2$$

$$K_{kl} = \int\int \psi_k^*(1)\psi_l^*(2)\frac{1}{r_{12}}\psi_l(1)\psi_k(2)\mathrm{d}\tau_1\mathrm{d}\tau_2$$

$$h_{mm} = \int \psi_m^*(1)\hat{h}(1)\psi_m(1)\mathrm{d}\tau_1$$

$$J_{mn} = \int\int \psi_m^*(1)\psi_n^*(2)\frac{1}{r_{12}}\psi_m(1)\psi_n(2)\mathrm{d}\tau_1\mathrm{d}\tau_2$$

$$K_{mn} = \int\int \psi_m^*(1)\psi_n^*(2)\frac{1}{r_{12}}\psi_n(1)\psi_m(2)\mathrm{d}\tau_1\mathrm{d}\tau_2$$

$$J_{km} = \int\int \psi_k^*(1)\psi_m^*(2)\frac{1}{r_{12}}\psi_k(1)\psi_m(2)\mathrm{d}\tau_1\mathrm{d}\tau_2$$

$$K_{km} = \int\int \psi_k^*(1)\psi_m^*(2)\frac{1}{r_{12}}\psi_m(1)\psi_k(2)\mathrm{d}\tau_1\mathrm{d}\tau_2$$

将分子轨道用原子轨道展开，有

$$\psi_i = \sum_{\mu=1} c_{\mu i}\phi_\mu \tag{7.135}$$

式中，i代表k、l、m、n。

分子体系总能量为

$$
\begin{aligned}
E = & 2\sum_{\mu}\sum_{\nu} P_{\nu\mu}^{\mathrm{C}} h_{\mu\nu} + \sum_{\mu}^{m}\sum_{\nu}^{m}\sum_{\lambda}^{m}\sum_{\sigma}^{m} P_{\nu\mu}^{\mathrm{C}} P_{\sigma\lambda}^{\mathrm{C}} \left[2(\mu\nu|\lambda\sigma) - (\mu\sigma|\lambda\nu)\right] \\
& + \gamma \left\{ 2\sum_{\mu}\sum_{\nu} P_{\nu\mu}^{\mathrm{O}} h_{\mu\nu} + \sum_{\mu}^{m}\sum_{\nu}^{m}\sum_{\lambda}^{m}\sum_{\sigma}^{m} P_{\nu\mu}^{\mathrm{O}} P_{\sigma\lambda}^{\mathrm{O}} \left[2a(\mu\nu|\lambda\sigma) - b(\mu\sigma|\lambda\nu)\right] \right. \\
& \left. + 2\sum_{\mu}^{m}\sum_{\nu}^{m}\sum_{\lambda}^{m}\sum_{\sigma}^{m} P_{\nu\mu}^{\mathrm{O}} P_{\sigma\lambda}^{\mathrm{O}} \left[2(\mu\nu|\lambda\sigma) - b(\mu\sigma|\lambda\nu)\right] \right\}
\end{aligned}
\tag{7.136}
$$

式中

$$P_{\nu\mu}^{\mathrm{C}} = \sum_{k=1}^{p} c_{\nu k} c_{\mu k}^{*}$$

$$P_{\nu\mu}^{\mathrm{O}} = \sum_{m=p+1}^{p+q} c_{\nu m} c_{\mu m}^{*}$$

分别为闭壳层和开壳层的密度矩阵元。

应用变分法，得

$$F^{\mathrm{C}} c_k = \sum_j S c_j \varepsilon_{jk} \tag{7.137}$$

$$\gamma F^{\mathrm{O}} c_m = \sum_j S c_j \varepsilon_{jm} \tag{7.138}$$

式中

$$F^{\mathrm{C}} = h + \sum_k \left(2J_k - K_k\right) + \gamma \sum_m \left(2J_m - K_m\right)$$

$$F^{\mathrm{O}} = h + \sum_k \left(2J_k - K_k\right) + 2a\gamma \sum_m J_m - b\gamma \sum_m K_m$$

c_k 和 c_m 分别表示闭壳层和开壳层分子轨道的系数矩阵；h 是哈密顿矩阵，J_j 和 K_j（j 代表 k、m）分别是库仑算符和交换算符的矩阵表示。

$$\left(J_j\right)_{\mu\nu} = \sum_\lambda \sum_\sigma c_{\lambda j}^{*} c_{\sigma j}^{*} \left(\mu\nu \mid \lambda\sigma\right)$$

$$\left(K_j\right)_{\mu\nu} = \sum_\lambda \sum_\sigma c_{\lambda j}^{*} c_{\sigma j}^{*} \left(\mu\sigma \mid \lambda\nu\right)$$

利用正交关系式(7.137)成为

$$F^{\mathrm{C}} c_k = S c_k \varepsilon_k + \left(S P^{\mathrm{O}} F^{\mathrm{A}} + F^{\mathrm{A}} P^{\mathrm{O}} S\right) c_k \tag{7.139}$$

可以写作

$$H^{\mathrm{C}} c_k = S c_k \varepsilon_k \tag{7.140}$$

式中

$$H^{\mathrm{C}} = F^{\mathrm{C}} - \left(S P^{\mathrm{O}} F^{\mathrm{A}} + F^{\mathrm{A}} P^{\mathrm{O}} S\right)$$

同样，式(7.138)成为

$$F^{\mathrm{O}} c_m = S c_m \eta_m - \frac{1}{\gamma}\left(S P^{\mathrm{C}} F^{\mathrm{A}} + F^{\mathrm{A}} D^{\mathrm{C}} S\right) c_m \tag{7.141}$$

写作

$$H^{\mathrm{O}} c_m = S c_m \eta_m \tag{7.142}$$

式中

$$H^{\mathrm{O}} = F^{\mathrm{O}} - \frac{1}{\gamma}\left(SP^{\mathrm{C}}F^{\mathrm{A}} + F^{\mathrm{A}}D^{\mathrm{C}}S\right)$$

$$\eta_m = \frac{1}{\gamma}\varepsilon_m$$

总电子能量与分子轨道能级的关系为

$$E = \sum_{\sigma}\sum_{\lambda}P_{\sigma\lambda}^{\mathrm{C}}h_{\lambda\sigma} + \sum_{\sigma}\sum_{\lambda}\gamma P_{\sigma\lambda}^{\mathrm{O}}h_{\lambda\sigma} + \sum_{k}\varepsilon_k + \sum_{k}\varepsilon_m \tag{7.143}$$

7.6.3 分子轨道的性质

由哈特里-福克-卢森方程解得的分子轨道称为正则分子轨道，简称为分子轨道。分子轨道具有如下一些性质。

1. 库普曼斯定理

在一级近似下，从分子中的某一个分子轨道上电离出一个电子所需要的能量即电离势等于该分子轨道能量的负值。此即库普曼斯(Koopmans)定理。

在分子的空间轨道ψ_k上电离出一个电子，此中性分子就变成正离子，正离子与中性分子的能量差，就是ψ_k轨道上电子的电离能，即电离势。

N个电子体系的斯莱特行列式波函数为

$$\psi = \frac{1}{\sqrt{N!}}\left|\psi_1 \quad \psi_2 \quad \cdots \quad \psi_{k-1} \quad \psi_k \quad \psi_{k+1} \quad \cdots \quad \psi_N\right|$$

电离出第k个电子后的$N-1$个电子体系的斯莱特行列式波函数为

$$\psi^+ = \frac{1}{\sqrt{(N-1)!}}\left|\psi_1 \quad \psi_2 \quad \cdots \quad \psi_{k-1} \quad \psi_{k+1} \quad \cdots \quad \psi_N\right|$$

N个电子体系的能量为

$$E = \sum_{i=1}^{n}h_{ii} + \sum_{i=1}^{n}\sum_{j=1}^{n}\left(2J_{ij} - K_{ij}\right) \tag{7.144}$$

$N-1$个电子体系的能量为

$$E^+ = \sum_{\substack{i=1\\(i\neq k)}}^{n}h_{ii} + \sum_{\substack{i=1\\(i\neq k)}}^{n}\sum_{\substack{j=1\\(j\neq k)}}^{n}\left(2J_{ij} - K_{ij}\right) \tag{7.145}$$

由式(7.144)和式(7.145)，得

$$E - E^+ = h_{kk} + \sum_{\substack{j=1\\(j\neq k)}}^{N}\left(J_{kj} - K_{kj}\right) \tag{7.146}$$

$$\varepsilon_k = \int \psi_k^* \hat{F}_k \psi_k \mathrm{d}\tau_k = h_{kk} + \sum_{\substack{j=1\\(j\neq k)}}^{N}\left(J_{kj} - K_{kj}\right) \tag{7.147}$$

所以

$$E^{+} = E - \varepsilon_k = E - \int \psi_k^* \hat{F}_k \psi_k \mathrm{d}\tau_k \tag{7.148}$$

将分子轨道用原子轨道展开，有

$$\psi_k = \sum_{i=1}^{N} c_{ik}\phi_i \tag{7.149}$$

将式(7.149)代入式(7.148)，得

$$\begin{aligned} E^{+} &= E - \int \left(\sum_{i=1}^{N} c_{ik}\phi_i \right) \hat{F}_k \left(\sum_{j=1}^{N} c_{jk}\phi_j \right) \mathrm{d}\tau \\ &= E - \sum_{i=1}^{N}\sum_{j=1}^{N} c_{ik}c_{jk} \int \phi_i \hat{F}_k \phi_j \mathrm{d}\tau \\ &= E - \varepsilon_k \end{aligned} \tag{7.150}$$

可见，分子轨道的性质与是否向基向量展开无关。

库普曼斯定理表明，分子轨道能量的负值等于占据该分子轨道中电子的电离势。这是轨道能量的物理意义。在上面的证明中，隐含着假定电离出一个电子后，其余电子的状态没有改变，即所谓冻结条件。如果电子电离的时间比其余电子调整的时间小得多，则当一个电子被电离时，其余的电子来不及调整，电离势就等于$-\varepsilon_k$。如果电子电离的时间与其余电子调整的时间相近，则正离子部分的能量随着调整而降低，则实际的电离势就比$-\varepsilon_k$小。

2. 布瑞劳恩定理

设ψ_0是由填充电子的哈特里-福克单电子波函数构成的斯莱特行列式波函数，ψ_0中的一个轨道ψ_i上的电子激发到原来的空轨道ψ_k'上，用ψ_k'代替ψ_0的斯莱特行列式中的ψ_i，构造出新的斯莱特行列式，并以ψ_1表示。ψ_1与ψ_0的差别仅是以ψ_k'(包括自旋)代替了ψ_i。这种代替可以有许多种，都可以写出相应的斯莱特行列式。

布瑞劳恩定理表示为

$$\int \psi_1^* \hat{H} \psi_0 \mathrm{d}\tau_k = 0 \tag{7.151}$$

证明如下：

$$\begin{aligned} \int \psi_1^* \hat{H}\psi_0 \mathrm{d}\tau &= \int \psi_k'(1)\hat{H}(1)\psi_i(1)\mathrm{d}\tau_1 + \sum_{j=1}^{N} 2\iint \psi_k'^*(1)\psi_j^*(2)\frac{1}{r_{12}}\psi_i(1)\psi_j(2)\mathrm{d}\tau_1\mathrm{d}\tau_2 \\ &\quad - \sum_{j=1}^{N} 2\iint \psi_k'^*(1)\psi_j^*(2)\frac{1}{r_{12}}\psi_j(1)\psi_i(2)\mathrm{d}\tau_1\mathrm{d}\tau_2 \\ &= \int \psi_k'^*(1)\hat{h}(1)\psi_i(1)\mathrm{d}\tau_1 + \sum_{j=1}^{N} 2\iint \psi_k'^*(1)\left(2\hat{J}_j - \hat{K}_j\right)\psi_i(1)\mathrm{d}\tau_1\mathrm{d}\tau_2 \\ &= \int \psi_k'^*(1)\hat{F}(1)\psi_i(1)\mathrm{d}\tau \\ &= 0 \end{aligned}$$

这个结果说明，引入激发态波函数，对改善其基态能量计算没有贡献。也就是说，在一级近似下，将哈特里-福克-卢森方程得到的分子轨道所构成的包含了单电子激发态的斯莱特行列式组合起来，对计算能量没有改进作用。

从布瑞劳恩定理得到一个推论：用斯莱特行列式波函数ψ_0为零级近似波函数计算的单电子算符的能量精确到一级。

7.7 从头计算方法

7.7.1 从头计算方法的误差

从头计算(*ab initio*)就是精确求解哈特里-福克-卢森方程，即对所有积分都做精确计算，不借助于任何经验参数。因此，对于一般应用而言，从头计算的结果已足够精确。

利用从头计算可以得到分子的分子轨道和轨道能量，进而可以确定在给定的分子构型的体系的波函数，以及体系各种力学量的平均值。

由于在推导哈特里-福克方程时，没有考虑相对论效应和电子相关效应，尽管仔细挑选足够多的基函数来展开分子轨道，所得的结果也只能接近哈特里-福克方程解和能量的极限，而不能得到体系的精确解和准确能量。

由位力定理可知，内层电子势能的绝对值很大，因而其动能也很大。因此，内层电子，尤其由原子量大的原子构成的分子中的内层电子，其相对论效应很显著。例如，镁原子中 1s 电子的相对论能量约为 6eV，而 2s 电子的相对论能量约为 0.8eV。所以，对于原子量大的原子构成的分子，其相对论能量对体系总能量的贡献不能忽略。问题是，相对论能量难以计算。然而，对于化学问题而言，由于内层电子通常不发生变化，尤其是由原子量大的原子构成的分子。在化学变化过程中，分子体系由一个状态变为另一个状态，其相对论效应可以忽略不计。

哈特里-福克计算中的另一种误差来自电子相关能，其定义为

总能量的实验值=哈特里-福克方法计算的能量+相对论效应能量+电子相关能量

忽略电子相关能使哈特里-福克能量的误差约为 1%。一般分子的总能量绝对值大于10^3eV，1%的误差约大于 10eV。而化学键的键能约为 5eV。可见，由于电子相关能的存在，想用原子和分子的哈特里-福克能量差来计算键能是不可靠的。

电子相关能的物理图像是清晰的。在哈特里-福克方程中，电子之间的相互作用是由库仑算符$\hat{J}$和交换算符$\hat{K}$通过单电子波函数绝对值平方求和的方式计算的，这是用平均的方法处理电子之间的相互作用。实际上，必须考虑电子之间的瞬时相互作用。由于相互排斥，它们倾向于互相逃避。在每个电子周围存在一个小区域称为库仑穴，在这个小区域其他电子存在的概率很小。电子运动的这种彼此关联称为电子相关。

哈特里-福克反对称波函数——斯莱特行列式仅部分地包含了电子相关效应。当两个电子具有相同的自旋和相同的空间坐标时，波函数为零。这表示在每一个电子周围的小区域内，其他相同自旋的电子存在的概率很小，这个电子周围的小区域称为费米穴。由

此可见，反对称波函数部分地反映了相同自旋的电子之间的关联。这是哈特里-福克能量低于哈特里能量的原因。

对于分子体系而言，直接计算电子相关能是困难的。但如果允许电子占据不同的轨道，即允许电子由不同的组态，用一系列的斯莱特行列式的线性组合来表示体系的波函数，即

$$\psi = a\psi_0 + b\psi_1 + c\psi_2 + \cdots \tag{7.152}$$

通过调整组合系数 a、b、c、$\cdots$，可以使得在每一个电子的周围区域，其他电子的分布概率很小。这样，在 ψ 中就包括了电子的相关效应。借助变分原理，求得组合系数 a、b、c、$\cdots$，从而可以保证在给定的组态，充分考虑电子相关。像式(7.152)那样，分子波函数用不同组态的斯莱特行列式的线性组合表示，称为组态相互作用(configuration interaction，CI)。组态越多(即线性组合项数越多)，计算越精确。

应用自洽场方法计算组态相互作用波函数，不仅要用变分法计算式(7.152)中的 a、b、c、$\cdots$，而且要解哈特里-福克-卢森方程以确定 c_{vi}，这种方法称为多组态自洽场方法(MCSCF)。

除了多组态自洽场方法外，计算电子相关能还有分立对近似(separated-pair approximation)法、非配对空间轨道(non-paired spatial orbital)法和多体微扰法等。

7.7.2　基函数的选择

对于多原子分子体系，采用斯莱特类型的原子轨道(STO 中心势场近似的原子轨道)作为基函数展开分子轨道，在做库仑积分和交换积分时会出现大量的三中心积分和四中心积分。例如，$(\mu\lambda|\nu\sigma)$就是以原子 μ、λ、ν、σ 为中心的四中心积分。计算这些三中心积分和四中心积分，计算量太大，且难以找到一种系统的方法来有效地计算这些三中心积分和四中心积分。为了避免计算这些三中心积分和四中心积分，在从头计算方法中，常采用高斯(Gauss)类型的函数(GTO)作为基函数。

在直角坐标系中，以 a 为中心的高斯函数定义为

$$G_a = N x_a^l y_a^m z_a^n e - a r_a^2$$

式中，x_a、y_a、z_a 是以点 a 为原点的空间点的坐标；r_a 为空间点到原点 a 的距离，有

$$r_a = \sqrt{x_a^2 + y_a^2 + z_a^2}$$

$$N = N(\alpha, l, m, n) = \left[\frac{2^{2(l+m+n)+\frac{3}{2}}\alpha^{l+m+n+\frac{3}{2}}}{(2l-1)!!(2m-1)!!(2n-1)!!\pi^{\frac{3}{2}}}\right]^{\frac{1}{2}}$$

其中

$$(2l-1)!! = 1, 3, 5, \cdots, 2(l-1)$$

$$(2m-1)!! = 1, 3, 5, \cdots, 2(m-1)$$

$$(2n-1)!!=1,3,5,\cdots,2(n-1)$$

式中，N 为归一化因子。

高斯函数的重要特性是两个不同中心的高斯函数相乘可以用另一个单中心的高斯函数的线性组合表示。这是球形电荷分布的库仑势变换。即

$$G_a(a,\alpha_1,l_1,m_1,n_1)G_b(b,\alpha_2,l_2,m_2,n_2)=\sum_{l,m,n}c_{lmn}G_p(p,\beta,l,m,n)$$

从而使多中心的计算相对容易。

但是，高斯函数不同于实际的原子轨道。在靠近原子核的区域和远离原子核的区域，高斯函数与原子轨道的偏离更为显著。为了克服这一缺点须用大数目的经适当选择的高斯函数作为基函数。积分的数目与基函数数目的四次方成正比。为了能达到用原子轨道计算的能量值的精度，高斯函数的数目约为原子轨道的 2 倍。为了减小计算量，可以采用收缩的高斯函数集合，即用某些固定系数的高斯函数的线性组合作为基函数。这样一来，虽然高斯函数的数目没有减少，但是变分参数少了，这样减少了计算量而精度却提高了。

在从头计算中，斯莱特型（原子轨道）基函数（STO）和高斯型基函数（GTO）各有优缺点。前者在描述电子云分布方面比较好，后者在其他方面比前者优越。

7.8 哈特里-福克-卢森方程的近似计算

为了减小计算量，在从头计算的基础上做各种近似，发展出一些半经验方法。

7.8.1 价电子近似

在原子形成分子的过程中，原子的内层电子的变化很小，因此可以把原子中的电子分成内层电子和价电子。把内层电子和价电子分开处理。这种近似称为价电子近似。在价电子近似下，价电子在一个简单的合势场中运动，即价电子在原子核与内层电子形成的场中运动。势能为

$$\sum_{\alpha=1}^{m}V_{\alpha i}$$

式中，$V_{\alpha i}$ 是原子 α 的原子核和内层电子对价电子 i 的作用势能。

7.8.2 全忽略微分重叠（CNDO）方法

解哈特里-福克-卢森方程，计算量最大的是双电子积分

$$(\mu\nu|\lambda\sigma)=\iint\phi_\mu(1)\phi_\nu(1)\frac{1}{r_{12}}\phi_\lambda(2)\phi_\sigma(2)\mathrm{d}\tau_1\mathrm{d}\tau_2$$

计算表明，当 $\mu \neq \nu$ 、$\lambda \neq \sigma$ 时，$(\mu\nu|\lambda\sigma)$ 值比其他类型的积分值小得多，将其全部忽略，即假定

$$(\mu\nu|\lambda\sigma)=\delta_{\mu\nu}\delta_{\lambda\sigma}(\mu\nu|\lambda\sigma)$$

7.8.3　间略微分重叠(INDO)方法

对 CNDO 作了改进，保留了单中心交换积分

$$(\mu^i\nu^i|\mu^i\nu^i) \neq 0$$

式中，基函数 μ 、ν 是同属于原子 i 的价轨道。

7.8.4　忽略双原子微分重叠(NDDO)方法

忽略了双原子微分重叠，对 CNDO 作了改进，令

$$(\mu^i\nu^i \mid \lambda^j\sigma^j) \neq 0$$

式中，基函数 μ 、ν 是同属于原子 i 的价轨道，λ 、σ 是同属于原子 j 的价轨道。

7.8.5　扩展的休克尔分子轨道(EHMO)方法

在哈特里-福克-卢森方法的近似下，作了如下近似：

(1)分子轨道只以价层原子轨道线性组合，即所谓价基近似。

(2)定义一个等效单电子算符代替福克算符 $\hat{F}$ 。久期方程为

$$\sum_{\nu} C_{\nu i}(H_{\mu\nu} - \varepsilon_i S_{\mu\nu}) = 0$$

式中，$H_{\mu\nu}$ 只和单电子性质有关，借助经验参数确定，通常用原子价轨道的电离能的负值近似。

$$H_{\mu\nu} = -13.6\text{eV}$$

而 $H_{\mu\nu}$ 近似表示为

$$H_{\mu\nu} = 0.5k(H_{\mu\mu} + H_{\nu\nu})S_{\mu\nu}$$

式中，k 为常数；$S_{\mu\nu}$ 由选定的原子轨道和核间距计算。

习　　题

7.1 应用线性变分法处理 H_2^+ 的结构。

7.2 画出 O_2 、O_2^+ 、O_2^- 的分子轨道能级相关图，比较它们的稳定性。

7.3 画出 CO 、NO 、CN^- 的分子轨道能级相关图。

7.4 给出 N_2 、 NO^+ 、 CO_2 分子的电子层结构。

7.5 概述简单分子轨道理论。

7.6 什么是σ键？什么是π键？

7.7 概述休克尔分子轨道法。

7.8 用休克尔分子轨道法处理环丁二烯。

7.9 用休克尔分子轨道法处理苯分子。

7.10 下列分子哪些是共轭分子？写出大π键。

C_2H_4, $CH_2{=}C{=}CH_2$, BF_3, SO_3^{2-}, $HgCl_2$

7.11 概述哈特里自洽场方法。

7.12 概述哈特里-福克自洽场方法。

7.13 概述哈特里-福克-卢森自洽场方法。

7.14 叙述卢森方法处理 O_2 的过程。

7.15 说明哈特里自洽场分子轨道理论的思路。

7.16 说明哈特里-福克自洽场分子轨道理论的思路。

7.17 说明哈特里-福克-卢森自洽场分子轨道理论的思路。

7.18 哈特里、哈特里-福克、哈特里-福克-卢森自洽场分子轨道理论是紧密相连的递进关系，为什么会经历好多年才发展起来？

7.19 除单电子近似外，还可以采取什么方法求薛定谔方程的近似解？

第8章 价键理论

海特勒(Heitler)和伦敦(London)在1927年首次用量子力学理论处理氢分子的结构，成功地阐述了共价键的本质。这个方法经斯莱特(Slater)和鲍林(Pauling)等的推广、应用，逐步形成了研究共价分子结构的价键理论。

8.1 海特勒-伦敦法解氢分子薛定谔方程

8.1.1 线性变分法解氢分子的薛定谔方程

氢分子由两个氢原子核和两个电子构成，其坐标如图8.1所示。

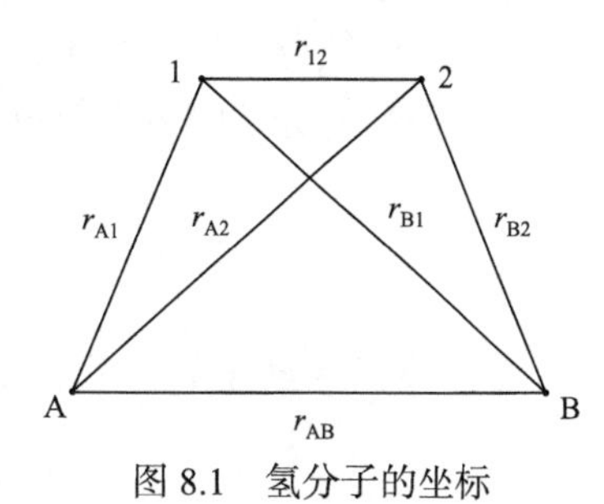

图 8.1 氢分子的坐标

在定核近似下，氢分子的哈密顿算符为

$$\begin{aligned}\hat{H} &= -\frac{\hbar^2}{2m_e}\nabla_1^2 - \frac{\hbar^2}{2m_e}\nabla_2^2 - \frac{e^2}{r_{A1}} - \frac{e^2}{r_{B1}} - \frac{e^2}{r_{A2}} - \frac{e^2}{r_{B2}} + \frac{e^2}{r_{12}} + \frac{e^2}{r_{AB}} \\ &= \left[-\frac{\hbar^2}{2m_e}\nabla_1^2 - \frac{e^2}{r_{A1}}\right] + \left[-\frac{\hbar^2}{2m_e}\nabla_2^2 - \frac{e^2}{r_{B2}}\right] + \left[-\frac{e^2}{r_{A2}} - \frac{e^2}{r_{B1}} + \frac{e^2}{r_{12}} + \frac{e^2}{r_{AB}}\right] \\ &= \hat{H}_A(1) + \hat{H}_B(2) + \hat{H}'\end{aligned} \tag{8.1}$$

也可以写成

$$\begin{aligned}\hat{H} &= \left[-\frac{\hbar^2}{2m_e}\nabla_1^2 - \frac{e^2}{r_{B1}}\right] + \left[-\frac{\hbar^2}{2m_e}\nabla_2^2 - \frac{e^2}{r_{A2}}\right] + \left[-\frac{e^2}{r_{A1}} - \frac{e^2}{r_{B2}} + \frac{e^2}{r_{12}} + \frac{e^2}{r_{AB}}\right] \\ &= \hat{H}_B(1) + \hat{H}_A(2) + \hat{H}''\end{aligned} \tag{8.2}$$

式(8.1)中的$\hat{H}_A(1)$为氢原子A的哈密顿算符，电子1在氢原子A中；$\hat{H}_B(2)$为氢原子B的哈密顿算符，电子2在氢原子B中；$\hat{H}'$为两个氢原子组成氢分子后增加的相互作用项，其中两项正号，两项负号，相互抵消了一部分，净剩值不大，若以

$$\phi_A = \phi_{1s} = \frac{1}{\sqrt{\pi}}e^{-r_A}$$

表示氢原子A的基态(电子处于1s轨道上)，以

$$\phi_B = \phi_{1s} = \frac{1}{\sqrt{\pi}}e^{-r_B}$$

表示氢原子B的基态(电子处于1s轨道上)，则当两个氢原子远离，相互无作用时，整个体系的波函数为

$$f_1 = \phi_A(1)\phi_B(2) \tag{8.3}$$

这就相当于忽略式(8.1)的算符 $\hat{H}'$，不考虑两个氢原子之间的相互作用。

式(8.2)中的 $\hat{H}_A(2)$ 为氢原子 A 的哈密顿算符，电子 2 在氢原子 A 中；$\hat{H}_B(1)$ 为氢原子 B 的哈密顿算符，电子 1 在氢原子 B 中；$\hat{H}''$ 为两个氢原子组成氢分子后增加的相互作用项，它和 $\hat{H}_A(2)$、$\hat{H}_B(1)$ 相比也是小的。忽略 $\hat{H}''$，整个体系的波函数为

$$f_2 = \phi_A(2)\phi_B(1) \tag{8.4}$$

其中 $\phi_A(2)$ 为电子 2 绕 A 核运动时，氢原子 A 的基态波函数；$\phi_B(1)$ 为电子 1 绕 B 核运动时，氢原子 B 的基态波函数。

实际的氢分子体系既不是 $\hat{H}_A(1)+\hat{H}_B(2)$，也不是 $\hat{H}_A(2)+\hat{H}_B(1)$，这只是两个极端情况。整个氢分子的波函数可取作二者的线性组合作为尝试变分函数

$$\begin{aligned}\psi(1,2) &= c_1 f_1 + c_2 f_2 \\ &= c_1\phi_A(1)\phi_B(2) + c_2\phi_A(2)\phi_B(1)\end{aligned} \tag{8.5}$$

将式(8.5)代入氢分子的薛定谔方程进行线性变分，得

$$\begin{cases} c_1(H_{11}-ES_{11}) + c_2(H_{12}-ES_{12}) = 0 \\ c_1(H_{21}-ES_{21}) + c_2(H_{22}-ES_{22}) = 0 \end{cases} \tag{8.6}$$

其中

$$H_{ij} = \int_\tau f_i^* \hat{H} f_j \,\mathrm{d}\tau,\quad S_{ij} = \int_\tau f_i^* f_j \,\mathrm{d}\tau \quad (i,j=1,2) \tag{8.7}$$

式中，$\hat{H}$ 为整个氢分子的哈密顿算符。由于

$$H_{ii} = H_{jj},\quad H_{ij} = H_{ji},\quad S_{ii} = S_{jj} = 1,\quad S_{ij} = S_{ji} \quad (i,j=1,2) \tag{8.8}$$

久期行列式可以写作

$$\begin{vmatrix} H_{11}-E & H_{12}-ES_{12} \\ H_{12}-ES_{12} & H_{11}-E \end{vmatrix} = 0 \tag{8.9}$$

展开式(8.9)，得

$$E_1 = \frac{H_{11}+H_{12}}{1+S_{12}},\qquad E_2 = \frac{H_{11}-H_{12}}{1-S_{12}} \tag{8.10}$$

将 E_1、E_2 分别代入方程组(8.6)，得

$$\psi_1 = \frac{1}{2(1+S_{12})}(f_1+f_2) = \frac{1}{2(1+S_{12})}[\phi_A(1)\phi_B(2)+\phi_A(2)\phi_B(1)] \tag{8.11}$$

$$\psi_2 = \frac{1}{2(1-S_{12})}(f_1-f_2) = \frac{1}{2(1-S_{12})}[\phi_A(1)\phi_B(2)-\phi_A(2)\phi_B(1)] \tag{8.12}$$

其中

$$\begin{aligned}
H_{11} &= \int_\tau f_1^* \hat{H} f_1 \, \mathrm{d}\tau \\
&= \int_\tau \phi_A^*(1)\phi_B^*(2)\hat{H}\phi_A(1)\phi_B(2)\,\mathrm{d}\tau \\
&= \int_\tau \phi_A^*(1)\phi_B^*(2)\left[-\frac{\hbar^2}{2m_e}\nabla_1^2 - \frac{e^2}{r_{A1}}\right]\phi_A(1)\phi_B(2)\,\mathrm{d}\tau \\
&\quad + \int_\tau \phi_A^*(1)\phi_B^*(2)\left[-\frac{\hbar^2}{2m_e}\nabla_2^2 - \frac{e^2}{r_{B2}}\right]\phi_A(1)\phi_B(2)\,\mathrm{d}\tau \\
&\quad + \int_\tau \phi_A^*(1)\phi_B^*(2)\left[-\frac{e^2}{r_{A2}} - \frac{e^2}{r_{B1}} + \frac{e^2}{r_{12}} + \frac{e^2}{r_{AB}}\right]\phi_A(1)\phi_B(2)\,\mathrm{d}\tau \\
&= H_{AA} + H_{BB} + Q
\end{aligned} \tag{8.13}$$

式中

$$\begin{aligned}
H_{AA} &= \int_\tau \phi_A^*(1)\phi_B^*(2)\left[-\frac{\hbar^2}{2m_e}\nabla_1^2 - \frac{e^2}{r_{A1}}\right]\phi_A(1)\phi_B(2)\,\mathrm{d}\tau \\
&= \int_\tau \phi_A^*(1)\left[-\frac{\hbar^2}{2m_e}\nabla_1^2 - \frac{e^2}{r_{A1}}\right]\phi_A(1)\,\mathrm{d}\tau_1
\end{aligned} \tag{8.14}$$

等于氢原子的能量，为$-\frac{1}{2}$hartree。

$$\begin{aligned}
H_{BB} &= \int_\tau \phi_A^*(1)\phi_B^*(2)\left[-\frac{\hbar^2}{2m_e}\nabla_2^2 - \frac{e^2}{r_{B2}}\right]\phi_A(1)\phi_B(2)\,\mathrm{d}\tau \\
&= \int_\tau \phi_B^*(2)\left[-\frac{\hbar^2}{2m_e}\nabla_2^2 - \frac{e^2}{r_{B2}}\right]\phi_B(2)\,\mathrm{d}\tau_2
\end{aligned} \tag{8.15}$$

也等于氢原子的能量，为$-\frac{1}{2}$hartree。

$$Q = \int_\tau \phi_A^*(1)\phi_B^*(2)\left[-\frac{e^2}{r_{A2}} - \frac{e^2}{r_{B1}} + \frac{e^2}{r_{12}} + \frac{e^2}{r_{AB}}\right]\phi_A(1)\phi_B(2)\,\mathrm{d}\tau \tag{8.16}$$

所以

$$H_{11} = Q - 1 = H_{22} \tag{8.17}$$

$$\begin{aligned}
H_{12} &= \int_\tau f_1 \hat{H} f_1 \, \mathrm{d}\tau \\
&= \int_\tau \phi_A^*(1)\phi_B^*(2)\hat{H}\phi_A(2)\phi_B(1)\,\mathrm{d}\tau \\
&= \int_\tau \phi_A^*(1)\phi_B^*(2)\left[-\frac{\hbar^2}{2m_e}\nabla_1^2 - \frac{e^2}{r_{B1}}\right]\phi_A(2)\phi_B(1)\,\mathrm{d}\tau \\
&\quad + \int_\tau \phi_A^*(1)\phi_B^*(2)\left[-\frac{\hbar^2}{2m_e}\nabla_2^2 - \frac{e^2}{r_{A2}}\right]\phi_A(2)\phi_B(1)\,\mathrm{d}\tau \\
&\quad + \int_\tau \phi_A^*(1)\phi_B^*(2)\left[-\frac{e^2}{r_{A1}} - \frac{e^2}{r_{B2}} + \frac{e^2}{r_{12}} + \frac{e^2}{r_{AB}}\right]\phi_A(2)\phi_B(1)\,\mathrm{d}\tau
\end{aligned} \tag{8.18}$$

其中第一项

$$
\begin{aligned}
&\int_{\tau}\phi_{\mathrm{A}}^{*}(1)\phi_{\mathrm{B}}^{*}(2)\left[-\frac{\hbar^{2}}{2m_{\mathrm{e}}}\nabla_{1}^{2}-\frac{e^{2}}{r_{\mathrm{B1}}}\right]\phi_{\mathrm{A}}(2)\phi_{\mathrm{B}}(1)\mathrm{d}\tau \\
&=\int_{\tau}\phi_{\mathrm{A}}^{*}(1)\left[-\frac{\hbar^{2}}{2m_{\mathrm{e}}}\nabla_{1}^{2}-\frac{e^{2}}{r_{\mathrm{B1}}}\right]\phi_{\mathrm{B}}(1)\mathrm{d}\tau_{1}\int_{\tau}\phi_{\mathrm{B}}^{*}(2)\phi_{\mathrm{A}}(2)\mathrm{d}\tau_{2} \\
&=E_{\mathrm{H}}\int_{\tau}\phi_{\mathrm{A}}^{*}(1)\phi_{\mathrm{B}}(1)\mathrm{d}\tau\int_{\tau}\phi_{\mathrm{B}}^{*}(2)\phi_{\mathrm{A}}(2)\mathrm{d}\tau \\
&=E_{\mathrm{H}}S_{\mathrm{AB}}^{2} \\
&=-\frac{1}{2}S_{\mathrm{AB}}^{2}
\end{aligned}
\tag{8.19}
$$

式中，E_{H}是氢原子的基态能量，为$-\frac{1}{2}$ hartree。

式(8.18)第二项

$$
\begin{aligned}
&\int_{\tau}\phi_{\mathrm{A}}^{*}(1)\phi_{\mathrm{B}}^{*}(2)\left[-\frac{\hbar^{2}}{2m_{\mathrm{e}}}\nabla_{2}^{2}-\frac{e^{2}}{r_{\mathrm{A2}}}\right]\phi_{\mathrm{A}}(2)\phi_{\mathrm{B}}(1)\mathrm{d}\tau \\
&=\int_{\tau}\phi_{\mathrm{B}}^{*}(2)\left[-\frac{\hbar^{2}}{2m_{\mathrm{e}}}\nabla_{2}^{2}-\frac{e^{2}}{r_{\mathrm{A1}}}\right]\phi_{\mathrm{A}}(2)\mathrm{d}\tau_{2}\int_{\tau}\phi_{\mathrm{A}}^{*}(1)\phi_{\mathrm{B}}(1)\mathrm{d}\tau_{1} \\
&=E_{\mathrm{H}}\int_{\tau}\phi_{\mathrm{B}}^{*}(2)\phi_{\mathrm{A}}(2)\mathrm{d}\tau_{2}\int_{\tau}\phi_{\mathrm{A}}^{*}(1)\phi_{\mathrm{B}}(1)\mathrm{d}\tau_{1} \\
&=E_{\mathrm{H}}S_{\mathrm{AB}}^{2} \\
&=-\frac{1}{2}S_{\mathrm{AB}}^{2}
\end{aligned}
\tag{8.20}
$$

式(8.18)第三项

$$
\int_{\tau}\phi_{\mathrm{A}}^{*}(1)\phi_{\mathrm{B}}^{*}(2)\left[-\frac{e^{2}}{r_{\mathrm{A1}}}-\frac{e^{2}}{r_{\mathrm{B2}}}+\frac{e^{2}}{r_{12}}+\frac{e^{2}}{r_{\mathrm{AB}}}\right]\phi_{\mathrm{A}}(2)\phi_{\mathrm{B}}(1)\mathrm{d}\tau=K \tag{8.21}
$$

所以

$$
H_{12}=K-S_{\mathrm{AB}}^{2} \tag{8.22}
$$

$$
\begin{aligned}
S_{12}&=\int_{\tau}f_{1}^{*}f_{2}\mathrm{d}\tau \\
&=\int_{\tau}\phi_{\mathrm{A}}^{*}(1)\phi_{\mathrm{B}}^{*}(2)\phi_{\mathrm{A}}(2)\phi_{\mathrm{B}}(1)\mathrm{d}\tau_{1}\mathrm{d}\tau_{2} \\
&=\int_{\tau}\phi_{\mathrm{A}}^{*}(1)\phi_{\mathrm{B}}(1)\mathrm{d}\tau_{1}\int_{\tau}\phi_{\mathrm{B}}^{*}(2)\phi_{\mathrm{A}}(2)\mathrm{d}\tau_{2} \\
&=S_{\mathrm{AB}}^{2}
\end{aligned}
\tag{8.23}
$$

$$
E_{1}=-1+\frac{Q+K}{1+S_{\mathrm{AB}}^{2}}
$$

$$
E_{2}=-1+\frac{Q-K}{1-S_{\mathrm{AB}}^{2}}
$$

$$
E_{1}<E_{2}
$$

图 8.2 是氢分子的能量曲线。实线为计算值，虚线为实测值。由图 8.2 可以看出：

(1) 与波函数 ψ_1 相对应的能量曲线 E_1 有一最低点，所以氢分子能够稳定存在。计算的曲线和实测的曲线相似，说明海特勒-伦敦法处理氢分子的方法基本正确。

(2) 计算的能量曲线的最低点坐标为

$$\begin{aligned} R_0 &= 1.65\text{a.u.} \\ &= 87\text{pm} \end{aligned}$$

$$D_e = 3.14\text{eV} = 303\text{kJ} \cdot \text{mol}^{-1}$$

实测的能量曲线的最低点坐标为

$$\begin{aligned} R_0 &= 1.40\text{a.u.} \\ &= 74\text{pm} \end{aligned}$$

$$D_e = 4.75\text{eV} = 458\text{kJ} \cdot \text{mol}^{-1}$$

可见，计算误差较大。

(3) 与波函数 ψ_2 相对应的能量曲线 E_2 没有最低点，所以处于 ψ_2 状态的氢分子不稳定，会自动解离为两个氢原子。ψ_1 和 ψ_2 分别称为基态和推斥态。

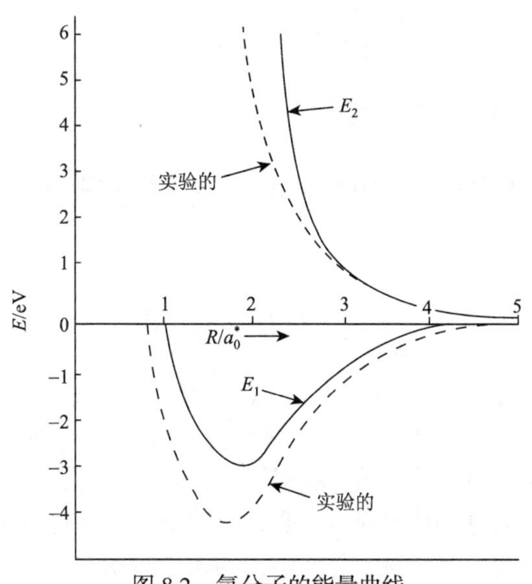

图 8.2　氢分子的能量曲线

图 8.3 是氢分子的基态和推斥态的等密度线。ψ_1^2 和 ψ_2^2 都是圆柱形对称的。ψ_1^2 在原子核间密集，ψ_2^2 在原子核间不密集。图中线上所注数字不是定量的，只是比较等密度线上电子云密度的相对大小。数字越大表示相对密度越大。

8.1.2　氢分子的完整波函数

采用线性变分处理，得到了氢分子薛定谔方程的近似解 ψ_1 、ψ_2。以此作为氢分子的

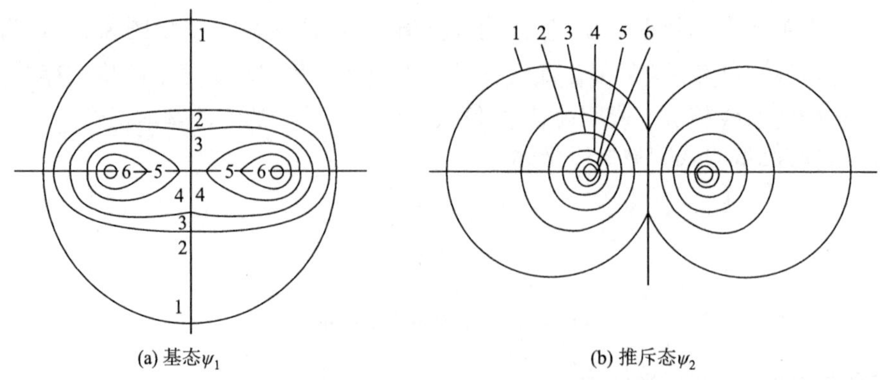

(a) 基态ψ_1　　(b) 推斥态ψ_2

图 8.3　氢分子的两种状态的等密度线

近似波函数还有所欠缺：一是未考虑电子的自旋；二是对于多电子体系(氢分子有两个电子)，其波函数还要满足反对称要求。下面讨论对这两个问题的处理。

氢分子包含两个电子，每个电子都可以有α自旋态和β自旋态。两个电子体系的自旋波函数可能是

$$\alpha(1)\alpha(2), \beta(1)\beta(2), \alpha(1)\beta(2), \alpha(2)\beta(1)$$

后两个函数是非对称的，组合起来可以构成对称或反对称的波函数

$$\frac{1}{\sqrt{2}}\left[\alpha(1)\beta(2) \pm \alpha(2)\beta(1)\right]$$

这样，两个电子体系的对称自旋波函数为

$$\alpha(1)\alpha(2), \beta(1)\beta(2), \frac{1}{\sqrt{2}}\left[\alpha(1)\beta(2) + \alpha(2)\beta(1)\right]$$

反对称自旋波函数为

$$\frac{1}{\sqrt{2}}\left[\alpha(1)\beta(2) - \alpha(2)\beta(1)\right]$$

氢分子薛定谔方程的近似解ψ_1、ψ_2可以考虑作为氢分子波函数的空间部分。对ψ_1而言，交换两个电子的坐标波函数不变，是对称波函数；对ψ_2而言，交换两个电子的坐标波函数改变符号，是反对称波函数。泡利不相容原理要求氢分子的完全波函数必须是反对称的。对称函数乘对称函数得对称函数，对称函数乘反对称函数得反对称函数，反对称函数乘反对称函数得对称函数。忽略电子的轨道运动和自旋运动的相互作用，氢分子的完全波函数可以写作空间部分和自旋部分的乘积，即

$$\psi_{单重态} = \frac{1}{\sqrt{2(1+S_{AB}^2)}}[\phi_A(1)\phi_B(2) + \phi_A(2)\phi_B(1)]\frac{1}{\sqrt{2}}[\alpha(1)\beta(2) - \alpha(2)\beta(1)] \tag{8.24}$$

$$\psi_{三重态} = \frac{1}{\sqrt{2(1-S_{AB}^2)}}[\phi_A(1)\phi_B(2) - \phi_A(2)\phi_B(1)]\begin{cases}\alpha(1)\alpha(2) \\ \beta(1)\beta(2) \\ \dfrac{1}{\sqrt{2}}[\alpha(1)\beta(2) + \alpha(2)\beta(1)]\end{cases} \tag{8.25}$$

由于氢分子的哈密顿算符 $\hat{H}$ 未包含自旋坐标，状态的能量仅由空间波函数决定，因此单重态 $\psi_{单重态}$ 是氢分子的基态近似波函数，而三重态 $\psi_{三重态}$ 是氢分子的第一激发态的近似波函数。

氢分子有两个电子，总自旋角动量量子数 $S=1$ 或 $S=0$。当电子总自旋角动量量子数 $S=0$ 时，总自旋磁量子数 $M_S=0$，电子总自旋角动量为零，两个电子自旋反平行。只有一种总自旋状态，对应于单重态波函数 $\psi_{单重态}$，此种状态为氢分子的基态。电子处在该种状态时，原子之间的相互作用是吸引的，体系的能量在某一核间距可达到最小值，而形成化学键。

总自旋角动量量子数 $S=1$ 时，总自旋磁量子数 $M_S=1,0,-1$，电子自旋平行，有三种总自旋状态，对应于三重态的波函数 $\psi_{三重态}$，是激发态，能量高。此种状态两个氢原子互相排斥，不能形成稳定的氢分子。

综上可见，氢原子形成氢分子时，氢原子 H_A 和 H_B 的原子轨道是不变的；两个氢原子的未成对的价电子配对，在原子轨道之间交换形成键函数 ψ；电子配对后形成的定域键使体系能量降低，两个原子结合在一起，形成稳定的分子，基态波函数是基态键函数与自旋函数的乘积。

氢分子基态波函数可写成行列式形式

$$\psi_{基}=\frac{1}{\sqrt{4(1+S_{AB}^2)}}\{[\phi_A(1)\phi_B(2)+\phi_A(2)\phi_B(1)][\alpha(1)\beta(2)-\alpha(2)\beta(1)]\}$$

$$=\frac{1}{\sqrt{4(1+S_{AB}^2)}}\left\{\begin{vmatrix}\phi_A(1)\alpha(1) & \phi_A(2)\alpha(2)\\ \phi_B(1)\beta(1) & \phi_B(2)\beta(2)\end{vmatrix}-\begin{vmatrix}\phi_A(1)\beta(1) & \phi_A(2)\beta(2)\\ \phi_B(1)\alpha(1) & \phi_B(2)\alpha(2)\end{vmatrix}\right\}$$

简记作

$$\psi_{基}=\frac{1}{\sqrt{4(1+S_{AB}^2)}}\{|\phi_A\alpha \quad \phi_B\beta|-|\phi_A\beta \quad \phi_B\alpha|\} \tag{8.26}$$

或

$$\psi_{基}=\frac{1}{\sqrt{4(1+S_{AB}^2)}}\left|\widehat{\phi_A\phi_B}\right| \tag{8.27}$$

根据上面对氢分子结构的处理，关于两个氢原子能够形成和不能够形成氢分子的过程可描述如下：当两个氢原子自远而近相互接近时，如果未成对的价电子自旋反平行，原子之间相互吸引，体系的能量随原子核间距离 r_{AB} 的减小而降低。达到平衡距离，体系能量降到最低点。小于平衡距离，体系能量又迅速增加。因此，两个氢原子之间的距离在平衡距离左右微小地变化。两个氢原子结合成氢分子而稳定地存在。

如果未成对的价电子自旋平行，原子之间相互排斥而不能形成稳定的分子。

海特勒和伦敦应用量子力学揭示了化学键的本质，使人们对化学键的认识产生一个飞跃，他们的工作在化学键理论的发展过程中具有里程碑的意义。

8.2 价键理论及其应用

海特勒和伦敦关于氢原子自旋反平行的价电子配对，构成化学键使体系能量降低，形成氢分子的思想与路易斯(Lewis)在1800年提出的并为化学家所熟悉的价键概念相一致，所以海特勒和伦敦的工作一发表就被化学家接受并迅速发展，推广到双原子和多原子分子，形成价键理论。

8.2.1 价键理论要点

价键理论要点如下：

(1) 分子是由原子实(原子核和内层电子)和价电子组成的。相互作用的原子中自旋相反、未配对的价电子相互配对形成定域的化学键把原子结合成分子。

(2) 一个电子和另一个电子配对后，就不能再与第三个电子配对。

(3) 分子中的原子轨道不变，电子填入原子轨道中；配对电子在成键的原子轨道上交换，构成键函数。

(4) 组成键函数的原子轨道要满足对称性匹配、能量相近和电子云最大重叠三个原则。

(5) 若原子A有成对价电子(也称孤对电子)，原子B有能量合适的空轨道，原子A的孤对电子所占据的原子轨道和原子B的空轨道能有效地重叠，则原子A的孤对电子和原子B共享，这样的共价键称为共价配键，简称配键，以符号$A \rightarrow B$表示。原子A称为给电子体，原子B称为受电子体，箭头方向表示电子配给的方向。

(6) 分子体系的空间波函数是各键函数的乘积。分子体系的完整波函数包括空间部分和自旋部分，应满足泡利不相容原理，且是反对称的波函数。

8.2.2 价键理论对简单分子的应用

1. 锂

锂蒸气是双原子分子，即Li_2。Li 的原子组态是$1s^2 2s^1$，只有一个价电子，两个锂原子的价电子相互配对形成单键，写作Li—Li，其键函数的空间部分为

$$\psi = N\left[\phi_{2sa}(1)\phi_{2sb}(2) + \phi_{2sa}(2)\phi_{2sb}(1)\right]$$

2. 氦

He 的原子组态是$1s^2 2s^2$，没有未成对的电子，两个He原子不会形成化学键，为单原子分子。

3. 氮

N 的原子组态是$1s^2 2s^2 2p^3 (2p_x^1, 2p_y^1, 2p_z^1)$，有三个未成对的电子。两个氮原子沿$x$轴接近，两个$2p_x$电子配对形成$\sigma$键，电子云以两个原子核的连线为对称轴；两个$2p_y$电

子和两个 $2p_z$ 电子分别配对形成两个 π 键，电子云以过两个原子核的镜面对称。因此，氮分子 N_2 具有三个共价键——三重键，记作 $N\equiv N$ 。三个键函数的空间部分分别是

$$\psi_{\sigma}=N\left[\phi_{2p_xa}(1)\phi_{2p_xb}(2)+\phi_{2p_xa}(2)\phi_{2p_xb}(1)\right]$$

$$\psi_{\pi_y}=N\left[\phi_{2p_ya}(3)\phi_{2p_yb}(4)+\phi_{2p_ya}(4)\phi_{2p_yb}(3)\right]$$

$$\psi_{\pi_z}=N\left[\phi_{2p_za}(5)\phi_{2p_zb}(6)+\phi_{2p_za}(6)\phi_{2p_zb}(5)\right]$$

N_2 分子体系的空间波函数为

$$\psi_{N_2}=\psi_{\sigma}\psi_{\pi_y}\psi_{\pi_z}$$

完整的基态波函数是

$$\begin{aligned}\psi_{N_2}&=N\psi_{\sigma}\psi_{\pi_y}\psi_{\pi_z}[\alpha(1)\beta(2)-\alpha(2)\beta(1)][\alpha(3)\beta(4)-\alpha(4)\beta(3)][\alpha(5)\beta(6)-\alpha(6)\beta(5)]\\&=N\left|\overparen{\psi_{2p_xa}\psi_{2p_xb}}\quad\overparen{\psi_{2p_ya}\psi_{2p_yb}}\quad\overparen{\psi_{2p_za}\psi_{2p_zb}}\right|\end{aligned}$$

4. HF 分子

H 的原子组态为 $1s^1$，F 的原子组态为 $1s^22s^22p^5(2p_x^1,2p_y^2,2p_z^2)$，各有一个未成对的价电子，H 和 F 原子沿 x 轴接近，H 的 1s 电子和 F 的 $2p_x$ 电子相互配对，形成 σ 单键，写作 H—F，键函数的空间部分为

$$\psi_{HF}=N[\phi_{1sH}(1)\phi_{2p_xF}(2)+\phi_{1sH}(2)\phi_{2p_xF}(1)]$$

8.3　杂化轨道理论

8.3.1　杂化的概念

甲烷分子 CH_4 是正四面体结构(图 8.4)，有四个 C—H 键，四个键彼此夹角相等，都是 $109°28'$ 。这用前面讨论的电子配对法不好解释。因为处于基态的碳原子的组态为 $1s^22s^22p^2$，仅有两个未配对的电子，怎么能形成四个化学键呢？如果考虑 2s 轨道上的电子有一个跃迁到 2p 轨道上，成为四个未成对的电子，这样可以和四个氢原子形成四个化学键。从能量观点来看，形成四个 C—H 键放出的能量远远大于 2s 轨道上的一个电子跃迁到 2p 轨道上所吸收的能量，这是可能的。但由于 s 、p 轨道不同，这样形成的四个化学键不可能等同，夹角也不能相等。这与实验的甲烷分子不一致。解决这个矛盾的办法是必须消除 2s 轨道和 2p 轨道的差别，成键的轨道不是纯粹的 2s 、$2p_x$ 、

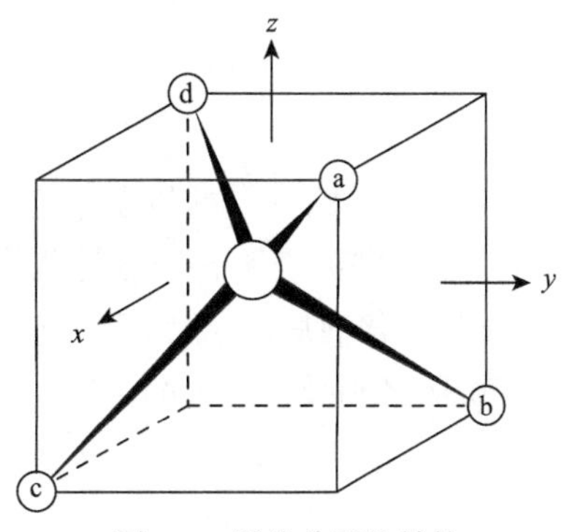

图 8.4　甲烷分子的结构

$2p_y$、$2p_z$，而是由它们混合起来重新组成的新轨道，用数学语言来说，就是把2s轨道和2p轨道进行线性组合，形成沿四面体方向的四个新的等价轨道。这种把原子轨道混合起来，重新组合成新的轨道的过程就是所谓的“杂化”。这是1931年鲍林首先提出来的。

从量子力学理论来看，这种“混合”是允许的，它符合量子力学的态叠加原理。态叠加原理表明，若 $\phi_i(i=1,2,3,\cdots,n)$ 是描述体系的 n 个可能的状态的波函数，那么它们的线性组合所得到的状态 ϕ 也是这个体系的一个可能的状态，即

$$\phi=\sum_{i=1}^{n}c_i\phi_i \tag{8.28}$$

8.3.2 杂化轨道理论要点

(1) 在外界微扰作用下，同一原子的不同能量的原子轨道线性组合而形成的新的原子轨道称为杂化轨道，即

$$\phi_k=\sum_{i=1}^{n}c_{ki}\phi_i \qquad (k=1,2,\cdots,n) \tag{8.29}$$

参与杂化的原子轨道的数目取决于外界微扰作用的大小和对称性。几个参与杂化的原子轨道可以组合成几个新的杂化轨道。

(2) 杂化轨道 ϕ_k 是归一化的，即 $\int_\tau \phi_k^*\phi_k\,\mathrm{d}\tau=1$。

$$\begin{aligned}\int_\tau \phi_k^*\phi_k\,\mathrm{d}\tau&=\int_\tau\Big(\sum_{i=1}^{n}c_{ki}\phi_i\Big)^*\Big(\sum_{j=1}^{n}c_{kj}\phi_j\Big)\mathrm{d}\tau\\&=\sum_{i=1}^{n}\sum_{j=1}^{n}c_{ki}^*c_{kj}\int_\tau\phi_i^*\phi_j\,\mathrm{d}\tau\\&=\sum_{i=1}^{n}\sum_{j=1}^{n}c_{ki}^*c_{kj}\delta_{ij}\\&=\sum_{i=1}^{n}c_{ki}^2\\&=1\end{aligned} \tag{8.30}$$

式中，c_{ki}^2 表示第 i 个参与杂化的原子轨道在第 k 个杂化轨道中所占的份额，c_{ki}^2 值在0~1之间。式(8.30)表明 n 个参与杂化的原子轨道对第 k 条杂化轨道总贡献为1。

(3) 杂化前后原子轨道的数目不变。每个参与杂化的原子轨道在所有杂化轨道中所占的份额之和必为其全部，即

$$\sum_{k=1}^{n}c_{ki}^2=1 \tag{8.31}$$

若每个杂化轨道所含的s、p、⋯成分分别是 α、β、⋯，并且 $\alpha_1=\alpha_2=\cdots$，$\beta_1=\beta_2=\cdots$，各杂化轨道等同，则称为等性杂化。若 $\alpha_1\neq\alpha_2\neq\cdots$，$\beta_1\neq\beta_2\neq\cdots$，各杂化轨道不同，则称为不等性杂化。

(4)杂化轨道彼此之间是正交的，即

$$\int_{\tau} \phi_k^* \phi_l \, \mathrm{d}\tau = 0 \qquad (k \neq l) \tag{8.32}$$

这是为了满足杂化轨道内的电子排斥最小原理。这个条件决定了杂化轨道的方向不是任意的，杂化轨道之间有一定的夹角。s-p 杂化轨道之间的夹角满足如下公式

$$\cos\theta = -\sqrt{\frac{\alpha_i \alpha_j}{(1-\alpha_i)(1-\alpha_j)}} = -\sqrt{\frac{\alpha_i \alpha_j}{\beta_i \beta_j}} \tag{8.33}$$

式中，α_i、α_j 分别是 i、j 轨道所含的 s 轨道份额；$1-\alpha_i=\beta_i$、$1-\alpha_j=\beta_j$ 是 i、j 轨道所含的 p 轨道的份额，即线性组合系数的平方 c_{ki}^2。对于 s-p 等性杂化，上式可简化成

$$\cos\theta = -\frac{\alpha}{1-\alpha} = -\frac{\alpha}{\beta} \tag{8.34}$$

8.3.3 杂化轨道理论的应用

对于 sp 型杂化，一个 s 轨道和 n 个 p 轨道的杂化表示为 sp^n，杂化轨道中 s 轨道和 p 轨道的份额比为 1∶n，杂化轨道的一般形式是

$$\phi_k = \frac{1}{\sqrt{1+n}}(\phi_{\mathrm{s}} + \sqrt{n}\phi_{\mathrm{p}}) \tag{8.35}$$

其中，ϕ_{p} 是 n 个 p 轨道的线性组合，所含的 p 轨道的份额是 s 轨道份额的 n 倍，并且

$$\alpha = \frac{1}{1+n}, \quad \beta = \frac{n}{1+n}, \quad n = \frac{\beta}{\alpha}, \quad \cos\theta = -\frac{\alpha}{\beta} \tag{8.36}$$

1. sp^1 等性杂化

$$\phi_k = \frac{1}{\sqrt{2}}(\phi_{\mathrm{s}} + \phi_{\mathrm{p}})$$

$$\alpha = \beta = \frac{1}{2}, \theta = 180^\circ$$

若参与杂化的为一个 s 轨道、一个 p_x 轨道，则一个杂化轨道沿 x 轴正方向，另一个杂化轨道沿 x 轴负方向。为满足波函数的正交归一性，必须

$$\phi_1 = \frac{1}{\sqrt{2}}(\phi_{\mathrm{s}} + \phi_{\mathrm{p}_x})$$

$$\phi_2 = \frac{1}{\sqrt{2}}(\phi_{\mathrm{s}} - \phi_{\mathrm{p}_x})$$

ϕ_{s} 和 ϕ_{p_x} 及杂化轨道 ϕ_1、ϕ_2 的电子云分布如图 8.5 所示。

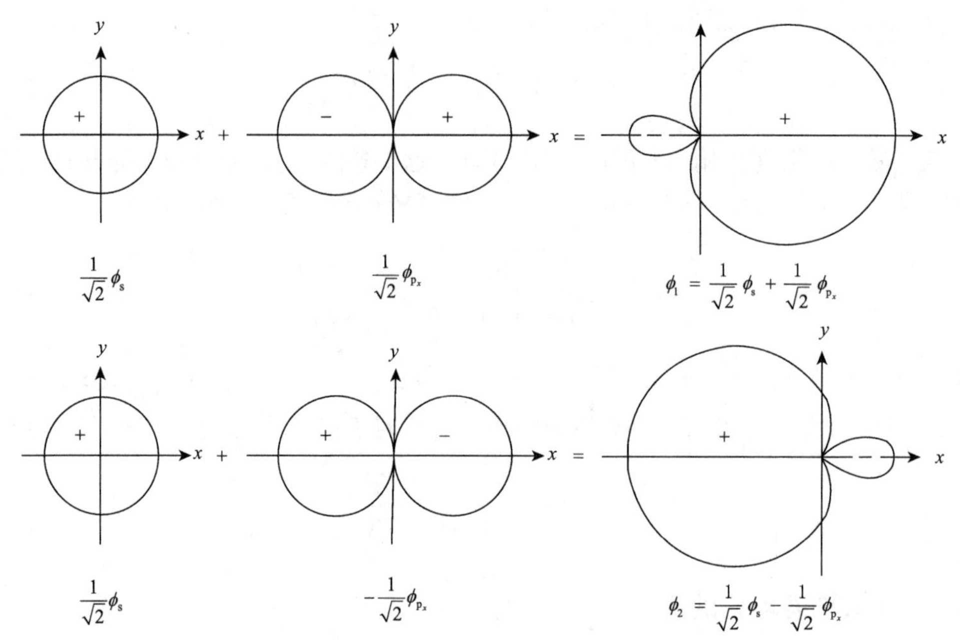

图 8.5　ϕ_s 和 ϕ_{p_x} 及杂化轨道 ϕ_1、ϕ_2 的电子云分布

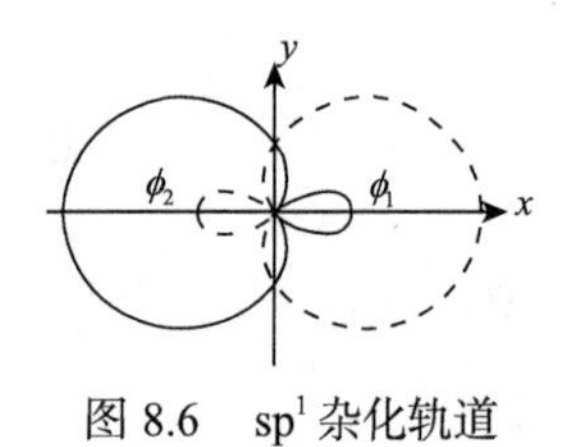

图 8.6　sp^1 杂化轨道

s^2p^0 结构的原子如 Be、Ca、Mg、Zn、Cd、Hg 可形成 sp^1 杂化(图 8.6)，构成直线形分子。例如

氯化钙	Cl—Ca—Cl
氯化汞	Cl—Hg—Cl
二烷基锌	H_3C—Zn—CH_3

考虑了杂化后的 $CaCl_2$ 的键函数可写成

$$
\begin{aligned}
\psi_{\sigma_1} &= N\left[\phi_1(1)\phi_{2p_{x_1}}(2)+\phi_1(2)\phi_{2p_{x_1}}(1)\right] \\
&= N\left\{\left[\frac{1}{\sqrt{2}}\phi_s(1)+\frac{1}{\sqrt{2}}\phi_{p_x}(1)\right]\phi_{2p_{x_1}}(2)+\left[\frac{1}{\sqrt{2}}\phi_s(2)+\frac{1}{\sqrt{2}}\phi_{p_x}(2)\right]\phi_{2p_{x_1}}(1)\right\}
\end{aligned}
$$

$$
\begin{aligned}
\psi_{\sigma_2} &= N\left[\phi_2(3)\phi_{2p_{x_2}}(4)+\phi_2(4)\phi_{2p_{x_2}}(3)\right] \\
&= N\left\{\left[\frac{1}{\sqrt{2}}\phi_s(3)-\frac{1}{\sqrt{2}}\phi_{p_x}(3)\right]\phi_{2p_{x_2}}(4)+\left[\frac{1}{\sqrt{2}}\phi_s(4)-\frac{1}{\sqrt{2}}\phi_{p_x}(4)\right]\phi_{2p_{x_1}}(3)\right\}
\end{aligned}
$$

式中，ϕ_1、ϕ_2 是 Ca 原子的杂化轨道；$\phi_{2p_{x_1}}$、$\phi_{2p_{x_2}}$ 分别是两个 Cl 原子的原子轨道。这与双原子分子的键函数的写法是一致的，只是用杂化轨道代替了原来的原子轨道。这种写法也适用于其他多原子分子的化学键。

2. sp^2 等性杂化

$$\phi_k=\sqrt{\frac{1}{3}}\phi_s+\sqrt{\frac{2}{3}}\phi_p$$

$$\alpha=\frac{1}{3},\beta=\frac{2}{3},\theta=120^\circ$$

设参与杂化的两个 p 轨道为 p_x 和 p_y，ϕ_1 的方向沿 x 轴，则

$$\phi_1=\sqrt{\frac{1}{3}}\phi_s+\sqrt{\frac{2}{3}}\phi_{p_x}$$

$$\phi_2=\sqrt{\frac{1}{3}}\phi_s+c_{22}\phi_{p_x}+c_{23}\phi_{p_y}$$

$$\phi_3=\sqrt{\frac{1}{3}}\phi_s+c_{32}\phi_{p_x}+c_{33}\phi_{p_y}$$

在 ϕ_2 和 ϕ_3 中 p_x 和 p_y 的含量各自相同，因而

$$|c_{22}|=|c_{32}|,|c_{23}=c_{33}|$$

根据 ϕ_{p_x} 和 ϕ_{p_y} 的归一性，有

$$\left(\sqrt{\frac{2}{3}}\right)^2+c_{22}^2+c_{32}^2=1$$

$$c_{23}^2+c_{33}^2=1$$

得

$$c_{22}=c_{32}=\pm\sqrt{\frac{1}{6}}$$

$$c_{23}=c_{33}=\pm\sqrt{\frac{1}{2}}$$

具体取正号或负号由图 8.7 可知。

$$\phi_1=\sqrt{\frac{1}{3}}\phi_s+\sqrt{\frac{2}{3}}\phi_{p_x}$$

$$\phi_2=\sqrt{\frac{1}{3}}\phi_s-\sqrt{\frac{1}{6}}\phi_{p_x}+\sqrt{\frac{1}{2}}\phi_{p_y}$$

$$\phi_3=\sqrt{\frac{1}{3}}\phi_s-\sqrt{\frac{1}{6}}\phi_{p_x}-\sqrt{\frac{1}{2}}\phi_{p_y}$$

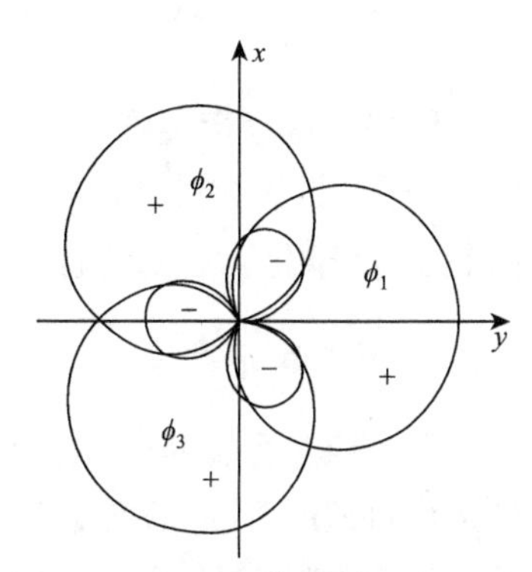

图 8.7　sp^2 杂化轨道

s^2p^1 结构的原子如ⅢA 族的 B、Al 等，以及乙烯、石墨、苯等碳原子骨架都采取 sp^2 杂化。例如

三氯化铝　　三氟化硼

乙烯　　苯

3. sp^3 等性杂化

$$\phi_k = \sqrt{\frac{1}{4}}\phi_s + \sqrt{\frac{3}{4}}\phi_p$$

$$\alpha = \frac{1}{4}, \beta = \frac{3}{4}, \theta = 109°28'$$

sp^3 杂化轨道的对称轴指向正四面体的四个角，因此，sp^3 轨道也称正四面体轨道。

如果选择坐标轴使四个 sp^3 杂化轨道指向立方体的相间的四个角顶，三个坐标轴穿过立方体的面心，如图 8.8 所示，则四个 sp^3 杂化轨道可以写为

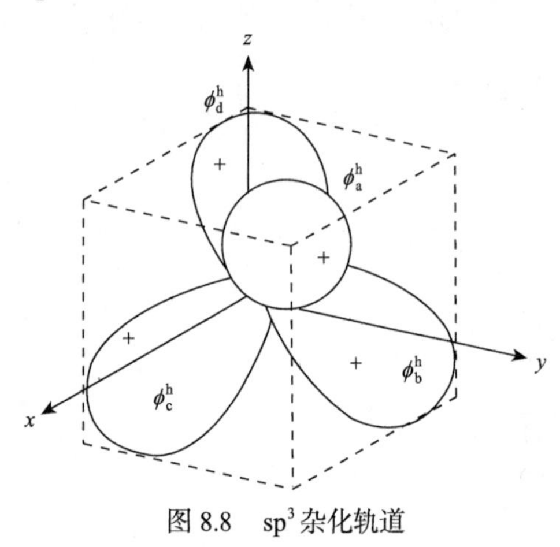

图 8.8　sp^3 杂化轨道

$$\phi_1 = \frac{1}{2}(\phi_s + \phi_{p_x} + \phi_{p_y} + \phi_{p_z})$$

$$\phi_2 = \frac{1}{2}(\phi_s - \phi_{p_x} + \phi_{p_y} - \phi_{p_z})$$

$$\phi_3 = \frac{1}{2}(\phi_s - \phi_{p_x} - \phi_{p_y} + \phi_{p_z})$$

$$\phi_4 = \frac{1}{2}(\phi_s + \phi_{p_x} - \phi_{p_y} - \phi_{p_z})$$

甲烷、烷烃衍生物、金刚石中的碳原子都是以 sp^3 杂化轨道成键的。此外，四氢化硅（SiH_4）、四氯化硅（$SiCl_4$）、四氯化锡（$SnCl_4$）、硅氧四面体二氧化硅（SiO_2）中的硅、锡都是以 sp^3 杂化轨道成键的。

4. 不等性sp 杂化

由于原子含有的孤对电子不参与成键，或与原子键合的诸原子不对称（如 CH_3Cl），各杂化轨道所含的同种轨道成分不完全相同，这种杂化称为不等性杂化。例如，NH_3 中的氮原子含有孤对电子。NH_3 的实测 N—H 键的夹角为107°，接近 sp^3 杂化的夹角109°28′。

而与不杂化(仅以三个 p 轨道成键的键角 90°)相差很多，所以认为 NH_3 中氮原子采用不等性 sp^3 杂化。解释如下。

氮原子含有五个价电子，价电子层结构为 $2s^2 2p^3$，氮原子采取 sp^3 杂化，形成四个 sp^3 杂化轨道，其中一个 sp^3 杂化轨道为氮原子自身的孤对电子占据，另外三个 sp^3 杂化轨道分别与氢原子的 1s 轨道成键，双方各出一个电子配对。由于孤对电子没成键，不为双方共有，离氮原子核近，受氮原子核吸引较强，电子云密集于氮原子核的周围，含有较多的 s 轨道成分，另三个杂化轨道离氮原子核较远，含有较多的 p 轨道成分，夹角要小于正常的 sp^3 杂化的 109°28′，大于不杂化仅以三个 p 轨道成键的 90°。

NH_3 的三个成键杂化轨道所含有的 s 成分可以计算如下：三个成键的杂化轨道所含的 s 成分相同，所含的 p 成分也相同，因而

$$\cos\theta = -\frac{\alpha}{1-\alpha}$$

将 $\theta = 107°$ 代入上式，得所含 s 成分

$$\alpha = 0.2262 < \frac{1}{4}$$

所含 p 成分为

$$\beta = 1-\alpha = 0.7738 > \frac{3}{4}$$

孤对电子占据的杂化轨道所含的 s 成分为

$$\alpha' = 1-3\alpha = 0.3214 > \frac{1}{4}$$

p 成分为

$$\beta' = 1-\alpha' = 0.6786 < \frac{3}{4}$$

这是用实测的键角进行倒算，而不能定量预测键角的数值。H_2O 的键角为 104°31′，也是不等性 sp^3 杂化。其中两条杂化轨道为氧的孤对电子所占据，成键的 sp^3 杂化轨道所含的 p 成分比 NH_3 更少，所以键角偏离等性 sp^3 杂化的 109°28′ 更多。

5. dsp 杂化

为了构成有效的杂化轨道，参与杂化的轨道的能级相差不能太远。对于元素周期表中的过渡元素来说，$(n-1)$d 轨道的能级和 ns 及 np 的能级相近，所以它们可以形成 dsp 杂化轨道。这样的杂化轨道常在配位化合物中出现。

等性 dsp 杂化轨道之间的夹角公式为

$$\alpha + \beta\cos\theta + \gamma\left(\frac{3}{2}\cos^2\theta - \frac{1}{2}\right) = 0 \tag{8.37}$$

式中，α、β 和 γ 分别为杂化轨道中的 s、p 和 d 成分，且有

$$\alpha+\beta+\gamma=1$$

下面介绍几种重要的dsp杂化轨道。

1) d^2sp^3 杂化轨道

d^2sp^3 杂化轨道有6个，是由2个d轨道、1个s轨道和3个p轨道组合而成，等性 d^2sp^3 的组成为

$$\alpha=\frac{1}{6},\beta=\frac{1}{2},\gamma=\frac{1}{3}$$

杂化轨道通式为

$$\phi_{d^2sp^3}=\frac{1}{\sqrt{6}}\phi_s+\frac{1}{\sqrt{2}}\phi_p+\frac{1}{\sqrt{3}}\phi_d$$

6个杂化轨道指向正八面体的六个角，如图8.9和图8.10所示，轨道间的夹角为90°，所以 d^2sp^3 杂化又称正八面体杂化。

$$\phi_1=\sqrt{\frac{1}{6}}\left(\phi_s+\sqrt{2}\phi_{d_{z^2}}+\sqrt{3}\phi_{p_z}\right)$$

$$\phi_2=\sqrt{\frac{1}{6}}\left(\phi_s-\sqrt{\frac{1}{2}}\phi_{d_{z^2}}+\sqrt{\frac{3}{2}}\phi_{d_{x^2-y^2}}+\sqrt{3}\phi_{p_z}\right)$$

$$\phi_3=\sqrt{\frac{1}{6}}\left(v_s-\sqrt{\frac{1}{2}}\phi_{d_{z^2}}-\sqrt{\frac{3}{2}}\phi_{d_{x^2-y^2}}+\sqrt{3}\phi_{p_z}\right)$$

$$\phi_4=\sqrt{\frac{1}{6}}\left(\phi_s-\sqrt{\frac{1}{2}}\phi_{d_{z^2}}+\sqrt{\frac{3}{2}}\phi_{d_{x^2-y^2}}-\sqrt{3}\phi_{p_z}\right)$$

$$\phi_5=\sqrt{\frac{1}{6}}\left(\phi_s-\sqrt{\frac{1}{2}}\phi_{d_{z^2}}-\sqrt{\frac{3}{2}}\phi_{d_{x^2-y^2}}-\sqrt{3}\phi_{p_z}\right)$$

$$\phi_6=\sqrt{\frac{1}{6}}\left(\phi_s+\sqrt{2}\phi_{d_{z^2}}-\sqrt{3}\phi_{p_z}\right)$$

$\frac{1}{\sqrt{6}}\phi_s$ $\frac{1}{\sqrt{2}}\phi_p$ $\frac{1}{\sqrt{6}}\phi_s+\frac{1}{\sqrt{2}}\phi_p$ $\frac{1}{\sqrt{6}}\phi_s+\frac{1}{\sqrt{2}}\phi_p$ $\frac{1}{\sqrt{3}}\phi_d$ $\frac{1}{\sqrt{6}}\phi_s+\frac{1}{\sqrt{2}}\phi_p+\frac{1}{\sqrt{3}}\phi_d$

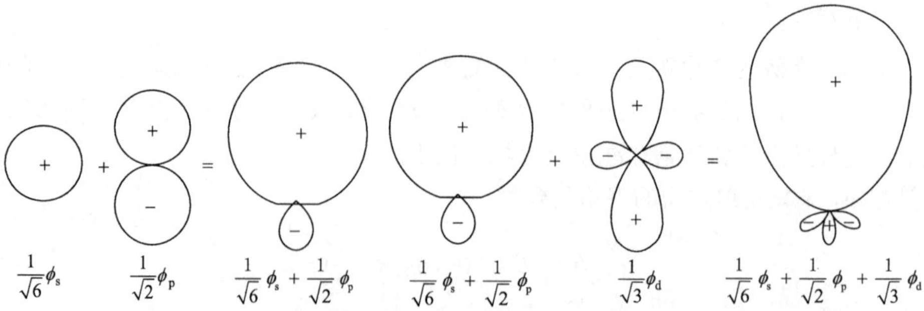

图8.9 d^2sp^3 杂化轨道的极坐标图

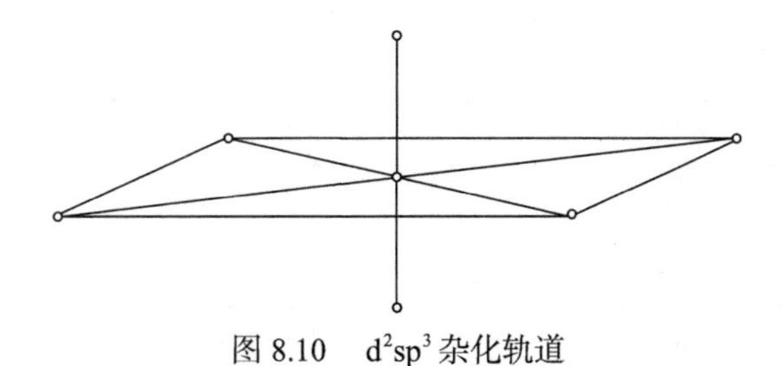

图 8.10 d^2sp^3 杂化轨道

配位数为 6 的过渡金属配合物的中心原子大多采用 d^2sp^3 杂化轨道，如钴氨配合离子 $[Co(NH_3)_6]^{3+}$、铁氰配合离子 $[Fe(CN)_6]^{3+}$ 等。

2) dsp^2 杂化轨道

dsp^2 杂化轨道有 4 个，是由 1 个 d 轨道、1 个 s 轨道和 2 个 p 轨道组合而成，其中每一个轨道的 s 、 p 和 d 成分依次为

$$\alpha = \frac{1}{4}, \beta = \frac{1}{2}, \gamma = \frac{1}{4}$$

杂化轨道的通式为

$$\phi_{dsp^2} = \frac{1}{2}\phi_s + \frac{1}{\sqrt{2}}\phi_p + \frac{1}{2}\phi_d$$

如图 8.11 所示，四个轨道指向正方形的四个角。

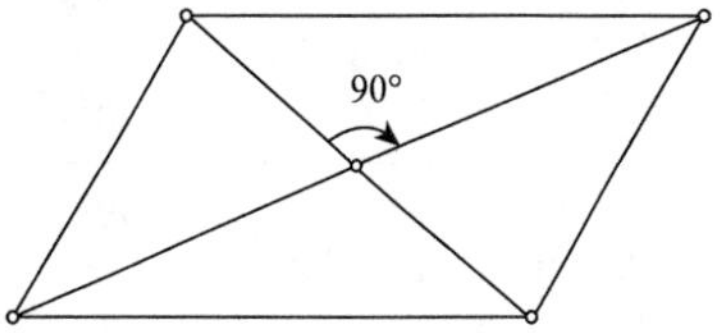

$$\phi_1 = \frac{1}{2}\left(\phi_s + \phi_{d_{x^2-y^2}} + \sqrt{2}\phi_{p_x}\right)$$

$$\phi_2 = \frac{1}{2}\left(\phi_s - \phi_{d_{x^2-y^2}} + \sqrt{2}\phi_{p_y}\right)$$

图 8.11 dsp^2 杂化轨道

$$\phi_3 = \frac{1}{2}\left(\phi_s + \phi_{d_{x^2-y^2}} - \sqrt{2}\phi_{p_x}\right)$$

$$\phi_4 = \frac{1}{2}\left(\phi_s - \phi_{d_{x^2-y^2}} - \sqrt{2}\phi_{p_y}\right)$$

配位数等于 4 的过渡金属平面形配合物的中心原子采用 d^2sp 杂化。例如，$[PtCl_4]^{2-}$。此外，还有 f-d-s-p 杂化轨道等。表 8.1 给出了一些杂化轨道。

表 8.1 若干杂化轨道的构成及其几何构型

配位数	几何构型	杂化轨道	参与杂化的原子轨道	实例
2	直线	sp	s，p_z	BeF_2
		sd	s，d_{z^2}	$Hg(CN)_2$
		pd	p_z，d_{z^2}	$Re_2Cl_8^{2-}$
3	正三角形	sp^2	s，p_x，p_y	BCl_3
		sd^2	s，d_{xy}，$d_{x^2-y^2}$	
		dp^2	d_{z^2}，p_x，p_y	

续表

配位数	几何构型	杂化轨道	参与杂化的原子轨道	实例
4	正四面体	sp^3	s，p_x，p_y，p_z	CH_4
		sd^3	s，d_{xy}，d_{yz}，d_{xz}	MnO_4^-
	正方形	dsp^2	s，$d_{x^2-y^2}$，p_x，p_y	$[PtCl_4]^-$
5	三角双锥	dsp^3	d_{z^2}，s，p_x，p_y，p_z	PF_3
		d^3sp	d_{z^2}，$d_{x^2-y^2}$，d_{xy}，s，p_z	$MoCl_3$
	四方锥	dsp^3	$d_{x^2-y^2}$，s，p_x，p_y，p_z	$Ni(PEt_3)_2Br_3$
		d^2sp^2	$d_{x^2-y^2}$，d_{z^2}，s，p_x，p_y	
6	正八面体	d^2sp^3	$d_{x^2-y^2}$，d_{z^2}，s，p_x，p_y，p_z	$[Co(NH_3)_5]^{3+}$
	三角棱柱	d^4sp	$d_{x^2-y^2}$，d_{xy}，d_{yz}，d_{xz}，s，p_z	
7	五角双锥	d^3sp^3	d_{z^2}，$d_{x^2-y^2}$，d_{xy}，s，p_x，p_y，p_z	$[ZrF_7]^{3-}$
8	十二面体	d^4sp^3	d_{z^2}，d_{xy}，d_{yz}，d_{xz}，s，p_x，p_y，p_z	$[Co(NH_3)_5]^{3+}$
	四方反棱柱	d^5p^3	d_{z^2}，$d_{x^2-y^2}$，d_{xy}，d_{yz}，d_{xz}，p_x，p_y，p_z	$[TaF_8]^{3-}$
		sp^3d^4	s，p_x，p_y，p_z，$d_{x^2-y^2}$，d_{xy}，d_{yz}	
	正立方体	d^3fsp^3	d_{xy}，d_{yz}，d_{xz}，f_{xyz}，s，p_x，p_y，p_z	
		d^3f^4s	d_{xy}，d_{yz}，d_{xz}，f_{xyz}，f_{x^3}，f_{y^3}，f_{z^3}，s	

8.4 单组态价键理论

8.4.1 单组态波函数

从分子轨道理论已经看到，合适的波函数应该是反对称的波函数，既包括空间轨道又包括自旋轨道。价键理论的反对称波函数也由空间波函数和自旋波函数两部分构成。N个电子的空间波函数由N个单电子波函数的乘积构成，即

$$\Omega(1,2,\cdots,N)=p_1(1)\phi_2(2)\cdots\phi_N(N) \tag{8.38}$$

式中，$\phi_i(1,2,\cdots,N)$是原子轨道。如果空间波函数Ω只有一套，称为单组态，如果有多套称为多组态。对于一个确定的空间波函数Ω，可以与它相结合的自旋波函数不止一个。因为N个电子中的每一个电子的自旋都可能是α或β，因此N个电子所有可能的自旋数目是2^N个。相应地，N个电子的自旋波函数$\Theta(s_1, s_2, \cdots, s_N)$有$2^N$个可能的选择。其中的一个可以表示为

$$\Theta_k\left(s_1,s_2,\cdots,s_N\right)=\prod_{i=1}^{n_1}\alpha(i)\prod_{l=1}^{n_2}\beta(l) \tag{8.39}$$

$$\left(n_1+n_2=N\right)$$

$$\left(k=1,2,\cdots,2^N\right)$$

这 2^N个自旋波函数 Θ_k不一定是对称的或反对称的，为构成对称的或反对称的自旋波函数，应该是

$$\Theta_k\left(s_1,s_2,\cdots,s_N\right)=\prod_{\substack{i,\ j\\(i\neq j)\\(\text{配对})}}\frac{1}{\sqrt{2!}}\left[\alpha(i)\beta(j)-\alpha(j)\beta(i)\right]\prod_{l}\alpha(l)$$

下角标(配对)表示电子 i 和 j 已经自旋配对，而电子 l 自旋未配对。

对于总自旋 S 确定的线性无关的自旋波函数 Θ_k的数目 n_S为

$$n_S=C_N^{\frac{N}{2}-S}-C_N^{\frac{N}{2}-S-1}$$

利用空间波函数和自旋波函数，可以构成分子的空间自旋波函数。根据泡利不相容原理，空间自旋波函数必须是反对称的。对于每个空间波函数和自旋波函数的组合反对称化后得到

$$\Phi_k=\frac{1}{\sqrt{N!}}\left|\Omega(1,2,\cdots,N)\Theta_k\left(s_1,s_2,\cdots,s_N\right)\right| \tag{8.40}$$

反对称波函数 Φ_k的数目和 Θ_k的数目一样多。Φ_k是 $\hat{S}^2$ 和 $\hat{S}_z$ 的本征函数。

配对电子的总自旋为零，如果未配对的电子自旋都是 α，则总自旋为 S，如果未配对的电子自旋都是 β，则总自旋为$-S$。

多电子分子体系的近似波函数(变分函数)为

$$\psi=\sum_k C_k\Phi_k \tag{8.41}$$

8.4.2 分子的能量

应用变分法，得

$$\sum_{\lambda=1}^{N}C_\lambda\left(H_{k\lambda}-EM_{k\lambda}\right)=0 \tag{8.42}$$

$$\left(k=1,2,\cdots,N\right)$$

式中

$$
\begin{aligned}
H_{k\lambda} &= \int \Phi_k^* \hat{H} \Phi_\lambda \mathrm{d}v \\
&= \int \frac{1}{\sqrt{N!}} \left| \Omega^*(1,2,\cdots,N) \Theta_k^*(s_1,s_2,\cdots,s_N) \right| \hat{H} \frac{1}{\sqrt{N!}} \left| \Omega(1,2,\cdots,N) \Theta_k(s_1,s_2,\cdots,s_N) \right| \mathrm{d}v \\
&= N! \left(\frac{1}{\sqrt{N!}} \right)^2 [\int \Omega^*(1,2,\cdots,N) \hat{H} \Omega(1,2,\cdots,N) \mathrm{d}\tau \iint \Theta_k^*(s_1,s_2,\cdots,s_N) \Theta_k(s_1,s_2,\cdots,s_N) \mathrm{d}\eta_k \mathrm{d}\eta_\lambda \\
&\quad - \sum_{i=1}^{N} \sum_{\substack{j=1 \\ (j>i)}}^{N} \int \Omega^*(1,2,\cdots,N) \hat{H} \hat{P}_{ij} \Omega(1,2,\cdots,N) \mathrm{d}\tau \iint \Theta_k^*(s_1,s_2,\cdots,s_N) \hat{P}_{ij} \Theta_\lambda(s_1,s_2,\cdots,s_N) \mathrm{d}\eta_k \mathrm{d}\eta_\lambda] \\
&= \int \Omega^* \hat{H} \Omega \mathrm{d}\tau \iint \Theta_k^* \Theta_\lambda \mathrm{d}\eta_k \mathrm{d}\eta_\lambda - \sum_{i=1}^{N} \sum_{\substack{j=1 \\ (j>i)}}^{N} \int \Omega^* \hat{H} \hat{P}_{ij} \Omega \mathrm{d}\tau \iint \Theta_k^* \hat{P}_{ij} \Theta_\lambda \mathrm{d}\eta_k \mathrm{d}\eta_\lambda
\end{aligned}
$$

$$
\hat{H} = \sum_{i=1}^{N} \left(-\frac{1}{2} \nabla_i^2 - \frac{Z_\alpha}{r_{\alpha i}} \right) + \sum_{i=1}^{N} \sum_{\substack{j=1 \\ (j>i)}}^{N} \frac{1}{r_{ij}}
$$

$\hat{P}_{ij}$ 为对换算符，使 Ω 的空间坐标对换，使 Θ_k 和 Θ_λ 的电子自旋坐标对换。

$$
\begin{aligned}
M_{k\lambda} &= \int \Phi_k^* \Phi_\lambda \mathrm{d}v \\
&= \int \frac{1}{\sqrt{N!}} \left| \Omega^*(1,2,\cdots,N) \Theta_k^*(s_1,s_2,\cdots,s_N) \right| \frac{1}{\sqrt{N!}} \left| \Omega(1,2,\cdots,N) \Theta_\lambda(s_1,s_2,\cdots,s_N) \right| \mathrm{d}v \\
&= N! \left(\frac{1}{\sqrt{N!}} \right)^2 [\int \Omega^*(1,2,\cdots,N) \Omega(1,2,\cdots,N) \mathrm{d}\tau \iint \Theta_k^*(s_1,s_2,\cdots,s_N) \Theta_\lambda(s_1,s_2,\cdots,s_N) \mathrm{d}\eta_k \mathrm{d}\eta_\lambda \\
&\quad - \sum_{i=1}^{N} \sum_{\substack{j=1 \\ (j>i)}}^{N} \int \Omega^*(1,2,\cdots,N) \hat{P}_{ij} \Omega(1,2,\cdots,N) \mathrm{d}\tau \iint \Theta_k^*(s_1,s_2,\cdots,s_N) \hat{P}_{ij} \Theta_\lambda(s_1,s_2,\cdots,s_N) \mathrm{d}\eta_k \mathrm{d}\eta_\lambda] \\
&= \iint \Theta_k^*(s_1,s_2,\cdots,s_N) \Theta_\lambda(s_1,s_2,\cdots,s_N) \mathrm{d}\eta_k \mathrm{d}\eta_\lambda \\
&= \iint \Theta_k^* \Theta_\lambda \mathrm{d}\eta_k \mathrm{d}\eta_\lambda
\end{aligned}
$$

自旋波函数的矩阵元可以用如摩尔(Rumer)图求算，得

$$
\iint \Theta_k^* \Theta_\lambda \mathrm{d}\eta_k \mathrm{d}\eta_\lambda = \delta_E \Delta_{k\lambda}
$$

$$
\Delta_{k\lambda} = (-1)^{v_{k\lambda}} 2^{n_{k\lambda} - \frac{1}{2}(g_k - g_\lambda)}
$$

$$
\iint \Theta_k^* \hat{P}_{ij} \Theta_\lambda \mathrm{d}\eta_k \mathrm{d}\eta_\lambda = \chi \int \Theta_k^* \Theta_\lambda \mathrm{d}\eta_k \mathrm{d}\eta_\lambda
$$

式中，$v_{k\lambda}$ 是转置数；$n_{k\lambda}$ 是如摩尔图岛的数目；g_k 和 g_λ 分别是自旋波函数 Θ_k 和 Θ_λ 的电子自旋配对数；δ_E 是如摩尔图偶链的贡献，如摩尔图中有偶链其值为零，无偶链其值为 1；χ 为一数值，可用如摩尔图求得。

令

$$
J = \int \Omega^* \hat{H} \Omega \mathrm{d}\tau \tag{8.43}
$$

$$K_{ij}=\int \Omega^{*}\hat{H}\hat{P}_{ij}\Omega \mathrm{d}\tau \tag{8.44}$$

$$H_{k\lambda}=\delta_{E}\Delta_{k\lambda}\left(J-\sum_{i=1}^{N}\sum_{\substack{j=1\\(j>i)}}^{N}\chi_{ij}K_{ij}\right) \tag{8.45}$$

对于对角元 H_{kk}，如果 Θ_k 的电子都已配对，则 δ_E=1，v_{kk}=0，$n_{kk}=\dfrac{N}{2}$，$g_k=\dfrac{N}{2}$，$\varDelta_{kk}=1$，$\chi=1$、-1 和 $\dfrac{1}{2}$，于是如果 Θ_k 除配对电子外，还有未配对的电子，则 δ_E=1，$v_{kk}=0$，$n_{kk}=g_k$，$\varDelta_{kk}=1$，$\chi=1$，所以

$$H_{kk}=J+\sum_{i=1}^{N}\sum_{\substack{j=1\\(j>i)\\(\text{对内})}}^{N}K_{ij}-\frac{1}{2}\sum_{i=1}^{N}\sum_{\substack{j=1\\(j>i)\\(\text{对间})}}^{N}K_{ij} \tag{8.46}$$

式中，下角标(对内)是指对换 $\hat{P}_{ij}$，是岛内部的交换；下角标(对间)是指岛与岛之间的交换。

$$H_{kk}=J+\sum_{i=1}^{N}\sum_{\substack{j=1\\(j>i)\\(\text{对内})}}^{N}K_{ij}-\frac{1}{2}\sum_{i=1}^{N}\sum_{\substack{j=1\\(j>i)\\(\text{未耦合})}}^{N}K_{ij}-\sum_{i=1}^{N}\sum_{\substack{j=1\\(j>i)\\(\text{平行})}}^{N}K_{ij} \tag{8.47}$$

8.4.3 苯的 π 电子基态的价键法处理

用单组态价键理论讨论苯分子的 π 电子基态。

苯分子的基态有 6 个 π 电子，2 个配对。空间波函数为

$$\Omega(1,2,\cdots,N)=\phi_1(1)\phi_2(2)\phi_3(3)\phi_4(4)\phi_5(5)\phi_6(6) \tag{8.48}$$

式(8.48)中的 ϕ 是碳原子的 $2p_z$ 轨道。苯分子的 6 个 π 电子有 15 种两两配对方式，但独立的配对方式只有 5 种，其他配对方式都可以表示为 5 种独立配对方式的线性组合。5 种独立的配对方式的选择是任意的，可以如下选择：

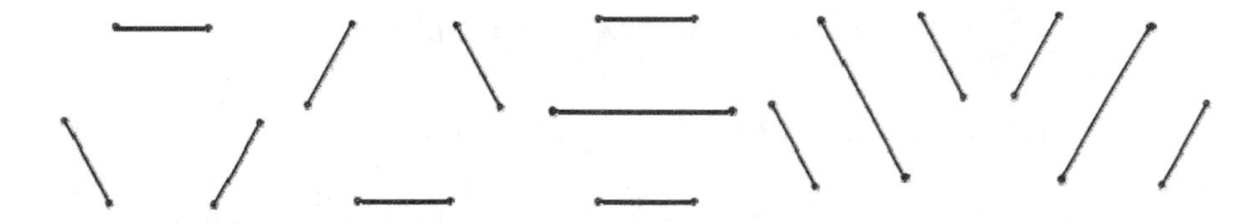

这五种电子配对方式对应 5 个自旋波函数，即

$$\Theta_k(s_1,s_2,s_3,s_4,s_5)$$

利用选定的 Ω 和 Θ 就可以构成 5 个反对称波函数

$$\Phi_k = \frac{1}{\sqrt{6!}}\left|\phi_1(1)\phi_2(2)\phi_3(3)\phi_4(4)\phi_5(5)\phi_6(6)\Theta_k(s_1,s_2,s_3,s_4,s_5)\right|$$
$$= \frac{1}{\sqrt{6!}}\left|\Omega(1,2,3,4,5,6)\Theta_k(s_1,s_2,s_3,s_4,s_5)\right|$$
$$\Omega(1,2,3,4,5,6) = \phi_1(1)\phi_2(2)\phi_3(3)\phi_4(4)\phi_5(5)\phi_6(6) \tag{8.49}$$
$$(k=1,2,3,4,5)$$

苯分子 π 电子的近似波函数为

$$\psi = \sum_{k=1}^{5} C_k \Phi_k$$
$$= \sum_{k=1}^{5} C_k \frac{1}{\sqrt{6}}\left|\Omega(1,2,3,4,5,6)\Theta_k(s_1,s_2,s_3,s_4,s_5)\right| \tag{8.50}$$
$$= \sum_{k=1}^{5} C_k \frac{1}{\sqrt{6}}\left|\phi_1(1)\phi_2(2)\phi_3(3)\phi_4(4)\phi_5(5)\phi_6(6)\Theta_k(s_1,s_2,s_3,s_4,s_5)\right|$$

应用变分法，得

$$\sum_{\lambda=1}^{5} C_\lambda (H_{k\lambda} - EM_{k\lambda}) = 0 \tag{8.51}$$
$$(k=1,2,3,4,5)$$

式中

$$H_{k\lambda} = \int \Phi_k^* \hat{H} \Phi_\lambda \mathrm{d}v$$
$$= \int \frac{1}{\sqrt{6}}\left|\Omega^*(1,2,3,4,5,6)\Theta_k^*(s_1,s_2,s_3,s_4,s_5)\right|\hat{H}$$
$$\frac{1}{\sqrt{6!}}\left|\Omega(1,2,3,4,5,6)\Theta_\lambda(s_1,s_2,s_3,s_4,s_5)\right|\mathrm{d}v_k\mathrm{d}v_\lambda$$
$$= 6!\left(\frac{1}{\sqrt{6!}}\right)^2 [\int \Omega^*(1,2,3,4,5,6)\hat{H}\Omega(1,2,3,4,5,6)\mathrm{d}\tau$$
$$\iint \Theta_k^*(s_1,s_2,s_3,s_4,s_5)\Theta_\lambda(s_1,s_2,s_3,s_4,s_5)\mathrm{d}\eta_k\mathrm{d}\eta_\lambda$$
$$-\sum_{i=1}^{6}\sum_{j=1}^{6}\int \Omega^*(1,2,3,4,5,6)\hat{H}\hat{P}_{ij}\Omega(1,2,3,4,5,6)\mathrm{d}\tau$$
$$\iint \Theta^*(s_1,s_2,s_3,s_4,s_5)\hat{P}_{ij}\Theta_\lambda(s_1,s_2,s_3,s_4,s_5)\mathrm{d}\eta_k\mathrm{d}\eta_\lambda]$$
$$= \int \Omega^*\hat{H}\Omega\mathrm{d}\tau\iint\Theta_k^*\Theta_\lambda\mathrm{d}\eta_k\mathrm{d}\eta_\lambda - \sum_{i=1}^{6}\sum_{j=1}^{6}\int\Omega^*\hat{H}\hat{P}_{ij}\Omega\mathrm{d}\tau\iint\Theta_k^*\hat{P}_{ij}\Theta_\lambda\mathrm{d}\eta_k\mathrm{d}\eta_\lambda$$

$$M_{k\lambda} = \int \Phi_k^* \Phi_\lambda \mathrm{d}v$$
$$= \int \frac{1}{\sqrt{6!}}\left|\Omega^*(1,2,3,4,5,6)\Theta_k(s_1,s_2,s_3,s_4,s_5)\right|$$

$$\frac{1}{\sqrt{6!}}\left|\Omega(1,2,3,4,5,6)\Theta_\lambda(s_1,s_2,s_3,s_4,s_5)\right|\mathrm{d}v$$

$$=6!\left(\frac{1}{\sqrt{6!}}\right)^2[\int\Omega^*(1,2,3,4,5,6)\Omega(1,2,3,4,5,6)\mathrm{d}\tau$$

$$\iint\Theta_k^*(s_1,s_2,s_3,s_4,s_5)\Theta_\lambda(s_1,s_2,s_3,s_4,s_5)\mathrm{d}\eta_k\mathrm{d}\eta_\lambda$$

$$-\sum_{i=1}^{6}\sum_{j=1}^{6}\int\Omega^*(1,2,3,4,5,6)\hat{P}_{ij}\Omega(1,2,3,4,5,6)$$

$$\iint\Theta_k^*(s_1,s_2,s_3,s_4,s_5)\hat{P}_{ij}\Theta_\lambda(s_1,s_2,s_3,s_4,s_5)\mathrm{d}\eta_k\mathrm{d}\eta_\lambda$$

$$=\iint\Theta_k^*(s_1,s_2,s_3,s_4,s_5)\Theta_\lambda(s_1,s_2,s_3,s_4,s_5)\mathrm{d}\eta_k\mathrm{d}\eta_\lambda$$

$$=\iint\Theta_k^*\Theta_\lambda\mathrm{d}\eta_k\mathrm{d}\eta_\lambda$$

$$=\delta_E\Delta_{k\lambda}$$

δ_E 可用如摩尔图求得

$$\Delta_{k\lambda}=(-1)^{\nu_{k\lambda}}2^{n_{k\lambda}-\frac{1}{2}(g_k-g_\lambda)}$$

将 $H_{k\lambda}$、$M_{k\lambda}$ 代入方程(8.51)，解得能量 E，再将 E 代回方程(8.51)，解得 C_λ。将 C_λ 代入方程(8.50)，即得波函数 ψ。

8.5　多组态价键理论

8.5.1　多组态波函数

多组态价键理论的空间波函数 Ω 有多套，即

$$\Omega_k(1,2,\cdots,N)=\phi_1(1)\phi_2(2)\cdots\phi_N(N) \tag{8.52}$$

$$(k=1,2,\cdots,N)$$

其中的 $\phi_i(i)$ (i=1, 2, ⋯, N) 是在正交归一的基函数集合 $\phi_1(1),\phi_2(2),\cdots,\phi_M(M)$ ($M\geqslant N$) 中选取的，每个 $\phi_i(i)$ 可以使用两次。

自旋波函数仍为式(8.39)，反对称波函数为

$$\Phi_k=\left(\frac{N!}{2^{m_k}}\right)^{-\frac{1}{2}}\left|\Omega_k(1,2,\cdots,N)\Theta_k(s_1,s_2,\cdots,s_N)\right| \tag{8.53}$$

式中，m_k 是 Ω_k 中的 $\phi_i(i)$ 有 m_k 对相同的基函数。每个 Ω_k 都与每个 Θ_k 构成反对称波函数，其数量和 Θ_k 一样多。

多电子分子体系的近似波函数(变分函数)为

$$\psi = \sum_k C_k \Phi_k = \sum_k C_k \left(\frac{N!}{2^{m_k}}\right)^{-\frac{1}{2}} \left|\Omega_k(1,2,\cdots,N)\Theta_k(s_1,s_2,\cdots,s_N)\right| \tag{8.54}$$

8.5.2 分子的能量

应用变分法，得

$$\sum_{k=1}^{N} C_k \left(H_{kk'} - EM_{kk'}\right) = 0 \tag{8.55}$$

$$\left(k' = 1,2,\cdots,N\right)$$

式中

$$\begin{aligned}
H_{kk'} &= \int \Phi_k^* \hat{H} \Phi_{k'} \mathrm{d}v \\
&= \iint \left(\frac{N!}{2^{m_k}}\right)^{-\frac{1}{2}} \left|\Omega_k^*(1,2,\cdots,N)\Theta_k^*(s_1,s_2,\cdots,s_N)\right| \hat{H} \left(\frac{N!}{2^{m_{k'}}}\right)^{-\frac{1}{2}} \\
&\quad \left|\Omega_{k'}(1,2,\cdots,N)\Theta_{k'}(s_1,s_2,\cdots,s_N)\right| \ \mathrm{d}v_{k'}\mathrm{d}v_k \\
&= (-1)^{\sigma_{kk'}} \frac{2^{\frac{m_k+m_{k'}}{2}}}{N!} \cdot \frac{N!}{2^{m_{kk'}}} [\sum_{k=1}^{N}\sum_{k'=1}^{N} \int \Omega_k^*(1,2,\cdots,N) \hat{H} \Omega_{k'}(1,2,\cdots,N) \mathrm{d}\tau_k \mathrm{d}\tau_{k'} \\
&\quad \iint \Theta_k^*(s_1,s_2,\cdots,s_N) \Theta_{k'}(s_1,s_2,\cdots,s_N) \mathrm{d}\eta_k \mathrm{d}\eta_{k'} \\
&\quad - \sum_{i=1}^{N}\sum_{j=1}^{N}\sum_{k=1}^{N}\sum_{k=1}^{N} \iint \Omega_k^*(1,2,\cdots,N) \hat{H}\hat{P}_{ij} \Omega_{k'}(1,2,\cdots,N) \mathrm{d}\tau_k \mathrm{d}\tau_{k'} \\
&\quad \iint \Theta_k^*(s_1,s_2,\cdots,s_N) \hat{P}_{ij} \Theta_{k'}(s_1,s_2,\cdots,s_N) \mathrm{d}\eta_k \mathrm{d}\eta_{k'} \\
&= \omega_{kk'} \Delta_{k'k} [\sum_{i=1}^{N} S_{kk'}(i) \int \phi_i^* \hat{h} \phi_i' \mathrm{d}\tau + \frac{1}{2}\sum_{i=1}^{N}\sum_{j=1}^{N} S_{kk'}(i,j) \iint \phi_i^*(1) \phi_j^*(2) \frac{1}{v_{12}} \phi_i'(1) \phi_j'(2) \mathrm{d}\tau_1 \mathrm{d}\tau_2 \\
&\quad - \frac{1}{2} \omega_{kk'} \Delta_{kk'} \sum_{i=1}^{N}\sum_{j=1}^{N} S_{k'k}(i,j) f_{ij} f_{ij}' \chi_{ij} \iint \phi_i^*(1) \phi_j^*(2) \frac{1}{v_{12}} \phi_j'(1) \phi_i'(2) \mathrm{d}\tau_1 \mathrm{d}\tau_2
\end{aligned}$$

$$\begin{aligned}
M_{kk'} &= \iint \Phi_k \Phi_{k'} \mathrm{d}v \\
&= \iint \left(\frac{N!}{2^{m_k}}\right)^{-\frac{1}{2}} \left|\Omega_k^*(1,2,\cdots,N)\Theta_k^*(s_1,s_2,\cdots,s_N)\right| \left(\frac{N!}{2^{m_{k'}}}\right)^{-\frac{1}{2}} \\
&\quad \left|\Omega_{k'}(1,2,\cdots,N)\Theta_{k'}(s_1,s_2,\cdots,s_N)\right| \mathrm{d}v_k \mathrm{d}v_{k'} \\
&= \omega_{kk'} \iint \Omega_k^* \Omega_{k'} \mathrm{d}\tau_k \mathrm{d}\tau_{k'} \iint \Theta_k^* \Theta_{k'} \mathrm{d}\eta_k \mathrm{d}\eta_{k'} \\
&= \omega_{kk'} S_{kk'} \Delta_{kk'}
\end{aligned}$$

其中

$$S_{kk'}=\iint \Omega_k^*\Omega_{k'}\mathrm{d}\tau_k\mathrm{d}\tau_{k'}$$

$$\omega_{kk'}=(-1)^{\sigma_{kk'}}\,2^{\frac{m_k+m_{k'}-2m_{kk'}}{2}}$$

$$\Delta_{kk'}=\iint \Theta_k^*\Theta_{k'}\mathrm{d}\eta_k\mathrm{d}\eta_{k'}$$

$$=\delta_E(-1)^{v_{kk'}}\,2^{n_{kk'}-\frac{1}{2}(g_k-g_{k'})}$$

式中，$S_{kk'}(i)$ 为 Ω_k 和 $\Omega_{k'}$ 中分别去掉第 i 个位置中 ϕ_i 和 ϕ_i' 后的重叠积分；$S_{kk'}(i,j)$ 为 Ω_k 和 $\Omega_{k'}$ 中分别去掉第 i 和第 j 个位置 ϕ_i 、 ϕ_j 和 ϕ_i' 、 ϕ_j' 的重叠积分；

$$f_{ij}=\begin{cases}1 & \phi_i\neq\phi_j\\ 0 & \phi_i=\phi_j\end{cases}\qquad f_{ij}'=\begin{cases}1 & \phi_i'\neq\phi_j'\\ 0 & \phi_i'=\phi_j'\end{cases}$$

$\sigma_{kk'}$ 是为使基函数匹配好交换的次数。

习　题

8.1 概述海特勒-伦敦方法对氢分子的处理。

8.2 写出氢分子价键法的基态波函数。

8.3 写出 O_2、CO 的键函数。

8.4 什么是杂化轨道？如何构造杂化轨道？

8.5 概述杂化轨道理论要点。

8.6 说明下列分子的成键情况，判断其几何构型：

$HgCl_2$、CO_2、SO_2、H_2S、$AlCl_3$、BF_3、金刚石、石墨

8.7 讨论下列分子的几何构型：

AlF_6^{3-} 、 SO_4^{2-} 、 CO_3^{2-} 、 NO_3^- 、 C_2H_2 、 C_2H_4 、 C_2H_6 、 C_6H_6

8.8 比较价键理论和分子轨道理论。

8.9 BrF_5 为四角锥形，P_4 为正四面体形，用杂化轨道理论讨论它们的化学键。

8.10 说明单组态价键理论的思路。

8.11 说明多组态价键理论的思路。

8.12 比较价键法和分子轨道法的异同。

8.13 价键法和分子轨道法各适合处理分子结构的什么问题？

8.14 怎样可以进一步提高近似解分子薛定谔方程的精确度？

第9章　分子的对称性和群

分子和晶体的几何构型都具有一定的对称性。这是物质内部结构性质的反映。为了深入研究分子和晶体的结构特征，需要了解对称性的知识。

9.1　对称操作和对称元素

分子的对称性可由对称操作和对称元素来描述。所谓对称操作是指一个变换动作，分子经过这个变换后，其位置与变换前是物理上不可分辨的。例如，BF_3 分子是一平面分子，各 B—F 键之间夹角为120°。绕通过硼原子中心并垂直于分子平面的轴逆时针方向旋转120°，由(a)→(b)。(a)中的1、2、3三个氟原子的位置分别成为(b)中的3、1、2三个氟原子的位置。由于F原子不可区分，如果F不标志数字标号，看不出(a)、(b)的不同，即变换后的图形与原来的图形是不可分辨的，是等价的。这就是实施了一个对称操作，也称等价变换。BF_3 分子转动所绕的轴就是一个对称元素，如图9.1所示。

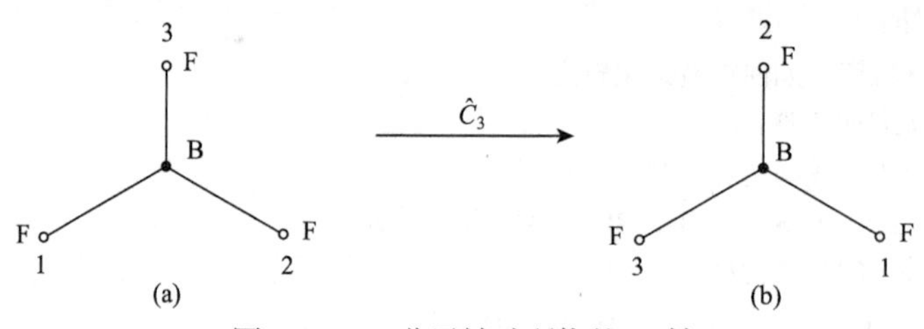

图9.1　BF_3 分子转动所绕的 C_3 轴

对称元素和对称操作相关，但不是相同的概念，不能混淆。对称元素是几何上的点、线、面。依据对称元素所进行的对称变换称为对称操作。

下面介绍描述分子和晶体对称性的对称元素和相应的对称操作。

9.1.1　对称操作的类型和相应的对称操作

1. *对称轴和旋转*

当分子图形绕一轴旋转 $\dfrac{2\pi}{n}$ 后，给出与原来位置上的图形在物理上不可分辨的构型，则说此物体有一个 n 重对称轴，记作 C_n，$\dfrac{2\pi}{n}$ 为该分子图形的最小旋转角，逆时针转动。

例如，BF_3 分子转动 $\dfrac{2\pi}{3}$、$\dfrac{4\pi}{3}$、2π 均为等价变换，转动 2π 还是恒等变换。相应的对称操作写为

$$\hat{C}_3 = L(\frac{2\pi}{3})$$

$$\hat{C}_3^2 = \left[L(\frac{2\pi}{3})\right]^2 = L(\frac{4\pi}{3})$$

$$\hat{C}_3^3 = \left[L(\frac{2\pi}{3})\right]^3 = L(2\pi) = \hat{E}$$

苯分子有垂直于分子平面的六重轴，绕此轴转动两次，即旋转 $2\times\frac{2\pi}{6}=\frac{2\pi}{3}$，等于绕 C_3 轴(它与 C_6 轴重合)转动一次，所以 $\hat{C}_6^2 = \hat{C}_3$。同理，$\hat{C}_6^3 = \hat{C}_2$，$\hat{C}_6^4 = \hat{C}_3^2$。一般而言，如果 n 和 m 存在公因子 q，则 $\hat{C}_n^m = \hat{C}_{n/q}^{m/q}$。

有些分子的对称轴不止一个，例如 BF_3 分子含有垂直于分子平面，通过 B 原子的 C_3 轴，还有三个通过 B 原子和一个 F 原子与分子平面重合的 C_2 轴。在有多个轴存在的分子图形中，称 n 最大者为主轴，其他为副轴。这样 BF_3 分子的主轴为 C_3 轴，3 个 C_2 轴为副轴，如图 9.2 所示。

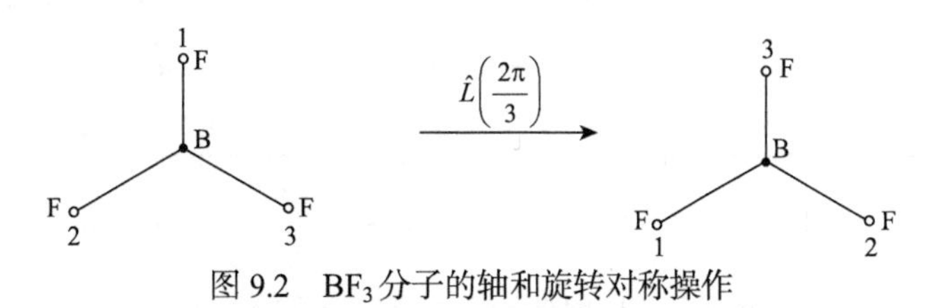

图 9.2　BF_3 分子的轴和旋转对称操作

2. 对称面和反映

对称面或镜面将分子图形分成完全相等的两部分，二者互呈映像关系，在反映操作下，图形中相对称的点互相交换位置，从而得到复原的图形。对称面以符号 σ 或 m 表示，对称操作以 $\hat{\sigma}$ 或 $\hat{m}$ 表示。

例如，BF_3 分子有 4 个对称面。分子平面是一个对称面，通过每个 F 原子和 B 原子并与分子平面重合；另外三个对称面分别是通过一个 F 原子和 B 原子，平分另外两个 F 原子和 B 原子的键角，且与分子平面垂直通过主轴的对称面称为垂直镜面，以 σ_v 表示；与主轴垂直的镜面称为水平镜面，以 σ_h 表示；通过主轴且平分两个相邻的夹角的镜面称为等分镜面，以 σ_d 表示。BF_3 的分子平面是 σ_h，其他三个镜面是 σ_v，也是 σ_d，如图 9.3 所示。

相对于同一对称面进行偶次反映等于恒等操作，进行奇次反映等于一次反映，即

$$\hat{\sigma}^{2n} = \hat{\sigma}^2 \hat{E}$$

$$\hat{\sigma}^{2n+1} = \hat{\sigma}$$

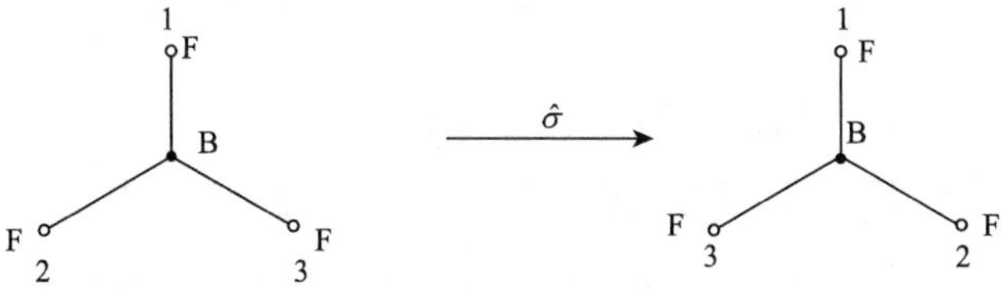

图 9.3　对称面和反映

3. 对称中心和倒反

若分子图形中的任一原子在与分子中心点的连线的反向延长线的等距离处都有相互对应的同种原子存在，依此中心进行倒反操作，这些相互对应的原子交换位置，则此中心称为对称中心，相应的对称操作称为倒反或反演。

如果将坐标原点取在分子图形的对称中心上，进行倒反操作，则将原子坐标由(x,y,z)变换成$(-x,-y,-z)$，且得到等价构型，则说该分子具有倒反对称性，如图9.4所示。

对称中心以符号i表示，倒反操作以符号$\hat{i}$表示。例如，六氟化硫具有对称中心。偶次倒反等于不动，奇次倒反等于一次倒反，即

$$\hat{i}^{2n}=\hat{E}\ ,\ \hat{i}^{2n+1}=\hat{i}$$

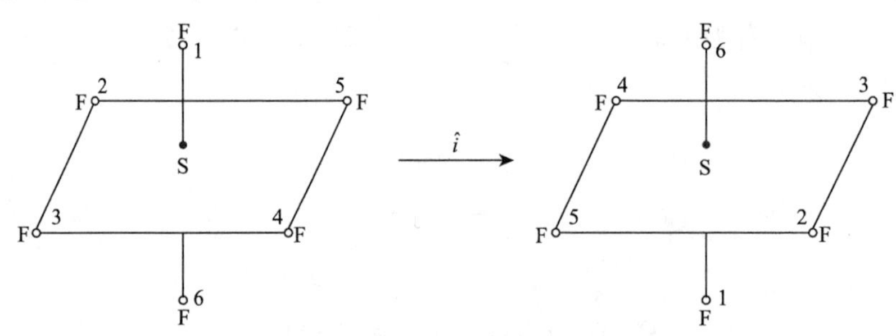

图9.4 SF_6的对称中心i和倒反对称操作

4. 反轴和旋转倒反

当把某分子图形绕某轴旋转一定角度后，再对中心进行倒反而得到等价图形，则该分子图形具有反轴。相应的对称操作称为旋转倒反。旋转倒反是由旋转和倒反两个动作连续进行，构成的一个对称操作。这种复合对称操作看作简单对称操作的乘积，即

$$\text{旋转倒反}=\text{旋转}\times\text{倒反}$$

反轴对称元素以I_n或$\bar{n}$表示。

旋转倒反对称操作以$\hat{I}_n^m$表示。下角标n表示轴次，上角标m表示转动$\dfrac{2\pi}{n}$的倍数及倒反的次数。各对称操作依次为

$$\hat{I}_n^1=\hat{C}_n\hat{i}\ ,\ \hat{I}_n^2=\hat{C}_n^2\hat{i}^2=\hat{C}_n^2\ ,\ \cdots\ ,\ \hat{I}_n^m=\left(\hat{C}_n\hat{i}\right)^m$$

当n为偶数时$\hat{I}_n^n=\hat{E}$，当n为奇数时$\hat{I}_{2n}^{2n}=\hat{E}$。

例如，甲烷分子CH_4具有四次反轴$\hat{I}_4$(图9.5)，对称操作为

$$\hat{I}_4^1=\hat{C}_4\hat{i}\ ,\ \hat{I}_4^2=\hat{C}_4^2\hat{i}^2=\hat{C}_4^2=\hat{C}_2\ ,\ \hat{I}_4^3=\hat{C}_4^3\hat{i}^3=\hat{C}_4^3\hat{i}\ ,\ \hat{I}_4^4=C_4^4\hat{i}^4=\hat{E}$$

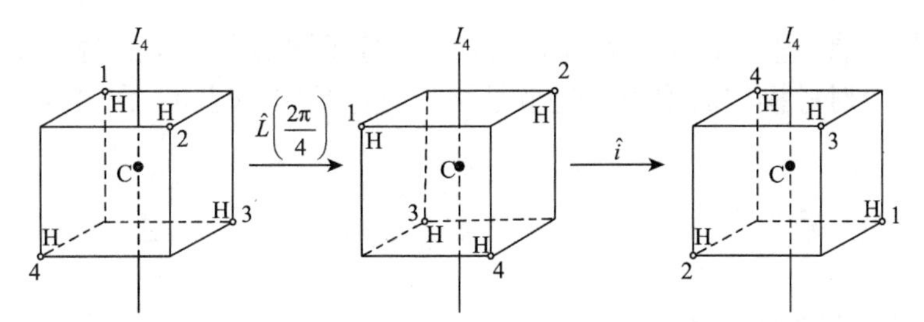

图 9.5　CH_4 分子的 I_4 反轴和旋转倒反对称操作

5. 象转轴和旋转反映

一个分子图形如果沿某一轴旋转 $\dfrac{2\pi}{n}$ 后，再相对于和此轴垂直的镜面反映，得到等价构型，则称此分子图形有 n 次象转轴。相应的对称操作称为旋转反映。

象转轴以 S_n 表示，旋转反映以 $\hat{S}_n^m$ 表示。下角标 n 表示轴次，上角标 m 表示转动 $\dfrac{2\pi}{n}$ 的倍数及反映的次数。旋转反映是转动和反映的连续复合动作所构成的一个对称操作，即

$$\hat{S}_n^m = \hat{C}_n^m \hat{\sigma}^m$$

例如，甲烷分子具有四次象转轴 S_4(图 9.6)，对称操作为

$$S_4^1 = \hat{C}_4\hat{\sigma},\ \hat{S}_4^2 = \hat{C}_4^2\hat{\sigma}^2 = \hat{C}_4^2 = \hat{C}_2,\ \hat{S}_4^3 = \hat{C}_4^3\hat{\sigma}^3 = \hat{C}_4^3\hat{\sigma},\ \hat{S}_4^4 = \hat{C}_4^4\hat{\sigma}^4 = \hat{E}$$

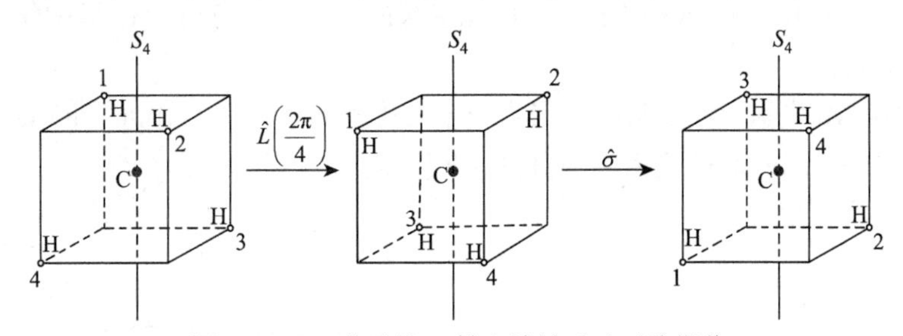

图 9.6　CH_4 分子的 S_4 轴和旋转反映对称操作

上述 5 类对称元素中，反轴和象转轴不是独立的，可取其一种。因此，在描述对称性时，取 C_n, i, σ, I_n 或 C_n, i, σ, S_n 为对称元素。通常描述分子的对称性取 S_n，描述晶体的对称性取 I_n。

反轴和象转轴两类对称元素并不都是独立的。例如，对于奇次反轴 I_n，图形中总是同时存在对称元素 C_n 和 i。2 次反轴 I_2 可以看作图形的对称面，6 次反轴可以看作是一个三重轴和与三重轴垂直的一个反映面结合而成的。只有不依赖于图形中的其他对称元素或对称元素的结合而独立存在的对称元素才是独立的对称元素。一个图形所包含的对称元素应是那些独立的对称元素。例如，I_4 是独立的对称元素，图形中即使不存在 C_4 轴和对称中心，I_4 也可以独立存在。

6. 对称操作的乘积

对称操作是引起空间变换的算符。定义两个这样的算符的乘积是逐次运用这两个

算符进行变换，乘积中右边的算符先作用。一个分子图形所具有的对称操作并不是彼此无关的。两个对称操作的乘积一定也是一个对称操作。例如，在 BF_3 分子中，对称操作如下

$$\hat{C}_3 \cdot \hat{C}_3 = \hat{C}_3^2, \quad \hat{\sigma} \cdot \hat{\sigma} = \hat{\sigma}^2 = \hat{E}, \quad \hat{C}_3 \cdot \hat{C}_3 \cdot \hat{C}_3 = \hat{C}_3^3 = \hat{E}, \quad \cdots$$

9.1.2 分子的对称元素系

一个分子图形中往往同时存在多个对称元素，它们彼此之间存在着一定的组合关系。把一个对称图形按一定的组合方式结合在一起的所有对称元素的集合称为对称元素系。应当强调：①对称元素系是分子所含的全部对称元素的集合；②对称元素的结合方式有多种多样，但是对于一个有限图形来说，各对称元素必须至少相交于一点；③对称元素系中的元素必须是同一对称图形所具有的对称元素。这种对称元素系称为点对称元素系。这种有限图形称为点对称图形。

依据所含的对称元素及结合方式的不同，可将对称元素系分类。每种分子所含的全部对称元素构成一个对称元素系。因此，如果不考虑分子的组成，仅从对称性考虑，可将分子按对称元素系加以分类。

下面介绍几种对称元素系和相应的分子。

(1) C_s' 对称元素系　仅包含一个镜面对称元素。全部对称元素的集合记作 $\{\sigma\}$。例如，如图 9.7 所示的 HClO 属于此对称元素系的分子。对称分子图形中仅含一个对称面——分子平面。

(2) C_i' 对称元素系　对称图形中仅含一个对称中心，所含对称元素的集合记作 $\{i\}$。二氯二溴乙烷分子属此对称元素系，如图 9.8 所示。

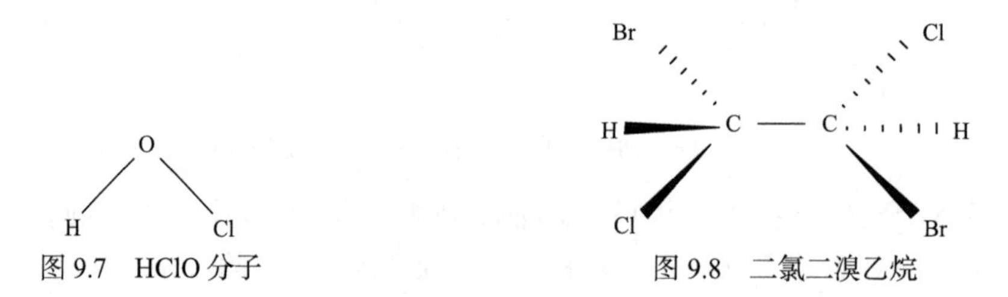

图 9.7　HClO 分子　　　　图 9.8　二氯二溴乙烷

(3) S_{2n}' 对称元素系　对称元素为一个 $2n$ 次象转轴 S_{2n}'，所含对称元素的集合记作 $\{S_{2n}\}$。例如，图 9.9 所示的椅式环已烷分子含有一个 4 次象转轴，所含对称元素的集合记作 $\{S_4\}$。

(4) C_n' 对称元素系　仅含有一个对称轴，所含对称元素的集合记作 $\{C_n\}$。非平面构型双氧水 (H_2O_2) 分子属于此对称元素系。所含对称元素集合为 $\{C_2\}$，如图 9.10 所示。

(5) C_{nh}' 对称元素系　含有一个对称轴 C_n，垂直于此轴的镜面 σ_h 和象转轴 S_n，若 n 为偶数还有对称中心 i。所含对称元素的集合记作 $\{C_n, \sigma_h\}$。例如，图 9.11 所示的反式二

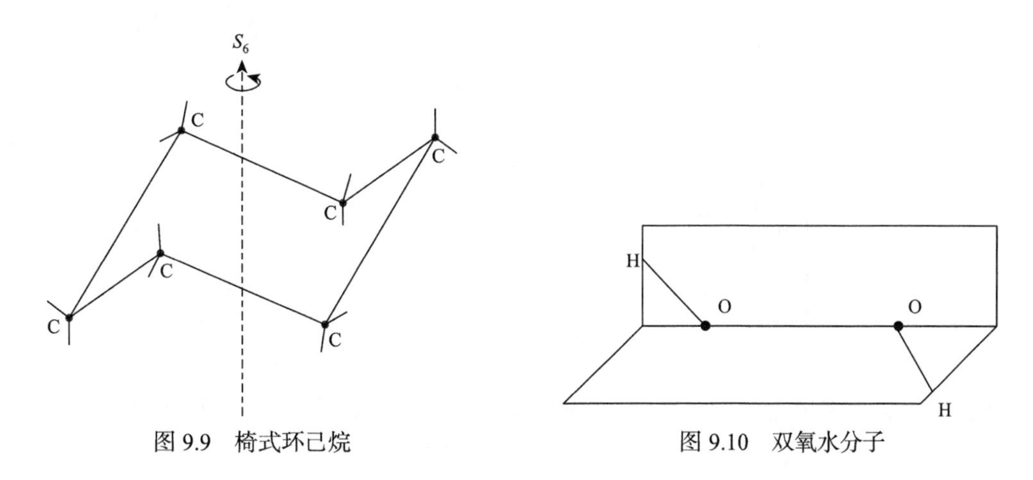

图 9.9　椅式环己烷　　　　图 9.10　双氧水分子

氯乙烯分子($C_2H_2Cl_2$)属于此对称元素系。所含对称元素为C_2，σ_h，i。对称元素集合为$\{C_2,\sigma_h\}$。

(6) C'_{nv} 对称元素系　含有一个对称轴C_n和通过主轴的镜面σ_v，所含对称元素的集合记作$\{C_n,n\sigma_v\}$。例如，图 9.12 所示的 NH_3 分子属于此对称元素系，含有一个C_3轴和 3 个σ_v。C_3轴通过 N 和 3 个 H 构成的三角形重心，每个镜面通过 N 和一个 H 原子。所含对称元素的集合记作$\{C_3,3\sigma_v\}$。

图 9.11　反式二氯乙烯分子　　　　图 9.12　NH_3 分子

(7) D'_n 对称元素系　含有一个对称轴C_n和n个与C_n轴垂直的C_2轴，所含对称元素的集合记作$\{C_n,nC_2\}$。例如，非平面形的 C_2H_4 分子(图 9.13)属此类对称元素系 D_2，存在一个C_2轴和 2 个与C_2轴垂直的C_2轴。

(8) D'_{nh} 对称元素系　含有一个C_n轴、n个C_2轴、一个σ_h、n个σ_v。所含对称元素的集合记作$\{C_n,nC_2,\sigma_h\}$。例如，平面三角形的 NO_3^- 离子(图 9.14)属于 D'_{3h} 对称元素系，含有一个C_3轴、3 个C_2轴、一个σ_h、一个S_6、3 个σ_v，所含对称元素的集合记作$\{C_3,3C_2,\sigma_h\}$。

(9) D'_{nd} 对称元素系　含有一个C_n轴、n个垂直于C_n轴的C_2轴、n个σ_d和一个S_{2n}。所含对称元素的集合记作$\{C_n,nC_2,\sigma_d\}$，反式二茂铁(图 9.15)属于该对称元素系的D'_{5d}，其对称元素为C_5, $5\sigma_d$, $5C_2$, i, I_5。所含对称元素的集合记作$\{C_5,5C_2,\sigma_d\}$。

(10) T'_d 对称元素系　正四面体构型的分子属于O'_h对称元素系。所含对称元素为$4C_3$, $3C_2$, $6\sigma_d$, $3S_4$。CH_4 分子属于T'_d对称元素系，如图 9.16 所示。

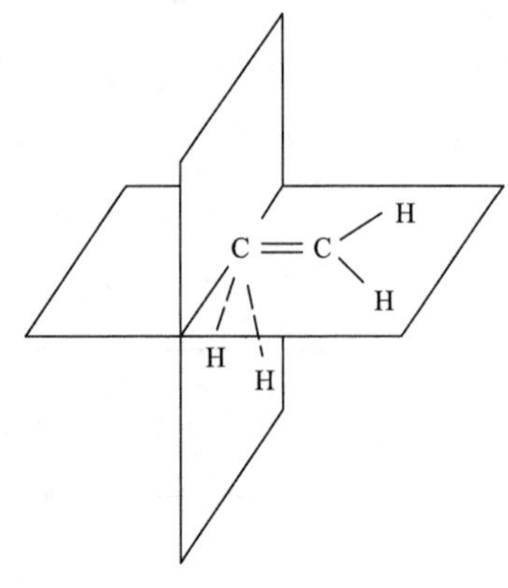

图 9.13 C_2H_4分子(两个 H—C—H 的面角为 $0\sim\frac{\pi}{2}$)

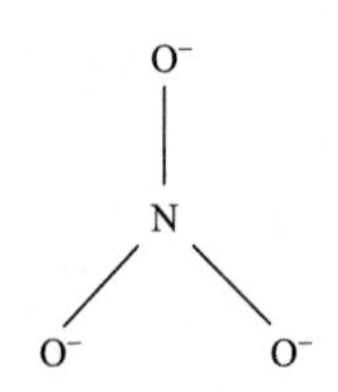

图 9.14 平面三角形的 NO_3^- 离子

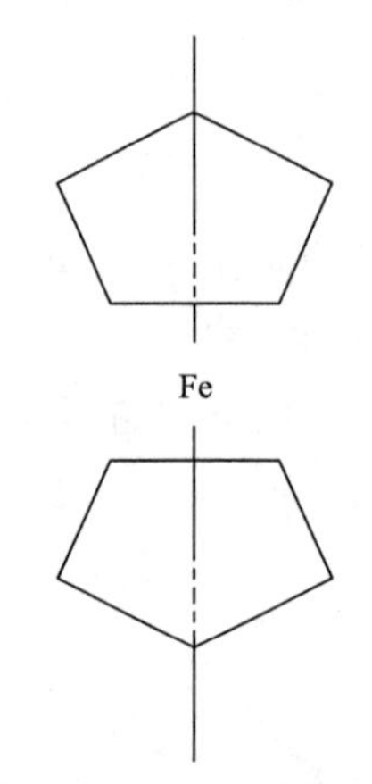

图 9.15 反式二茂铁分子

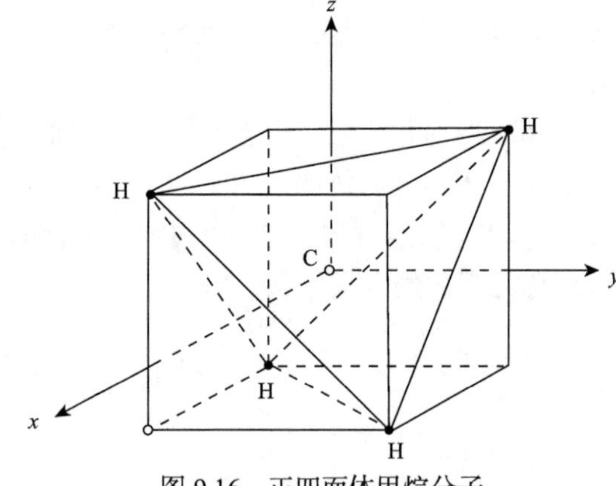

图 9.16 正四面体甲烷分子

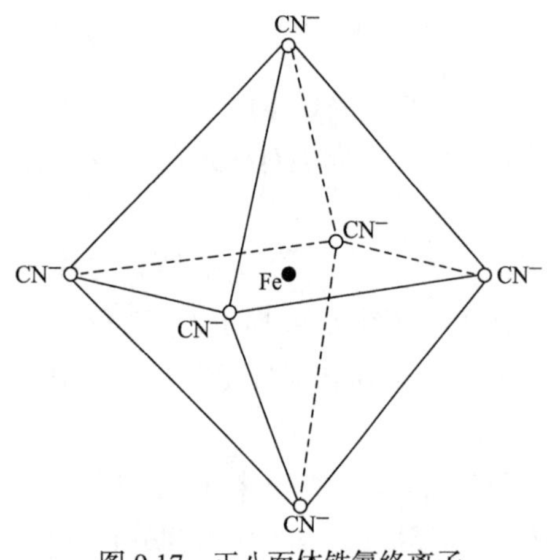

图 9.17 正八面体铁氰络离子

(11) O_h' 对称元素系 具有正八面体构型的分子属于 O_h' 对称元素系。所含对称元素为 $3C_4$，$4C_3$，$6C_2$，$2\sigma_h$，i，$3S_4$，$4S_3$，$6\sigma_d$。$\left[Fe(CN)_6\right]^{3-}$ 属于该对称元素系，如图 9.17 所示。

9.2 群

9.2.1 群的基本概念

要了解群的概念，必须先了解描述群性质时经常涉及的“集合”和“代数运算”的含义。

1. 集合

满足某种要求的事物的全体称为集合，用符号 $G:\{a,b,c,\cdots\}$ 表示。其中 $a,b,c,\cdots$是集合 G 中的元素。例如，一切整数构成一个集合 A，表示为 $A:\{\cdots,-2,-1,0,1,2,\cdots\}$。

2. 代数运算

规定集合中元素之间的关系。例如，整数集合 A 的代数运算是元素间的“加法”关系。

3. 群

在一个非空集合 G 中，当某种代数运算规定后，若该集合具有下面的四条性质，则 G 构成一个群。

(1) 封闭性。若 $a \in G, b \in G$，则 $a \cdot b = c \in G$。

(2) 结合律成立。若 $a,b,c \in G$，则 $a \cdot (b \cdot c) = (a \cdot b) \cdot c$。

(3) 存在恒等元素。若 $a \in G$，$E \in G$，$a \cdot E = E \cdot a = a$，$E$ 称为恒等元素。

(4) 存在逆元素。若 $a \in G$，则必有 $d \in G$，使得 $a \cdot d = d \cdot a = E$，这里称 d 为 a 的逆元素，记作 $a^{-1} = d$。a 也是 d 的逆元素，记作 $d^{-1} = a$。a、d 互为逆元素。

例如，一切整数的集合 $A:\{0,\pm1,\pm2,\cdots\}$，规定其代数运算为普通的加法。其中零为恒等元素。只要用群的四条性质来检验就可以证明一切整数的集合构成一个群。

群元素的数目可以是有限个，也可以是无限个，前者称为有限群，后者称为无限群。群元素的数目称为群的阶。

4. 群的乘法表

将全部群元素排成一横列、一纵行，以行里的每个元素依次乘列中的每个元素，即得乘法表。

例如，立正、向左转、向右转、向后转四个体育动作的集合 G 的乘法表见表 9.1。

表 9.1　体育动作的乘法表

G	立正	向左转	向右转	向后转
立正	立正	向左转	向右转	向后转
向左转	向左转	向后转	立正	向右转
向右转	向右转	立正	向后转	向左转
向后转	向后转	向右转	向左转	立正

从乘法表可见，集合 G 中的两个元素的乘积仍然是集合 G 中的一个元素，满足封闭性。

在做乘法时已见，立正为恒等元素；每个元素都存在逆元素：向左转$^{-1}$=向右转，向后转$^{-1}$=向后转，立正$^{-1}$=立正。

此外，集合 G 也满足结合律：

向左转·向右转·向后转=向左转·(向右转·向后转)=(向左转·向右转)·向后转

9.2.2　分子对称群

每个分子的对称元素系相应的全部独立对称操作的集合构成一个群，称为分子对称操作群，简称对称群。

分子(或有限图形)的所有对称元素都通过一个公共点，在实施对称操作时，至少这个点是不动的，所以也称这类群为点群。下面介绍常见的几种点群。

(1) C_s 群　C_s' 对称元素系的全部对称操作构成相应的 C_s 群。群元素有 $\hat{\sigma}, \hat{\sigma}^2 = \hat{E}$，阶数为 2。例如，$C_6H_5OH$、$m$-$C_6H_4ClBR$ 分子属于 C_s 对称群。

(2) C_i 群　C_i' 对称元素系的全部对称操作构成相应的 C_i 群。群元素有 $\hat{i}, \hat{i}^2 = \hat{E}$，阶数为 2。例如，二氯二溴、乙烷分子属于 C_i 对称群。

(3) S_{2n} 群　S_{2n}' 对称元素系的全部对称操作构成相应的 S_{2n} 群。阶数为 $2n$，$\hat{S}_{2n}$，$\hat{S}_{2n}^2, \cdots, \hat{S}_{2n}^{2n-1}, \hat{S}_{2n}^{2n} = \hat{E}$。群元素有 $2n$ 个。分子中常见的 S_{2n} 群有 S_2、S_4 和 S_6，S_2 点群只有一个对称中心。例如，反式的 CHClBR—CHClBR 分子属 S_2 群。1, 3, 5, 7-四甲基环辛四烯分子属 S_4 群。

椅式环己烷是属于 S_6 群的分子。群元素即全部对称操作有 6 个，即 $\hat{E}$，$\hat{S}_6$，$\hat{S}_6^2 = \hat{S}_3$，$\hat{S}_6^3 = \hat{S}_2 = \hat{i}$，$\hat{S}_6^4 = \hat{C}_3^2$，$\hat{S}_6^5$。

(4) C_n 群　C_n' 对称元素系的全部对称操作构成相应的 C_n 群。群元素为 $\hat{C}_n, \hat{C}_n^2, \cdots$，$C_n^n = \hat{E}$，阶数为 n。例如，属于 C_n' 对称元素系的 H_2O_2，有 $\hat{C}_2, \hat{C}_2^2 = \hat{E}$ 对称操作，构成 C_2 群。

(5) C_{nh} 群　C_{nh}' 对称元素系的全部对称操作构成相应的 C_{nh} 群，群元素为 $2n$ 个，即 $\hat{E}, \hat{C}_n, \hat{C}_n^2, \cdots, \hat{C}_n^{n-1}, \hat{\sigma}_h, \hat{\sigma}_h\hat{C}_n, \hat{\sigma}_h\hat{C}_n^2, \cdots, \hat{\sigma}_h\hat{C}_n^{n-1}$，阶数为 $2n$。分子中常见的 C_{nh} 群有 C_{1h}、C_{2h}。C_{1h} 只有镜面对称性。例如，C_6H_4ClBr 分子属于 C_{2h} 群。C_{1h} 是 C_{nh} 中的特例，用符号 C_s 表示。反式二氯乙烯分子属于 C_{2h} 群。

(6) C_{nv} 群　C_{nv} 群的群元素有 $2n$ 个，即 n 个旋转和 n 个反映。例如，H_2O、HCHO 等分子属于 C_{2v} 群，CO、NO、HF 等分子属于 $C_{\infty v}$ 群。

(7) D_n 群　D_n 群的群元素也是 $2n$ 个，即 n 个沿主轴的旋转和 n 个沿 C_2 轴的旋转(恒等操作只执行一次)。例如，非平面的乙烯分子属于 D_2 群，钴乙二胺络离子属于 D_3 群。

(8) D_{nh} 群　D_{nh} 群的群元素有 $4n$ 个，即 $\hat{C}_n^1, \hat{C}_n^2, \hat{C}_n^3, \cdots, \hat{C}_n^n = \hat{E}, n\hat{C}_2, \hat{\sigma}_h, n\hat{\sigma}_v$。分子中常见的 D_{nh} 群有 D_{2h}、D_{3h}、D_{4h}、D_{5h}、D_{6h} 和 $D_{\infty h}$ 群。例如，乙烯(C_2H_4)分子属 D_{2h} 群，BF_3 分子属 D_{3h} 群，$[PtCl_4]^{2-}$ 络离子属 D_{4h} 群，$[C_5H_5]^-$ 属 D_{5h} 群，C_6H_6 属 D_{6h} 群，具有对称中心的直线型分子如 H_2、O_2、CO_2 分子属 $D_{\infty h}$ 群。

(9) D_{nd} 群　D_{nd} 群的群元素有 $4n$ 个，即 $\hat{C}_n^1, \hat{C}_n^2, \hat{C}_n^3, \cdots, \hat{C}_n^n = \hat{E}$，$n\hat{C}_2$，$n\hat{\sigma}_d$，$\hat{S}_{2n}$，$\hat{S}_{2n}^3$，$\hat{S}_{2n}^5, \cdots, \hat{S}_{2n}^{2n-1}$。分子中常见的 D_{nd} 群有 D_{2d}、D_{3d} 和 D_{4d}。$H_2C{=}C{=}CH_2$ 分子属 D_{2d} 群，交错构型的 $H_3C{-}CH_3$ 分子属 D_{3d} 群，S_8 分子属 D_{4d} 群。

(10) T_d 群　具有正四面体构型的 AB_4 型分子属 T_d 群，它的群元素有 24 个，为 $\hat{E}, 4\hat{C}_3^1$，$4\hat{C}_3^2, 3\hat{C}_2^1, 3\hat{S}_4^1, 3\hat{S}_4^3, \hat{\sigma}_d^{(1)}, \hat{\sigma}_d^{(2)}, \hat{\sigma}_d^{(3)}, \hat{\sigma}_d^{(4)}, \hat{\sigma}_d^{(5)}, \hat{\sigma}_d^{(6)}$，阶数为 24。例如，$CH_4$、$CCl_4$、$SiH_4$ 等分子属 T_d 群。

(11) O_h 群　具有正八面体构型的 AB_6 型分子属 O_h 群。它的群元素有 48 个，为 $\hat{E}, 3\hat{C}_4^1$，$3\hat{C}_4^3, 4\hat{C}_3^1, 4\hat{C}_3^2, 6\hat{C}_2^1, \hat{i}, 3\hat{S}_4^1, 3\hat{S}_4^2, 3\hat{S}_4^3, 3\hat{\sigma}_h, 6\hat{\sigma}_d, 4\hat{S}_3^1, 4\hat{S}_3^2$，阶数为 48。例如，$SF_6$、$[PtCl_4]^{2-}$、$[Fe(CN)_6]^{4-}$、$[Fe(CN)_6]^{3-}$ 属 O_h 群。

9.2.3　群的乘法表

群具有封闭性，即任意两个群元素的乘积仍然是群元素。因此，可以将群元素的乘积排列成一个表，称为群的乘法表。h 群的乘法表由 h 行和 h 列构成，将 h 个群元素按一定的顺序排列在表的上方，称为列元素，再按上面的顺序 h 将这 h 个群元素排列在表的左方，称为行元素。在列元素的下边画一条横线，在行元素的右边画一条竖线，这两条线将行元素和列元素与乘积元素隔开。乘法表中的第 i 行、第 j 列的位置填上第 i 行的行元素乘以第 j 列的列元素的积。由于群元素的乘法不一定满足交换律，所以规定乘法按行元素乘以列元素的顺序进行。表 9.2 是按上述原则构造的 C_{3v} 群的乘法表。

表 9.2　C_{3v} 群的乘法表

$G(C_{3v})$	E	C_3	C_3^2	σ_1	σ_2	σ_3
E	E	C_3	C_3^2	σ_1	σ_2	σ_3
C_3	C_3	C_3^2	E	σ_3	σ_1	σ_2
C_3^2	C_3^2	E	C_3	σ_2	σ_3	σ_1
σ_1	σ_1	σ_2	σ_3	E	C_3	C_3^2
σ_2	σ_2	σ_3	σ_1	C_3^2	E	C_3
σ_3	σ_3	σ_1	σ_2	C_3	C_3^2	E

由 C_{3v} 群的乘法表可见，每个群元素在乘法表的每一行和每一列中出现一次，而且只出现一次。因此，乘法表中不能有两行是相同的，也不能有两列是相同的，每一行和每一列都是群元素的重新排列。这一事实称为乘法表的重排定理。

9.2.4　子群

分析 C_{3v} 群的乘法表可知，这个六阶群包含较小的群。E 本身就是一个群，实际上任何群都包含一阶群 E。C_{3v} 群的 E、C_3、C_3^2 三个元素构成 C_3 群。可见，C_3 群的乘法表是 C_{3v} 群的一部分。这种被较大的群包含的较小的群称为较大群的子群。群和它的子群具有相同的乘法(运算规则)。子群的阶 g 一定是群的阶 h 的整数因子，即有限群的阶能被它的子群的阶整除(商为整数)。例如，C_{3v} 的阶为 6，子群 C_3 的阶为 3，群 C_{3v} 的阶(6)能被其子群 C_3 的阶(3)整除(商为 2)。

9.2.5　共轭群

若 A 和 X 是群 G 的两个元素，有

$$X^{-}AX = B \tag{9.1}$$

B 是群 G 的元素，则说 B 是 A 借助于 X 所得的相似变换，并称 A 和 B 是共轭的。

令

$$X=E$$

则对任一群元素 A 都有

$$X^{-1}AX = A$$

可见，每个群元素都与它自己共轭。

若

$$B = X^{-1}AX \tag{9.2}$$

则群 G 中必有另一个元素 Y，使得

$$A = Y^{-1}BY$$

这是因为将

$$B = X^{-1}AX$$

两边左乘 X，再右乘 X^{-1}，得

$$XBX^{-1} = XX^{-1}AXX^{-1} = A \tag{9.3}$$

群元素 X 的逆元素也是群的元素，即

$$Y = X^{-1}$$

所以式(9.3)可以写作

$$Y^{-1}BY = A \tag{9.4}$$

所以，若 B 与 A 共轭，则 A 也与 B 共轭。并且，若 A 与 B 共轭，B 与 C 共轭，则 A 与 C 共轭。

由此可见，相互共轭的元素彼此之间存在着相似变换的关系。称群中这种相互共轭的元素集合为共轭类，简称类。

由 C_{3v} 群的乘法表得 $C_3^{-1} = C_3^2$，$\sigma_v^{-1} = \sigma$，可见，恒等元素 E 自成一类；C_3 和 C_3^2 构成一个二阶类；σ_1、σ_2 和 σ_3 构成一个三阶类。1、2、3 都是 C_{3v} 群的阶(6)的整数因子，即共轭类中元素的数目。共轭类中元素的数目一定是群的阶的整数因子。

9.2.6 群的同构

设 R_1、R_2、…、R_n 是群 G 的元素，R_1'、R_2'、…、R_n' 是群 G' 的元素。如果群 R 和群 R' 的元素有一一对应的关系，群 G 中 $R_iR_j = R_k$，则在群 G' 中必然有 $R_i'R_j' = R_k'$，反之亦然，则称群 G 和群 G' 同构。显然，两个同构的群具有相同的阶、相同的乘法表。

如果把上述同构的条件一对一放宽到多对一，即群 G 的一组元素 $\{g_p\}$ 对应群 G' 的一个元素 g_p'：$\{g_i\} \to g_i'$，$\{g_j\} \to g_j'$，$\{g_k\} \to g_k'$，在群 G 中有 $g_ig_j = g_k$，则群 G' 中有 $g_i'g_j' = g_k'$，群 G' 是群 G 的一个同态映像，简单来说群 G' 与群 G 同态，并称 g_i' 是 $\{g_i\}$ 在

G' 的映像，而称$\{g_i\}$是g_i'在群 G 中的原像。如果$\{g_i\}$中仅有一个元素，群 G 和群 G' 就同构了。所以，同构是同态的特例。

9.3　群的表示理论

在解析几何中，图形可以用代数方程表示。坐标轴的变换(移动或转动)，改变图形与坐标轴的相对位置(各点的坐标)，但不改变图形的形状。坐标轴的变换可以用数学式子表示。

对称操作也只是改变图形的位置，而不改变图形的形状。因此，对称操作也可以用数学式子表示。对图形而言，对称操作是一种变换，这种变换是线性变换。

9.3.1　线性变换

设$L^{(n)}$是 n 维向量空间，e_1、e_2、…、e_n都属于$L^{(n)}$。如果e_1、e_2、…、e_n线性无关，$L^{(n)}$中的任一向量 $\boldsymbol{a}$ 都可表示为e_1、e_2、…、e_n的线性组合，而且是唯一的，则称e_1、e_2、…、e_n是 n 维向量空间的一组基向量，简称基。

对向量空间 $L^{(n)}$ 进行线性变换 $\hat{T}$，向量空间中一点 $p(x_1、x_2、\cdots、x_n)$ 移到了另一点 $p'(x_1'、x_2'、\cdots、x_n')$。下面讨论新坐标$(x_1'、x_2'、\cdots、x_n')$和旧坐标$(x_1、x_2、\cdots、x_n)$的关系。

经线性变换$\hat{T}$后，$L^{(n)}$空间的一组基e_1、e_2、…、e_n变换到$\hat{T}e_1$、$\hat{T}e_2$、…、$\hat{T}e_n$，它们仍在$L^{(n)}$空间，可以表示为

$$\begin{aligned}\hat{T}e_1 &= a_{11}e_1 + a_{21}e_2 + \cdots + a_{n1}e_n \\ \hat{T}e_2 &= a_{12}e_1 + a_{22}e_2 + \cdots + a_{n2}e_n \\ &\vdots \\ \hat{T}e_n &= a_{1n}e_1 + a_{2n}e_2 + \cdots + a_{nn}e_n\end{aligned}$$

将上式写成矩阵形式，有

$$\hat{T}(e_1、e_2、\cdots、e_n)=(\hat{T}e_1、\hat{T}e_2、\cdots、\hat{T}e_n)=(e_1、e_2、\cdots、e_n)\boldsymbol{D}(\hat{T}) \tag{9.5}$$

式中

$$\boldsymbol{D}(\hat{T})=\begin{pmatrix} a_{11} & a_{12} & \cdots & a_{1n} \\ a_{21} & a_{22} & \cdots & a_{2n} \\ \vdots & \vdots & & \vdots \\ a_{n1} & a_{n2} & \cdots & a_{nn} \end{pmatrix}$$

称为线性变换$\hat{T}$在基e_1、e_2、…、e_n下的矩阵。

由上可见，在 n 维矢量空间 $L^{(n)}$ 中选定基以后，线性变换对基的作用可以用一个

矩阵 $\boldsymbol{D}(\hat{T})$ 表示。下面证明，矩阵 $\boldsymbol{D}(\hat{T})$ 实际上也刻画了在选定的基下一切向量变换后的情况。

经线性变换 $\hat{T}$，点 P 变换到点 P'，即向量 OP 变换到 OP'，OP 和 OP' 都在 n 维空间 $L^{(n)}$ 中，因此可以用基向量的线性组合表示，即

$$OP = x_1e_1 + x_2e_2 + \cdots + x_ne_n$$

$$\begin{aligned} OP' = \hat{T}OP &= x_1'e_1 + x_2'e_2 + \cdots + x_n'e_n \\ &= (e_1e_2\cdots e_n)\begin{pmatrix} x_1' \\ x_2' \\ \vdots \\ x_n' \end{pmatrix} \end{aligned} \tag{9.6}$$

$$\begin{aligned} OP' = \hat{T}OP &= \hat{T}(x_1e_1 + x_2e_2 + \cdots + x_ne_n) \\ &= x_1\hat{T}e_1 + x_2\hat{T}e_2 + \cdots + x_n\hat{T}e_n \\ &= (Te_1Te_2\cdots Te_n)\begin{pmatrix} x_1 \\ x_2 \\ \vdots \\ x_n \end{pmatrix} \end{aligned} \tag{9.7}$$

将式(9.5)代入式(9.7)，得

$$OP' = \hat{T}OP = (e_1e_2\cdots e_n)\boldsymbol{D}(\hat{T})\begin{pmatrix} x_1 \\ x_2 \\ \vdots \\ x_n \end{pmatrix} \tag{9.8}$$

比较式(9.6)和式(9.8)，得

$$\begin{pmatrix} x_1' \\ x_2' \\ \vdots \\ x_n' \end{pmatrix} = \begin{pmatrix} a_{11} & a_{12} & \cdots & a_{1n} \\ a_{21} & a_{22} & \cdots & a_{2n} \\ \vdots & \vdots & & \vdots \\ a_{n1} & a_{n2} & \cdots & a_{nn} \end{pmatrix}\begin{pmatrix} x_1 \\ x_2 \\ \vdots \\ x_n \end{pmatrix} \tag{9.9}$$

式(9.9)是在线性变换 $\hat{T}$ 下向量变换的规律，也是点的坐标变换的规律。

一个线性变换在给定的基的条件下与一个矩阵对应，给出不同的基，则同一线性变换将对应不同的矩阵。这些矩阵间有什么关系？

设在 n 维矢量空间 $L^{(n)}$ 中，线性变换 $\hat{T}$ 在两组基 e_1、e_2、…、e_n 和 ε_1、ε_2、…、ε_n 下的矩阵分别为 $\boldsymbol{B}$ 和 $\boldsymbol{C}$，即

$$\left(\hat{T}e_1、\hat{T}e_2、\cdots、\hat{T}e_n\right) = (e_1、e_2、\cdots、e_n)\boldsymbol{B} \tag{9.10}$$

$$\left(\hat{T}\varepsilon_1、\hat{T}\varepsilon_2、\cdots、\hat{T}\varepsilon_n\right) = (\varepsilon_1、\varepsilon_2、\cdots、\varepsilon_n)\boldsymbol{C} \tag{9.11}$$

基 ε_1、ε_2、…、ε_n 中每一个都可以用 e_1、e_2、…、e_n 的线性组合表示，因此有

$$(\varepsilon_1、\varepsilon_2、\cdots、\varepsilon_n)=(e_1、e_2、\cdots、e_n)\boldsymbol{A} \tag{9.12}$$

于是

$$\begin{aligned}(\hat{T}\varepsilon_1、\hat{T}\varepsilon_2、\cdots、\hat{T}\varepsilon_n)&=\hat{T}(\varepsilon_1、\varepsilon_2、\cdots、\varepsilon_n)\\&=\hat{T}\left[(e_1、e_2、\cdots、e_n)\boldsymbol{A}\right]\\&=\left[\hat{T}(e_1、e_2、\cdots、e_n)\right]\boldsymbol{A}\\&=(e_1、e_2、\cdots、e_n)\boldsymbol{BA}\\&=(\varepsilon_1、\varepsilon_2、\cdots、\varepsilon_n)\boldsymbol{A}^{-1}\boldsymbol{BA}\end{aligned} \tag{9.13}$$

将式(9.13)与式(9.11)比较，得

$$\boldsymbol{C}=\boldsymbol{A}^{-1}\boldsymbol{BA} \tag{9.14}$$

式(9.14)说明，同一个线性变换 $\hat{T}$ 在不同的基下的矩阵不同，它们之间存在相似变换的关系。正是由于一个线性变换在不同的基下对应的矩阵不同，它们之间具有相似变换的关系，因此若选择一组比较好的基，就可以使变换矩阵形式简单。

9.3.2　群的表示

如上所述，n 维向量空间的线性变换可以用一个 $n\times n$ 维的矩阵表示。对称操作属于线性变换，也可以用一个矩阵表示。如果对于给定的一组基，将对称操作群中的所有对称操作对应的矩阵都求出来，这一组矩阵也构成一个群，它与相应的对称操作群同态，称矩阵群是对称操作群对应于给定基的表示，矩阵称为表示矩阵。

下面以 C_{3v} 群为例加以说明。C_{3v} 群包含六个对称操作，即 E、C_3、$C_3^2=C_3^{-1}$、$\sigma_v^{(1)}$、$\sigma_v^{(2)}$、$\sigma_v^{(3)}$。以属于 C_{3v} 群的 NH_3 为对象讨论。坐标系的选择如图 9.18 所示。

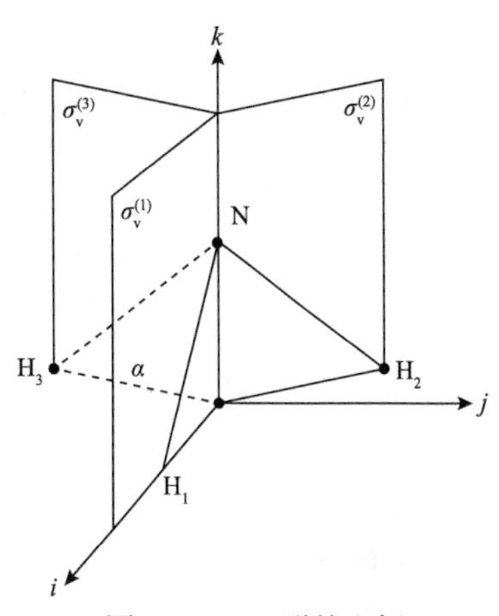

图 9.18　C_{3v} 群的坐标

通过考察 i、j、k 或空间任一点在各对称操作下的变换性质，利用式(9.5)或式(9.9)就可以写出对称操作相应的表示矩阵。

1. k 的变换性质

由于 C_{3v} 群的所有对称操作 k 都不动，即

$$\hat{T}k=k$$

空间中任一点的坐标 z 在 C_{3v} 群的任一操作 $\hat{T}$ 下都不变，即

$$z'=z'$$

可见，k 构成 C_{3v} 群的一维表示的基，六个对称操作的表示矩阵都是(1)。以 Γ_1 标记这个一维表示。

2. i 和 j 的变换性质

用同样的方法研究 i 和 j 的变换性质，得

$$\hat{T}i = f(i,j)$$

$$\hat{T}j = g(i,j)$$

对称操作的结果使 i 和 j 都越出了由 i 和 j 决定的一维空间，因此，i 和 j 不能单独作为 C_{3v} 群的一维表示的基。但是，i 和 j 合起来可以作为 C_{3v} 群的二维表示的基。因为在 C_{3v} 群的对称操作的作用下，位于 xy 平面的任一向量仅在 xy 平面内变换，而不会越出 xy 平面，即变换后的向量仍然可以用 i 和 j 的线性组合表示。

若选 i 、j 为基，只需考虑 xy 平面上的点 $P(x、y)$ 在对称操作下的变换情况即可。

设 $\boldsymbol{a} = \overline{OP}$ ，$\boldsymbol{a}$ 与 x 轴的夹角为 φ ，则

$$x = |\boldsymbol{a}|\cos\varphi$$

$$y = |\boldsymbol{a}|\sin\varphi$$

在 $\hat{C}_3$ 的作用下，$\boldsymbol{a}$ 与 x 轴的夹角变为 $\varphi + 120^\circ$ ，则变换后的坐标为

$$x' = |\boldsymbol{a}|\cos\left(\varphi + 120^\circ\right) = -\frac{1}{2}x - \frac{\sqrt{3}}{2}y$$

$$y' = |\boldsymbol{a}|\sin\left(\varphi + 120^\circ\right) = \frac{\sqrt{3}}{2}x - \frac{1}{2}y$$

写成矩阵，有

$$\begin{pmatrix} x' \\ y' \end{pmatrix} = \begin{pmatrix} -\frac{1}{2} & -\frac{\sqrt{3}}{2} \\ \frac{\sqrt{3}}{2} & -\frac{1}{2} \end{pmatrix} \begin{pmatrix} x \\ y \end{pmatrix}$$

与式(9.9)比较可知，等号右边的二阶方阵就是对称操作 $\hat{C}_3^1$ 的表示矩阵，即

$$\boldsymbol{D}\left(\hat{C}_3^1\right) = \begin{pmatrix} -\frac{1}{2} & -\frac{\sqrt{3}}{2} \\ \frac{\sqrt{3}}{2} & -\frac{1}{2} \end{pmatrix}$$

同理可得

$$\boldsymbol{D}\left(\hat{C}_3^2\right) = \begin{pmatrix} -\frac{1}{2} & \frac{\sqrt{3}}{2} \\ -\frac{\sqrt{3}}{2} & -\frac{1}{2} \end{pmatrix}$$

由于 x 轴位于 $\hat{\sigma}_{\mathrm{v}}^{(1)}$ 内，在 $\hat{\sigma}_{\mathrm{v}}^{(1)}$ 作用下 i 不变， j 变成 $-j$ ，即

$$\hat{\sigma}_{\mathrm{v}}^{(1)} i = i$$

$$\hat{\sigma}_{\mathrm{v}}^{(1)} j = -j$$

写成矩阵为

$$\left(\hat{\sigma}_{\mathrm{v}}^{(1)} i \quad \hat{\sigma}_{\mathrm{v}}^{(1)} j\right) = \left(i \quad j\right)\begin{pmatrix} 1 & 0 \\ 0 & -1 \end{pmatrix}$$

与式(9.5)比较，得

$$\boldsymbol{D}\left(\hat{\sigma}_{\mathrm{v}}^{(1)}\right) = \begin{pmatrix} 1 & 0 \\ 0 & -1 \end{pmatrix}$$

$\hat{\sigma}_{\mathrm{v}}^{(2)}$ 和 $\hat{\sigma}_{\mathrm{v}}^{(1)}$ 间的二面角为 120° ， $\boldsymbol{a}$ 与 $\hat{\sigma}_{\mathrm{v}}^{(2)}$ 的夹角为 $120^{\circ} - \varphi$ ，经相对于 $\hat{\sigma}_{\mathrm{v}}^{(1)}$ 的反映后， $\boldsymbol{a}$ 与 x 轴的夹角变为 $\varphi + 2\left(120^{\circ} - \varphi\right) = 240^{\circ} - \varphi$ ，因此

$$x' = |\boldsymbol{a}|\cos\left(240^{\circ} - \varphi\right) = -\frac{1}{2}x - \frac{\sqrt{3}}{2}y$$

$$y' = |\boldsymbol{a}|\sin\left(240^{\circ} - \varphi\right) = -\frac{\sqrt{3}}{2}x + \frac{1}{2}y$$

即

$$\begin{pmatrix} x' \\ y' \end{pmatrix} = \begin{pmatrix} -\dfrac{1}{2} & -\dfrac{\sqrt{3}}{2} \\ -\dfrac{\sqrt{3}}{2} & \dfrac{1}{2} \end{pmatrix}\begin{pmatrix} x \\ y \end{pmatrix}$$

所以

$$\boldsymbol{D}\left(\hat{\sigma}_{\mathrm{v}}^{(2)}\right) = \begin{pmatrix} -\dfrac{1}{2} & -\dfrac{\sqrt{3}}{2} \\ -\dfrac{\sqrt{3}}{2} & \dfrac{1}{2} \end{pmatrix}$$

同理有

$$\boldsymbol{D}\left(\hat{\sigma}_{\mathrm{v}}^{(3)}\right) = \begin{pmatrix} -\dfrac{1}{2} & \dfrac{\sqrt{3}}{2} \\ \dfrac{\sqrt{3}}{2} & \dfrac{1}{2} \end{pmatrix}$$

对于恒等操作 $\hat{E}$ ，则有

$$x' = x \text{ ，} \quad y' = y$$

所以

$$\boldsymbol{D}(\hat{E})=\begin{pmatrix}1 & 0\\ 0 & 1\end{pmatrix}$$

至此，找出了以 i 、j 为基的二维空间中 C_{3v} 群各对称操作的表示矩阵，列于表 9.3。这个二维表示为 Γ_3。利用矩阵的乘法规则，可以验证这个二维矩阵构成群，该群与 C_{3v} 群有相同的乘法表，二者有一一对应的关系，所以 Γ_3 群与 C_{3v} 群同构。

表 9.3　Γ_3 群的矩阵表示

	$\hat{E}$	$\hat{C}_3^1$	$\hat{C}_3^2$	$\hat{\sigma}_v^{(1)}$	$\hat{\sigma}_v^{(2)}$	$\hat{\sigma}_v^{(3)}$
Γ_1	(1)	(1)	(1)	(1)	(1)	(1)
Γ_2	(1)	(1)	(1)	(−1)	(−1)	(−1)
Γ_3	$\begin{pmatrix}1 & 0\\ 0 & 1\end{pmatrix}$	$\begin{pmatrix}-\frac{1}{2} & -\frac{\sqrt{3}}{2}\\ \frac{\sqrt{3}}{2} & -\frac{1}{2}\end{pmatrix}$	$\begin{pmatrix}-\frac{1}{2} & \frac{\sqrt{3}}{2}\\ -\frac{\sqrt{3}}{2} & -\frac{1}{2}\end{pmatrix}$	$\begin{pmatrix}1 & 0\\ 0 & -1\end{pmatrix}$	$\begin{pmatrix}-\frac{1}{2} & -\frac{\sqrt{3}}{2}\\ -\frac{\sqrt{3}}{2} & \frac{1}{2}\end{pmatrix}$	$\begin{pmatrix}-\frac{1}{2} & \frac{\sqrt{3}}{2}\\ \frac{\sqrt{3}}{2} & \frac{1}{2}\end{pmatrix}$

Γ_3 的表示矩阵具有以下特点

$$\sum_{j=1}^{n} a_{jk}^{*} a_{jk}=1 \tag{9.15a}$$

$$\sum_{k=1}^{n} a_{jk}^{*} a_{jk}=1 \tag{9.15b}$$

$$\sum_{j=1}^{n} a_{jk}^{*} a_{jl}=0 \tag{9.15c}$$

$$\sum_{k=1}^{n} a_{jk}^{*} a_{ik}=0 \tag{9.15d}$$

可见，以这样的矩阵的同行(或列)元素作为矢量的分量，所得的 n 个矢量是一组正交归一的矢量。具有这种性质的矩阵称为酉方阵。以酉方阵作为群的对称操作的表示矩阵称为酉表示。本例中由于所有的矩阵元素都是实数，因此这些酉方阵还是正交方阵。利用对称操作不改变物体中任意两点间的距离，因而也不改变两个向量的标积(内积)的性质。可以证明，凡是以一组正交归一的向量为基向量的表示矩阵都是正交方阵。也就是说，以一组正交归一的向量为基向量的表示都是酉表示。若采用非正交基，所得的表示就不是酉表示，这种表示矩阵与同空间的酉表示的矩阵有着相似变换的关系，是酉表示的等价表示。因为在 n 维向量空间中，非正交归一的基向量可以有任意多组，而独立的正交归一基向量只有一组，所以在这一空间中群表示有无限多个，但它们都等价于一个酉表示。

3. 函数作为对称操作的基

除向量外，函数也可以作为对称操作的基。设函数集合 F 满足

(1)若函数 f_i 、$f_j \in F$,λ_1 和 λ_2 为两个任意常数，则

$$\lambda_1 f_1 + \lambda_2 f_2 \in F$$

(2)定义函数的标量积为 $\int f_i^* f_i \mathrm{d}\tau$ ，积分遍及变量的整个变化范围。

(3)任何函数 $\phi \in F$ 可以用 n 个线性无关的函数 ϕ_1、ϕ_2、…、ϕ_n 的线性组合表示，即

$$\psi = \sum_{i=1}^{n} a_i \phi_i$$

则称 F 是 n 维函数空间。ϕ_1、ϕ_2、…、ϕ_n 是该函数空间的一组基函数，满足

$$\int \phi_i^* \phi_j \mathrm{d}\tau = \delta_{ij}$$

的一组基函数称为正交归一的基函数。

可以证明，体系的一组简并波函数满足基函数的定义。例如，氢原子的五个 d 轨道波函数 d_2、d_1、d_0、d_{-1}、d_{-2} 可以作为五维函数空间的一组基函数，而且是正交归一的，任何一个主量子数相同的 d 轨道波函数(如 d_{xy})可以用它们的线性组合表示。

对称操作 $\hat{T}$ 将空间的点 P 移到点 P' ,函数形式由原来的 f 变为 $f'\left(=\hat{T}f\right)$。f' 在 P' 点的值应等于 f 在 P 点的值。这是因为在空间定义了一个函数 f ，就等于在空间定义了一个场，对称操作作用于 f 等于场的变换。例如，将正八面体络合物绕 z 轴逆时针转 45° ，$\mathrm{d}_{x^2-y^2}$ 轨道变成了 d_{xy} 轨道，函数形式变了，但 d_{xy} 在 $\left(r,\theta,\varphi+45^\circ\right)$ 点的值等于 $\mathrm{d}_{x^2-y^2}$ 在 $\left(r,\theta,\varphi\right)$ 点的值。于是

$$\hat{T}f\left(P'\right) = f\left(P\right) \tag{9.16}$$

因为

$$P' = \hat{T}P \tag{9.17}$$

所以式(9.16)可以写作

$$\hat{T}f\left(P\right) = f\left(\hat{T}^{-1}P\right) \tag{9.18}$$

定义微分转动算符为

$$\hat{L}_x = y\frac{\partial}{\partial z} - z\frac{\partial}{\partial y} \tag{9.19a}$$

$$\hat{L}_y = z\frac{\partial}{\partial x} - x\frac{\partial}{\partial z} \tag{9.19b}$$

$$\hat{L}_z = x\frac{\partial}{\partial y} - y\frac{\partial}{\partial x} \tag{9.19c}$$

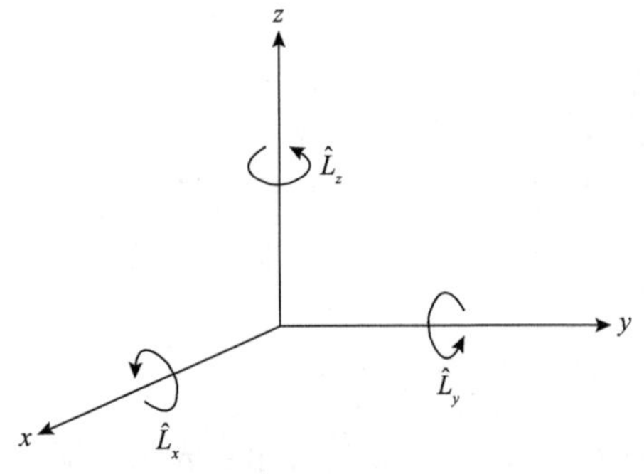

图 9.19 转动函数 $\hat{L}_x$、$\hat{L}_y$、$\hat{L}_z$

是一类常用的基函数。$\hat{L}_x$、$\hat{L}_y$、$\hat{L}_z$ 分别是沿 x、y、z 的三个转动，如图 9.19 所示。沿任何轴的转动可以分解成沿 x、y、z 轴的三个转动的矢量和。

如果以 $C_{3\mathrm{v}}$ 群的对称操作作用于 $\hat{L}_z$，可以看出，对称操作 $\hat{E}$、$\hat{C}_3^1$、$\hat{C}_3^2$ 使 $\hat{L}_z$ 不变，而对称操作 $\hat{\sigma}_\mathrm{v}^{(1)}$、$\hat{\sigma}_\mathrm{v}^{(2)}$、$\hat{\sigma}_\mathrm{v}^{(3)}$ 使 $\hat{L}_z$ 变号，即反向旋转。因此，$\hat{L}_z$ 可以作为 $C_{3\mathrm{v}}$ 群的另一个一维表示的基。相应于 $\hat{E}$、$\hat{C}_3^1$、$\hat{C}_3^2$、$\hat{\sigma}_\mathrm{v}^{(1)}$、$\hat{\sigma}_\mathrm{v}^{(2)}$、$\hat{\sigma}_\mathrm{v}^{(3)}$ 的表示矩阵为 (1)、(1)、(1)、(-1)、(-1)、(-1)。用 Γ_3 标记这个表示。可以证明，$(\hat{L}_x, \hat{L}_y)$ 构成 $C_{3\mathrm{v}}$ 群的另一个二维表示的基，这个二维表示与以 (i, j) 为基的二维表示 Γ_3 等价。

4. 不可约表示

下面讨论 $C_{3\mathrm{v}}$ 群的三维表示。

以 i、j、k 为基，由于 k 单独变换，i 和 j 牵连在一起，所以变换方程为

$$\begin{pmatrix} \hat{T}_i & \hat{T}_j & \hat{T}_k \end{pmatrix} = \begin{pmatrix} i & j & k \end{pmatrix} \begin{pmatrix} a_{11} & a_{12} & 0 \\ a_{21} & a_{22} & 0 \\ 0 & 0 & a_{33} \end{pmatrix}$$

所有操作的表示矩阵都有准对角结构，即

$$\begin{pmatrix} a_{11} & a_{12} & 0 \\ a_{21} & a_{22} & 0 \\ 0 & 0 & a_{33} \end{pmatrix} \tag{9.20}$$

矩阵主对角线上有维数较低的方阵，其余元素都是零。这一表示以 Γ_4 标记。Γ_4 表示矩阵的分块结构中，二维子方阵就是 Γ_3 的表示矩阵，一维方阵就是 Γ_1 的表示矩阵，即 Γ_4 是由 Γ_1 和 Γ_3 构成的。称 Γ_4 是 Γ_1 和 Γ_3 的直和，记为

$$\Gamma_4 = \Gamma_1 \oplus \Gamma_3$$

同理，以 $\hat{L}_x$、$\hat{L}_y$、$\hat{L}_z$ 为基，得到的三维表示 Γ_5 为 Γ_2 和 Γ_3 的直和，记为

$$\Gamma_5 = \Gamma_2 \oplus \Gamma_3 \tag{9.21}$$

若一个维数较高的表示可以分解为维数较低的表示的直和，则称它是一个可约表示，若不能再分解，则称它是不可约表示。

一般而言，对于任意给定的基，矩阵表示不具有准对角形式，但可以利用相似变换准对角化。若经过相同的相似变换将群的所有操作的表示矩阵都准对角化，且各表示矩阵具有相似的方块结构，原矩阵就是可约的，否则是不可约的。

群的可约表示可以有无穷多个，但群的不可约表示的数目却有限(等于群中共轭类

的数目)。这类似于 n 维向量空间的向量。在这个 n 维向量空间中可以有无限多个向量，但是只有 n 个正交归一的基向量。可以将任意向量表示成基向量的线性组合，同样也可以将群的任一个表示约化成不可约表示的直和。

9.3.3　特征标和特征标表

一个方阵的对角元素之和称为方阵的迹(χ)，即

$$\chi = \sum_{i=1}^{n} a_{ii} \tag{9.22}$$

矩阵的乘法不满足交换律，即 $\boldsymbol{AB} \neq \boldsymbol{BA}$，但是两个方阵的乘积的迹却与相乘的次序无关，即

$$\chi_{\boldsymbol{AB}} = \chi_{\boldsymbol{BA}} \tag{9.23}$$

因此，相似变换不改变方阵的迹，即

$$\chi_{\boldsymbol{A}} = \chi_{\boldsymbol{C}^{-1}\boldsymbol{AC}} \tag{9.24}$$

方阵的迹具有与相似变换无关的性质，是一个方阵的特征。因此，方阵的迹 χ 又称方阵的特征标。

任何一个表示可以等价于一个酉表示。将一个表示经相似变换后化成一个酉表示的过程中，特征标不会改变。因此，等价表示具有相同的特征标。

若可约表示 Γ 可以约化为几个不可约表示的直和

$$\Gamma = a_1\Gamma_1 \oplus a_2\Gamma_2 \oplus a_3\Gamma_3 \oplus \cdots$$

则

$$\chi_{\Gamma} = a_1\chi_{\Gamma_1} + a_2\chi_{\Gamma_2} + a_3\chi_{\Gamma_3} + \cdots \tag{9.25}$$

这是因为将可约表示约化成准对角方阵的过程中特征标不变。

因此，对于一个群，只要找出它的不可约表示就够了，不需要知道这些不可约表示的矩阵元素，它们的特征标就可以刻画该表示的特征。将不可约表示的特征标按照一定的规格列表，此表称为群的特征标表。表 9.4 是 C_{3v} 群的特征标表，由表可见，表的左上角是群的熊夫利(Schöenflies)记号。

表 9.4　C_{3v} 群的特征标表

C_{3v}	E	$2C_3$	$3\sigma_v$		
A_1	1	1	1	z	x^2+y^2, z^2
A_2	1	1	−1	$\hat{L}_z$	
E	2	−1	0	$(x,y),(\hat{L}_x,\hat{L}_y)$	$(x^2-y^2,xy),(xy,yz)$

表的第一栏是不可约表示的名称，字母 A 、B 标记一维不可约表示。对于绕主轴的旋转 $\hat{C}_n$ 是对称的则用 A ，否则用 B 。用 E 、T（或 F ）、U（或 G ）、W（或 H ）分别标记二、三、四、五维不可约表示。如果有对称中心，则用 g 标记对反演是对称的，用 u 标记对反演是反对称的。如果有水平镜面 σ_{h} ，则用 σ_{h}' 表示对反映是对称的，用 σ_{h}'' 表示对反映是反对称的。如果又有对称中心又有水平镜面，则优先用对称中心。如果用这些标记还不足以区分全部表示，再加下角标 1, 2, ⋯。对于一维表示 A 和 B ，下标 1 和 2 分别标记对垂直于主轴的 C_2 轴是对称的或反对称的。如果没有二重轴，就标记对垂直镜面 σ_{v} 的反映是对称的或反对称的。对于三维表示 T，下角标 1 和 2 分别标记对四重轴（C_4 或 S_4 ）的特征标 1 或–1。对于二维表示 E 的下角标数字，是以三角函数为基函数。

表 9.4 的第二栏是对称操作的矩阵表示的特征标。由于属于同一类的所有群元素有相同的特征标，因此不必列出该类的全部元素，而只标出这个共轭类的阶数。例如，$\sigma_{\text{v}}^{(1)}$ 、$\sigma_{\text{v}}^{(2)}$ 、$\sigma_{\text{v}}^{(3)}$ 属于同一共轭类，共有三个元素，就用 $3\sigma_{\text{v}}$ 表示。恒等元素的特征标总是等于该表示的维数。任何群必有一个在所有对称操作下都是对称的一维表示，称为全对称表示或主表示。例如，$C_{3\text{v}}$ 群的 A_1 就是全对称表示。

表 9.4 的第三栏是不可约表示的基，有 i 、j 、k 、$\hat{L}_x$ 、$\hat{L}_y$ 、$\hat{L}_z$ 。由于 x、y、z 在对称操作下分别和 i 、j 、k 具有相同的变换性质，因此写作 x、y、z。

表 9.4 的第四栏列出了一些坐标的平方或二元积函数。在不可约表示 E 这一行列入了 $\left(x^2-y^2,xy\right)$ 和 $\left(xz,yz\right)$，说明这两组函数在 $C_{3\text{v}}$ 的对称操作下按不可约表示 E 变换，或者说这两组函数属于不可约表示 E。它们都可以作为不可约表示 E 的基函数。这两组函数常会用到。因为 d_{z^2} 、$\text{d}_{x^2-y^2}$ 、d_{xy} 、d_{yz} 、d_{xz} 分别和 z^2 、x^2-y^2 、xy 、yz 、xz 具有相同的变换性质，所以 d_{z^2} 属于 A_1 表示，$\left(\text{d}_{x^2-y^2},\text{d}_{xy}\right)$ 和 $\left(\text{d}_{xz},\text{d}_{yz}\right)$ 属于 E 表示。同理，p_z 属于 A_1 表示，$\left(\text{p}_x,\text{p}_y\right)$ 属于 E 表示。

9.3.4 不可约表示的性质

群的不可约表示有以下性质：

(1) 由 h 阶群的每个不可约表示的特征标为分量构成的“特征标向量”的长度为 $\sqrt{h}$ ，任意两个不同的不可约表示的“特征标向量”相互正交，即

$$\sum_{j=1}^{h}\left[\chi^{(\mu)}\left(R_j\right)\right]^*\chi^{(\nu)}\left(R_j\right)=h\delta_{\mu\nu} \tag{9.26}$$

式中，μ 和 ν 代表群的第 μ 个和第 ν 个不可约表示；R_j 代表第 j 个群元素。若 m_k 为群的第 k 个共轭类（其代表性对称操作记为 R_k ）的阶（即群元素数目），则式(9.26)成为

$$\sum_{k}^{h}\left[\chi^{(\mu)}\left(R_k\right)\right]\chi^{(\nu)}\left(R_k\right)m_k=h\delta_{\mu\nu} \tag{9.27}$$

(2) 由 h 阶群的同一类操作在不同的不可约表示中的特征标分量可以组成另一类“特

征标向量”，其长度为$\sqrt{\dfrac{h}{m_k}}$，m_k 为该共轭类的阶。不同共轭类的“特征标向量”相互正交，即

$$\sum_{\mu}\left[\chi^{(\mu)}\left(R_k\right)\right]^{*}\chi^{(\nu)}\left(R_l\right)=\frac{h}{\sqrt{m_k m_l}}\delta_{kl} \tag{9.28}$$

式中，k 和 l 分别为群的第 k 个和第 l 个共轭类。

(3) h 阶群的任一不可约表示的特征标的平方和等于 h，即

$$\sum_{j=1}^{h}\left[\chi^{(\mu)}\left(R_j\right)\right]^{2}=h \tag{9.29}$$

(4) 群的不可约表示的维数和平方和等于群的阶 h，即

$$\sum_{\mu} l_{\mu}^{2}=l_1^2+l_2^2+\cdots=h \tag{9.30}$$

(5) 群的不可约表示的数目等于群的共轭类的数目。

这些性质(或定理)的证明可查阅群论的相关资料。

(i) 利用不可约表示的性质可以写出任何对称操作群的特征标表。

以 C_{3v} 群为例，它有三个共轭类，因此有三个不可约表示。根据性质(4)，只有 $l_1=1$、$l_2=1$、$l_3=2$ 一种可能。这是由于 $1^2+1^2+2^2=6$。每一个群必然有一个全对称表示，指定第一个一维表示 $\varGamma_1$ 为全对称表示，它的特征标必然是 $1(E)$、$1\left(2\hat{C}_3\right)$、$1\left(3\hat{\sigma}_{\mathrm{v}}\right)$。每个群必然有对称元素 E，它的表示矩阵的特征标等于不可约表示的维数，所以 $\chi^{(1)}(E)=1$，$\chi^{(2)}(E)=1$，$\chi^{(3)}(E)=2$。最后，利用性质(1)和(2)就可以找出其他的特征标。按照前面讲的不可约表示的记号规则可以确定 $\varGamma_1$ 是 A_1，$\varGamma_2$ 是 A_2，$\varGamma_3$ 是 E。

(ii) 利用“特征标向量”的性质可以计算在一个可约表示 $\varGamma$ 中含某一个不可约表示 $\varGamma_{\mu}$ 的数目 a_{μ}。

设在可约表示 $\varGamma$ 中对应于第 j 个对称操作的表示矩阵的特征标为 $\chi\left(R_j\right)$，由式(9.25)可知

$$\chi\left(R_j\right)=\sum_{\nu} a_{\nu}\chi^{(\nu)}\left(R_j\right)$$

上式两边左乘$\left[\chi^{(\mu)}\left(R_j\right)\right]^{*}$，对 j 求和，得

$$\begin{aligned}
\left[\chi^{(\mu)}\left(R_j\right)\right]^{*}\chi\left(R_j\right)&=\sum_{j}\sum_{\nu} a_{\nu}\left[\chi^{(\mu)}\left(R_j\right)\right]^{*}\chi^{(\nu)}\left(R_j\right)\\
&=\sum_{\nu} a_{\nu}\sum_{j}\left[\chi^{(\mu)}\left(R_j\right)\right]^{*}\chi^{(\nu)}\left(R_j\right)\\
&=\sum_{\nu} a_{\nu} h\sigma_{\mu\nu}\\
&=a_{\mu}h
\end{aligned}$$

所以

$$a_{\mu}=\frac{1}{h}\sum_{j}\left[\chi^{(\mu)}\left(R_{j}\right)\right]^{*}\chi^{(\nu)}\left(R_{j}\right) \tag{9.31}$$

用群论解决化学问题经常要将可约表示约化成不可约表示的直和。

以 C_{3v} 群为例,说明如何利用式(9.31)进行约化。表 9.5 列出了两个可约表示 Γ_a 和 Γ_b 的特征标。

表 9.5 两个可约表示的特征标

C_{3v}	E	$2C_3$	$2\sigma_v$
A_1	1	1	1
A_2	1	1	−1
E	2	−1	0
Γ_a	5	2	−1
Γ_b	7	1	−3

对于 Γ_a 有

$$a_1=\frac{1}{6}\left[1\times5\times1+1\times2\times2+1\times(-1)\times3\right]=1$$

$$a_2=\frac{1}{6}\left[1\times5\times1+1\times2\times2+(-1)\times(-1)\times3\right]=2$$

$$a_3=\frac{1}{6}\left[2\times5\times1+(-1)\times2\times2+0\times(-1)\times3\right]=1$$

所以

$$\Gamma_a=A_1\oplus2A_2\oplus E$$

对于 Γ_b 有

$$a_1=\frac{1}{6}\left[1\times7\times1+1\times1\times2+1\times(-3)\times3\right]=0$$

$$a_2=\frac{1}{6}\left[1\times7\times1+1\times1\times2+(-1)\times(-3)\times3\right]=3$$

$$a_3=\frac{1}{6}\left[2\times7\times1+(-1)\times1\times2+0\times(-3)\times3\right]=2$$

所以

$$\Gamma_b=3A_2\oplus2E$$

9.3.5　波函数作为不可约表示的基

对称操作使分子进入等价构型，分子的能量不变。由此可见，分子的哈密顿算符属于分子所属点群的全对称表示。

若 ψ_i 是体系的一个非简并本征函数，在对称操作下变为 ψ_i'。因为对称操作不改变体系的能量，所以 ψ_i' 和 ψ 描述体系的同一个状态。两者之间必有 $\psi_i' = k\psi_i$。归一化要求 $k = \pm 1$。因此，非简并本征函数构成体系所属点群的一维表示的基，每个对称操作的表示矩阵都等于 1 或–1。一维表示是不可约的。

若 ψ_1、ψ_2、…、ψ_f 是分子的一组 f 重简并本征函数，在对称操作下变为 ψ_1'、ψ_2'、…、ψ_f'，它们仍然简并，对应的本征值不变。因此，它们中每一个必是 ψ_1、ψ_2、…、ψ_f 的某个线性组合。根据基函数的定义，这 f 个简并本征函数 ψ_1、ψ_2、…、ψ_f 可以作为分子所属点群的 f 维表示的基。这个 f 维表示一定是不可约的。否则，对称操作可以将这 f 个本征函数分成若干组，每组单独变换，以对应不同的能量，这与简并的前提相矛盾。

因此，一个分子的本征函数是该分子所属点群的不可约表示的基，属于同一本征能量的所有本征函数必定属于同一不可约表示，属于不同的不可约表示的本征函数能量必定不同。但属于同一不可约表示的几组波函数分属不同的能级。

9.3.6　直积

两个方阵相乘可以按两种方法进行。两个 m 维方阵 $\boldsymbol{A}$ 和 $\boldsymbol{B}$ 按一般的矩阵乘法规则相乘得到 m 维方阵 $\boldsymbol{C}$，$\boldsymbol{C}$ 的矩阵元素为 C_{ij}，有

$$C_{ij} = \sum_{k=1}^{m} a_{ik} b_{kj} \tag{9.32}$$

称 $\boldsymbol{C}$ 是 $\boldsymbol{A}$、$\boldsymbol{B}$ 的内积。

一个 m 维方阵 $\boldsymbol{P}$ 与一个 n 维方阵 $\boldsymbol{Q}$ 可以通过“直接相乘”（$\boldsymbol{P}$ 的每一个元素都乘以 $\boldsymbol{Q}$）的方法得到一个 $(m \times n)$ 维方阵 $\boldsymbol{R}$，则称 $\boldsymbol{R}$ 是 $\boldsymbol{P}$ 与 $\boldsymbol{Q}$ 的直积，记作

$$\boldsymbol{R} = \boldsymbol{P} \otimes \boldsymbol{Q}$$

例如

$$\boldsymbol{P} = \begin{pmatrix} p_{11} & p_{12} \\ p_{21} & p_{22} \end{pmatrix} \quad \boldsymbol{Q} = \begin{pmatrix} q_{11} & q_{12} \\ q_{21} & q_{22} \end{pmatrix}$$

$$\begin{aligned} \boldsymbol{P} \otimes \boldsymbol{Q} &= \begin{pmatrix} p_{11}\boldsymbol{Q} & p_{12}\boldsymbol{Q} \\ p_{21}\boldsymbol{Q} & p_{22}\boldsymbol{Q} \end{pmatrix} \\ &= \begin{pmatrix} p_{11}q_{11} & p_{11}q_{12} & p_{12}q_{11} & p_{12}q_{12} \\ p_{11}q_{21} & p_{11}q_{22} & p_{12}q_{21} & p_{12}q_{22} \\ p_{21}q_{11} & p_{21}q_{12} & p_{22}q_{11} & p_{22}q_{12} \\ p_{21}q_{21} & p_{21}q_{22} & p_{22}q_{21} & p_{22}q_{22} \end{pmatrix} \end{aligned}$$

将 $\boldsymbol{R}$ 写成

$$\boldsymbol{R}=\begin{pmatrix} r_{1111} & r_{1112} & r_{1121} & r_{1122} \\ r_{1211} & r_{1212} & r_{1221} & r_{1222} \\ r_{2111} & r_{2112} & r_{2121} & r_{2122} \\ r_{2211} & r_{2212} & r_{2221} & r_{2222} \end{pmatrix}$$

则

$$r_{ii'jj'}=p_{ij}q_{i'j'} \tag{9.33}$$

直积不满足交换律，即

$$\boldsymbol{P}\otimes\boldsymbol{Q}\neq\boldsymbol{Q}\otimes\boldsymbol{P} \tag{9.34}$$

直积方阵的迹等于单个方阵的迹的乘积，即

$$\chi_{\boldsymbol{P}\otimes\boldsymbol{Q}}=\chi_{\boldsymbol{P}}\chi_{\boldsymbol{Q}} \tag{9.35}$$

这是由于直积方阵的对角元素是 $r_{ijij}=p_{ii}q_{jj}$

$$\chi_{\boldsymbol{P}\otimes\boldsymbol{Q}}=\sum_{i=1}^{m}\sum_{j=1}^{m}p_{ii}q_{jj}=\sum_{i=1}^{m}p_{ii}\sum_{j=1}^{m}q_{jj}=\chi_{\boldsymbol{Q}}\sum_{i=1}^{m}p_{ii}=\chi_{\boldsymbol{P}}\chi_{\boldsymbol{Q}} \tag{9.36}$$

设 $\boldsymbol{R}$ 是分子所属点群的一个对称操作，α_1、α_2、…、α_m 和 β_1、β_2、…、β_n 是分子两组简并波函数(两组也可以等同)，它们构成该点群的 m 维和 n 维不可约表示的基。设 $\boldsymbol{R}$ 在这两个不可约表示中的表示矩阵分别为 $\boldsymbol{R}_\alpha$ 和 $\boldsymbol{R}_\beta$，则

$$(\boldsymbol{R}\alpha_1\boldsymbol{R}\alpha_2\cdots\boldsymbol{R}\alpha_m)=(\alpha_1\alpha_2\cdots\alpha_m)\boldsymbol{R}_\alpha$$

$$(\boldsymbol{R}\beta_1\boldsymbol{R}\beta_2\cdots\boldsymbol{R}\beta_m)=(\beta_1\beta_2\cdots\beta_m)\boldsymbol{R}_\beta$$

因此

$$\boldsymbol{R}\alpha_i=\sum_{j=1}^{m}(\boldsymbol{R}_\alpha)_{ji}\alpha_j$$

$$\boldsymbol{R}\beta_k=\sum_{l=1}^{n}(\boldsymbol{R}_\beta)_{lk}\beta_l$$

乘积波函数 $\alpha_i\beta_k$ (共有 $m\times n$ 个)在 $\boldsymbol{R}$ 操作下的变换为

$$\begin{aligned}\boldsymbol{R}\alpha_i\beta_k=\boldsymbol{R}\alpha_i\boldsymbol{R}\beta_k&=\sum_{j=1}^{m}(\boldsymbol{R}_\alpha)_{ji}\alpha_j\sum_{l=1}^{n}(\boldsymbol{R}_\beta)_{lk}\beta_l\\&=\sum_{j=1}^{m}\sum_{l=1}^{n}(\boldsymbol{R}_\alpha)_{ji}(\boldsymbol{R}_\beta)_{lk}\alpha_j\beta_l\\&=\sum_{j=1}^{m}\sum_{l=1}^{n}(\boldsymbol{R}_\gamma)_{jl,ik}\alpha_j\beta_l\end{aligned} \tag{9.37}$$

将式(9.37)与式(9.33)比较可知，方阵 $\boldsymbol{R}_\gamma$ 是方阵 $\boldsymbol{R}_\alpha$ 和 $\boldsymbol{R}_\beta$ 的直积，即

$$\boldsymbol{R}_{\gamma}=\boldsymbol{R}_{\alpha}\otimes\boldsymbol{R}_{\beta} \tag{9.38}$$

式(9.38)说明，两组简并波函数 α_1、α_2、…、α_m 和 β_1、β_2、…、β_n 的乘积波函数 $\alpha_1\beta_1$、$\alpha_1\beta_2$、…、$\alpha_1\beta_n$、$\alpha_2\beta_1$、…、$\alpha_2\beta_n$、…、$\alpha_m\beta_1$、…、$\alpha_m\beta_n$，构成分子所属点群的一组 $m\times n$ 维表示的基，它是以 α_1、α_2、…、α_m 为基的不可约表示与以 β_1、β_2、…、β_n 为基的不可约表示的直积。直积表示是可约表示。

式(9.35)说明，直积表示的特征标等于单个表示的特征标的乘积。利用式(9.35)和式(9.31)可以将直积表示约化为不可约表示的直和。以 C_{3v} 群为例，

$$A_1\otimes A_2=A_2\text{，}\quad A_1\otimes E=A_2\otimes E=E\text{，}\quad E\otimes E=A_1\oplus A_2\oplus E$$

直积表示在计算分子积分时很有用。

例如，积分

$$\int\psi_{\mathrm{a}}\psi_{\mathrm{b}}\mathrm{d}\tau \tag{9.39}$$

在什么条件下有非零值?

显然，只有 $\psi_{\mathrm{a}}\psi_{\mathrm{b}}$ 在所有的对称操作下不变或含有不变项的和的情况下，或者说 $\psi_{\mathrm{a}}\psi_{\mathrm{b}}$ 是全对称的，或者展开式的项中含有全对称项的情况下积分 $\int\psi_{\mathrm{a}}\psi_{\mathrm{b}}\mathrm{d}\tau$ 才有非零值。这意味着 $\psi_{\mathrm{a}}\psi_{\mathrm{b}}$ 或者是分子所属点群的全对称表示的基，或者展开式的项中包含全对称表示的基。

以 $\psi_{\mathrm{a}}\psi_{\mathrm{b}}$ 为基的直积表示 Γ_{ab} 可以作为不可约表示的直和，有

$$\Gamma_{\mathrm{ab}}=C_1\Gamma_1\oplus C_2\Gamma_2\oplus\cdots \tag{9.40}$$

只有式(9.40)右边含有全对称表示 Γ_1（即 $C_1\neq 0$）的条件下，积分 $\int\psi_{\mathrm{a}}\psi_{\mathrm{b}}\mathrm{d}\tau$ 才有非零值。

下面证明只有不可约表示 Γ_{a} 和 Γ_{b} 相等(即 a=b)，直积表示 Γ_{ab} 才包含全对称表示。

证明：根据式(9.31)，全对称表示 Γ_1 在直积表示 Γ_{ab} 出现的次数为

$$\begin{aligned}C_1&=\frac{1}{h}\sum_j\left[\chi^{(1)}\left(R_j\right)^*\chi^{(\mathrm{ab})}\left(R_j\right)\right]\\&=\frac{1}{h}\sum_j\chi^{(\mathrm{ab})}\left(R_j\right)\end{aligned} \tag{9.41}$$

利用“特征标向量”的正交性质，有

$$C_1=\delta_{\mathrm{ab}}$$

可见，只有 a=b，$C_1\neq 0$，所以只有 ψ_{a} 和 ψ_{b} 属于同一个不可约表示，积分 $\int\psi_{\mathrm{a}}\psi_{\mathrm{b}}\mathrm{d}\tau$ 才有非零值。

同理，若 $\hat{G}$ 是一个量子力学算符，积分 $\int\psi_{\mathrm{a}}^*\hat{G}\psi_{\mathrm{b}}\mathrm{d}\tau$ 有非零值的条件是 $\Gamma_{\mathrm{a}}\otimes\Gamma_{\mathrm{b}}$ 包含 $\Gamma_{\hat{G}}$。

9.3.7 对称性匹配函数

在分子轨道理论中，分子轨道是原子轨道的线性组合。分子轨道是分子所属点群的不可约表示的基。这就要求这些原子轨道的线性组合满足分子点群不可约表示的基的要求，或者说属于分子点群的不可约表示。若在两个原子间形成化学键，要求参与成键的原子轨道具有相同的对称性，即应属于分子的同一个不可约表示，否则积分 $\int \psi_a \hat{H} \psi_b \mathrm{d}\tau = 0$

将按分子点群不可约表示变换的波函数或波函数的线性组合称为对称性匹配。

9.3.8 投影算符

1. 投影算符的定义

定义

$$\hat{P}_{\lambda k}^{j} = \frac{l_j}{h} \sum_{R} D_{\lambda k}^{j*}(R) \hat{R} \tag{9.42}$$

式中，$\hat{R}$ 是点群的对称操作；$D_{\lambda k}^{j*}(R)$ 是第 j 个不可约表示中对称操作 $\hat{R}$ 的表示矩阵的第 λ 行第 k 列的矩阵元；l_j 是第 j 个不可约表示的维数；h 是群的阶。

由式(9.42)可见，对应于不可约表示中表示矩阵的每个矩阵元，都可以定义一个投影算符。

2. 投影算符的定理

对于投影算符有如下定理。

定理一： 设 h 阶群，$D_j(R)$ 是第 j 个不可约表示中对称操作 $\hat{R}$ 的表示矩阵，其基函数为 f_1^j、f_2^j、…、$f_{l_j}^j$，即

$$\hat{R} f_{\mu}^{j} = \sum_{\lambda=1}^{l_j} D_{\lambda\mu}^{j*}(R) f_{\lambda}^{j} \qquad (\mu = 1, 2, \cdots, l_j) \tag{9.43}$$

则

$$f_{\lambda}^{j} = \hat{P}_{\lambda\mu}^{j} f_{\mu}^{j} \tag{9.44}$$

式(9.44)说明，经过投影算子的作用，可将第 j 个不可约表示的一个基 f_{μ}^{j} 变成它的另一个基 f_{λ}^{j}。

证明： 将式(9.43)两边同乘以 $D_{\lambda\mu}^{j'*}(R)$，并对 R 求和，得

$$\begin{aligned}
\sum_{R} D_{\lambda'\mu'}^{j'*}(R) \hat{R} f_{\mu}^{j} &= \sum_{R} \sum_{\lambda} D_{\lambda'\mu'}^{j'*}(R) D_{\lambda\mu}^{j}(R) f_{\lambda}^{j} \\
&= \sum_{\lambda} \frac{h}{l_j} \delta_{j'j} \delta_{\mu'\mu} \delta_{\lambda'\lambda} f_{\lambda}^{j} \\
&= \frac{h}{l_j} \delta_{j'j} \delta_{\mu'\mu} f_{\lambda'}^{j}
\end{aligned}$$

上式第二个等号利用了广义正交定理。

若 $j'=j,\mu'=\mu$，则

$$\sum_R D_{\lambda'\mu}^{j*}(R)\hat{R}f_\mu^j=\frac{h}{l_j}f_{\lambda'}^j$$

将 λ' 当作 λ，得

$$f_\lambda^j=\frac{l_j}{h}\sum_R D_{\lambda\mu}^{j*}(R)\hat{R}f_\mu^j$$

定理二：若

$$f_\lambda^j=\hat{P}_{\lambda\mu}^j f_\mu^j \tag{9.45}$$

则

$$\hat{R}f_\mu^j=\sum_{\lambda=1}^{l_j}D_{\lambda\mu}^j(R)f_\lambda^j \qquad (\mu=1,2,\cdots,l_j) \tag{9.46}$$

定理二是定理一的逆定理。

证明：将

$$f_\mu^j=\hat{P}_{\mu k}^j f_k^j$$

和

$$f_\lambda^j=\hat{P}_{\lambda k}^j f_k^j$$

代入式(9.46)，得

$$\hat{R}\hat{P}_{\mu k}^j f_k^j=\sum_\lambda D_{\lambda\mu}^j(R)\hat{P}_{\lambda k}^j f_k^j$$

有

$$\hat{R}\hat{P}_{\mu k}^j=\sum_\lambda D_{\lambda\mu}^j(R)\hat{P}_{\lambda k}^j \tag{9.47}$$

由投影算符定义，有

$$\hat{R}\left[\frac{l_j}{h}\sum_S D_{\mu k}^{j*}(S)\hat{S}\right]=\frac{l_j}{h}\sum_\lambda\sum_S D_{\lambda\mu}^j(R)D_{\lambda k}^{j*}(S)\hat{S}$$

两边左乘 $\hat{R}^{-1}$，并消去 $\frac{l_j}{h}$，得

$$\sum_S D_{\mu s}^{j*}(S)\hat{S}=\sum_\lambda\sum_S D_{\lambda\mu}^j(R)D_{\lambda k}^{j*}(S)\hat{R}^{-1}\hat{S} \tag{9.48}$$

酉矩阵有

$$U^{-1}=U^{+}$$

式中，“+”号表示转置共轭，即

$$U^{+}=\left(U'\right)^{*}$$

由于群的表示矩阵都是酉矩阵(或经相似变换可以变成酉矩阵)，所以

$$D^{j}\left(R\right)^{+}=D^{j}\left(R\right)^{-1}=D^{j}\left(R^{-1}\right)$$

$$D^{j}\left(R\right)=\left[D^{j}\left(R\right)^{+}\right]=D^{j}\left(R^{-1}\right)^{+}$$

$$D_{\lambda k}^{j}\left(R\right)=D_{k\lambda}^{j*}\left(R^{-1}\right)$$

因此，式(9.48)等号右边可以写作

$$\begin{aligned}\text{右边}&=\sum_{\lambda}\sum_{S}D_{\mu\lambda}^{j}\left(R^{-1}\right)D_{\lambda k}^{j*}\left(S\right)\hat{R}^{-1}\hat{S}\\&=\sum_{S}D_{\mu k}^{j*}\left(R^{-1}S\right)\hat{R}^{-1}\hat{S}\\&=\sum_{S'}D_{\mu k}^{j*}\left(S'\right)\hat{S}'\\&=\text{左边}\end{aligned}$$

式中，S 和 S' 都是群的操作，后一步将 S' 当作 S。

定理三：若

$$f_{\mu}^{j}=\hat{P}_{\mu k}^{j}f\neq 0$$

$$\left(\mu=1,2,\cdots,l_{j}\right)$$

则

$$\hat{R}f_{\mu}^{j}=\sum_{\lambda}^{l_{j}}D_{\lambda\mu}^{j}\left(R\right)f_{\lambda}^{j}$$

式中，f 为任意函数。

证明：将式(9.47)作用于任意函数 f，得

$$\hat{R}\hat{P}_{\mu k}^{j}f=\sum_{\lambda}D_{\lambda\mu}^{j}\left(R\right)\hat{P}_{\lambda k}^{j}f \tag{9.49}$$

将

$$\hat{P}_{\mu k}^{j}f=f_{\mu}^{j}$$

$$\hat{P}_{\lambda k}^{j}f=f_{\lambda}^{j}$$

代入式(9.49)，得

$$\hat{R}f_{\mu}^{j} = \sum_{\lambda} D_{\lambda\mu}^{j}(R) f_{\lambda}^{j} \tag{9.50}$$

定理三给出了一个求不可约表示基的一般方法：第 j 个不可约表示的投影算符，作用在任意函数 f 上，只要不为零，就得到第 j 个不可约表示的基 $f_{\mu}\left(\mu=1,2,\cdots,l_{j}\right)$。据此可以利用投影算符造群轨道。

3. 以不可约表示的特征标定义的投影算符

由于通常不知道不可约表示矩阵的形式，因此以其矩阵定义的投影算符式(9.42)难以求得。因此，以不可约表示的特征标定义一种更为适用的投影算符。

定义

$$\begin{aligned}\hat{P}^{j} &= \sum_{\lambda} \hat{P}_{\lambda\lambda}^{j} \\ &= \sum_{\lambda} \sum_{R} \frac{l_{j}}{h} D_{\lambda\lambda}^{i*}(R) \hat{R} \\ &= \frac{l_{j}}{h} \sum_{R} \sum_{\lambda} D_{\lambda\lambda}^{i*}(R) \hat{R} \\ &= \frac{l_{j}}{h} \sum_{R} \chi^{j}(R) \hat{R}\end{aligned} \tag{9.51}$$

利用群的特征标表，即可得到投影算符 $\hat{P}^{j}$。用它作用于任意函数 f，只要不为零，也可以得到第 j 个不可约表示的基，即

$$\hat{P}^{j} f = f^{j} \tag{9.52}$$

由于 $\hat{P}^{j}$ 是 $\hat{P}_{\lambda\lambda}^{j}$ 对 λ 求和的结果，所以 $\hat{P}^{j}$ 的投影作用不如 $\hat{P}_{\lambda\lambda}^{j}$ 明确和有效。$\hat{P}^{j} f = f^{j}$ 求得的只是第 j 个不可约表示的基的某种线性组合。但在实际应用中，$\hat{P}^{j}$ 算符已够解决问题。

4. 应用投影算符造群轨道

造群轨道就是将一些原子轨道做成对称性匹配的线性组合的方法。下面以氨分子中三个氨原子的 1s 轨道造成群轨道为例介绍群轨道的造法。

氨分子属于 C_{3v} 群。以三个 1s 轨道为基，用 C_{3v} 的对称操作作用 1s 轨道，得到 C_{3v} 的一个表示，并约化为不可约表示的直和。

将三个 1s 轨道分别表示为 ϕ_{a}、ϕ_{b}、ϕ_{c}，参照图 9.20，可以从在对称操作作用下它们的变换情况求得三维表示 Γ_{3}：

$$\hat{E}\begin{pmatrix}\phi_{a}\\ \phi_{b}\\ \phi_{c}\end{pmatrix} = \begin{pmatrix}1 & 0 & 0\\ 0 & 1 & 0\\ 0 & 0 & 1\end{pmatrix}\begin{pmatrix}\phi_{a}\\ \phi_{b}\\ \phi_{c}\end{pmatrix}$$

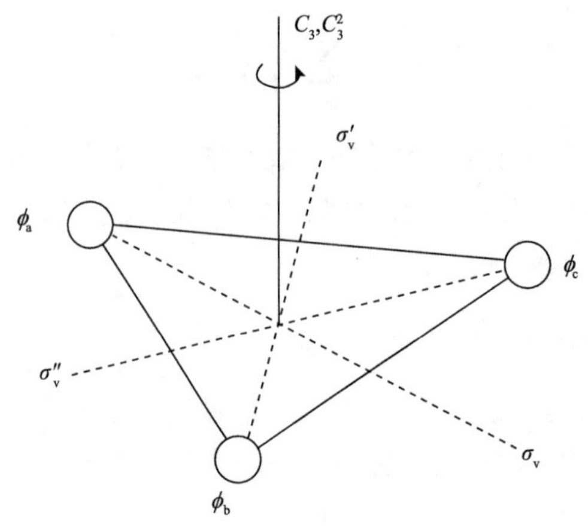

图 9.20　NH_3 中三个 H 的 1s 轨道在 C_{3v} 群中分类

$$\hat{C}_3^1\begin{pmatrix}\phi_a\\ \phi_b\\ \phi_c\end{pmatrix}=\begin{pmatrix}0&1&0\\0&0&1\\1&0&0\end{pmatrix}\begin{pmatrix}\phi_a\\ \phi_b\\ \phi_c\end{pmatrix}$$

$$\hat{C}_3^2\begin{pmatrix}\phi_a\\ \phi_b\\ \phi_c\end{pmatrix}=\begin{pmatrix}0&0&1\\1&0&0\\0&1&0\end{pmatrix}\begin{pmatrix}\phi_a\\ \phi_b\\ \phi_c\end{pmatrix}$$

$$\hat{\sigma}_v\begin{pmatrix}\phi_a\\ \phi_b\\ \phi_c\end{pmatrix}=\begin{pmatrix}1&0&0\\0&0&1\\0&1&0\end{pmatrix}\begin{pmatrix}\phi_a\\ \phi_b\\ \phi_c\end{pmatrix}$$

$$\hat{\sigma}_v'\begin{pmatrix}\phi_a\\ \phi_b\\ \phi_c\end{pmatrix}=\begin{pmatrix}0&0&1\\0&1&0\\1&0&0\end{pmatrix}\begin{pmatrix}\phi_a\\ \phi_b\\ \phi_c\end{pmatrix}$$

$$\hat{\sigma}_v''\begin{pmatrix}\phi_a\\ \phi_b\\ \phi_c\end{pmatrix}=\begin{pmatrix}0&1&0\\1&0&0\\0&0&1\end{pmatrix}\begin{pmatrix}\phi_a\\ \phi_b\\ \phi_c\end{pmatrix}$$

可以把一组轨道看成一组向量。在群的对称操作下，若某一向量不变，则在表示矩阵中对角元为 1；若某向量与另一向量交换，则在表示矩阵中对角元为 0。因此，不写出对称操作的表示矩阵,也可以得到该表示矩阵的特征标等于在此操作作用下不变的向量数。

观察表 9.6，约化 $\Gamma_3 = A_1 \oplus \hat{E}$，可以找出 ϕ_a、ϕ_b、ϕ_c 的适当组合，使其成为 A_1 和 $\hat{E}$ 不可约表示的基。这种组合就是群轨道。

表 9.6　C_{3v} 的特征标表

C_{3v}	$\hat{E}$	$2\hat{C}_3$	$3\sigma_v$	
A_1	1	1	1	Z
A_2	1	1	−1	R

续表

C_{3v}	$\hat{E}$	$2\hat{C}_3$	$3\sigma_v$	
E	2	–1	0	(x,y)
Γ_3	3	0	1	(ϕ_a,ϕ_b,ϕ_c)

1) 以 $\hat{P}^j_{\lambda k}$ 型投影算符造群轨道

以 $\hat{P}^j_{\lambda k}$ 型投影算符造群轨道需要知道群的不可约表示矩阵(参照表 9.7)。任选 ϕ_a、ϕ_b、ϕ_c 之一为 $\hat{P}^j_{\lambda k}$ 的作用对象，将其“投影”到 A_1 表示中，按照式(9.42)及定理三，得

$$\begin{aligned}&\hat{P}^{A_1}_{\lambda k}\phi_a \sim \sum_R D^{A_1}(R)R\phi_a\\&=1\phi_a+1\phi_b+1\phi_c+1\phi_a+1\phi_c+1\phi_b\\&=2(\phi_a+\phi_b+\phi_c)\end{aligned}$$

表 9.7　用投影算符造群轨道

	E	C_3	C_3^2	σ_v	σ_v'	σ_v''
A_1	(1)	(1)	(1)	(1)	(1)	(1)
A_2	(1)	(1)	(1)	(–1)	(–1)	(–1)
E	$\begin{pmatrix}1&0\\0&1\end{pmatrix}$	$\begin{pmatrix}-\frac{1}{2}&-\frac{\sqrt{3}}{2}\\\frac{\sqrt{3}}{2}&-\frac{1}{2}\end{pmatrix}$	$\begin{pmatrix}-\frac{1}{2}&\frac{\sqrt{3}}{2}\\-\frac{\sqrt{3}}{2}&-\frac{1}{2}\end{pmatrix}$	$\begin{pmatrix}-1&0\\0&1\end{pmatrix}$	$\begin{pmatrix}\frac{1}{2}&\frac{\sqrt{3}}{2}\\\frac{\sqrt{3}}{2}&-\frac{1}{2}\end{pmatrix}$	$\begin{pmatrix}\frac{1}{2}&-\frac{\sqrt{3}}{2}\\-\frac{\sqrt{3}}{2}&-\frac{1}{2}\end{pmatrix}$
$R\phi_a$	ϕ_a	ϕ_b	ϕ_c	ϕ_a	ϕ_c	ϕ_b
$R\phi_b$	ϕ_b	ϕ_c	ϕ_a	ϕ_c	ϕ_b	ϕ_a

因为矩阵元为实数，略去*号，并且还略去 $\frac{l_j}{h}$，因为最后求得的 A_1 不可约表示的基 ψ^{A_1} 还需要归一化；$\hat{R}\phi_a$ 即对称操作 $\hat{R}$ 作用于 ϕ_a，对应于表 9.7 的下面第二行。ϕ_a、ϕ_b、ϕ_c 是正交归一的基函数，则归一化后 ψ^{A_1} 为

$$\psi^{A_1}=\frac{\sqrt{3}}{3}(\phi_a+\phi_b+\phi_c)$$

以群的六个对称操作作用于 ψ^{A_1}，可以证明 ψ^{A_1} 构成 A_1 表示的基。

用投影算符 $\hat{P}^{A_2}_{\lambda k}$ 作用于 ϕ_a，得到零。因为以 (ϕ_a,ϕ_b,ϕ_c) 为基的 Γ_3 表示中，不含 A_2 不可约表示的成分。

以 $\hat{P}^E_{\lambda k}$ 作用于 ϕ_a，即把 ϕ_a “投影”到二维不可约表示的 E 中，结果为

$$\hat{P}^E_{11}\phi_a \sim \sum_R D^E_{11}(R)\hat{R}\phi_a$$

$$= \phi_a + \left(-\frac{1}{2}\right)\phi_b + \left(-\frac{1}{2}\right)\phi_c + (-1)\phi_a + \frac{1}{2}\phi_c + \frac{1}{2}\phi_b$$

$$= 0$$

$$\hat{P}_{12}^E \phi_a \sim \sum_R D_{12}^E(R)\hat{R}\phi_a$$

$$= 0 \times \phi_a + \left(-\frac{\sqrt{3}}{2}\right)\phi_b + \frac{\sqrt{3}}{2}\phi_c + 0 \times \phi_a + \left(-\frac{\sqrt{3}}{2}\right)\phi_c + \frac{\sqrt{3}}{2}\phi_b$$

$$= -\sqrt{3}(\phi_b - \phi_c)$$

归一化后，得

$$\psi^E = \frac{\sqrt{2}}{2}(\phi_b - \phi_c)$$

$$\hat{P}_{21}^E \phi_a \sim \sum_R D_{21}^E(R)\hat{R}\phi_a$$

$$= 0 \times \phi_a + \frac{\sqrt{3}}{2}\phi_b + \left(-\frac{\sqrt{3}}{2}\right)\phi_c + 0 \times \phi_a + \frac{\sqrt{3}}{2}\phi_c + \left(-\frac{\sqrt{3}}{2}\right)\phi_b$$

$$= 0$$

$$\hat{P}_{22}^E \phi_a \sim \sum_R D_{22}^E(R)\hat{R}\phi_a$$

$$= 1\phi_a + \left(-\frac{1}{2}\right)\phi_b + \left(-\frac{1}{2}\right)\phi_c + 1\phi_a + \left(-\frac{1}{2}\right)\phi_c + \left(-\frac{1}{2}\right)\phi_b$$

$$= 2\phi_a - \phi_b - \phi_c$$

归一化后，得

$$\psi'^E = \frac{\sqrt{6}}{3}\left(\phi_a - \frac{\phi_b}{2} - \frac{\phi_c}{2}\right)$$

若以 C_{3v} 群的六个对称操作作用于 ψ^E 和 ψ'^E，可以证明，这两个函数合起来构成 E 表示的基，可以验证它们与 ψ^{A_1} 函数正交。

可见，用 $\hat{P}_{\lambda k}^j$ 型投影算符，以 ϕ_a 为投影对象，求得 ϕ_a、ϕ_b、ϕ_c 三个原子轨道构成的群轨道，它们是一组正交归一基，为

$$\begin{cases} \psi^{A_1} = \dfrac{\sqrt{3}}{3}(\phi_a + \phi_b + \phi_c) \\ \psi^E = \dfrac{\sqrt{2}}{2}(\phi_b + \phi_c) \\ \psi'^E = \dfrac{\sqrt{6}}{3}\left(\phi_a - \dfrac{\phi_b}{2} - \dfrac{\phi_c}{2}\right) \end{cases} \tag{9.53}$$

如果选择 ϕ_b，或者选择 ϕ_a、ϕ_b、ϕ_c 的线性组合作为投影对象，以 $\hat{P}_{\lambda k}^j$ 为投影算符，可以得到与式(9.53)相同的结果。

2) 以 $\hat{P}^j$ 型投影算符造群轨道

由于 $\hat{P}^{A_1}=\hat{P}_{\lambda k}^{A_1}$，$\hat{P}^{A_2}=\hat{P}_{\lambda k}^{A_2}$，说明对于一维不可约表示，两种类型的投影算符是相同的。因此，下面只需讨论投影算符 $\hat{P}^E$ 如何将原子轨道投影到二维 E 表示中。

以 $\hat{P}^E$ 作用于 ϕ_a，得

$$\begin{aligned}&\hat{P}^E\phi_a \sim \sum_R \chi^E(R)R\phi_a\\ &=2\phi_a+(-1)\phi_b+(-1)\phi_c+0\times\phi_a+0\times\phi_c+0\times\phi_b\\ &=2\phi_a-\phi_b-\phi_c\end{aligned}$$

归一化后，得

$$\psi'^E=\frac{\sqrt{6}}{3}\left(\phi_a+\frac{\phi_b}{2}+\frac{\phi_c}{2}\right)$$

用 $\hat{P}^E$ 作用于 ϕ_b，得

$$\begin{aligned}&\hat{P}^E\phi_b \sim \sum_R \chi^E(R)\hat{R}\phi_b\\ &=2\phi_b+(-1)\phi_c+(-1)\phi_a+0\times\phi_c+0\times\phi_c+0\times\phi_b\\ &=2\phi_b-\phi_a-\phi_c\end{aligned}$$

归一化后，得

$$\psi''^E=\frac{\sqrt{6}}{3}\left(\phi_b-\frac{\phi_a}{2}-\frac{\phi_c}{2}\right)$$

波函数 ψ'^E 和 ψ''^E 正交，即

$$\int\psi'^E\psi''^E\mathrm{d}\tau=0$$

3) 施密特正交化方法

量子化学中需要正交归一的基。施密特(Schmidt)给出了一种正交化的方法。令

$$\psi^E=\psi''^E+c\psi'^E \tag{9.54}$$

寻找 ψ^E，使之与 ψ'^E 正交，即

$$\int\psi'^E\psi^E\mathrm{d}\tau=0 \tag{9.55}$$

将式(9.54)代入式(9.55)，得

$$\int\psi'^E\psi''^E\mathrm{d}\tau+c\int\psi'^E\psi'^E\mathrm{d}\tau=0$$

则

$$c=-\int\psi'^E\psi''^E\mathrm{d}\tau$$

有

$$c=-\int\frac{\sqrt{6}}{3}\left(\phi_{\mathrm{a}}-\frac{\phi_{\mathrm{b}}}{2}-\frac{\phi_{\mathrm{c}}}{2}\right)\frac{\sqrt{6}}{3}\left(\phi_{\mathrm{b}}-\frac{\phi_{\mathrm{a}}}{2}-\frac{\phi_{\mathrm{c}}}{2}\right)\mathrm{d}\tau$$

$$=\frac{1}{2}$$

将$c=\frac{1}{2}$代入式(9.54)，得

$$\psi^{E}=\frac{\sqrt{6}}{3}\left(\phi_{\mathrm{b}}-\frac{\phi_{\mathrm{a}}}{2}-\frac{\phi_{\mathrm{c}}}{2}\right)+\frac{1}{2}\times\frac{\sqrt{6}}{3}\left(\phi_{\mathrm{a}}-\frac{\phi_{\mathrm{b}}}{2}-\frac{\phi_{\mathrm{c}}}{2}\right)$$

$$=\frac{\sqrt{6}}{4}\left(\phi_{\mathrm{b}}-\phi_{\mathrm{c}}\right)$$

归一化后，得

$$\psi^{E}=\frac{\sqrt{2}}{2}\left(\phi_{\mathrm{b}}-\phi_{\mathrm{c}}\right)$$

$$\int\psi^{E}\psi'^{E}\mathrm{d}\tau=\int\frac{\sqrt{2}}{2}\left(\phi_{\mathrm{b}}-\phi_{\mathrm{c}}\right)\frac{\sqrt{6}}{3}\left(\phi_{\mathrm{b}}-\frac{\phi_{\mathrm{a}}}{2}-\frac{\phi_{\mathrm{c}}}{2}\right)\mathrm{d}\tau$$

$$=0$$

ψ^{E}与ψ'^{E}正交。这样得到的基ψ^{E}、ψ'^{E}与第一方法相同。

9.4 应　　用

9.4.1 络合物的分子轨道理论

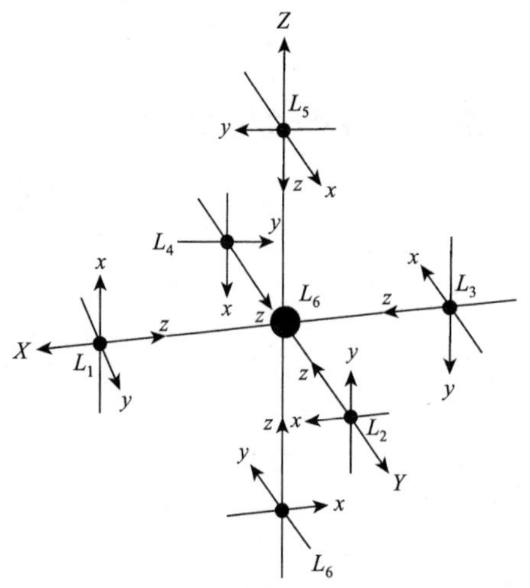

图 9.21　正八面体络合物ML_6的坐标

分子轨道理论认为络合物的中心原子与配体间的化学键是共价键。配体接近中心原子，中心原子的价轨道与能量相近、对称性匹配的配体轨道(群轨道)可以重叠组成分子轨道。

例如，正八面体络合物，中心原子轨道是$(n-1)$d、np、ns，共 9 个轨道，6 个配体的价轨道是n's、n'p，共 24 个轨道。有些配位原子(如 p、s)的n'd 轨道及一些含有反键π^*轨道的分子(如 CN、CO)也参与成键。图 9.21 是正八面体络合物ML_6的坐标。先讨论前一种情况。中心原子和配体共 33 个轨道，久期行列式是 33 阶的，利用群论可以对这种久期行列式进行分解。查看O_{h}群的特征标表可知中心原子的 9 个轨道所分属的不可约表示为

$$A_{1g}: \mathrm{s}$$

$$E_g: \mathrm{d}_{z^2}, \mathrm{d}_{x^2-y^2}$$

$$T_{2g}: \mathrm{d}_{xy}, \mathrm{d}_{yz}, \mathrm{d}_{xz}$$

$$T_{1u}: \mathrm{p}_x, \mathrm{p}_y, \mathrm{p}_z$$

在群 O_h 的 48 个对称操作的作用下，配体的 24 个原子轨道被分成三个集合，诸原子轨道只在本集合内变换，而不会变换到另一个集合中，这些集合是

集合1：6个s轧道

集合2：6个p_z轨道

集合3：6个p_x轨道和6个p_y轨道

显然，每一集合构成群 O_h 的一个可约表示的基组。应用公式

$$\alpha_\mu = \frac{1}{h}\left[\chi^{(\mu)}\left(R_j\right)\right]^* \chi\left(R_j\right)$$

可以将这些可约表示约化为不可约表示

集合1：$T_{s\sigma} = A_{1g} \oplus E_g \oplus T_{1u}$

集合2：$T_{p\sigma} = A_{1g} \oplus E_g \oplus T_{1u}$

集合3：$T_{p\pi} = T_{1g} \oplus T_{2g} \oplus T_{1u} \oplus T_{2u}$

比较中心原子的价轨道与配体轨道所属的不可约表示可以知道，不必将配体能够组合成的全部对称性匹配函数求出来，只要将中心原子的价轨道所属的不可约表示的对称性匹配函数求出来就可以。不必应用投影算符技术，可以通过观察中心原子的价轨道的空间取向写出这些对称性匹配函数。A_{1g} 是全对称表示，利用经验，可以写出群轨道 $\psi_{A_{1g}}$：

$$\psi_{A_{1g}} = \frac{1}{\sqrt{6}}\left(\phi_1 + \phi_2 + \phi_3 + \phi_4 + \phi_5 + \phi_6\right)$$

$$\phi_i = \mathrm{s}_i \text{或} \left(\mathrm{p}_z\right)_i$$

为了构成属于 T_{1u} 表示的三个群轨道，只要注意到中心原子 p_x 、p_y 和 p_z 的空间取向就很容易得到，p_x 轨道的取向是 x 轴正方向为正，x 轴负方向为负，对应的群轨道是 $\phi_1 - \phi_3$；同理，与 p_y 轨道对应的群轨道是 $\phi_2 - \phi_4$；与 p_z 轨道对应的群轨道是 $\phi_5 - \phi_6$；此外，$\phi_i = \mathrm{s}_i \text{或} \left(\mathrm{p}_z\right)_i$，归一化以后得

$$\psi_{T_{1u}} = \begin{cases} \dfrac{1}{\sqrt{2}}\left(\phi_1 - \phi_3\right) & \text{与}\mathrm{p}_x\text{匹配} \\ \dfrac{1}{\sqrt{2}}\left(\phi_2 - \phi_4\right) & \text{与}\mathrm{p}_y\text{匹配} \\ \dfrac{1}{\sqrt{2}}\left(\phi_5 - \phi_6\right) & \text{与}\mathrm{p}_z\text{匹配} \end{cases}$$

属于E_g表示的d_{z^2}和$d_{x^2-y^2}$的空间取向比p轨道稍微复杂一点。$d_{x^2-y^2}$在$\pm x$方向的瓣是正的，在$\pm y$方向的瓣是负的，由此可以将与之匹配的群轨道写成如下形式：

$$\phi_1 - \phi_2 + \phi_3 - \phi_4$$

d_{z^2}是$d_{2z^2-x^2-y^2}$的缩写，它由两部分组成，哑铃状的两个瓣指向$\pm z$方向，相位为正，位于xy平面附近的环相位为负，因此与之匹配的群轨道为

$$2\phi_5 + 2\phi_6 - \phi_1 - \phi_2 - \phi_3 - \phi_4$$

将这两个属于E_g表示的群轨道归一化得

$$\psi_{E_g} = \begin{cases} \dfrac{1}{\sqrt{12}}(2\phi_5 + 2\phi_6 - \phi_1 - \phi_2 - \phi_3 - \phi_4) & \text{与}d_{z^2}\text{匹配} \\ \dfrac{1}{2}(\phi_1 - \phi_2 + \phi_3 - \phi_4) & \text{与}d_{x^2-y^2}\text{匹配} \end{cases}$$

用同样的方法可以造出属于T_{2g}不可约表示的三个群轨道（π轨道）。例如，d_{xy}轨道的四个瓣是在xy平面中沿坐标的角平分线取向，在第一、第三象限的两瓣为正，在第二、第四象限的两瓣为负，由此与之匹配的群轨道可写为

$$p_{y1} + p_{x2} + p_{x3} + p_{y4}$$

其他两个属于T_{2g}的群轨道可同样求得

$$p_{x1} + p_{x6} + p_{y3} + p_{y5}$$

$$p_{y2} + p_{x5} + p_{x4} + p_{y6}$$

归一化后得

$$\psi_{T_{2g}} = \begin{cases} \dfrac{1}{2}(p_{y1} + p_{x2} + p_{x3} + p_{y4}) & \text{与}d_{xy}\text{匹配} \\ \dfrac{1}{2}(p_{x1} + p_{x6} + p_{y3} + p_{y5}) & \text{与}d_{xz}\text{匹配} \\ \dfrac{1}{2}(p_{y2} + p_{x5} + p_{x4} + p_{y6}) & \text{与}d_{yz}\text{匹配} \end{cases}$$

现在可以绘制络合物的分子轨道的能级图。实验表明，主要的相互作用发生在配体的几个最高占据轨道与中心原子的d轨道以及空的s和p轨道之间。在配体没有可以利用的π轨道(包括p、d和π^*)的情况下，中心原子与配体之间只生成σ键。氨络合物就是一个典型的例子。分子轨道能级图如图9.22所示。参与成键的配体σ轨道可以是纯s轨道、纯p轨道或sp^n杂化轨道。这六个配体σ轨道上有12个电子，中心原子有x(x=1：10)个电子，总共$12+x$个电子，其中12个电子占据成键轨道a_{1g}、t_{1u}、e_g，其余电子填入t_{2g}和e_g^*轨道中。在不考虑pπ成键时，t_{2g}是非键轨道，e_g^*是最低反键轨道。反键轨道a_{1g}^*和t_{1u}^*的相对高低不太确定，t_{2g}和e_g^*轨道的能量差为

$$\Delta = E_{e_g^*} - E_{t_{2g}}$$

Δ 恰好就是晶体场理论中的分裂能。

由此可见，尽管晶体场理论和分子轨道理论的出发点大不相同，但引出的结论却是相同的，即络合物的 t_{2g} 和 e_g（在分子轨道理论中是 e_g^*）轨道及它们的能量差 Δ 对络合物的性质起着关键作用。晶体场理论关于 Δ 及 Π 的讨论也适用于分子轨道理论。

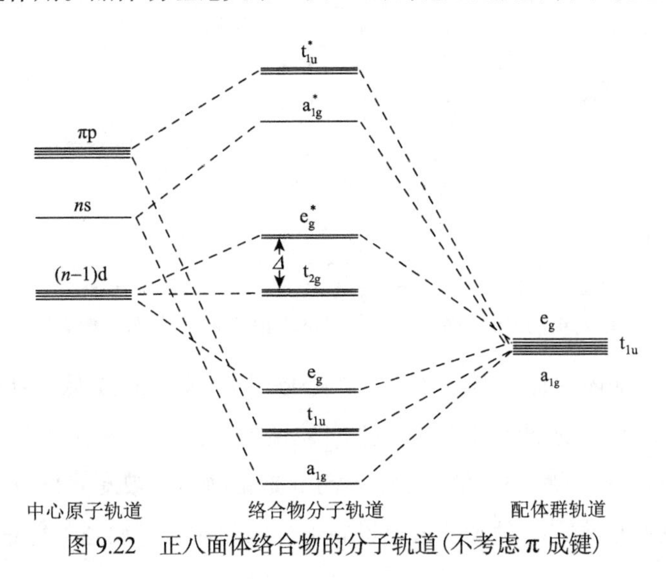

图 9.22　正八面体络合物的分子轨道(不考虑 π 成键)

9.4.2　π 轨道的能级

仿照上面的方法可以画出正四面体和正方形络合物的分子轨道的能级图(图 9.23 和图 9.24)。迄今为止的讨论都未考虑生成 π 型分子轨道的问题，事实上中心原子的原子轨道与配位体的 π 型群轨道有可能重叠，例如正八面体络合物中，中心原子的 d_{xz}、d_{yz} 和 d_{xy} 轨道和配体 t_{2g} 群轨道 $\frac{1}{2}\left(p_{x1}+p_{x6}+p_{y3}+p_{y5}\right)$、$\frac{1}{2}\left(p_{y2}+p_{x5}+p_{x4}+p_{y6}\right)$ 和 $\frac{1}{2}\left(p_{y1}+p_{x2}+p_{x3}+p_{y4}\right)$ 对称性分别匹配，可以生成 π 键。这样络合物中 t_{2g} 轨道不再是非键轨道。分析配体的情况以后可将配体分成两类。

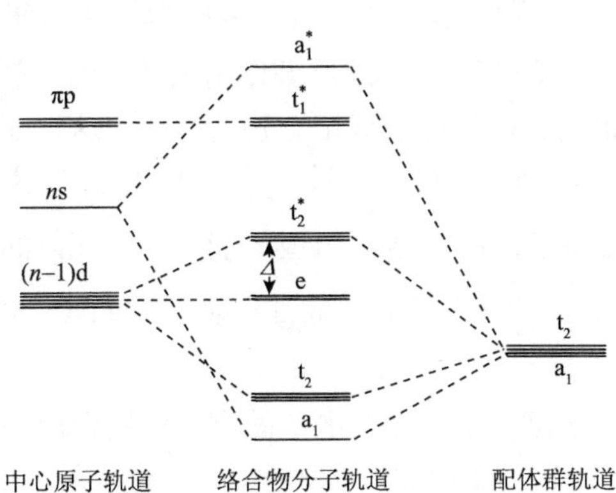

图 9.23　正四面体络合物的分子轨道(不考虑 π 成键)

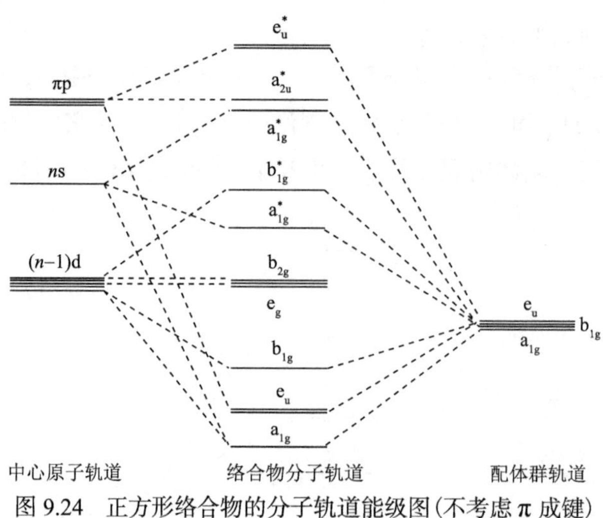

图 9.24 正方形络合物的分子轨道能级图(不考虑 π 成键)

第一种情况，配体的 t_{2g} 群轨道能量比中心原子的 d 轨道能量低，且填满了电子，如 CN^- 离子。在第一种情况下组合成的成键 t_{2g} 轨道能量低于配体群轨道的能量，反键 t_{2g}^* 轨道能量高于中心原子的 d 轨道能量(图 9.25)，成键轨道中被配体 t_{2g} 中的电子所填满，净的效果是使原先非键的 t_{2g} 轨道变成反键轨道，因而它与 e_g^* 轨道的能量差 Δ 变小。

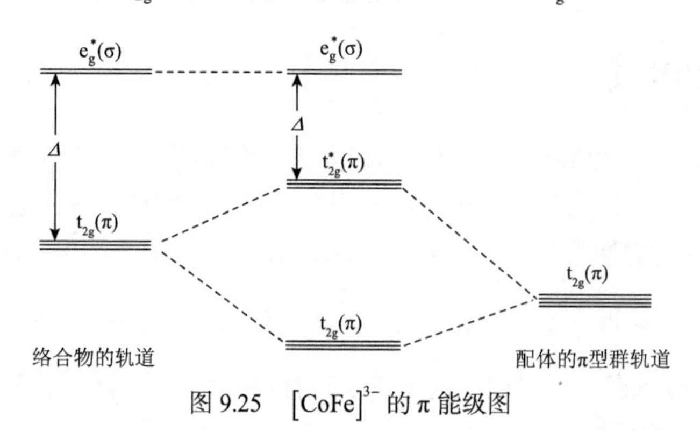

图 9.25 $[CoFe]^{3-}$ 的 π 能级图

从图 9.25 可知，若络合物的 t_{2g} 轨道充满，π 轨道生成的净效果是使 σ 成键产生的稳定作用减弱，因为 π 的成键作用与 π^* 的反键作用抵销，而分裂能 Δ 却变小了。这种情况相当于光谱化学序列最前面的配体生成络合物的情况，这种配体是弱场配体。

在第二种情况下，络合物的非键 π 轨道 t_{2g} 与配体的 t_{2g} 轨道组合成的成键 π 分子轨道能量低于中心原子的 d 轨道，而反键 π^* 轨道的能量高于配体的 t_{2g} 类 π 轨道(图 9.26)，原先处于络合物非键 π 轨道 t_{2g} 的电子进入成键 π 轨道，反键 π^* 轨道空着，净效果是使 Δ 变大，络合物更稳定。

如果络合物中只生成 σ 键，则配体的电子的离域作用会使中心原子附近的电荷密度升高，它限制了配体进一步接近中心原子。但若配体有能量较高的空 π 轨道，中心原子 d 轨道上的电子(非键轨道 t_{2g} 上的电子)由于生成 π 键而离域，致使中心原子上的电荷密度转移一部分到配体上。由于中心原子移走了一部分电荷，可以通过σ键从配体接受电子，配体由于通过σ键移走了一部分电荷而能更好地通过π键接受金属原子的电荷密度，这是一个正反馈过程。因此，我们称络合物中的这种π键为反配位键或反馈键。这就解释了为什么不带电荷且极性很小（$\mu = 0.374\times10^{-30}\,\mathrm{C\cdot m}$）的 CO 位于光谱化学序列的最高端。这一类配体称为强场配体。

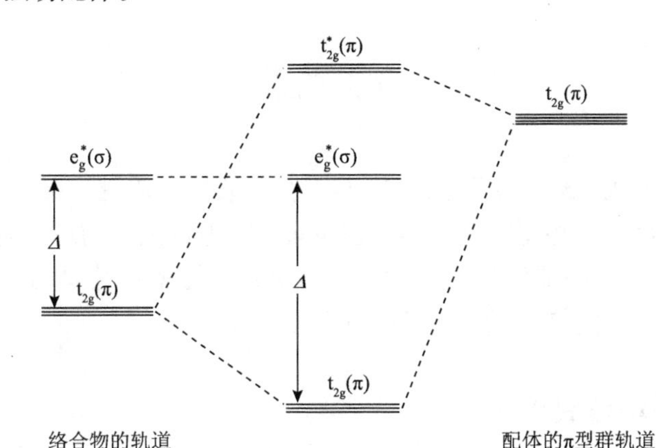

图 9.26　含 p、s 的配体或 CO 与过渡金属生成的络合物的π能级图

习　题

9.1 写出下列分子的对称元素和对称操作：

$H_2C{=}CH_2$、HCN、CO_2、H_2O、H_2O_2、苯

9.2 写出四重象转轴和四重反轴的全部对称操作。

9.3 写出甲烷分子对称操作的乘法表。

9.4 什么是有限群？什么是无限群？什么是群的阶？

9.5 $[Fe(CN)_6]^{3-}$ 有哪些对称元素，属于什么点群？

9.6 写出五阶群的乘法表。

9.7 H_2O 的分子属于 C_{2v} 点群，在 C_{2v} 群的对称操作作用下，H_2O 中的氧原子的 2s、$2p_x$、$2p_y$、$2p_z$ 轨道的变换性质是什么？

9.8 对 D_{6h} 群，写出下列直积表示的特征标，并将它们分解成不可约表示的直和。

(1) $A_{1g}\otimes A_{1g}$

(2) $E_{1g}\otimes E_{2u}$

9.9 用甲烷分子四个 H 原子的 1s 轨道组成与 C 原子的 2s、$2p_x$、$2p_y$、$2p_z$ 对称性匹配的线性组合。

第 10 章　微观化学反应理论

10.1　前线轨道理论

前面介绍的分子轨道理论主要讨论分子的静态结构、成键情况和性质。此外，分子轨道也可以用来解释某些化学反应的过程机理。其中最主要的理论有 1952 年福井谦一(Fukui Kenichi)提出的前线轨道理论以及 1965 年伍德沃德(Woodward)和霍夫曼(Hoffman)提出的分子轨道对称守恒原理。下面分别介绍。

10.1.1　前线轨道理论要点

在分子中，已被电子占据的能量最高的分子轨道称为最高占据轨道(HOMO)；未被电子占据的能量最低的分子轨道称为最低未占轨道(LUMO)。最高占据轨道和最低未占轨道称为前线轨道。前线轨道理论认为：

(1)分子在化学反应过程中，起决定作用的是一个分子的最高占据轨道和另一个分子的最低未占轨道。

(2)最高占据轨道与最低未占轨道对称性必须相匹配。

(3)最高占据轨道与最低未占轨道能量应当相近(相差应小于 6eV)。

(4)最高占据轨道流出电子和最低未占轨道流入电子应有利于旧键的断裂和新键的生成。

前线轨道理论主要适用于“协同反应”。所谓“协同反应”是指在化学反应过程中，几个反应位置上的旧键的断裂和新键的生成是同时进行的简单反应。

服从上述四点的化学反应称为对称允许的反应，相应的活化能低；反之称为对称禁阻的反应，相应的活化能高。

10.1.2　前线轨道理论应用

下面以丁二烯型化合物电环合反应为例，讨论前线轨道理论的应用。

直链共轭烯烃分子在一定条件下两端碳原子能以 σ 键相连成环状分子，这样的化学反应称为电环合反应。

实验指出，在加热情况下，带有取代基 R 的丁二烯型化合物的电环合反应生成反环丁烯型化合物——两个取代基 R 的位置不对称。而在光照条件下，则生成顺环丁烯——两个取代基 R 的位置对称。由于反应条件的不同，产物具有明显的立体选择性(图 10.1)。

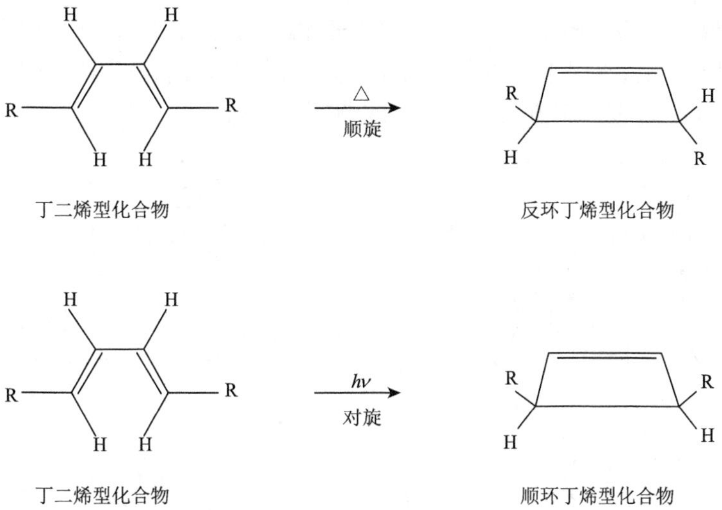

丁二烯型化合物　$\xrightarrow[\text{顺旋}]{\triangle}$　反环丁烯型化合物

丁二烯型化合物　$\xrightarrow[\text{对旋}]{h\nu}$　顺环丁烯型化合物

图 10.1　丁二烯型化合物在不同条件下的电环合

上述实验结果可以用前线轨道理论解释。在讨论反应物和产物的分子轨道对称性时，只需考虑参与旧键断裂、新键形成的那些分子轨道，对于σ键骨架以及一些取代基都可不考虑。丁二烯分子的π轨道已在 7.5 节讲述。图 10.2 给出了丁二烯分子的最高占据轨道ψ_2。如图所示，丁二烯的最高占据轨道是反对称的，即两端的 p 轨道的正负号正好相反。变成环丁烯时，两端的相互平行的 p 轨道要旋转90°相互重叠才能生成σ键。两端 p 轨道旋转的方式有两种，一种是顺旋，即两端的 p 轨道沿同一方向旋转，这样两端 p 轨道会同号重叠，生成σ键；另一种是对旋，即两端的 p 轨道沿相反的方向旋转，这样两端 p 轨道会异号重叠，不能生成σ键。所以在加热条件下丁二烯两端 p 轨道必须顺旋才能反应生成反环丁烯。在光照条件下，丁二烯基态电子受光激发，由基态轨道跃迁到激发态轨道，即由最高占据轨道跃迁到最低未占轨道。图 10.3 给出了丁二烯分子的

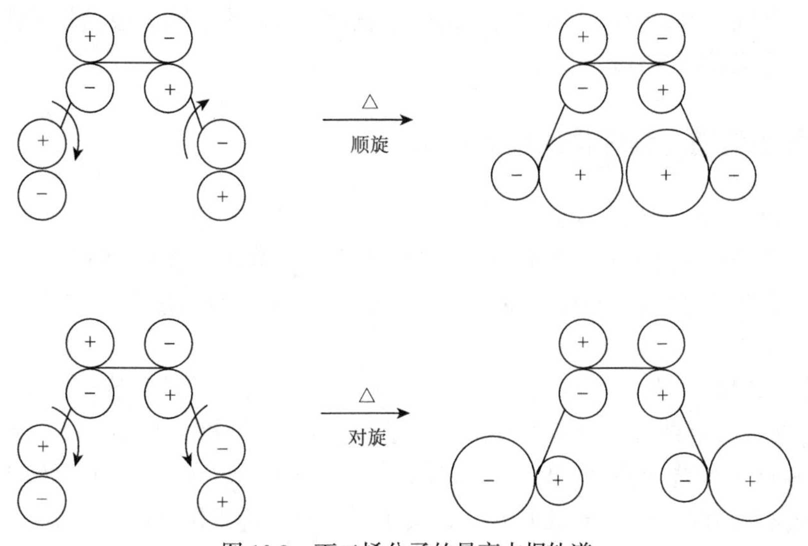

图 10.2　丁二烯分子的最高占据轨道

最低未占轨道ψ_3，与图 10.2 给出的丁二烯基态轨道对称性相反，图 10.3 所示的丁二烯两端 p 轨道是对称的，即正负号相同。对旋正好可以使两端 p 轨道产生同号重叠。因此，光照条件下，丁二烯按对旋方式反应，生成顺环丁二烯。

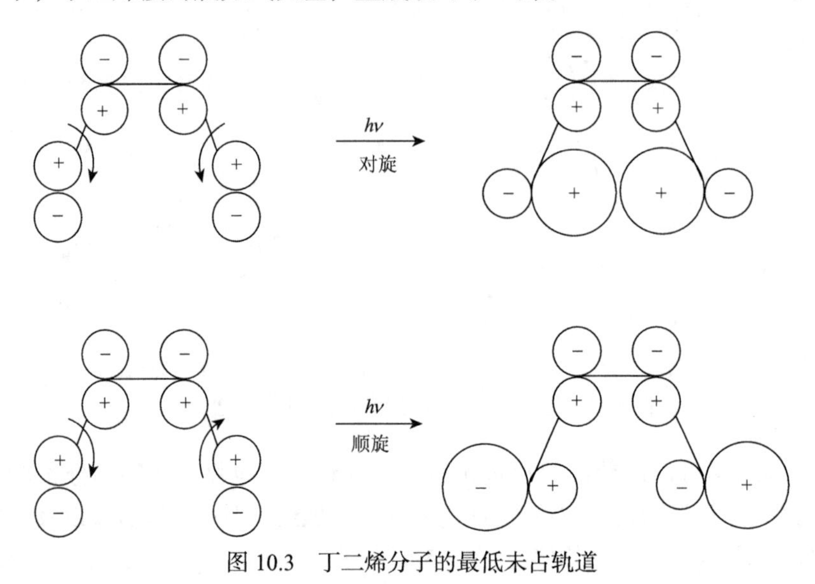

图 10.3　丁二烯分子的最低未占轨道

10.2　分子轨道对称守恒原理

10.2.1　分子轨道对称守恒

分子轨道对称守恒原理认为，分子轨道的对称性控制了基元反应的全过程。对一个化学反应来说，反应前后以及反应过程中分子轨道的对称性保持不变。它不仅考虑反应物与产物的前线轨道，而且还考虑其他的分子轨道，所以更全面。根据分子轨道能级相关图来判断反应进行的方式和条件。

10.2.2　分子轨道对称守恒原理的应用

下面仍以丁二烯型化合物的电环合反应为例介绍这个理论。

丁二烯分子存在对称元素镜面 m 和二次旋转轴 C_2（参阅 9.1 节）。镜面 m 是垂直于丁二烯碳原子骨架并把它们分成对等的两半；二次旋转轴 C_2 就是通过镜面 m 与分子平面相交的轴，示意于图 10.4。

对于丁二烯的分子轨道ψ_1、ψ_2、ψ_3、ψ_4而言，镜面 m 两边波函数ψ_1、ψ_3是对称的，即ψ_1和ψ_3在镜面 m 两边的图形互为镜像且符号相同，用符号 S 表示；ψ_2、ψ_4是反对称的，即ψ_2和ψ_4在镜面 m 两边的图形互为镜像但符号相反，以 A 表示。对旋转轴 C_2 而言，ψ_1、ψ_3是反对称的，绕 C_2 轴旋转180°，其图形不变但符号相反；ψ_2、ψ_4是对称的，绕 C_2 轴旋转180°，其图形和符号都不变（图 10.5）。

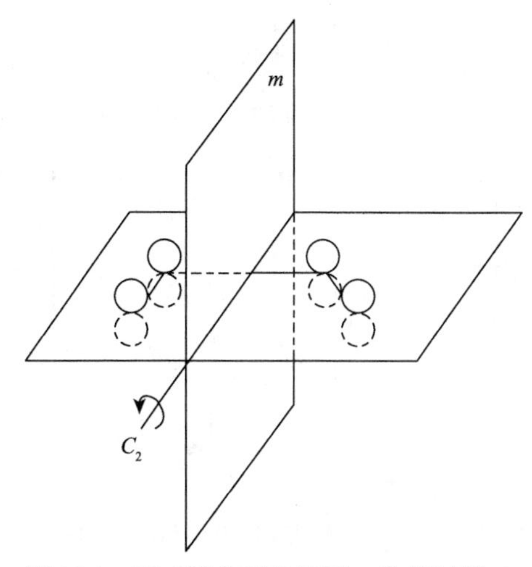

图 10.4　丁二烯分子的镜面 m 和旋转轴 C_2

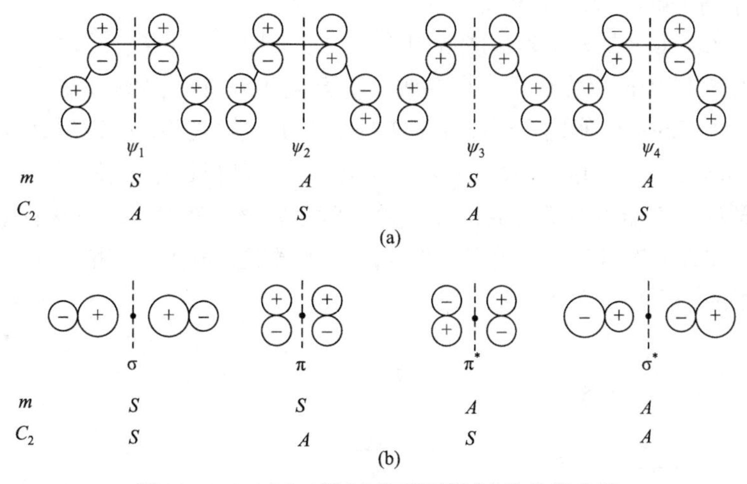

图 10.5　1, 3-丁二烯(a)和环丁烯(b)的轨道分类

丁二烯分子电环合反应时，四个大π轨道ψ_1、ψ_2、ψ_3、ψ_4发生变化，两端 1、4 碳原子的 p_z 轨道旋转 90° 后相互重叠生成σ键和σ^*键，而生成环丁烯。2、3 碳原子的 p_z 轨道可以形成π或π^*轨道。因此，产物环丁烯中有σ、π、π^*、σ^*分子轨道，其对称性示于图 10.6。

丁二烯按某一方式(顺旋或对旋)关环时，存在着始终保持有效的对称元素。当丁二烯顺旋关环时，C_2 轴始终有效，而镜面 m 已不是对称元素了。丁二烯对旋关环时，镜面 m 始终有效，而 C_2 轴不是对称元素了。因此，在讨论对旋关环时应以对称面 m 来分类，而讨论顺旋关环时应以 C_2 来分类，并分别以这种对称元素来考察反应物和产物的分子轨道间的关系。

确定有效对称元素后，就可以画出分子轨道能级相关图。具体步骤如下：

(1)把反应物和产物的分子轨道按能量高低顺序排列在两边。

(2)把反应物和产物对称性相同的分子轨道一一对应连接，互相对应的轨道能量应相近。

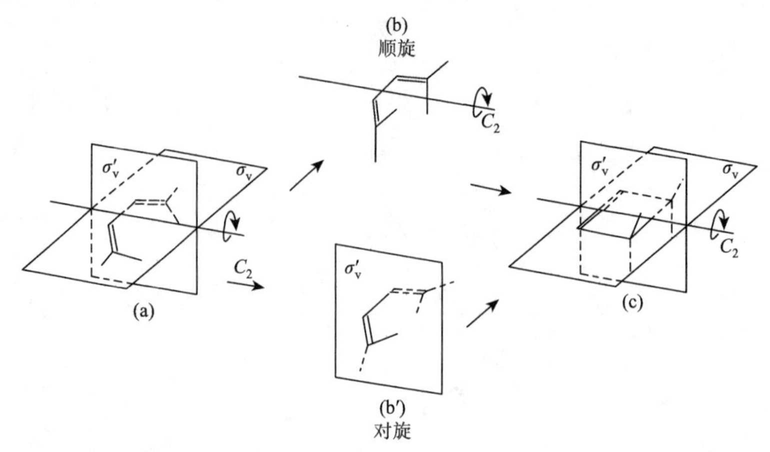

图 10.6 1, 3-丁二烯顺旋闭环(a)—(b)—(c)和对旋闭环(a)—(b′)—(c)过程中分子对称性的变化

(3)对称性相同的连线不能相交。

这样得到的图形就是分子轨道能量相关图。丁二烯→环丁烯分子轨道能量相关图示于图 10.7。由图 10.7(a)可见，丁二烯的成键轨道ψ_1、ψ_2转化为环丁烯的两个成键分子轨道σ、π，对应的活化能低，所以在加热的条件下顺旋关环，生成反式取代环丁烯。由图 10.7(b)可见，丁二烯的成键轨道ψ_2转化为环丁烯的反键π^*轨道，相应的活化能高，所以在加热条件下不能生成反式取代环丁烯。但在光照条件下，电子从ψ_2激发到ψ_3，与环丁烯的π成键轨道相关联，可以对旋关环，生成顺式取代环丁烯。这个结论与前线轨道理论分析的结果是一致的。

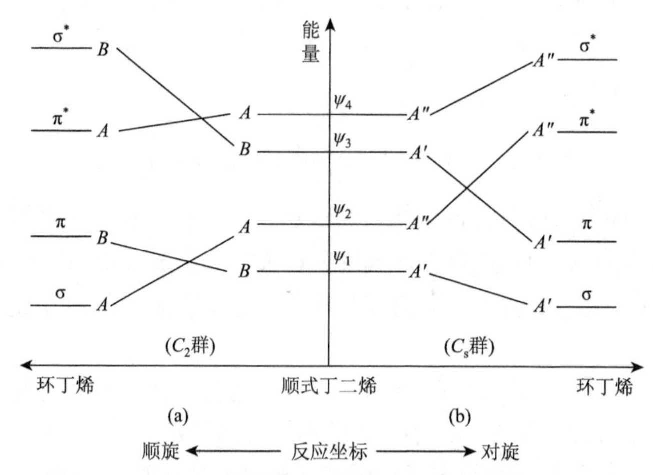

图 10.7 1, 3-丁二烯顺旋和对旋合为环丁烯的能级相关图

10.3 过渡状态理论

过渡状态理论认为：当两个能量足够大的反应物分子相互接近时，分子的化学键会重排，能量要重新分配，才能变成产物分子。在此过程中，要经过一个过渡状态，处于

过渡状态的体系称为活化络合物。所谓化学反应速率，就是反应物通过过渡状态的速率，即活化络合物分解的速率。

10.3.1　活化能

过渡状态理论的物理模型是反应体系的势能面。下面以一个原子与一个分子的置换反应为例说明反应过程中该体系的能量变化情况。

$$A + B—C \longrightarrow A\cdots B\cdots C \longrightarrow A—B + C$$

在反应过程中，A、B 和 C 始终处于在一条直线上。当 A 原子向 B—C 分子靠近时，B—C 间的化学键逐渐变得松弛，同时开始逐渐形成新的 A—B 键。在这一过程中，A—B 间的距离 r_{AB} 及 B、C 间的距离都在逐渐变化。因此，整个反应体系的势能也在随之变化。以 r_{AB} 和 r_{BC} 作为平面上两个相互垂直的坐标，而以反应体系的势能作为垂直于该平面的第三个坐标。这样，给定一个 r_{AB} 和 r_{BC}，反应体系就有一个确定的势能，在这个三维空间就有一个相应的点代表这个势能。取一系列的 r_{AB} 和 r_{BC} 值，就得到一系列反应体系的势能，在这个三维空间就得到一系列对应于势能的点。这些点所构成的曲面就是反应体系的势能面。为方便计算，将这个立体的势能曲面投影到 r_{AB} 和 r_{BC} 的平面上，并将势能相同的点连接成一条曲线，如图 10.8 所示。

图中等势能曲线旁标有数值。数值的大小，表示反应体系的势能的高低：数值越大，反应体系的势能越高；数值越小，反应体系的势能越低。图中的 P 点处于反应体系势能的低点，表示原子 A 远离 B—C 分子的状态，是反应的始态；图中的 Q 点处于高势能位置，代表 A、B、C 三个原子完全分离的状态。从反应物到产物，可以有许多途径，但是只有图中虚线表示的那条途径 $P\cdots Q\cdots R$ 所需爬越的能峰最低。因而，$P\cdots Q\cdots R$ 是最有可能的反应途径，此即反应的进程，即沿着 P 点附近的深谷翻过 Q 点附近的马鞍峰地区，然后直下 R 处的深谷，如图 10.9 所示。

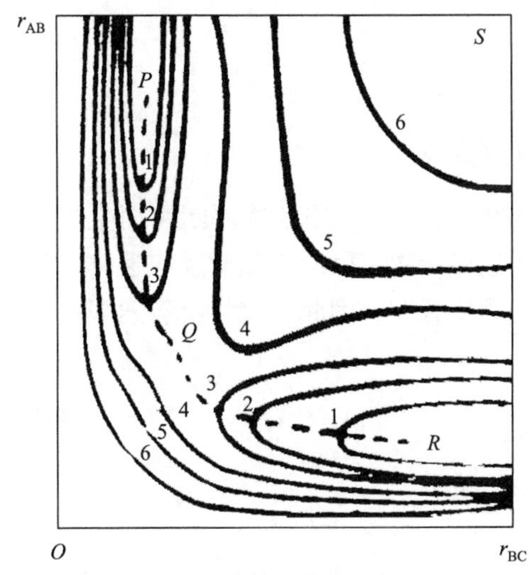

图 10.8　反应体系位能面投影图

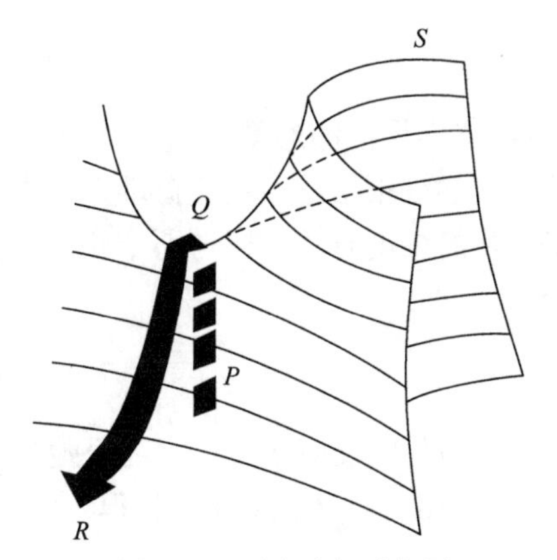

图 10.9　反应途径示意图

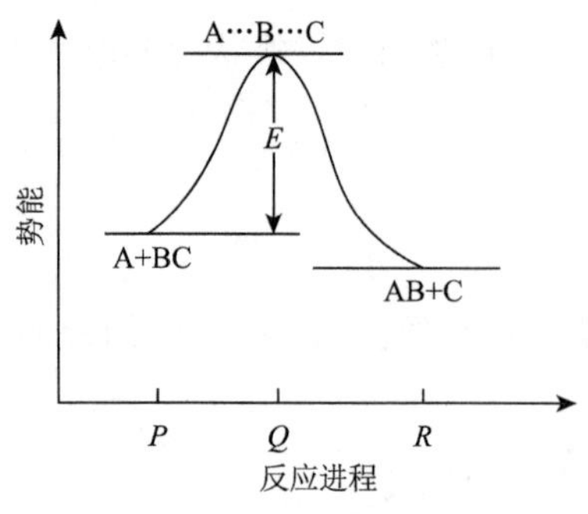

图 10.10 反应进程的位能图

Q 点即代表过渡状态——活化络合物 A…B…C 所处的状态。如果用图 10.8 中虚线所示的 $P \cdots Q \cdots R$ 反应途径代表反应过程，并用它作为横坐标，以势能为纵坐标，就得到图 10.10 所示的反应进程势能图。

图中 P 点和 Q 点的势能差，即势能面上 P 点和 Q 点的高度差，就是反应物发生的反应

$$A+B—C \longrightarrow A—B+C$$

所需要爬越的能峰，因此，反应活化能为

$$E = N_0 \varepsilon$$

式中，N_0 为阿伏伽德罗常量。

因此，只需要计算出反应体系的势能面，就可以从势能面上推测该体系最可能的反应途径，并从势能面上过渡状态的位置，知道活化络合物的构型以及反应的活化能。

10.3.2 速率常数

过渡状态理论认为，过渡状态的活化络合物不稳定，它既能成为产物，也能成为反应物。过渡状态理论作了两点假设：

(1) 在任一瞬间，活化络合物与反应物存在化学平衡。这表明由反应物变成活化络合物及由活化络合物变成反应物的速率都很快，而由活化络合物变成产物的速率却比较慢。这可以表示为

$$A+B \underset{\text{快}}{\overset{\text{快}}{\rightleftharpoons}} [AB]_{\neq} \xrightarrow{\text{慢}} \text{产物}$$

反应物与活化络合物达成化学平衡，平衡常数为

$$K_{\neq} = \frac{c_{[AB]_{\neq}}}{c_A c_B}$$

得

$$c_{[AB]_{\neq}} = K_{\neq} c_A c_B \tag{10.1}$$

(2) 化学反应的速率是活化络合物变成产物的速率。活化络合物要断裂而生成产物的那个化学键很松弛，只要振动一次即可断裂而生成产物。因此，化学反应速率既与活化络合物的浓度有关，还与那个松弛的化学键的频率有关。因此，化学反应速率可以表示为

$$j = \nu c_{[AB]_{\neq}} \tag{10.2}$$

式中，j 为化学反应速率，ν 为松弛化学键的振动频率。

将式(10.1)代入式(10.2)，得

$$j = \nu K_{\neq} c_A c_B \tag{10.3}$$

分子一个振动自由度的能量为

$$\varepsilon = h\nu$$

根据能量均分原理，一个振动自由度的能量为

$$\varepsilon = \frac{RT}{N_0}$$

由以上两式得

$$\nu = \frac{RT}{hN_0} \tag{10.4}$$

将式(10.4)代入式(10.3)，得

$$j = \frac{RT}{hN_0} K_{\neq} c_{\mathrm{A}} c_{\mathrm{B}} \tag{10.5}$$

A、B 两个粒子基元反应的速率公式为

$$j = kc_{\mathrm{A}} c_{\mathrm{B}} \tag{10.6}$$

式中，k 为速率常数。

比较式(10.5)和式(10.6)，得

$$k = \frac{RT}{hN_0} K_{\neq} \tag{10.7}$$

由式(10.7)可见，只要求出生成活化络合物反应的平衡常数 $K_{\neq}$，就可以求出化学反应速率常数 k。

10.3.3　活化熵

对于活化络合物，有

$$\Delta G_{\neq}^{\ominus} = \Delta H_{\neq}^{\ominus} - T\Delta S_{\neq}^{\ominus}$$

$$\Delta G_{\mathrm{m},\neq}^{\ominus} = -RT \ln K_{\neq}$$

式中，$\Delta G_{\neq}^{\ominus}$ 为标准活化自由能；$\Delta H_{\neq}^{\ominus}$ 为标准活化焓；$\Delta S_{\neq}^{\ominus}$ 为标准活化熵。$\Delta G_{\mathrm{m},\neq}^{\ominus}$ 为标准摩尔活化自由能。

$$\begin{aligned} K_{\neq} &= \exp\left(-\frac{\Delta G_{\mathrm{m},\neq}^{\ominus}}{RT}\right) \\ &= \exp\left(-\frac{\Delta H_{\mathrm{m},\neq}^{\ominus}}{RT}\right)\exp\left(-\frac{\Delta S_{\mathrm{m},\neq}^{\ominus}}{R}\right) \end{aligned} \tag{10.8}$$

将式(10.8)代入式(10.7)，得

$$\begin{aligned} k &= \frac{RT}{N_0 h}\exp\left(-\frac{\Delta H^{\ominus}_{\mathrm{m},\neq}}{RT}\right)\exp\left(-\frac{\Delta S^{\ominus}_{\mathrm{m},\neq}}{R}\right) \\ &= \frac{RT}{N_0 h}\exp\left(-\frac{E}{RT}\right)\exp\left(-\frac{\Delta S^{\ominus}_{\mathrm{m},\neq}}{R}\right) \end{aligned} \tag{10.9}$$

式中，$E \approx \Delta H^{\ominus}_{\mathrm{m},\neq}$ 为化学反应的能量变化。

由式(10.9)可见，化学反应的速率常数 k 由化学反应活化能 E 和标准摩尔活化熵 $\Delta S^{\ominus}_{\mathrm{m},\neq}$ 决定。

将阿伦尼乌斯(Arrhenius)公式

$$k = A\exp\left(-\frac{E}{RT}\right)$$

与式(10.9)比较，得

$$\begin{aligned} A &= \frac{RT}{N_0 h}\exp\left(-\frac{\Delta S^{\ominus}_{\mathrm{m},\neq}}{R}\right) \\ &= \frac{k_{\mathrm{B}}T}{h}\exp\left(-\frac{\Delta S^{\ominus}_{\mathrm{m},\neq}}{R}\right) \end{aligned} \tag{10.10}$$

可见，A 是与温度有关的量。

10.3.4 多原子体系的势能面

对于多个原子的体系，需用多维空间描述。其势能面是一个超曲面。描述这个势能面的坐标数与确定各个原子相对位置所需要的坐标数相同。这种超曲面上代表稳定化合物体系能量的能谷被能峰分隔开。能峰上有通道，通过这些通道可以从一个能谷到另一个能谷。如果通道的顶点是只能进不能退的无返回点，则此处是计算通过此通道的反应速率的位置。通常这种通道不止一个，它们分别对应不同的反应机理。在这些通道中，有一个能量最低，其他能量较高的通道都可以忽略不计。此能量最低通道决定反应速率机理的路径。在该通道顶点多个原子体系的构型就是活化络合物的构型，即过渡状态。

活化络合物除了具有一个通过此通道的内平动自由度外，与一般分子没有区别。如果活化络合物处在无返回点，则从一个方向通过此通道的体系数目不影响从逆方向通过的体系数目。各个活化络合物彼此不相干，互不影响。因此，从反应物到产物，反应以平衡速率进行。如果体系偏离平衡是由于移走产物所致，则这个平衡速率同样可以作为远离平衡时的速率。如果体系受到更大的扰动，则必须把体系分散到各反应物的各种能谷中。这些反应物与其各自的过渡状态的活化络合物平衡。

在势能曲面的稳态点上，有一条在两个方向下坡都是最陡的路径，称为反应坐标。一般情况下，通过通道的实际反应轨迹不是沿着反应坐标，而是统计地分布其周围。

图 10.11 给出反应的一般情况，图中画出了一个与反应坐标垂直的过渡状态的抛物线。对于每个振动自由度还有其他抛物线。

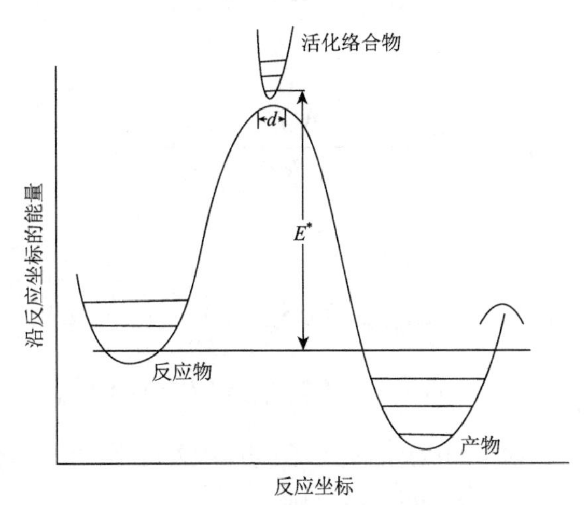

图 10.11　多维势能面沿反应坐标的截面

10.3.5　基元反应速率

通过势垒(能峰)的基元反应的速率为

$$j = k\frac{1}{2}c_{\neq,\delta}\frac{\dot{x}}{\delta} = k\frac{k_{\mathrm{B}}T}{h}c_{\neq} \tag{10.11}$$

式中，k 是穿透系数，若势垒顶点是无返回点，则 $k=1$；若通过势垒时有势漏或通过势垒顶点有返回现象，则 $k \neq 1$。$c_{\neq,\delta}$ 表示沿反应坐标，在长度 δ 范围内活化络合物的浓度。$c_{\neq}$ 表示处于势垒顶点最低平动态活化络合物的浓度。系数 $\dfrac{1}{2}$ 表示在能垒顶点处平衡浓度 $c_{\neq,\delta}$ 的分子中只有一半朝正向运动。

平衡常数

$$K_{\neq} = \frac{c_{\neq}\gamma_{\neq}}{c_1\gamma_1 c_2\gamma_2\cdots} \tag{10.12}$$

将式(10.12)代入式(10.11)，得

$$\begin{aligned} j &= k\frac{k_{\mathrm{B}}T}{h}K_{\neq}\frac{c_1\gamma_1 c_2\gamma_2\cdots}{\gamma_{\neq}} \\ &= K'\frac{\gamma_1\gamma_2\cdots}{\gamma_{\neq}}c_1 c_2\cdots \end{aligned} \tag{10.13}$$

式中，c_1、c_2、$\cdots$ 为构成活化络合物的物质的浓度；γ_i 表示相应的活度系数。

$$K' = k\frac{k_B T}{h}K_{\neq}$$

由

$$\Delta G_{m,\neq} = -RT\ln K_{\neq}$$

得

$$j = k\frac{k_B T}{h}\exp\left(-\frac{\Delta G_{m,\neq}}{RT}\right)\frac{\gamma_1\gamma_2\cdots}{\gamma_{\neq}}c_1c_2\cdots \tag{10.14}$$

并有

$$\begin{aligned}\Delta G_{m,\neq} &= \Delta H_{m,\neq} - T\Delta S_{m,\neq} + \int_{P_S}^{P}\frac{\partial \Delta G_{m,\neq}}{\partial V}dP \\ &= \Delta H_{m,\neq} - T\Delta S_{m,\neq} + (P - P_S)\Delta\bar{V}_{m,\neq}\end{aligned} \tag{10.15}$$

式中，$\Delta\bar{V}_{m,\neq}$为活化络合物与构成此活化络合物体积差的平均值；P_S为体系标准状态的压力。由于P比P_S大得多，P_S可以忽略，则

$$\Delta G_{m,\neq} = \Delta H_{m,\neq} - T\Delta S_{m,\neq} + P\Delta\bar{V}_{m,\neq} \tag{10.16}$$

10.4 势能面

10.4.1 价键法计算势能面

根据玻恩-奥本海默近似，电子的薛定谔方程可以写作

$$\hat{H}_e\psi_e(r,R) = E(R)\psi_e(r,R) \tag{10.17}$$

式中

$$\hat{H}_e = -\frac{1}{2}\sum_{i=1}^{n}\nabla_i^2 - \sum_{\alpha=1}^{N}\sum_{i=1}^{n}\frac{Z_\alpha}{r_{i\alpha}} + \sum_{i=1}^{n}\sum_{\substack{j=1\\(j>i)}}^{n}\frac{1}{r_{ij}} + \sum_{\alpha=1}^{N}\sum_{\substack{\beta=1\\(\beta>\alpha)}}^{N}\frac{Z_\alpha Z_\beta}{R_{\alpha\beta}}$$

在化学反应所涉及的能量范围内，原子核的速度比电子的速度慢得多，原子核的运动可以看成是绝热的，从而电子的状态函数可以用来表示整个反应体系的电子状态，能量$E(R)$是原子核运动方程的势能，即

$$\left[\sum_{\alpha=1}^{n}\frac{1}{2M_\alpha}\nabla_\alpha^2 - E(R)\right]\psi_\alpha = E\psi_\alpha \tag{10.18}$$

求解R取不同值的电子的薛定谔方程(10.17)，得到能量本征值$E(R)$，从而得到一系列势能面，就可以将化学反应的体系看作是跨越这些已经确定的势能面进行的。

下面以三电子体系为例讨论求势能面的方法。

1. 伦敦方程

三个原子 a、b、c 发生化学反应，每个原子只有一个电子。三个原子的轨道波函数为$1s_a$、$1s_b$、$1s_c$。将三个原子配对，有$(1s_a,1s_b)$、$(1s_b,1s_c)$、$(1s_c,1s_a)$。对一个体系而言，最稳定的构型形成的化学键最多。

三个电子总自旋在 z 方向的分量为$\frac{1}{2}$，则三个电子体系的自旋可以有以下形式：

$$\begin{array}{ccc} \mathrm{a} & \mathrm{b} & \mathrm{c} \\ \beta & \alpha & \alpha \\ \alpha & \beta & \alpha \\ \alpha & \alpha & \beta \end{array}$$

相应的三个电子体系的斯莱特行列式波函数有

$$\psi_1 = \frac{1}{\sqrt{3}}\begin{vmatrix} 1s_a(1)\beta(1) & 1s_b(1)\alpha(1) & 1s_c(1)\alpha(1) \\ 1s_a(2)\beta(2) & 1s_b(2)\alpha(2) & 1s_c(2)\alpha(2) \\ 1s_a(3)\beta(3) & 1s_b(3)\alpha(3) & 1s_c(3)\alpha(3) \end{vmatrix}$$
$$= \frac{1}{\sqrt{3}}\left|1s_a(1)\beta(1)1s_b(2)\alpha(2)1s_c(3)\alpha(3)\right|$$

$$\psi_2 = \frac{1}{\sqrt{3}}\begin{vmatrix} 1s_a(1)\alpha(1) & 1s_b(1)\beta(1) & 1s_c(1)\alpha(1) \\ 1s_a(2)\alpha(2) & 1s_b(2)\beta(2) & 1s_c(2)\alpha(2) \\ 1s_a(3)\alpha(3) & 1s_b(3)\beta(3) & 1s_c(3)\alpha(3) \end{vmatrix}$$
$$= \frac{1}{\sqrt{3}}\left|1s_a(1)\alpha(1)1s_b(2)\beta(2)1s_c(3)\alpha(3)\right|$$

$$\psi_3 = \frac{1}{\sqrt{3}}\begin{vmatrix} 1s_a(1)\alpha(1) & 1s_b(1)\alpha(1) & 1s_c(1)\beta(1) \\ 1s_a(2)\alpha(2) & 1s_b(2)\alpha(2) & 1s_c(2)\beta(2) \\ 1s_a(3)\alpha(3) & 1s_b(3)\alpha(3) & 1s_c(3)\beta(3) \end{vmatrix}$$
$$= \frac{1}{\sqrt{3}}\left|1s_a(1)\alpha(1)1s_b(2)\alpha(2)1s_c(3)\beta(3)\right|$$

表示原子 a 和 b 之间的化学键，可以由ψ_1和ψ_2的线性组合表示，能量低的化学键是单组态自旋波函数必须是反对称的，其电子自旋必须相反，因此

$$\psi_{ab} = c_1\psi_1 + c_2\psi_2 \tag{10.19}$$

若将 a 和 b 的自旋交换，函数ψ_{ab}必须改变符号，即

$$\psi_{ab} = -c_2\psi_1 - c_1\psi_2 \tag{10.20}$$

仅当$a_2 = -a_1$时，式(10.19)和式(10.20)才一致，所以 a—b 键的函数为

$$\psi_{ab} = \psi_1 - \psi_2$$

同理，b—c 键函数为

$$\psi_{\mathrm{bc}}=\psi_2-\psi_3$$

于是，利用这两个独立的键函数构成变分函数：

$$\psi_{\mathrm{bc}}=A\psi_{\mathrm{ab}}+B\psi_{\mathrm{bc}}$$

相应的久期方程为

$$\begin{cases}A\left(H_{\mathrm{AA}}-S_{\mathrm{AA}}U\right)+B\left(H_{\mathrm{AB}}-S_{\mathrm{AB}}U\right)=0\\A\left(H_{\mathrm{BA}}-S_{\mathrm{BA}}U\right)+B\left(H_{\mathrm{BB}}-S_{\mathrm{BB}}U\right)=0\end{cases} \tag{10.21}$$

式中

$$H_{\mathrm{AA}}=\int\psi_{\mathrm{ab}}\hat{H}_{\mathrm{e}}\psi_{\mathrm{ab}}\mathrm{d}\nu$$

$$H_{\mathrm{AB}}=\int\psi_{\mathrm{ab}}\hat{H}_{\mathrm{e}}\psi_{\mathrm{bc}}\mathrm{d}\nu$$

$$H_{\mathrm{BB}}=\int\psi_{\mathrm{bc}}\hat{H}_{\mathrm{e}}\psi_{\mathrm{bc}}\mathrm{d}\nu$$

$$H_{\mathrm{BA}}=\int\psi_{\mathrm{bc}}\hat{H}_{\mathrm{e}}\psi_{\mathrm{ab}}\mathrm{d}\nu$$

$$S_{\mathrm{AA}}=\int\psi_{\mathrm{ab}}\psi_{\mathrm{ab}}\mathrm{d}\nu$$

$$S_{\mathrm{AB}}=\int\psi_{\mathrm{ab}}\psi_{\mathrm{bc}}\mathrm{d}\nu$$

$$S_{\mathrm{BB}}=\int\psi_{\mathrm{bc}}\psi_{\mathrm{bc}}\mathrm{d}\nu$$

$$S_{\mathrm{BA}}=\int\psi_{\mathrm{bc}}\psi_{\mathrm{ab}}\mathrm{d}\nu$$

消去 A、B 后，得

$$U^2\left(S_{\mathrm{AA}}S_{\mathrm{BB}}-S_{\mathrm{AB}}^2\right)-U\left(H_{\mathrm{AA}}S_{\mathrm{BB}}+H_{\mathrm{BB}}S_{\mathrm{AA}}-2H_{\mathrm{AB}}S_{\mathrm{AB}}\right)+H_{\mathrm{AA}}H_{\mathrm{BB}}-H_{\mathrm{AB}}^2=0$$

有

$$\begin{aligned}U_{\pm}=\frac{1}{2\left(S_{\mathrm{AA}}S_{\mathrm{BB}}-S_{\mathrm{AB}}^2\right)}&\left\{\left(H_{\mathrm{AA}}S_{\mathrm{BB}}+H_{\mathrm{BB}}S_{\mathrm{AA}}-2H_{\mathrm{AB}}S_{\mathrm{AB}}\right)\pm\left[\left(H_{\mathrm{AA}}S_{\mathrm{BB}}+H_{\mathrm{BB}}S_{\mathrm{AA}}-H_{\mathrm{AB}}S_{\mathrm{AB}}\right)^2\right.\right.\\&\left.\left.-4\left(H_{\mathrm{AA}}H_{\mathrm{BB}}-H_{\mathrm{AB}}^2\right)\left(S_{\mathrm{AA}}S_{\mathrm{BB}}-S_{\mathrm{AB}}^2\right)\right]^{\frac{1}{2}}\right\}\end{aligned} \tag{10.22}$$

此即三原子体系的势能表达式。并有

$$\begin{aligned}S_{\mathrm{AA}}&=\int\left(\psi_1-\psi_2\right)\left(\psi_1-\psi_2\right)\mathrm{d}\nu\\&=\int\psi_1\psi_1\mathrm{d}\nu_1+\int\psi_2\psi_2\mathrm{d}\nu_2-2\int\int\psi_1\psi_2\mathrm{d}\nu_1\mathrm{d}\nu_2\\&=2-\left(\int 1\mathrm{s_b}(2)1\mathrm{s_c}(3)\mathrm{d}\tau\right)^2-\left(\int 1\mathrm{s_a}(1)1\mathrm{s_c}(3)\mathrm{d}\tau\right)^2+2\int 1\mathrm{s_a}(1)1\mathrm{s_b}(2)\mathrm{d}\tau\\&\quad-2\int 1\mathrm{s_a}(1)1\mathrm{s_b}(2)\mathrm{d}\tau\int 1\mathrm{s_b}(2)1\mathrm{s_c}(3)\mathrm{d}\tau\int 1\mathrm{s_a}(1)1\mathrm{s_c}(3)\mathrm{d}\tau\\&=2-\Delta_{\mathrm{bc}}^2-\Delta_{\mathrm{ac}}^2+2\Delta_{\mathrm{ab}}^2-2\Delta_{\mathrm{ab}}\Delta_{\mathrm{bc}}\Delta_{\mathrm{ac}}\end{aligned}$$

$$S_{BB}=2-\Delta_{ab}^2-\Delta_{ac}^2+2\Delta_{bc}^2-2\Delta_{ab}\Delta_{ac}\Delta_{bc}$$

$$S_{AB}=-1-\Delta_{ab}^2-\Delta_{bc}^2+2\Delta_{ac}^2+2\Delta_{ab}\Delta_{ac}\Delta_{bc}$$

其中

$$\Delta_{ab}=\int 1s_{a(1)}1s_{b(2)}d\tau$$

$$\Delta_{ac}=\int 1s_{a(1)}1s_{c(3)}d\tau$$

$$\Delta_{bc}=\int 1s_{b(2)}1s_{c(3)}d\tau$$

$$\begin{aligned}
H_{AA}&=\int\psi_{ab}\hat{H}_e\psi_{ab}d\nu\\
&=\int\psi_1\hat{H}_e\psi_1 d\nu+\int\psi_2\hat{H}_e\psi_2 d\nu-2\int\int\psi_1\hat{H}_e\psi_2 d\nu d\nu\\
&=\Big[\int 1s_a(1)1s_b(2)1s_c(3)\hat{H}_e 1s_a(1)1s_b(2)1s_c(3)d\tau\\
&\quad-\int 1s_b(1)1s_c(2)1s_a(3)\hat{H}_e 1s_c(1)1s_b(2)1s_a(3)d\tau\Big]\\
&\quad+\Big[\int 1s_a(1)1s_b(2)1s_c(3)\hat{H}_e 1s_a(1)1s_b(2)1s_c(3)d\tau\\
&\quad-\int 1s_a(1)1s_c(2)1s_b(3)\hat{H}_e 1s_c(1)1s_a(2)1s_b(3)d\tau\Big]\\
&\quad-2\Big[-\int 1s_a(1)1s_b(2)1s_c(3)\hat{H}_e 1s_b(1)1s_a(2)1s_c(3)d\tau\\
&\quad+\int 1s_b(1)1s_c(2)1s_a(3)\hat{H}_e 1s_c(1)1s_a(2)1s_b(3)d\tau\Big]\\
&=2Q-(bc)-(ac)+2(ab)-(bca)
\end{aligned}$$

式中

$$Q=\int 1s_a(1)1s_b(2)1s_c(3)\hat{H}_e 1s_a(1)1s_b(2)1s_c(3)d\tau$$

$$(bc)=\int 1s_b(1)1s_c(2)1s_a(3)\hat{H}_e 1s_c(1)1s_b(2)1s_a(3)d\tau(\text{b、c坐标交换})$$

$$(ac)=\int 1s_a(1)1s_c(2)1s_b(3)\hat{H}_e 1s_c(1)1s_a(2)1s_b(3)d\tau(\text{a、c坐标交换})$$

$$(ab)=\int 1s_a(1)1s_b(2)1s_c(3)\hat{H}_e 1s_b(1)1s_a(2)1s_c(3)d\tau(\text{a、b坐标交换})$$

$$(bca)=\int 1s_b(1)1s_c(2)1s_a(3)\hat{H}_e 1s_c(1)1s_a(2)1s_b(3)d\tau(\text{三个坐标交换})$$

同理，有

$$H_{BB}=2Q-(ab)-(ac)+2(bc)-2(bca)$$

$$H_{AB}=-Q-(ab)-(bc)+2(ac)+(bca)$$

若 a、b、c 是正交的，则

$$S_{AA}=2,\ S_{BB}=2,\ S_{AB}=-1$$

将上述各式代入式(10.22)，得

$$U_{\pm}=Q\pm\frac{1}{\sqrt{2}}\left\{\left[(ab)-(bc)\right]^2+\left[(bc)-(ac)\right]^2+\left[(ac)-(ab)\right]^2\right\}^{\frac{1}{2}}-(bca) \quad (10.23)$$

如果式(10.23)中的双重交换积分(bca)等于零，则式(10.23)简化为

$$U_{\pm}=Q\pm\frac{1}{\sqrt{2}}\left\{\left[(ab)-(bc)\right]^2+\left[(bc)-(ac)\right]^2+\left[(ac)-(ab)\right]^2\right\}^{\frac{1}{2}} \quad (10.24)$$

此即伦敦方程，由伦敦在 1929 年给出。

2. 改进的伦敦方法

1) LEP 法

艾林(Eyring)和波拉尼(Polanyi)在总能量光谱值的基础上计算每一原子对的库仑积分和交换积分，然后将计算的值代入式(10.24)，得到三原子体系的势能面。

双原子 i-j 的结合能采用莫尔斯(Morse)势函数计算

$$Q_{ij}=D_{ij}\left[\exp\left(-2\beta_{ij}x_{ij}\right)-2\exp\left(-\beta_{ij}x_{ij}\right)\right] \quad (10.25)$$

式中，x_{ij} 是原子 i、j 偏离平衡核间距的位移；D_{ij} 是经典解离能；β_{ij} 是光谱常数。利用 Q_{ij} 对 x_{ij} 的二阶导数在 $x_{ij}=0$ 的值等于双原子分子的力常数 k_{ij} 及

$$\omega_{ij}^{0}=\frac{1}{2\pi c}\left(\frac{k_{ij}}{\mu_{ij}}\right)^{\frac{1}{2}} \quad (10.26)$$

的关系，得到

$$\beta_{ij}=\pi c\omega_{ij}^{0}\left(\frac{2\mu_{ij}}{D_{ij}}\right)^{\frac{1}{2}} \quad (10.27)$$

式中，μ_{ij} 是 i、j 的折合质量；ω_{ij}^{0} 是以波数表示的基态振动频率。

艾林和波拉尼改进的伦敦法称为 LEP 法。该法只适于对活化能的粗略估计。

2) LEPS 法

1955 年佐藤(Sato)提出，利用排斥态曲线的形式构造三原子体系的势能面。佐藤为了得到排斥曲线的解析表达式，将莫尔斯函数修改为

$$U_{+}=\frac{D}{2}\left[\exp(-2\beta' x)+2\exp(-\beta' x)\right] \quad (10.28)$$

按简化的伦敦方程处理，分别得到排斥态和基态

$$Q-\alpha=\frac{D}{2}\left[\exp(-2\beta' x)+2\exp(-\beta' x)\right] \quad (10.29)$$

和

$$Q+\alpha=D\left[\exp(-2\beta x)-2\exp(-\beta x)\right] \quad (10.30)$$

并修正了伦敦方程(10.24)，

$$U_{\pm}=\frac{1}{1+S^2}\left\{Q\pm\frac{1}{2}\left[\left(\alpha_{\rm ab}-\alpha_{\rm bc}\right)^2+\left(\alpha_{\rm bc}-\alpha_{\rm ac}\right)^2+\left(\alpha_{\rm ac}-\alpha_{\rm ab}\right)^2\right]^{\frac{1}{2}}\right\} \tag{10.31}$$

式中，S 为重叠积分。

3）PK 法

1964 年，波特(Porter)和卡普拉斯(Karplus)采用三原子体系的完整表达式计算 $H+H_2$ 交换反应的势能面。

将 Q 分解为双原子的贡献：

$$Q=Q_{\rm ab}+Q_{\rm bc}+Q_{\rm ac} \tag{10.32}$$

其中

$$Q_{\rm ab}=-2\int b^*\frac{e^2}{r_{ai}}b\,\mathrm{d}\tau_2+\int a^*b^*\frac{e^2}{r_{ij}}ab\,\mathrm{d}\tau_1\mathrm{d}\tau_2+\frac{e^2}{R_{\rm ab}} \tag{10.33}$$

$$Q_{\rm bc}=-2\int c^*\frac{e^2}{r_{bi}}c\,\mathrm{d}\tau_3+\int b^*c^*\frac{e^2}{r_{ij}}bc\,\mathrm{d}\tau_2\mathrm{d}\tau_3+\frac{e^2}{R_{\rm bc}} \tag{10.34}$$

$$Q_{\rm ac}=-2\int a^*\frac{e^2}{r_{ci}}a\,\mathrm{d}\tau_3+\int a^*c^*\frac{e^2}{r_{ij}}ac\,\mathrm{d}\tau_1\mathrm{d}\tau_3+\frac{e^2}{R_{\rm ac}} \tag{10.35}$$

式中，$Q_{ij}\left(i,j=a,b,c\right)$ 是核间距为 R_{ij} 的 H_2 分子的库仑积分；a、b、c 分别为原子 a、b、c 的原子轨道波函数。

单交换积分为

$$\left(kl\right)=\alpha_{kl}+\Delta\alpha_{kl} \tag{10.36}$$

式中

$$\alpha_{kl}=-2\Delta_{kl}\int k^*\frac{e^2}{r_{ki}}l\,\mathrm{d}\tau+\int k^*l^*\frac{e^2}{r_{ij}}lk\,\mathrm{d}\tau+\Delta_{kl}^2\frac{e^2}{R_{kl}}$$

α_{kl} 是 k、l 原子的交换积分；$\Delta\alpha_{kl}$ 是由于三个原子相互作用的多余部分。

$$\Delta\alpha_{kl}=2\Delta_{kl}\left[\int a^*\frac{e^2}{r_{ki}}b\,\mathrm{d}\tau+\int a^*c^*\frac{e^2}{r_{ij}}ac\,\mathrm{d}\tau\right]+\Delta_{kl}^2\left[-\int c^*\frac{e^2}{r_{ki}}c\,\mathrm{d}\tau-\int c^*\frac{e^2}{r_{bi}}c\,\mathrm{d}\tau+\frac{e^2}{R_{lh}}+\frac{e^2}{R_{hk}}\right] \tag{10.37}$$

双重交换积分

$$\begin{aligned}\left(hkl\right)=&-\Delta_{kl}\Delta_{lh}\left[\int k^*\frac{e^2}{r_{li}}h\,\mathrm{d}\tau+\int k^*\frac{e^2}{r_{ki}}h\,\mathrm{d}\tau\right]\\&-\Delta_{kh}\Delta_{lh}\left[\int l^*\frac{e^2}{r_{hi}}k\,\mathrm{d}\tau+\int l^*\frac{e^2}{r_{li}}k\,\mathrm{d}\tau\right]-\Delta_{kl}\Delta_{hk}\left[\int h^*\frac{e^2}{r_{ki}}l\,\mathrm{d}\tau+\int h^*\frac{e^2}{r_{hi}}l\,\mathrm{d}\tau\right]\\&+\Delta_{kl}\int k^*h^*\frac{e^2}{r_{ij}}hl\,\mathrm{d}\tau+\Delta_{lh}\int k^*l^*\frac{e^2}{r_{ij}}hk\,\mathrm{d}\tau+\Delta_{hk}\int l^*h^*\frac{e^2}{r_{ij}}kl\,\mathrm{d}\tau\\&+\Delta_{kl}\Delta_{lh}\Delta_{hk}\sum_{\alpha}\sum_{\substack{\beta\\ \alpha<\beta}}\frac{e^2}{R_{\alpha\beta}}\end{aligned} \tag{10.38}$$

$$(k,l,h:a,b,c)$$

利用海特勒-伦敦解氢分子的能量公式

$$U_{\pm}=\frac{\left[Q\pm(kl)\right]}{1\pm\Delta_{kl}^{2}}$$

得

$$Q_{kl}=\frac{1}{2}\left[U_{+kl}+U_{-kl}+\Delta_{kl}^{2}\left(U_{-kl}-U_{+kl}\right)\right] \tag{10.39}$$

$$\alpha_{kl}=\frac{1}{2}\left[U_{-kl}-U_{+kl}+\Delta_{kl}^{2}\left(U_{-kl}-U_{+kl}\right)\right] \tag{10.40}$$

采用莫尔斯势函数和佐藤势函数计算U_{+kl}和U_{-kl}，得

$$U_{-}={}^{1}D\left\{\exp\left[-2\beta\left(R-R^{0}\right)\right]-2\exp\left[-\beta\left(R-R^{0}\right)\right]\right\} \tag{10.41}$$

和

$$U_{+}={}^{3}D\left\{\exp\left[-2\beta^{1}\left(R-R^{0}\right)\right]-2\exp\left[-\beta^{1}\left(R-R^{0}\right)\right]\right\} \tag{10.42}$$

式中，${}^{1}D$、${}^{3}D$、β、β^{1}和R^{0}用拟合的方法确定(表 10.1)。而重叠积分则从指数上带有屏蔽常数的1s轨道计算得到，即

$$S=1+x\exp(-\lambda R) \tag{10.43}$$

$$\Delta_{kl}=\left[1+\frac{SR_{kl}}{a_{0}}+\frac{1}{3}\frac{S^{2}R_{kl}^{2}}{a_{0}^{2}}\right]\exp\left(-\frac{SR_{kl}}{a_{0}}\right) \tag{10.44}$$

表 10.1 $H+H_2$ 的势能常数

${}^{1}D=4.7466\text{eV}$	$\lambda=0.65$	$\chi=0.60$
$R^{0}=1.40083\text{a.u.}$	${}^{3}D=1.9668\text{eV}$	$\delta=1.12$
$\beta^{1}=1.000122\text{a.u.}$	$\beta=1.04435\text{a.u.}$	$\varepsilon=-0.616$

$$\Delta\alpha_{kl}=\delta\Delta_{kl}^{2}\left[\frac{e^{2}}{R_{kh}}\left(1+\frac{R_{kh}}{a_{0}}\right)\exp\left(-\frac{2R_{kl}}{a_{0}}\right)+\frac{e^{2}}{R_{lh}}\left(1+\frac{R_{kh}}{a_{0}}\right)\exp\left(-\frac{2R_{\text{bc}}}{a_{0}}\right)\right] \tag{10.45}$$

式中，$\delta=1.12$。

$$(hkl)=\varepsilon\Delta_{kl}\Delta_{lh}\Delta_{hk} \tag{10.46}$$

式中，ε为常数。

$$U_{-}=-\frac{\left(C_{3}-C_{2}^{2}-C_{2}C_{3}\right)^{\frac{1}{2}}}{C_{1}} \tag{10.47}$$

式中

$$C_1 = 3\left(1 - \Delta_{ac}\Delta_{bc}\Delta_{ca}\right)^2 - \frac{3}{2}\left[\left(\Delta_{ab}^2 - \Delta_{bc}^2\right) + \left(\Delta_{bc}^2 - \Delta_{ca}^2\right) + \left(\Delta_{ca}^2 - \Delta_{ab}^2\right)\right]$$

$$C_2 = -3\left[Q - (bca)\right]\left(1 - \Delta_{ac}\Delta_{bc}\Delta_{ca}\right) + \frac{3}{2}\left\{\left(\Delta_{ab}^2 - \Delta_{bc}^2\right)\left[(ab) - (bc)\right] + \left(\Delta_{bc}^2 - \Delta_{ca}^2\right)\left[(bc) - (ca)\right] + \left(\Delta_{ca}^2 - \Delta_{ab}^2\right)\left[(ca) - (ab)\right]\right\}$$

$$C_3 = 3\left[Q - (bca)\right]^3 - \frac{3}{2}\left\{\left[(ab) - (bc)\right]^2 + \left[(bc) - (ca)\right]^2 + \left[(ca) - (ab)\right]^2\right\}$$

波特和卡普拉斯利用式(10.47)计算了 $H + H_2$ 反应的势能面。在弯曲角 γ 固定的条件下，势能随核间距 R_{ab} 和 R_{bc} 变化的情况如图 10.12 ~ 图 10.14 所示。

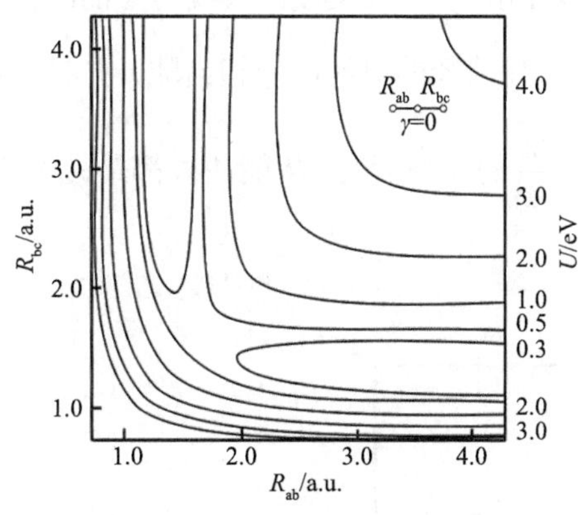

图 10.12　H_3 的势能面 $(\gamma = 0)$

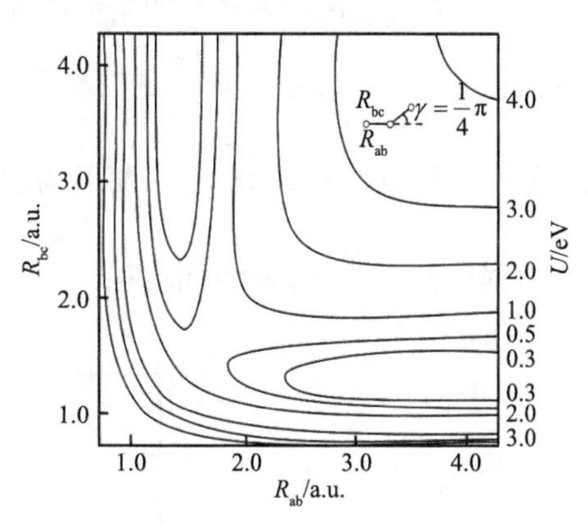

图 10.13　H_3 的势能面 $\left(\gamma = \frac{\pi}{4}\right)$

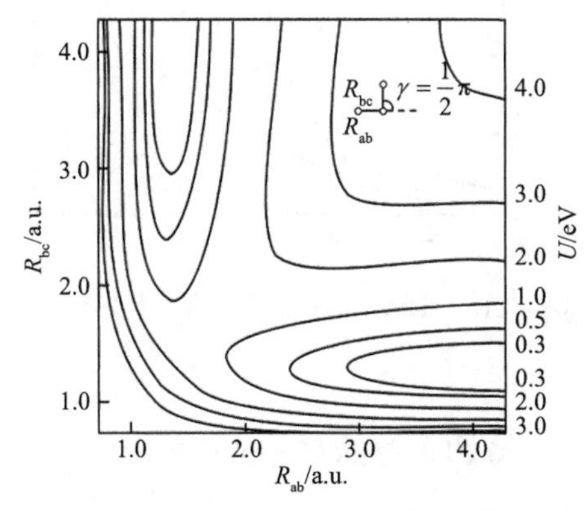

图 10.14　H_3 的势能面 $\left(\gamma = \frac{\pi}{2}\right)$

由图可见，除 $\gamma = \dfrac{2\pi}{3}$ 外，不同 γ 值的等值线图相似。$\gamma = \dfrac{2\pi}{3}$ 的情况相当于沿 $R_{ab} = R_{bc}$ 直线的等边三角形构型，沿 $R_{ab} = R_{bc}$ 线上有歧点，如图 10.15 所示。

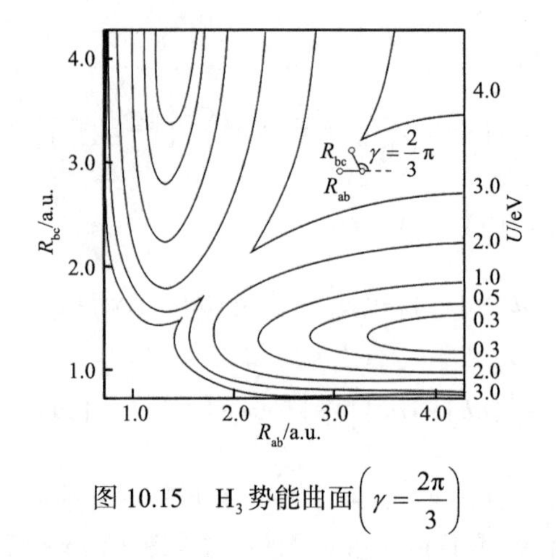

图 10.15 H_3 势能曲面$\left(\gamma = \frac{2\pi}{3}\right)$

图 10.16 可以说明各种弯曲角势能面图的意义。由图 10.16 可见，共线碰撞的路径需要的活化能最小。而在$\gamma = \frac{2\pi}{3}$的情况下，沿极小能量路径的势能曲线相当陡，并且在极大值处有一歧点。该点对应于三角形构型。在$\gamma \neq \frac{2\pi}{3}$的几种情况，势能曲线都是品优的，极大值都比$\gamma = \frac{2\pi}{3}$的情况低很多。

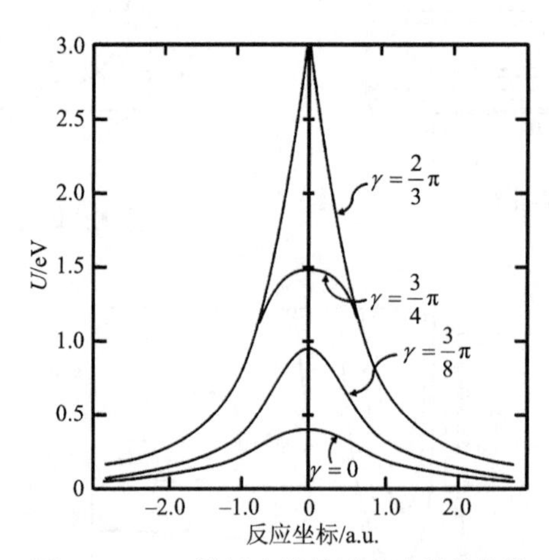

图 10.16 H_3 沿极小能量反应途径的势能

4) CB 法

1967 年，康诺依(Conroy)和布鲁纳(Bruner)提出一种计算 $H + H_2$ 体系势能面的方法。

一个在电荷分别为 z_a、z_b、…、z_n 的固定原子核构成的势场中运动的电子，其薛定谔方程为

$$\hat{H}_e \psi = -\frac{1}{2}\nabla^2 \psi + V\psi = U\psi \tag{10.48}$$

其中

$$V=-\sum_{\alpha}\frac{z_{\alpha}}{r_{\alpha}}$$

当电子坐标与原子核的坐标重合时，势能$V\to-\infty$。而U是有限的，所以$\nabla^2\phi$在原子核处的值必须变成$+\infty$。为了构成一个具有合乎要求性质的本征函数，需要引入一个新的变量d，令

$$\gamma d=\sum_{\alpha}z_{\alpha}r_{\alpha}$$

$$\gamma=\sum_{\alpha}z_{\alpha} \tag{10.49}$$

得

$$\gamma\nabla^2 d=2\sum_{\alpha}\frac{z_{\alpha}}{r_{\alpha}}=-2V \tag{10.50}$$

取试探函数为

$$f_1=\exp(-\gamma d) \tag{10.51}$$

这样，可以将在核坐标处有奇异性的势能V从式(10.48)中消去，得

$$-\frac{1}{2}\nabla^2 f_1=-\left[V+\frac{1}{2}\gamma^2(\nabla d)^2\right]f_1$$

$$f_1^{-1}\hat{H}_{\mathrm{e}}f=-\frac{1}{2}\gamma^2(\nabla d)^2 \tag{10.52}$$

式中，等式右边的值在$-\frac{1}{2}\gamma^2\sim 0$之间，既不趋于无穷大，也不处处都等于本征值$U$。因此，试探函数$f_1$是粗略的近似。

将坐标原点选在原子核的中心，即

$$\sum_{\alpha}z_{\alpha}r_{\alpha}=0 \tag{10.53}$$

则

$$\lim_{r\to\infty}\left(\frac{d}{r}\right)=1 \tag{10.54}$$

得

$$\lim_{r\to\infty}\gamma^2(\nabla d)^2=\gamma^2(\nabla r)^2=\gamma^2 \tag{10.55}$$

因为$-\frac{1}{2}\gamma^2<U$，所以f_1在r很大时给出的渐近行为不正确。需要采用函数式

$$f=\sigma^{-\alpha}\exp\left[-\gamma d+(\gamma-\varepsilon)\sigma^{-1}\right] \tag{10.56}$$

来补救。其中

$$\sigma=\left(r^2+s^2\right)^{\frac{1}{2}}$$

$$\varepsilon=\left(-2U\right)^{\frac{1}{2}}$$

$$\alpha=\frac{\gamma}{\varepsilon}-1$$

s 为常数，是一种平均半径。

为此，康若依引入函数

$$F=\sigma_2^{-\alpha}\exp\left[-\gamma d+\left(\gamma-\varepsilon\right)\sigma_1^{-1}\right] \tag{10.57}$$

其中

$$\sigma_1=\left(r^2+d_0^2\right)^{-\frac{1}{2}}$$

$$\sigma_2=\left(r^2+d_0^2+\varepsilon^{-2}\right)^{-\frac{1}{2}}$$

d_0 是 d 在原点的值。

取分子的单电子波函数为

$$\begin{aligned}\psi&=\sum_n c_n x_n\\&=\sum_n c_n A_n\left(r,\theta,\rho\right)F\left(r,\theta,\rho\right)\end{aligned} \tag{10.58}$$

式中，F 为式(10.57)

$$A_n\left(r,\theta,\rho\right)=r^j\sigma_2^{i-1}\gamma_j^k\left(\theta,\varphi\right)L_{i+j}^{2j+1}\left(q\right) \tag{10.59}$$

其中

$$q=2\varepsilon\left(\sigma^{-1}-d_0\right)$$

$\gamma_j^k\left(\theta,\varphi\right)$ 为球谐函数；$L_{i+j}^{2j+1}\left(q\right)$ 为连带拉盖尔函数。

对于双电子问题，取

$$\psi=\psi_c\psi_s \tag{10.60}$$

其中

$$\psi_c=a\left(r_{12}\right)b\left(r_{12},\sigma_1,\sigma_2\right) \tag{10.61}$$

引入 $a\left(r_{12}\right)$ 是为了改善收敛性，引入 $b\left(r_{12},\sigma_1,\sigma_2\right)$ 是为了提供更多的伸缩性。

$$a\left(r_{12}\right)=\sum_{k=0}^{\infty}\frac{1}{k!\left(k+1\right)!}\left(\frac{r_{12}}{t}\right)^k \tag{10.62}$$

其中

$$t = 1 - \left(\frac{1}{r}\right)\left(-\frac{2U}{N}\right)^{\frac{1}{2}}$$

N 为电子数；

$$b\left(r_{12}, \sigma_1, \sigma_2\right) = \sum_i \sum_j \sum_k C_{ijk} w_{12}^i \lambda_{12}^j \mu_{12}^k \tag{10.63}$$

其中

$$w_{12}^j = \left(r_{12}^2 + t^2\right)$$

$$\lambda_{12} = \sigma_1^{-1}\left(1\right) + \sigma_1^{-1}\left(2\right)$$

$$\mu_{12} = \sigma_1^{-1}\left(1\right) - \sigma_1^{-1}\left(2\right)$$

$$\psi_{\mathrm{s}} = \sum_n \sum_m \left[x_n\left(1\right) x_m\left(2\right) \pm x_n\left(2\right) x_m\left(1\right)\right] C_{nm} \tag{10.64}$$

此方法可以推广到两个以上的电子体系，即把所有的单重态和三重态的成对相关都包括进来，并使之具有特定的反对称性。

为了得到最优化波函数和能量，将能量方差

$$W^2 = \frac{\int \left(\hat{H}_{\mathrm{e}} \psi - U\psi\right)^2 \mathrm{d}\tau}{\int \psi^2 \mathrm{d}\tau} \tag{10.65}$$

最小化。

例如，对于式(10.58)的 ψ 来说，有

$$W^2 = \frac{\sum_n \sum_m \left(H_{nm} - UV_{nm} + U^2 S_{nm}\right) C_n C_m}{\sum_n \sum_m C_n C_m S_{nm}} \tag{10.66}$$

其中

$$H_{nm} = \int \left(\hat{H}_{\mathrm{e}} x_n\right)^* \hat{H}_{\mathrm{e}} x_m \mathrm{d}\tau$$

$$V_{nm} = \int x_n^* \hat{H}_{\mathrm{e}} x_m \mathrm{d}\tau + \int x_m \hat{H}_{\mathrm{e}} x_n \mathrm{d}\tau$$

$$S_{nm} = \int x_n^* x_m \mathrm{d}\tau$$

能使 W^2 最小的 ψ 是最优波函数。

对式(10.66)求极值，得久期方程

$$\left|H_{nm} - UV_{nm} + \left(U^2 - W^2\right) S_{nm}\right| = 0 \tag{10.67}$$

将上述方法应用于 H_3 体系，所得结果如图 10.17 和图 10.18 所示。

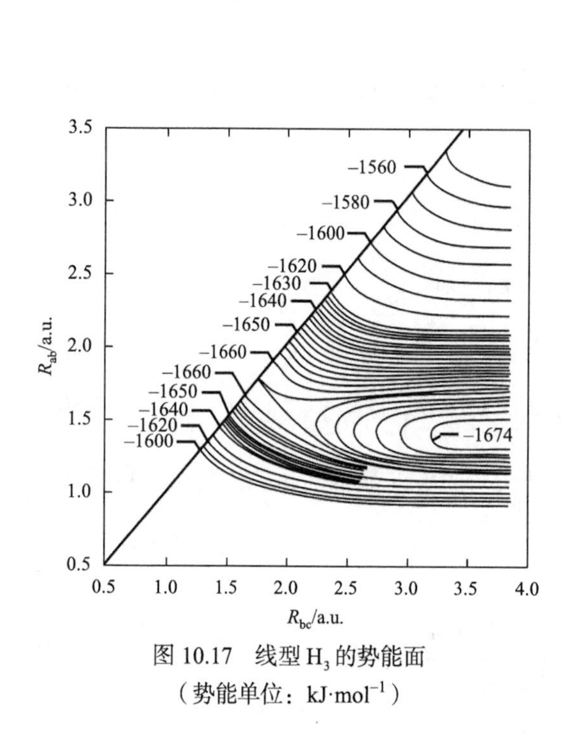

图 10.17 线型 H_3 的势能面
（势能单位：$kJ\cdot mol^{-1}$）

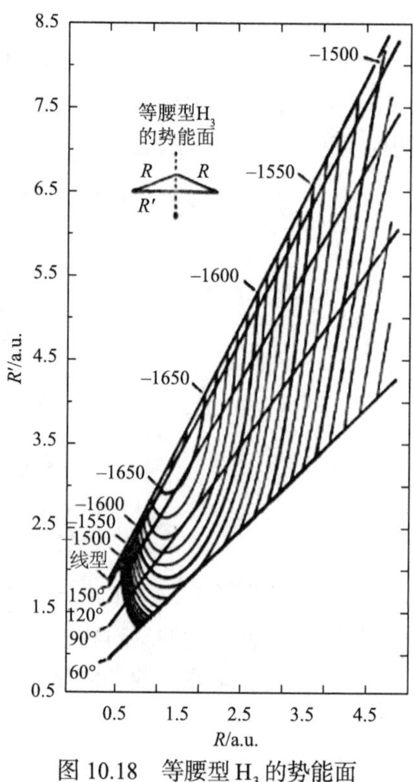

图 10.18 等腰型 H_3 的势能面
（势能单位：$kJ\cdot mol^{-1}$）

5）西外特方法

由前节内容可见，求化学反应的势能面实际上是解含原子核相互作用的势能的多原子体系的薛定谔方程(10.17)。根据价键理论解薛定谔方程(10.17)，采用变分法变分函数为单组态波函数或多组态波函数，由空间波函数和自旋波函数构成斯莱特行列式。空间波函数为单粒子波函数或其线性组合。

由于要改变多个原子的构型和核间距，对于每种构型和核间距都要解薛定谔方程(10.17)，其计算量相当大。

对于多原子分子间的反应，由于中间络合物难以测量，需要猜测，更增加了计算量。1968 年，西外特(Shavitt)计算 $H+H_2$ 的反应，把体系的波函数 ψ 写成组态的线性组合，即

$$\psi=\sum_r c_r\psi_r$$

应用变分法，得

$$\sum_s c_s\left(H_{rs}-ES_{rs}\right)=0 \qquad \left(r=1,2,\cdots\right) \tag{10.68}$$

其中

$$H_{rs}=\int\psi_r\hat{H}_{\mathrm{e}}\psi_s\mathrm{d}\tau$$

$$S_{rs}=\int\psi_r\psi_s\mathrm{d}\tau$$

组态波函数ψ_r由斯莱特行列式构成，斯莱特行列式由单电子波函数构成。一个基组以 3 个氢原子的每个 1s、1s′ 共 6 个轨道组成；一个基组以 3 个氢原子的每个 1s、1s′、$2p_x$、$2p_y$、$2p_z$ 共 15 个轨道组成。为了提高计算精度，把所有能够由基组构成的行列式都包括在组态相互作用波函数ψ中(例如，对 15 个轨道基组采用线性组合，得到对称轨道，构成 200 个组态)。

给出 3 个氢原位置和核间距，计算H_{rs}和S_{rs}，解方程(10.68)，得到E值。

由 6 轨道基组和 15 轨道基组计算得到的H_3势能面的等值线图如图 10.19 所示。

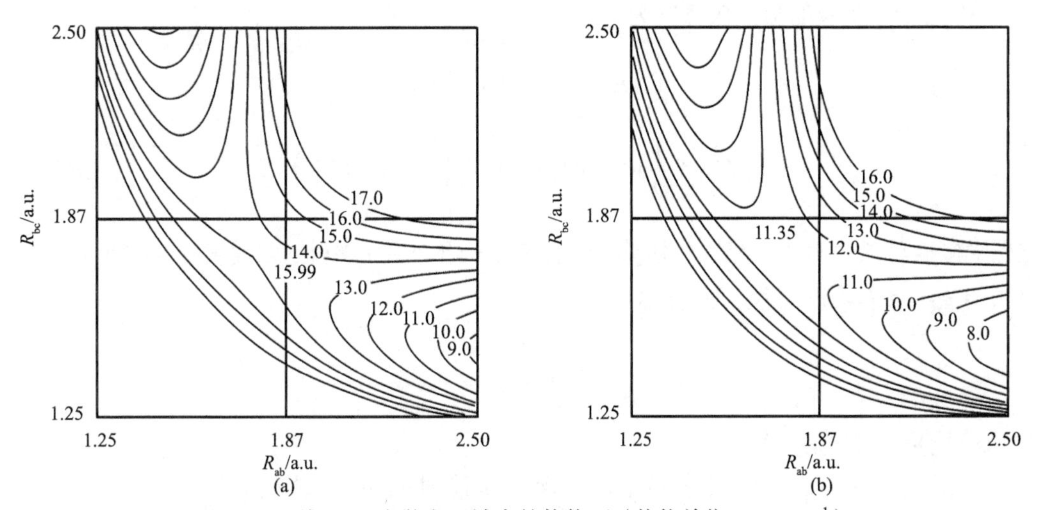

图 10.19　线型H_3在鞍点区域内的势能面（势能单位：$kJ\cdot mol^{-1}$）

(a)按 6 轨道基组计算；(b)按 15 轨道基组计算

图 10.20 是极小势能路径的位置随弯曲角改变的情况。

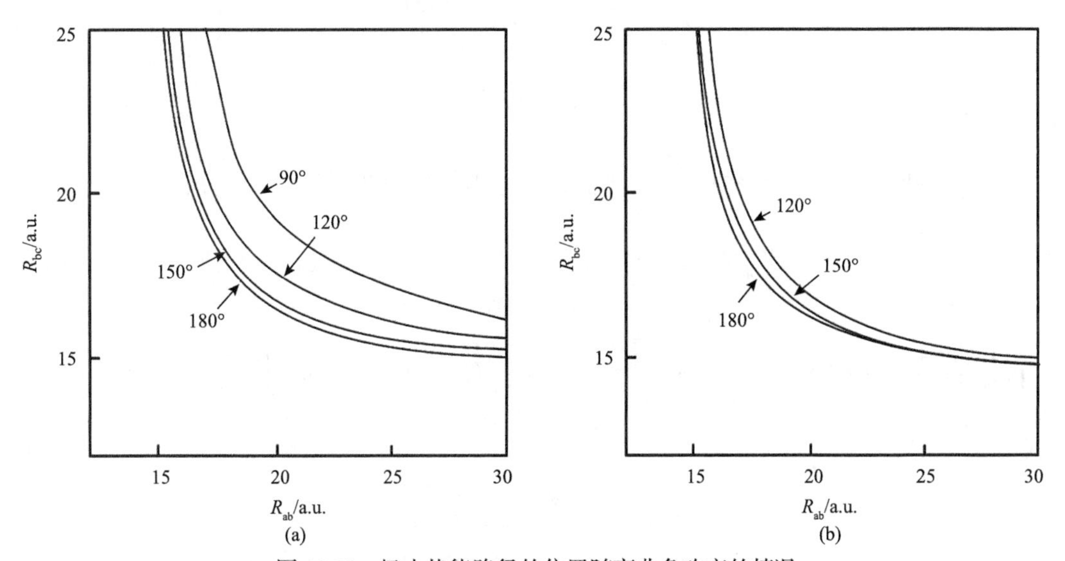

图 10.20　极小势能路径的位置随弯曲角改变的情况

(a)按 6 轨道基组计算；(b)按 15 轨道基组计算

10.4.2 分子轨道方法计算势能面

1. RC 法

1968 年，柔奇(Roach)和齐尔德(Child)计算 K+NaCl 反应的势能面。他们计算依据的模型是：一个价电子在 Na^+、K^+ 和 Cl^- 形成的势场中运动。在该过程涉及的所有构型中，这些离子保持不变。

K + NaCl 反应的哈密顿算符为

$$\hat{H}_e = \hat{H}_e^0 + V(\text{核实}) \tag{10.69}$$

$$\hat{H}_e^0 = -\frac{1}{2}\nabla^2 + V(Na^+) + V(K^+) + V(Cl^-) \tag{10.70}$$

$\hat{H}_e^0$ 中包括与孤立离子的相互作用势能，忽略了极化作用；$V(\text{核实})$ 是离子实之间的相互作用势能，$V(\text{核实})$ 是薛定谔方程

$$\hat{H}_e^0\psi = U_n^0\psi_n \tag{10.71}$$

中电子能量 U_n^0 的一级修正。

在反应过程中，K 的 4s 轨道上的价电子转移到 Na 的 3s 轨道上。在所有构型情况下，柔奇和齐尔德都将 ϕ_n 展开成 Na 和 K 的价电子轨道的线性组合，并取

$$V(M^+) = \begin{cases} 0 & r < \sigma \\ -\dfrac{1}{r} & r > \sigma \end{cases}$$

$$V(Cl^-) = \frac{1}{r}$$

计算 $\hat{H}_e^0$ 的矩阵元时，使用电离势估算单中心积分和动能积分。例如，

$$\int x_{Na,s}^* \left[-\frac{1}{2}\nabla^2 + V(Na^+)\right] x_{Na,s} d\tau = I(Na,s) \tag{10.72}$$

$$\int x_{Na,s}^* \left[-\frac{1}{2}\nabla^2 + V(Na^+) + \frac{1}{2}V(K^+)\right] x_{K,p\sigma} d\tau = \frac{1}{2}\left[I(Na,s) + I(K,p)\right] \int x_{Na,s}^* x_{K,p\sigma} d\tau \tag{10.73}$$

式中，

$$x_{Na,s} = N_{Na,s} r^2 e^{-0.85r}, \quad x_{K,p\sigma} = N_{K,p\sigma} r^3 e^{-0.736r}$$

图 10.21 表示 NaCl + K 反应的势能等值线随 $Na^+ - Cl^- - K^+$ 之间角度 θ 改变而变化的情况。

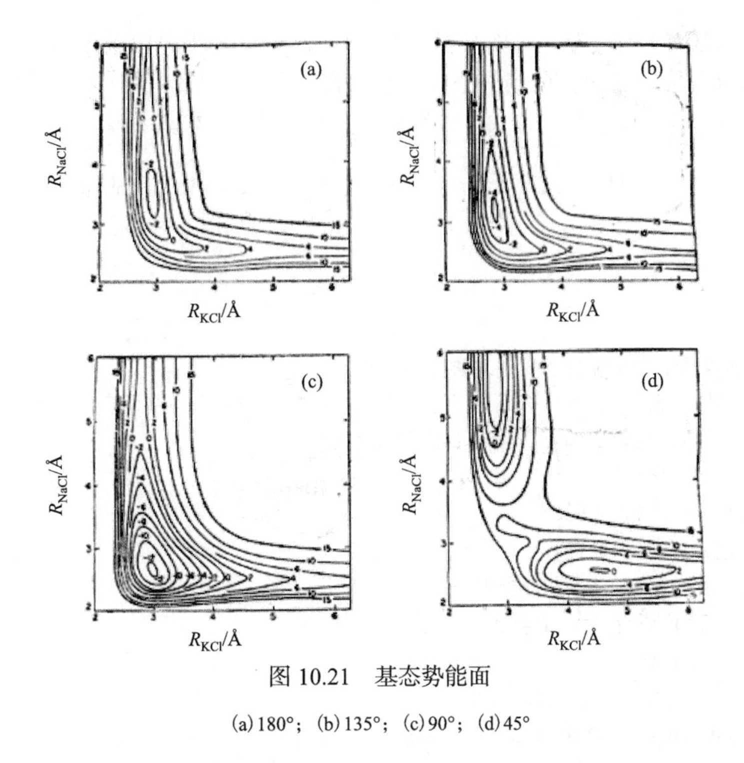

图 10.21　基态势能面

(a) 180°；(b) 135°；(c) 90°；(d) 45°

2. 自洽场分子轨道法计算势能面

求化学反应的势能面也可以用自洽场分子轨道法，采用从头计算，解含有原子核相互作用势能的多原子体系的哈特里-福克-罗森方程。

多原子分子体系的哈密顿算符为

$$\hat{H} = \sum_{i=1}^{n} \hat{F}_i(1) + \hat{V}_{NN}$$

其中

$$\hat{F}_i(1) = \hat{h}_i(1) + \sum_{j=1}^{n}\left[\hat{J}_j(1) - \hat{K}_j(1)\right]$$

$$\hat{V}_{NN} = \sum_{\alpha=1}^{N} \sum_{\substack{\beta=1 \\ (\alpha>\beta)}}^{N} \frac{Z_\alpha Z_\beta}{R_{\alpha\beta}}$$

甲醛的光化学反应被广泛研究，结论是甲醛分解有两种基元反应

$$H_2CO \longrightarrow H + HCO \qquad (\text{I})$$

$$H_2CO \longrightarrow H_2 + CO \qquad (\text{II})$$

分别对应自由基机理和分子机理。光的波长较短，反应(Ⅰ)占优势；光的波长较长，反应(Ⅱ)占优势。

1972 年，亥耶斯(Hayes)和麻拉库马(Morokuma)采用从头计算得到过程(Ⅰ)的三个最低势能面。

1976 年，杰夫(Jaffe)和麻拉库马对过程(Ⅱ)的基态势能面做了从头计算。采用扩展的(4-31G)基组，确定了 H_2CO 与 H_2+CO 之间的最小势垒的位置；确定了鞍点构型的力常数；确定了简正振动方式，H_2CO 平衡构型的哈特里-福克组态是

$$^1A_1=(1a_1)^2(2a_1)^2(3a_1)^3(4a_1)^2(1b_2)^2(5a_1)^2(1b_1)^2(2b_2)^2$$

习　　题

10.1 概述前线轨道理论和分子轨道对称守恒原理。

10.2 用前线轨道理论讨论为什么萘分子亲电反应、亲核反应及自由基反应都发生在 a 位？

10.3 用前线轨道理论说明如下反应都不是基元反应。

(1) $H_2+Br_2 \longrightarrow 2HBr$

(2) $C_2H_4+Cl_2 \longrightarrow 2C_2H_4Cl_2$

10.4 如何理解对称守恒原理？

10.5 用 LEP 法构成 H_3 的一个势能面。

10.6 用 LEPS 法构成 H_3 的一个势能面。

10.7 证明方程(10.46)。

10.8 推导方程(10.50)，讨论其适用性。

10.9 推导方程(10.55)，并用 Δ_{ab} 对 R_{ab} 作图。

第 11 章　碰撞(散射)理论

原子、分子、离子之间的碰撞(散射)过程是了解化学基元反应的基础。碰撞过程可以分为三类：弹性碰撞、非弹性碰撞和反应碰撞。弹性碰撞：粒子内部运动的量子状态不发生变化，只是相互交换了平动能；非弹性碰撞：粒子内部状态发生了变化，但没改变粒子的构成；反应碰撞：不仅粒子内部状态发生了变化，还改变了粒子内部的构成，形成新的粒子。

本章讨论原子、分子、离子之间的碰撞理论。其中，11.1 节讨论两个可识别粒子之间的碰撞，采用非相对论量子力学的方法处理。11.2 节介绍关于碰撞(散射)的量子力学普遍理论，是量子动力学的基本理论。维勒尔和海森伯分别在 1937 年、1943 年提出了 $\boldsymbol{S}$ 矩阵理论是散射理论的核心，该理论不仅适用于非相对论的情况，也可以推广到相对论的情况。

11.1　粒子在势场中的散射

考察一个质量为 m 的粒子在中心势场 $V(\boldsymbol{r})$ 中的散射，坐标原点为势场中心，势场强度仅与 $|\boldsymbol{r}|$ 有关。根据经典力学，在势场中心的粒子受到势场的作用力为

$$\boldsymbol{F} = -\nabla V(\boldsymbol{r}) \tag{11.1}$$

在无穷远处，$\boldsymbol{F} = 0$。

令 $\boldsymbol{v}_{入}$ 为粒子进入势场的初始速度。在 $\boldsymbol{r}$ 很大时，$\boldsymbol{F}$ 可以忽略，粒子做匀速运动；在 $\boldsymbol{r}$ 很小时，$\boldsymbol{F}$ 不能忽略，粒子受到势场作用，产生加速度，改变运动方向，运动轨迹弯曲，就认为粒子与势场中心(即产生势场的粒子)“碰撞”。之后粒子离散射中心越来越远，作用力 $\boldsymbol{F}$ 越来越小，直到可以忽略，粒子又做匀速直线运动(图 11.1)。

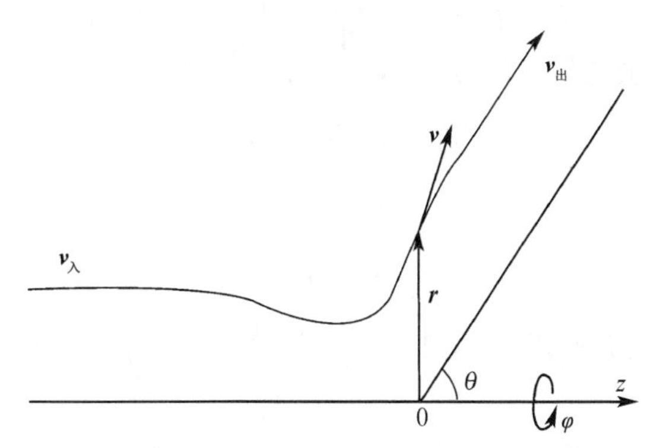

图 11.1　入射粒子在势场 $V(\boldsymbol{r})$ 中的散射的经典示意图

令 $\boldsymbol{v}_{出}$ 是粒子散射后达到离开势场的速度。那么，$\boldsymbol{v}_{入}$ 与 $\boldsymbol{v}_{出}$ 两个速度方向之间的夹角 θ 称为"散射角"。利用测量粒子的探测器可以测量粒子散射后的角度分布。

对于分子、原子、离子而言，势能的作用范围小于 10^{-9}m，因此可以认为测量时探测器的位置离散射中心无穷远。

11.1.1 散射截面

设 $\rho_{入}$ 是进入势场的粒子束中单位体积内的粒子数，则单位时间内通过单位截面(与粒子束运动方向垂直)的粒子数为

$$\boldsymbol{J}_{入} = \rho_{入}\boldsymbol{v}_{入} \tag{11.2}$$

$\boldsymbol{J}_{入}$ 也称入射通量。

在单位时间内，散射到某方向的立体角 $\mathrm{d}\Omega$ 内的粒子数 $\mathrm{d}n$ 正比于入射通量 $\boldsymbol{J}_{入}$，有

$$\mathrm{d}n = \sigma(\Omega)\,|\boldsymbol{J}_{入}|\,\mathrm{d}\Omega = \sigma(\Omega)J_{入}\mathrm{d}\Omega \tag{11.3}$$

式中，$\sigma(\Omega)$ 为比例系数，单位为 L^2，具有面积的量纲。积分式(11.3)，得

$$n = J_{入}\int\sigma(\Omega)\mathrm{d}\Omega = \sigma J_{入} \tag{11.4}$$

式中

$$J_{入} = |\boldsymbol{J}_{入}|$$

$$\sigma = \int\sigma(\Omega)\mathrm{d}\Omega \tag{11.5}$$

σ 称为总有效截面积或总截面，简称"截面"，有

$$\sigma(\Omega) = \frac{\mathrm{d}\sigma}{\mathrm{d}\Omega} \tag{11.6}$$

$\sigma(\Omega)$ 称为微分有效截面或微分截面，它是立体角 Ω 的函数，与方位 (θ,φ) 有关。对于球对称势能 $V(\boldsymbol{r})$，散射粒子的角度分布具有旋转对称性。因此，$\dfrac{\mathrm{d}\sigma}{\mathrm{d}\Omega}$ 只与 θ 角有关。

由图 11.2 可知，面积元 $\mathrm{d}\boldsymbol{s}$ 的法向单位矢量为 $\boldsymbol{e}_r$，单位时间内穿过这个面积元 $\mathrm{d}\boldsymbol{s}$ 的粒子数为 $\mathrm{d}n$ 处粒子流的通量 $\boldsymbol{J}$ 与 $\mathrm{d}\boldsymbol{s}$ 的标积，有

$$\mathrm{d}n = \boldsymbol{J}\cdot\mathrm{d}\boldsymbol{s} = \boldsymbol{J}\cdot\boldsymbol{e}_r\mathrm{d}s \tag{11.7}$$

式中

$$\mathrm{d}s = |\mathrm{d}\boldsymbol{s}|$$

令在无穷远处出射方向 Ω 上的散射粒子数(通量)为 $\boldsymbol{J}_{出}$，于是在单位时间内穿过面积元 $\mathrm{d}\boldsymbol{s}$ 的粒子数为

$$\mathrm{d}n = \boldsymbol{J}_{出}\cdot\mathrm{d}\boldsymbol{s} = \boldsymbol{J}_{出}\cdot\boldsymbol{e}_r\mathrm{d}s$$

图 11.2 为穿过面积元 d$\boldsymbol{s}$ 的粒子数。

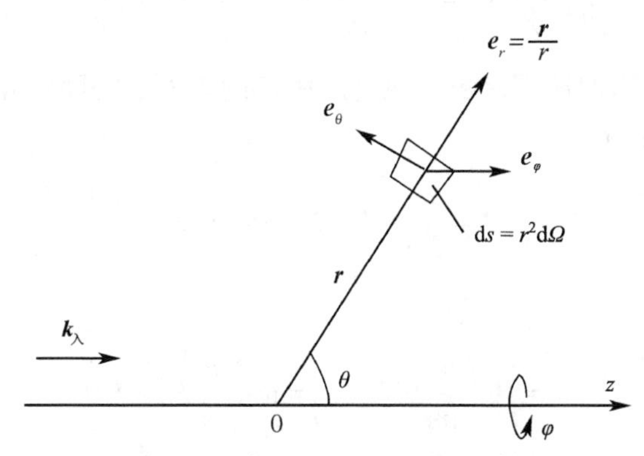

图 11.2　穿过面积元 d$\boldsymbol{s}$ 的粒子数

由于

$$\mathrm{d}n=\left(\frac{\mathrm{d}\sigma}{\mathrm{d}\Omega}\right)\boldsymbol{J}_{入}\mathrm{d}\Omega=\left(\frac{\mathrm{d}\sigma}{\mathrm{d}\Omega}\right)\boldsymbol{J}_{入}\frac{\mathrm{d}\boldsymbol{s}}{\boldsymbol{r}^2}\tag{11.8}$$

由图 11.2 可知

$$\mathrm{d}\boldsymbol{s}=\boldsymbol{r}^2\mathrm{d}\Omega$$

因此

$$\boldsymbol{J}_{出}\cdot\boldsymbol{e}_r=\frac{\boldsymbol{J}_{入}}{\boldsymbol{r}^2}\frac{\mathrm{d}\sigma}{\mathrm{d}\Omega}\tag{11.9}$$

式(11.9)把散射过程的微分截面与出射粒子流的通量建立起联系。

11.1.2　截面波函数

设 ρ 是粒子的概率密度，在空间区域 V 内粒子的概率为 $\int_V\rho\mathrm{d}\boldsymbol{r}$ ，它随时间的变化为

$$\frac{\partial}{\partial t}\int_V\rho\mathrm{d}\boldsymbol{r}=\frac{\partial}{\partial t}\int_V\Psi^*\Psi\,\mathrm{d}\boldsymbol{r}=\int_V\left(\Psi^*\frac{\partial\Psi}{\partial t}+\Psi\frac{\partial\Psi^*}{\partial t}\right)\mathrm{d}\boldsymbol{r}\tag{11.10}$$

由薛定谔方程

$$\mathrm{i}\hbar\frac{\partial\Psi}{\partial t}=\left[-\frac{\hbar^2}{2m}\nabla^2+V(r)\right]\Psi\tag{11.11}$$

得

$$\int_V\left(\frac{\partial\rho}{\partial t}\right)\mathrm{d}\boldsymbol{r}=-\frac{\hbar}{2m}\int_V(\Psi\nabla^2\Psi^*-\Psi^*\nabla^2\Psi)\mathrm{d}\boldsymbol{r}\tag{11.12}$$

利用格林公式，得

$$\int_V \left(\frac{\partial \rho}{\partial t}\right) \mathrm{d}r = -\oint_S \frac{\mathrm{i}\hbar}{2m} (\Psi \nabla \Psi^* - \Psi^* \nabla \Psi) \mathrm{d}s \tag{11.13}$$

式(11.13)等式右边的被积函数是通过区域V的表面S的面积元$\mathrm{d}\boldsymbol{s}$的粒子流通量$\boldsymbol{J}$，负号表示流入表面S，有

$$\boldsymbol{J} = \frac{\mathrm{i}\hbar}{2m} (\Psi \nabla \Psi^* - \Psi^* \nabla \Psi) \tag{11.14}$$

即

$$\boldsymbol{J} = \mathrm{Re}\left(\frac{\hbar}{\mathrm{i}m} \Psi^* \nabla \Psi\right) = \mathrm{Im}\left(\frac{\hbar}{m} \Psi^* \nabla \Psi\right) \tag{11.15}$$

利用散度公式，式(11.13)为

$$\int_V \left(\frac{\partial \rho}{\partial t}\right) \mathrm{d}r = -\oint_S \boldsymbol{J} \cdot \mathrm{d}\boldsymbol{s} = -\int_V \nabla \cdot \boldsymbol{J} \mathrm{d}r$$

$$\frac{\partial \rho}{\partial t} = -\nabla \cdot \boldsymbol{J} \tag{11.16}$$

即

$$\frac{\partial \rho}{\partial t} + \nabla \cdot \boldsymbol{J} = 0 \tag{11.17}$$

式(11.17)表明粒子数守恒。流体力学有类似的方程。

不考虑粒子的自旋和相对论效应，在质心坐标系中，粒子时间演化的波函数$\Psi(\boldsymbol{r},t)$满足薛定谔方程

$$\left[-\frac{\hbar^2}{2m}\nabla^2 + V(\boldsymbol{r})\right]\Psi(\boldsymbol{r},t) = \mathrm{i}\hbar \frac{\partial}{\partial t}\Psi(\boldsymbol{r},t) \tag{11.18}$$

其满足能量E有确定值的解

$$\Psi(\boldsymbol{r},t) = \psi(\boldsymbol{r})\mathrm{e}^{-\mathrm{i}Et/\hbar} \tag{11.19}$$

称为定态。式中，$\psi(\boldsymbol{r})$是本征方程

$$\left[-\frac{\hbar^2}{2m}\nabla^2 + V(\boldsymbol{r})\right]\psi(\boldsymbol{r}) = E\psi(\boldsymbol{r}) \tag{11.20}$$

的解，也称定态波函数。

由以上讨论可知，如果知道式(11.20)中的粒子散射定态波函数$\psi(r)$在进入势场$V(\boldsymbol{r})$之前和离开势场$V(\boldsymbol{r})$之后的渐近行为，就可以由式(11.15)求出入射位置和出射位置粒子的流通量$\boldsymbol{J}_{\text{入}}$与$\boldsymbol{J}_{\text{出}}$的比值。再由式(11.9)得到散射截面的理论值。

这里散射截面的理论值是在质心坐标系中用薛定谔方程求得，还不能直接与在实验室坐标系中测得的值相比，两者之间的换算关系见注 1。式（11.20）中

$$E=\frac{\boldsymbol{p}^2}{2m}=\frac{\hbar^2\boldsymbol{k}^2}{2m}=\frac{1}{2}mv^2 \tag{11.21}$$

式中，$\boldsymbol{p}$ 为动量；$\boldsymbol{k}$ 为波矢，有

$$\boldsymbol{p}=\hbar\boldsymbol{k}=m\boldsymbol{v} \tag{11.22}$$

式(11.22)也是波矢的定义。

折合势能为

$$U(\boldsymbol{r})=\frac{2mV(\boldsymbol{r})}{\hbar^2} \tag{11.23}$$

不含时间的散射定态波函数 $\psi(\boldsymbol{r})$ 也是方程

$$[\nabla^2+\boldsymbol{k}^2-U(\boldsymbol{r})]\psi(\boldsymbol{r})=0 \tag{11.24}$$

的解。

入射粒子进入势场之前的波矢为

$$\boldsymbol{k}_{入}=\frac{m\boldsymbol{v}_{入}}{\hbar}$$

粒子运动的波函数可以用平面波 $\mathrm{e}^{\mathrm{i}\boldsymbol{k}_{入}\cdot\boldsymbol{r}}$ 表示。若势能 $V(\boldsymbol{r})=0$，则平面波 $\mathrm{e}^{\mathrm{i}\boldsymbol{k}_{入}\cdot\boldsymbol{r}}$ 是方程

$$\hat{H}_0\psi=-\frac{\hbar^2}{2m}\nabla^2\psi$$

的本征函数。

粒子被势场 $V(\boldsymbol{r})$ 散射，离开散射中心，在 $r\to\infty$ 处，设径向出射的散射波是球面波，可以表示为

$$\psi(\boldsymbol{r})=\frac{1}{r}f(\theta,\varphi)\mathrm{e}^{\mathrm{i}\boldsymbol{k}_{入}\cdot\boldsymbol{r}}$$

式中，$\dfrac{f(\theta,\varphi)}{r}$ 是在方向 (θ,φ) 出射的散射波的振幅，称为散振幅。有时也称 $f(\theta,\varphi)$ 为散射振幅。

由上面分析可见，方程(11.20)或方程(11.24)的解 $\psi(\boldsymbol{r})$ 在 $r\to\infty$ 处的渐近解应当包括两部分：一部分是波未被散射，仍沿着 $\boldsymbol{k}_{入}$ 方向出射的平面波；另一部分是波被散射后，沿着径向出射的球面波。满足这样渐近行为的方程(11.20)的解为 $\psi_{\boldsymbol{k}_{入}}^{(+)}(\boldsymbol{r})$，因此

$$\psi_{\boldsymbol{k}_{入}}^{(+)}(\boldsymbol{r})\underset{r\to\infty}{\longrightarrow}A\left[\mathrm{e}^{\mathrm{i}\boldsymbol{k}_{入}\cdot\boldsymbol{r}}+\frac{f(\theta,\varphi)}{r}\mathrm{e}^{\mathrm{i}\boldsymbol{k}_{入}\cdot\boldsymbol{r}}\right] \tag{11.25}$$

上面的分析暗含着 $V(\boldsymbol{r})$ 随 r 的增加趋于零的速度比 $\dfrac{1}{r}$ 快。在原子、分子、离子中，由于核外电子的屏蔽作用，势能场满足这个条件。

当 r 很大时，不论 $f(\theta,\varphi)$ 取何种形式，式(11.25)都能满足方程(11.20)和方程(11.24)。式(11.25)中右边第二项 $\dfrac{Af(\theta,\varphi)}{r}\mathrm{e}^{\mathrm{i}\boldsymbol{k}\cdot\boldsymbol{r}}$ 与含时定态波函数 $\Psi(\boldsymbol{r},t)$ 的因子 $\mathrm{e}^{-\mathrm{i}Et/\hbar}$ 结合起来，得

$$\frac{Af(\Omega)}{r}\mathrm{e}^{\mathrm{i}\left(\boldsymbol{k}\cdot\boldsymbol{r}-\frac{E}{\hbar}t\right)}$$

这是含时定态波函数$\Psi(\boldsymbol{r},t)$在$r\to\infty$处的渐近形式

$$\Psi(\boldsymbol{r},t)\underset{r\to\infty}{\to}A\left[\mathrm{e}^{\mathrm{i}\boldsymbol{k}_{\text{入}}\cdot\boldsymbol{r}}+\frac{f(\Omega)}{r}\mathrm{e}^{\mathrm{i}\left(\boldsymbol{k}\cdot\boldsymbol{r}-\frac{E}{\hbar}t\right)}\right]$$

的第二项。

出射球面波的相速度为

$$\frac{\mathrm{d}r}{\mathrm{d}t}=\frac{E}{\hbar k}=\frac{\omega}{k} \tag{11.26}$$

式中，ω为角频率。

计算微分截面。设N为单位时间射入的粒子总数，单位时间内在入射方向单位截面内射入的粒子数为

$$\begin{aligned}\boldsymbol{J}\cdot\boldsymbol{e}_{\text{入}}&=N\operatorname{Re}\left[\frac{\hbar}{\mathrm{i}m}(A\mathrm{e}^{\mathrm{i}\boldsymbol{k}_{\text{入}}\cdot\boldsymbol{r}})^{*}\nabla(A\mathrm{e}^{\mathrm{i}\boldsymbol{k}_{\text{入}}\cdot\boldsymbol{r}})\right]\cdot\boldsymbol{e}_{\text{入}}\\&=N|A|^{2}\frac{\hbar\boldsymbol{k}_{\text{入}}}{m}\\&=N|A|^{2}\boldsymbol{v}_{\text{入}}\end{aligned} \tag{11.27}$$

将式(11.25)写为

$$\lim_{r\to\infty}\psi_{\boldsymbol{k}_{\text{入}}}^{(+)}(\boldsymbol{r})=\psi_{\text{出，平}}+\psi_{\text{出，球}}$$

其中，$\psi_{\text{出，平}}$为出射的平面波；$\psi_{\text{出，球}}$为出射的球面波。这样，在径向的出射粒子通量，即单位时间内从以r方向的单位矢量$\boldsymbol{e}_r$为法向的单位截面流过的粒子数为

$$\begin{aligned}\boldsymbol{J}_t\cdot\boldsymbol{e}_r&=N\operatorname{Re}\left[\frac{\hbar}{\mathrm{i}m}\left(\psi_{\text{出，平}}+\psi_{\text{出，球}}\right)^{*}\nabla\left(\psi_{\text{出，平}}+\psi_{\text{出，球}}\right)\right]\cdot\boldsymbol{e}_r\\&=\boldsymbol{J}_{\text{入}}\cdot\boldsymbol{e}_r+\boldsymbol{J}_{\text{出}}\cdot\boldsymbol{e}_r+\boldsymbol{J}_{\text{干涉}}\cdot\boldsymbol{e}_r\end{aligned} \tag{11.28}$$

式中

$$\boldsymbol{J}_{\text{出}}\cdot\boldsymbol{e}_r=N\operatorname{Re}\left[\frac{\hbar}{\mathrm{i}m}\psi_{\text{球}}^{*}\nabla\psi_{\text{球}}\right]\cdot\boldsymbol{e}_r \tag{11.29}$$

为球面波的贡献；

$$\boldsymbol{J}_{\text{干涉}}\cdot\boldsymbol{e}_r=N\operatorname{Re}\left[\frac{\hbar}{\mathrm{i}m}(\psi_{\text{平}}^{*}\nabla\psi_{\text{球}}+\psi_{\text{球}}^{*}\nabla\psi_{\text{平}})\right]\cdot\boldsymbol{e}_r \tag{11.30}$$

为出射的平面波与球面波干涉的贡献。

图 11.3 为测量实验的示意图。入射粒子呈束状通过准直孔。探测器测量$\theta\neq0$的角度分布。在$\theta\neq0$的区域[图 11.3(b)]，不存在入射波，也不存在入射波与球面波的干涉。

因此，经准直孔约束的粒子流，在$\theta \neq 0$的区域，探测器测到的粒子流通量的径向分布量为

$$\begin{aligned}\boldsymbol{J}_{出} \cdot \boldsymbol{e}_r &= N \operatorname{Re}\left[\frac{\hbar}{\mathrm{i}m}\left(A\frac{f(\Omega)}{r}\mathrm{e}^{\mathrm{i}\boldsymbol{k}\cdot\boldsymbol{r}}\right)^* \nabla\left(A\frac{f(\Omega)}{r}\mathrm{e}^{\mathrm{i}\boldsymbol{k}\cdot\boldsymbol{r}}\right)\right]\cdot \boldsymbol{e}_r \\ &= N|A|^2|f(\Omega)|^2\frac{v_{出}}{r^2}\end{aligned} \tag{11.31}$$

式中

$$v_{出} = |\boldsymbol{v}_{出}| = \left|\frac{\mathrm{i}\boldsymbol{k}}{m}\right|$$

为出射粒子速度的模。

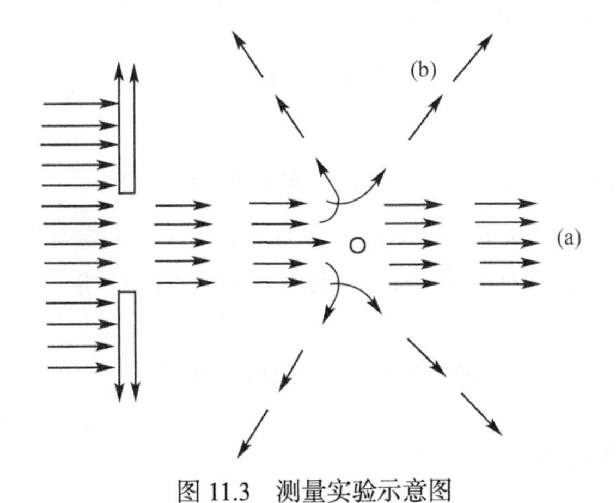

图 11.3　测量实验示意图

如果只有弹性散射，由于动量守恒

$$|\boldsymbol{k}_{入}| = |\boldsymbol{k}| \tag{11.32}$$

即

$$v_{入} = v$$

由式(11.8)得

$$\frac{\mathrm{d}\sigma}{\mathrm{d}\Omega} = |f(\Omega)|^2 \tag{11.33}$$

即微分截面是散射振幅模的平方。在满足解具备渐近条件式(11.25)，散射振幅从解薛定谔方程(11.20)或方程(11.24)得到。总截面为

$$\sigma = \int |f(\Omega)|^2 \,\mathrm{d}\Omega \tag{11.34}$$

其物理意义是在与粒子入射方向垂直的方向，单位时间内射到面积为σ的粒子数，即单位时间内散射到各个方向$\theta \neq 0$的粒子总数。

11.1.3 在球对称势场中粒子的散射

1. 用分波法求解

对于球对称势场$V(\boldsymbol{r})$可以采用分波法解方程(11.24)。

不含时间的定态波函数满足方程(11.24)

$$[\nabla^2 + k^2 - U(\boldsymbol{r})]\psi(\boldsymbol{r}) = 0$$

式中

$$U(\boldsymbol{r}) = \frac{2m}{\hbar}V(\boldsymbol{r})$$

对于球对称的势场，势能与角度无关，只与r有关，即

$$U(\boldsymbol{r}) = U(r)$$

取入射波为平面波。

$U(\boldsymbol{r}) = 0$，由于$|\boldsymbol{k}_{入}| = |\boldsymbol{k}|$，式(11.24)的解为$\mathrm{e}^{\mathrm{i}\boldsymbol{k}_{入}\cdot\boldsymbol{r}}$。

$U(\boldsymbol{r}) \neq 0$，选取坐标z的正方向与$\boldsymbol{k}_{入}$重合，由于$U(r)$是球对称的，因此定态散射波函数$\psi(\boldsymbol{r})$是轴对称的，记作$\psi(r,\theta)$。可以用勒让德多项式展开。

$$\psi(r,\theta) = \sum_{l=0}^{\infty} B_i R_l(r) P_l(\cos\theta) \tag{11.35}$$

式中，$B_i R_l(r)$为待定系数，

$$P_l(\cos\theta): l = 0(1)\infty$$

$$m = i(j)k\text{ ，表示 } m = i, i+j, i+2j, i+3j, \cdots, k-j, k$$

算符

$$\nabla^2 = \frac{1}{r^2}\left[\frac{\partial}{\partial r}\left(r^2\frac{\partial}{\partial r}\right) - \frac{\hat{L}^2}{\hbar^2}\right] \tag{11.36}$$

其中

$$\hat{L}^2 = -\hbar^2\left[\frac{1}{\sin\theta}\frac{\partial}{\partial\theta}\left(\sin\theta\frac{\partial}{\partial\theta}\right) + \frac{1}{\sin^2\theta}\frac{\partial^2}{\partial\varphi^2}\right]$$

其本征方程为

$$\hat{L}^2 P_l(\cos\theta) = l(l+1)\hbar^2 P_l(\cos\theta)$$

$$l = 0(1)\infty$$

将式(11.35)代入式(11.24)，得

$$\sum_{l=0}^{\infty} B_l \left\{ \frac{1}{r^2}\frac{\partial}{\partial r}\left(r^2 \frac{\partial R_l(r)}{\partial r}\right) + \left[k^2 - \frac{l(l+1)}{r^2} - U(r)\right] R_l(r) \right\} P_l(\cos\theta) = 0$$

由于 $P_l(\cos\theta)$ 是正交完备集合，有

$$\int_{-1}^{1} P_l(\cos\theta) P_{l'}(\cos\theta) \mathrm{d}\cos\theta = \frac{2}{2l+1}\delta_{ll'} \quad \forall l,l' \tag{11.37}$$

因此，待定系数 $R_l(r)$ 需满足方程

$$\frac{1}{r^2}\frac{\partial}{\partial r}\left(r^2 \frac{\partial R_l(r)}{\partial r}\right) + \left[k^2 - \frac{l(l+1)}{r^2}\right] R_l(r) = 0 \tag{11.38}$$

1) $U(r)=0$

已知

$$\psi(\boldsymbol{r}) = \mathrm{e}^{\mathrm{i}\boldsymbol{k}_{入}\cdot\boldsymbol{r}} = \mathrm{e}^{\mathrm{i}kr\cos\theta}$$

是方程

$$(\nabla^2 + k^2)\psi(\boldsymbol{r}) = 0$$

在 $\psi(r=0)$ 有界条件下的解。根据式(11.38)，$U(\boldsymbol{r})=0$ 时解 $\psi(\boldsymbol{r})$ 展开式中的系数 $R_l(r)$ 需满足方程

$$\frac{1}{r^2}\frac{\partial}{\partial r}\left(r^2 \frac{\partial R_l(r)}{\partial r}\right) + \left[k^2 - \frac{l(l+1)}{r^2}\right] R_l(r) = 0 \quad \forall l \tag{11.39}$$

这是球贝赛尔方程。为了要求对所有的 $l = 0(1)\infty$ 都能满足 $R_l(r=0)$ 有界，必须

$$R_l(r) = J_l(kr)$$

所以

$$\mathrm{e}^{\mathrm{i}\boldsymbol{k}_{入}\cdot\boldsymbol{r}} = \sum_{l=0}^{\infty} B_l J_l(kr) P_l(\cos\theta) \tag{11.40}$$

将上式两边都乘以 $P_{l'}(\cos\theta)$，再在 $\cos\theta = -1 \to 1$ 积分，利用 $P_l(\cos\theta)$ 的正交性，得

$$B_l J_l(kr) = \frac{2l+1}{2}\frac{1}{\mathrm{i}kr}\int_{-1}^{1} P_l(\cos\theta)\mathrm{e}^{\mathrm{i}kr\cos\theta}\mathrm{d}\cos\theta$$

作部分积分，利用 $P_l(1)=1$ 和 $P_l(-1)=(-1)^l$，得

$$B_l J_l(kr) = \frac{2l+1}{2}\mathrm{i}^l \frac{\sin\left(kr - \frac{l\pi}{2}\right)}{kr} - \frac{2l+1}{2\mathrm{i}kr}\int_{-1}^{1} \mathrm{e}^{\mathrm{i}kr\cos\theta}\frac{\mathrm{d}P_l(\cos\theta)}{\mathrm{d}\cos\theta}\mathrm{d}\cos\theta \tag{11.41}$$

式中，B_l 应当使式(11.41)在所有的 l 值和 r 值都能成立。选 $r\to\infty$ 时，决定 B_l 的值。式(11.41)左边

$$J_l(kr)\big|_{r\to\infty} = \frac{\sin\left(kr - \frac{l\pi}{2}\right)}{kr}$$

对式(11.41)右边第二项作部分积分，可得其值在$\frac{1}{r^2}$的量级。当$r\to\infty$时，右边第二项远小于右边第一项，可以略去。于是从式(11.41)在$r\to\infty$时的行为得到

$$B_l=(2l+1)\mathrm{i}^l$$

这样得到展开式:

$$\mathrm{e}^{\mathrm{i}kr\cos\theta}=\sum_{l=0}^{\infty}(2l+1)\mathrm{i}^l J_l(kr)P_l(\cos\theta) \tag{11.42}$$

即把入射平面波展开成多个分波之和，其角动量量子数l为$0,1,2,\cdots$。

2) $U(r)\neq 0$

在这种情况，$R_l(r)$服从的方程为

$$\frac{1}{r^2}\frac{\partial}{\partial r}\left(r^2\frac{\partial R_l(r)}{\partial r}\right)+\left[k^2-\frac{l(l+1)}{r^2}-U(r)\right]R_l(r)=0\quad \forall l \tag{11.43}$$

边界条件为$R_l(r=0)$有界，方程(11.43)的解在$r\to\infty$的渐近形式为

$$R_l(r\to\infty)|_{U(r)\neq 0}=\frac{\sin\left(kr-\frac{l\pi}{2}+\delta_l\right)}{kr}\quad \forall l \tag{11.44}$$

式中，δ_l为待定的修正值，是由势能$V(r)$造成入射平面波中角动量量子数为l的分波$\left[\text{在}\ r\to\infty\text{处，该分波的振荡部分为}\sin\left(kr-\frac{l\pi}{2}\right)\right]$的相位改变。$l$分波的相移$\delta_l$取决于$V(r)$。若$V(r)>0$，粒子被向外推，即径向波函数外移，这相当于$\delta_l<0$；若$V(r)<0$，粒子被拉向中心，即径向波函数内移，这相当于$\delta_l>0$；若$V(r)=0$，则$\delta_l=0$。

定态散射波函数可以写作

$$\psi(r,\theta)|_{r\to\infty}=\sum_{l=0}^{\infty}\frac{B_l}{kr}\sin\left(kr-\frac{l\pi}{2}+\delta_l\right)P_l(\cos\theta) \tag{11.45}$$

为使$\psi(r,\theta)$具有式(11.25)的形式，引用平面波的展开式(11.42)，得

$$\begin{aligned}\psi(r,\theta)|_{r\to\infty}&=A\left[\mathrm{e}^{\mathrm{i}\boldsymbol{k}_{入}\cdot\boldsymbol{r}}+\frac{1}{r}f(\theta)\mathrm{e}^{\mathrm{i}kr}\right]\\&=A\left[\sum_{l=0}^{\infty}(2l+1)\frac{\mathrm{i}^l}{kr}\sin\left(kr-\frac{l\pi}{2}\right)P_l(\cos\theta)+\frac{f(\theta)\mathrm{e}^{\mathrm{i}kr}}{r}\right]\end{aligned} \tag{11.46}$$

根据式(11.45)和式(11.46)，得

$$f(\theta)=\frac{1}{2\mathrm{i}k}\sum_{l=0}^{\infty}(2l+1)\mathrm{i}^l P_l(\cos\theta)\left\{\frac{B_l}{A}\frac{1}{(2l+1)\mathrm{i}^l}\left[\mathrm{e}^{\mathrm{i}\left(-\frac{l\pi}{2}+\delta_l\right)}-\mathrm{e}^{-\mathrm{i}\left(2kr-\frac{l\pi}{2}+\delta_l\right)}\right]-\left[\mathrm{e}^{-\mathrm{i}\frac{l\pi}{2}}-\mathrm{e}^{-\mathrm{i}\left(2kr-\frac{l\pi}{2}\right)}\right]\right\}$$

由于上式左边$f(\theta)$不是r的函数，因而上式右边所有含r的项之和必为零，所以有

$$\sum_{l=0}^{\infty}(2l+1)\mathrm{i}^l P_l(\cos\theta)\left\{\frac{B_l}{A}\frac{1}{(2l+1)\mathrm{i}^l}\left[\mathrm{e}^{\mathrm{i}\left(-\frac{l\pi}{2}+\delta_l\right)}-\mathrm{e}^{-\mathrm{i}\left(2kr-\frac{l\pi}{2}+\delta_l\right)}\right]-\left[\mathrm{e}^{-\mathrm{i}\frac{l\pi}{2}}-\mathrm{e}^{-\mathrm{i}\left(2kr-\frac{l\pi}{2}\right)}\right]\right\}=0$$

有

$$f(\theta)=\frac{1}{2\mathrm{i}k}\sum_{l=0}^{\infty}(2l+1)\mathrm{i}^l P_l(\cos\theta)\left\{\frac{B_l}{A}\frac{1}{(2l+1)\mathrm{i}^l}\left[\mathrm{e}^{\mathrm{i}\left(-\frac{l\pi}{2}+\delta_l\right)}-\mathrm{e}^{-\mathrm{i}\frac{l\pi}{2}}\right]\right\}$$

并有

$$\frac{B_l}{A(2l+1)\mathrm{i}^l}=\mathrm{e}^{\mathrm{i}\delta_l} \tag{11.47}$$

得到

$$f(\theta)=\frac{1}{2\mathrm{i}k}\sum_{l=0}^{\infty}(2l+1)(\mathrm{e}^{\mathrm{i}2\delta_l}-1)P_l(\cos\theta) \tag{11.48}$$

或

$$f(\theta)=\sum_{l=0}^{\infty}f_l(\theta)$$

$$f_l(\theta)=\frac{2l+1}{2\mathrm{i}k}(\mathrm{e}^{\mathrm{i}2\delta_l}-1)P_l(\cos\theta) \tag{11.49}$$

分波散射振幅 $f_l(\theta)$ 是 l 分波对散射振幅 $f(\theta)$ 的贡献。

将式(11.47)代入式(11.45)，得

$$\psi(r,\theta)|_{r\to\infty}=A\sum_{l=0}^{\infty}(2l+1)\frac{\mathrm{i}^l}{kr}\mathrm{e}^{\mathrm{i}\delta_l}\sin\left(kr-\frac{l\pi}{2}+\delta_l\right)P_l(\cos\theta) \tag{11.50}$$

利用式(11.33)和式(11.34)，得

$$\frac{\mathrm{d}\sigma}{\mathrm{d}\Omega}=|f(\theta)|^2=\frac{1}{4k^2}\sum_{l=0}^{\infty}\sum_{l'=0}^{\infty}(2l+1)(2l'+1)P_l(\cos\theta)P_{l'}(\cos\theta)(\mathrm{e}^{\mathrm{i}2\delta_l}-1)(\mathrm{e}^{\mathrm{i}2\delta_{l'}}-1)$$

$$\sigma=\int\left(\frac{\mathrm{d}\sigma}{\mathrm{d}\Omega}\right)\mathrm{d}\Omega=\frac{4\pi}{k^2}\sum_{l=0}^{\infty}(2l+1)\sin^2\delta_l \tag{11.51}$$

$$\sigma=\sum_{l=0}^{\infty}\sigma_l$$

式中

$$\sigma_l=\frac{4\pi}{k^2}(2l+1)\sin^2\sigma_l$$

是分波截面。其中，

$$k=|\boldsymbol{k}|=|\boldsymbol{k}_{\text{入}}|$$

2. 讨论

(1)分波法中总截面的计算归结为各分波相移 δ_l 的计算。散射的全部信息都包含在相移 $\{\delta_l : l = 0(1)\infty\}$ 中。δ_l 的计算原则上要求解径向方程(11.43)在如下条件的解：

$$R(r \to \infty) = \frac{1}{kr}\sin\left(kr - \frac{l\pi}{2}\delta_l\right)$$

$R(r \to 0)$ 有界。

解方程(11.43)很难，δ_l 的精确计算只能在个别例子中做到。通常根据角度分布的实验数据计算相移 δ_l。

(2)一般情况下，l 值越大的分波所描述的粒子距离散射中心的平均距离就越大，因而受势场 $V(\boldsymbol{r})$ 的影响就越小，$|\delta_l|$ 也越小。可以用图 11.4 的半经典图像估计需要计算多少个分波就可以足够精确地处理散射问题。

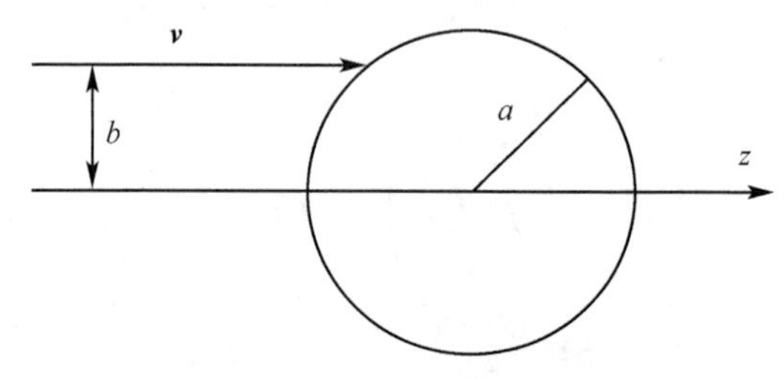

图 11.4 散射的半经典图像

设 a 为势能的作用范围，b 为碰撞参数(入射轨迹偏离散射中心的垂直距离)，l 分波代表的粒子的角动量为

$$l\hbar \approx mvb$$

当 l 增大至对应的碰撞参数 $b > a$ 时，这种粒子就不会进入势场 $V(\boldsymbol{r})$ 的作用范围，就不会被散射。因此

$$l_{\max}\hbar \leqslant mva \tag{11.52}$$

即

$$l_{\max} \leqslant \frac{mva}{\hbar} = \frac{2\pi a}{\lambda}$$

式中，λ 为入射粒子的德布罗意波长。入射粒子能量越大，λ 越短，就要考虑多一些分波。对于化学问题而言，多数属于低能量范围，只需考虑 $l = 0,1$ 的分波(s 分波、p 分波)就足够了。只考虑 s 分波时，角度分布是球对称的，即散射各向同性。各向同性是低能粒子被球对称势场散射后角度分布的共同特征。

(3)散射的光学定理。从式(11.48)可求得 $f(\theta)$ 的虚部为

$$\text{Im}\,|\,f(\theta)| = \frac{1}{k}\sum_{l=0}^{\infty}(2l+1)\sin^2\delta_l P_l(\cos\theta)$$

与总截面公式(11.51)比较，得零角度散射振幅与总截面的关系式

$$\sigma = \frac{4\pi}{k}\mathrm{Im}\,|\,f(\theta=0)\,| \tag{11.53}$$

此即光学定理。

(4)散射波中 l 分波的粒子数。由式(11.51)的分波截面可见

$$\delta_l \leqslant \frac{4\pi}{k^2}(2l+1)$$

当相移 $\delta_l = \left(n+\dfrac{1}{2}\right)\pi$ 时(n 为整数)，δ_l 取最大值

$$(\delta_l)_{\max} = \frac{4\pi}{k^2}(2l+1) \tag{11.54}$$

与式(11.42)的入射平面波的 l 分波比较，得到散射波中 l 分波的粒子数是入射平面波中这种粒子数的 4 倍，这是量子效应，由于出射的球面波与平面波之间的干涉作用所致。

(5)散射的硬球模型。硬球模型的势能场为

$$\begin{cases} V(r)=0 & (r\geqslant a) \\ V(r)=\infty & (r<a) \end{cases} \tag{11.55}$$

式中，a 为散射中心到入射粒子之间的最近距离。

式(11.50)是定态散射波函数在 $r\to\infty(V(r)=0)$ 处的形式。由式(11.55)可知，在以 a 为半径的球体外，$V(r)=0$，所以硬球界面以外的散射波可用式(11.50)表示，有

$$\begin{cases} \psi_l(r,\theta) = A(2l+1)\mathrm{i}^l \dfrac{\mathrm{e}^{\mathrm{i}\delta_l}}{kr}\sin\left(kr-\dfrac{l\pi}{2}+\delta_l\right)P_l(\cos\theta) \\ \psi(r,\theta)\big|_{r\geqslant a} = \displaystyle\sum_{l=0}^{\infty}\psi_l(r,\theta) \end{cases} \tag{11.56}$$

在界面内，由于势能无穷大，所以

$$\psi(r,\theta)\big|_{r<a} = 0$$

整个散射波在界面处应该连续，又由于 $\{P_l(\cos\theta)\}$ 是正交完备集合，因此每个分波在界面上必须连续，即对所有 l 和 θ 必有

$$\begin{cases} \psi(r,\theta)\big|_{r<a} = 0 \\ \psi(r,\theta)\big|_{r=0} = 0 \end{cases} \tag{11.57}$$

于是

$$\sin\left(ka-\frac{l\pi}{2}+\delta_l\right)P_l(\cos\theta)=0 \quad \forall l,\theta$$

而 $P_l(\cos\theta)$ 对任意 θ 不恒为零，因此只能

$$\sin\left(ka-\frac{l\pi}{2}+\delta_l\right)=0 \quad \forall l$$

即

$$\tan\delta_l=-\tan\left(ka-\frac{l\pi}{2}\right) \tag{11.58}$$

低能量粒子散射时只有$(l=0)$分波，并且$k\pi=1$，所以

$$\sin\delta_l(l=0)=-\sin ka\approx -ka$$

和

$$\sigma=\sum_{l=0}^{\infty}\sigma_l\approx\sigma_l(l=0)=\frac{4\pi}{k^2}\sin^2\delta_l(l=0)=4\pi a^2$$

这里仅从s分波的贡献得到的截面就是经典值的 4 倍。这是量子效应造成的。由于在球对称势场中低能量散射各向同性，因此在硬球模型的势场中低能量弹性散射的微分截面为a^2。

注 1：实验室坐标与质心坐标

做实验要选一套实验室坐标系，整个实验坐标系是固定的。而做理论分析，为方便选一套质心坐标系，定在质心上，随质心的变动而变动。但是，质心坐标系总与实验室坐标系平行(图 11.5)。两者可以换算。

$$\boldsymbol{R}=\frac{m_1\boldsymbol{r}_1+m_2\boldsymbol{r}_2}{m_1+m_2} \tag{11.59}$$

$$\boldsymbol{r}=\boldsymbol{r}_2-\boldsymbol{r}_1 \tag{11.60}$$

对t求导，得

$$\frac{\mathrm{d}}{\mathrm{d}t}\boldsymbol{R}=\frac{m_1\boldsymbol{V}_1+m_2\boldsymbol{V}_2}{m_1+m_2} \tag{11.61}$$

$$\frac{\mathrm{d}\boldsymbol{r}}{\mathrm{d}t}=\boldsymbol{V}_2-\boldsymbol{V}_1 \tag{11.62}$$

$$\frac{1}{2}M\left(\frac{\mathrm{d}\boldsymbol{R}}{\mathrm{d}t}\right)^2+\frac{1}{2}\mu\left(\frac{\mathrm{d}\boldsymbol{r}}{\mathrm{d}t}\right)^2=\frac{1}{2}m_1V_1^2+\frac{1}{2}m_2V_2^2 \tag{11.63}$$

其中

$$M=m_1+m_2$$

$$\frac{1}{\mu}=\frac{m_1+m_2}{m_1m_2}$$

μ 为约化质量或折合质量。

$$E_1+E_2=E_{\text{cm}}+E$$

式中，E_1、E_2 是初始动能；E_{cm} 是质心的平动能；E 是约化质量的动能。

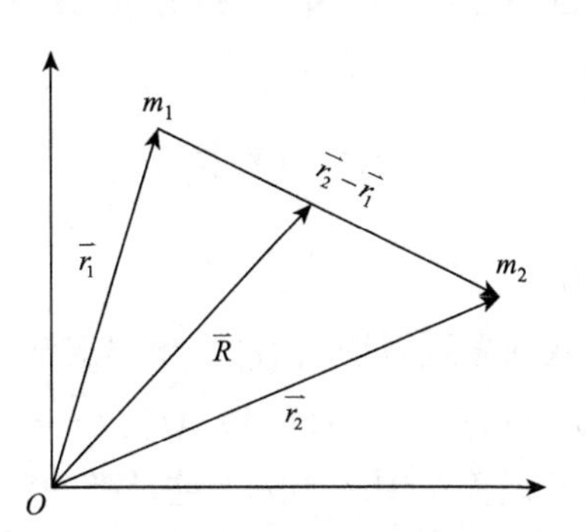

图 11.5　实验室坐标系和质心坐标系

11.2　量 子 散 射

11.2.1　单粒子的散射

散射的经典图像如图 11.6 所示。

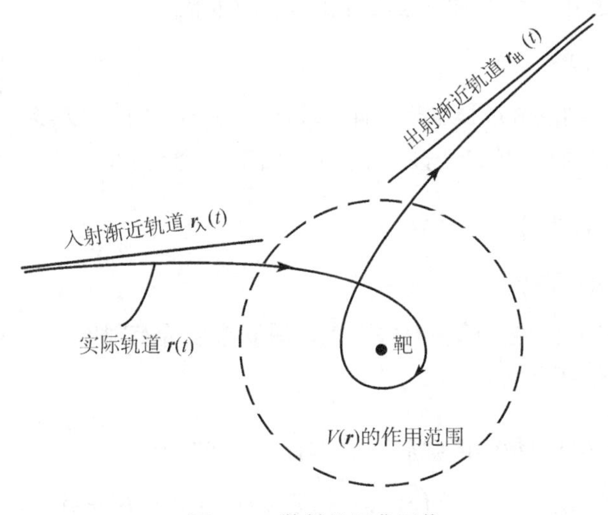

图 11.6　散射的经典图像

1. 经典力学的处理

恒定势场为 $V(\boldsymbol{r})$，一个入射粒子从入射开始 $(t=-\infty)$，到进入势场 $(t=0)$，进而离开势场$(t=+\infty)$，其经典轨道为$\boldsymbol{r}(t)$。刚开始，粒子远离势场，其运行轨道为自由粒子的轨道，有

$$\boldsymbol{r}(t) \underset{t\to-\infty}{\rightarrow} \boldsymbol{r}_{入}(t) \tag{11.64}$$

即当$t\to-\infty$时，散射粒子的轨道$\boldsymbol{r}(t)$是以自由粒子的轨道$\boldsymbol{r}_{入}(t)$为渐近形式。粒子在势场的时间很短，低能量粒子也不超过 10^{-20}s。与势场相互作用(碰撞)后，离开散射中心，如同另一个自由粒子的行为

$$\boldsymbol{r}(t) \underset{t\to\infty}{\rightarrow} \boldsymbol{r}_{出}(t) \tag{11.65}$$

式中，$\boldsymbol{r}_{出}(t)$为出射渐近轨道。

对于测量而言，如果从入射渐近轨道$\boldsymbol{r}_{入}(t)$求出出射渐近$\boldsymbol{r}_{出}(t)$，则散射问题就解决了。根据牛顿力学，在势场$V(\boldsymbol{r})$中，$\boldsymbol{r}_{入}(t)$与$\boldsymbol{r}_{出}(t)$是一一对应的。这种对应关系也反映在它们各自与实际轨道的渐近关系中，实际上这是唯一对应的关系。

$$\underset{入射渐近轨道}{\boldsymbol{r}_{入}(t)} \rightarrow \underset{实际轨道}{\boldsymbol{r}(t)} \rightarrow \underset{出射渐近轨道}{\boldsymbol{r}_{出}(t)}$$

这种散射过程及其渐近关系只有在一定类型的势场$V(\boldsymbol{r})$中才能产生。如果势场$V(\boldsymbol{r})$在$\boldsymbol{r}\to\infty$时趋于零的速度不够快，$V(\boldsymbol{r})$的作用范围太大，以致粒子在远离散射中心处还不能自由运动，就不会有入射渐近轨道和出射渐近轨道。如果势场作用范围虽小，但引力特别大，入射粒子进入势场后就脱离不了，只能围绕散射中心转，成为“束缚态”，就不会有出射渐近轨道$\boldsymbol{r}_{出}(t)$。因此，实际的散射轨道$\boldsymbol{r}(t)$分为两类：散射轨道和束缚轨道。只有散射轨道才具有入射渐近轨道和出射渐近轨道。

2. 量子力学的处理

采用量子力学处理散射过程也是如此。只有满足一定条件的势场$V(\boldsymbol{r})$才能有散射轨道。下面的讨论都是球对称的势场$V(r)$，并满足以下条件：

$$\left.\begin{array}{l} ①V(r\to\infty)=0\left(r^{-3-\varepsilon}\right) \\ ②V(r\to0)=0\left(r^{-\frac{3}{2}+\varepsilon}\right) \\ ③在0<r<\infty的范围内，除在有限个点的跳跃幅度为有限值，\\ \quad 其他V(r)都是连续的。\end{array}\right\} \tag{11.66}$$

式中，$\varepsilon>0\left(V(r)=0\left(r^{\varphi}\right)是指\left|V(r)\right|\leqslant\left(c\left|r^{p}\right|\right)\right)$，$c$为常数。

以上条件是：在无穷远处，$V(r)\to0$的速度比r^{-3}快；在原点，$V(r)\to\infty$的速度比$r^{-\frac{3}{2}}$慢；在$0<r<\infty$，$V(r)$足够“光滑”。这表明，这样的势场是短程势场。

大多数文献都采用狄拉克符号，为便于读者阅读相关文献，以下采用狄拉克符号。狄拉克符号与薛定谔表象的对应关系为

狄拉克符号	薛定谔表象
左矢 $\langle\Psi\vert$	波函数 Ψ^*
右矢 $\langle\Psi\vert$	波函数 Ψ
积分 $\langle\Psi\vert\Psi\vert\rangle$	$\int\Psi^*\Psi\mathrm{d}\boldsymbol{r}$
积分 $\left\langle\Psi\middle\vert\hat{\boldsymbol{H}}\middle\vert\Psi\right\rangle$	$\int\Psi^*\hat{\boldsymbol{H}}\Psi\mathrm{d}\boldsymbol{r}$
	$\mathrm{d}\boldsymbol{r}=\mathrm{d}\tau$ 在直角坐标系中 $\mathrm{d}\tau=\mathrm{d}x\mathrm{d}y\mathrm{d}z$ 在球坐标系中 $\mathrm{d}\tau=r^2\sin\theta\mathrm{d}r\mathrm{d}\theta\mathrm{d}\varphi$
含时薛定谔方程 $\mathrm{i}\hbar\frac{\partial}{\partial t}\lvert\Psi\rangle=\hat{\boldsymbol{H}}\lvert\Psi\rangle$	$\mathrm{i}\hbar\frac{\partial\Psi}{\partial t}=\hat{\boldsymbol{H}}\Psi$
定态薛定谔方程 $\hat{\boldsymbol{H}}\lvert\psi\rangle=E\lvert\psi\rangle$	$\hat{\boldsymbol{H}}\psi=E\psi$
将 Ψ 换成 ψ，上面各式也成立 $H\lvert n\rangle=E_n\lvert n\rangle$	$\hat{\boldsymbol{H}}\left(x,\frac{\hbar}{\mathrm{i}}\frac{\partial}{\partial x}\right)u_n(x)=E_nu_n(x)$
$\langle n\vert m\rangle=\delta_{nm}$	$\int u_n^*(x)u_m(x)\mathrm{d}x=\delta_{nm}$
$\lvert\psi\rangle=\sum\limits_n\lvert n\rangle\langle n\vert\psi\rangle$	$\psi(x)=\sum\limits_n a_nu_n(x)$
$\langle n\vert\psi\rangle=\int\langle n\vert x\rangle\mathrm{d}x\langle x\vert\psi\rangle$	$a_n=\int u_n^*(x)\psi(x)\mathrm{d}x$

以 $\lvert\psi_t\rangle$ 和 $\lvert\psi_{t=0}\rangle$ 分别表示时间 t 和 t_0 时体系的态矢量，$\lvert\psi_t\rangle$ 满足薛定谔方程

$$\mathrm{i}\hbar\frac{\partial}{\partial t}\lvert\psi_t\rangle=\hat{\boldsymbol{H}}\lvert\psi_t\rangle \tag{11.67}$$

时间演化算符为 $\hat{\boldsymbol{U}}(t,t_0)$，有

$$\lvert\psi_t\rangle=\hat{\boldsymbol{U}}(t,t_0)\lvert\psi_{t_0}\rangle \tag{11.68}$$

并有

$$\hat{\boldsymbol{U}}(t,t)=1 \tag{11.69}$$

$$\hat{\boldsymbol{U}}(t,t_0)=\hat{\boldsymbol{U}}(t,t')\hat{\boldsymbol{U}}(t',t_0) \tag{11.70a}$$

$$\hat{\boldsymbol{U}}(t,t_0)=\hat{\boldsymbol{U}}^{-1}(t_0,t) \tag{11.70b}$$

若态矢量已经归一化，即

$$\langle\psi_t\vert\psi_t\rangle=\langle\psi_{t_0}\vert\psi_{t_0}\rangle=1$$

则 $\hat{\boldsymbol{U}}(t,t_0)$ 为酉算符，即

$$\hat{\boldsymbol{U}}(t,t_0)\hat{\boldsymbol{U}}^{\dagger}(t,t_0)=\hat{\boldsymbol{U}}^{\dagger}(t,t_0)\hat{\boldsymbol{U}}(t,t_0)=1 \tag{11.71}$$

将式(11.68)代入薛定谔方程(11.67)，得算符方程

$$\mathrm{i}\frac{\partial}{\partial t}\hat{\boldsymbol{U}}\left(t,t_0\right)=\hat{\boldsymbol{H}}\hat{\boldsymbol{U}}\left(t,t_0\right) \tag{11.72}$$

对于保守力场，即势能$V\left(\boldsymbol{r}\right)$只是位置的函数，且为实数，则体系的哈密顿算符$\hat{\boldsymbol{H}}$不含时间。将式(11.72)对时间积分，利用初始条件式(11.69)，得

$$\hat{\boldsymbol{U}}\left(t,t_0\right)=\mathrm{e}^{-\mathrm{i}\hat{\boldsymbol{H}}\left(t-t_0\right)} \tag{11.73}$$

表明$\hat{\boldsymbol{U}}\left(t,t_0\right)$只与时间差值$\left(t-t_0\right)$有关。在$t=t_0$时，将式(11.73)代入式(11.68)，得

$$\left|\psi_t\right\rangle=\hat{\boldsymbol{U}}\left(t\right)\left|\psi\right\rangle=\mathrm{e}^{-\mathrm{i}\hat{\boldsymbol{H}}t}\left|\psi\right\rangle \tag{11.74}$$

式中，$\left|\psi_t\right\rangle$是$t=0$时的状态$\left|\psi_{t_0}\right\rangle$;$\hat{\boldsymbol{U}}\left(t\right)=\hat{\boldsymbol{U}}\left(t,0\right)$。

在散射过程中，$\hat{\boldsymbol{U}}\left(t\right)\left|\psi\right\rangle$相当于被散射粒子的实际轨道，即散射态。它描述整个散射过程。

当$t\to-\infty$时，入射粒子远离粒子作用范围，散射态$\lim\limits_{t\to-\infty}\hat{\boldsymbol{U}}\left(t\right)\left|\psi\right\rangle$如同一个自由粒子态，即以自由粒子态$\hat{\boldsymbol{U}}_0\left(t\right)\left|\psi_{\text{入}}\right\rangle$作为其入射渐近形式，有

$$\hat{\boldsymbol{U}}\left(t\right)\left|\psi\right\rangle\underset{t\to-\infty}{\longrightarrow}\hat{\boldsymbol{U}}_0\left(t\right)\left|\psi_{\text{入}}\right\rangle \tag{11.75}$$

式中，$\hat{\boldsymbol{U}}_0\left(t\right)$是自由粒子态的时间演化算符。

根据式(11.73)，有

$$\hat{\boldsymbol{U}}_0\left(t\right)=\mathrm{e}^{-\mathrm{i}\hat{\boldsymbol{H}}_0 t} \tag{11.76}$$

式中，$\hat{\boldsymbol{H}}_0$是粒子在势场外自由运动的哈密顿算符

$$\hat{\boldsymbol{H}}_0=\hat{\boldsymbol{H}}-\hat{\boldsymbol{V}} \tag{11.77}$$

式(11.75)中的$\left|\psi_{\text{入}}\right\rangle$为入射自由粒子在没有受到势场$V\left(\boldsymbol{r}\right)$作用自由演化到$t=0$的状态。

当$t\to\infty$时，粒子脱离了势场的作用范围，散射态$\lim\limits_{t\to\infty}\hat{\boldsymbol{U}}\left(t\right)\left|\psi\right\rangle$又重新成为另一个自由粒子态$\hat{\boldsymbol{U}}_0\left(t\right)\left|\psi_{\text{出}}\right\rangle$，即以$\hat{\boldsymbol{U}}_0\left(t\right)\left|\psi_{\text{出}}\right\rangle$为其出射的渐近形式

$$\hat{\boldsymbol{U}}\left(t\right)\left|\psi\right\rangle\underset{t\to\infty}{\longrightarrow}\hat{\boldsymbol{U}}_0\left(t\right)\left|\psi_{\text{出}}\right\rangle \tag{11.78}$$

式中，$\left|\psi_{\text{出}}\right\rangle$为出射的自由粒子态矢量。

如果从$t=+\infty$倒退演化到$t=0$，又没有势场，则$\left|\psi_{\text{出}}\right\rangle$和$\left|\psi_{\text{入}}\right\rangle$都是没有势场的定态薛定谔(即德布罗意方程)的自由粒子解，即

$$\begin{cases}\hat{\boldsymbol{H}}_0\left|\psi_{\text{入}}\right\rangle=E_{\text{入}}\left|\psi_{\text{入}}\right\rangle\\ \hat{\boldsymbol{H}}_0\left|\psi_{\text{出}}\right\rangle=E_{\text{出}}\left|\psi_{\text{出}}\right\rangle\end{cases} \tag{11.79}$$

11.2.2 梅勒波算符

定理：若势场$V\left(r\right)$符合条件式(11.66)，则在体系的状态空间$\mathscr{H}$中，对于每一个状态$\left|\psi_{\text{入}}\right\rangle$都有状态$\left|\psi\right\rangle$满足

$$\hat{U}(t)|\psi\rangle-\hat{U}_0(t)|\psi_{入}\rangle\underset{t\to-\infty}{\to}0 \tag{11.80a}$$

对于每一个状态$|\psi_{出}\rangle$，都有状态$|\psi\rangle$满足

$$\hat{U}(t)|\psi\rangle-\hat{U}_0(t)|\psi_{出}\rangle\underset{t\to\infty}{\to}0 \tag{11.80b}$$

以上两式称为渐近条件。

证明：将$\hat{U}^\dagger(t)$左乘式(11.80a)，得

$$|\psi\rangle-\hat{U}^\dagger(t)\hat{U}_0(t)|\psi_{入}\rangle\underset{t\to-\infty}{\to}0$$

这等价于证明$\hat{U}^\dagger(t)\hat{U}_0(t)|\psi_{入}\rangle\Big|_{t\to-\infty}$有极限。

因为

$$\frac{\mathrm{d}}{\mathrm{d}t}\left[\hat{U}^\dagger(t)\hat{U}_0(t)\right]=\frac{\mathrm{d}}{\mathrm{d}t}\left(\mathrm{e}^{\mathrm{i}\hat{H}t}\mathrm{e}^{-\mathrm{i}\hat{H}_0t}\right)=\mathrm{i}\hat{U}^\dagger(t)\hat{V}\hat{U}_0(t)$$

在$0\sim t$区间积分上式，得

$$\hat{U}^\dagger(t)\hat{U}_0(t)|\psi_{入}\rangle=|\psi_{入}\rangle+\mathrm{i}\int_0^t\mathrm{d}T\hat{U}^\dagger(T)\hat{V}\hat{U}_0(T)|\psi_{入}\rangle \tag{11.80c}$$

利用

$$\hat{U}^\dagger(t=0)\hat{U}_0(t=0)=1$$

由式(11.80c)可见，只有$\int_{-\infty}^0\mathrm{d}T\hat{U}^\dagger(T)\hat{V}\hat{U}_0(T)|\psi_{入}\rangle$收敛，态矢量$|\psi_{入}\rangle$才能有极限。所以

$$\int_{-\infty}^0\mathrm{d}T\left\|\hat{U}^\dagger(T)\hat{V}\hat{U}_0(T)\psi_{入}\right\|<\infty$$

是积分收敛的充分条件。由于$\hat{U}(t)$是酉算符，所以需要证明

$$\int_{-\infty}^0\mathrm{d}T\left\|\hat{V}\hat{U}_0(T)\psi_{入}\right\|<\infty$$

因为状态空间$\mathscr{H}$内的任一态矢量的坐标表象都可以用有限个高斯函数之和近似，并有足够的精度。因此，可以认为上式中的$\psi_{入}$为高斯函数型，即

$$\langle\boldsymbol{r}|\psi_{入}\rangle=\mathrm{e}^{\frac{-(\boldsymbol{r}-\boldsymbol{a})^2}{(2\xi^2)}}$$

其中高斯函数的中心位置$\boldsymbol{a}$和宽度ξ可以是任意的，于是

$$\left|\langle\boldsymbol{r}|\hat{U}_0(T)|\psi_{入}\rangle\right|^2=\left(1+\frac{T^2}{m^2\xi^4}\right)^{-\frac{3}{2}}\exp\left[-\frac{(\boldsymbol{r}-\boldsymbol{a})^2}{\xi^2+T^2/(m^2\xi^2)}\right]$$

和

$$\left\|\hat{\boldsymbol{V}}\hat{\boldsymbol{U}}_0(T)\left|\psi_{入}\right\rangle\right\|^2=\int \mathrm{d}^3r\left|V(\boldsymbol{r})\right|^2\left(1+\frac{T^2}{m^2\xi^4}\right)^{-\frac{3}{2}}\exp\left[-\frac{(\boldsymbol{r}-\boldsymbol{a})^2}{\xi^2+T^2/\left(m^2\xi^2\right)}\right]$$

$$\leqslant\left(1+\frac{T^2}{m^2\xi^4}\right)^{-\frac{3}{2}}\int \mathrm{d}^3r\left|V(\boldsymbol{r})\right|^2$$

根据式(11.66)后一积分项收敛，所以

$$\int_{-\infty}^{0}\mathrm{d}T\left\|\boldsymbol{V}\boldsymbol{U}_0(T)\psi_{入}\right\|\leqslant\left(\int \mathrm{d}^3r\left|V(\boldsymbol{r})\right|^2\right)^{\frac{1}{2}}\int_{-\infty}^{0}\mathrm{d}T\left(1+\frac{T^2}{m^2\xi^4}\right)^{-\frac{3}{4}}<\infty$$

式中，$\mathscr{H}$表示希尔伯特(Hilbert)空间。

这可以使空间内的态矢量满足入射渐近条件式(11.80a)，同理可求得出射渐近条件式(11.80b)对$\mathscr{H}$空间内的态矢量都成立。

梅勒(Mϕller)波算符$\hat{\boldsymbol{\Omega}}_+$和$\hat{\boldsymbol{\Omega}}_-$的定义为

$$\hat{\boldsymbol{\Omega}}_{\pm}=\lim_{t\to\mp\infty}\hat{\boldsymbol{U}}^{\dagger}(t)\hat{\boldsymbol{U}}_0(t)$$

从渐近条件得

$$\left|\psi\right\rangle=\lim_{t\to-\infty}\hat{\boldsymbol{U}}^{\dagger}(t)\hat{\boldsymbol{U}}_0(t)\left|\psi_{入}\right\rangle=\hat{\boldsymbol{\Omega}}_+\left|\psi_{入}\right\rangle \tag{11.81a}$$

和

$$\left|\psi\right\rangle=\lim_{t\to\infty}\hat{\boldsymbol{U}}^{\dagger}(t)\hat{\boldsymbol{U}}_0(t)\left|\psi_{出}\right\rangle=\hat{\boldsymbol{\Omega}}_{\psi}\left|\psi_{出}\right\rangle \tag{11.81b}$$

可见，梅勒波算符是联系两个$t=0$体系状态的算符。$\hat{\boldsymbol{\Omega}}_+$作用到$\mathscr{H}$空间中的任意一个自由粒子态后，得到的态就是算符$\hat{\boldsymbol{U}}_0(t)$作用到该自由粒子态作为入射渐近态的真实散射态向$t$增加的方向演化到$t=0$时得到的态；同样算符$\hat{\boldsymbol{\Omega}}_-$作用到$\mathscr{H}$空间中的任意一个自由粒子态后，得到的态就是算符$\hat{\boldsymbol{U}}_0(t)$作用到该自由粒子态作为出射渐近态的真实散射态向$t$减少的方向倒退演化到$t=0$时得到的态。算符$\hat{\boldsymbol{\Omega}}_{\pm}$的作用可以用图 11.7 作经典比喻。

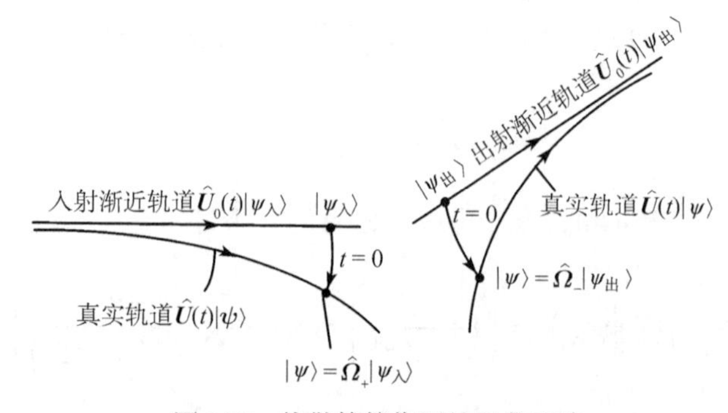

图 11.7　梅勒算符作用的经典比喻

将入射渐近态的不含时间部分$\left|\psi_{入}\right\rangle$记作$|\phi\rangle$，则将$t=0$时的真实散射态记作$|\phi+\rangle$；将出射渐近态的不含时间部分$\left|\psi_{出}\right\rangle$记作$|\chi\rangle$，则将$t=0$时的真实散射态记作$|\chi-\rangle$。利用梅勒波算符，有

$$(\phi+)=\hat{\boldsymbol{\Omega}}_{+}|\phi\rangle \tag{11.82a}$$

$$(\chi-)=\hat{\boldsymbol{\Omega}}_{-}|\chi\rangle \tag{11.82b}$$

式(11.82a)和式(11.82b)的态矢量都是$\mathscr{H}$空间中归一化的正常矢量。

11.2.3　正交定理

经典轨道分为散射轨道和束缚轨道两类。所谓散射轨道是具有入射渐近式和出射渐近式的轨道。

体系的所有量子状态分为散射态和束缚态两类。若粒子在$\hat{\boldsymbol{H}}=\hat{\boldsymbol{H}}_0+\hat{V}$的束缚态，粒子就限制在势场$V(\boldsymbol{r})$的作用范围内，而不会成为自由粒子。

根据量子力学的对应原理，$\hat{\boldsymbol{H}}$算符的所有态矢量构成了$\mathscr{H}$空间。其中的全部束缚态矢量构成的子空间为$\mathscr{B}$；其中的全部具有入射渐近式的态矢量$|\psi\rangle\left(=\hat{\boldsymbol{\Omega}}_{+}\left|\psi_{入}\right\rangle\right)$构成的子空间为$\mathscr{R}_{+}$(这也是算符$\hat{\boldsymbol{\Omega}}_{+}$值域)；其中的全部具有出射渐近式的态矢量$|\psi\rangle\left(=\hat{\boldsymbol{\Omega}}_{-}\left|\psi_{出}\right\rangle\right)$构成的子空间为$\mathscr{R}_{-}$(这也是算符$\hat{\boldsymbol{\Omega}}_{-}$的值域)。

正交定理：若势能$V(\boldsymbol{r})$满足式(11.66)，则$\mathscr{R}_{+}\perp\mathscr{B}$，$\mathscr{R}_{-}\perp\mathscr{B}$。

证明：因为势能$V(\boldsymbol{r})$满足式(11.66)，所以有渐近式(11.80a)和式(11.80b)。因而对任意态矢量$|\psi\rangle\in\mathscr{R}_{+}$，真实态$\hat{\boldsymbol{U}}(t)|\psi\rangle$有入射渐近式$\hat{\boldsymbol{U}}_0(t)\left|\psi_{入}\right\rangle$，其中$|\psi\rangle=\hat{\boldsymbol{\Omega}}_{+}\left|\psi_{入}\right\rangle$。

令$|\phi\rangle$是$\hat{\boldsymbol{H}}$的任意束缚态，$\hat{\boldsymbol{H}}|\phi\rangle=E|\phi\rangle$。因为$\hat{\boldsymbol{U}}(t)$是酉算符，所以

$$\langle\phi|\psi\rangle=\left\langle\phi\left|\hat{\boldsymbol{U}}^{\dagger}(t)\hat{\boldsymbol{U}}(t)\right|\psi\right\rangle \qquad \forall t$$

由于态$\lim\limits_{t\to-\infty}\hat{\boldsymbol{U}}(t)|\phi\rangle$总是束缚在势场$V(\boldsymbol{r})$内，而态$\lim\limits_{t\to-\infty}\hat{\boldsymbol{U}}(t)|\psi\rangle$代表在无穷远处准备入射的粒子，二者显然无重叠积分，因此

$$\lim_{t\to-\infty}\langle\phi|\psi\rangle=0$$

由于$\langle\phi|\psi\rangle$与时间t无关，所以对任意态矢量$|\phi\rangle\in\mathscr{B}$和$|\psi\rangle\in\mathscr{R}_{+}$都有$\langle\phi|\psi\rangle=0$。因此，$\mathscr{B}\perp\mathscr{R}_{+}$。

同理$\mathscr{B}\perp\mathscr{R}_{-}$。

11.2.4　渐近完备性

若势场$V(r)$满足条件式(11.66)，则

$$\mathscr{R}_{+}=\mathscr{R}_{-}$$

称为具有“渐近完备性”。根据正交定理，有

$$\mathscr{H}=\mathscr{R}\oplus\mathscr{B} \tag{11.83}$$

于是，$\mathscr{R}$子空间中的每一个态矢量$|\psi\rangle$的轨道$\hat{\boldsymbol{U}}(t)|\psi_{入}\rangle$都代表同时具有如下的入射渐近式和出射渐近式：

$$\hat{\boldsymbol{U}}(t)|\psi\rangle \underset{t\to-\infty}{\to} \hat{\boldsymbol{U}}_0(t)|\psi_{入}\rangle$$

$$\hat{\boldsymbol{U}}(t)|\psi\rangle \underset{t\to\infty}{\to} \hat{\boldsymbol{U}}_0(t)|\psi_{出}\rangle$$

的一个散射过程，即

$$|\psi\rangle=\hat{\boldsymbol{\Omega}}_+|\psi_{入}\rangle=\hat{\boldsymbol{\Omega}}_-|\psi_{出}\rangle \tag{11.84}$$

这种对应关系一一对应。由于$\mathscr{H}$是无限维的空间，梅勒波算符具有不同于酉算符的映射关系

$$\hat{\boldsymbol{\Omega}}_\pm:\ \mathscr{H}\to\mathscr{R}\subset\mathscr{H}$$

意思是算符$\hat{\boldsymbol{\Omega}}_\pm$将$\mathscr{H}$空间中的每一个态矢量$|\psi_{入}\rangle$或$|\psi_{出}\rangle$只映射到$\mathscr{H}$的子空间$\mathscr{R}$中对应的散射态，而不是整个$\mathscr{H}$空间中的态。由式(11.84)可知，线性算符$\hat{\boldsymbol{\Omega}}_\pm$是使矢量的模不变的算符，即等模算符。

等模算符：定义在整个$\mathscr{H}$空间的线性算符$\hat{\boldsymbol{\Omega}}$，作用到$\mathscr{H}$空间中的任意矢量，能保持该矢量的模不变，即若$\hat{\boldsymbol{\Omega}}$的定义域

$$\mathscr{D}(\hat{\boldsymbol{\Omega}})=\mathscr{H}$$

则

$$\left\|\hat{\boldsymbol{\Omega}}\psi\right\|=\|\psi\| \quad \forall\psi\in\mathscr{H}$$

等模算符$\hat{\boldsymbol{\Omega}}$不一定把$\mathscr{H}$空间中的矢量映射到整个$\mathscr{H}$空间中，而算符$\hat{\boldsymbol{U}}$把$\mathscr{H}$空间中的矢量映射到整个$\mathscr{H}$空间中。即若

$$\mathscr{D}(\hat{\boldsymbol{U}})=\mathscr{D}(\hat{\boldsymbol{\Omega}})=\mathscr{H}$$

则$\hat{\boldsymbol{\Omega}}$的值域$\mathscr{R}(\hat{\boldsymbol{\Omega}})$不一定为$\mathscr{H}$，而$\hat{\boldsymbol{U}}$的值域$\mathscr{R}(\hat{\boldsymbol{U}})$为$\mathscr{H}$，酉算符是等模算符中的一个特殊算符。

$\hat{\boldsymbol{\Omega}}_\pm$的作用如图 11.8 所示。由于

$$\mathscr{D}(\hat{\boldsymbol{\Omega}}_\pm)=\mathscr{H}$$

$$\mathscr{R}(\hat{\boldsymbol{\Omega}}_\pm)=\mathscr{R}\subset\mathscr{H}$$

所以$\hat{\boldsymbol{\Omega}}_\pm$具有如下性质

$$\begin{cases}\hat{\boldsymbol{\Omega}}_{\pm}^{\dagger}\hat{\boldsymbol{\Omega}}_{\pm}=1\\ \hat{\boldsymbol{\Omega}}_{\pm}\hat{\boldsymbol{\Omega}}_{\pm}^{\dagger}\text{不一定为}1\end{cases} \tag{11.85}$$

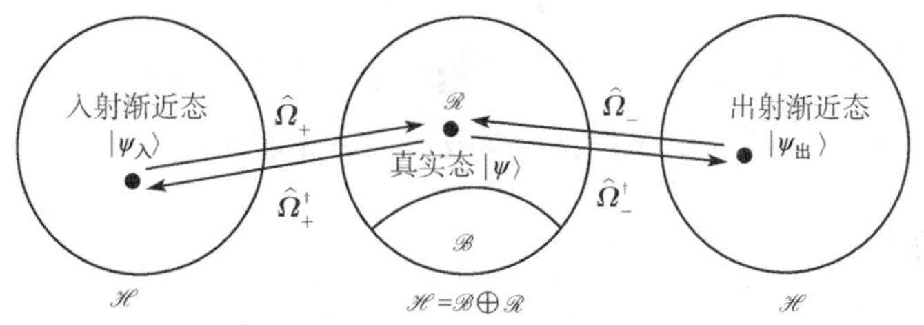

图 11.8　算符 $\hat{\boldsymbol{\Omega}}_{\pm}$ 的作用示意图

$\mathscr{H}$空间的束缚态矢量$|\psi_{\mathrm{b}}\rangle$是算符 $\hat{\boldsymbol{H}}=\hat{\boldsymbol{H}}_0+\hat{\boldsymbol{V}}$ 的本征态，而不是算符 $\hat{\boldsymbol{H}}_0$ 的本征态，所以 $\hat{\boldsymbol{U}}(t)|\psi_{\mathrm{b}}\rangle$ 是束缚态，即算符 $\hat{\boldsymbol{U}}(t)$ 不会把束缚态$|\psi_{\mathrm{b}}\rangle$打散成自由态。而自由演化算符 $\hat{\boldsymbol{U}}_0(t)$ 可以把束缚态$|\psi_{\mathrm{b}}\rangle$打散成自由态，即 $\lim\limits_{t\to-\infty}\hat{\boldsymbol{U}}_0(t)|\psi_{\mathrm{b}}\rangle$ 可以是某个真实散射态的入射渐近态。

11.2.5　散射算符

散射算符为

$$\hat{\boldsymbol{S}}=\hat{\boldsymbol{\Omega}}_-^{\dagger}\hat{\boldsymbol{\Omega}}_+$$

则

$$\hat{\boldsymbol{S}}|\psi_{入}\rangle=\hat{\boldsymbol{\Omega}}_-\hat{\boldsymbol{\Omega}}_+|\psi_{入}\rangle=|\psi_{出}\rangle \tag{11.86}$$

可见，散射算符 $\hat{\boldsymbol{S}}$ 是从 $\mathscr{H}$空间映射到自身的保持矢量模不变的线性算符，因而是酉算符，即

$$\hat{\boldsymbol{S}}^{\dagger}\hat{\boldsymbol{S}}=\hat{\boldsymbol{S}}\hat{\boldsymbol{S}}^{\dagger}=1 \tag{11.87}$$

只要求出散射算符 $\hat{\boldsymbol{S}}$，就解决了散射的问题。

若从粒子源来的入射自由粒子的态为 $\hat{\boldsymbol{U}}_0(t)|\phi\rangle$，探测器测得的出射渐近态为 $\hat{\boldsymbol{U}}_0(t)|\chi\rangle$，则它们对应的 $t=0$ 时的真实散射态分别为

$$|\chi-\rangle=\hat{\boldsymbol{\Omega}}_-(\chi)$$

和

$$|\phi+\rangle=\hat{\boldsymbol{\Omega}}_+(\phi)$$

所以，一个粒子以入射渐近式 $\hat{\boldsymbol{U}}_0(t)|\phi\rangle$ 射入而又以出射渐近式 $\hat{\boldsymbol{U}}_0(t)|\chi\rangle$ 射出的概率为

$$w(\chi\leftarrow\phi)=\left|\langle\chi-|\phi+\rangle\right|^2=\left|\langle\chi|\hat{\boldsymbol{\Omega}}_-^{\dagger}\hat{\boldsymbol{\Omega}}_+|\phi\rangle\right|^2=\left|\langle\chi|\hat{\boldsymbol{S}}|\phi\rangle\right|^2$$

11.3 由S矩阵求截面

$\hat{S}$算符把入射渐近态$|\psi_{入}\rangle$与出射渐近态$|\psi_{出}\rangle$直接联系起来，从而不必求算真实的散射态$\hat{U}(t)|\psi\rangle$。但是，需要把$\hat{S}$算符与微分截面联系起来。

11.3.1 能量守恒

根据算符$\hat{\Omega}_{\pm}$的定义，对任意实数T有

$$\mathrm{e}^{\mathrm{i}\hat{H}T}\hat{\Omega}_{\pm}=\mathrm{e}^{\mathrm{i}\hat{H}T}\lim_{t\to\mp\infty}\mathrm{e}^{\mathrm{i}\hat{H}t}\mathrm{e}^{-\mathrm{i}\hat{H}_0t}=\left[\lim_{t\to\mp\infty}\mathrm{e}^{\mathrm{i}\hat{H}(t+T)}\mathrm{e}^{-\mathrm{i}\hat{H}_0(t+T)}\right]\mathrm{e}^{\mathrm{i}\hat{H}_0T}=\hat{\Omega}_{\pm}\mathrm{e}^{\mathrm{i}\hat{H}_0T}$$

对T求导，得

$$\mathrm{i}\hat{H}\mathrm{e}^{\mathrm{i}\hat{H}T}\hat{\Omega}_{\pm}=\hat{\Omega}_{\pm}\left(\mathrm{i}\hat{H}_0\right)\mathrm{e}^{\mathrm{i}\hat{H}_0T}$$

令T=0，得

$$\hat{H}\hat{\Omega}_{\pm}=\hat{\Omega}_{\pm}\hat{H}_0 \tag{11.88}$$

此即梅勒波算符易位关系式。

用$\hat{\Omega}_{\pm}^{\dagger}$左乘上式，得

$$\hat{\Omega}_{\pm}^{\dagger}\hat{H}\hat{\Omega}_{\pm}=\hat{H}_0 \tag{11.89}$$

利用易位公式和

$$\hat{\Omega}_{\pm}^{\dagger}\hat{H}=\hat{H}_0\hat{\Omega}_{\pm}^{\dagger}$$

得

$$\hat{S}\hat{H}_0=\hat{H}_0\hat{S} \tag{11.90}$$

并有

$$\begin{aligned}\left\langle\psi_{入}\middle|\hat{H}_0\middle|\psi_{入}\right\rangle&=\left\langle\psi_{入}\middle|\hat{S}^{\dagger}\hat{S}\hat{H}_0\middle|\psi_{入}\right\rangle\\&=\left\langle\psi_{入}\middle|\hat{S}^{\dagger}\hat{H}_0\hat{S}\middle|\psi_{入}\right\rangle\\&=\left\langle\psi_{出}\middle|\hat{H}_0\middle|\psi_{出}\right\rangle\end{aligned} \tag{11.91}$$

即入射时体系的能量平均值等于出射时体系的能量平均值，即能量守恒。

推导式(11.91)利用了$\hat{S}^{\dagger}\hat{S}$=1和式(11.90)。

11.3.2 动量表象中的S矩阵元

$\mathscr{H}$空间的态矢量可以归一化，称为正常矢量。有些可观测量不能归一化，称为非正

常矢量。例如，位置 $\boldsymbol{r}$ 、动量 $\boldsymbol{p}$ 所对应的厄米算符的本征矢量 $\{|\boldsymbol{r}\rangle\}$ 和 $\{|\boldsymbol{p}\rangle\}$ 不能归一化，它们的模无限长。这些矢量不属于 $\mathscr{H}$ 空间。散射的动能为

$$E_p = \frac{\boldsymbol{p}^2}{2m}$$

的自由粒子的 $\hat{\boldsymbol{H}}_0$ 算符的本征方程为

$$\hat{\boldsymbol{H}}_0 |\boldsymbol{p}\rangle = E_p |\boldsymbol{p}\rangle \tag{11.92}$$

态矢量集 $\{|\boldsymbol{p}\rangle\}$ 是正交归一的，即

$$\langle \boldsymbol{p}' | \boldsymbol{p} \rangle = \delta_3 (\boldsymbol{p}' - \boldsymbol{p}) \tag{11.93}$$

其封闭关系为

$$\int \mathrm{d}^3 p |\boldsymbol{p}\rangle\langle \boldsymbol{p}| = 1 \tag{11.94}$$

式中，$|\boldsymbol{p}\rangle$ 在坐标表象中的分量为

$$\langle \boldsymbol{r} | \boldsymbol{p} \rangle = (2\pi)^{-\frac{3}{2}} \mathrm{e}^{\mathrm{i}\boldsymbol{p}\cdot\boldsymbol{r}} \tag{11.95}$$

利用 $\{|\boldsymbol{p}\rangle\}$ 的完备性可以展开任意的正常态矢量 $|\psi\rangle$ ，即

$$\begin{aligned} |\psi\rangle &= \int \mathrm{d}^3 p |\boldsymbol{p}\rangle\langle \boldsymbol{p}|\psi\rangle \\ &= \int \mathrm{d}^3 p |\boldsymbol{p}\rangle \psi(\boldsymbol{p}) \end{aligned} \tag{11.96}$$

式中

$$\psi(\boldsymbol{p}) = \langle \boldsymbol{p} | \psi \rangle$$

称为态矢量 $|\psi\rangle$ 的动量波函数。对于散射则有

$$\psi_{出}(\boldsymbol{p}') = \int \mathrm{d}^3 p \left\langle \boldsymbol{p}' \middle| \hat{\boldsymbol{S}} \middle| \boldsymbol{p} \right\rangle \psi_{入}(\boldsymbol{p}) \tag{11.97}$$

算符 $\hat{\boldsymbol{S}}$ 的动量表象矩阵元 $\left\langle \boldsymbol{p}' \middle| \hat{\boldsymbol{S}} \middle| \boldsymbol{p} \right\rangle$ 的集合称为 $\boldsymbol{S}$ 矩阵或散射矩阵。

根据式(11.90)和式(11.92)，有

$$\left\langle \boldsymbol{p}' \middle| \left[\hat{\boldsymbol{H}}_0, \boldsymbol{S} \right]_- \middle| \boldsymbol{p} \right\rangle = \left(E_{p'} - E_p \right) \left\langle \boldsymbol{p}' \middle| \hat{\boldsymbol{S}} \middle| \boldsymbol{p} \right\rangle = 0$$

所以

$$\left\langle \boldsymbol{p}' \middle| \hat{\boldsymbol{S}} \middle| \boldsymbol{p} \right\rangle = \delta\left(E_{p'} - E_p \right) \cdot c \tag{11.98}$$

式中，c 为因子。

由 $\hat{\boldsymbol{S}}$ 的定义可知，不发生散射的情况相当于 $\hat{\boldsymbol{S}}=1$ ，定义算符 $\hat{\boldsymbol{R}}$ 为

$$\hat{\boldsymbol{R}} = \hat{\boldsymbol{S}} - 1 \tag{11.99}$$

式(11.98)可以写作

$$\left\langle \boldsymbol{p}' \middle| \hat{\boldsymbol{S}} \middle| \boldsymbol{p} \right\rangle = \delta_3(\boldsymbol{p}'-\boldsymbol{p}) + \delta(E_{p'}-E_p)\cdot c$$

将某因子 c 记作 $-2\pi \mathrm{i} t(\boldsymbol{p}' \leftarrow \boldsymbol{p})$，其中 $t(\boldsymbol{p}' \leftarrow \boldsymbol{p})$ 待定，则有

$$\left\langle \boldsymbol{p}' \middle| \hat{\boldsymbol{S}} \middle| \boldsymbol{p} \right\rangle = \delta_3(\boldsymbol{p}'-\boldsymbol{p}) - \delta(E_{p'}-E_p) 2\pi \mathrm{i} t(\boldsymbol{p}' \leftarrow \boldsymbol{p}) \tag{11.100}$$

式中，$t(\boldsymbol{p}' \leftarrow \boldsymbol{p})$ 是在 $E_{p'}=E_p$，即在 $\boldsymbol{p}'^2=\boldsymbol{p}^2$ 的球壳上定义的，所以称为“壳面 $\boldsymbol{T}$ 矩阵元”。因子 $\delta(E_{p'}-E_p)$ 表示能量守恒。体系中各粒子的动量连续变化，所以 $t(\boldsymbol{p}' \leftarrow \boldsymbol{p})$ 是始态动量 $\boldsymbol{p}$ 和终态动量 $\boldsymbol{p}'$ 的光滑函数。根据式(11.86)可以把 $\left\langle \boldsymbol{p}' \middle| \hat{\boldsymbol{S}} \middle| \boldsymbol{p} \right\rangle$ 的模方看作从动量为 $\boldsymbol{p}$ 的始态变为动量为 $\boldsymbol{p}'$ 的终态的概率。

散射振幅为

$$f(\boldsymbol{p}' \leftarrow \boldsymbol{p}) = -(2\pi)^2 m t(\boldsymbol{p}' \leftarrow \boldsymbol{p}) \tag{11.101}$$

式中 $f(\boldsymbol{p}' \leftarrow \boldsymbol{p})$ 即为式(11.25)中的 $f(r,\theta)$。则

$$\left\langle \boldsymbol{p}' \middle| \hat{\boldsymbol{S}} \middle| \boldsymbol{p} \right\rangle = \delta_3(\boldsymbol{p}'-\boldsymbol{p}) + \delta(E_{p'}-E_p) \frac{\mathrm{i}}{2\pi m} f(\boldsymbol{p}' \leftarrow \boldsymbol{p}) \tag{11.102}$$

11.3.3 截面

入射态矢量为 $|\psi_{入}\rangle$ 的粒子，与势场 $V(r)$ 作用后出射，则终态一定是 $|\psi_{出}\rangle$。以态矢量 $|\psi_{入}\rangle$ 入射，最终动量落在 $\boldsymbol{p} \to \boldsymbol{p}+\mathrm{d}^3 p$ 的概率为

$$w(\mathrm{d}^3 p \leftarrow \psi_{入}) = \mathrm{d}^3 p \left|\psi_{出}(\boldsymbol{p})\right|^2$$

若不计 $|\boldsymbol{p}|$ 的大小，出射时动量的方向 $\boldsymbol{e}_p$ 落在立体角元 $\mathrm{d}\Omega$ 内的概率为

$$w(\mathrm{d}\Omega \leftarrow \psi_{入}) = \mathrm{d}\Omega \int_0^\infty \mathrm{d}p p^2 \left|\psi_{出}(\boldsymbol{p})\right|^2 \tag{11.103}$$

式中

$$\boldsymbol{p} = p\boldsymbol{e}_p$$

在散射实验中，难以准确知道粒子源发出的 $\psi_{入}(\boldsymbol{p})$，因此采用由粒子源多次发出粒子的办法求实验的平均值。入射波的动量波函数 $\psi_{入}(\boldsymbol{p})$ 是集中在某个初始动量 $\boldsymbol{p}_0$ 附近。假定粒子源每次发出的入射波的差别只是在垂直于 $\boldsymbol{p}_0$ 的平面上有随机变化的横向位移 $\boldsymbol{\rho}$ (图 11.9)。在 $\boldsymbol{\rho}=0$ 发出的入射波为 $|\phi\rangle$，其他的为 $|\phi_\rho\rangle$。

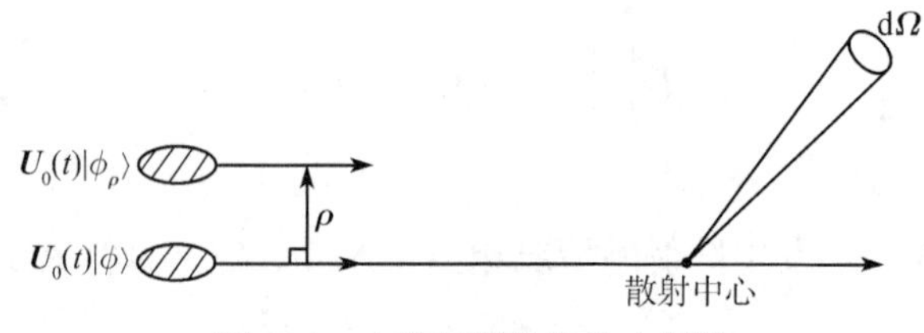

图 11.9　由粒子源发出的入射波

位移 $\boldsymbol{\rho}$ 这个平移动作在动量空间相当于因子 $\mathrm{e}^{-\mathrm{i}\boldsymbol{\rho}\cdot\boldsymbol{p}}$，所以有

$$\langle \boldsymbol{p}|\phi_\rho\rangle = \phi_\rho(\boldsymbol{p}) = \mathrm{e}^{-\mathrm{i}\boldsymbol{\rho}\cdot\boldsymbol{p}}\phi(\boldsymbol{p}) \tag{11.104}$$

粒子源多次发出的粒子，最后散射到 $\mathrm{d}\Omega$ 内的总粒子数为

$$N(\mathrm{d}\Omega) = \sum_i w\left(\mathrm{d}\Omega \leftarrow \phi_{\rho_i}\right)$$

式中，i 为入射粒子的编号。令 $n_{入}$ 为单位截面上入射的粒子数(为常数)，上式的求和可以写作在垂直于 $\boldsymbol{p}_0$ 的平面上积分，即

$$\begin{aligned} N(\mathrm{d}\Omega) &= \int \mathrm{d}^2\rho\, n_{入}\, w\left(\mathrm{d}\Omega \leftarrow \phi_\rho\right) \\ &= n_{入}\int \mathrm{d}^2\rho\, w\left(\mathrm{d}\Omega \leftarrow \phi_\rho\right) \end{aligned}$$

与前面关于微分截面的定义相比较可见，散射到 $\mathrm{d}\Omega$ 内的截面为

$$\begin{aligned} \left(\frac{\mathrm{d}\sigma}{\mathrm{d}\Omega}\right)\mathrm{d}\Omega &= \sigma(\mathrm{d}\Omega \leftarrow \phi) \\ &= \int \mathrm{d}^2\rho\, w\left(\mathrm{d}\Omega \leftarrow \phi_\rho\right) \end{aligned} \tag{11.105}$$

所以

$$N(\mathrm{d}\Omega) = n_{入}\sigma(\mathrm{d}\Omega \leftarrow \phi) \tag{11.106}$$

入射波 $\phi_\rho(\boldsymbol{p})$ 随 $\boldsymbol{p}$ 的分布重心在 $\boldsymbol{p}_0$ 处。若分布充分窄，可将 $\sigma(\mathrm{d}\Omega \leftarrow \phi)$ 写作 $\sigma(\mathrm{d}\Omega \leftarrow \boldsymbol{p}_0)$，则 $\sigma(\mathrm{d}\Omega \leftarrow \boldsymbol{p}_0)$ 只与 $\boldsymbol{p}_0$ 有关，与 $\phi(\boldsymbol{p})$ 的其他特征无关。

根据式(11.97)和式(11.102)

$$\begin{aligned} \psi_{出}(\boldsymbol{p}) &= \int \mathrm{d}^3p'\langle \boldsymbol{p}|\hat{S}|\boldsymbol{p}'\rangle\phi_\rho(\boldsymbol{p}') \\ &= \phi_\rho(\boldsymbol{p}) + \frac{\mathrm{i}}{2\pi m}\int \mathrm{d}^3p'\delta\left(E_{p'} - E_p\right)f(\boldsymbol{p} \leftarrow \boldsymbol{p}')\phi_\rho(\boldsymbol{p}') \end{aligned} \tag{11.107}$$

等式右边第一项为未被散射的波，第二项为散射波。若探测器不放在被粒子束流直射的位置，这样右边第一项可以忽略。利用式(11.104)，得

$$\psi_{出}(\boldsymbol{p}) = \frac{\mathrm{i}}{2\pi m}\int \mathrm{d}^3p'\delta\left(E_{p'} - E_p\right)f(\boldsymbol{p} \leftarrow \boldsymbol{p}')\mathrm{e}^{-\mathrm{i}\boldsymbol{\rho}\cdot\boldsymbol{p}'}\phi(\boldsymbol{p}') \tag{11.108}$$

由式(11.103)和式(11.105)，得

$$\sigma(\mathrm{d}\Omega \leftarrow \phi) = \mathrm{d}\Omega\int \mathrm{d}^2\rho\int_0^\infty \mathrm{d}p p^2\left|\psi_{出}(\boldsymbol{p})\right|^2$$

将式(11.108)代入上式，得

$$\begin{aligned} \sigma(\mathrm{d}\Omega \leftarrow \phi) = \frac{\mathrm{d}\Omega}{(2\pi m)^2}\int \mathrm{d}^2\rho\int_0^\infty \mathrm{d}p p^2 &\left[\int \mathrm{d}^3p'\delta\left(E_p - E_{p'}\right)f(\boldsymbol{p} \leftarrow \boldsymbol{p}')\mathrm{e}^{-\mathrm{i}\boldsymbol{\rho}\cdot\boldsymbol{p}'}\phi(\boldsymbol{p}')\right] \\ &\left[\int \mathrm{d}^3p''\delta\left(E_p - E_{p''}\right)f^*(\boldsymbol{p} \leftarrow \boldsymbol{p}'')\mathrm{e}^{-\mathrm{i}\boldsymbol{\rho}\cdot\boldsymbol{p}''}\phi^*(\boldsymbol{p}'')\right] \end{aligned} \tag{11.109}$$

考虑到面积分

$$\int \mathrm{d}^2\rho \mathrm{e}^{\mathrm{i}\rho\cdot(p''-p')^*} = (2\pi)^2 \delta_2(\boldsymbol{p}''_\perp \leftarrow \boldsymbol{p}'_\perp) \tag{11.110}$$

式中，$\boldsymbol{p}'_\perp$ 和 $\boldsymbol{p}''_\perp$ 分别为 $\boldsymbol{p}'$ 和 $\boldsymbol{p}''$ 在垂直于 $\boldsymbol{p}_0$ 平面上的投影。

利用式(11.110)，给出二维狄拉克函数

$$\delta(E_p - E_{p'})\delta(E_p - E_{p''}) = 2m\delta(E_p - E_{p'})\delta(p''^2 - p'^2)^*$$

利用

$$p'^2 = p'^2_\perp + p'^2_{//}$$

和

$$\delta(x^2 - a^2) = \frac{1}{2|x|}\left[\delta(x-a) + \delta(x+a)\right]$$

得

$$\begin{aligned}\delta(p''^2 - p'^2)\delta_2(\boldsymbol{p}''_\perp - \boldsymbol{p}'_\perp) &= \delta(p''^2_{//} - p'^2_{//})\delta_2(\boldsymbol{p}''_\perp - \boldsymbol{p}'_\perp) \\ &= \frac{1}{2p'_{//}}\left[\delta(p''_{//} - p'_{//}) + \delta(p''_{//} - p'_{//})\right]\delta_2(\boldsymbol{p}''_\perp - \boldsymbol{p}'_\perp)\end{aligned} \tag{11.111}$$

式中，$p'_{//}$ 为 $\boldsymbol{p}'$ 在 $\boldsymbol{p}_0$ 方向的分量。

仅当 $p'_{//} = p''_{//} = 0$ 时，$\delta(p''_{//} + p'_{//})$ 才不为零，这时的被积函数中有因子 $\phi(\boldsymbol{p}')\phi^*(\boldsymbol{p}'')\big|_{p'_{//}=p''_{//}\to 0}$。这个因子在入射波 $\phi(\boldsymbol{p})$ 随 $\boldsymbol{p}$ 的分布(集中在 $\boldsymbol{p}_0$ 附近)足够窄时为零。所以 $\delta(p''_{//} + p'_{//})$ 项对积分的贡献为零。

因而式(11.111)变为

$$\delta(p''^2 - p'^2)\delta_2(\boldsymbol{p}''_\perp - \boldsymbol{p}'_\perp) = \frac{1}{2p'_{//}}\delta_3(\boldsymbol{p}'' - \boldsymbol{p}')$$

式(11.109)简化为

$$\begin{aligned}\sigma(\mathrm{d}\Omega \leftarrow \phi) &= \frac{\mathrm{d}\Omega}{m}\int_0^\infty \mathrm{d}pp^2 \int \mathrm{d}^3p' \frac{1}{p'_{//}}\delta(E_p - E_{p'})\left|f(\boldsymbol{p} \leftarrow \boldsymbol{p}')\phi(\boldsymbol{p}')\right|^2 \\ &= \mathrm{d}\Omega \int \mathrm{d}^3p' \frac{1}{p'_{//}}\left|\phi(\boldsymbol{p}')\right|^2 \int_0^\infty \mathrm{d}(p^2)p\delta(p^2 - p'^2)\left|f(\boldsymbol{p} \leftarrow \boldsymbol{p}')\right|^2 \\ &= \mathrm{d}\Omega \int \mathrm{d}^3p' \frac{p'}{p'_{//}}\left|f(\boldsymbol{p} \leftarrow \boldsymbol{p}')\phi(\boldsymbol{p}')\right|^2_{p=p'}\end{aligned}$$

当入射波 $\phi(\boldsymbol{p})$ 分布在 $\boldsymbol{p}_0$ 附近足够窄的范围内，在 $\phi(\boldsymbol{p}')$ 的值不太小的范围内 $f(\boldsymbol{p} \leftarrow \boldsymbol{p}')$ 几乎不变，利用 $\phi(\boldsymbol{p}')$ 的归一化条件，得

$$\sigma(\mathrm{d}\Omega \leftarrow \phi) = \mathrm{d}\Omega\left|f(\boldsymbol{p} \leftarrow \boldsymbol{p}_0)\right|^2_{p=p_0} \tag{11.112}$$

右式下标表示动量模不变，方向改变。

式(11.112)表明:

(1)只要$\phi(\boldsymbol{p})$的分布集中在$\boldsymbol{p}_0$附近，截面$\sigma(\mathrm{d}\Omega\leftarrow\phi)$就只与$\boldsymbol{p}_0$的值有关，而与入射波$\phi(\boldsymbol{p})$的形状无关，因此可将$\sigma(\mathrm{d}\Omega\leftarrow\phi)$记为$\sigma(\mathrm{d}\Omega\leftarrow\boldsymbol{p}_0)$。

(2)由式(11.105)和式(11.112)得到从始态(以$\boldsymbol{p}_0$表征)到终态(以$\boldsymbol{p}$表征)的散射微分截面

$$\frac{\mathrm{d}\sigma}{\mathrm{d}\Omega}(\boldsymbol{p}\leftarrow\boldsymbol{p}_0)=\left|f(\boldsymbol{p}\leftarrow\boldsymbol{p}_0)\right|^2_{p=p_0} \tag{11.113}$$

微分截面中的$\boldsymbol{p}$是终态方向，代表散射后粒子的角分布。这里的$\mathrm{d}\Omega$是动量空间的方位，而实验测量的是位置空间的方位。式(11.113)与前面简单的量子散射理论得到的结果式(11.38)相同。

11.3.4 光学定理

由于$\hat{\boldsymbol{S}}$是酉算符，并有

$$\hat{\boldsymbol{S}}=1+\hat{\boldsymbol{R}}$$

所以

$$\hat{\boldsymbol{R}}+\hat{\boldsymbol{R}}^\dagger=-\hat{\boldsymbol{R}}^\dagger\hat{\boldsymbol{R}}$$

得

$$\left\langle\boldsymbol{p}'\middle|\hat{\boldsymbol{R}}\middle|\boldsymbol{p}\right\rangle+\left\langle\boldsymbol{p}\middle|\hat{\boldsymbol{R}}\middle|\boldsymbol{p}'\right\rangle^*=-\int\mathrm{d}^3p''\left\langle\boldsymbol{p}''\middle|\hat{\boldsymbol{R}}\middle|\boldsymbol{p}'\right\rangle^*\left\langle\boldsymbol{p}''\middle|\hat{\boldsymbol{R}}\middle|\boldsymbol{p}\right\rangle \tag{11.114}$$

利用式(11.100)和式(11.102)，得$\hat{\boldsymbol{R}}$的矩阵元

$$\begin{aligned}\left\langle\boldsymbol{p}'\middle|\hat{\boldsymbol{R}}\middle|\boldsymbol{p}\right\rangle&=-2\pi\mathrm{i}\delta\left(E_{p'}-E_p\right)t(\boldsymbol{p}'\leftarrow\boldsymbol{p})\\&=\frac{\mathrm{i}}{2\pi m}\delta\left(E_{p'}-E_p\right)f(\boldsymbol{p}'\leftarrow\boldsymbol{p})\end{aligned} \tag{11.115}$$

将式(11.115)代入式(11.114)，得

$$f(\boldsymbol{p}'\leftarrow\boldsymbol{p})-f(\boldsymbol{p}\leftarrow\boldsymbol{p}')^*=\frac{\mathrm{i}}{2\pi m}\int\mathrm{d}^3p''\delta\left(E_p-E_{p''}\right)f^*(\boldsymbol{p}''\leftarrow\boldsymbol{p}')f(\boldsymbol{p}''\leftarrow\boldsymbol{p}) \tag{11.116}$$

式中

$$E_{p'}=E_p$$

零角度的散射振幅，即

$$\boldsymbol{p}'=\boldsymbol{p}$$

得

$$\begin{aligned}\mathrm{Im}f(\boldsymbol{p}\leftarrow\boldsymbol{p})&=\frac{1}{4\pi m}\int_0^\infty\mathrm{d}p''p''^2\delta\left(E_{p''}-E_p\right)\int\mathrm{d}\Omega_{p''}\left|f(\boldsymbol{p}''\leftarrow\boldsymbol{p})\right|^2\\&=\frac{p}{4\pi}\int\mathrm{d}\Omega_{p''}\left|f\left(p''\boldsymbol{e}_{p''}\leftarrow p\boldsymbol{e}_p\right)\right|^2\end{aligned} \tag{11.117}$$

后一步利用了

$$\delta\left(E_{p''}-E_p\right)=2m\delta\left(p''^2-p^2\right)=\frac{m}{p''}\left[\delta\left(p''-p\right)+\delta\left(p''+p\right)\right]$$

而且 $\delta\left(p''+p\right)$ 对积分没有贡献。式中，$\mathrm{d}\Omega_{p''}$ 是 $\boldsymbol{p}''$ 方位的立体角元，$\boldsymbol{e}_{p''}$ 和 $\boldsymbol{e}_p$ 分别是 $\boldsymbol{p}''$ 和 $\boldsymbol{p}$ 的单位矢量。

根据式(11.113)，得

$$\begin{aligned}\mathrm{Im}f\left(\boldsymbol{p}\leftarrow\boldsymbol{p}\right)&=\frac{p}{4\pi}\int\mathrm{d}\Omega_{p'}\frac{\mathrm{d}\sigma}{\mathrm{d}\Omega}\left(p\boldsymbol{e}_{p'}\leftarrow p\boldsymbol{e}_p\right)\\&=\frac{p}{4\pi}\sigma\left(\boldsymbol{p}\right)\end{aligned}\tag{11.118}$$

式中

$$\sigma\left(\boldsymbol{p}\right)=\int\mathrm{d}\Omega_{p'}\frac{\mathrm{d}\sigma}{\mathrm{d}\Omega}\left(p\boldsymbol{e}_{p'}\leftarrow p\boldsymbol{e}_p\right)$$

式(11.118)称为光学定理。与式(11.53)相同。11.2 节采用的是原子单位，所以两式形式不同。

光学定理可以在上面推导所要求的条件更宽的范围成立。不要求势场为球对称，也适用于非弹性散射及侠义相对论情况。

11.4 不含时间的单粒子散射

11.4.1 格林算符及其李普曼-施温格方程

$V\left(\boldsymbol{r}\right)$ 为恒定势场，不含时间变量。定义格林(Green)算符为

$$\hat{\boldsymbol{G}}_0\left(z\right)=\left(z-\hat{\boldsymbol{H}}_0\right)^{-1}\tag{11.119}$$

和

$$\hat{\boldsymbol{G}}\left(z\right)=\left(z-\hat{\boldsymbol{H}}\right)^{-1}\tag{11.120}$$

如果存在逆算符，参数 z 为任意复数。

1. $\hat{\boldsymbol{H}}$ 与 $\hat{\boldsymbol{G}}\left(z\right)$ 的关系

体系 $\hat{\boldsymbol{H}}$ 的本征方程为

$$\hat{\boldsymbol{H}}\left|n\right\rangle=E_n\left|n\right\rangle\quad\forall n\tag{11.121}$$

式中，本征矢量集 $\left\{\left|n\right\rangle\right\}$ 正交归一，即

$$\left\langle n\middle|n'\right\rangle=\delta_{nn'}\quad\forall n,n'$$

又是完备集合。有封闭关系

$$\underset{n}{S}|n\rangle\langle n|=1 \tag{11.122}$$

式中，$\underset{n}{S}$ 是对整个谱广义求和的符号。

用 $\{|n\rangle\}$ 对算符 $\hat{\boldsymbol{G}}(z)$ 作谱分解，得

$$\hat{\boldsymbol{G}}(z)=\left(z-\hat{H}\right)^{-1}1=\underset{n}{S}\left(z-E_n\right)^{-1}|n\rangle\langle n| \tag{11.123}$$

在整个复平面 z，除在实轴上 $\hat{\boldsymbol{H}}$ 的本征值 $\{E_n:n=1(1)\infty\}$ 这几个点(或线段、射线)之外，$\hat{\boldsymbol{G}}(z)$ 处处解析。而且 $\{E_n\}$ 处是 $\hat{\boldsymbol{G}}(z)$ 的一阶奇异点，对应的留数为 $\{|n\rangle\langle n|:n=1(1)\infty\}$。可见，对于给定体系的格林算符 $\hat{\boldsymbol{G}}(z)$ 的全部了解就包括对算符 $\hat{\boldsymbol{H}}$ 本征值问题的了解。知道了算符 $\hat{\boldsymbol{G}}(z)$，先找出它的奇点，从而得到算符 $\hat{\boldsymbol{H}}$ 的本征值谱 $\{E_n\}$；再找出奇点处的留数，就得到算符 $\hat{\boldsymbol{H}}$ 的本征态集合 $\{|n\rangle\}$。

2. 格林算符的本征方程

由式(11.92)和式(11.121)有

$$\hat{\boldsymbol{G}}_0(z)|\boldsymbol{p}\rangle=\left(z-E_p\right)^{-1}|\boldsymbol{p}\rangle \tag{11.124a}$$

和

$$\hat{\boldsymbol{G}}_0(z)|n\rangle=\left(z-E_n\right)^{-1}|n\rangle \tag{11.124b}$$

3. 格林算符的厄米性

由格林算符的定义和算符 $\hat{\boldsymbol{H}}$ 、$\hat{\boldsymbol{H}}_0$ 的厄米性，有

$$\left.\begin{aligned}\left[\hat{\boldsymbol{G}}_0(z)\right]^\dagger&=\hat{\boldsymbol{G}}_0\left(z^*\right)\\\left[\hat{\boldsymbol{G}}(z)\right]^\dagger&=\hat{\boldsymbol{G}}\left(z^*\right)\end{aligned}\right\} \tag{11.125}$$

4. 格林算符

由于

$$\left(z-\hat{\boldsymbol{H}}_0\right)\hat{\boldsymbol{G}}_0(z)=1$$

和

$$\langle\boldsymbol{r}|\hat{\boldsymbol{H}}_0|\boldsymbol{r}'\rangle=-\frac{1}{2m}\nabla^2\langle\boldsymbol{r}|\boldsymbol{r}'\rangle$$

在坐标表象中，有

$$\left(z+\frac{1}{2m}\nabla^2\right)\langle\boldsymbol{r}|\hat{\boldsymbol{G}}_0(z)|\boldsymbol{r}'\rangle=\delta_3(\boldsymbol{r}-\boldsymbol{r}')$$

式中，算符 $\hat{\boldsymbol{G}}_0(z)$ 在坐标表象中的矩阵元 $\langle\boldsymbol{r}|\hat{\boldsymbol{G}}_0(z)|\boldsymbol{r}'\rangle$ 也称算符 $\hat{\boldsymbol{G}}_0(z)$ 在坐标表象中的核，或称格林函数，又可以写作 $\hat{\boldsymbol{G}}_0(\boldsymbol{r},\boldsymbol{r}';z)$。

同理，算符$\hat{\boldsymbol{G}}_0(z)$的格林函数$\langle\boldsymbol{r}|\hat{\boldsymbol{G}}(z)|\boldsymbol{r}'\rangle$（$=\hat{\boldsymbol{G}}(\boldsymbol{r},\boldsymbol{r}';z)$）是方程

$$\left[z+\frac{1}{2m}\nabla^2+V(\boldsymbol{r})\right]\langle\boldsymbol{r}|\hat{\boldsymbol{G}}(z)|\boldsymbol{r}'\rangle=\delta_3(\boldsymbol{r}-\boldsymbol{r}')$$

的解。

5. 奇点的格林算符

在复平面z上，算符$\hat{\boldsymbol{H}}$的本征值E处是算符$\hat{\boldsymbol{G}}(z)$的奇点，可定义如下两个格林算符

$$\hat{\boldsymbol{G}}_0(E+\mathrm{i}0)=\lim_{\varepsilon\to0^+}\left(E+\mathrm{i}\varepsilon-\hat{\boldsymbol{H}}\right)^{-1} \tag{11.126}$$

和

$$\hat{\boldsymbol{G}}_0(E-\mathrm{i}0)=\lim_{\varepsilon\to0^+}\left(E-\mathrm{i}\varepsilon-\hat{\boldsymbol{H}}\right)^{-1} \tag{11.127}$$

式中，ε是任意小的正实数；$\varepsilon\to0^+$表示ε从正向趋于零。

6. 一个极限

在$[a,b](a<0<b)$范围内，对于任意解析函数$f(x)$，有

$$\lim_{\varepsilon\to0^+}\int_a^b\frac{f(x)\mathrm{d}x}{x\pm\mathrm{i}\varepsilon}=P\int_a^b\frac{f(x)}{x}\mathrm{d}x\mp\mathrm{i}\pi\int_a^b\frac{\mp\mathrm{i}\varepsilon}{x^2+\varepsilon^2}f(x)\mathrm{d}x \tag{11.128}$$

$$\begin{aligned}\text{左边}&=\lim_{\varepsilon\to0^+}\int_a^b\frac{x}{x^2+\varepsilon^2}f(x)\mathrm{d}x+\lim_{\varepsilon\to0^+}\int_a^b\frac{\mp\mathrm{i}\varepsilon}{x^2+\varepsilon^2}f(x)\mathrm{d}x\\&=\int_a^b\frac{f(x)}{x}\mathrm{d}x\mp\mathrm{i}\pi\left[\lim_{\varepsilon\to0^+}\int_a^b\frac{\varepsilon}{\pi(x^2+\varepsilon^2)}\right]f(x)\mathrm{d}x\end{aligned}$$

由于$x=0$处是奇点，所以第一个积分只有在取值

$$\lim_{\eta\to0^+}\left[\int_a^{-\eta}\frac{f(x)}{x}\mathrm{d}x+\int_\eta^b\frac{f(x)}{x}\mathrm{d}x\right] \tag{11.129}$$

时才能有确定值。

从奇点两侧以相同的速度趋于零，可以将奇点两侧的正负两小块面积严格抵销，而使极限有定值，从而积分有定值。这种积分方法称为“取柯西(Cauchy)主值”，记作$P\int_a^b\frac{f(x)}{x}\mathrm{d}x$。第二项积分方括号内为狄拉克$\delta$函数的又一极限形式，即

$$\lim_{\varepsilon\to0^+}\int_a^b\frac{\varepsilon}{\pi(x^2+\varepsilon^2)}=\delta(x)$$

所以

$$\lim_{\varepsilon\to0^+}\int_a^b\frac{f(x)\mathrm{d}x}{x\pm\mathrm{i}\varepsilon}=P\int_a^b\frac{f(x)}{x}\mathrm{d}x\mp\mathrm{i}\pi\int_a^b\delta(x)f(x)\mathrm{d}x \tag{11.130}$$

成立。

取 $f(x)=1$，得

$$\lim_{\varepsilon\to 0^+}\int_a^b \frac{f(x)\mathrm{d}x}{x\pm \mathrm{i}\varepsilon}=P\left(\frac{1}{x}\right)\mp \mathrm{i}\pi\delta(x) \tag{11.131}$$

式中，符号 P 为取柯西主值。

7. 格林算符的关系

根据式(11.123)和式(11.131)，有

$$\begin{aligned}\hat{\boldsymbol{G}}(E_n+\mathrm{i}0)-\hat{\boldsymbol{G}}(E_n-\mathrm{i}0)&=\underset{m}{S}\left[\frac{1}{E_n+\mathrm{i}0-E_m}-\frac{1}{E_n-\mathrm{i}0-E_m}\right]|m\rangle\langle m|\\&=\underset{m}{S}\left[P\left(\frac{1}{E_n-E_m}\right)-\mathrm{i}\pi\delta(E_n-E_m)\right.\\&\quad\left.-P\left(\frac{1}{E_n-E_m}\right)-\mathrm{i}\pi\delta(E_n-E_m)\right]|m\rangle\langle m|\\&=-2\pi\mathrm{i}|n\rangle\langle n|\end{aligned} \tag{11.132}$$

算符 $\hat{\boldsymbol{A}}$ 和 $\hat{\boldsymbol{B}}$ 都有逆算符，因此有恒等式

$$\hat{\boldsymbol{A}}^{-1}=\hat{\boldsymbol{B}}^{-1}+\hat{\boldsymbol{B}}^{-1}\left(\hat{\boldsymbol{B}}-\hat{\boldsymbol{A}}\right)\hat{\boldsymbol{A}}^{-1}$$

令

$$\hat{\boldsymbol{A}}=z-\hat{\boldsymbol{H}}\,,\quad \hat{\boldsymbol{B}}=z-\hat{\boldsymbol{H}}_0$$

代入上面恒等式，得

$$\hat{\boldsymbol{G}}(z)=\hat{\boldsymbol{G}}_0(z)+\hat{\boldsymbol{G}}_0(z)\hat{\boldsymbol{V}}\hat{\boldsymbol{G}}(z) \tag{11.133}$$

令

$$\hat{\boldsymbol{A}}=z-\hat{\boldsymbol{H}}_0\,,\quad \hat{\boldsymbol{B}}=z-\hat{\boldsymbol{H}}$$

代入上面恒等式，得

$$\hat{\boldsymbol{G}}(z)=\hat{\boldsymbol{G}}_0(z)+\hat{\boldsymbol{G}}(z)\hat{\boldsymbol{V}}\hat{\boldsymbol{G}}_0(z) \tag{11.134}$$

式(11.133)和式(11.134)称为格林算符 $\hat{\boldsymbol{G}}(z)$ 的李普曼-施温格(Lippmann-Schwinger)方程。这是不含时间的散射理论的基本方程之一。

11.4.2　$\hat{\boldsymbol{T}}$ 算符及其李普曼-施温格方程

跃迁算符 $\hat{\boldsymbol{T}}$ 定义为

$$\hat{\boldsymbol{T}}(z)=\hat{\boldsymbol{V}}+\hat{\boldsymbol{V}}\hat{\boldsymbol{G}}(z)\hat{\boldsymbol{V}} \tag{11.135}$$

式中，参数 z 为任意复数。

跃迁算符 $\hat{\boldsymbol{T}}$ 具有如下性质：

(1) 在复平面 z 上，算符 $\hat{\boldsymbol{T}}(z)$ 的解析性质与格林算符 $\hat{\boldsymbol{G}}(z)$ 相同。即在复平面 z 的实轴上，算符 $\hat{\boldsymbol{H}}$ 的本征值 $\{E_n\}$ 处是 $\hat{\boldsymbol{T}}(z)$ 的一阶奇异点；除此之外，处处解析。

(2) 用算符 $\hat{\boldsymbol{G}}_0(z)$ 分别左乘和右乘式(11.135)，利用格林算符 $\hat{\boldsymbol{G}}(z)$ 的李普曼-施温格方程，得

$$\hat{\boldsymbol{G}}_0(z)\hat{\boldsymbol{T}}(z)=\hat{\boldsymbol{G}}(z)\hat{\boldsymbol{V}} \tag{11.136}$$

和

$$\hat{\boldsymbol{T}}(z)\hat{\boldsymbol{G}}_0(z)=\hat{\boldsymbol{V}}\hat{\boldsymbol{G}}(z) \tag{11.137}$$

(3) 由式(11.135)，利用势能算符的厄米性质和格林算符 $\hat{\boldsymbol{G}}(z)$，有

$$[\hat{\boldsymbol{G}}(z)]^{\dagger}=\hat{\boldsymbol{G}}(z^*)$$

得

$$[\hat{\boldsymbol{T}}(z)]^{\dagger}=\hat{\boldsymbol{T}}(z^*) \tag{11.138}$$

(4) 跃迁算符 $\hat{\boldsymbol{T}}(z)$ 的李普曼-施温格方程。由格林算符的李普曼-施温格方程和式(11.136)或式(11.137)，得

$$\hat{\boldsymbol{G}}(z)=\hat{\boldsymbol{G}}_0(z)+\hat{\boldsymbol{G}}_0(z)\hat{\boldsymbol{T}}(z)\hat{\boldsymbol{G}}_0(z) \tag{11.139}$$

将式(11.136)代入式(11.135)，得

$$\hat{\boldsymbol{T}}(z)=\hat{\boldsymbol{V}}+\hat{\boldsymbol{V}}\hat{\boldsymbol{G}}_0(z)\hat{\boldsymbol{T}}(z) \tag{11.140}$$

式(11.140)称为跃迁算符 $\hat{\boldsymbol{T}}(z)$ 的李普曼-施温格方程。这是不含时间的散射理论的重要方程。要用迭代法求解，得

$$\hat{\boldsymbol{T}}(z)=\hat{\boldsymbol{V}}\sum_{n=0}^{\infty}\left[\hat{\boldsymbol{G}}_0(z)\hat{\boldsymbol{V}}\right]^n \tag{11.141}$$

仅取第一项，有

$$\hat{\boldsymbol{T}}(z)=\hat{\boldsymbol{V}} \tag{11.142}$$

称为玻恩近似。

11.4.3 梅勒波算符

单粒子在势场 $V(\boldsymbol{r})$ 中散射，入射渐近态的不含时间部分为 $|\phi\rangle$，在 $t=0$ 时，其真实态矢量为

$$\hat{\boldsymbol{\Omega}}_+|\phi\rangle=|\phi+\rangle$$

将出射渐近态的不含时间部分也记作$|\phi\rangle$，在$t=0$时的真实态矢量为

$$\hat{\boldsymbol{\Omega}}_{-}|\phi\rangle=|\phi-\rangle$$

由于梅勒波算符有

$$\hat{\boldsymbol{\Omega}}_{\pm}=\lim_{t\to\mp\infty}\hat{\boldsymbol{U}}^{\dagger}(t)\hat{\boldsymbol{U}}_{0}(t)$$

得

$$\begin{aligned}|\phi\pm\rangle&=\lim_{t\to\mp\infty}\hat{\boldsymbol{U}}^{\dagger}(t)\hat{\boldsymbol{U}}_{0}(t)|\phi\rangle\\&=\left(1+\mathrm{i}\int_{0}^{\mp\infty}\mathrm{d}T\hat{\boldsymbol{U}}^{\dagger}(T)\hat{\boldsymbol{U}}_{0}(T)\right)|\phi\rangle\end{aligned}\tag{11.143}$$

为得到式(11.143)，先对$\hat{\boldsymbol{U}}^{\dagger}(t)\hat{\boldsymbol{U}}_{0}(t)$微分，得

$$\frac{\mathrm{d}}{\mathrm{d}t}\left[\hat{\boldsymbol{U}}^{\dagger}(t)\hat{\boldsymbol{U}}_{0}(t)\right]=\mathrm{i}\hat{\boldsymbol{U}}^{\dagger}(t)\hat{\boldsymbol{V}}\hat{\boldsymbol{U}}_{0}(t)$$

再积分，得

$$\begin{aligned}\hat{\boldsymbol{U}}^{\dagger}(t)\hat{\boldsymbol{U}}_{0}(t)|\phi\rangle&=|\phi\rangle+\int_{0}^{t}\mathrm{d}T\frac{\mathrm{d}}{\mathrm{d}T}\left[\hat{\boldsymbol{U}}^{\dagger}(T)\hat{\boldsymbol{U}}_{0}(T)\right]|\phi\rangle\\&=\left[1+\mathrm{i}\int_{0}^{t}\mathrm{d}T\hat{\boldsymbol{U}}^{+}(T)\hat{\boldsymbol{V}}\hat{\boldsymbol{U}}_{0}(T)\right]|\phi\rangle\quad\forall\in\mathscr{H}\end{aligned}\tag{11.144}$$

将积分上限换为$\mp\infty$，即为式(11.143)。

为使式(11.143)的积分收敛，即要求粒子在$t=0$时的入射和出射渐近态$|\phi\rangle$都有散射态，需引入一个小的正实数ε，为此将式(11.143)写作

$$|\phi\pm\rangle=\left[1+\lim_{\varepsilon\to0^{+}}\mathrm{i}\int_{0}^{\mp\infty}\mathrm{d}T\mathrm{e}^{-\varepsilon|T|}\hat{\boldsymbol{U}}^{\dagger}(T)\hat{\boldsymbol{V}}\hat{\boldsymbol{U}}_{0}(T)\right]|\phi\rangle\tag{11.145}$$

式中，$\mathrm{e}^{-\varepsilon|T|}$称为阻尼因子。引入阻尼因子相当于把势场$V(\boldsymbol{r})$换成$\lim\limits_{\varepsilon\to0^{+}}V(\boldsymbol{r})\mathrm{e}^{-\varepsilon|t|}$。当$\varepsilon\to0^{+}$时势场出现的时间范围变宽。这种方法称为“绝热方法”。

利用单粒子自由运动的本征方程

$$\hat{\boldsymbol{H}}_{0}|\boldsymbol{p}\rangle=E_{p}|\boldsymbol{p}\rangle$$

和动量表象的封闭关系

$$1=\int\mathrm{d}^{3}p|\boldsymbol{p}\rangle\langle\boldsymbol{p}|$$

得

$$\begin{aligned}|\phi\pm\rangle&=\hat{\boldsymbol{\Omega}}_{\pm}|\phi\rangle\\&=|\phi\rangle+\lim_{\varepsilon\to0^{+}}\mathrm{i}\int\mathrm{d}^{3}p\int_{0}^{\mp\infty}\mathrm{d}T\mathrm{e}^{-\varepsilon|T|}\hat{\boldsymbol{U}}^{\dagger}(T)\hat{\boldsymbol{V}}\hat{\boldsymbol{U}}_{0}(T)|\boldsymbol{p}\rangle\langle\boldsymbol{p}|\phi\rangle\\&=|\phi\rangle+\lim_{\varepsilon\to0^{+}}\mathrm{i}\int\mathrm{d}^{3}p\int_{0}^{\mp\infty}\mathrm{d}T\mathrm{e}^{-\varepsilon T}\mathrm{e}^{-\hat{\boldsymbol{H}}T}\hat{\boldsymbol{V}}\mathrm{e}^{-\mathrm{i}E_{p}T}|\boldsymbol{p}\rangle\langle\boldsymbol{p}|\phi\rangle\\&=|\phi\rangle+\lim_{\varepsilon\to0^{+}}\mathrm{i}\int\mathrm{d}^{3}p\left[\int_{0}^{\mp\infty}\mathrm{d}T\mathrm{e}^{-\mathrm{i}\left(E_{p}\pm\mathrm{i}\varepsilon-\hat{H}\right)r}\right]\hat{\boldsymbol{V}}|\boldsymbol{p}\rangle\langle\boldsymbol{p}|\phi\rangle\\&=|\phi\rangle+\lim_{\varepsilon\to0^{+}}\mathrm{i}\int\mathrm{d}^{3}p\hat{\boldsymbol{G}}\left(E_{p}\pm\mathrm{i}\varepsilon\right)\hat{\boldsymbol{V}}|\boldsymbol{p}\rangle\langle\boldsymbol{p}|\phi\rangle\end{aligned}$$

第三步利用了$\hat{\boldsymbol{V}}|\boldsymbol{p}\rangle\langle\boldsymbol{p}|\phi\rangle$不是时间的函数。式中

$$\begin{aligned}\int_0^{\mp\infty}\mathrm{d}T\mathrm{e}^{-\mathrm{i}\left(E_p\pm\mathrm{i}\varepsilon-\hat{\boldsymbol{H}}\right)r}&=\mathrm{i}\left(E_p\pm\mathrm{i}\varepsilon-\hat{\boldsymbol{H}}\right)\left[\left(\mathrm{e}^{\pm\varepsilon r}\mathrm{e}^{\mp i\left(E_p-\hat{\boldsymbol{H}}\right)}\right)\Big|_{r\to-\mp\infty}-1\right]\\&=-\mathrm{i}\hat{\boldsymbol{G}}\left(E_p\pm\mathrm{i}\varepsilon\right)\end{aligned}$$

引入阻尼因子$\mathrm{e}^{-\varepsilon|T|}$可以消除$\mathrm{e}^{\mp i\left(E_p-\hat{\boldsymbol{H}}\right)T}\Big|_{T\to-\mp\infty}$强烈振荡引起的不确定性，使积分收敛。所以，有

$$|\phi\pm\rangle=|\phi\rangle+\lim_{\varepsilon\to0^+}\int\mathrm{d}^3p\hat{\boldsymbol{G}}\left(E_p\pm\mathrm{i}\varepsilon\right)\hat{\boldsymbol{V}}|\boldsymbol{p}\rangle\langle\boldsymbol{p}|\phi\rangle$$

记作

$$|\phi\pm\rangle=|\phi\rangle+\int\mathrm{d}^3p\hat{\boldsymbol{G}}\left(E_p\pm\mathrm{i}0\right)\hat{\boldsymbol{V}}|\boldsymbol{p}\rangle\langle\boldsymbol{p}|\phi\rangle$$

由于$|\phi\rangle$是任意的，因此

$$\hat{\boldsymbol{\Omega}}_{\pm}=1+\int\mathrm{d}^3p\hat{\boldsymbol{G}}\left(E_p\pm\mathrm{i}0\right)\hat{\boldsymbol{V}}|\boldsymbol{p}\rangle\langle\boldsymbol{p}| \tag{11.146}$$

根据$\hat{\boldsymbol{T}}$算符的性质(2)

$$\hat{\boldsymbol{G}}_0(z)\hat{\boldsymbol{T}}(z)=\hat{\boldsymbol{G}}(z)\hat{\boldsymbol{V}}$$

得

$$\hat{\boldsymbol{\Omega}}_{\pm}=1+\int\mathrm{d}^3p\hat{\boldsymbol{G}}_0\left(E_p\pm\mathrm{i}0\right)\hat{T}\left(E_p\pm\mathrm{i}0\right)|\boldsymbol{p}\rangle\langle\boldsymbol{p}| \tag{11.147}$$

根据$\hat{\boldsymbol{T}}$算符的李普曼-施温格方程，得

$$\hat{\boldsymbol{\Omega}}_{\pm}=1+\int\mathrm{d}^3p\hat{\boldsymbol{G}}_0\left(E_p\pm\mathrm{i}0\right)\hat{\boldsymbol{V}}\left\{\sum_{n=0}^{\infty}\left[\hat{\boldsymbol{G}}_0\left(E_p\pm\mathrm{i}0\right)\hat{\boldsymbol{V}}\right]^n\right\}|\boldsymbol{p}\rangle\langle\boldsymbol{p}| \tag{11.148}$$

利用方程(11.148)，可以从已知的$\hat{\boldsymbol{H}}_0$和$\hat{\boldsymbol{V}}$求出梅勒波算符$\hat{\boldsymbol{\Omega}}_{\pm}$。

11.4.4　散射算符

$t=0$的入射渐近态和$t=0$的出射渐近态有

$$|\psi_{\text{出}}\rangle=\hat{\boldsymbol{S}}|\psi_{\text{入}}\rangle$$

其中，散射算符为

$$\hat{\boldsymbol{S}}=\hat{\boldsymbol{\Omega}}_{-}^{\dagger}\hat{\boldsymbol{\Omega}}_{+}$$

$$\hat{\boldsymbol{\Omega}}_{\pm}=\lim\hat{\boldsymbol{U}}^{\dagger}(t)\hat{\boldsymbol{U}}_0(t)$$

1. $\hat{S}$ 算符与能量算符

在单粒子的势场散射中，入射渐近态的自由演化取决于算符 $\hat{H}_0$，出射渐近态的自由演化也取决于同一个算符 $\hat{H}_0$，因此有

$$\hat{S}=\hat{\Omega}_-^\dagger\hat{\Omega}_+=\lim_{\substack{t\to+\infty\\t'\to-\infty}}\left[\hat{U}^\dagger(t)\hat{U}_0(t)\right]^\dagger\left[\hat{U}^\dagger(t')\hat{U}_0(t')\right]$$

这两个极限顺序不分先后，令 $t'=-t$，得

$$\begin{aligned}\hat{S}&=\lim_{t\to\infty}\hat{U}_0^\dagger(t)\hat{U}(t)\hat{U}^\dagger(-t)\hat{U}_0(-t)\\&=\lim_{t\to\infty}\mathrm{e}^{\mathrm{i}\hat{H}_0t}\mathrm{e}^{-2\mathrm{i}\hat{H}t}\mathrm{e}^{\mathrm{i}\hat{H}_0t}\\&=1+\int_0^\infty\mathrm{d}t\frac{\mathrm{d}}{\mathrm{d}t}\left(\mathrm{e}^{\mathrm{i}\hat{H}_0t}\mathrm{e}^{-2\mathrm{i}\hat{H}t}\mathrm{e}^{\mathrm{i}\hat{H}_0t}\right)\\&=1-\mathrm{i}\int_0^\infty\mathrm{d}t\mathrm{e}^{i\hat{H}_0t}\left[\hat{V},\mathrm{e}^{-2\mathrm{i}\hat{H}t}\right]_+\mathrm{e}^{\mathrm{i}\hat{H}_0t}\end{aligned}\tag{11.149}$$

第三步根据任意算符有

$$\hat{A}(t)=\hat{A}(t=0)+\int_0^t\mathrm{d}T\frac{\partial\hat{A}(T)}{\partial T}$$

式中

$$\left[\hat{V},\mathrm{e}^{-2\mathrm{i}\hat{H}t}\right]_+=\hat{V}\mathrm{e}^{-2\mathrm{i}\hat{H}t}+\mathrm{e}^{-2\mathrm{i}\hat{H}t}\hat{V}$$

2. 动量表象中的 S 矩阵

把算符 $\hat{S}$ 表示式(11.149)写成动量表象中表示式，有

$$\langle p|\hat{S}|p\rangle=\delta_3(p'-p)-\mathrm{i}\lim_{\varepsilon\to0^+}\int_0^\infty\mathrm{d}t\mathrm{e}^{-\varepsilon t}\langle p'|\mathrm{e}^{\mathrm{i}\hat{H}_0t}\left[\hat{V},\mathrm{e}^{-2\mathrm{i}\hat{H}t}\right]+\mathrm{e}^{\mathrm{i}\hat{H}_0t}|p\rangle$$

由于 $\{|p\rangle\}$ 是自由粒子算符 $\hat{H}$ 的本征态，即

$$\hat{H}_0|p\rangle=E_p|p\rangle$$

所以

$$\begin{aligned}\langle p|\hat{S}|p\rangle&=\delta_3(p'-p)-\mathrm{i}\lim_{\varepsilon\to0^+}\langle p'|\hat{V}\left[\int_0^\infty\mathrm{d}t\mathrm{e}^{\mathrm{i}\left(\mathrm{i}\varepsilon+E_{p'}+E_p-2\hat{H}\right)t}\right]\\&\quad+\left[\int_0^\infty\mathrm{d}t\mathrm{e}^{\mathrm{i}\left(\mathrm{i}\varepsilon+E_{p'}+E_p-2\hat{H}\right)t}\right]\hat{V}|p\rangle\\&=\delta_3(p'-p)+\lim_{\varepsilon\to0^+}\left[\left(E_{p'}-E_p+\mathrm{i}\varepsilon\right)^{-1}\right.\\&\quad\left.-\left(E_{p'}-E_p-\mathrm{i}\varepsilon\right)^{-1}\right]\langle p'|\hat{T}\left(\frac{E_{p'}+E_p}{2}+\mathrm{i}\frac{\varepsilon}{2}\right)|p\rangle\end{aligned}\tag{11.150}$$

式中，积分项

$$\int_0^{\infty} \mathrm{d}t \mathrm{e}^{\mathrm{i}(\mathrm{i}\varepsilon+E_{p'}+E_p-2\hat{\boldsymbol{H}})t} = -\mathrm{i}\left(\mathrm{i}\varepsilon+E_{p'}+E_p-2\hat{\boldsymbol{H}}\right)^{-1}\left[\mathrm{e}^{-\varepsilon t'}\mathrm{e}^{\mathrm{i}(E_{p'}+E_p-2\hat{\boldsymbol{H}})t}\right]_0^{\infty}$$

$$= -\frac{\mathrm{i}}{2}\hat{\boldsymbol{G}}\left(\frac{E_{p'}+E_p}{2}+\mathrm{i}\frac{\varepsilon}{2}\right)$$

式(11.150)后一步利用了

$$\hat{\boldsymbol{G}}(z)\hat{\boldsymbol{V}} = \hat{\boldsymbol{G}}_0(z)\hat{\boldsymbol{T}}(z)$$

和

$$\hat{\boldsymbol{V}}\hat{\boldsymbol{G}}(z) = \hat{\boldsymbol{T}}(z)\hat{\boldsymbol{G}}_0(z)$$

及

$$\hat{\boldsymbol{G}}_0(z)|\boldsymbol{p}\rangle = \left(z-\hat{\boldsymbol{H}}_0\right)^{-1}|\boldsymbol{p}\rangle = \left(z-E_p\right)^{-1}|\boldsymbol{p}\rangle$$

由

$$\delta(x) = \lim_{\varepsilon\to 0^+}\frac{\varepsilon}{\pi\left(x^2+\varepsilon^2\right)} = \frac{1}{2\pi\mathrm{i}}\lim_{\varepsilon\to 0^+}\left(\frac{1}{x+\mathrm{i}\varepsilon}-\frac{1}{x-\mathrm{i}\varepsilon}\right) \tag{11.151}$$

得

$$\langle\boldsymbol{p}|\hat{\boldsymbol{S}}|\boldsymbol{p}\rangle = \delta_3(\boldsymbol{p}'-\boldsymbol{p}) - 2\pi\mathrm{i}\delta\left(E_{p'}-E_p\right)\langle\boldsymbol{p}'|\hat{\boldsymbol{T}}\left(E_p+\mathrm{i}0\right)|\boldsymbol{p}\rangle \tag{11.152}$$

式中

$$\langle\boldsymbol{p}|\hat{\boldsymbol{T}}\left(E_p+\mathrm{i}0\right)|\boldsymbol{p}\rangle = \lim_{\varepsilon\to 0^+}\langle\boldsymbol{p}'|\hat{\boldsymbol{T}}\left(E_p+\mathrm{i}\varepsilon\right)|\boldsymbol{p}\rangle$$

式(11.152)中的第一项为粒子未被散射向前直射的贡献，第二项为单粒子保持动能守恒情况下的散射贡献。

3. 壳面 $\boldsymbol{T}$ 矩阵

将式(11.152)与式(11.100)比较，得到壳面 T 矩阵

$$t(\boldsymbol{p}'\leftarrow\boldsymbol{p}) = \langle\boldsymbol{p}|\hat{\boldsymbol{T}}\left(E_p+\mathrm{i}0\right)|\boldsymbol{p}\rangle \quad \left(E_{p'}=E_p\right) \tag{11.153}$$

利用算符 $\hat{\boldsymbol{T}}(z)$ 的李普曼-施温格方程求得动量表象的 $\hat{\boldsymbol{T}}$ 的矩阵元

$$\langle\boldsymbol{p}'|\hat{\boldsymbol{T}}(z)|\boldsymbol{p}\rangle = \langle\boldsymbol{p}'|\hat{\boldsymbol{V}}|\boldsymbol{p}\rangle + \int \mathrm{d}^3p''\langle\boldsymbol{p}'|\hat{\boldsymbol{V}}|\boldsymbol{p}''\rangle\left(z-E_{p''}\right)^{-1}\langle\boldsymbol{p}''|\hat{\boldsymbol{T}}(z)|\boldsymbol{p}\rangle \tag{11.154}$$

需用迭代法求解方程(11.154)。

11.4.5 玻恩近似

$\hat{\boldsymbol{T}}$ 算符的李普曼-施温格方程为

$$\hat{T}(z)=\hat{V}+\hat{V}\hat{G}_0(z)\hat{T}(z)$$

采用迭代法求解，得式(11.141)

$$\hat{T}(z)=\hat{V}+\hat{V}\hat{G}_0(z)\hat{V}+\hat{V}\hat{G}_0(z)\hat{V}\hat{G}_0(z)\hat{V}+\cdots$$

这样由 $\hat{H}$ 和 $\hat{V}$ 就可以求出 $\hat{T}$ 算符。

1. 弱势场的玻恩近似

势场 $V(\boldsymbol{r})$ 较弱可取一级近似，有

$$\hat{T}(z)=\hat{V}$$

先求出壳面 $\boldsymbol{T}$ 矩阵 $t(\boldsymbol{p}'\leftarrow\boldsymbol{p})$，再求出散射振幅 $f(\Omega)$，最后求出 $\dfrac{\mathrm{d}\sigma}{\mathrm{d}\Omega}$。此即求解散射问题的玻恩近似法。以后用上角标(1)表示“一级玻恩近似”。

$$t(\boldsymbol{p}'\leftarrow\boldsymbol{p})\approx t^{(1)}(\boldsymbol{p}'\leftarrow\boldsymbol{p})=\langle\boldsymbol{p}'|\hat{V}|\boldsymbol{p}\rangle \tag{11.155}$$

散射振幅为

$$f(\boldsymbol{p}'\leftarrow\boldsymbol{p})\approx -m(2\pi)^2\langle\boldsymbol{p}'|\hat{V}|\boldsymbol{p}\rangle$$

也可以用坐标表象求解。

由于势场算符 $\hat{V}$ 是局域算符，即

$$\langle\boldsymbol{r}'|\hat{V}|\boldsymbol{r}\rangle=V(\boldsymbol{r})\delta(\boldsymbol{r}'-\boldsymbol{r}) \tag{11.156}$$

和

$$\langle\boldsymbol{r}|\boldsymbol{p}\rangle=(2\pi)^{-\frac{3}{2}}\mathrm{e}^{\mathrm{i}\boldsymbol{p}\cdot\boldsymbol{r}}$$

得

$$\begin{aligned}f(\boldsymbol{p}'\leftarrow\boldsymbol{p})&\approx -m(2\pi)^2\int\int\mathrm{d}^3r\mathrm{d}^3r'\langle\boldsymbol{p}'|\boldsymbol{r}'\rangle\langle\boldsymbol{r}'|\hat{V}|\boldsymbol{r}\rangle\langle\boldsymbol{r}|\boldsymbol{p}\rangle\\&=-\frac{m}{2\pi}\int\mathrm{d}^3r\mathrm{e}^{-\mathrm{i}\boldsymbol{p}'\cdot\boldsymbol{r}}V(\boldsymbol{r})\mathrm{e}^{\mathrm{i}\boldsymbol{p}\cdot\boldsymbol{r}}\end{aligned}$$

令

$$\boldsymbol{q}=\boldsymbol{p}'-\boldsymbol{p}$$

表示碰撞后从势场转移给粒子的动量，有

$$f^{(1)}(\boldsymbol{p}'\leftarrow\boldsymbol{p})=-\frac{m}{2\pi}\int\mathrm{d}^3r\mathrm{e}^{-\mathrm{i}\boldsymbol{p}'\cdot\boldsymbol{r}}V(\boldsymbol{r})$$

这说明一级玻恩近似的最大特点是散射振幅 $f(\Omega)$ 只取决于动量转移值 $\boldsymbol{q}$。在单粒子势场散射的情况下，$\boldsymbol{q}$ 只是散射后动量的方向改变造成的，即

$$|\boldsymbol{q}| = 2p\sin\frac{\theta}{2}$$

因此，f 只是立体角 Ω 的函数。并且一级玻恩近似的散射振幅只是势场 $V(\boldsymbol{r})$ 的傅里叶变换。

2. 球对称势场的玻恩近似

在球对称势场 $V(r)$，对立体角 $\mathrm{d}\Omega$ 积分，得单粒子散射的一级玻恩近似的散射振幅

$$f^{(1)}(\boldsymbol{p}' \leftarrow \boldsymbol{p}) = -\frac{m}{2\pi}\int_0^\infty \mathrm{d}r r^2 \frac{V(r)\sin(qr)}{qr} \tag{11.157}$$

3. 入射粒子的能量很低的散射

对于真实的散射体系哈密顿算符为

$$\hat{\boldsymbol{H}} = \hat{\boldsymbol{H}}_0 + \hat{\boldsymbol{V}}$$

引入一个假想体系，哈密顿算符为

$$\hat{\boldsymbol{H}} = \hat{\boldsymbol{H}}_0 + \lambda\hat{\boldsymbol{V}} \tag{11.158}$$

式中，λ 为调节参数，是实数，

$$0 \leqslant \lambda \leqslant 1$$

可以通过调节 λ 改变假想体系的势能，当 $\lambda = 1$ 时，假想体系即为真实体系。

假想体系有以下关系：

(1) 格林算符

$$\hat{\boldsymbol{G}}_0(z) = \left(z - \hat{\boldsymbol{H}}_0\right)^{-1}$$

$$\hat{\boldsymbol{G}}(z) = \left(z - \hat{\boldsymbol{H}}\right)^{-1}$$

$$\begin{aligned}\hat{\boldsymbol{G}}(z) &= \hat{\boldsymbol{G}}_0(z) + \hat{\boldsymbol{G}}_0(z)\left(\lambda\hat{\boldsymbol{V}}\right)\hat{\boldsymbol{G}}(z) \\ &= \hat{\boldsymbol{G}}_0(z) + \hat{\boldsymbol{G}}(z)\left(\lambda\hat{\boldsymbol{V}}\right)\hat{\boldsymbol{G}}_0(z)\end{aligned}$$

$$\left|\hat{\boldsymbol{G}}_0(z)\right|^\dagger = \hat{\boldsymbol{G}}_0\left(z^*\right)$$

$$\left[\hat{\boldsymbol{G}}(z)\right]^\dagger = \hat{\boldsymbol{G}}\left(z^*\right)$$

(2) $\hat{\boldsymbol{T}}$ 算符

$$\hat{\boldsymbol{T}}(z) = \left(\lambda\hat{\boldsymbol{V}}\right) + \left(\lambda\hat{\boldsymbol{V}}\right)\hat{\boldsymbol{G}}(z)\left(\lambda\hat{\boldsymbol{V}}\right)$$

$$\hat{\boldsymbol{T}}(z)\hat{\boldsymbol{G}}_0(z) = \left(\lambda\hat{\boldsymbol{V}}\right)\hat{\boldsymbol{G}}(z)$$

$$\hat{\boldsymbol{G}}_0(z)\hat{\boldsymbol{T}}(z) = \hat{\boldsymbol{G}}(z)\left(\lambda\hat{\boldsymbol{V}}\right)$$

$$\hat{\boldsymbol{T}}(z)=\left(\lambda\hat{\boldsymbol{V}}\right)+\left(\lambda\hat{\boldsymbol{V}}\right)\hat{\boldsymbol{G}}_0(z)\hat{\boldsymbol{T}}(z)$$

$$\left[\hat{\boldsymbol{T}}(z)\right]^{\dagger}=\hat{\boldsymbol{T}}\left(z^*\right) \tag{11.159}$$

式(11.159)为 $\hat{\boldsymbol{T}}$ 算符的李普曼-施温格方程，迭代求解得玻恩级数

$$\hat{\boldsymbol{T}}(z)=\lambda\hat{\boldsymbol{V}}+\lambda^2\hat{\boldsymbol{V}}\hat{\boldsymbol{G}}_0(z)\hat{\boldsymbol{V}}+\lambda^3\hat{\boldsymbol{V}}\hat{\boldsymbol{G}}_0(z)\hat{\boldsymbol{V}}\hat{\boldsymbol{G}}_0(z)\hat{\boldsymbol{V}}+\cdots$$

壳面 $\boldsymbol{T}$ 矩阵元为

$$\begin{aligned}t(\boldsymbol{p}'\leftarrow\boldsymbol{p})&=\langle\boldsymbol{p}'|\hat{\boldsymbol{T}}\left(E_p+\mathrm{i}0\right)|\boldsymbol{p}\rangle\\&=\lambda\langle\boldsymbol{p}'|\hat{\boldsymbol{V}}|\boldsymbol{p}\rangle+\lambda^2\langle\boldsymbol{p}'|\hat{\boldsymbol{V}}\hat{\boldsymbol{G}}_0\left(E_p+\mathrm{i}0\right)\hat{\boldsymbol{V}}|\boldsymbol{p}\rangle+\cdots\end{aligned}$$

$\boldsymbol{S}$ 矩阵元为

$$\begin{aligned}\langle\boldsymbol{p}'|\hat{\boldsymbol{S}}|\boldsymbol{p}\rangle=&\,\delta_3(\boldsymbol{p}'\leftarrow\boldsymbol{p})-\lambda2\pi\mathrm{i}\delta\left(E_{p'}-E_p\right)\langle\boldsymbol{p}'|\hat{\boldsymbol{V}}|\boldsymbol{p}\rangle\\&-\lambda^2 2\pi\mathrm{i}\delta\left(E_{p'}-E_p\right)\langle\boldsymbol{p}'|\hat{\boldsymbol{V}}\hat{\boldsymbol{G}}_0\left(E_p+\mathrm{i}0\right)\hat{\boldsymbol{V}}|\boldsymbol{p}\rangle-\cdots\end{aligned} \tag{11.160}$$

将散射算符写作

$$\hat{\boldsymbol{S}}=1+\lambda\hat{\boldsymbol{S}}^{(1)}+\lambda^2\hat{\boldsymbol{S}}^{(2)}+\cdots$$

为满足 $\hat{\boldsymbol{S}}$ 算符是酉算符的要求，有

$$1=\hat{\boldsymbol{S}}^{\dagger}\hat{\boldsymbol{S}}=1+\lambda\left[\hat{\boldsymbol{S}}^{(1)\dagger}+\hat{\boldsymbol{S}}^{(1)}\right]+\lambda^2\left[\hat{\boldsymbol{S}}^{(1)\dagger}\hat{\boldsymbol{S}}^{(1)}+\hat{\boldsymbol{S}}^{(2)\dagger}+\hat{\boldsymbol{S}}^{(2)}\right]+\cdots \tag{11.161}$$

由于 λ 是可调参数，所以上式含 λ 各项应为零才成立，得

$$\hat{\boldsymbol{S}}^{(1)\dagger}+\hat{\boldsymbol{S}}^{(1)}=0$$

$$\hat{\boldsymbol{S}}^{(1)\dagger}\hat{\boldsymbol{S}}^{(1)}+\hat{\boldsymbol{S}}^{(2)\dagger}+\hat{\boldsymbol{S}}^{(2)}=0$$

$$\vdots$$

与式(11.160)对比，得

$$\begin{aligned}\langle\boldsymbol{p}'|\hat{\boldsymbol{S}}^{(1)}|\boldsymbol{p}\rangle&=-2\pi\mathrm{i}\delta\left(E_{p'}-E_p\right)\langle\boldsymbol{p}'|\hat{\boldsymbol{V}}|\boldsymbol{p}\rangle\\&=\frac{\mathrm{i}}{2\pi m}\delta\left(E_{p'}-E_p\right)f^{(1)}(\boldsymbol{p}'\to\boldsymbol{p})\\&\;\;\vdots\end{aligned}$$

由于 $\hat{\boldsymbol{V}}$ 是厄米算符，从以上两式可见

(a)一级玻恩近似满足 $\hat{\boldsymbol{S}}^{(1)\dagger}=-\hat{\boldsymbol{S}}^{(1)}$ 的要求。

(b) $f^{(1)}(\boldsymbol{p}'\leftarrow\boldsymbol{p})=f^{(1)}(\boldsymbol{p}\leftarrow\boldsymbol{p}')^*$。　(11.162)

λ 展开式一次项的一级玻恩近似满足了 $\hat{\boldsymbol{S}}$ 是酉算符的要求，但考虑 λ 的二次项，则一级玻恩近似就不能满足 $\hat{\boldsymbol{S}}$ 是酉算符的要求。一级玻恩近似不满足光学定理，不符合粒子数守恒定律。因此，采用一级玻恩近似，计算总截面不太可靠，但计算角度分布可靠。为了提高计算精度，可以多保留玻恩级数的项，即

$$t(\boldsymbol{p}' \leftarrow \boldsymbol{p}) = t^{(1)}(\boldsymbol{p}' \leftarrow \boldsymbol{p}) + t^{(2)}(\boldsymbol{p}' \leftarrow \boldsymbol{p}) + \cdots \tag{11.163}$$

$$f(\boldsymbol{p}' \leftarrow \boldsymbol{p}) = f^{(1)}(\boldsymbol{p}' \leftarrow \boldsymbol{p}) + f^{(2)}(\boldsymbol{p}' \leftarrow \boldsymbol{p}) + \cdots \tag{11.164}$$

式中

$$t^{(n)}(\boldsymbol{p}' \leftarrow \boldsymbol{p}) = \langle \boldsymbol{p}' | \hat{\boldsymbol{V}} \left[\hat{\boldsymbol{G}}_0 (E_p + \mathrm{i}0) \hat{\boldsymbol{V}} \right]^{n-1} | \boldsymbol{p} \rangle$$

$$f^{(n)}(\boldsymbol{p}' \leftarrow \boldsymbol{p}) = -m(2\pi)^2 t^{(n)}(\boldsymbol{p}' \leftarrow \boldsymbol{p})$$

11.4.6 玻恩级数的费伊曼图

前面的讨论都是在薛定谔表象进行的。为方便计算，下面从薛定谔表象变换到相互作用表象。

从薛定谔表象（下标S）变换到相互作用表象（下标I）的酉变换为

t时刻体系的态
$$|\psi_t|_{\mathrm{I}} = \mathrm{e}^{\mathrm{i}\hat{\boldsymbol{H}}_0 t} |\psi_t\rangle_{\mathrm{S}} \tag{11.165}$$

t时刻的力学量算符
$$\hat{\boldsymbol{A}}_{\mathrm{I}}(t) = \mathrm{e}^{\mathrm{i}\hat{\boldsymbol{H}}_0 t} \hat{\boldsymbol{A}}_{\mathrm{S}} \mathrm{e}^{-\mathrm{i}\hat{\boldsymbol{H}}_0 t} \tag{11.166}$$

这两个表象是等价的，它们对力学量求期望值相同。由于从$t=0$演化到$t=t$

$$|\psi_t\rangle_{\mathrm{S}} = \hat{\boldsymbol{U}}_{\mathrm{S}}(t) |\psi\rangle_{\mathrm{S}}$$

和式(11.165)，可见，若$\hat{\boldsymbol{H}}$不含时间，则有

$$\begin{aligned} |\psi_t\rangle_{\mathrm{I}} &= \mathrm{e}^{\mathrm{i}\hat{\boldsymbol{H}}_0 t} \hat{U}_{\mathrm{S}}(t) |\psi\rangle_{\mathrm{S}} \\ &= \mathrm{e}^{\mathrm{i}(\hat{\boldsymbol{H}}_0 - \hat{\boldsymbol{H}})t} |\psi\rangle_{\mathrm{S}} \\ &= \mathrm{e}^{-\mathrm{i}\hat{\boldsymbol{V}}t} |\psi\rangle_{\mathrm{S}} \end{aligned}$$

其中$|\psi_t\rangle_{\mathrm{S}}$是$t=0$的真实散射态，并且当$t \to \pm\infty$时，$\hat{\boldsymbol{V}} \to 0$。因此，在薛定谔表象中入射渐近态的不含时部分（$t=0$时的入射渐近态）$|\psi_{入}\rangle_{\mathrm{S}}$严格等于相互作用表象中$t \to \infty$时的态$|\psi_{-\infty}\rangle_{\mathrm{I}}$，即

$$|\psi_{入}\rangle_{\mathrm{S}} = |\psi_{-\infty}\rangle_{\mathrm{I}} \tag{11.167a}$$

同理，有

$$|\psi_{出}\rangle_{\mathrm{S}} = |\psi_{+\infty}\rangle_{\mathrm{I}} \tag{11.167b}$$

相互作用表象中的时间演化算符为

$$|\psi_t\rangle_{\mathrm{I}} = \hat{\boldsymbol{U}}_{\mathrm{I}}(t, t_0) |\psi_{t_0}\rangle_{\mathrm{I}} \tag{11.168}$$

并且有如下性质

$$\begin{cases}\hat{\boldsymbol{U}}_{\mathrm{I}}(t,t)=1\\ \hat{\boldsymbol{U}}_{\mathrm{I}}(t,t_0)=\hat{\boldsymbol{U}}_{\mathrm{I}}(t,t')\hat{\boldsymbol{U}}_{\mathrm{I}}(t',t_0)\\ \hat{\boldsymbol{U}}_{\mathrm{I}}(t,t_0)=-\hat{\boldsymbol{U}}_{\mathrm{I}}^{-1}(t_0,t)\end{cases} \tag{11.169}$$

$\hat{\boldsymbol{U}}_{\mathrm{I}}(t,t_0)$ 为酉算符

$$\hat{\boldsymbol{U}}_{\mathrm{I}}(t,t_0)\hat{\boldsymbol{U}}_{\mathrm{I}}(t,t_0)=\hat{\boldsymbol{U}}_{\mathrm{I}}(t,t_0)\hat{\boldsymbol{U}}^{\dagger}(t,t_0)=1 \tag{11.170}$$

由式(11.165)得逆变换

$$|\psi_t\rangle_{\mathrm{S}}=\mathrm{e}^{-\mathrm{i}\hat{\boldsymbol{H}}_0 t}|\psi_t\rangle_{\mathrm{I}}$$

将其代入薛定谔方程

$$\mathrm{i}\frac{\partial}{\partial t}|\psi_t\rangle_{\mathrm{S}}=\hat{\boldsymbol{H}}|\psi_t\rangle_{\mathrm{S}}$$

并利用式(11.168)，得到相互作用表象的时间演化算符 $\hat{\boldsymbol{U}}_{\mathrm{I}}(t,t_0)$ 所满足的方程

$$\mathrm{i}\frac{\partial}{\partial t}\hat{\boldsymbol{U}}_{\mathrm{I}}(t,t_0)=\hat{\boldsymbol{V}}_{\mathrm{I}}(t)\hat{\boldsymbol{U}}_{\mathrm{I}}(t,t_0) \tag{11.171}$$

式中，相互作用表象中的势能算符 $\hat{\boldsymbol{V}}_{\mathrm{I}}$ 是按照(11.166)由势能 $\hat{\boldsymbol{V}}_{\mathrm{S}}$ 变换的，即

$$\hat{\boldsymbol{V}}_{\mathrm{I}}(t)=\mathrm{e}^{\mathrm{i}\hat{\boldsymbol{H}}_0 t}\hat{\boldsymbol{V}}_{\mathrm{S}}\mathrm{e}^{-\mathrm{i}\hat{\boldsymbol{H}}_0 t} \tag{11.172}$$

方程(11.171)在相互作用表象中所起的作用就如薛定谔方程在薛定谔表象中的一样。

将式(11.171)积分，利用

$$\hat{\boldsymbol{U}}_{\mathrm{I}}(t_0,t_0)=1$$

得

$$\hat{\boldsymbol{U}}_{\mathrm{I}}(t,t_0)=1-\mathrm{i}\int_{t_0}^{t}\mathrm{d}T\hat{\boldsymbol{V}}_{\mathrm{I}}(T)\hat{\boldsymbol{U}}_{\mathrm{I}}(T,t_0) \tag{11.173}$$

式(11.173)需用迭代法解。如果势能较小，则收敛快。

$$\hat{\boldsymbol{U}}_{\mathrm{I}}(t,t_0)=1-\mathrm{i}\int_{t_0}^{t}\mathrm{d}T\hat{\boldsymbol{V}}_{\mathrm{I}}(T)-(-\mathrm{i})^2\int_{t_0}^{t}\mathrm{d}T_1\int_{t_0}^{T_1}\mathrm{d}T_2\hat{\boldsymbol{V}}_{\mathrm{I}}(T_1)\hat{\boldsymbol{V}}_{\mathrm{I}}(T_2)+\cdots \tag{11.174}$$

由于

$$|\psi_{出}\rangle_{\mathrm{S}}=\hat{\boldsymbol{S}}|\psi_{入}\rangle_{\mathrm{S}}$$

和式(11.167)，得

$$|\psi_{+\infty}\rangle_{\mathrm{I}}=\hat{\boldsymbol{S}}|\psi_{-\infty}\rangle_{\mathrm{I}}$$

$$\begin{aligned}\hat{\boldsymbol{S}}&=\hat{\boldsymbol{U}}_{\mathrm{I}}(\infty,-\infty)\\&=1-\mathrm{i}\int_{-\infty}^{\infty}\mathrm{d}T\hat{\boldsymbol{V}}_{\mathrm{I}}(T)+(-\mathrm{i})^2\int_{-\infty}^{\infty}\mathrm{d}T_1\int_{-\infty}^{\infty}\mathrm{d}T_2\hat{\boldsymbol{V}}_{\mathrm{I}}(T_1)\hat{\boldsymbol{V}}_{\mathrm{I}}(T_2)+\cdots\\&=\sum_{n=0}^{\infty}\hat{\boldsymbol{S}}^{(n)}\end{aligned} \tag{11.175}$$

式中

$$\hat{\boldsymbol{S}}^{(0)}=1$$

$$\hat{\boldsymbol{S}}^{(n)}=(-1)^n\int_{-\infty}^{\infty}\mathrm{d}T_1\int_{-\infty}^{\infty}\mathrm{d}T_2\cdots\int_{-\infty}^{T_{n-1}}\mathrm{d}T_n\hat{\boldsymbol{V}}_{\mathrm{I}}(T_1)\hat{\boldsymbol{V}}_{\mathrm{I}}(T_2)\cdots\hat{\boldsymbol{V}}_{\mathrm{I}}(T_n)$$

$$(n=1,2,\cdots)$$

可得动量表示的 $\hat{\boldsymbol{S}}$ 矩阵元：

$$\begin{aligned}\langle\boldsymbol{p}'|\hat{\boldsymbol{S}}|\boldsymbol{p}\rangle&=\langle\boldsymbol{p}'|\sum_{n=0}^{\infty}\hat{\boldsymbol{S}}^{(n)}|\boldsymbol{p}\rangle\\&=\delta_3(\boldsymbol{p}'-\boldsymbol{p})-\mathrm{i}\int_{-\infty}^{\infty}\mathrm{d}T\langle\boldsymbol{p}'|\mathrm{e}^{\mathrm{i}E_{p'}T}\hat{\boldsymbol{V}}\mathrm{e}^{-\mathrm{i}E_pT}|\boldsymbol{p}\rangle\\&\quad+(-\mathrm{i})^2\int_{-\infty}^{\infty}\mathrm{d}T_1\int_{-\infty}^{\infty}\mathrm{d}T_2\langle\boldsymbol{p}'|\mathrm{e}^{\mathrm{i}E_{p'}T_1}\hat{\boldsymbol{V}}\mathrm{e}^{-\mathrm{i}\hat{\boldsymbol{H}}_0(T_1-T_2)}\hat{\boldsymbol{V}}\mathrm{e}^{-\mathrm{i}E_pT_2}|\boldsymbol{p}\rangle\\&\quad+\cdots\end{aligned}\tag{11.176}$$

上式也称为 $\boldsymbol{S}$ 矩阵的微扰展开。

由式(11.176)可见：

(1)式(11.176)的零阶项 $\delta_3(\boldsymbol{p}'-\boldsymbol{p})$ 相当于势场 $V=0$ 的项，即不发生散射的项。

(2)式(11.176)的一阶项为

$$\langle\boldsymbol{p}'|\hat{\boldsymbol{S}}^{(1)}|\boldsymbol{p}\rangle=\int_{-\infty}^{\infty}\mathrm{d}T\underbrace{\langle\boldsymbol{p}'|\mathrm{e}^{\mathrm{i}E_{p'}T}}_{③}\underbrace{(-\mathrm{i}\hat{\boldsymbol{V}})}_{②}\underbrace{\mathrm{e}^{-\mathrm{i}E_pT}|\boldsymbol{p}\rangle}_{①}$$

式中，$\mathrm{e}^{-\mathrm{i}E_pT}|\boldsymbol{p}\rangle$ 表示粒子从始态 $|\boldsymbol{p}\rangle$ 向时间的正方向自由演化至时刻 T（①），被势场 V 瞬间作用[相当于因子 $(-\mathrm{i}\hat{\boldsymbol{V}})$，即②]，变成终态 $|\boldsymbol{p}'\rangle$，再向时间的正方向自由演化(相当于③)。该过程可以用图 11.10(a)费恩曼(Feynmann)图表示。不同时刻 T 的以上作用叠加，需对 T 从 $-\infty\sim+\infty$ 积分。

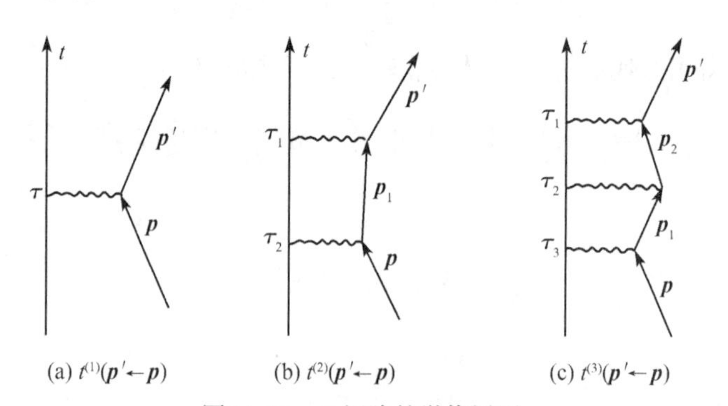

图 11.10 $\boldsymbol{S}$ 矩阵的微扰展开

一阶项可以简化为

$$\begin{aligned}\langle\boldsymbol{p}'|\hat{\boldsymbol{S}}^{(1)}|\boldsymbol{p}\rangle&=-\mathrm{i}\int_{-\infty}^{\infty}\mathrm{d}T\mathrm{e}^{\mathrm{i}(E_{p'}-E_p)T}\langle\boldsymbol{p}'|\hat{\boldsymbol{V}}|\boldsymbol{p}\rangle\\&=-2\pi\mathrm{i}\delta(E_{p'}-E_p)\langle\boldsymbol{p}'|\hat{\boldsymbol{V}}|\boldsymbol{p}\rangle\end{aligned}$$

(3)式(11.176)的第三项为二阶项，可以写作

$$\langle \boldsymbol{p}'|\hat{\boldsymbol{S}}^{(2)}|\boldsymbol{p}\rangle=\int_{-\infty}^{\infty}\mathrm{d}T_1\int_{-\infty}^{T_1}\mathrm{d}T_2\int\mathrm{d}^3 p_1\underbrace{\mathrm{e}^{-\mathrm{i}E_{p'}T_1}\langle\boldsymbol{p}'|}_{⑤}\underbrace{\left(-\mathrm{i}\hat{V}\right)}_{④}\underbrace{|\boldsymbol{p}_1\rangle\mathrm{e}^{-\mathrm{i}E_{p_1}(T_1-T_2)}\langle\boldsymbol{p}_1|}_{③}\underbrace{\left(-\mathrm{i}\hat{V}\right)}_{②}\underbrace{|\boldsymbol{p}\rangle\mathrm{e}^{-\mathrm{i}E_pT_2}}_{①}$$

粒子从始态$|\boldsymbol{p}\rangle$自由演化至时刻T_2(①)；被势场V瞬间作用(②)变成中间态$|\boldsymbol{p}_1\rangle$；中间态$|\boldsymbol{p}_1\rangle$从时刻T_2自由演化到时刻T_1(③)；在时刻T_1又受到势场V的瞬间作用(④)变成终态$|\boldsymbol{p}'\rangle$，终态$|\boldsymbol{p}'\rangle$再作自由演化(⑤)，用费恩曼图表示[图 11.10(b)]。再对所有中间态$|\boldsymbol{p}_1\rangle$的贡献与对各时刻T_1和T_2的贡献$(-\infty<T_2\leqslant T_1<\infty)$相加。

11.4.7　散射定态

$|\phi\rangle$为入射渐近态在$t=0$时的态，$|\phi+\rangle$为与之对应的$t=0$时的真实散射态；$|\chi\rangle$为出射渐近态在$t=0$时的态，$|\chi-\rangle$为与之对应的$t=0$时的真实散射态，有

$$\left.\begin{aligned}|\phi+\rangle&=\hat{\boldsymbol{\Omega}}_+|\phi\rangle\\|\chi-\rangle&=\hat{\boldsymbol{\Omega}}_-|\chi\rangle\end{aligned}\right\}\tag{11.177}$$

它们都是正常矢量，代表一个可以归一化的波包。

$\{|\boldsymbol{p}\rangle\}$是动能算符$\hat{\boldsymbol{H}}_0$(势能为零)的本征态，即

$$\hat{\boldsymbol{H}}_0|\boldsymbol{p}\rangle=E_p|\boldsymbol{p}\rangle$$

其中，$|\boldsymbol{p}\rangle$是非正常矢量，不能做正常的归一化。

引入非正常矢量$|\boldsymbol{p}+\rangle$和$|\boldsymbol{p}-\rangle$，与$|\boldsymbol{p}\rangle$对应，有

$$|\boldsymbol{p}\pm\rangle=\hat{\boldsymbol{\Omega}}_\pm|\boldsymbol{p}\rangle\tag{11.178}$$

用$\{|\boldsymbol{p}\rangle\}$展开$|\phi\rangle$，即

$$|\phi\rangle=\int\mathrm{d}^3p|\boldsymbol{p}\rangle\phi(\boldsymbol{p})\tag{11.179}$$

其中

$$\phi(\boldsymbol{p})=\langle\boldsymbol{p}|\phi\rangle$$

所以

$$\begin{aligned}|\phi+\rangle&=\hat{\boldsymbol{\Omega}}_+|\phi\rangle\\&=\int\mathrm{d}^3p|\boldsymbol{p}+\rangle\phi(\boldsymbol{p})\end{aligned}\tag{11.180}$$

可见，用平面波$\{|\boldsymbol{p}\rangle\}$展开入射渐近态$|\phi\rangle$的展开系数与用$\{|\boldsymbol{p}+\rangle\}$展开对应的真实态$|\phi+\rangle$的展开系数完全一样，都是$\phi(\boldsymbol{p})$。

同理，用平面波$\{|\boldsymbol{p}\rangle\}$展出射渐近态$|\chi\rangle$的展开系数与用$\{|\boldsymbol{p}-\rangle\}$展开对应的真实态$|\chi-\rangle$的展开系数完全一样，都是$\chi(\boldsymbol{p})$，即

$$|\chi\rangle = \int \mathrm{d}^3 p |\boldsymbol{p}\rangle \chi(\boldsymbol{p}) \tag{11.181}$$

$$\begin{aligned}|\chi -\rangle &= \hat{\boldsymbol{\Omega}}_- |\chi\rangle \\ &= \int \mathrm{d}^3 p |\boldsymbol{p}-\rangle \chi(\boldsymbol{p})\end{aligned} \tag{11.182}$$

(1)由

$$\hat{\boldsymbol{H}}_0 |\boldsymbol{p}\rangle = E_p |\boldsymbol{p}\rangle$$

和易位关系式

$$\hat{\boldsymbol{H}}\hat{\boldsymbol{\Omega}}_\pm = \hat{\boldsymbol{\Omega}}_\pm \hat{\boldsymbol{H}}_0$$

得

$$\begin{aligned}\hat{\boldsymbol{H}}|\boldsymbol{p}\pm\rangle &= \hat{\boldsymbol{H}}\hat{\boldsymbol{\Omega}}_\pm |\boldsymbol{p}\rangle \\ &= \hat{\boldsymbol{\Omega}}_\pm \hat{\boldsymbol{H}}_0 |\boldsymbol{p}\rangle \\ &= E_p \hat{\boldsymbol{\Omega}}_\pm |\boldsymbol{p}\rangle\end{aligned}$$

所以

$$\hat{\boldsymbol{H}}|\boldsymbol{p}\pm\rangle = E_p |\boldsymbol{p}\pm\rangle \tag{11.183}$$

$$\hat{\boldsymbol{H}}_0 |\boldsymbol{p}\rangle = E_p |\boldsymbol{p}\rangle \tag{11.184}$$

即$|\boldsymbol{p}\pm\rangle$和$|\boldsymbol{p}\rangle$分别是$\hat{\boldsymbol{H}}$和$\hat{\boldsymbol{H}}_0$的具有相同本征值$E_p$的本征态。这表明，$|\boldsymbol{p}\pm\rangle$可以由不含时的定态薛定谔方程(11.183)求得。这是一个用微分方程求解散射问题的方法。其中$|\boldsymbol{p}\pm\rangle$称为“散射定态”。

从11.2节的“渐近条件”可知，真实的散射波包$\hat{\boldsymbol{U}}(t)|\phi+\rangle$与其入射渐近态$\hat{\boldsymbol{U}}_0(t)|\phi\rangle$的关系为

$$\hat{\boldsymbol{U}}(t)|\phi+\rangle \underset{t\to-\infty}{\to} \hat{\boldsymbol{U}}_0(t)|\phi\rangle \tag{11.185}$$

由展开式(11.179)和式(11.180)得

$$\int \mathrm{d}^3 p \phi(\boldsymbol{p})\left[\hat{\boldsymbol{U}}(t)|\boldsymbol{p}+\rangle\right] \underset{t\to-\infty}{\to} \int \mathrm{d}^3 p \phi(\boldsymbol{p})\left[\hat{\boldsymbol{U}}_0(t)|\boldsymbol{p}\rangle\right] \tag{11.186}$$

这说明非正常矢量$|\boldsymbol{p}+\rangle$和$|\boldsymbol{p}\rangle$虽然不能正常归一化，不收敛，因而不代表真实的物理状态[式(11.185)]。但是，它们通过状态叠加就与正常矢量一样呈现出渐近关系[式(11.186)]。这样，矢量$|\boldsymbol{p}+\rangle$是某个$t=0$时的“真实散射定态”。它是从不含时部分为$|\boldsymbol{p}\rangle$的那个入射渐近态通过“真实”的散射过程演化来的。

同理，有

$$\hat{\boldsymbol{U}}(t)|\chi-\rangle \underset{t\to\infty}{\to} \hat{\boldsymbol{U}}_0(t)|\chi\rangle$$

对应的渐近关系为

$$\int \mathrm{d}^3 p\chi(\boldsymbol{p})\left[\hat{\boldsymbol{U}}(t)\left|\boldsymbol{p}-\right\rangle\right] \xrightarrow[t\to\infty]{} \int \mathrm{d}^3 p\chi(\boldsymbol{p})\left[\hat{\boldsymbol{U}}_0(t)\left|\boldsymbol{p}\right\rangle\right] \tag{11.187}$$

同样，虽然非正常态矢量$|\boldsymbol{p}-\rangle$和$|\boldsymbol{p}\rangle$本身不收敛，不代表真实的物理状态。它们通过状态叠加就与正常矢量一样呈现出渐近关系。态矢量$|\boldsymbol{p}-\rangle$是某个$t=0$时的“真实散射定态”。它演化成出射渐近态，其不含时部分为$|\boldsymbol{p}\rangle$。

$\hat{\boldsymbol{H}}_0$的本征态集$\{|\boldsymbol{p}\rangle\}$可以作体系状态空间$\mathscr{H}$中的一组正交基。通过等模算符$\hat{\boldsymbol{\Omega}}_\pm$的映射，即

$$|\boldsymbol{p}\rangle \xrightarrow{\hat{\boldsymbol{\Omega}}_\pm} |\boldsymbol{p}\pm\rangle$$

得到的集$\{|\boldsymbol{p}+\rangle\}$或$\{|\boldsymbol{p}-\rangle\}$只张成了状态空间$\mathscr{H}$中的所有散射态子空间$\mathscr{R}$。真实的散射态$|\phi+\rangle$或$|\chi-\rangle$可以用$\mathscr{R}$子空间的正交基$\{|\boldsymbol{p}+\rangle\}$或$\{|\boldsymbol{p}-\rangle\}$展开。体系的所有束缚态构成的子空间为$\mathscr{B}$，$\{|\boldsymbol{l}\rangle\}$是子空间$\mathscr{B}$中的正交归一基，则

$$\mathscr{H} = \mathscr{B} \oplus \mathscr{R} \tag{11.188}$$

其中，基的封闭关系为

$$I = \int \mathrm{d}^3 p|\boldsymbol{p}+\rangle\langle\boldsymbol{p}+| + \sum_l |\boldsymbol{l}\rangle\langle\boldsymbol{l}| \tag{11.189a}$$

或

$$I = \int \mathrm{d}^3 p|\boldsymbol{p}-\rangle\langle\boldsymbol{p}-| + \sum_l |\boldsymbol{l}\rangle\langle\boldsymbol{l}| \tag{11.189b}$$

(2) 根据$\hat{\boldsymbol{\Omega}}_\pm$的表示式(11.146)，有

$$\begin{aligned}\int \mathrm{d}^3 p\phi(\boldsymbol{p})|\boldsymbol{p}+\rangle &= |\phi+\rangle = \hat{\boldsymbol{\Omega}}_+|\phi\rangle \\ &= |\phi\rangle + \int \mathrm{d}^3 p\phi(\boldsymbol{p})\hat{\boldsymbol{G}}(E_p+\mathrm{i}0)\hat{\boldsymbol{V}}|\boldsymbol{p}\rangle\end{aligned}$$

和

$$\begin{aligned}\int \mathrm{d}^3 p\chi(\boldsymbol{p})|\boldsymbol{p}-\rangle &= |\chi-\rangle = \hat{\boldsymbol{\Omega}}_-|\chi\rangle \\ &= |\chi\rangle + \int \mathrm{d}^3 p\chi(\boldsymbol{p})\hat{\boldsymbol{G}}(E_p-\mathrm{i}0)\hat{\boldsymbol{V}}|\boldsymbol{p}\rangle\end{aligned}$$

以上两式对任意的$|\phi\rangle$或χ都成立，因此

$$|\boldsymbol{p}\pm\rangle = \left[1+\hat{\boldsymbol{G}}(E_p\pm\mathrm{i}0)\hat{\boldsymbol{V}}\right]|\boldsymbol{p}\rangle \tag{11.190}$$

(3) 由

$$\begin{aligned}\hat{\boldsymbol{T}}(E_p\pm\mathrm{i}0)|\boldsymbol{p}\rangle &= \left[\hat{\boldsymbol{V}}+\hat{\boldsymbol{V}}\hat{\boldsymbol{G}}(E_p\pm\mathrm{i}0)\hat{\boldsymbol{V}}\right]|\boldsymbol{p}\rangle \\ &= \hat{\boldsymbol{V}}\left[1+\hat{\boldsymbol{G}}(E_p\pm\mathrm{i}0)\hat{\boldsymbol{V}}\right]|\boldsymbol{p}\rangle\end{aligned}$$

得

$$\hat{\boldsymbol{T}}\left(E_p \pm \mathrm{i}0\right)|\boldsymbol{p}\rangle = \hat{\boldsymbol{V}}|\boldsymbol{p}\pm\rangle \tag{11.191}$$

由式(11.153)得

$$\begin{aligned} t(\boldsymbol{p}' \leftarrow \boldsymbol{p}) &= \langle \boldsymbol{p}'|\hat{\boldsymbol{T}}\left(E_p + \mathrm{i}0\right)|\boldsymbol{p}\rangle \\ &= \langle \boldsymbol{p}'|\hat{\boldsymbol{V}}|\boldsymbol{p}+\rangle \end{aligned} \tag{11.192}$$

由式(11.191)，有

$$\hat{\boldsymbol{T}}\left(E_p - \mathrm{i}0\right)|\boldsymbol{p}'\rangle = \hat{\boldsymbol{V}}|\boldsymbol{p}'-\rangle$$

取厄米共轭，并利用

$$\left[\hat{\boldsymbol{T}}(z)\right]^{\dagger} = \hat{\boldsymbol{T}}\left(z^*\right)$$

得

$$\langle \boldsymbol{p}'|\hat{\boldsymbol{T}}\left(E_p + \mathrm{i}0\right) = \langle \boldsymbol{p}'-|\hat{\boldsymbol{V}}$$

对于单粒子散射有 $E_p = E_{p'}$，所以由式(11.153)得

$$\begin{aligned} t(\boldsymbol{p}' \leftarrow \boldsymbol{p}) &= \langle \boldsymbol{p}'|\hat{\boldsymbol{T}}\left(E_p + \mathrm{i}0\right)|\boldsymbol{p}\rangle \\ &= \langle \boldsymbol{p}'-|\hat{\boldsymbol{V}}|\boldsymbol{p}\rangle \end{aligned}$$

(4) 散射定态波矢量 $|\boldsymbol{p}\pm\rangle$ 的李普曼-施温格方程。由式(11.136)

$$\hat{\boldsymbol{G}}\left(E_p \pm \mathrm{i}0\right)\hat{\boldsymbol{V}} = \hat{\boldsymbol{G}}_0\left(E_p \pm \mathrm{i}0\right)\hat{\boldsymbol{T}}\left(E_p \pm \mathrm{i}0\right)$$

和式(11.191)

$$\hat{\boldsymbol{T}}\left(E_p \pm \mathrm{i}0\right)|\boldsymbol{p}\rangle = \hat{\boldsymbol{V}}|\boldsymbol{p}\pm\rangle$$

将式(11.190)写作

$$|\boldsymbol{p}\pm\rangle = |\boldsymbol{p}\rangle + \hat{\boldsymbol{G}}_0\left(E_p \pm \mathrm{i}0\right)\hat{\boldsymbol{V}}|\boldsymbol{p}\pm\rangle \tag{11.193}$$

此即散射定态矢量 $|\boldsymbol{p}\pm\rangle$ 的李普曼-施温格方程。也需采用迭代法求解，其解为玻恩级数，即

$$|\boldsymbol{p}\pm\rangle = |\boldsymbol{p}\rangle + \hat{\boldsymbol{G}}_0\left(E_p \pm \mathrm{i}0\right)\hat{\boldsymbol{V}}|\boldsymbol{p}\pm\rangle + \left[\hat{\boldsymbol{G}}_0\left(E_p \pm \mathrm{i}0\right)\hat{\boldsymbol{V}}\right]^2|\boldsymbol{p}\pm\rangle + \cdots \tag{11.194}$$

上式表明，散射定态矢量 $|\boldsymbol{p}\pm\rangle$ 是由直射波 $|\boldsymbol{p}\rangle$ 与被势场扭曲了的“畸变波”(其余项)叠加而成。

将式(11.194)代入式(11.192)，得到壳面 $\boldsymbol{T}$ 矩阵

$$
\begin{aligned}
t(\boldsymbol{p}' \leftarrow \boldsymbol{p}) &= \langle \boldsymbol{p}' | \hat{V} | \boldsymbol{p}+ \rangle \\
&= \langle \boldsymbol{p}' | \hat{V} | \boldsymbol{p} \rangle + \langle \boldsymbol{p}' | \hat{V} \hat{\boldsymbol{G}}_0 (E_p + \mathrm{i}0) \hat{V} | \boldsymbol{p} \rangle \\
&\quad + \langle \boldsymbol{p}' | \hat{V} \hat{\boldsymbol{G}}_0 (E_p + \mathrm{i}0) \hat{V} \hat{\boldsymbol{G}}_0 (E_p + \mathrm{i}0) \hat{V} | \boldsymbol{p} \rangle + \cdots
\end{aligned}
\tag{11.195}
$$

(5) 散射定态波函数。将式(11.193)写成坐标表象的显式，就得到散射定态波函数

$$
\langle \boldsymbol{r} | \boldsymbol{p} \pm \rangle = \langle \boldsymbol{r} | \boldsymbol{p} \rangle + \int \mathrm{d}^3 r' \langle \boldsymbol{r} | \hat{\boldsymbol{G}}_0 (E_p \pm \mathrm{i}0) | \boldsymbol{r}' \rangle \hat{V}(\boldsymbol{r}') \langle \boldsymbol{r}' | \boldsymbol{p} \pm \rangle \tag{11.196}
$$

利用动量表象的封闭关系，式(11.196)中的格林函数

$$
\begin{aligned}
\langle \boldsymbol{r} | \hat{\boldsymbol{G}}_0 (E_p \pm \mathrm{i}0) | \boldsymbol{r}' \rangle &= \langle \boldsymbol{r} | \hat{\boldsymbol{G}}_0 (z) | \boldsymbol{r}' \rangle \\
&= \int \mathrm{d}^3 p \langle \boldsymbol{r} | \hat{\boldsymbol{G}}_0 (z) | \boldsymbol{p} \rangle \langle \boldsymbol{p} | \boldsymbol{r}' \rangle
\end{aligned}
$$

利用

$$
\hat{\boldsymbol{G}}_0 (z) | \boldsymbol{p} \rangle = (z - E_p)^{-1} | \boldsymbol{p} \rangle
$$

和平面波

$$
\langle \boldsymbol{r} | \boldsymbol{p} \rangle = (2\pi)^{-\frac{3}{2}} \mathrm{e}^{\mathrm{i}\boldsymbol{p}\cdot\boldsymbol{r}}
$$

得

$$
\langle \boldsymbol{r} | \hat{\boldsymbol{G}}_0 (z) | \boldsymbol{r}' \rangle = (2\pi)^{-3} \int \mathrm{d}^3 p \frac{\mathrm{e}^{\mathrm{i}\boldsymbol{p}\cdot(\boldsymbol{r}-\boldsymbol{r}')}}{z - E_p}
$$

选 $\boldsymbol{r} - \boldsymbol{r}'$ 为 z 轴，将 $p = |\boldsymbol{p}|$ 的变化范围从 $0 \to \infty$ 变换为 $-\infty \to \infty$，并将 p 的数域从实数 $-\infty \to \infty$ 拓展到整个复平面。用留数定理求积分，有

$$
\begin{aligned}
\langle \boldsymbol{r} | \hat{\boldsymbol{G}}_0 (z) | \boldsymbol{r}' \rangle &= \frac{\mathrm{i}m}{2\pi^2 |\boldsymbol{r} - \boldsymbol{r}'|} \int_{-\infty}^{\infty} \mathrm{d}p \frac{p \mathrm{e}^{\mathrm{i}p\cdot(r-r')}}{p^2 - 2mz} \\
&= \frac{\mathrm{i}m}{2\pi^2 |\boldsymbol{r} - \boldsymbol{r}'|} \int_{-\infty}^{\infty} \mathrm{d}p \left[\frac{1}{p - (2mz)^{\frac{1}{2}}} + \frac{1}{p + (2mz)^{\frac{1}{2}}} \right] \mathrm{e}^{\mathrm{i}p\cdot(r-r')}
\end{aligned}
\tag{11.197}
$$

在 $p = \pm (2mz)^{\frac{1}{2}}$ 处，被积函数有两个一阶奇点。

(a) $z = E_p + \mathrm{i}0$，奇点在 $p = \pm |\boldsymbol{p}| \mathrm{e}^{\mathrm{i}0}$ 处。因为 $|\boldsymbol{r} - \boldsymbol{r}'| > 0$，只能在上半平面有约当(Jordan)引理，所以积分路径 C 取成如图 11.11(a)所示。积分回路 C 只围住一个奇点 $|\boldsymbol{p}| \mathrm{e}^{\mathrm{i}0}$。利用留数定理，得

$$
\langle \boldsymbol{r} | \hat{\boldsymbol{G}}_0 (E_p + \mathrm{i}0) | \boldsymbol{r}' \rangle = -\frac{m}{2\pi |\boldsymbol{r} - \boldsymbol{r}'|} \mathrm{e}^{\mathrm{i}p\cdot(r-r')} \tag{11.198}
$$

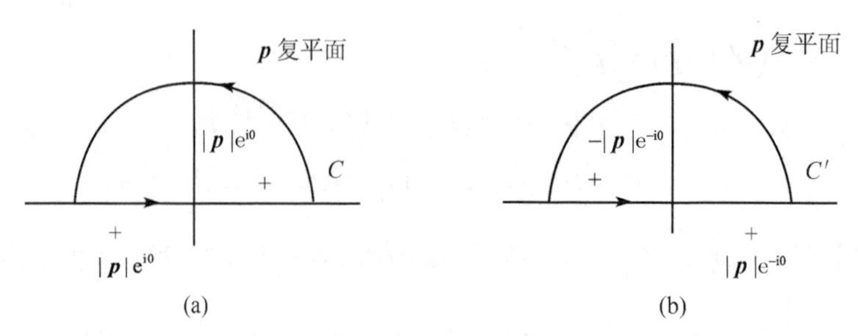

图 11.11 积分路径

(b) $z = E_p - \mathrm{i}0$，奇点在 $p = \mp|\boldsymbol{p}|\mathrm{e}^{-\mathrm{i}0}$，积分回路 C' 取在上半平面，如图 11.10(b)所示。积分回路 C' 只围住一个一阶奇点在 $\mp|\boldsymbol{p}|\mathrm{e}^{\mathrm{i}0}$，利用留数定理，得

$$\langle \boldsymbol{r}|\hat{\boldsymbol{G}}_0(E_p - \mathrm{i}0)|\boldsymbol{r}'\rangle = -\frac{m}{2\pi|\boldsymbol{r}-\boldsymbol{r}'|}\mathrm{e}^{-\mathrm{i}\boldsymbol{p}\cdot(\boldsymbol{r}-\boldsymbol{r}')}$$

所以

$$\langle \boldsymbol{r}|\boldsymbol{p}\pm\rangle = \langle \boldsymbol{r}|\boldsymbol{p}\rangle - \frac{m}{2\pi}\int \mathrm{d}^3 r' \frac{\mathrm{e}^{\pm\mathrm{i}\boldsymbol{p}\cdot(\boldsymbol{r}-\boldsymbol{r}')}}{|\boldsymbol{r}-\boldsymbol{r}'|}V(\boldsymbol{r}')\langle \boldsymbol{r}'|\boldsymbol{p}\pm\rangle \tag{11.199}$$

式(11.199)称为散射定态波函数 $\langle \boldsymbol{r}|\boldsymbol{p}-\rangle$ 和 $\langle \boldsymbol{r}|\boldsymbol{p}+\rangle$ 的李普曼-施温格方程，需用迭代法求解。这是一个积分方程，是求解散射定态矢量 $|\boldsymbol{p}\pm\rangle$ 的另外一种方法。

(6) 散射定态波函数的渐近行为。由于方程

$$\langle \boldsymbol{r}'|\boldsymbol{p}\pm\rangle_{r\to\infty} = \langle \boldsymbol{r}'|\boldsymbol{p}\rangle_{r\to\infty} - \frac{m}{2\pi}\lim_{r\to\infty}\int \mathrm{d}^3 r' \frac{\mathrm{e}^{\pm\mathrm{i}\boldsymbol{p}\cdot(\boldsymbol{r}-\boldsymbol{r}')}}{|\boldsymbol{r}-\boldsymbol{r}'|}V(\boldsymbol{r}')\langle \boldsymbol{r}'|\boldsymbol{p}\pm\rangle \tag{11.200}$$

的势场 $V(\boldsymbol{r}')$ 只在小区域内不为零，因此对 $\boldsymbol{r}'$ 在整个空间的积分可以缩小到势场 $V(\boldsymbol{r}')$ 的作用半径 a 之内的空间内积分。这样对于求 $r\to\infty$ 的渐近行为，有 $a \leqslant r$（图 11.12）。

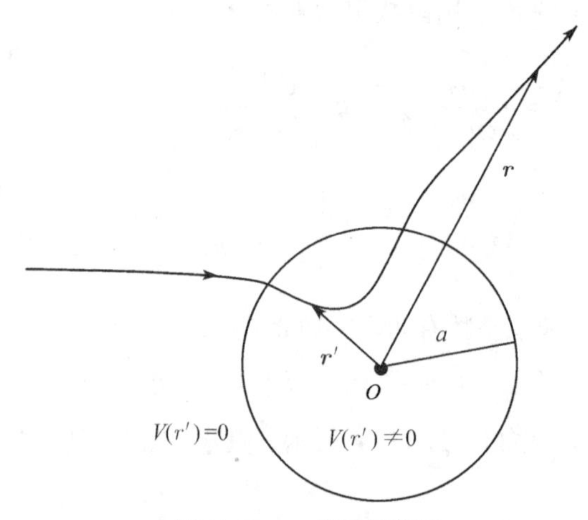

图 11.12 $\boldsymbol{r}$ 的积分范围

令 $\boldsymbol{e}_r$ 和 $\boldsymbol{e}_{r'}$ 分别为 $\boldsymbol{r}$ 和 $\boldsymbol{r}'$ 的单位矢量，有

$$|\boldsymbol{r}-\boldsymbol{r}'|=\left(r^2+r'^2-2\boldsymbol{r}\cdot\boldsymbol{r}'\right)^{\frac{1}{2}}=r-\boldsymbol{e}_r\cdot\boldsymbol{r}'+O\left(\frac{r'^2}{r}\right)$$

及

$$\begin{aligned}\frac{\mathrm{e}^{\pm\mathrm{i}\boldsymbol{p}\cdot(\boldsymbol{r}-\boldsymbol{r}')}}{|\boldsymbol{r}-\boldsymbol{r}'|}&\approx\frac{\mathrm{e}^{\pm\mathrm{i}pr}\mathrm{e}^{\mp\mathrm{i}p\boldsymbol{e}_r\cdot\boldsymbol{r}'}\mathrm{e}^{\pm\mathrm{i}pO\left(r'^2/r\right)}}{r\left[1-\boldsymbol{e}_r\cdot\boldsymbol{e}_{r'}\left(r'/r\right)\right]}\\&=\frac{1}{r}\mathrm{e}^{\pm\mathrm{i}pr}\mathrm{e}^{\mp\mathrm{i}p\boldsymbol{e}_r\cdot\boldsymbol{r}'}\left[1+O\left(\frac{a}{r}+\frac{pa^2}{r}\right)\right]\end{aligned}$$

得

$$\begin{aligned}\langle\boldsymbol{r}|\boldsymbol{p}\pm\rangle_{r\to\infty}&\approx\langle\boldsymbol{r}|\boldsymbol{p}\rangle_{r\to\infty}-\frac{m}{2\pi}(2\pi)^{-\frac{3}{2}}\frac{\mathrm{e}^{\pm\mathrm{i}pr}}{r}\int\mathrm{d}^3r'\langle\pm p\boldsymbol{e}_r|\boldsymbol{r}'\rangle V(\boldsymbol{r}')\langle\boldsymbol{r}'|\boldsymbol{p}\pm\rangle\\&=(2\pi)^{-\frac{3}{2}}\left[\mathrm{e}^{\mathrm{i}\boldsymbol{p}\cdot\boldsymbol{r}}-m(2\pi)^2\langle\pm p\boldsymbol{e}_r|\hat{V}|\boldsymbol{p}\pm\rangle\frac{\mathrm{e}^{\pm\mathrm{i}pr}}{r}\right]\end{aligned}\tag{11.201}$$

后一步利用算符 $\hat{V}$ 是局域算符，脱去两个坐标表示($\boldsymbol{r}$ 和 $\boldsymbol{r}'$)的封闭关系。

因此，$\langle\boldsymbol{r}|\boldsymbol{p}+\rangle$ 在 $\boldsymbol{r}\to\infty$ 的渐近行为是

$$\langle\boldsymbol{r}|\boldsymbol{p}+\rangle\xrightarrow[r\to\infty]{}(2\pi)^{-\frac{3}{2}}\left[\mathrm{e}^{\mathrm{i}\boldsymbol{p}\cdot\boldsymbol{r}}+f(p\boldsymbol{e}_r\leftarrow\boldsymbol{p})\frac{\mathrm{e}^{\mathrm{i}pr}}{r}\right]\tag{11.202}$$

在 $r\to\infty$ 的散射波等于直射平面波和向外射出的球面波叠加。通过 $\{\langle\boldsymbol{r}|\boldsymbol{p}+\rangle\}$ 的叠加，可以得到真实的散射波包 $\langle\boldsymbol{r}|\phi+\rangle$，即

$$\langle\boldsymbol{r}|\phi+\rangle=\int\mathrm{d}^3p\phi(\boldsymbol{p})\langle\boldsymbol{r}|\boldsymbol{p}+\rangle$$

由式(11.193)得

$$\langle\boldsymbol{r}|\phi-\rangle\xrightarrow[r\to\infty]{}(2\pi)^{-\frac{3}{2}}\left[\mathrm{e}^{\mathrm{i}\boldsymbol{p}\cdot\boldsymbol{r}}-m(2\pi)^2\langle-p\boldsymbol{e}_r|\hat{V}|\boldsymbol{p}-\rangle\frac{\mathrm{e}^{-\mathrm{i}\boldsymbol{p}\cdot\boldsymbol{r}}}{r}\right]$$

式中，方括号第一项代表平面波；第二项 $\dfrac{\mathrm{e}^{-\mathrm{i}\boldsymbol{p}\cdot\boldsymbol{r}}}{r}$ 代表向内汇聚的球面波。

11.5　多通道散射的形式理论

前面讨论的内容是无结构粒子在固定势场中散射的李普曼-施温格的形式理论。下面将其推广到包括弹性碰撞、非弹性碰撞和反应碰撞的散射过程中，但不涉及相对论效应，建立非相对论量子散射的形式理论框架。这个理论框架也可以扩展到相对论量子散射。

复杂的散射过程分为以下三种类型。

(1)弹性碰撞。在这类碰撞过程中，各粒子的内部量子状态没有任何变化，只是粒子之间发生平动能的交换。

(2)非弹性碰撞。在这类碰撞过程中，粒子之间除交换平动能之外，还有粒子内部运动状态的变化(如自旋取向的改变，转动、振动和电子运动状态的变化等)，即粒子之间进行平动能和内部能量的交换。

(3)反应碰撞。在这类碰撞过程中，粒子之间除了交换平动能和内部能量外，组成体系的各个(由一个或几个粒子结合而成的)集团进行分解和组合，又称重排碰撞。化学反应就是原子、分子和离子之间的反应碰撞。

在粒子散射过程中，体系变化的各种可能的始态或终态的状态模式称为“通道”或简称“道”。散射体在入射时处于某种状态模式，这种状态模式称为“入射道”。经过散射后，该体系的终态不一定处于一种状态模式(一个通道)，而可能处于不同的状态模式。通道(状态模式)是与碰撞的时间长度($\sim 10^{-10}$s 之内)相比之下稳定的始态$(t \to -\infty)$或终态$(t \to +\infty)$。

例如，a、b、c三个无自旋的粒子组成一个体系。b和c有两个束缚态，即基态(bc)和激发态$(\mathrm{bc})^*$；a和c有一个束缚态(ac)；体系的始态(入射道)为$\mathrm{a}+(\mathrm{bc})$；体系全部可能的始态(或终态)的状态模式有四种，即

通道号	0	1	2	3
通道	$\mathrm{a}+\mathrm{b}+\mathrm{c}$	$\mathrm{a}+(\mathrm{bc})$	$\mathrm{a}+(\mathrm{bc})^*$	$\mathrm{b}+(\mathrm{ac})$

这是“三粒子—四通道—二体始态”(二体指集团数目为 2)。散射过程为

$$\mathrm{a}+(\mathrm{bc}) \longrightarrow \mathrm{a}+\mathrm{b}+\mathrm{c} \tag{11.203}$$

这里把$\mathrm{a}+(\mathrm{bc})$和$\mathrm{a}+(\mathrm{bc})^*$看作不同的通道。在这样通道划分方法中，通道指标$\alpha$已经包括该通道中全部内部运动的量子状态。

散射体系的始态为第 1 通道。它可能的散射过程有四种：

$$\mathrm{a}+(\mathrm{bc}) \longrightarrow \begin{cases} \mathrm{a}+\mathrm{b}+\mathrm{c} & \text{反应碰撞} \\ \mathrm{a}+(\mathrm{bc}) & \text{弹性碰撞} \\ \mathrm{a}+(\mathrm{bc})^* & \text{非弹性碰撞} \\ \mathrm{b}+(\mathrm{ac}) & \text{反应碰撞} \end{cases}$$

分别对应体系从第 1 通道变成第 0、第 1、第 2 和第 3 通道的过程。这里不包括三个粒子结合在一起的束缚态(abc)。因为一旦形成束缚态(abc)，如果不再射入第四个粒子成为四粒子体系，就不会演化成三粒子体系所属的通道。

在散射过程中，能量守恒。上面的四种散射过程在入射通道指定的条件下不是都能进行的。只有在体系的总能量大于某个能量才能达到某个通道的终态。这个能量称为该通道的阈值能量，即阈能。体系的总能量达到某个通道的阈能，就可以从体系的始态达到该通道(状态模式)。该通道为开放通道。未达到其能量阈值的通道是关闭通道。在处理散射问题时，只需考虑开放通道。

下面将其推广到一般情况。令N为散射体系中粒子总数。规定第 0 通道为N个粒子

各自做自由运动的体系状态，其余通道为第 1, 2, …通道。在每个通道内，N 个粒子组成 n_α 个稳定集团，$2 \leqslant n_\alpha \leqslant N$，例如，$(\mathrm{bc})^*$ 是一个集团，$\mathrm{a}+(\mathrm{bc})^*$ 为一个粒子和一个稳定集团。每个集团是一个可以单独做自由运动的单位。集团本身内部运动特征都包括在通道指标 α 中。令通道总数为 n，n 可以是有限的，也可以是无限的。下面只讨论有限个通道的情况。选取第 0 通道的体系总能量为能量零点，或以入射通道体系的总能量为能量零点。

11.5.1　通道的哈密顿算符和渐近态

N 个粒子体系的总哈密顿算符为

$$\begin{aligned}\hat{\boldsymbol{H}} &= \sum_{i=1}^{N} \frac{\hat{\boldsymbol{p}}_i^2}{2m_i} + \sum_{i<j}^{N} V\left(\boldsymbol{r}_{ij}\right) \\ &= \hat{\boldsymbol{H}}_0 + \hat{\boldsymbol{V}}\end{aligned} \tag{11.204}$$

式中，各粒子的动能之和为

$$\hat{\boldsymbol{H}}_0 = \sum_{i=1}^{N} \frac{\hat{\boldsymbol{p}}_i^2}{2m_i}$$

势能之和为

$$\hat{\boldsymbol{V}} = \sum_{i<j}^{N} V\left(\boldsymbol{r}_{ij}\right)$$

$$\boldsymbol{r}_{ij} = \boldsymbol{r}_i - \boldsymbol{r}_j$$

其中，势能 $\boldsymbol{V}$ 只与位置有关，所以 $\hat{\boldsymbol{H}}$ 不含时间变量。在时刻 t，体系的状态为

$$\begin{aligned}\left|\psi_t\right\rangle &= \hat{\boldsymbol{U}}(t)\left|\psi\right\rangle \\ &= \mathrm{e}^{-\mathrm{i}\hat{\boldsymbol{H}}t}\left|\psi\right\rangle\end{aligned} \tag{11.205}$$

在 $t=0$ 时，态矢量 $|\psi\rangle$ 是由 N 个粒子体系状态全体构成的 $\mathscr{H}$ 空间中的任意态矢量，对应的波函数为

$$\begin{aligned}\psi\left(\underline{\boldsymbol{r}}\right) &= \psi\left(\boldsymbol{r}_1, \boldsymbol{r}_1, \cdots, \boldsymbol{r}_N\right) \\ &= \left\langle \boldsymbol{r}_1, \boldsymbol{r}_1, \cdots, \boldsymbol{r}_N \middle| \psi\right\rangle \\ &= \left\langle \underline{\boldsymbol{r}} \middle| \psi\right\rangle\end{aligned} \tag{11.206}$$

其中

$$\underline{\boldsymbol{r}} = \boldsymbol{r}_1, \boldsymbol{r}_1, \cdots, \boldsymbol{r}_N$$

1. 通道的哈密顿算符和状态波函数

起源于第 0 通道（N 个粒子都做自由运动）的真实散射态 $\mathrm{e}^{-\mathrm{i}\hat{\boldsymbol{H}}t}|\psi\rangle$，必有

$$e^{-i\hat{H}t}|\psi\rangle \underset{t\to-\infty}{\to} e^{-i\hat{H}_0 t}|\psi_{入}^0\rangle$$

式中，$|\psi_{入}^0\rangle$ 为第 0 通道入射态的不含时部分，即 $t=0$ 时的入射态。全体 $|\psi_{入}^0\rangle$ 构成的空间记为 $\mathscr{S}^0$。

以三粒子体系为例。当体系处于第 1 通道 $a+(bc)$ 时，哈密顿算符为

$$\hat{H}^1=\sum_{i=1}^{3}\frac{\hat{p}_i^2}{2m_i}+\hat{V}_{bc} \tag{11.207}$$

式中，$\hat{V}_{bc}$ 为集团 (bc) 内的相互作用势能。

起源于第 1 通道的真实散射态 $e^{-i\hat{H}t}|\psi\rangle$，必有

$$e^{-i\hat{H}t}|\psi\rangle \underset{t\to-\infty}{\to} e^{-i\hat{H}^1 t}|\psi_{入}^1\rangle$$

式中，$|\psi_{入}^1\rangle$ 代表第 1 通道入射态的不含时部分，表征本征体系中 a 粒子处于自由态，(bc) 集团处于自由态，同时 (bc) 集团内部处于其内部运动基态这样一个体系状态，即

$$\langle \underset{=}{r}|\psi_{入}^1\rangle=\chi(r_a,R_{bc})\phi_{(bc)}(r_{bc}) \tag{11.208}$$

式中，χ 表示 a 粒子和 (bc) 集团的自由运动；R_{bc} 为 (bc) 集团的质心坐标；$\phi_{(bc)}(r_{bc})$ 表示 (bc) 集团的内部运动状态。

三粒子体系状态空间 $\mathscr{H}$ 中不是所有入射态都能代表第 1 通道的入射渐近态。令第 1 通道的入射渐近态 $|\psi_{入}^1\rangle$ 或出射渐近态 $|\psi_{出}^1\rangle$ 的全体所构成的空间为 $\mathscr{S}^1$。

将第 1 通道的算符 $\hat{H}^1$ 中各集团质心的平动能之和 $\hat{H}_{cm}^1$ 分出来，剩下的是集团内部运动能量之和(称相对运动能量) $\hat{H}_{(bc)}$，即

$$\begin{aligned}\hat{H}^1&=\left[\frac{\hat{p}_a^2}{2m_a}+\frac{\hat{p}_{(bc)}^2}{2(m_b+m_c)}\right]+\left[\frac{\hat{p}_{(bc),r}}{2\left(\frac{m_b m_c}{m_b+m_c}\right)}+\hat{V}_{(bc)}\right]\\&=\hat{H}_{cm}^1+\hat{H}_{(bc)}\end{aligned} \tag{11.209}$$

式中，$\hat{p}_{(bc)}$ 为 (bc) 集团质心的动量；$\hat{p}_{(bc),r}$ 为 (bc) 集团内相对运动动量；等号右边第二个方括号内对应于 (bc) 集团内部运动的算符 $\hat{H}_{(bc)}$，其本征方程为

$$\hat{H}_{(bc)}\phi_{(bc)}(r_{bc})=E_{(bc)}\phi_{(bc)}(r_{bc}) \tag{11.210}$$

式中，$E_{(bc)}$ 为 (bc) 集团的基态能量。所以又有

$$e^{-i\hat{H}t}|\psi\rangle \underset{t\to-\infty}{\to} e^{-i\hat{H}^1 t}|\psi_{入}^1\rangle=e^{-i\left[\hat{H}_{cm}^1+E_{(bc)}\right]t}|\psi_{入}^1\rangle \tag{11.211}$$

第 α 通道的 $\hat{H}$ 算符为

$$\hat{\boldsymbol{H}}^{\alpha}=\hat{\boldsymbol{H}}_0+\sum_{\mu=1}^{\alpha}\hat{\boldsymbol{V}}_{\mu}^{\alpha}=\hat{\boldsymbol{H}}-\sum_{\mu<\nu}^{n_\alpha}\hat{\boldsymbol{V}}_{\mu\nu}^{\alpha} \tag{11.212}$$

式中，$\hat{\boldsymbol{V}}_{\mu}^{\alpha}$ 是第 α 通道中第 μ 个集团内部粒子之间的相互作用势能；$\hat{\boldsymbol{V}}_{\mu\nu}^{\alpha}$ 是第 α 通道内第 μ 集团和第 ν 集团之间的相互作用势能。在第 α 通道中 n_α 个集团各自都自由运动。属于第 α 通道的“入射渐近态” $\left|\psi_{入}^{\alpha}\right\rangle$ 或“出射渐近态” $\left|\psi_{出}^{\alpha}\right\rangle$ 的全体构成“通道子空间” $\mathscr{S}^{\alpha}$。通道子空间 $\mathscr{S}^{\alpha}$ 内的每个体系波函数[式(11.208)]是代表各集团自由运动状态波函数 $\chi\left(\boldsymbol{R}_1,\boldsymbol{R}_2,\cdots,\boldsymbol{R}_{n_\alpha}\right)$ 和 n_α 个集团内部运动状态波函数 $\left\{\phi_\mu:\mu=1(1)n_\alpha\right\}$ 的乘积

$$\left|\underset{=}{\boldsymbol{r}}\right|\psi_{入}^{\alpha}\rangle=\chi\left(\boldsymbol{R}_1,\boldsymbol{R}_2,\cdots,\boldsymbol{R}_{n_\alpha}\right)\prod_{\mu=1}^{n_\alpha}\phi'_\mu$$

$\left\{\left|\psi_{入}^{\alpha}\right\rangle\right\}$ 和 $\left\{\left|\psi_{出}^{\alpha}\right\rangle\right\}$ 都是表示第 α 通道的自由态，所以全部 $\left|\psi_{入}^{\alpha}\right\rangle$ 构成的空间 $\mathscr{S}^{\alpha}$ 就是全部 $\left|\psi_{出}^{\alpha}\right\rangle$ 构成的空间。

2. 多通道理论的渐近条件

与单粒子的散射理论一样，在多通道散射理论中的“渐近条件”为：如果体系的任意通道内所有粒子间的作用势能都符合式(11.66)，则对于任意通道 α 有：

(1) 通道子空间 $\mathscr{S}^{\alpha}$ 中的每一个入射渐近态 $\left|\psi_{入}^{\alpha}\right\rangle$ 都有一个 $t=0$ 时的真实态 $|\psi\rangle$ 满足条件

$$\mathrm{e}^{-\mathrm{i}\hat{\boldsymbol{H}}t}|\psi\rangle\underset{t\to-\infty}{\to}\mathrm{e}^{-\mathrm{i}\hat{\boldsymbol{H}}^{\alpha}t}\left|\psi_{入}^{\alpha}\right\rangle \tag{11.213a}$$

(2) 通道子空间 $\mathscr{S}^{\alpha}$ 中的每一个出射渐近态 $\left|\psi_{出}^{\alpha}\right\rangle$ 都有一个 $t=0$ 时的真实态 $|\psi\rangle$ 满足条件

$$\mathrm{e}^{-\mathrm{i}\hat{\boldsymbol{H}}t}|\psi\rangle\underset{t\to\infty}{\to}\mathrm{e}^{-\mathrm{i}\hat{\boldsymbol{H}}^{\alpha}t}\left|\psi_{出}^{\alpha}\right\rangle \tag{11.213b}$$

对于 $|\psi\rangle$ 与 $\left|\psi_{入}^{\alpha}\right\rangle$ 的联系及 $|\psi\rangle$ 与 $\left|\psi_{出}^{\alpha}\right\rangle$ 的联系，定义“通道梅勒波算符” $\hat{\boldsymbol{\Omega}}_{+}^{\alpha}$ 和 $\hat{\boldsymbol{\Omega}}_{-}^{\alpha}$ 为

$$|\psi\rangle=\hat{\boldsymbol{\Omega}}_{+}^{\alpha}\left|\psi_{入}^{\alpha}\right\rangle=\lim_{t\to-\infty}\mathrm{e}^{-\mathrm{i}\hat{\boldsymbol{H}}t}\mathrm{e}^{-\mathrm{i}\hat{\boldsymbol{H}}^{\alpha}t}\left|\psi_{入}^{\alpha}\right\rangle \tag{11.214a}$$

$$|\psi\rangle=\hat{\boldsymbol{\Omega}}_{-}^{\alpha}\left|\psi_{出}^{\alpha}\right\rangle=\lim_{t\to\infty}\mathrm{e}^{\mathrm{i}\hat{\boldsymbol{H}}t}\mathrm{e}^{-\mathrm{i}\hat{\boldsymbol{H}}^{\alpha}t}\left|\psi_{出}^{\alpha}\right\rangle \tag{11.214b}$$

如果散射体系的始态是在第 α 通道的入射渐近态 $|\phi\rangle\ (\in\mathscr{S}^{\alpha})$，经过碰撞体系最后变成第 α' 通道的出射渐近态 $|\phi'\rangle\ (\in\mathscr{S}^{\alpha'})$。这一散射过程的概率为

$$w(\phi',\alpha'\leftarrow\phi,\alpha)=\left|\left\langle\phi'\right|\hat{\boldsymbol{\Omega}}_{-}^{\alpha'+}\hat{\boldsymbol{\Omega}}_{+}^{\alpha}\left|\phi\right\rangle\right|^2 \tag{11.215}$$

3. 正交定理

正交定理：任意真实的散射态与 N 个粒子全部结合在一起的任意束缚态一定是正交

的；从不同入射通道的入射渐近态演化来的真实散射态之间也一定是正交的；将要演化成不同通道的出射渐近态的真实散射态之间也一定是正交的。表示如下：$|\phi\rangle$ 为任意一个所有 N 个粒子全部结合在一起的束缚态。令

$$|\psi\rangle = \hat{\boldsymbol{\Omega}}_{+}^{\alpha} |\psi_{\text{入}}^{\alpha}\rangle$$

其中

$$|\psi_{\text{入}}^{\alpha}\rangle \in \mathscr{S}^{\alpha}$$

$$|\psi'\rangle = \hat{\boldsymbol{\Omega}}_{+}^{\alpha'} |\psi_{\text{入}}^{\alpha'}\rangle$$

其中

$$|\psi_{\text{入}}^{\alpha'}\rangle \in \mathscr{S}^{\alpha'}$$

且
$$\alpha \neq \alpha'$$

则

$$\langle\phi|\psi\rangle = \langle\phi|\psi'\rangle = \langle\psi|\psi'\rangle = 0 \tag{11.216a}$$

同样，令

$$|\chi\rangle = \hat{\boldsymbol{\Omega}}_{-}^{\alpha} |\psi_{\text{出}}^{\alpha}\rangle$$

其中

$$|\psi_{\text{出}}^{\alpha}\rangle \in \mathscr{S}^{\alpha}$$

$$|\chi'\rangle = \hat{\boldsymbol{\Omega}}_{-}^{\alpha'} |\psi_{\text{出}}^{\alpha'}\rangle$$

其中

$$|\psi_{\text{出}}^{\alpha'}\rangle \in \mathscr{S}^{\alpha'}$$

且

$$\alpha \neq \alpha'$$

则

$$\langle\phi|\chi\rangle = \langle\phi|\chi'\rangle = \langle\chi|\chi'\rangle = 0 \tag{11.216b}$$

正交定理的另一形式如下：

令全体 $|\phi\rangle$ 构成的空间为 $\mathscr{B}$, $\hat{\boldsymbol{\Omega}}_{\pm}^{\alpha}$ 的值域为 $\mathscr{R}_{\pm}^{\alpha}$,全体 $|\psi\rangle$ 构成的空间为 $\mathscr{R}_{+}^{\alpha}$,全体 $|\chi\rangle$ 构成的空间为 $\mathscr{R}_{-}^{\alpha}$ ，则

$$\mathscr{B} \perp \mathscr{R}_{\pm}^{\alpha} \qquad \forall \alpha \tag{11.217a}$$

和

$$\mathscr{R}_+^\alpha \perp \mathscr{R}_+^{\alpha'}, \quad \mathscr{R}_-^\alpha \perp \mathscr{R}_-^{\alpha'} \qquad \forall \alpha,\alpha'(\alpha \neq \alpha') \tag{11.217b}$$

特殊情况 $\mathscr{R}_+^\alpha \perp \mathscr{R}_-^{\alpha'}$ 意味着从入射通道 α 演化来的真实散射态决不会将来演化到出射通道 α'。这是从 α 通道到 α' 通道禁阻的特例。若 $\mathscr{R}_+^\alpha = \mathscr{R}_-^\alpha$，则意味着从入射通道 α 演化来的真实散射态将来只能且必须演化到同一通道的出射渐近态，这是只能作弹性碰撞的特例。一般来说，$\mathscr{R}_+^\alpha \neq \mathscr{R}_-^\alpha$。若 $\mathscr{R}_+^\alpha$ 与 $\mathscr{R}_-^0,\mathscr{R}_-^1,\cdots,\mathscr{R}_-^n$ 几个子空间都有些重叠，则会发生非弹性碰撞和反应碰撞。

上述真实态 $|\psi\rangle$ 是从某一特定的入射通道演化来的，或者真实态 $|\psi\rangle$ 要演化到某一特定的出射通道。下面推广到入射时就不只是一个通道的入射态，而是散射定态 $|\psi\rangle$ 所对应的入射渐近态可以是所有入射通道的渐近态的叠加，即

$$\mathrm{e}^{-\mathrm{i}\hat{\boldsymbol{H}}t}|\psi\rangle \underset{t\to-\infty}{\rightarrow} \sum_{\alpha=0}^{n} \mathrm{e}^{-\mathrm{i}\hat{\boldsymbol{H}}^\alpha t}|\psi_{入}^\alpha\rangle \tag{11.218}$$

其中

$$|\psi_{入}^\alpha\rangle \in \mathscr{S}^\alpha$$

于是

$$|\psi\rangle = \sum_{\alpha=0}^{n} \hat{\boldsymbol{\Omega}}_+^\alpha |\psi_{入}^\alpha\rangle \tag{11.219}$$

真实散射态所对应的入射渐近态用集合 $\{|\psi_{入}^0\rangle,|\psi_{入}^1\rangle,\cdots,|\psi_{入}^\alpha\rangle,\cdots,|\psi_{入}^n\rangle\}$ 来表示，记为 $|\Psi_{入}\rangle$，有

$$|\Psi_{入}\rangle = \{|\psi_{入}^0\rangle,|\psi_{入}^1\rangle,\cdots,|\psi_{入}^\alpha\rangle,\cdots,|\psi_{入}^n\rangle\} \tag{11.220}$$

这样，式(11.214a)是式(11.220)的特例，即

$$|\Psi_{入}\rangle = \{0,\cdots,\ 0,|\psi_{入}^\alpha\rangle,0,\cdots,0\}$$

同样，由散射定态 $|\psi\rangle$ 演化成的出射渐近态可以是所有出射通道的渐近态的叠加，即

$$\mathrm{e}^{-\mathrm{i}\hat{\boldsymbol{H}}t}|\psi\rangle \underset{t\to\infty}{\rightarrow} \sum_{\alpha=0}^{n} \mathrm{e}^{-\mathrm{i}\hat{\boldsymbol{H}}^\alpha t}|\psi_{出}^\alpha\rangle \tag{11.221}$$

其中

$$|\psi_{出}^\alpha\rangle \in \mathscr{S}^\alpha$$

于是

$$|\psi\rangle = \sum_{\alpha=0}^{n} \hat{\boldsymbol{\Omega}}_-^\alpha |\psi_{出}^\alpha\rangle \tag{11.222}$$

真实的散射态所对应的出射渐近态用集合

$$\left|\Psi_{出}\right\rangle=\left\{\left|\psi_{出}^{0}\right\rangle,\left|\psi_{出}^{1}\right\rangle,\cdots,\left|\psi_{出}^{\alpha}\right\rangle,\cdots,\left|\psi_{出}^{n}\right\rangle\right\} \tag{11.223}$$

表示。式(11.214b)是式(11.223)的特例，即

$$\left|\Psi_{出}\right\rangle=\left\{0,\cdots,0,\left|\psi_{出}^{\alpha}\right\rangle,\ 0,\cdots,0\right\}$$

若第 β 通道达不到阈能，不能开放，则集合 $\left|\Psi_{出}\right\rangle$ 中的 $\left|\psi_{出}^{\beta}\right\rangle=0$ 。

总之，每个真实的散射态都是既满足渐近行为

$$\hat{U}(t)|\psi\rangle \underset{t\to-\infty}{\rightarrow} \sum_{\alpha=0}^{n}\hat{U}^{\alpha}(t)\left|\psi_{入}^{\alpha}\right\rangle$$

又满足

$$\hat{U}(t)|\psi\rangle \underset{t\to\infty}{\rightarrow} \sum_{\alpha=0}^{n}\hat{U}^{\alpha}(t)\left|\psi_{出}^{\alpha}\right\rangle \tag{11.224}$$

其中

$$\hat{U}^{\alpha}(t)=\mathrm{e}^{-\mathrm{i}\hat{H}^{\alpha}t} \qquad \forall\alpha$$

不是体系的每个状态都是一种散射态，还可以是 N 个粒子结合在一起的束缚态。全体散射态 $|\psi\rangle$ 构成的空间 $\mathscr{R}$ 与全体束缚态构成的空间 $\mathscr{B}$ 一起构成 N 个粒子体系的全体系状态的 $\mathscr{H}$ 空间，即

$$\mathscr{H}=\mathscr{R}\oplus\mathscr{B}$$

和

$$\mathscr{R}=\mathscr{R}_{+}^{0}\oplus\mathscr{R}_{+}^{1}\oplus\cdots\oplus\mathscr{R}_{+}^{n}=\mathscr{R}_{-}^{0}\oplus\mathscr{R}_{-}^{1}\oplus\cdots\oplus\mathscr{R}_{-}^{n}$$

这称为“渐近完备”。渐近完备性保证了对应关系式(11.224)成立。

通道梅勒波算符 $\hat{\Omega}_{\pm}^{\alpha}$ 的定义域为 $\mathscr{D}\left(\hat{\Omega}_{\pm}^{\alpha}\right)=\mathscr{S}^{\alpha}$，值域为 $\mathscr{R}\left(\hat{\Omega}_{\pm}^{\alpha}\right)=\mathscr{R}_{\pm}^{\alpha}$。它们是从 $\mathscr{S}^{\alpha}$ 映射到 $\mathscr{R}_{\pm}^{\alpha}$ 的等模算符，即

$$\hat{\Omega}_{\pm}^{\alpha}:\mathscr{S}^{\alpha}\rightarrow\mathscr{R}_{\pm}^{\alpha}$$

11.5.2 散射算符

入射渐近态集合为 $\left|\Psi_{入}\right\rangle=\left\{\left|\psi_{入}^{0}\right\rangle,\left|\psi_{入}^{1}\right\rangle,\cdots,\left|\psi_{入}^{\alpha}\right\rangle,\cdots,\left|\psi_{入}^{n}\right\rangle\right\}$，同一通道的全体 $\left|\psi_{入}^{\alpha}\right\rangle$ 构成 $\mathscr{S}^{\alpha}$ 空间，全体入射渐近态 $\left|\Psi_{入}\right\rangle$ 构成 $\mathscr{H}_{\mathrm{as}}$ 空间。$\mathscr{H}_{\mathrm{as}}$ 是 $\{\mathscr{S}^{\alpha}\}$ 的直和空间

$$\mathscr{H}_{\mathrm{as}}=\mathscr{S}^{0}\oplus\mathscr{S}^{1}\oplus\cdots\oplus\mathscr{S}^{n}$$

由于同一通道的全体 $\left|\psi_{入}^{\alpha}\right\rangle$ 构成的空间 $\mathscr{S}^{\alpha}$ 就是该通道的全体 $\left|\psi_{出}^{\alpha}\right\rangle$ 构成的空间，因此就可称空间 $\mathscr{H}_{\mathrm{as}}$ 为多通道散射体系全体渐近态矢量构成的空间，即多通道体系的每个入射(或出射)渐近态与空间 $\mathscr{H}_{\mathrm{as}}$ 中的矢量是一一对应的。

对于 $t=0$ 时的散射真实态

$$\left|\psi\right\rangle=\sum_{\alpha=0}^{n}\hat{\boldsymbol{\Omega}}_{+}^{\alpha}\left|\psi_{入}^{\alpha}\right\rangle$$

定义线性算符 $\hat{\boldsymbol{\Omega}}_{+}$ 为

$$\left|\psi\right\rangle=\hat{\boldsymbol{\Omega}}_{+}\left|\Psi_{入}\right\rangle=\hat{\boldsymbol{\Omega}}_{+}\left\{\left|\psi_{入}^{0}\right\rangle,\left|\psi_{入}^{1}\right\rangle,\cdots,\left|\psi_{入}^{n}\right\rangle\right\}=\sum_{\alpha=0}^{n}\hat{\boldsymbol{\Omega}}_{+}^{\alpha}\left|\psi_{入}^{\alpha}\right\rangle \tag{11.225}$$

可见，算符 $\hat{\boldsymbol{\Omega}}_{+}$ 就是映射 $\mathscr{H}_{\mathrm{as}}\rightarrow\mathscr{R}$。

同样，对于 $t=0$ 时的真实态

$$\left|\psi\right\rangle=\sum_{\alpha=0}^{n}\hat{\boldsymbol{\Omega}}_{-}^{\alpha}\left|\psi_{出}^{\alpha}\right\rangle$$

定义线性算符 $\hat{\boldsymbol{\Omega}}_{-}$ 为

$$\left|\psi\right\rangle=\hat{\boldsymbol{\Omega}}_{-}\left|\Psi_{出}\right\rangle=\hat{\boldsymbol{\Omega}}_{-}\left\{\left|\psi_{出}^{0}\right\rangle,\left|\psi_{出}^{1}\right\rangle,\cdots,\left|\psi_{出}^{n}\right\rangle\right\}=\sum_{\alpha=0}^{n}\hat{\boldsymbol{\Omega}}_{-}^{\alpha}\left|\psi_{出}^{\alpha}\right\rangle \tag{11.226}$$

可见，算符 $\hat{\boldsymbol{\Omega}}_{-}$ 也是映射 $\mathscr{H}_{\mathrm{as}}\rightarrow\mathscr{R}$。

$\hat{\boldsymbol{\Omega}}_{+}$ 和 $\hat{\boldsymbol{\Omega}}_{-}$ 都是等模算符，即

$$\hat{\boldsymbol{\Omega}}_{\pm}^{\dagger}\hat{\boldsymbol{\Omega}}_{\pm}=1 \tag{11.227}$$

通常

$$\hat{\boldsymbol{\Omega}}_{\pm}\hat{\boldsymbol{\Omega}}_{\pm}^{\dagger}\neq1$$

因为每个散射态都既需要 $t\rightarrow-\infty$ 时具有一定的入射渐近态，又要在 $t\rightarrow\infty$ 时具有一定的出射渐近态，所以 $\left|\Psi_{出}\right\rangle$ 可以通过 $\left|\psi\right\rangle$ 与 $\left|\Psi_{入}\right\rangle$ 联系起来，即

$$\left|\Psi_{出}\right\rangle=\hat{\boldsymbol{\Omega}}_{-}^{\dagger}\left|\psi\right\rangle=\hat{\boldsymbol{\Omega}}_{-}^{\dagger}\hat{\boldsymbol{\Omega}}_{+}\left|\Psi_{入}\right\rangle$$

于是散射算符 $\hat{\boldsymbol{S}}$ 在多通道问题中定义为

$$\hat{\boldsymbol{S}}=\hat{\boldsymbol{\Omega}}_{-}^{\dagger}\hat{\boldsymbol{\Omega}}_{-} \tag{11.228a}$$

即

$$\left|\Psi_{出}\right\rangle=\hat{\boldsymbol{S}}\left|\Psi_{入}\right\rangle \tag{11.228b}$$

散射算符 $\hat{\boldsymbol{S}}$ 是 $\mathscr{H}_{\mathrm{as}}\rightarrow\mathscr{H}_{\mathrm{as}}$ 的映射，是酉算符

$$\hat{\boldsymbol{S}}^{\dagger}\hat{\boldsymbol{S}}=\hat{\boldsymbol{S}}\hat{\boldsymbol{S}}^{\dagger}=1$$

由入射渐近态 $\left|\phi\right\rangle$ $(\in\mathscr{H}_{\mathrm{as}})$变成出射渐近态 $\left|\phi'\right\rangle$ $(\in\mathscr{H}_{\mathrm{as}})$的概率为

$$w(\phi'\leftarrow\phi)=\left|\left\langle\phi'\right|\hat{\boldsymbol{S}}\left|\phi\right\rangle\right|^{2} \tag{11.229}$$

在实验中，将散射体系的始态安排在某一指定的通道，即

$$|\phi\rangle=\{0,\cdots,0,|\phi\rangle,0,\cdots,0\}\quad（其中\ \phi\in\mathscr{S}^{\alpha}）$$

虽然出射态 $\hat{\boldsymbol{S}}|\phi\rangle$ 分布在多个通道，但在实验中可以用特种探测器或能谱等方法测量在某一指定通道的终态，即

$$|\phi'\rangle=\{0,\cdots,0,|\phi'\rangle,0,\cdots,0\}\quad（其中\ |\phi'\rangle\in\mathscr{S}^{\alpha'}）$$

这时，从第 α 通道的入射渐近态 $|\phi\rangle$ 散射后到达第 α' 通道的入射渐近态 $|\phi'\rangle$ 的概率为

$$w(\phi',\alpha'\leftarrow\phi,\alpha)=\left|\langle\phi',\alpha'|\hat{\boldsymbol{S}}|\phi,\alpha\rangle\right|^2=\left|\langle\phi',\alpha'|\hat{\boldsymbol{\Omega}}_-^{\alpha'\dagger}\hat{\boldsymbol{\Omega}}_+^{\alpha}|\phi,\alpha\rangle\right|^2 \tag{11.230}$$

11.5.3 多通道体系的动量表示

由于 $\mathscr{H}_{as}$ 是全体 $|\psi_{入}\rangle$ 或全体 $|\psi_{出}\rangle$ 构成的空间，体系中每个集团都做自由运动。n_α 为第 α 通道中做自由运动的集团总数，$\underline{\underline{\boldsymbol{p}}}$ 为第 α 通道各集团质心动量 $\boldsymbol{p}_1,\boldsymbol{p}_2,\cdots,\boldsymbol{p}_\mu,\cdots,\boldsymbol{p}_{n_\alpha}$ 的集合，即

$$\underline{\underline{\boldsymbol{p}}}=(\boldsymbol{p}_1,\boldsymbol{p}_2,\cdots,\boldsymbol{p}_\mu,\cdots,\boldsymbol{p}_{n_\alpha})$$

从式(11.212)和式(11.209)可见，$\underline{\underline{\boldsymbol{p}}}$ 和 α 能代表 $\hat{\boldsymbol{H}}^\alpha$ 的全部特征。以 $\{|\underline{\underline{\boldsymbol{p}}},\alpha\rangle\}$ 为 $\hat{\boldsymbol{H}}^\alpha$ 的本征态集合，有

$$\hat{\boldsymbol{H}}^\alpha|\underline{\underline{\boldsymbol{p}}},\alpha\rangle=E_p^\alpha|\underline{\underline{\boldsymbol{p}}},\alpha\rangle=\left(\sum_{\mu=1}^{n_\alpha}\frac{p_\mu^2}{2m_\mu}+E_{内}^\alpha\right)|\underline{\underline{\boldsymbol{p}}},\alpha\rangle \tag{11.231}$$

式中，本征值 $E_{\underline{\underline{p}}}^\alpha$ 等于第 α 通道各集团质心平动能之和[式(11.231)用 $\underline{\underline{\boldsymbol{p}}}$ 表征]加上由 α 表征的各集团内部运动能量之和 $E_{内}^\alpha$。因此，对于指定的通道 α，集合 $\{|\underline{\underline{\boldsymbol{p}}},\alpha\rangle：所有\ \underline{\underline{\boldsymbol{p}}}\}$ 是子空间 $\mathscr{S}^\alpha$ 中动量表象的基。由于

$$\mathscr{H}_{as}\to\mathscr{S}^0\oplus\mathscr{S}^1\oplus\cdots\oplus\mathscr{S}^n$$

因此在空间 $\mathscr{H}_{as}$ 中，动量表象的基就是全部通道 α 的子空间 $\mathscr{S}^\alpha$ 的动量表象的基集合，即

$$\{0,\cdots,0,|\underline{\underline{\boldsymbol{p}}},\alpha\rangle,0,\cdots,0:全部\alpha,全部\underline{\underline{\boldsymbol{p}}}\}$$

其中一个，如

$$\{0,\cdots,0,|\underline{\underline{\boldsymbol{p}}},\alpha\rangle,0,\cdots,0\}$$

表示动量 $\underline{\underline{\boldsymbol{p}}}$ 都在第 α 通道的渐近态 $|\Psi_{入}\rangle$ 或 $|\Psi_{出}\rangle$。令

$$\{|\underline{\underline{\boldsymbol{p}}},\alpha\rangle\}\equiv\{0,\cdots,0,|\underline{\underline{\boldsymbol{p}}},\alpha\rangle,0,\cdots,0\}$$

(注意与$\mathscr{S}^{\alpha}$的基区分)，则$\mathscr{H}_{\text{as}}$的动量表象的基为

$$\left\{\left|\underline{\underline{\boldsymbol{p}}},\alpha\right\rangle:\alpha=0(1)n,\text{所有}\underline{\underline{\boldsymbol{p}}}\right\}\tag{11.232}$$

其正交“归一化”和封闭关系为

$$\left\langle\underline{\underline{\boldsymbol{p}}}',\alpha'\middle|\underline{\underline{\boldsymbol{p}}},\alpha\right\rangle=\delta\left(\underline{\underline{\boldsymbol{p}}}'-\underline{\underline{\boldsymbol{p}}}\right)\delta_{\alpha',\alpha}\tag{11.233}$$

和

$$\sum_{\alpha=0}^{n}\int\mathrm{d}\underline{\underline{\boldsymbol{p}}}\left|\underline{\underline{\boldsymbol{p}}},\alpha\right\rangle\left\langle\underline{\underline{\boldsymbol{p}}},\alpha\right|=\mathbf{1}\tag{11.234}$$

因为第α通道的质心动量集合$\underline{\underline{\boldsymbol{p}}}$是$3n_{\alpha}$维的，所以$\delta\left(\underline{\underline{\boldsymbol{p}}}'-\underline{\underline{\boldsymbol{p}}}\right)$也是$3n_{\alpha}$维的狄拉克$\delta$函数，微体积元$\mathrm{d}\underline{\underline{\boldsymbol{p}}}$也是$3n$维的。式(11.234)中的$\mathbf{1}$是$\mathscr{H}_{\text{as}}$空间的单位算符。

11.5.4　能量守恒与壳面 T 矩阵

1. 梅勒波算符的易位关系

$\hat{\boldsymbol{\Omega}}_{\pm}^{\alpha}$算符的定义域为

$$\mathscr{D}\left(\hat{\boldsymbol{\Omega}}_{\pm}^{\alpha}\right)=\mathscr{S}^{\alpha}$$

对于$\mathscr{S}^{\alpha}$中的任意矢量都有

$$\hat{\boldsymbol{\Omega}}_{\pm}^{\alpha}=\lim_{t\to\mp\infty}\mathrm{e}^{\mathrm{i}\hat{\boldsymbol{H}}t}\mathrm{e}^{-\mathrm{i}\hat{\boldsymbol{H}}^{\alpha}t}$$

因此，对任意实数T都有

$$\mathrm{e}^{\mathrm{i}\hat{\boldsymbol{H}}t}\hat{\boldsymbol{\Omega}}_{\pm}^{\alpha}=\left[\lim_{t\to\mp\infty}\mathrm{e}^{\mathrm{i}\hat{\boldsymbol{H}}(T+t)}\mathrm{e}^{-\mathrm{i}\hat{\boldsymbol{H}}^{\alpha}(T+t)}\right]\mathrm{e}^{\mathrm{i}\hat{\boldsymbol{H}}t}=\hat{\boldsymbol{\Omega}}_{\pm}^{\alpha}\mathrm{e}^{\mathrm{i}\hat{\boldsymbol{H}}^{\alpha}T}$$

将上式对T求导后，令$T=0$，得

$$\hat{\boldsymbol{H}}\hat{\boldsymbol{\Omega}}_{\pm}^{\alpha}=\hat{\boldsymbol{\Omega}}_{\pm}^{\alpha}\hat{\boldsymbol{H}}^{\alpha}\quad\forall\alpha\tag{11.235}$$

写成厄米共轭形式，为

$$\hat{\boldsymbol{\Omega}}_{\pm}^{\alpha\dagger}\hat{\boldsymbol{H}}=\hat{\boldsymbol{H}}^{\alpha}\hat{\boldsymbol{\Omega}}_{\pm}^{\alpha\dagger}\quad\forall\alpha\tag{11.236}$$

以上两式即为梅勒波算符的易位关系式。

2. 动量表象的$\hat{\boldsymbol{S}}$矩阵元

由于算符$\hat{\boldsymbol{S}}$代表$\mathscr{H}_{\text{as}}\to\mathscr{H}_{\text{as}}$的映射关系，因此采用$\mathscr{H}_{\text{as}}$的动量表象的基$\left\{\left|\underline{\underline{\boldsymbol{p}}},\alpha\right\rangle:\text{所有}\alpha,\text{所有}\underline{\underline{\boldsymbol{p}}}\right\}$。由式(11.230)可知，矩阵元$\left\langle\underline{\underline{\boldsymbol{p}}}',\alpha'\middle|\hat{\boldsymbol{S}}\middle|\underline{\underline{\boldsymbol{p}}},\alpha\right\rangle$的模方就是从始态$\left|\underline{\underline{\boldsymbol{p}}},\alpha\right\rangle$散射到达终态$\left|\underline{\underline{\boldsymbol{p}}}',\alpha'\right\rangle$的概率。

由于

$$E\left\langle \underline{\underline{\boldsymbol{p}}}',\alpha'\left|\hat{\boldsymbol{S}}\right|\underline{\underline{\boldsymbol{p}}},\alpha\right\rangle=\left\langle \underline{\underline{\boldsymbol{p}}}',\alpha'\left|\hat{\boldsymbol{\Omega}}_{-}^{\alpha'\dagger}\hat{\boldsymbol{\Omega}}_{+}^{\alpha}\hat{\boldsymbol{H}}^{\alpha}\right|\underline{\underline{\boldsymbol{p}}},\alpha\right\rangle$$

利用易位关系式

$$\hat{\boldsymbol{\Omega}}_{-}^{\alpha'\dagger}\hat{\boldsymbol{\Omega}}_{+}^{\alpha}\hat{\boldsymbol{H}}^{\alpha}=\hat{\boldsymbol{\Omega}}_{-}^{\alpha'\dagger}\hat{\boldsymbol{H}}^{\alpha}\hat{\boldsymbol{\Omega}}_{+}^{\alpha}=\hat{\boldsymbol{H}}^{\alpha'}\hat{\boldsymbol{\Omega}}_{-}^{\alpha'\dagger}\hat{\boldsymbol{\Omega}}_{+}^{\alpha}=\hat{\boldsymbol{H}}^{\alpha'}\hat{\boldsymbol{S}}$$

得

$$E\left\langle \underline{\underline{\boldsymbol{p}}}',\alpha'\left|\hat{\boldsymbol{S}}\right|\underline{\underline{\boldsymbol{p}}},\alpha\right\rangle=\left\langle \underline{\underline{\boldsymbol{p}}}',\alpha'\left|\hat{\boldsymbol{H}}^{\alpha'}\hat{\boldsymbol{S}}\right|\underline{\underline{\boldsymbol{p}}},\alpha\right\rangle=E'\left\langle \underline{\underline{\boldsymbol{p}}}',\alpha'\left|\hat{\boldsymbol{S}}\right|\underline{\underline{\boldsymbol{p}}},\alpha\right\rangle \tag{11.237}$$

散射算符 $\hat{\boldsymbol{S}}$ 保持能量守恒的性质。体系的势能只取决于粒子之间的相对位置，因此体系具有空间位置平移不变性。所以算符 $\hat{\boldsymbol{S}}$ 与总动量算符 $\sum_{i=1}^{N}\hat{p}_i$ 对应。$\hat{\boldsymbol{S}}$ 的矩阵元可以写成

$$\left\langle \underline{\underline{\boldsymbol{p}}}',\alpha'\left|\hat{\boldsymbol{S}}\right|\underline{\underline{\boldsymbol{p}}},\alpha\right\rangle=\delta(E'-E)\delta^3(\boldsymbol{p}'-\boldsymbol{p})c$$

式中，$\boldsymbol{p}'$ 和 $\boldsymbol{p}$ 分别是状态 $\left|\underline{\underline{\boldsymbol{p}}}',\alpha'\right\rangle$ 和 $\left|\underline{\underline{\boldsymbol{p}}},\alpha'\right\rangle$ 的体系总动量；c 为其他因子。

因为 $\hat{\boldsymbol{S}}=1$ 相当于不发生散射，所以散射算符 $\hat{\boldsymbol{S}}$ 可以写成

$$\hat{\boldsymbol{S}}=1+\hat{\boldsymbol{R}} \tag{11.238}$$

第一项代表不散射项，算符 $\hat{\boldsymbol{R}}$ 代表散射作用。算符 $\hat{\boldsymbol{R}}$ 和 $\hat{\boldsymbol{S}}$ 一样要保持能量和总动量守恒，所以算符 $\hat{\boldsymbol{R}}$ 的动量表象矩阵元也有因子 $\delta(E'-E)\delta^3(\boldsymbol{p}'-\boldsymbol{p})$。由式(11.238)，有

$$\left\langle \underline{\underline{\boldsymbol{p}}}',\alpha'\left|\hat{\boldsymbol{S}}\right|\underline{\underline{\boldsymbol{p}}},\alpha\right\rangle=\delta\left(\underline{\underline{\boldsymbol{p}}}'-\underline{\underline{\boldsymbol{p}}}\right)\delta_{\alpha'\alpha}+\delta(E'-E)\delta^3(\boldsymbol{p}'-\boldsymbol{p})c \tag{11.239}$$

式(11.239)中的 c (其他因子)与体系的体心运动无关，只与在质心坐标系中体系各集团的运动(称为相对运动)有关。

将体系的算符 $\hat{\boldsymbol{H}}$ 分为质心运动的算符 $\hat{\boldsymbol{H}}_{\mathrm{cm}}$ 和体系内相对运动的算符 $\hat{\boldsymbol{H}}_{\mathrm{r}}$，有

$$\hat{\boldsymbol{H}}=\hat{\boldsymbol{H}}_{\mathrm{cm}}+\hat{\boldsymbol{H}}_{\mathrm{r}}$$

其中

$$\hat{\boldsymbol{H}}_{\mathrm{cm}}=\frac{\hat{\boldsymbol{p}}^2}{2\sum_{i=1}^{N}m_i}$$

式中，$\hat{\boldsymbol{p}}$ 为体系质心的动量算符；$\hat{\boldsymbol{H}}_{\mathrm{r}}$ 为质心坐标系内各集团运动的总能量。

因此，算符 $\hat{\boldsymbol{H}}$ 所有的本征态构成的空间 $\mathscr{H}$ 是算符 $\hat{\boldsymbol{H}}_{\mathrm{cm}}$ 所有的本征态构成的空间 $\mathscr{H}_{\mathrm{cm}}$ 和算符 $\hat{\boldsymbol{H}}_{\mathrm{r}}$ 所有本征态构成的空间 $\mathscr{H}_{\mathrm{r}}$ 的张量空间，即

$$\mathscr{H}=\mathscr{H}_{\mathrm{cm}}\otimes\mathscr{H}_{\mathrm{r}}$$

由于散射与质心运动无关，$\hat{\boldsymbol{S}}$ 可以写作

$$\hat{\boldsymbol{S}}=\mathbf{1}_{\mathrm{cm}}\otimes\hat{\boldsymbol{S}}_{\mathrm{r}}$$

式中，算符 $\hat{\boldsymbol{S}}_{\mathrm{r}}$ 描述散射过程中体系内各粒子的相对运动能量，它只取决于算符 $\hat{\boldsymbol{H}}_{\mathrm{r}}$ 。在质心坐标系中，只需讨论算符 $\hat{\boldsymbol{S}}_{\mathrm{r}}$ 。

对于处于第 α 通道的体系，描述其运动状态除了通道指标 α 外，还要用其中 n_α 个集团的动量 $\left(\boldsymbol{p}_1,\boldsymbol{p}_2,\cdots,\boldsymbol{p}_{n_\alpha}\right)$。集团动量也可以用质心动量 $\boldsymbol{p}$ 与集团相对运动的 $(n_\alpha-1)$ 个动量 $\left(\boldsymbol{p}_{1\mathrm{r}},\boldsymbol{p}_{2\mathrm{r}},\cdots,\boldsymbol{p}_{(n_\alpha-1)\mathrm{r}}\right)$ 来表征。

令

$$\underline{\boldsymbol{p}}=\left(\boldsymbol{p}_{1\mathrm{r}},\boldsymbol{p}_{2\mathrm{r}},\cdots,\boldsymbol{p}_{(n_\alpha-1)\mathrm{r}}\right) \tag{11.240}$$

由于式(11.239)中的 c (其他因子)只与相对运动有关，因此可以写作

$$\left\langle\underline{\underline{\boldsymbol{p}}}',\alpha'\middle|\hat{\boldsymbol{S}}\middle|\underline{\underline{\boldsymbol{p}}},\alpha\right\rangle=\delta\left(\underline{\underline{\boldsymbol{p}}}'-\underline{\underline{\boldsymbol{p}}}\right)\delta_{\alpha'\alpha}-\delta(E'-E)\delta^3(\boldsymbol{p}'-\boldsymbol{p})2\pi\mathrm{i}t\left(\underline{\boldsymbol{p}}',\alpha'\leftarrow\underline{\boldsymbol{p}},\alpha\right) \tag{11.241}$$

式(11.241)可看作是函数 $t\left(\underline{\boldsymbol{p}}',\alpha'\leftarrow\underline{\boldsymbol{p}},\alpha\right)$ 的定义式。撇开体系的质心运动之后，体系状态 $\left|\underline{\underline{\boldsymbol{p}}},\alpha\right\rangle$ 就可以用 $\left|\underline{\boldsymbol{p}},\alpha\right\rangle$ 来表示。相应地，$\hat{\boldsymbol{S}}$ 改为 $\hat{\boldsymbol{S}}_{\mathrm{r}}$ ，$\hat{\boldsymbol{\Omega}}_{\pm}^{\alpha}$ 改为 $\hat{\boldsymbol{\Omega}}_{\pm\mathrm{r}}^{\alpha}$ 等。在质心坐标系，式(11.241)成为

$$\left\langle\underline{\boldsymbol{p}}',\alpha'\middle|\hat{\boldsymbol{S}}_{\mathrm{r}}\middle|\underline{\boldsymbol{p}},\alpha\right\rangle=\delta\left(\underline{\boldsymbol{p}}'-\underline{\boldsymbol{p}}\right)\delta_{\alpha'\alpha}-\delta(E'-E)2\pi\mathrm{i}t\left(\underline{\boldsymbol{p}}',\alpha'\leftarrow\underline{\boldsymbol{p}},\alpha\right) \tag{11.242}$$

式中，$t\left(\underline{\boldsymbol{p}}',\alpha'\leftarrow\underline{\boldsymbol{p}},\alpha\right)$ 称为壳面 $\boldsymbol{T}$ 矩阵元。这是因为因子 $\delta(E'-E)$ 相当于在动量空间的球壳上。将 $t\left(\underline{\boldsymbol{p}}',\alpha'\leftarrow\underline{\boldsymbol{p}},\alpha\right)$ 和 $\left\langle\underline{\boldsymbol{p}}',\alpha'\middle|\hat{\boldsymbol{S}}_{\mathrm{r}}\middle|\underline{\boldsymbol{p}},\alpha\right\rangle$ 中的 α' 和 α 分别看作矩阵的行指标和列指标，这样它们都是“通道空间”中的矩阵的元素。每个矩阵元又是相对运动的动量集合 $\underline{\boldsymbol{p}}'$ 和 $\underline{\boldsymbol{p}}$ 的函数。壳面 $\boldsymbol{T}$ 矩阵和 $\boldsymbol{S}_{\mathrm{r}}$ 矩阵的维数等于开放的通道数。如果没有通道是开放的，就不存在 $\boldsymbol{S}_{\mathrm{r}}$ 矩阵。在单通道(弹性碰撞)，$\boldsymbol{S}_{\mathrm{r}}$ 矩阵只有 1×1 矩阵 $\left\langle\underline{\boldsymbol{p}}',\alpha'\middle|\hat{\boldsymbol{S}}_{\mathrm{r}}\middle|\underline{\boldsymbol{p}},\alpha\right\rangle$ 。当通道全部开放时，壳面 $\boldsymbol{T}$ 矩阵和 $\boldsymbol{S}_{\mathrm{r}}$ 矩阵达到最高维数。

11.5.5　微分截面

若散射体系的入射渐近态 $|\phi\rangle$ 在第 α 通道，$|\phi\rangle\in\mathscr{S}^{\alpha}$ [若入射通道的 $n_\alpha=2$，则 $|\phi\rangle$ 的动量空间波函数 $\phi\left(\underline{\boldsymbol{p}}\right)$ 只是两个起始粒子相对运动量 $\boldsymbol{p}$ 的函数，于是 $\underline{\boldsymbol{p}}\to\boldsymbol{p}$ 。在实验中，$\phi(\boldsymbol{p})$ 往往集中分布在平均入射动量 $\boldsymbol{p}_0$ 附近]，则体系的渐近始态为

$$\left|\Psi_{入}\right\rangle=\left|\Phi\right\rangle=\left\{0,\cdots,0,\left|{}^{\alpha}\phi\right\rangle,0,\cdots,0\right\} \tag{11.243}$$

散射后渐近终态落在第α'通道，并且相对动量落入$\mathrm{d}\underline{\boldsymbol{p}}'$范围内的概率为

$$w\left(\mathrm{d}\underline{\boldsymbol{p}}',\alpha'\leftarrow\phi,\alpha\right)=\mathrm{d}\underline{\boldsymbol{p}}'\left|\left\langle\underline{\boldsymbol{p}}',\alpha'\middle|\Psi_{出}\right\rangle\right|^2=\mathrm{d}\underline{\boldsymbol{p}}'\left|\left\langle\underline{\boldsymbol{p}}',\alpha'\middle|\hat{\boldsymbol{S}}_{\mathrm{r}}\middle|\boldsymbol{\Phi}\right\rangle\right|^2 \tag{11.244}$$

这里利用了分离出体系的质心运动后，有

$$\left|\Psi_{出}\right\rangle=\hat{\boldsymbol{S}}_{\mathrm{r}}\left|\Psi_{入}\right\rangle \tag{11.245}$$

式中，$\underline{\boldsymbol{p}}'$为渐近终态中相对运动动量的集合。若终态所在的第$\alpha$通道的集团数为$n'_\alpha$，终态集团之间相对运动的自由度为$3\left(n'_\alpha-1\right)$。$\underline{\boldsymbol{p}}'$为$3\left(n'_\alpha-1\right)$维。于是$\mathrm{d}\underline{\boldsymbol{p}}'$为$3\left(n'_\alpha-1\right)$维动量空间的微体积元。若得到始态在第$\alpha$通道的$\left|\phi\right\rangle$散射后，终态落在$3\left(n'_\alpha-1\right)$维动量空间中某一有限体积$\Delta'$的概率，则只要将式(11.244)在$\Delta'$区域内积分即可，有

$$w\left(\Delta',\alpha'\leftarrow\phi,\alpha\right)=\int_{\Delta'}\mathrm{d}\boldsymbol{p}'\left|\left\langle\boldsymbol{p}',\alpha'\middle|\hat{\boldsymbol{S}}_{\mathrm{r}}\middle|\boldsymbol{\Phi}\right\rangle\right|^2 \tag{11.246}$$

假设始态和终态的集团数都是2，则$\underline{\boldsymbol{p}}$和$\underline{\boldsymbol{p}}'$是三维向量，记为$\boldsymbol{p}$和$\boldsymbol{p}'$。同单粒子问题一样，在实验中很难准确知道由粒子源发出的入射波$\left|\phi\right\rangle$（或$\phi(\boldsymbol{p})$），但可以重复多次发出入射粒子。假设每次发出的入射波包$\phi(\boldsymbol{p})$垂直于入射方向$(\boldsymbol{p}_0)$的平面上有一随机变化的横向位移$\boldsymbol{\rho}$（图11.9）。在$\boldsymbol{\rho}$处发出的入射波记为$\left|\phi_\rho\right\rangle$，它与在$\boldsymbol{\rho}=0$处发出的入射波$\left|\phi\right\rangle$相差一个相因子$\mathrm{e}^{-\mathrm{i}\boldsymbol{\rho}\cdot\boldsymbol{p}}$[式(11.104)]。

这些重复发射的入射始态都在同一通道α，而碰撞参数$\boldsymbol{\rho}$可以不同。散射后落入第α'通道，并且在动量空间中的Δ'区域内的散射次数为

$$N\left(\Delta',\alpha'\right)=\sum_i w\left(\Delta',\alpha'\leftarrow\phi_{\rho_i},\alpha\right)$$

这里是对散射次数求和。

假设$\boldsymbol{\rho}$为连续变化，令$n_{入}$为单位横截面上入射的次数，称为入射密度(实验中为常数)，则

$$N\left(\Delta',\alpha'\right)=\int\mathrm{d}^2\rho n_{入}w\left(\Delta',\alpha'\leftarrow\phi_{\rho_i},\alpha\right)=n_{入}\sigma\left(\Delta',\alpha'\leftarrow\phi,\alpha\right) \tag{11.247}$$

$$\sigma\left(\Delta',\alpha'\leftarrow\phi,\alpha\right)=\int\mathrm{d}^2\rho w\left(\Delta',\alpha'\leftarrow\phi_{\rho_i},\alpha\right) \tag{11.248}$$

式中，$\mathrm{d}^2\rho$是$\boldsymbol{\rho}$所在平面($\perp\boldsymbol{p}_0$)上的面积元。

利用式(11.104)和$\mathscr{S}^\alpha$的完备关系式

$$\mathbf{1}_\alpha=\int\mathrm{d}\underline{\boldsymbol{p}}\left|\underline{\boldsymbol{p}},\alpha\right\rangle\left\langle\underline{\boldsymbol{p}},\alpha\right|$$

及$n_\alpha=2$，得

$$\begin{aligned}\left\langle \underline{\boldsymbol{p}}',\alpha'\middle|\hat{\boldsymbol{S}}_{\mathrm{r}}\middle|\phi_{\rho}\right\rangle &= \int \mathrm{d}^3 p \left\langle \underline{\boldsymbol{p}}',\alpha'\middle|\hat{\boldsymbol{S}}_{\mathrm{r}}\middle|\boldsymbol{p},\alpha\right\rangle \left\langle \boldsymbol{p},\alpha\middle|\phi_{\rho}\right\rangle \\ &= \int \mathrm{d}^3 p \left\langle \underline{\boldsymbol{p}}',\alpha'\middle|\hat{\boldsymbol{S}}_{\mathrm{r}}\middle|\boldsymbol{p},\alpha\right\rangle \mathrm{e}^{-\mathrm{i}\boldsymbol{\rho}\cdot\boldsymbol{p}}\phi(\boldsymbol{p})\end{aligned} \tag{11.249}$$

在实验中，探测器不放在粒子束直射的位置，因此，将式(11.242)代入式(11.249)，其中第一项为未散射项，对积分没有贡献。得

$$\left\langle \underline{\boldsymbol{p}}',\alpha'\middle|\hat{\boldsymbol{S}}_{\mathrm{r}}\middle|\phi_{\rho}\right\rangle = -2\pi\mathrm{i}\int \mathrm{d}^3 p\,\delta(E'-E)\,t\left(\underline{\boldsymbol{p}}',\alpha' \leftarrow \boldsymbol{p},\alpha\right)\mathrm{e}^{-\mathrm{i}\boldsymbol{\rho}\cdot\boldsymbol{p}}\phi(\boldsymbol{p})$$

将式(11.249)代入式(11.246)和式(11.248)，得到微分截面

$$\begin{aligned}\sigma(\varDelta',\alpha' \leftarrow \phi,\alpha) = \int \mathrm{d}^2\rho\,|-2\pi\mathrm{i}|^2 \int_{\varDelta'} \mathrm{d}\boldsymbol{p}' &\left[\int \mathrm{d}^3 p\,\delta(E'-E)\,t\left(\underline{\boldsymbol{p}}',\alpha' \leftarrow \boldsymbol{p},\alpha\right)\phi(\boldsymbol{p})\mathrm{e}^{-\mathrm{i}\boldsymbol{\rho}\cdot\boldsymbol{p}}\right] \\ &\left[\int \mathrm{d}^3 p''\,\delta(E-E'')\,t^*\left(\underline{\boldsymbol{p}}',\alpha' \leftarrow \boldsymbol{p}'',\alpha\right)\phi^*(\boldsymbol{p}'')\mathrm{e}^{-\mathrm{i}\boldsymbol{\rho}\cdot\boldsymbol{p}''}\right]\end{aligned} \tag{11.250}$$

令 $\boldsymbol{p}_{\perp}$ 和 $\boldsymbol{p}''_{\perp}$ 分别为 $\boldsymbol{p}$ 和 $\boldsymbol{p}''$ 在垂直于入射方向 $\boldsymbol{p}_0$ 的平面上的投影，有面积分

$$\int \mathrm{d}^2\rho\,\mathrm{e}^{-\mathrm{i}\boldsymbol{\rho}\cdot(\boldsymbol{p}''-\boldsymbol{p})} = (2\pi)^2\,\delta^2\left(\boldsymbol{p}''_{\perp}-\boldsymbol{p}_{\perp}\right)$$

利用

$$\delta(E'-E)\,\delta(E'-E'') = 2m\,\delta(E'-E)\,\delta\left[(\boldsymbol{p})^2-(\boldsymbol{p}'')^2\right]$$

和

$$\begin{aligned}\delta\left[(\boldsymbol{p})^2-(\boldsymbol{p}'')^2\right]\delta^2\left(\boldsymbol{p}''_{\perp}-\boldsymbol{p}_{\perp}\right) &= \delta\left(p_{//}^2-\boldsymbol{p}_{//}''^2\right)\delta^2\left(\boldsymbol{p}''_{\perp}-\boldsymbol{p}_{\perp}\right) \\ &= \frac{1}{2p_{//}}\left[\delta\left(p_{//}+p''_{//}\right)+\delta\left(p_{//}-p''_{//}\right)\right]\delta^2\left(\boldsymbol{p}''_{\perp}-\boldsymbol{p}_{\perp}\right)\end{aligned}$$

式中，$p_{//}$ 和 $p''_{//}$ 分别是 $\boldsymbol{p}$ 和 $\boldsymbol{p}''$ 在入射方向 $\boldsymbol{p}_0$ 上的投影的绝对值($\geqslant 0$)。因此，上式中的 $\delta\left(p_{//}+p''_{//}\right)$ 只有当 $p_{//}=p''_{//}=0$ 时才不为零，而这时式(11.250)中的被积函数的因子 $\phi(\boldsymbol{p})\phi^*(\boldsymbol{p}'')$ 在入射波包 $\phi(\boldsymbol{p})$ 的动量分布在 $\boldsymbol{p}_0$ 附近足够狭窄的情况下，有

$$\left[\phi(\boldsymbol{p})\phi^*(\boldsymbol{p})\right]_{p_{//}=p''_{//}=0} \approx 0$$

所以，只有 $\delta\left(p_{//}-p''_{//}\right)$ 项对积分有贡献。因此，式(11.250)为

$$\sigma(\varDelta',\alpha' \leftarrow \phi,\alpha) = (2\pi)^4\int \mathrm{d}\underline{\boldsymbol{p}}'\int \mathrm{d}^3 p\,\frac{m}{p_{//}}\delta(E'-E)\left|t\left(\underline{\boldsymbol{p}}',\alpha' \leftarrow \boldsymbol{p},\alpha\right)\right|^2|\phi(\boldsymbol{p})|^2$$

由于 $\phi(\boldsymbol{p})$ 的动量分布足够窄，中心在 $\boldsymbol{p}_0$，对 $\mathrm{d}^3 p$ 的积分有贡献的区域实际上只是 $\boldsymbol{p}_0$ 附近的狭小区域，因此狭小区域内 $\left|t\left(\underline{\boldsymbol{p}}',\alpha' \leftarrow \boldsymbol{p},\alpha\right)\right|^2$ 和 $p_{//}$ 都可以看作是不变的。再利用 $\mathrm{d}(\boldsymbol{p})$ 的归一化，可将上式写作

$$\sigma\left(\Delta',\alpha'\leftarrow\phi,\alpha\right)=\left(2\pi\right)^4\frac{m}{p}\int_{\Delta'}\mathrm{d}\underline{\boldsymbol{p}}'\delta\left(E'-E\right)\left|t\left(\underline{\boldsymbol{p}}',\alpha'\leftarrow\boldsymbol{p},\alpha\right)\right|^2 \tag{11.251}$$

可见，结果已与入射波$\phi(\boldsymbol{p})$的具体形状无关。入射波包的特征只在结果中体现为波包中心位置$\boldsymbol{p}_0$决定了式(11.251)的$\boldsymbol{p}$，即$\boldsymbol{p}_0=\boldsymbol{p}$。因此，式(11.251)中原有的$\phi$改为$\boldsymbol{p}$。

若取Δ'为第α'通道的整个$\underline{\boldsymbol{p}}'$空间，则对应的微分截面为$\sigma$（所有$\underline{\boldsymbol{p}}',\alpha'\leftarrow\boldsymbol{p},\alpha$），记为$\sigma\left(\alpha'\leftarrow\boldsymbol{p},\alpha\right)$，

$$\sigma\left(\alpha'\leftarrow\boldsymbol{p},\alpha\right)=\left(2\pi\right)^4\frac{m}{p}\int_{\underline{\boldsymbol{p}}'\text{空间}}\mathrm{d}\underline{\boldsymbol{p}}'\delta\left(E'-E\right)\left|t\left(\underline{\boldsymbol{p}}',\alpha'\leftarrow\boldsymbol{p},\alpha\right)\right|^2 \tag{11.252}$$

再考虑总截面

$$\begin{aligned}\sigma\left(\boldsymbol{p},\alpha\right)&=\sigma\left(\text{所有}\underline{\boldsymbol{p}}'，\text{所有}\alpha'\leftarrow\boldsymbol{p},\alpha\right)\\&=\sigma\left(\text{所有}\alpha'\leftarrow\boldsymbol{p},\alpha\right)\end{aligned}$$

因此

$$\begin{aligned}\sigma\left(\boldsymbol{p},\alpha\right)&=\sum_{\alpha'}\sigma\left(\alpha'\leftarrow\boldsymbol{p},\alpha\right)\\&=\sum_{\alpha'}\left(2\pi\right)^4\frac{m}{p}\int_{\left(\underline{\boldsymbol{p}}'\text{空间}\right)}\mathrm{d}\underline{\boldsymbol{p}}'\delta\left(E'-E\right)\left|t\left(\underline{\boldsymbol{p}}',\alpha'\leftarrow\boldsymbol{p},\alpha\right)\right|^2\end{aligned} \tag{11.253}$$

其中，非弹性碰撞与反应碰撞之和的总截面为

$$\sigma_{(\text{非}+\text{反})}\left(\boldsymbol{p},\alpha\right)=\sum_{\alpha'(\neq\alpha)}\sigma\left(\alpha'\leftarrow\boldsymbol{p},\alpha\right) \tag{11.254}$$

反应碰撞的总截面为

$$\sigma_{\text{反应}}\left(\boldsymbol{p},\alpha\right)=\sum_{\alpha'}\sigma\left(\alpha'\leftarrow\boldsymbol{p},\alpha\right) \tag{11.255}$$

这里是对反应碰撞的通道α'求和。

现在讨论本节开始时介绍的“三粒子—四通道—二体始态$\mathrm{a}+(\mathrm{bc})$”的例子。

(1)终态集团为2的情况。终态相对运动的动量$\underline{\boldsymbol{p}}'$为三维矢量，记为$\boldsymbol{p}'$；小区域$\Delta'=p'^2\mathrm{d}p'\mathrm{d}\Omega$；式(11.251)可以写作

$$\sigma\left(\mathrm{d}\Omega,\alpha\leftarrow\boldsymbol{p},\alpha\right)=\left(2\pi\right)^4\frac{m}{p}\mathrm{d}\Omega\int_0^\infty\mathrm{d}p'p^2\delta\left[\left(\frac{p'^2}{2m'}+w_{\alpha'}\right)-\left(\frac{p'}{2m'}+w_\alpha\right)\right]\left|t\left(\boldsymbol{p}',\alpha'\leftarrow\boldsymbol{p},\alpha\right)\right|^2$$

式中，w_α和$w_{\alpha'}$分别是第α通道和第α'通道的阈能，即

$$E=\frac{\boldsymbol{p}^2}{2m}+w_\alpha \tag{11.256}$$

m和m'分别是第α和第α'通道的析合质量。由于

$$\sigma\left(\mathrm{d}\Omega,\alpha'\leftarrow\boldsymbol{p},\alpha\right)=\left(\frac{\mathrm{d}\sigma}{\mathrm{d}\Omega}\right)\mathrm{d}\Omega$$

因此

$$\begin{aligned}\frac{\mathrm{d}\sigma}{\mathrm{d}\Omega}&=(2\pi)^4\frac{m}{p}\int_0^\infty \mathrm{d}p'p^2\delta\left[\frac{p'^2}{2m'}-\frac{p^2}{2m}-\left(w_\alpha-w_{\alpha'}\right)\right]\left|t\left(\boldsymbol{p}',\alpha'\leftarrow\boldsymbol{p},\alpha\right)\right|^2\\&=(2\pi)^4\frac{m}{p}\int_0^\infty \mathrm{d}p'p'm'\left\{\delta\left[p'-\left[\frac{m'}{m}p^2+2m'\left(w_\alpha-w_{\alpha'}\right)\right]^{\frac{1}{2}}\right]\right.\\&\quad\left.+\delta\left[p'+\left[\frac{m'}{m}p^2+2m'\left(w_\alpha-w_{\alpha'}\right)\right]^{\frac{1}{2}}\right]\right\}\left|t\left(\boldsymbol{p}',\alpha'\leftarrow\boldsymbol{p},\alpha\right)\right|^2\end{aligned}$$

右边第二个 δ 函数对积分的贡献为零，所以对于始态和终态集团都为 2 的散射过程，无论弹性碰撞、非弹性碰撞或反应碰撞都有

$$\frac{\mathrm{d}\sigma}{\mathrm{d}\Omega}\left(\boldsymbol{p}',\alpha'\leftarrow\boldsymbol{p},\alpha\right)=(2\pi)^4 mm'\frac{p'}{p}\left|t\left(\boldsymbol{p}',\alpha'\leftarrow\boldsymbol{p},\alpha\right)\right|^2 \tag{11.257}$$

并满足

$$\frac{p'^2}{2m'}-\frac{p^2}{2m}=\left(w_\alpha-w_{\alpha'}\right)$$

在弹性碰撞的特例中，$\alpha=\alpha'$，且 $m=m'$。虽然 $p=p'$，但方向可以不同，还有角度分布问题

$$\frac{\mathrm{d}\sigma}{\mathrm{d}\Omega}\left(p\boldsymbol{e}_{p'},\alpha\leftarrow\boldsymbol{p},\alpha\right)=(2\pi)^4 m^2\left|t\left(p\boldsymbol{e}_{p'},\alpha'\leftarrow\boldsymbol{p},\alpha\right)\right|^2$$

对于始态和终态都是二体的情况，散射振幅为

$$f\left(\boldsymbol{p}',\alpha'\leftarrow\boldsymbol{p},\alpha\right)=-(mm')^{\frac{1}{2}}(2\pi)^2 t\left(\boldsymbol{p}',\alpha'\leftarrow\boldsymbol{p},\alpha\right) \tag{11.258}$$

是式(11.101)的推广。将式(11.258)代入式(11.257)，得在任意的始态和终态都是二体的散射过程中，有

$$\frac{\mathrm{d}\sigma}{\mathrm{d}\Omega}\left(\boldsymbol{p}',\alpha'\leftarrow\boldsymbol{p},\alpha\right)=\frac{p'}{p}\left|f\left(\boldsymbol{p}',\alpha'\leftarrow\boldsymbol{p},\alpha\right)\right|^2 \tag{11.259}$$

在二体弹性碰撞中，有

$$\frac{\mathrm{d}\sigma}{\mathrm{d}\Omega}=\left|f\left(p\boldsymbol{e}_{p'},\alpha\leftarrow\boldsymbol{p},\alpha\right)\right|^2$$

此即单粒子在势场中散射的公式(11.113)。

(2)终态集团大于 2 的情况。以过程 $\mathrm{a}+(\mathrm{bc})\to\mathrm{a}+\mathrm{b}+\mathrm{c}$ 为例，再作简化，讨论 $m_\mathrm{c}\gg m_\mathrm{a}$ 或 m_b 的情况。终态相对运动动量 $\underline{\boldsymbol{p}'}$ 是六维的，即

$$\underline{\boldsymbol{p}}' = (\boldsymbol{p}_a, \boldsymbol{p}_b)$$

测量 a 粒子的探测器在方位 $d\Omega_a$，可以测量不同能量的 a 粒子；测量 b 粒子的探测器在方位 $d\Omega_b$，而且在探测器上接有单通道或多通道能量分析器，可以测量能谱。如果测 $E_b \to E_b + dE_b$ 的 b 粒子，则从始态 $|\boldsymbol{p},\alpha\rangle$ 到终态在 α' 通道，而出射的 a 粒子在方位 $d\Omega_a$ 处，同时出射的 b 粒子在方位 $d\Omega_b$ 处，其能量范围在 $E_b \to E_b + dE_b$ 中的微分截面为

$$\sigma(d\Omega_a, d\Omega_b, dE_b; \alpha' \leftarrow \boldsymbol{p}; \alpha) = \left(\frac{\partial^3\sigma}{\partial\Omega_a\partial\Omega_b\partial E_b}\right) d\Omega_a d\Omega_b dE_b$$

若只限定 a 粒子在方位 $d\Omega_a$ 处，则这种情况的微分截面为

$$\frac{\partial\sigma}{\partial\Omega_a} = \int d\Omega_b \int dE_b \left(\frac{\partial^3\sigma}{\partial\Omega_a\partial\Omega_b\partial E_b}\right)$$

若只限定 b 粒子的能量范围在 $E_b \to E_b + dE_b$，则这种情况的微分截面为

$$\frac{\partial\sigma}{\partial E_b} = \int d\Omega_b \int d\Omega_a \left(\frac{\partial^3\sigma}{\partial\Omega_a\partial\Omega_b\partial E_b}\right)$$

11.5.6 多通道散射的不含时理论

1. 多通道的散射定态 $|\boldsymbol{p},\alpha\pm\rangle$

几个符号的意义如下

$\underline{\boldsymbol{p}}$：第 α 通道中 n_α 个集团的 $n_\alpha - 1$ 个相对运动动量的集合；

$\hat{\boldsymbol{H}}$：总哈密顿算符中相对于体系质心运动的部分；

$\hat{\boldsymbol{H}}^\alpha$：第 α 通道内各集团相对于体系质心作自由运动的哈密顿算符；

$|\underline{\boldsymbol{p}},\alpha\rangle$：第 α 通道中相对运动动量为 $\underline{\boldsymbol{p}}$ 的自由态。

$\hat{\boldsymbol{H}}^\alpha$ 的本征方程为

$$\hat{\boldsymbol{H}}^\alpha |\underline{\boldsymbol{p}},\alpha\rangle = E_p^\alpha |\underline{\boldsymbol{p}},\alpha\rangle \quad \forall \underline{\boldsymbol{p}}\text{和}\alpha \tag{11.260a}$$

本征态集 $\{|\underline{\boldsymbol{p}},\alpha\rangle\}$ 总可以选成正交“归一”的，即

$$\langle \underline{\boldsymbol{p}},\alpha' | \underline{\boldsymbol{p}},\alpha\rangle = \delta(\underline{\boldsymbol{p}}' - \underline{\boldsymbol{p}})\delta_{\alpha'\alpha} \tag{11.260b}$$

通道哈密顿算符 $\hat{\boldsymbol{H}}^\alpha$ 还表征体系处于第 α 通道时状态的时间演化。

多通道的散射定态为

$$|\underline{\boldsymbol{p}},\alpha\pm\rangle = \hat{\boldsymbol{\Omega}}_{\pm r}^\alpha |\underline{\boldsymbol{p}},\alpha\rangle \tag{11.261}$$

其厄米共轭式为

$$\langle \underline{\boldsymbol{p}},\alpha\pm| = \langle \underline{\boldsymbol{p}},\alpha| \hat{\boldsymbol{\Omega}}_{\pm r}^{\alpha\dagger} \tag{11.262}$$

式中，$\hat{\boldsymbol{\Omega}}_{\pm\mathrm{r}}^{\alpha}$ 是质心坐标系中的通道梅勒算符。$\hat{\boldsymbol{\Omega}}_{\pm}^{\alpha}$ 、$\hat{\boldsymbol{\Omega}}_{\pm}$ 在撇开体系质心运动后变为对应的 $\hat{\boldsymbol{\Omega}}_{\pm\mathrm{r}}^{\alpha}$ 、$\hat{\boldsymbol{\Omega}}_{\pm\mathrm{r}}$ 和 $\hat{\boldsymbol{S}}_{\mathrm{r}}$ 。前者的许多性质也都具备，例如：

$$\hat{\boldsymbol{\Omega}}_{\pm\mathrm{r}}^{\alpha}=\lim \mathrm{e}^{\mathrm{i}\hat{\boldsymbol{H}}t}\mathrm{e}^{-\mathrm{i}\hat{\boldsymbol{H}}^{\alpha}t}$$

$$|\psi\rangle=\hat{\boldsymbol{\Omega}}_{+\mathrm{r}}|\Psi_{\text{入}}\rangle=\hat{\boldsymbol{\Omega}}_{+\mathrm{r}}\left\{\cdots,|\psi_{\text{入}}^{\alpha}\rangle,\cdots\right\}=\sum_{\alpha}\hat{\boldsymbol{\Omega}}_{+\mathrm{r}}^{\alpha}|\psi_{\text{入}}^{\alpha}\rangle$$

$$|\psi\rangle=\hat{\boldsymbol{\Omega}}_{-\mathrm{r}}|\Psi_{\text{出}}\rangle=\hat{\boldsymbol{\Omega}}_{-\mathrm{r}}\left\{\cdots,|\psi_{\text{出}}^{\alpha}\rangle,\cdots\right\}=\sum_{\alpha}\hat{\boldsymbol{\Omega}}_{-\mathrm{r}}^{\alpha}|\psi_{\text{出}}^{\alpha}\rangle$$

$$\hat{\boldsymbol{H}}\hat{\boldsymbol{\Omega}}_{\pm\mathrm{r}}^{\alpha}=\hat{\boldsymbol{\Omega}}_{\pm\mathrm{r}}^{\alpha}\hat{\boldsymbol{H}}^{\alpha}$$

$$\hat{\boldsymbol{\Omega}}_{\pm\mathrm{r}}^{\dagger}\hat{\boldsymbol{\Omega}}_{\pm\mathrm{r}}=1$$

$$\hat{\boldsymbol{S}}_{\mathrm{r}}=\hat{\boldsymbol{\Omega}}_{-\mathrm{r}}^{\dagger}\hat{\boldsymbol{\Omega}}_{+\mathrm{r}}$$

$$|\Psi_{\text{出}}\rangle=\hat{\boldsymbol{S}}_{\mathrm{r}}|\Psi_{\text{入}}\rangle$$

$$\hat{\boldsymbol{S}}_{\mathrm{r}}^{\dagger}\hat{\boldsymbol{S}}_{\mathrm{r}}=\hat{\boldsymbol{S}}_{\mathrm{r}}\hat{\boldsymbol{S}}_{\mathrm{r}}^{\dagger}=1$$

式中所有的量都在质心坐标系中。

由

$$\hat{\boldsymbol{H}}\hat{\boldsymbol{\Omega}}_{\pm\mathrm{r}}^{\alpha}=\hat{\boldsymbol{\Omega}}_{\pm\mathrm{r}}^{\alpha}\hat{\boldsymbol{H}}^{\alpha}$$

和

$$\hat{\boldsymbol{H}}|\underline{\boldsymbol{p}},\alpha\pm\rangle=\hat{\boldsymbol{H}}\hat{\boldsymbol{\Omega}}_{\pm\mathrm{r}}^{\alpha}|\underline{\boldsymbol{p}},\alpha\rangle=\hat{\boldsymbol{\Omega}}_{\pm\mathrm{r}}^{\alpha}\hat{\boldsymbol{H}}^{\alpha}|\underline{\boldsymbol{p}},\alpha\rangle=\hat{\boldsymbol{\Omega}}_{\pm\mathrm{r}}^{\alpha}E_{\underline{\boldsymbol{p}}}^{\alpha}|\underline{\boldsymbol{p}},\alpha\rangle$$

得

$$\hat{\boldsymbol{H}}|\underline{\boldsymbol{p}},\alpha\pm\rangle=E_{\underline{\boldsymbol{p}}}^{\alpha}|\underline{\boldsymbol{p}},\alpha\pm\rangle \tag{11.263}$$

可见，$|\underline{\boldsymbol{p}},\alpha\pm\rangle$ 是相对运动的总哈密顿算符 $\hat{\boldsymbol{H}}$ 的本征态，对应的本征值与第 α 通道中相对运动动量也为 $\underline{\boldsymbol{p}}$ 的自由态 $|\underline{\boldsymbol{p}},\alpha+\rangle$（$\hat{\boldsymbol{H}}^{\alpha}$ 算符的本征态）对应的本征值相同。

因为 $\hat{\boldsymbol{H}}$ 是厄米算符，因此其本征态集 $\{|\underline{\boldsymbol{p}},\alpha+\rangle\}$ 和 $\{|\underline{\boldsymbol{p}},\alpha-\rangle\}$ 总可以选成正交“归一”集，即

$$\langle\underline{\boldsymbol{p}}',\alpha'+|\underline{\boldsymbol{p}},\alpha+\rangle=\delta_{\alpha'\alpha}\delta(\underline{\boldsymbol{p}}'-\boldsymbol{p})$$

$$\langle\underline{\boldsymbol{p}}',\alpha'-|\underline{\boldsymbol{p}},\alpha-\rangle=\delta_{\alpha'\alpha}\delta(\underline{\boldsymbol{p}}'-\underline{\boldsymbol{p}}) \tag{11.264}$$

式中，$\delta(\underline{\boldsymbol{p}}'-\underline{\boldsymbol{p}})$ 是 $3(n_{\alpha}-1)$ 维的狄拉克 δ 函数。

式(11.261)表明，从第 α 通道的相对运动动量为 $\underline{\boldsymbol{p}}$ 的渐近始态，按真实过程演化到 $t=0$

时的态为$\left|\underline{\boldsymbol{p}},\alpha+\right\rangle$；$\left|\underline{\boldsymbol{p}},\alpha-\right\rangle$是$t=0$时的一种真实态，它最终会演化成第$\alpha$通道的相对运动动量为$\underline{\boldsymbol{p}}$的渐近终态。$\left|\underline{\boldsymbol{p}},\alpha\pm\right\rangle$与单粒子的$\left|\underline{\boldsymbol{p}}\pm\right\rangle$一样，是非正常态矢量，不直接代表真实的物理状态，但根据态叠加原理，它们可以由展开成代表真实物理状态的正常态矢量而起作用。

由于

$$\hat{\boldsymbol{\Omega}}_{\pm r}^{\alpha}=\lim_{t\to\mp\infty}\hat{\boldsymbol{U}}^{\dagger}(t)\hat{\boldsymbol{U}}^{\alpha}(t)=\lim_{t\to\mp\infty}\mathrm{e}^{\mathrm{i}\hat{\boldsymbol{H}}t}\mathrm{e}^{-\mathrm{i}\hat{\boldsymbol{H}}^{\alpha}t}$$

与

$$f(t)=f(t=0)+\int_{0}^{t}\mathrm{d}T\left[\frac{\mathrm{d}f(T)}{\mathrm{d}T}\right]$$

相似，可以根据

$$\left[\hat{\boldsymbol{U}}^{\dagger}(t)\hat{\boldsymbol{U}}^{\alpha}(t)\right]_{t=0}=1$$

和

$$\frac{\mathrm{d}}{\mathrm{d}t}\left[\hat{\boldsymbol{U}}^{\dagger}(t)\hat{\boldsymbol{U}}^{\alpha}(t)\right]=\mathrm{i}\hat{\boldsymbol{U}}^{\dagger}(t)\hat{\boldsymbol{V}}^{\alpha}\hat{\boldsymbol{U}}^{\alpha}(t)$$

得到。

对于$\mathscr{S}^{\alpha}$空间中的任意矢量$|\phi\rangle$，由于

$$\hat{\boldsymbol{U}}^{\dagger}(t)\hat{\boldsymbol{U}}^{\alpha}(t)|\phi\rangle=\left[1+\mathrm{i}\int_{0}^{t}\mathrm{d}T\hat{\boldsymbol{U}}^{+}(T)\hat{\boldsymbol{V}}^{\alpha}\hat{\boldsymbol{U}}^{\alpha}(T)\right]|\phi\rangle \tag{11.265}$$

其中

$$\hat{\boldsymbol{V}}^{\alpha}=\hat{\boldsymbol{H}}-\hat{\boldsymbol{H}}^{\alpha} \tag{11.266}$$

因此

$$\hat{\boldsymbol{\Omega}}_{\pm r}^{\alpha}|\phi\rangle=\left(1+\mathrm{i}\int_{0}^{\mp\infty}\mathrm{d}t\mathrm{e}^{\mathrm{i}\hat{\boldsymbol{H}}t}\hat{\boldsymbol{V}}^{\alpha}\mathrm{e}^{-\mathrm{i}\hat{\boldsymbol{H}}^{\alpha}t}\right)|\phi\rangle \tag{11.267}$$

式中，$\hat{\boldsymbol{V}}^{\alpha}$是第$\alpha$通道的散射势，等于第$\alpha$通道的各自由运动的集团靠近时，其间的势能之和。如果$\hat{\boldsymbol{V}}^{\alpha}=0$，则入射态不发生散射。

为保证式(11.267)积分收敛，与单粒体系一样，采用绝热方法，引入阻尼因子$\mathrm{e}^{-\varepsilon|t|}$，$\varepsilon$为任意小的正实数。所以

$$\hat{\boldsymbol{\Omega}}_{\pm r}^{\alpha}=1+\lim_{\varepsilon\to0^{+}}\mathrm{i}\int_{0}^{\mp\infty}\mathrm{d}t\mathrm{e}^{-\varepsilon|t|}\mathrm{e}^{\mathrm{i}\hat{\boldsymbol{H}}t}\hat{\boldsymbol{V}}^{\alpha}\mathrm{e}^{-\mathrm{i}\hat{\boldsymbol{H}}^{\alpha}t} \tag{11.268}$$

利用

$$\hat{\boldsymbol{H}}^{\alpha}\left|\underline{\boldsymbol{p}},\alpha\right\rangle=E_{\underline{p}}^{\alpha}\left|\underline{\boldsymbol{p}},\alpha\right\rangle=E\left|\underline{\boldsymbol{p}},\alpha\right\rangle$$

得

$$\left|\underline{\boldsymbol{p}},\alpha\pm\right\rangle=\hat{\boldsymbol{\Omega}}_{\pm\mathrm{r}}^{\alpha}\left|\underline{\boldsymbol{p}},\alpha\right\rangle=\left|\underline{\boldsymbol{p}},\alpha\right\rangle+\lim_{\varepsilon\to0^{+}}\mathrm{i}\int_{0}^{\mp\infty}\mathrm{d}t\mathrm{e}^{-\mathrm{i}\left(E\pm\mathrm{i}\varepsilon-\hat{\boldsymbol{H}}\right)t}\hat{\boldsymbol{V}}^{\alpha}\left|\underline{\boldsymbol{p}},\alpha\right\rangle$$

由于$\hat{\boldsymbol{V}}^{\alpha}\left|\underline{\boldsymbol{p}},\alpha\right\rangle$与$t$无关，对$t$积分，得

$$\left|\underline{\boldsymbol{p}},\alpha\pm\right\rangle=\left|\underline{\boldsymbol{p}},\alpha\right\rangle+\hat{\boldsymbol{G}}\left(E\pm\mathrm{i}0\right)\hat{\boldsymbol{V}}^{\alpha}\left|\underline{\boldsymbol{p}},\alpha\right\rangle \tag{11.269}$$

这里定义格林算符为

$$\hat{\boldsymbol{G}}\left(z\right)=\left(z-\hat{\boldsymbol{H}}\right)^{-1} \tag{11.270}$$

参数z是任意复数，并有

$$\hat{\boldsymbol{G}}\left(E\pm\mathrm{i}0\right)=\lim_{\varepsilon\to0^{+}}\hat{\boldsymbol{G}}\left(E+\mathrm{i}\varepsilon\right)$$

由式(11.262)

$$\left\langle\boldsymbol{p},\alpha\pm\right|=\left\langle\underline{\boldsymbol{p}},\alpha\right|\hat{\boldsymbol{\Omega}}_{\pm\mathrm{r}}^{\alpha\dagger}\Big|$$

得

$$\left\langle\underline{\boldsymbol{p}}',\alpha'\right|\hat{\boldsymbol{S}}_{\mathrm{r}}\left|\underline{\boldsymbol{p}},\alpha\right\rangle=\left\langle\underline{\boldsymbol{p}}',\alpha\right|\hat{\boldsymbol{\Omega}}_{-\mathrm{r}}^{\alpha'+}\hat{\Omega}_{+\mathrm{r}}^{\alpha}\left|\underline{\boldsymbol{p}},\alpha\right\rangle=\left\langle\underline{\boldsymbol{p}}',\alpha-\middle|\boldsymbol{p},\alpha+\right\rangle \tag{11.271}$$

由式(11.269)和

$$\hat{\boldsymbol{G}}^{\dagger}\left(z\right)=\hat{\boldsymbol{G}}\left(z^{*}\right)$$

得

$$\left|\underline{\boldsymbol{p}},\alpha+\right\rangle=\left|\underline{\boldsymbol{p}},\alpha-\right\rangle+\left[\hat{\boldsymbol{G}}\left(E+\mathrm{i}0\right)-\hat{\boldsymbol{G}}\left(E-\mathrm{i}0\right)\right]\hat{\boldsymbol{V}}^{\alpha}\left|\underline{\boldsymbol{p}},\alpha\right\rangle \tag{11.272}$$

和

$$\left\langle\underline{\boldsymbol{p}}',\alpha'-\right|=\left\langle\underline{\boldsymbol{p}}',\alpha'+\right|+\left\langle\underline{\boldsymbol{p}}',\alpha'\right|\hat{\boldsymbol{V}}^{\alpha}\left[\hat{\boldsymbol{G}}\left(E'+\mathrm{i}0\right)-\hat{\boldsymbol{G}}\left(E'-\mathrm{i}0\right)\right] \tag{11.273}$$

式中，$E'=E_{\underline{p}'}^{\alpha}$。

由式(11.271)和式(11.272)得

$$\left\langle\underline{\boldsymbol{p}}',\alpha'\right|\hat{\boldsymbol{S}}_{\mathrm{r}}\left|\underline{\boldsymbol{p}},\alpha\right\rangle=\left\langle\underline{\boldsymbol{p}}',\alpha-\middle|\boldsymbol{p},\alpha-\right\rangle+\left\langle\underline{\boldsymbol{p}}',\alpha'-\right|\left[\hat{\boldsymbol{G}}\left(E'+\mathrm{i}0\right)-\hat{\boldsymbol{G}}\left(E'-\mathrm{i}0\right)\right]\hat{\boldsymbol{V}}^{\alpha}\left|\underline{\boldsymbol{p}},\alpha\right\rangle$$

根据$\left\{\left|\underline{\boldsymbol{p}},\alpha-\right\rangle\right\}$的正交归一性[式(11.264)]和由式(11.263)得到的

$$\hat{\boldsymbol{G}}\left(z\right)\left|\underline{\boldsymbol{p}}',\alpha'-\right\rangle=\left(z-E'\right)^{-1}\left|\underline{\boldsymbol{p}},\alpha-\right\rangle$$

可得

$$\left\langle \underline{\boldsymbol{p}}',\alpha'\middle|\hat{\boldsymbol{S}}_{\mathrm{r}}\middle|\underline{\boldsymbol{p}},\alpha\right\rangle=\delta\left(\underline{\boldsymbol{p}}'-\underline{\boldsymbol{p}}\right)\delta_{\alpha'\alpha}+\left(\frac{1}{E-E'+\mathrm{i}0}-\frac{1}{E-E'-\mathrm{i}0}\right)\left\langle \underline{\boldsymbol{p}}',\alpha'-\middle|\hat{\boldsymbol{V}}^{\alpha}\middle|\underline{\boldsymbol{p}},\alpha\right\rangle$$

根据δ函数的展开式[式(11.151)]，得

$$\left\langle \underline{\boldsymbol{p}}',\alpha'\middle|\hat{\boldsymbol{S}}_{\mathrm{r}}\middle|\underline{\boldsymbol{p}},\alpha\right\rangle=\delta\left(\underline{\boldsymbol{p}}'-\underline{\boldsymbol{p}}\right)\delta_{\alpha'\alpha}-2\pi\mathrm{i}\delta\left(E'-E\right)\left\langle \underline{\boldsymbol{p}}',\alpha'-\middle|\hat{\boldsymbol{V}}^{\alpha}\middle|\underline{\boldsymbol{p}},\alpha\right\rangle \tag{11.274}$$

同样，由式(11.273)，得

$$\left\langle \underline{\boldsymbol{p}}',\alpha'\middle|\hat{\boldsymbol{S}}_{\mathrm{r}}\middle|\underline{\boldsymbol{p}},\alpha\right\rangle=\delta\left(\underline{\boldsymbol{p}}'-\underline{\boldsymbol{p}}\right)\delta_{\alpha'\alpha}-2\pi\mathrm{i}\delta\left(E'-E\right)\left\langle \underline{\boldsymbol{p}}',\alpha'\middle|\hat{\boldsymbol{V}}^{\alpha}\middle|\underline{\boldsymbol{p}},\alpha+\right\rangle \tag{11.275}$$

与(11.242)比较，得壳面$\boldsymbol{T}$矩阵元

$$t\left(\underline{\boldsymbol{p}}',\alpha'\leftarrow\underline{\boldsymbol{p}},\alpha\right)=\left\langle \underline{\boldsymbol{p}}',\alpha'-\middle|\hat{\boldsymbol{V}}^{\alpha}\middle|\underline{\boldsymbol{p}},\alpha\right\rangle \tag{11.276a}$$

或

$$t\left(\underline{\boldsymbol{p}}',\alpha'\leftarrow\underline{\boldsymbol{p}},\alpha\right)=\left\langle \underline{\boldsymbol{p}}',\alpha'\middle|\hat{\boldsymbol{V}}^{\alpha'}\middle|\underline{\boldsymbol{p}},\alpha+\right\rangle \tag{11.276b}$$

式(11.276a)取始态通道α的散射势$\hat{\boldsymbol{V}}^{\alpha}$；式(11.276b)取终态通道$\alpha'$的散射势$\hat{\boldsymbol{V}}^{\alpha'}$。

2. 多通道的李普曼-施温格方程

由式(11.276a)和式(11.276b)可知，多通道散射的全部有用信息都在$\left|\underline{\boldsymbol{p}}',\alpha-\right\rangle$或$\left|\underline{\boldsymbol{p}},\alpha+\right\rangle$中，根据

$$\left|\underline{\boldsymbol{p}},\alpha\pm\right\rangle=\left|\underline{\boldsymbol{p}},\alpha\right\rangle+\hat{\boldsymbol{G}}\left(E'\pm\mathrm{i}0\right)\hat{\boldsymbol{V}}^{\alpha}\left|\underline{\boldsymbol{p}},\alpha\right\rangle$$

可见，要求出$\left|\underline{\boldsymbol{p}},\alpha\pm\right\rangle$，需先求出格林函数$\hat{\boldsymbol{G}}(z)$。

根据任意算符$\hat{\boldsymbol{A}}$和$\hat{\boldsymbol{B}}$的恒等式

$$\hat{\boldsymbol{A}}^{-1}=\hat{\boldsymbol{B}}^{-1}+\hat{\boldsymbol{B}}^{-1}\left(\hat{\boldsymbol{B}}-\hat{\boldsymbol{A}}\right)\hat{\boldsymbol{A}}^{-1}$$

取

$$\hat{\boldsymbol{A}}=z-\hat{\boldsymbol{H}}$$
$$\hat{\boldsymbol{B}}=z-\hat{\boldsymbol{H}}^{\alpha}$$

得

$$\hat{\boldsymbol{G}}(z)=\hat{\boldsymbol{G}}^{\alpha}(z)+\hat{\boldsymbol{G}}^{\alpha}(z)\hat{\boldsymbol{V}}^{\alpha}\hat{\boldsymbol{G}}(z) \tag{11.277}$$

定义“通道格林算符”为

$$\hat{\boldsymbol{G}}^{\alpha}(z)\equiv\left(z-\hat{\boldsymbol{H}}^{\alpha}\right)^{-1} \tag{11.278}$$

参数z为任意复数。

取

$$\hat{A} = z - \hat{H}^{\alpha}$$

$$\hat{B} = z - \hat{H}$$

得

$$\hat{G}(z) = \hat{G}^{\alpha}(z) + \hat{G}(z)\hat{V}^{\alpha}\hat{G}^{\alpha}(z) \tag{11.279}$$

式(11.277)和式(11.279)称为 $\hat{G}(z)$ 的李普曼-施温格方程。

将 $\hat{G}^{\alpha}(E \pm \mathrm{i}0)\hat{V}^{\alpha}$ 左乘式(11.269)两边，并利用式(11.277)，得

$$\hat{G}^{\alpha}(E \pm \mathrm{i}0)\hat{V}^{\alpha}\left|\underline{p},\alpha \pm\right\rangle = \hat{G}(E \pm \mathrm{i}0)\hat{V}^{\alpha}\left|\underline{p},\alpha\right\rangle \tag{11.280}$$

将式(11.280)代入式(11.269)，得

$$\left|\underline{p},\alpha \pm\right\rangle = \left|\underline{p},\alpha\right\rangle + \hat{G}^{\alpha}(E \pm \mathrm{i}0)\hat{V}^{\alpha}\left|\underline{p},\alpha \pm\right\rangle \tag{11.281}$$

此即 $\left|\underline{p},\alpha \pm\right\rangle$ 的李普曼-施温格方程。此方程是积分方程，可以用迭代法求解。这是求解散射定态 $\left|\underline{p},\alpha \pm\right\rangle$ 的第二个途径。由于 $\alpha \neq 0$ 时，$\hat{H}^{\alpha}$ 中含有势能项，该势能是各集团内部的势能之和，因此 $\hat{G}^{\alpha}(z)$ 不容易求解。

将式(11.281)迭代后，代入式(11.276b)，得壳面 T 矩阵元

$$t\left(\underline{p}',\alpha' \leftarrow \underline{p},\alpha\right) = \left\langle \underline{p}',\alpha'\right|\hat{V}^{\alpha'}\sum_{n=0}^{\infty}\left[\hat{G}^{\alpha}(E \pm \mathrm{i}0)\right]\hat{V}^{\alpha}\left|\underline{p},\alpha\right\rangle \tag{11.282}$$

3. $\hat{T}$ 算符

由壳面 T 矩阵元

$$t\left(\underline{p}',\alpha' \leftarrow \underline{p},\alpha\right) = \left\langle \underline{p}',\alpha' -\right|\hat{V}^{\alpha}\left|\underline{p},\alpha\right\rangle$$

并利用式(11.269)

$$\left\langle \underline{p}',\alpha' -\right| = \left\langle \underline{p}',\alpha'\right| + \left\langle \underline{p}',\alpha'\right|\hat{V}^{\alpha'}\hat{G}(E' + \mathrm{i}0)$$

得

$$t\left(\underline{p}',\alpha' \leftarrow \underline{p},\alpha\right) = \left\langle \underline{p}',\alpha'\right|\hat{V}^{\alpha} + \hat{V}^{\alpha'}\hat{G}(E' + \mathrm{i}0)\hat{V}^{\alpha}\left|\underline{p},\alpha\right\rangle$$

定义通道 α 和 α' 之间的 $\hat{T}$ 算符为

$$\hat{T}^{\alpha'\alpha}(z) \equiv \hat{V}^{\alpha} + \hat{V}^{\alpha'}\hat{G}(z)\hat{V}^{\alpha} \tag{11.283}$$

式中，z 为任意复数。于是

$$t\left(\underline{p}',\alpha' \leftarrow \underline{p},\alpha\right) = \left\langle \underline{p}',\alpha'\right|\hat{T}^{\alpha'\alpha}(E' + \mathrm{i}0)\left|\underline{p},\alpha\right\rangle \tag{11.284}$$

由壳面 $\boldsymbol{T}$ 矩阵元

$$t\left(\underline{\boldsymbol{p}}',\alpha \leftarrow \underline{\boldsymbol{p}},\alpha\right)=\left\langle \underline{\boldsymbol{p}}',\alpha'\middle|\hat{\boldsymbol{V}}^{\alpha'}\middle|\underline{\boldsymbol{p}},\alpha+\right\rangle$$

并利用式(11.269)，得

$$t\left(\underline{\boldsymbol{p}}',\alpha' \leftarrow \underline{\boldsymbol{p}},\alpha\right)=\left\langle \underline{\boldsymbol{p}}',\alpha'\middle|\hat{\hat{\boldsymbol{T}}}^{\alpha'\alpha}\left(E'+\mathrm{i}0\right)\middle|\underline{\boldsymbol{p}},\alpha\right\rangle \tag{11.285}$$

式中，算符 $\hat{\hat{\boldsymbol{T}}}^{\alpha'\alpha}$ 定义为

$$\hat{\hat{\boldsymbol{T}}}^{\alpha'\alpha}\left(z\right)=\hat{\boldsymbol{V}}^{\alpha'}+\hat{\boldsymbol{V}}^{\alpha'}\hat{\boldsymbol{G}}\left(z\right)\hat{\boldsymbol{V}}^{\alpha} \tag{11.286}$$

式中，z 为任意复数。算符 $\hat{\boldsymbol{T}}^{\alpha'\alpha}\left(z\right)$ 和 $\hat{\hat{\boldsymbol{T}}}^{\alpha'\alpha}\left(z\right)$ 都有两个通道指标，一般说来两个算符不同。由于在 α' 通道和 α 通道中，全部粒子组合成集团的情况可以不同，所以 $\hat{\boldsymbol{H}}^{\alpha}\neq\hat{\boldsymbol{H}}^{\alpha'}$，$\hat{\boldsymbol{V}}^{\alpha}\neq\hat{\boldsymbol{V}}^{\alpha'}$。但是，在求壳面矩阵的情况下，会有 $E'=E$，所以

$$\begin{aligned}\left\langle \underline{\boldsymbol{p}}',\alpha'\middle|\hat{\boldsymbol{T}}^{\alpha'\alpha}-\hat{\hat{\boldsymbol{T}}}^{\alpha'\alpha}\middle|\underline{\boldsymbol{p}},\alpha\right\rangle &=\left\langle \underline{\boldsymbol{p}}',\alpha'\middle|\hat{\boldsymbol{H}}^{\alpha'}-\hat{\boldsymbol{H}}^{\alpha}\middle|\underline{\boldsymbol{p}},\alpha\right\rangle\\ &=\left(E'-E\right)\left\langle \underline{\boldsymbol{p}}',\alpha'\middle|\underline{\boldsymbol{p}},\alpha\right\rangle\\ &=0\end{aligned}$$

因此，对计算壳面 $\boldsymbol{T}$ 矩阵而言，用 $\hat{\boldsymbol{T}}^{\alpha'\alpha}$ 和 $\hat{\hat{\boldsymbol{T}}}^{\alpha'\alpha}$ 都一样。例如，将 $\hat{\boldsymbol{G}}^{\alpha'}\left(z\right)$ 左乘式(11.283)，利用格林算符的李普曼-施温格方程，得

$$\hat{\boldsymbol{G}}^{\alpha'}\left(z\right)\hat{\boldsymbol{T}}^{\alpha'\alpha}\left(z\right)=\hat{\boldsymbol{G}}\left(z\right)\hat{\boldsymbol{V}}^{\alpha} \tag{11.287}$$

将式(11.287)代入算符 $\hat{\boldsymbol{T}}^{\alpha'\alpha}\left(z\right)$ 的定义式，得

$$\hat{\boldsymbol{T}}^{\alpha'\alpha}\left(z\right)=\hat{\boldsymbol{V}}^{\alpha}+\hat{\boldsymbol{V}}^{\alpha'}\hat{\boldsymbol{G}}^{\alpha'}\left(z\right)\hat{\boldsymbol{T}}^{\alpha'\alpha}\left(z\right) \tag{11.288}$$

式(11.288)是 $\hat{\boldsymbol{T}}$ 算符的李普曼-施温格方程，又是要用迭代法求解的方程。迭代后得

$$\begin{aligned}\hat{\boldsymbol{T}}^{\alpha'\alpha}\left(z\right)&=\left\{1+\hat{\boldsymbol{V}}^{\alpha'}\hat{\boldsymbol{G}}^{\alpha'}\left(z\right)+\left[\hat{\boldsymbol{V}}^{\alpha'}\hat{\boldsymbol{G}}^{\alpha'}\left(z\right)\right]^{2}+\cdots\right\}\hat{\boldsymbol{V}}^{\alpha}\\ &=\left\{\sum_{n=0}^{\infty}\left[\hat{\boldsymbol{V}}^{\alpha'}\hat{\boldsymbol{G}}^{\alpha'}\left(z\right)\right]^{n}\right\}\hat{\boldsymbol{V}}^{\alpha}\end{aligned} \tag{11.289}$$

式(11.289)称为 $\hat{\boldsymbol{T}}^{\alpha'\alpha}\left(z\right)$ 算符的玻恩级数。将式(11.289)代入式(11.284)，得到壳面 $\boldsymbol{T}$ 矩阵

$$\begin{aligned}t\left(\underline{\boldsymbol{p}}',\alpha' \leftarrow \underline{\boldsymbol{p}},\alpha\right)&=\left\langle \underline{\boldsymbol{p}}',\alpha'\middle|\sum_{n=0}^{\infty}\left[\hat{\boldsymbol{V}}^{\alpha'}\hat{\boldsymbol{G}}^{\alpha'}\left(E'+\mathrm{i}0\right)\right]^{n}\hat{\boldsymbol{V}}^{\alpha}\middle|\underline{\boldsymbol{p}},\alpha\right\rangle\\ &=\left\langle \underline{\boldsymbol{p}}',\alpha'\middle|\hat{\boldsymbol{V}}^{\alpha}\middle|\underline{\boldsymbol{p}},\alpha\right\rangle+\left\langle \underline{\boldsymbol{p}}',\alpha'\middle|\hat{\boldsymbol{V}}^{\alpha'}\hat{\boldsymbol{G}}^{\alpha'}\left(E'+\mathrm{i}0\right)\hat{\boldsymbol{V}}^{\alpha}\middle|\underline{\boldsymbol{p}},\alpha\right\rangle+\cdots\\ &\quad+\left\langle \underline{\boldsymbol{p}}',\alpha'\middle|\left[\hat{\boldsymbol{V}}^{\alpha'}\hat{\boldsymbol{G}}^{\alpha'}\left(E+\mathrm{i}0\right)\right]^{n}\hat{\boldsymbol{V}}^{\alpha}\middle|\underline{\boldsymbol{p}},\alpha\right\rangle+\cdots\end{aligned} \tag{11.290}$$

若换成算符 $\hat{\hat{\boldsymbol{T}}}^{\alpha'\alpha}$，利用上述方法，可得

$$\hat{\hat{\boldsymbol{T}}}^{\alpha'\alpha}(z)\hat{\boldsymbol{G}}^{\alpha}(z)=\hat{\boldsymbol{V}}^{\alpha'}\hat{\boldsymbol{G}}^{\alpha}(z) \tag{11.291}$$

$$\hat{\hat{\boldsymbol{T}}}^{\alpha'\alpha}(z)=\hat{\hat{\boldsymbol{T}}}^{\alpha'\alpha}(z)\hat{\boldsymbol{G}}^{\alpha}(z)\hat{\boldsymbol{V}}^{\alpha}+\hat{\boldsymbol{V}}^{\alpha'} \tag{11.292}$$

$$\hat{\hat{\boldsymbol{T}}}^{\alpha'\alpha}(z)=\hat{\boldsymbol{V}}^{\alpha'}\sum_{n=0}^{\infty}\left[\hat{\boldsymbol{G}}^{\alpha}(z)\hat{\boldsymbol{V}}^{\alpha}\right]^{n} \tag{11.293}$$

将式(11.293)代入式(11.285)，得

$$t\left(\underline{\boldsymbol{p}}',\alpha'\leftarrow\underline{\boldsymbol{p}},\alpha\right)=\left\langle\underline{\boldsymbol{p}}',\alpha'\right|\hat{\boldsymbol{V}}^{\alpha'}\sum_{n=0}^{\infty}\left[\hat{\boldsymbol{G}}^{\alpha}(E+\mathrm{i}0)\hat{\boldsymbol{V}}^{\alpha}\right]^{n}\left|\underline{\boldsymbol{p}},\alpha\right\rangle$$

上式与式(11.282)、式(11.290)一致。这也是多通道散射不含时理论的第二种形式。

习　　题

11.1 粒子受到势能 $U(r)=\dfrac{a}{r^2}$ 的场散射，求 s 分波的微分散射截面。

11.2 用玻恩近似法求粒子在势能为

$$U(r)=\begin{cases}\dfrac{ze_{\mathrm{s}}^2}{r}-\dfrac{r}{b}, & r<a\\ 0, & r>a\end{cases}$$

场中散射的微分截面。

11.3 粒子在势能为 $U(r)=-U_0\mathrm{e}^{-\frac{r}{a}}(a>0)$ 的场中散射，求散射截面。并讨论在什么条件下，可以应用玻恩近似。

11.4 说明格林算符的意义和作用。

11.5 何谓散射定态?

11.6 概述多通道散射的形式理论。

第 12 章　分 子 光 谱

12.1　分子的运动

12.1.1　分子的运动方程

分子体系的薛定谔方程为

$$\hat{H}\psi = E\psi \tag{12.1}$$

其哈密顿算符为

$$\hat{H} = \hat{T}_{\mathrm{N}} + \hat{T}_{\mathrm{e}} + V_{\mathrm{NN}} + V_{\mathrm{Ne}} + V_{\mathrm{ee}} \tag{12.2}$$

波函数为

$$\psi = \psi\left(q_{\alpha}, q_{i}\right) \tag{12.3}$$

在玻恩-奥本海默近似下，式(12.1)可近似分离为分子中电子的运动方程。

$$\hat{H}_{\mathrm{e}}\psi_{\mathrm{e}}\left(q_{i}, q_{\alpha}\right) = E_{\mathrm{e}}\left(q_{\alpha}\right)\psi_{\mathrm{e}}\left(q_{i}, q_{\alpha}\right) \tag{12.4}$$

核运动方程

$$\hat{H}_{\mathrm{N}}\psi_{\mathrm{N}}\left(q_{\alpha}\right) = E\psi_{\mathrm{N}}\left(q_{\alpha}\right) \tag{12.5}$$

相应的哈密顿算符分别为

$$\hat{H}_{\mathrm{e}} = \hat{T}_{\mathrm{e}} + V_{\mathrm{NN}} + V_{\mathrm{Ne}} + V_{\mathrm{ee}} \tag{12.6}$$

$$\hat{H}_{\mathrm{N}} = \hat{T}_{\mathrm{N}} + E_{\mathrm{e}}\left(q_{\alpha}\right) \tag{12.7}$$

分子的整体波函数为

$$\psi\left(q_{\alpha}, q_{i}\right) = \psi_{\mathrm{e}}\left(q_{i}, q_{\alpha}\right)\psi_{\mathrm{N}}\left(q_{\alpha}\right) \tag{12.8}$$

方程(12.4)是讨论分子的电子能级结构和分子的电子光谱的基础。方程(12.5)可以用来讨论分子中原子核的运动状况。下面以双原子分子为例讨论分子中原子核的运动。

12.1.2　双原子分子的运动方程

1. 双原子分子的平动和转动

双原子分子的核动能算符为

$$\hat{T}_{\mathrm{N}} = -\frac{\hbar^2}{2M_1}\nabla_1^2 - \frac{\hbar^2}{2M_2}\nabla_2^2 \tag{12.9}$$

式中，M_1、M_2为原子核的质量，根据式(12.9)和式(12.7)，双原子分子的运动方程为

$$\left[-\frac{\hbar^2}{2M_1}\nabla_1^2 - \frac{\hbar^2}{2M_2}\nabla_2^2 + E_{\mathrm{e}}\left(q_\alpha\right)\right]\psi_{\mathrm{N}}\left(q_\alpha\right) = E\psi_{\mathrm{N}}\left(q_\alpha\right) \tag{12.10}$$

这是一个双体问题，可做如下处理：如图 12.1 所示，在以 O 为原点的坐标系中，质量为 M_1 和 M_2 的原子核的坐标分别为 r_1 和 r_2，质心坐标为 r_{c}，相对坐标为 r 。

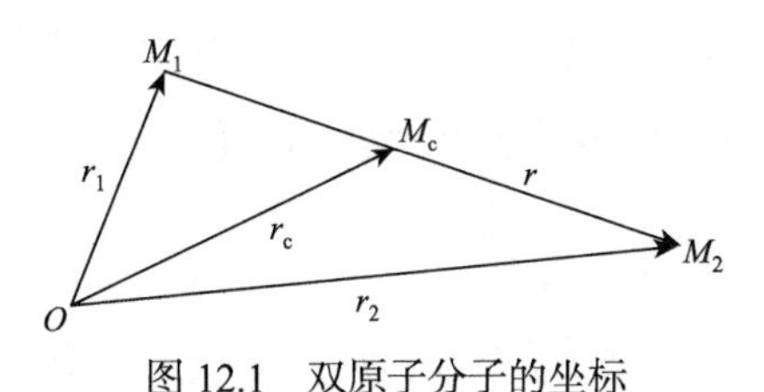

图 12.1　双原子分子的坐标

它们之间的关系为

$$\begin{cases} r_{\mathrm{c}} = \dfrac{M_1 r_1 + M_2 r_2}{M_1 + M_2} \\ \boldsymbol{r} = \boldsymbol{r}_1 + \boldsymbol{r}_2 \end{cases} \tag{12.11}$$

可得

$$\begin{cases} r_1 = r_{\mathrm{c}} - \dfrac{M_2}{M_1 + M_2} r \\ r_2 = r_{\mathrm{c}} + \dfrac{M_1}{M_1 + M_2} r \end{cases} \tag{12.12}$$

相应的核 M_1、M_2 的运动速度为

$$\begin{cases} \dot{r}_1 = \dot{r}_{\mathrm{c}} - \dfrac{M_2}{M_1 + M_2} \dot{r} \\ \dot{r}_2 = \dot{r}_{\mathrm{c}} + \dfrac{M_1}{M_1 + M_2} \dot{r} \end{cases} \tag{12.13}$$

其中

$$\dot{r} = \frac{\mathrm{d}r}{\mathrm{d}t}, \quad \dot{r}_{\mathrm{c}} = \frac{\mathrm{d}r_{\mathrm{c}}}{\mathrm{d}t}, \quad \dot{r}_i = \frac{\mathrm{d}r_i}{\mathrm{d}t} \qquad (i = 1, 2)$$

两核的动能为

$$T_{\mathrm{N}} = \frac{1}{2} M_1 \dot{r}_1^2 + \frac{1}{2} M_2 \dot{r}_2^2 = \frac{1}{2} M_{\mathrm{c}} \dot{r}_{\mathrm{c}}^2 + \frac{1}{2} \mu \dot{r}^2 \tag{12.14}$$

其中总质量

$$M_{\mathrm{c}} = M_1 + M_2 \tag{12.15}$$

折合质量

$$\mu = \frac{M_1 M_2}{M_1 + M_2} \tag{12.16}$$

动能算符可写作

$$\hat{T}_{\mathrm{N}} = -\frac{\hbar^2}{2M_{\mathrm{c}}}\nabla_{\mathrm{c}}^2 - \frac{\hbar^2}{2\mu}\nabla^2 \tag{12.17}$$

令

$$\psi_{\mathrm{N}}(q_\alpha) = \psi_{\mathrm{t}}(r_{\mathrm{c}})\psi_{\mathrm{r}}(r)$$

式(12.10)成为

$$\left[-\frac{\hbar^2}{2M_{\mathrm{c}}}\nabla_{\mathrm{c}}^2 - \frac{\hbar^2}{2\mu}\nabla^2 + E_{\mathrm{e}}(r)\right]\psi_{\mathrm{t}}(r_{\mathrm{c}})\psi_{\mathrm{r}}(r) = E\psi_{\mathrm{t}}(r_{\mathrm{c}})\psi_{\mathrm{r}}(r) \tag{12.18}$$

分离变量后得

$$-\frac{\hbar^2}{2M_{\mathrm{c}}}\nabla_{\mathrm{c}}^2\psi_{\mathrm{t}}(r_{\mathrm{c}}) = E_{\mathrm{t}}\psi_{\mathrm{t}}(r_{\mathrm{c}}) \tag{12.19}$$

和

$$\left[-\frac{\hbar^2}{2\mu}\nabla^2 + E_{\mathrm{e}}(r)\right]\psi_{\mathrm{r}}(r) = (E - E_{\mathrm{t}})\psi_{\mathrm{r}}(r) \tag{12.20}$$

式(12.19)是两核的质心运动方程，是平动运动。在无界运动中 E_{t} 是连续的；在有界运动中，是一维势阱中运动的粒子形式的方程，E_{t} 是分立的。式(12.20)是两核相对运动的方程，坐标 r 是核间距。若将其中一个原子核取作原点，换成球极坐标，式(12.20)成为

$$\left\{-\frac{\hbar^2}{2\mu}\frac{1}{r^2}\left[\frac{\partial}{\partial r}\left(r^2\frac{\partial}{\partial r}\right) + \frac{1}{\sin\theta}\frac{\partial}{\partial\theta}\left(\sin\theta\frac{\partial}{\partial\theta}\right) + \frac{1}{\sin^2\theta}\frac{\partial^2}{\partial\varphi^2}\right] + E_{\mathrm{e}}(r)\right\}\psi_{\mathrm{r}}(r,\theta,\varphi) = (E - E_{\mathrm{t}})\psi_{\mathrm{r}}(r,\theta,\varphi) \tag{12.21}$$

引入角动量算符 $\hat{L}^2$，式(12.21)可写作

$$\left\{-\frac{\hbar^2}{2\mu}\frac{1}{r^2}\left[\frac{\partial}{\partial r}\left(r^2\frac{\partial}{\partial r}\right) - \frac{\hat{L}^2}{\hbar^2}\right] + E_{\mathrm{e}}(r)\right\}\psi_{\mathrm{r}}(r,\theta,\varphi) = (E - E_{\mathrm{t}})\psi_{\mathrm{r}}(r,\theta,\varphi) \tag{12.22}$$

令

$$\psi_{\mathrm{r}}(r,\theta,\varphi) = R'(r)Y(\theta,\varphi)$$

对于稳定的分子，平衡核间距 r 约等于 r_0，把核的位置看作不变，r 当成常量，等于 r_0，方程(12.22)可简化为

$$\frac{1}{2\mu r_0^2}\hat{L}^2Y(\theta,\varphi)=E_rY(\theta,\varphi) \tag{12.23}$$

令

$$I=\mu r_0^2$$

即转动惯量，则式(12.23)成为

$$\frac{1}{2I}\hat{L}^2Y(\theta,\varphi)=E_rY(\theta,\varphi) \tag{12.24}$$

此式即为转动方程。利用方程(12.24)可以讨论分子的转动运动、分子的键长和键角等。解此方程可得分子的转动能级 E_r、转动能级差 ΔE_r 等力学量。

2. *双原子分子的振动*

若不考虑分子的转动，仅考虑分子中核的相对运动，即把θ、φ当作常量，r看作变量，则由式(12.21)得

$$\left[-\frac{\hbar^2}{2\mu r^2}\left(\frac{\mathrm{d}}{\mathrm{d}r}r^2\frac{\mathrm{d}}{\mathrm{d}r}\right)+E_e(r)\right]R'(r)=E_vR'(r) \tag{12.25}$$

令

$$R(r)=rR'(r)$$

则式(12.25)成为

$$\left[-\frac{\hbar^2}{2\mu}\left(\frac{\mathrm{d}^2}{\mathrm{d}r^2}\right)+E_e(r)\right]R(r)=E_vR(r) \tag{12.26}$$

对于稳定的分子，两核的相对位置在r_0附近变化。若变量用$\xi=\Delta r_0$表示，相应的变化函数用$\psi(\xi)$表示。把势能函数$E_e(r)$在r_0附近做泰勒(Taylor)展开，取二阶近似，则式(12.26)可简化为

$$-\frac{\hbar^2}{2\mu}\frac{\mathrm{d}^2\psi(\xi)}{\mathrm{d}\xi^2}+\frac{1}{2}k\xi^2\psi(\xi)=E_v\psi(\xi) \tag{12.27}$$

其中

$$k=\left[\frac{\mathrm{d}^2E_e(r)}{\mathrm{d}r^2}\right]_{r=r_0} \tag{12.28}$$

式(12.27)是分子的振动方程。利用方程(12.27)可以讨论分子的振动，解得振动能量E_v和振动能级差ΔE_v。当分子的振动能级发生变化时，相应的振动光谱的波数为400～800cm^{-1}，波长为$1.25\times10^{-4}\sim2.5\times10^{-3}$cm，在红外光谱区，即振动光谱为红外光谱。

上面用量子力学讨论了分子体系的薛定谔方程，得出分子的四种运动，即电子在核势场中的运动、分子质心的平动、分子转动和分子振动。除分子的质心平动外，其余三种运动都与分子的结构相关，并有相应的光谱。

12.2 双原子分子的光谱

12.2.1 双原子分子的转动光谱

1. 刚性转子模型

双原子分子的转动方程为

$$\frac{\hat{L}^2}{2I}Y(\theta,\varphi)=E_{\mathrm{r}}Y(\theta,\varphi)$$

这是刚性转子的薛定谔方程，做近似处理可将双原子分子看作刚性转子。解此方程可得转动能的表达式为

$$E_{\mathrm{v}}=\frac{J(J+1)}{2I}\hbar^2 \tag{12.29}$$

转动状态，即体系波函数可用$Y_J^k(\theta,\varphi)$表示。其中下角标J为转动能量量子数，上角标k为弹力常数。分子从一种转动状态进入另一种转动状态，从量子力学可以证明，需

$$\rho=\int Y_{J_1}^{k_1}(\theta,\varphi)\boldsymbol{\mu}Y_{J_2}^{k_2}(\theta,\varphi)\mathrm{d}\tau\neq 0 \tag{12.30}$$

其中$\boldsymbol{\mu}$表示偶极矩，并有

$$\begin{cases}\mu_x=\mu\sin\theta\cos\varphi\\ \mu_y=\mu\sin\theta\cos\varphi\\ \mu_z=\mu\cos\theta\end{cases} \tag{12.31}$$

$$\boldsymbol{\mu}=\mu_x e_x+\mu_y e_y+\mu_z e_z \tag{12.32}$$

即

$$\rho=\int Y_{J_1}^{k_1}(\theta,\varphi)(\mu_x+\mu_y+\mu_z)Y_{J_2}^{k_2}(\theta,\varphi)\mathrm{d}\tau\neq 0 \tag{12.33}$$

若保证式(12.33)成立，需满足选择定则

$$\Delta J=J_2-J_1=\pm 1,\ \Delta k=0 \tag{12.34}$$

跃迁才能发生。而$\boldsymbol{\mu}=0$的非极性分子，式(12.30)等于零，没有转动光谱。例如，对称分子H_2、O_2、CO_2等没有转动光谱。

转动状态由J跃迁到$J+1$状态，则相应的能级差为

$$\Delta E_{\mathrm{r}}(J\rightarrow J+1)=E_{\mathrm{r}}(J+1)-E_{\mathrm{r}}(J)=\frac{\hbar^2}{2I}2(J+1) \tag{12.35}$$

ΔE_{r}一般在0.8~81cm^{-1}，利用$\Delta E_{\mathrm{r}}=h\nu$可得双原子分子转动能级变化时，相应的波长为$0.012\sim1.25\mathrm{cm}$，在微波和远红外区域。这个区域的谱图称为微波谱，即转动光谱在微波范围。

令

$$B=\frac{\hbar^2}{2I} \tag{12.36}$$

则

$$\Delta E_{\mathrm{r}}(J \to J+1)=2B(J+1) \tag{12.37}$$

分子转动光谱结构简单，为线状结构。若用波数$\tilde{\nu}(\mathrm{cm}^{-1})$为横坐标，标出谱线位置，这些线状谱线是等间隔排列，每两条谱线的距离为2B。例如，$^1H^{35}Cl$的转动光谱的谱线位置如图12.2所示。

$J \to J+1$	$0\to1$	$1\to2$	$2\to3$	$3\to4$	$4\to5$	$5\to6$	$6\to7$
$2B(J+1)$	$2B$	$4B$	$6B$	$8B$	$10B$	$12B$	$14B$
$\tilde{\nu}/\mathrm{cm}^{-1}$	20.793	41.59	62.38	83.18	103.97	124.76	145.56

图12.2　$^1H^{35}Cl$的转动光谱的谱线位置

由

$$2B=\frac{\hbar^2}{I}=\frac{\hbar^2}{\mu r_0^2}$$

得

$$r_0=\sqrt{\frac{\hbar^2}{2B\mu}} \tag{12.38}$$

从实验测得2B的值，利用式(12.38)计算得双原子分子的键长。

例如,对HCl分子,测得$2B=20.793\mathrm{cm}^{-1}$,折合质量$\mu=1.6144\times10^{-24}\,\mathrm{g}$,代入式(12.38),得键长$r_0=1.29\times10^{-8}\,\mathrm{cm}$。

2. 非刚性转子模型

上面对于HCl分子的计算存在一定的误差。这是由于实际的HCl分子并不是真正的刚性转子。上述处理中采用的是刚性转子模型，假定核间距r是常数，原子核体积可以忽略。而实际分子在转动时r是变化的，不能看作常数；原子核也具有一定的体积。更准确的计算应采用非刚性转子模型，有

$$\Delta E_{\mathrm{r}}(J \to J+1)=2B(J+1)-g(J+1)^3 \tag{12.39}$$

由经验公式

$$\tilde{\nu}=am-bm^3 \qquad (m=1,2,\cdots) \tag{12.40}$$

可得

$$\Delta E_{\mathrm{r}}=hc\tilde{\nu}=hc\left(am-bm^3\right) \tag{12.41}$$

相比较得

$$2B = ahc \qquad g = bhc \tag{12.42}$$

选择定则如下：非极性分子$\Delta J = 0$，没有纯转动光谱；极性分子$\Delta J = \pm 1$。

12.2.2 双原子分子的振动光谱

1. 简谐振动

双原子分子的振动方程

$$-\frac{\hbar^2}{2\mu}\frac{\mathrm{d}^2\psi(\xi)}{\mathrm{d}\xi^2} + \frac{1}{2}k\xi^2\psi(\xi) = E_{\mathrm{v}}\psi(\xi) \tag{12.43}$$

是一维谐振子的薛定谔方程。可将双原子分子看作谐振子，做近似处理。式中

$$k = \left[\frac{\mathrm{d}^2 E_{\mathrm{e}}(r)}{\mathrm{d}r^2}\right]_{r=r_0} \tag{12.44}$$

为谐振子的弹力常数，弹性势能为

$$\frac{1}{2}k\xi^2 \tag{12.45}$$

解方程(12.43)，得

$$E_{\mathrm{v}} = \left(v + \frac{1}{2}\right)h\nu \tag{12.46}$$

式中，$v = 0,1,2,\cdots$ 为振动量子数

$$\nu = \frac{1}{2\pi}\sqrt{\frac{k}{\mu}} \tag{12.47}$$

为振动频率。令

$$\omega = \sqrt{\frac{k}{\mu}} \tag{12.48}$$

波数

$$\tilde{\nu} = \frac{\nu}{c} = \frac{1}{2\pi c}\sqrt{\frac{k}{\mu}} = \frac{\omega}{2\pi c} = \tilde{\omega} \tag{12.49}$$

波函数

$$\phi_{\mathrm{v}}(\xi) = \left(\frac{\alpha}{\pi^{\frac{1}{2}}2^v v!}\right)^{\frac{1}{2}} \mathrm{e}^{-\frac{\alpha^2\xi^2}{2}} H_{\mathrm{v}}(\alpha,\xi) \tag{12.50}$$

其中

$$\alpha = (\mu\omega)^{\frac{1}{2}} \tag{12.51}$$

$H_{\mathrm{v}}(\alpha,\xi)$称为厄米多项式，是一特殊函数。

由量子力学可推导出，当振动由一种状态跃迁至另一种状态时，需满足

$$\int \psi_{\mathrm{v}}(\xi)\boldsymbol{\mu}\psi_{\mathrm{v}}(\xi)\mathrm{d}\xi \neq 0 \tag{12.52}$$

由此得选择定则：

$$\boldsymbol{\mu} \neq 0$$

$$\Delta v = \pm 1$$

非极性分子 $\boldsymbol{\mu}=0$，没有转动光谱。

2. 非简谐振动

当谐振子由 v 跃迁到 $v+1$ 状态，能量变化与吸收光的频率关系为

$$\Delta E_{\mathrm{v}}(v \to v+1) = E_{\mathrm{v}}(v+1) - E_{\mathrm{v}}(v) = h\nu \tag{12.53}$$

振动光谱应为一条谱线。但实际情况不是这样，振动图谱上有多条谱线，式(12.53)只能解释其中最强的一条。这是因为双原子分子不是严格的谐振子，存在着非简谐性振动。双原子分子的势能曲线如图 12.3 所示，不是谐振子曲线——抛物线，只有在平衡位置附近才能看作抛物线。因此，除了 $\frac{1}{2}k\xi^2$ 外，还应考虑泰勒展开的高次项

$$\frac{1}{3!}\left[\frac{\partial^3 E_{\mathrm{e}}}{\partial r^3}\right]_{r=r_0} \xi^3 \tag{12.54}$$

和

$$\frac{1}{4!}\left[\frac{\partial^2 E_{\mathrm{e}}}{\partial r^4}\right]_{r=r_0} \xi^4 \tag{12.55}$$

等。

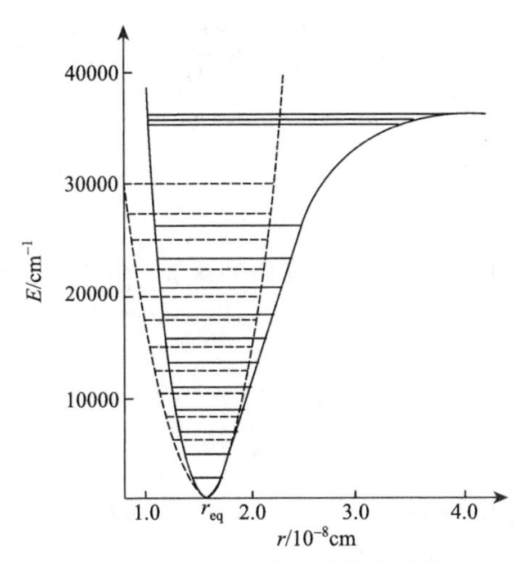

图 12.3　双原子分子的势能曲线

由实验可知，由 $v=0$ 到 $v=1$ 的跃迁是最强的跃迁。这种跃迁称为基频跃迁。而对

于很弱的 $v=0$ 到 $v=2$ 和 $v=0$ 到 $v=3$ 的次要跃迁则分别称为第一泛音带和第二泛音带等。

3. 莫尔斯函数

为了使计算结果更接近真实情况，莫尔斯提出了一个双原子分子的振动势能函数公式

$$E_{\mathrm{v}}(r)=D\left[\mathrm{e}^{-2\alpha(r-r_0)}-2\mathrm{e}^{-\alpha(r-r_0)}+1\right] \tag{12.56}$$

式中

$$D=D_0+\frac{1}{2}h\nu \tag{12.57}$$

D_0 为解离能，α 为经验参数。代入薛定谔方程(12.43)能准确地解出能量：

$$E_{\mathrm{v}}(r)=\left(v+\frac{1}{2}\right)h\nu-\left(v+\frac{1}{2}\right)^2 h\nu X_{\mathrm{e}} \tag{12.58}$$

式中 X_{e} 为校正因子。

应用上面的结果及光谱数据可以求力常数 k、同位素的质量，以及分子的解离能 D_0。所谓解离能就是把分子中的化学键破坏而成为中性原子所需要的能量。

12.2.3 双原子分子的振动-转动光谱

双原子分子振动能级改变时，一定伴随着转动能级的变化。这时体系能量的变化应同时考虑振动和转动两种运动所引起的能量变化。

对于基频振动

$$E_{\mathrm{v,r}}=\left(v+\frac{1}{2}\right)h\nu+\frac{\hbar^2}{2I}J(J+1) \tag{12.59}$$

按选择定则

$$\Delta v=\pm1,\quad \Delta J=\pm1$$

可以有两种形式的跃迁能量变化。一种是分子从 $E_{\mathrm{v,r}}(0,J)\rightarrow E_{\mathrm{v,r}}(1,J+1)$，即 $\Delta v=1$，$\Delta J=1$

$$\Delta E_{+1}=h\nu+2B(J+1)\qquad (J=0,1,2,\cdots) \tag{12.60}$$

对应的谱带称为 R 支。

另一种是分子从 $E_{\mathrm{v,r}}(0,J+1)\rightarrow E_{\mathrm{v,r}}(1,J)$，即 $\Delta v=1$，$\Delta J=-1$

$$\Delta E_{-1}=h\nu-2BJ\qquad (J=0,1,2,\cdots) \tag{12.61}$$

对应的谱带称为 P 支。

在基频跃迁中，J 取不同的值，给出 R 支和 P 支谱带的变化情况。表 12.1 为 R 支谱带变化情况，表 12.2 为 P 支谱带变化情况。

表 12.1　*R* 支谱带的变化情况

J	0	1	2	3
J+1	1	2	3	4
$E_{v,r}$	$h\nu+2B$	$h\nu+4B$	$h\nu+6B$	$h\nu+8B$

表 12.2　*P* 支谱带的变化情况

J	1	2	3	4
J+1	0	1	2	3
$E_{v,r}$	$h\nu-2B$	$h\nu-4B$	$h\nu-6B$	$h\nu-8B$

由表 12.1、表 12.2 画出的谱带示于图 12.4 中。

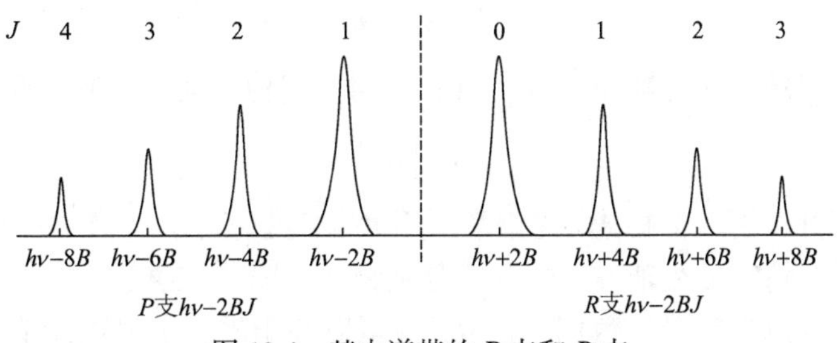

图 12.4　基本谱带的 P 支和 R 支

振动能级差为

$$\Delta E_{\mathrm{v}} = h\nu = \frac{1}{2}\left[\left(h\nu + 2B\right) - \left(h\nu - 2B\right)\right] = 4B \tag{12.62}$$

若考虑第一泛音和第二泛音，谱带也有 P 支和 R 支，但谱带中各谱线的间距会发生变化。图 12.5(a)是从分辨率低的红外光谱得到的 HCl 的基本谱带，其中的 R 支和 P 支表现为两个宽的吸收峰。图 12.5(b)是从分辨率高的红外光谱得到的基本谱带，P 支和 R 支的每一条线都很明显。

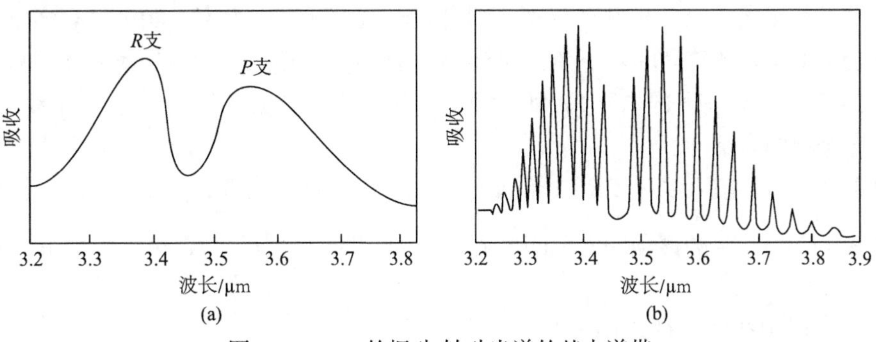

图 12.5　HCl 的振动-转动光谱的基本谱带

12.2.4 双原子分子的电子光谱

1. 双原子分子的电子谱项

1) 电子能级

双原子分子中的电子在以核连线为对称轴的势场中运动。各分子轨道上的电子只有在轴方向的角动量分量有一定值，其大小等于$m\hbar$，$m=0,\pm1,\pm2,\cdots$。具有相同$|m|$值的分子轨道的能量相同，具有不同$|m|$值的分子轨道的能量不同。令

$$\lambda=|m|$$

分子轨道的能量可以用λ来标志。光谱学上以小写希腊字母σ、π、δ、$\cdots$表示$\lambda=0,1,2,\cdots$的分子轨道(状态)，相应的角动量在轴方向的分量分别为0、$\pm\hbar$、$\pm2\hbar$、$\cdots$。

分子的总轨道角动量的量子数用L表示，它的轴分量等于$M_L\hbar$，$M_L=0,\pm1,\pm2,\cdots,\pm L$，而

$$M_L=\sum m \tag{12.63}$$

具有相同$|M_L|$值的状态能量相同，具有不同$|M_L|$值的能量不同。令

$$\Lambda=|M_L| \tag{12.64}$$

分子的电子能量可以用Λ值标志。光谱学上用大写字母Σ、Π、Δ、$\cdots$表示$\Lambda=0,1,2,\cdots$的状态，相应的总角动量在轴方向的分量分别为0、$\pm\hbar$、$\pm2\hbar$、$\cdots$。

分子中电子的总自旋量子数用S表示，S可以等于零、半整数或正整数，具体由分子中自旋未成对的电子数目所决定。总自旋角动量沿轴方向的分量等于$M_S\hbar$。分子光谱中以符号Σ(不要与表示$\Lambda=0$的Σ相混)代替M_S，$\Sigma=\pm S,\pm(S-1),\cdots$，共$2S+1$个值，$\Sigma$可正可负。

分子总角动量沿轴方向的分量为$\Omega\hbar$，Ω与Λ和Σ的关系是

$$\Omega=|\Lambda+\Sigma|,|\Lambda+\Sigma-1,\cdots|,\cdots,|\Lambda-\Sigma| \tag{12.65}$$

对于一个$\Lambda\neq0$的值，则有$2S+1$个不同的$\Lambda+\Sigma$值(若$\Lambda\geqslant S$，有$2S+1$个不同的Ω值)。由于S与Λ产生的磁相互作用(自旋轨道相互作用)，不同的$\Lambda+\Sigma$对应于分子态的不同能级。这样一来，分子的一个给定的$\Lambda\neq0$的电子谱项分裂为$2S+1$个支项。当$\Lambda=0$，如果既没有外磁场，分子又没有转动，则自旋轨道相互作用为零，能级没有多重分裂。通常把$2S+1$置于Λ符号的左上角，即${}^{2S+1}\Lambda$，称为光谱项。把$2S+1$置于Λ符号的左上角，把$\Lambda+\Sigma$置于Λ符号的右下角，即${}^{2S+1}\Lambda_{\Lambda+\Sigma}$，称为光谱支项。无论$\Lambda=0$或$\Lambda\neq0$，$2S+1$都称为光谱项的多重性。

对于$\Lambda<S$的情况，共有$2S+1$个$\Lambda+\Sigma$值，即$2S+1$个支项，但只有$2\Lambda+1$个Ω值。例如，$\Lambda=1$，$S=\frac{3}{2}$的谱项${}^4\Pi$有四个光谱支项，即${}^4\Pi_{\frac{5}{2}}$、${}^4\Pi_{\frac{3}{2}}$、${}^4\Pi_{\frac{1}{2}}$和${}^4\Pi_{-\frac{1}{2}}$，其中后两个光谱支项的Ω值相同，都为$|\Lambda-\Sigma|=\frac{1}{2}$。

对于Σ状态，还可按对称性分类。如果相对于一包含分子轴的平面对称就是“+”态，写作Σ^+；反对称就是“−”态，写作Σ^-。

同核双原子分子存在对称中心，如果状态函数相对于它是对称的，则在光谱项符号的右下角标注g，反对称的则标注u，如Σ_g^+、$^2\Pi_u$等。

2）电子能级的跃迁

分子从一个电子状态跃迁到另一个电子状态的选择定则为

$$\Delta S = 0$$

即各电子在跃迁过程中自旋方向不变，这一条对重原子常有例外。

$$\Delta \Lambda = 0, \pm 1$$

对于Σ态

$$\Sigma^+ \leftrightarrow \Sigma^+ \quad \Sigma^- \leftrightarrow \Sigma^- \quad \Sigma^+ \leftarrow\mid\rightarrow \Sigma^-$$

对于同核双原子分子

$$\mathrm{u} \leftrightarrow \mathrm{g} \quad \mathrm{u} \leftarrow\mid\rightarrow \mathrm{u} \quad \mathrm{g} \leftarrow\mid\rightarrow \mathrm{g}$$

式中，$\leftrightarrow$表示允许的跃迁；$\leftarrow\mid\rightarrow$表示不允许的跃迁。这说明在跃迁时中心对称性必须改变，而节面对称性则不能改变。

氢分子基态电子排布为$(\sigma_g 1s)^2$，光谱项是$^1\Sigma_g^+$，吸收一个能量为11.4eV的光子跃迁至激发态，电子排布为$(\sigma_g 1s)^1(\sigma_u^* 1s)^1$，光谱项是$^1\Sigma_u^+$。也可以吸收一个能量为12.3eV的光子，电子排布为$(\sigma_g 1s)^1(\pi_u^* 2p)^1$，光谱项是$\Pi_u^+$。

分子的电子光谱是分子中的电子在两个谱项间跃迁，吸收或辐射电磁波所产生的。上面氢分子的电子在相应谱项跃迁产生的谱线都在远紫外区。

2. 电子-振动光谱

1）理论分析

分子的电子能级间距比振动能级大得多，电子能级跃迁时一定伴随有分子的振动能级跃迁。在常温下，分子大多处于$v''=0$的振动基态，而电子激发后可处于多个不同的v''振动态。

分子的电子-振动能量

$$E = E_e + \left(v + \frac{1}{2}\right)hc\tilde{\omega} - \left(v + \frac{1}{2}\right)^2 hcx\tilde{\omega} \tag{12.66}$$

分子从下一电子能级的振动能级跃迁到上一电子能级的振动能级吸收光子的波数等于

$$\tilde{\nu} = \frac{\Delta E_e}{hc} + \left[\left(v' + \frac{1}{2}\right)\tilde{\omega}' - \left(v' + \frac{1}{2}\right)^2 x'\tilde{\omega}'\right] - \left[\left(v'' + \frac{1}{2}\right)\tilde{\omega}'' - \left(v'' + \frac{1}{2}\right)^2 x''\tilde{\omega}''\right] \tag{12.67}$$

式中，$\tilde{\omega}'$ 和 $\tilde{\omega}''$ 表示不同电子能级的振动频率(波数)，整理得

$$\begin{aligned}\tilde{\nu} &= \left[\frac{\Delta E_{\mathrm{e}}}{hc} + \left(\frac{1}{2}\tilde{\omega}' - \frac{1}{4}\tilde{\omega}'x'\right) - \left(\frac{1}{2}\tilde{\omega}'' - \frac{1}{4}\tilde{\omega}''x''\right)\right] \\ &\quad + \left[\left(\tilde{\omega}' + \tilde{\omega}'x'\right)v' - \tilde{\omega}'x'v'^2\right] - \left[\left(\tilde{\omega}'' + \tilde{\omega}''x''\right)v'' - \tilde{\omega}''x''v''^2\right]\end{aligned} \tag{12.68}$$

与经验公式

$$\tilde{\nu}\left(v'v''\right) = \tilde{\nu}_{00} + \left(a'v' - b'v'^2\right) - \left(a''v'' - b''v''^2\right) \tag{12.69}$$

相比较，得

$$\tilde{\nu}_{00} = \frac{\Delta E_{\mathrm{e}}}{hc} + \left(\frac{1}{2}\tilde{\omega}' - \frac{1}{4}\tilde{\omega}'x'\right) - \left(\frac{1}{2}\tilde{\omega}'' - \frac{1}{4}\tilde{\omega}''x''\right) \tag{12.70}$$

$$a' = \tilde{\omega}' + \tilde{\omega}'x', \quad a'' = \tilde{\omega}'' + \tilde{\omega}''x'' \tag{12.71}$$

$$b' = \tilde{\omega}'x', \quad b'' = \tilde{\omega}''x'' \tag{12.72}$$

由实验拟合得到 a' 、b' 、a'' 、b'' ，从而求得 $\tilde{\omega}'$ 和 $\tilde{\omega}''$ 。

选择定则为

$$\Delta S = 0 \text{ 且} \Delta \Lambda = 0, \pm 1; \ \Delta v = 0, \pm 1, \pm 2, \cdots$$

对于Σ状态，电子能级的跃迁

$$\Sigma^+ \leftrightarrow \Sigma^+、\Sigma^- \leftrightarrow \Sigma^-; \mathrm{u} \leftrightarrow \mathrm{g}; \Delta v = 0, \pm 1, \pm 2, \cdots$$

图 12.6 画出了分子从电子基态至激发态的跃迁，v'' 和 v' 分别表示基态和激发态的振动量子数。从同一 v'' 能级出发跃迁至不同 v' 能级的跃迁所产生的谱线称为 v' 进行式带系；而从不同 v'' 能级跃迁至同一 v' 能级所产生的谱线称为 v'' 进行式带系。

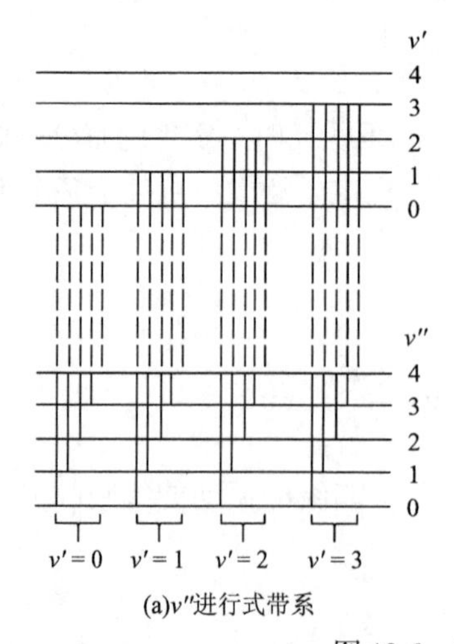

(a)v''进行式带系

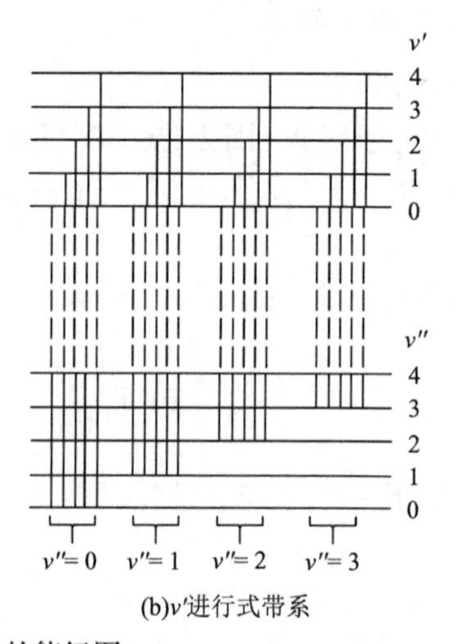

(b)v'进行式带系

图 12.6 进行式带系的能级图

通常分子处于基态 $v''=0$ 的概率最大，所以吸收光谱中与 $v''=0$ 相应的第一个进行式带系最强，称为零谱带系。与 $v''=1$ 相应的 v' 进行式带系弱，称为热谱带系。

2) 弗兰克-康登原理

零谱带系各谱带的强度分布有以下三种情况：$v'=0$ 带最强，随 $v'=0$ 增大光强很快减小；开始时谱带强度随 v' 增大而增大，v' 增大到某个值后强度慢慢减小；v' 小的谱带强度弱，随 v' 增大谱带强度增大，直至解离的连续区(图 12.7)。

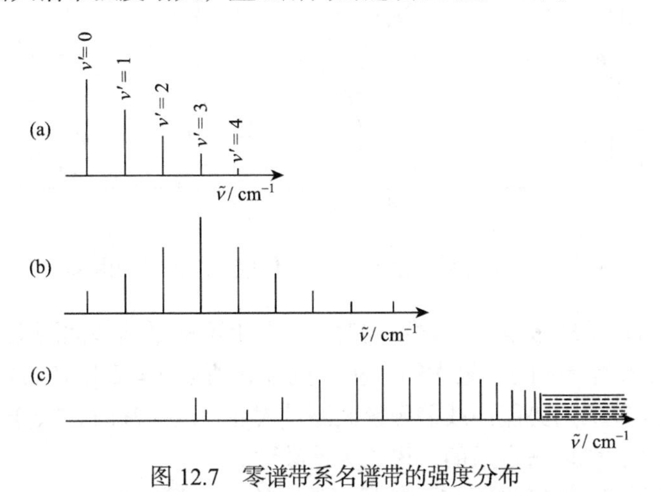

图 12.7 零谱带系名谱带的强度分布

弗兰克-康登(Franck-Condon)原理(图 12.8)：电子跃迁的过程是一个非常迅速的过程，跃迁后电子态虽然改变，但在这样短的时间内核的运动还没来得及改变，还保持在原来的核间距和运动速度。用图像表示，即从低的电子能级的 $v''=0$ 的振动状态画一垂线与高的电子能级的势能曲线相交于 $v'=k$，则跃迁到振动态 $v'=k$ 的可能性最大。

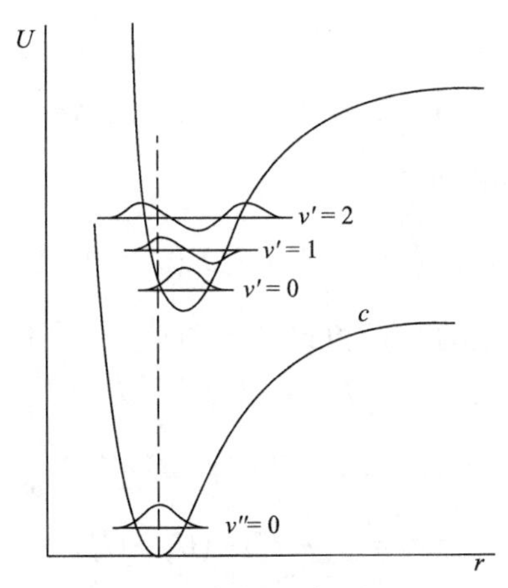

图 12.8 弗兰克-康登原理

1925 年，弗兰克提出这一原理的思想；1928 年，康登给出这一原理的量子力学证明。

应用弗兰克-康登原理可以解释零谱带系的强度分布(图 12.9)：

当上下两个电子能级的势能曲线最低点的位置相近时，从 $v''=0$ 到 $v'=0$ 的跃迁可能性最大，强度也最大。随v'增大，跃迁难度增大，所以谱带强度随v'增大迅速减小。

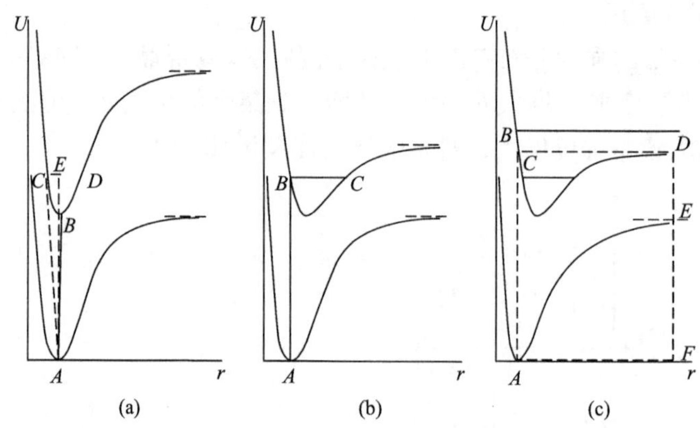

图 12.9　弗兰克-康登原理对零谱带系分布强度的解释

当上下两个势能曲线最低点位置不同时，如果上面的平衡核间距大，跃迁在振动态$v'=0$的可能性就不是最大的，最大的是从A到B，所以$v'=B$的谱带最强。

如果上一电子能级的势能曲线平衡核间距较大而且较平浅时，跃迁可能性最大的能级已经是解离状态，所以谱带系的一段成为连续谱。

在发射光谱中，一个谱带系有两条强度最大的谱带(图 12.10)，根据弗兰克-康登原理，这是因为分子在上一电子态的AB振动能级，核间距在OA、OB的时间最长。所以，向下一电子态跃迁时，跃迁到振动能级CD和EF的概率最大。因此，在谱带系中，出现两条强度最大的谱带。

3) 电子-振动-转动光谱

分子的转动能量比电子-振动能量小很多，当电子-振动能级跃迁时也会引起转动能级跃迁。分子的总能量

$$E = E_e + E_v + B_v J(J+1)hc \tag{12.73}$$

分子能级跃迁时，相应谱线的波数

$$\tilde{\nu} = (T_e' - T_e'') + (G_v' - G_v'') + B_v' J'(J'+1) - B_v'' J''(J''+1) \tag{12.74}$$

式中，B_v'和B_v''分别是属于振动态v'和v''的转动常数，所以B_v'和B_v''不相等。对一确定的谱带系，ΔE_e是常数，在同一谱带$T_e'-T_e''$和$G_v'-G_v''$都是常数，所以

$$\tilde{\nu} = \tilde{\nu}_0 + B_v' J'(J'+1) - B_v'' J''(J''+1) \tag{12.75}$$

$$\tilde{\nu}_0 = (T_e' - T_e'') + (G_v' - G_v'') \tag{12.76}$$

选择定则如下：

如果上下分子能级都是属于Σ电子态，则$\Delta J = \pm 1$，没有Q支。

如果有一个电子态不是Σ态，$\Delta J = 0, \pm 1$，出现Q支。

P支$(\Delta J=-1)$、R支$(\Delta J=1)$和Q支$(\Delta J=0)$谱线的波数依次为

$$\tilde{\nu}_P = \tilde{\nu}_0 + B_v'(J-1)J + B_v''(J+1)J = \tilde{\nu}_0 - (B_v' - B_v'')J + (B_v' - B_v'')J^2 \tag{12.77}$$

$$J = 1,2,3,\cdots$$

$$\tilde{\nu}_R = \tilde{\nu}_0 + (B_v' + B_v'')J + (B_v' - B_v'')J^2 \tag{12.78}$$

$$J = 0,1,2,\cdots$$

$$\tilde{\nu}_Q = \tilde{\nu}_0 + (B_v' - B_v'')J(J+1) \tag{12.79}$$

$$J = 1,2,\cdots$$

由于 B_v' 和 B_v'' 数值相差很小，所以 Q 支各谱线排列很密。

P 支和 Q 支可统一表示为

$$\tilde{\nu} = \tilde{\nu}_0 + (B_v' + B_v'')m + (B_v' - B_v'')m^2 \tag{12.80}$$

$m = 1,2,\cdots$ 为 R 支；$m = -1,-2,\cdots$ 为 P 支。与经验公式

$$\tilde{\nu} = c + dm + em^2 \tag{12.81}$$

相比较，得

$$d = B_v' + B_v'', \quad e = B_v' - B_v'' \tag{12.82}$$

图 12.11 是分子的电子-振动-转动谱带的能级图。

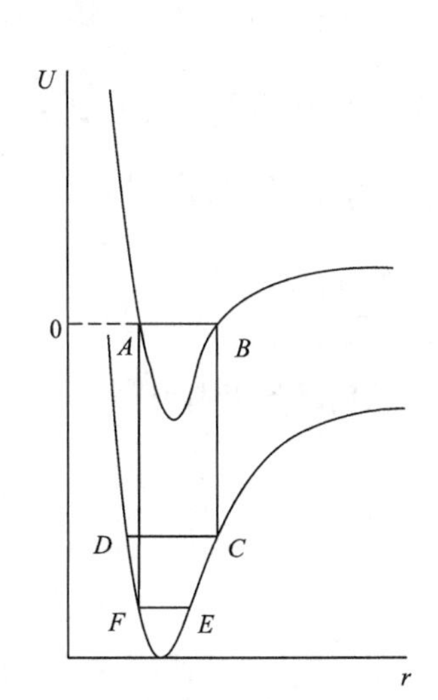

图 12.10　发射光谱强度分布的弗兰克-康登原理解释

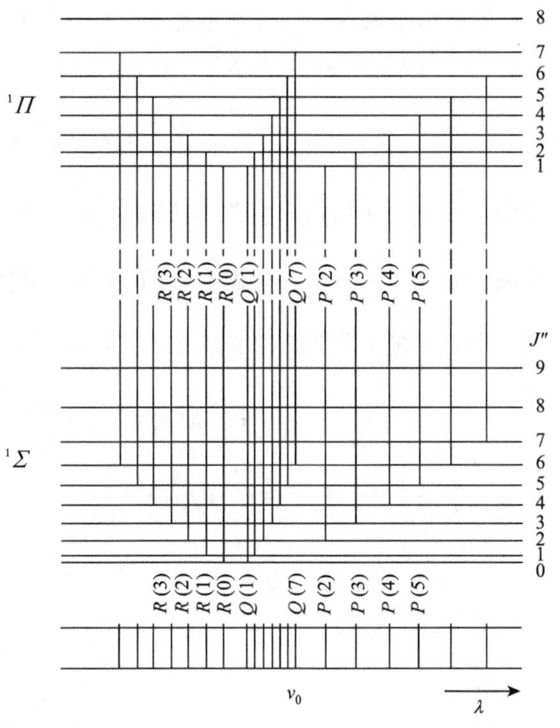

图 12.11　分子的电子-振动-转动谱带的能级图

12.3 多原子分子光谱

12.3.1 多原子分子光谱的分类

按照分子能级跃迁的不同，多原子分子光谱可分为以下三类：

(1) 转动光谱。由分子的转动能级跃迁产生的光谱称为转动光谱，波长范围在微波区。

(2) 振动光谱。由分子的振动能级跃迁产生的光谱称为振动光谱。由于振动能级远大于转动能级，振动能级的跃迁会同时引起转动能级的跃迁，所以振动光谱中包含着转动光谱，而成为振动-转动光谱。其波长范围在红外区。

(3) 电子光谱。由于多原子分子的价电子的跃迁产生的光谱称为电子光谱。由于电子的跃迁常常伴随着分子的振动能级和转动能级的变化，所以电子光谱包含振动和转动光谱的精细结构。电子光谱在紫外及可见光区，少数可延伸至近红外区。

12.3.2 多原子分子的转动光谱

1. 多原子分子的转动惯量

对于多原子分子，同样也存在绕质心的转动。由于多原子分子的自由度数比双原子分子的自由度数多，所以更为复杂。对多原子分子来说，通过分子的某一轴线，就有一个相应的转动惯量，设通过分子质心，方向角为(θ,φ)的轴线的转动惯量为I，则

$$I = I(\theta,\varphi) = \sum_{i=1}^{N} M_i r_i^2 \tag{12.83}$$

式中，N是分子所包含的原子核数；M_i是第i个原子核的质量；r_i是第i个核至轴线的距离。如果以$\sqrt{\dfrac{1}{I}}$对(θ,φ)做立体图，可得一椭球体，它有三个互相垂直的主轴A、B、C。对这三个主轴的转动惯量称为主转动惯量，并以I_A、I_B、I_C表示，即

$$I_A = \sum_{i=1}^{N} M_i r_{A_i}^2 \text{，} \quad I_B = \sum_{i=1}^{N} M_i r_{B_i}^2 \text{，} \quad I_C = \sum_{i=1}^{N} M_i r_{C_i}^2 \tag{12.84}$$

分子沿三个主轴方向的角动量以L_x、L_y、L_z表示，总角动量L则为

$$L^2 = L_x^2 + L_y^2 + L_z^2 \tag{12.85}$$

分子的转动能为

$$E_{\mathrm{r}} = \frac{L_x^2}{2I_x} + \frac{L_y^2}{2I_y} + \frac{L_z^2}{2I_z} \tag{12.86}$$

例如，水分子(图 12.12)在x、y、z轴上的转动惯量的分量为

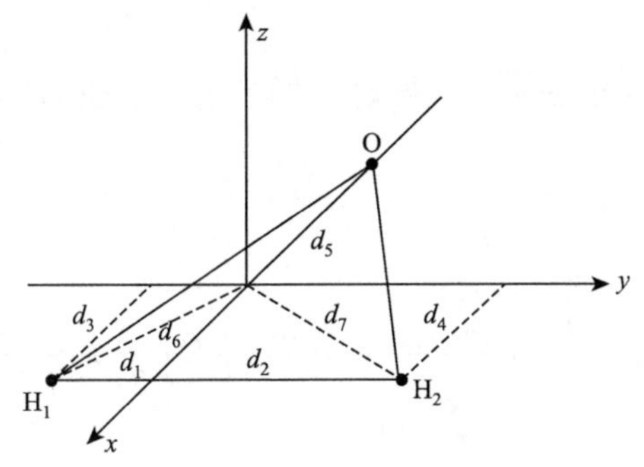

图 12.12　H_2O 的坐标

$$I_x = M_{H_1} d_1^2 + M_{H_2} d_2^2$$

$$I_y = M_{H_1} d_3^2 + M_{H_2} d_4^2 + M_O d_5^2$$

$$I_z = M_{H_1} d_6^2 + M_{H_2} d_7^2 + M_O d_5^2$$

转动能为

$$E_r = \frac{L_x^2}{2I_x} + \frac{L_y^2}{2I_y} + \frac{L_z^2}{2I_z}$$

上面讨论了一般分子的转动惯量，下面讨论几种特殊情况。

2. 几种特殊构型分子的转动惯量

1) 直线形分子

$$I_x = 0, I_y = I_z, L_x = 0, L_y = L_z$$

$$E_r = \frac{L_y^2}{2I_y} + \frac{L_z^2}{2I_z} = \frac{L^2}{2I_y} \tag{12.87}$$

相应的薛定谔方程为

$$\frac{\hat{L}^2}{2I_y} Y_J^K(\theta,\varphi) = E_r Y_J^K(\theta,\varphi) \tag{12.88}$$

所以

$$E_r(J) = \frac{\hbar^2}{2I_y} J(J+1) = BJ(J+1) \tag{12.89}$$

选择定则为

$$J = 0,1,2,\cdots; \quad \Delta J = \pm 1$$

当分子从 J 跃迁到 $J+1$ 状态时，吸收的辐射的频率为

$$\nu(J \to J+1) = \frac{\Delta E_r}{h} = \frac{E_r(J+1) - E_r(J)}{h} = \frac{2B}{h}(J+1) \tag{12.90}$$

2) 对称陀螺分子

对称陀螺分子是有一个 $n(n>2)$ 重对称轴的分子，如 NH_3 分子。取此对称轴为 z 轴，则

$$I_x = I_y \neq I_z, \quad L_x = L_y \neq L_z$$

$$E_r = \frac{L_x^2}{2I_x} + \frac{L_y^2}{2I_y} + \frac{L_z^2}{2I_z} = \frac{L^2}{2I_x} + L_z^2\left(\frac{1}{2I_z} - \frac{1}{2I_x}\right) \tag{12.91}$$

相应的薛定谔方程为

$$\left[\frac{\hat{L}^2}{2I_x} + \left(\frac{1}{2I_z} - \frac{1}{2I_x}\right)\hat{L}_z^2\right] Y_J^K(\theta,\varphi) = E_r Y_J^K(\theta,\varphi) \tag{12.92}$$

能量表达式为

$$E_r = \frac{\hbar^2}{2I_x} J(J+1) + \left(\frac{1}{2I_z} - \frac{1}{2I_x}\right) K^2 \hbar^2 \tag{12.93}$$

令

$$B = \frac{\hbar^2}{2I_x}, \quad A = \frac{\hbar^2}{2I_z} \tag{12.94}$$

得

$$E_r = BJ(J+1) + (A-B)K^2$$

$$J = 0, 1, 2, \cdots$$

$$K = 0, \pm 1, \pm 2, \cdots$$

选择定则为

$$\Delta J = \pm 1, \quad \Delta K = 0$$

3) 球形分子

$$I_x = I_y = I_z \tag{12.95}$$

$$E_r = \frac{L^2}{2I_x} \tag{12.96}$$

相应的薛定谔方程为

$$\frac{\hat{L}^2}{2I_x} Y_J^K(\theta,\varphi) = E_r Y_J^K(\theta,\varphi) \tag{12.97}$$

解得

$$E_r = \frac{\hbar^2}{2I_x} J(J+1) \tag{12.98}$$

这类分子的偶极矩 $\boldsymbol{\mu}$ 等于零，没有转动光谱。

12.3.3 多原子分子的振动能级和振动光谱

1. 简正振动

一个多原子分子的振动方式是复杂的、无规则的，但我们可以将这种无规则的复杂振动看成是由许多简单振动叠加而成的结果。这种简单的振动称为分子的简正振动。

如果不考虑电子的运动，则由 N 个原子组成的分子的运动状态可由 $3N$ 个坐标描述，这是由于每个原子有 x 、y 、z 三个坐标。这 $3N$ 个坐标所描述的运动状态可以归结为分子质心沿 x、y、z 三个方向的三个平移运动，整个分子绕三个坐标轴的转动，以及 $3N-6$ 个基本的振动运动，如果是直线形分子，则有 $3N-5$ 个基本的振动运动。这些基本的振动运动就是简正振动。

例如，CO_2 分子是直线形分子，它有 $3N-5=3\times3-5=4$ 个简正振动，如图 12.13 所示。图中 ⊗ 和 ⊙ 分别表示垂直于纸面的向里和向外运动。振动(1)和(2)都是使 C—O 键键长改变的振动，称为伸缩振动。(3)和(4)都是使 O—C—O 键角改变的弯曲振动。键长伸缩比键角改变需要的能量多，所以伸缩振动的频率大于弯曲振动的频率。

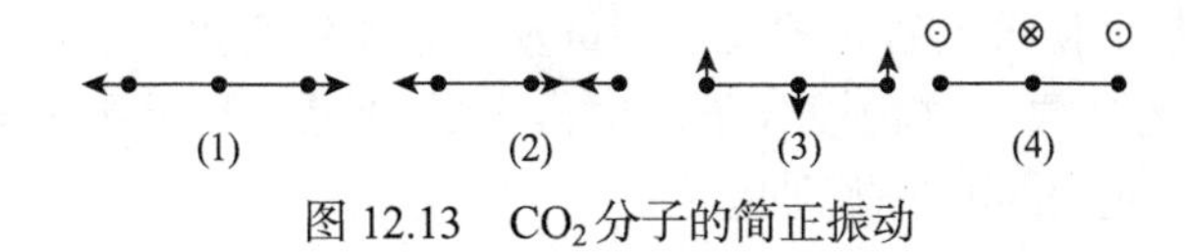

图 12.13 CO_2 分子的简正振动

H_2O 有 $3N-6=3\times3-6=3$ 个简正振动，如图 12.14 所示。其中(1)、(3)是伸缩振动，(2)是弯曲振动。

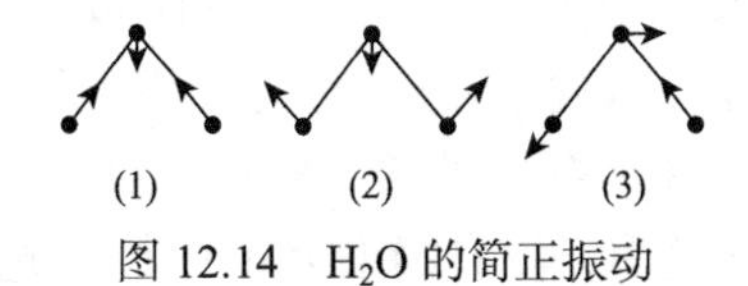

图 12.14 H_2O 的简正振动

2. 基频振动

对于一个分子的 $3N-6$ 或 $3N-5$ 个简正振动，相应就存在 $3N-6$ 或 $3N-5$ 个振动分状态。而分子的总振动状态可以表示成各分状态的连乘，即

$$\psi_{\mathrm{v}}=\prod_{i=1}^{n}\psi_i\left(v_i\right) \tag{12.99}$$

式中，ψ_{v} 是分子的总振动状态；ψ_i 是分子的第 i 个分振动状态；v_i 是第 i 个分振动状态的量子数。相应于每个简正振动的分振动状态的能量也都是量子化的。当所有的 $v_i=0$ 时，上式可写成

$$\psi_{\mathrm{v}}(0)=\prod_{i=1}^{n}\psi_i(0) \tag{12.100}$$

式中，$\psi_{\mathrm{v}}(0)$称为分子振动的基态。若分子吸收能量后，仅有一个振动方式由基态$(v=0)$跃迁到$v=1$的状态，这种跃迁称为基频跃迁，可表示为

$$\prod_{i=1}^{n}\psi_i(0)\to\psi_j(1)\prod_{\substack{i=1\\(i\neq j)}}^{n-1}\psi_i(0) \tag{12.101}$$

这种跃迁主要是由于分子本身的振动引起了偶极矩的变化而产生的。这种跃迁产生的光谱一般在红外区，称为红外光谱。令

$$\psi_{\mathrm{v}}(j=1)=\psi_j(1)\prod_{\substack{i=1\\(i\neq j)}}^{n-1}\psi_i(0) \tag{12.102}$$

若使跃迁$\psi_{\mathrm{v}}(0)\to\psi_{\mathrm{v}}(j=1)$发生，需满足如下条件中的任何一个。

$$\begin{cases}\int\psi_{\mathrm{v}}(0)\mu_x\psi_{\mathrm{v}}(j=1)\mathrm{d}\tau\neq 0\\ \int\psi_{\mathrm{v}}(0)\mu_y\psi_{\mathrm{v}}(j=1)\mathrm{d}\tau\neq 0\\ \int\psi_{\mathrm{v}}(0)\mu_z\psi_{\mathrm{v}}(j=1)\mathrm{d}\tau\neq 0\end{cases} \tag{12.103}$$

只有瞬间偶极矩发生变化的简正振动才有红外光谱。

除红外光谱外，当分子受到单色可见光或紫外光照时，可能引起分子的振动能级或转动能级的跃迁，从而使得入射光的光子能量及频率发生变化，于是被分子散射出来的光子就有频率改变的现象。这种被分子散射出来的包括若干新频率光的光谱称为拉曼(Raman)光谱。拉曼光谱的跃迁规则是

$$\int\psi_{\mathrm{v}}(0)\rho\psi_{\mathrm{v}}(j=1)\mathrm{d}\tau\neq 0 \tag{12.104}$$

式中，ρ为极化张量因子。必须伴随有极化率α改变的简正振动才有拉曼光谱。

例如，在CO_2分子的振动(1)中，两个C—O键同时伸长，同时缩短，在振动过程中，分子的偶极矩始终等于零，因此(1)没有红外光谱。但α发生变化，有频率为ν_1的拉曼光谱。在振动(2)中，一个C—O键伸长，另一个C—O键缩短，所以分子有瞬间偶极矩变化。而极化率改变相互抵消，没有频率为ν_2的拉曼光谱。在振动(3)和(4)中，分子发生弯曲，也都有瞬间偶极矩变化，所以(2)、(3)和(4)分别有红外光谱ν_2、$\nu_3=\nu_4$。在振动(3)和(4)中，只有键角改变，没有键长变化，α非常小，也没有频率为$\nu_3(=\nu_4)$的拉曼光谱。

3. 合频跃迁与泛频跃迁

前面讨论了单一基频跃迁，即$\psi_{\mathrm{v}}(0)\to\psi_{\mathrm{v}}(j=1)$。在实际光谱中还有如下两种跃迁

$$\psi_{\mathrm{v}}(0)\to\psi_{\mathrm{v}}(j=1,l=1)=\psi_j(1)\psi_l(1)\prod_{\substack{i=1\\(i\neq j\neq l)}}^{k-2}\psi_i(0) \tag{12.105}$$

称为合频跃迁。

$$\psi_{\mathrm{v}}(0)\to\psi_{\mathrm{v}}(j=2)=\psi_j(2)\prod_{\substack{i=1\\(i\neq j)}}^{k-1}\psi_i(0) \tag{12.106}$$

称为泛频跃迁。

在某些条件下，合频或泛频跃迁与某些基频跃迁有着强烈的相互作用，这种现象称为费米共振。

4. 力常数和特征频率

简正振动中一类是键长改变，另一类是键角变化。键长、键角的改变可用来描述简正振动。键长、键角称为分子内坐标。对于一个分子的简正振动可以由一组分子内坐标的改变来描述。

例如，H_2O 的键长改变用 Δd_1、Δd_2 表示，键角改变用 $\Delta\theta$ 表示，则 H_2O 分子内坐标的变化如图 12.15 所示。

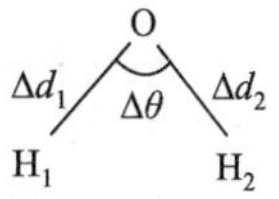

图 12.15　H_2O 分子内坐标的变化

若不考虑 d_2、θ 的变化，仅考虑 d_1 的变化，则 O—H_1 之间的键长改变 Δd_1 看成简谐振动，相应就有力常数 $f_{d_1d_1}$；同理对 Δd_2、$\Delta\theta$ 也分别存在力常数 $f_{d_2d_2}$、$f_{\theta\theta}$。若 d_1、d_2、θ 的相互变化也同时考虑，也有相应的力常数。可列成表 12.3。

表 12.3　力常数表

	Δd_1	Δd_2	$\Delta\theta$
Δd_1	$f_{d_1d_1}$	$f_{d_1d_2}$	$f_{d_1\theta}$
Δd_2	$f_{d_2d_1}$	$f_{d_2d_2}$	$f_{d_2\theta}$
$\Delta\theta$	$f_{\theta d_1}$	$f_{\theta d_2}$	$f_{\theta\theta}$

写成矩阵，可得

$$F=\begin{pmatrix} f_{d_1d_1} & f_{d_1d_2} & f_{d_1\theta} \\ f_{d_2d_1} & f_{d_2d_2} & f_{d_2\theta} \\ f_{\theta d_1} & f_{\theta d_2} & f_{\theta\theta} \end{pmatrix} \tag{12.107}$$

F 称为力常数矩阵，这样就将对一个分子的键长、键角变化的研究转变成对力常数 f 的研究。力常数通常可由实验测得的频率计算。力常数有些代表键的伸缩振动，如 $f_{d_1d_1}$、$f_{d_2d_2}$；有些代表键的弯曲，如 $f_{\theta\theta}$ 等。因为 H_1 和 H_2 间的作用力远小于化学键力，所以 $f_{dd} > f_{\theta\theta}$。而由于 $\Delta E \propto F$，所以伸缩振动的跃迁出现在高频区，而弯曲振动的跃迁出现在低频区。伸缩振动相应的力常数 f_{dd} 与键能密切相关。一般来说，某个化学基团在不同的化合物中键能变化不大，因此伸缩力常数也变化不大，因而形成了这个化学基团的特征频率。例如，基团 —OH 键伸缩振动的特征频率为 $3500\sim3700\text{cm}^{-1}$。对于弯曲振动，如 H_2O 分子，H_1 和 H_2 之间不形成化学键，键角稍有变化，则会引起 $f_{\theta\theta}$ 的明显变化。因而同一个化学基团在不同的化合物中，只要构型稍有不同，在低频区的吸收峰就会明显地不同，形成指纹区，可用于鉴别不同的化合物。例如，$=\!C\!\begin{smallmatrix}\diagup H\\ \diagdown H\end{smallmatrix}$ 中的 C—H 键的

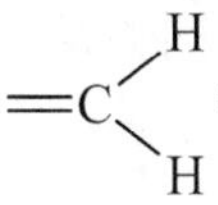

弯曲振动频率为1100cm^{-1}左右，而$\equiv C\langle^{H}_{H}$中的C—H键的弯曲振动频率为700cm^{-1}左右。

12.3.4 多原子分子的电子光谱

多原子分子的价电子跃迁产生的光谱称为电子光谱。多原子分子的电子光谱在紫外和可见光区，也有少数的电子光谱延伸到近红外区。多原子分子的价电子吸收紫外或可见光由低能级向高能级跃迁，产生的光谱称为多原子分子的吸收光谱；多原子分子的价电子由高能级向低能级跃迁，产生的光谱称为多原子分子的发射光谱。按照发射光谱产生的机制不同，又细分为荧光光谱、磷光光谱和化学发光。由于价电子的跃迁会伴随分子振动能级和转动能级的变化，多原子分子的电子光谱的谱形是宽峰，具有精细结构。

多原子分子的吸收光谱研究方便，应用较多，因此研究得多。下面介绍有机化合物的电子吸收光谱。

多原子分子的内层电子能级低、不易激发，所以可以按照价电子的性质差别讨论多原子分子的吸收光谱。

1. 电子跃迁的类型

有机化合物的基态价电子有成键σ电子、成键π电子和非键n电子，吸收紫外或可见光后会跃迁到分子的空轨道上，即反键σ*轨道、反键π*轨道，可以写作$\sigma\to\sigma^*$、$\pi\to\pi^*$、$n\to\sigma^*$、$n\to\pi^*$。

(1) $\sigma\to\sigma^*$跃迁。σ电子能级低、不易被激发，$\sigma\to\sigma^*$跃迁需要能量多，吸收光谱在紫外区（$\lambda<150$nm）。例如，正乙烷、正庚烷等饱和烃分子的电子吸收光谱就是$\sigma\to\sigma^*$跃迁。

(2) $n\to\sigma^*$跃迁。饱和烃的氧、氮、硫、卤素等衍生物分子的电子吸收光谱是$n\to\sigma^*$跃迁。

(3) $\pi\to\pi^*$跃迁。不饱和烃的π电子容易激发到π*轨道上。例如，不饱和烃含双键的基团如羟基、偶氮基、硝基等的电子吸收光谱是$\pi\to\pi^*$跃迁。

(4) $n\to\pi^*$跃迁。在双键上连着氧、氮、硫、卤素等杂原子，杂原子的孤对电子是非键电子，其吸收光谱是$n\to\pi^*$跃迁。例如，丙酮的λ=279nm的吸收峰就是$n\to\pi^*$跃迁。

2. 多原子分子电子光谱的分子轨道理论解释

利用分子轨道理论可以解释多原子分子的电子光谱。图 12.16 是有机分子中价电子的跃迁图。图中的横线代表分子轨道，带箭头的竖线代表电子跃迁。两个分子轨道的能级差与光谱频率的关系为

$$\Delta E = n\lambda$$

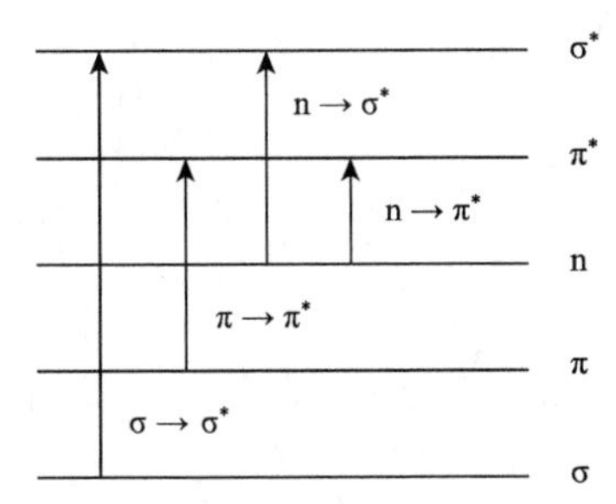

图 12.16　有机分子中价电子的跃迁

例如，共轭烯烃含有n（n为偶数）个π电子，其最高占据轨道是$\psi_{\frac{n}{2}}$，最低未占轨道是$\psi_{\frac{n}{2}+1}$，被光照射，电子从$\psi_{\frac{n}{2}}$轨道跃迁到$\psi_{\frac{n}{2}+1}$，相应的光谱带称为P带，这是共轭烯烃在长波位置的第一个光谱带。根据分子轨道理论，第二个分子轨道的能量是

$$E_i = \alpha + 2\beta\cos\left(\frac{i\pi}{n+1}\right) \qquad (i = 1,2,3,\cdots,n) \tag{12.108}$$

由上式得到第一吸收峰的激发能：

$$\Delta E = E_2 - E_1 = 4\beta\cos\left[\frac{\pi}{2(n+1)}\right] \tag{12.109}$$

可见，随着共轭π电子数目的增加，第一个吸收峰向长波方向移动。其波数与$\sin\left[\frac{\pi}{2(n+1)}\right]$呈线性关系。由实验数据拟合得到的第一个吸收峰的函数为

$$\tilde{\nu}_1 = \frac{1}{10^{-4}}\left\{1.634 + 9.214\left[\frac{\pi}{2(n+1)}\right]\right\} \tag{12.110}$$

式(12.110)和式(12.109)两者符合。

3. 影响多原子分子电子光谱的外部因素

1)温度的影响

影响多原子分子的电子光谱的外部因素主要是温度和溶剂。

多原子分子电子能级的跃迁伴随着分子的振动和转动能级的变化，因此多原子分子的电子光谱为宽峰。降低温度可以减少振动能级和转动能级的贡献，使单个电子的跃迁显示出来。例如，反式二苯乙烯的电子光谱在20℃是宽峰，在−185℃是分裂的窄峰(图 12.17)。

2)溶剂的影响

多原子分子会与溶剂作用形成氢键、络合物等，因此会改变多电子原子光谱的结构、

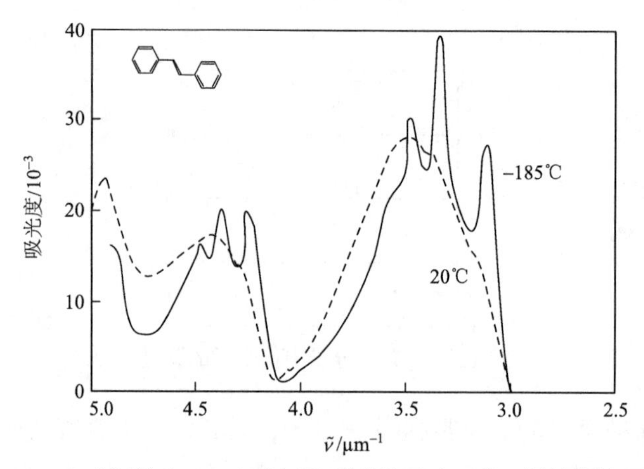

图 12.17　20℃(虚线)和−185℃(实线)测得的反式二苯乙烯的紫外吸收光谱

溶剂：异戊烷-甲基环己烷(体积比 5 : 1)

峰的位置。例如，苯酚用乙醇为溶剂的紫外吸收光谱具有宽峰，看不到精细结构；用己烷为溶剂的紫外吸收光谱则分裂为 3 个峰(图 12.18)。

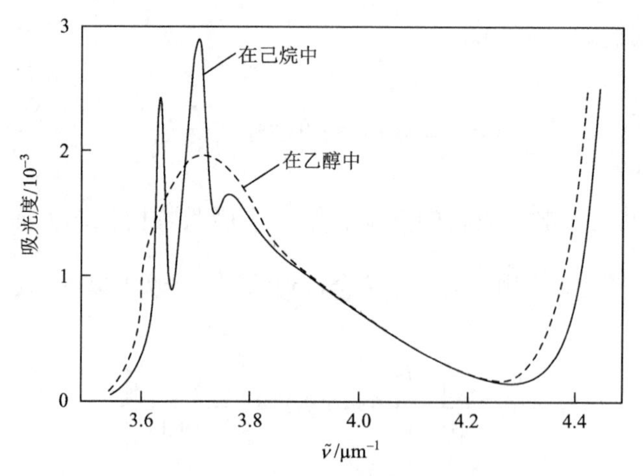

图 12.18　溶剂对苯酚紫外光谱的影响

随着溶剂的极性增大，$n \to \sigma^*$ 跃迁谱带发生蓝移，$\pi \to \pi^*$ 跃迁谱带发生红移。这两个峰的距离近了。

多原子分子与溶剂形成氢键的相对强度大小不同，紫外吸收光谱的吸收峰发生红移或蓝移。多原子分子与溶剂形成络合物，紫外吸收光谱谱带位置发生移动，造成光的颜色改变。

4. 多原子的紫外-可见吸收光谱的应用

多原子分子的紫外-可见吸收光谱在分析化学中的应用很多，是基于一个或多个波长的光密度分析，因此称为分光光度法。例如，金属元素的比色法或分光光度法分析，络合物的组成和稳定常数的测量，分子结构的推测，互变异构体的判别，酸碱电离常数的测量，以及分子化合物的判别和含量测量。

习　题

12.1 $^{1}H^{85}Br$ 分子远红外光谱的邻近两线间的距离为 $16.9298cm^{-1}$，计算其转动惯量和核间距。$^{1}H=1.0078$，$^{85}Br=80.9163$。

12.2 $^{12}C^{32}S$ 分子从转动能级 $J=0$ 跃迁至 $J=1$ 吸收的光的频率 $\nu=4.917\times10^{-10}s^{-1}$，计算其键长。

12.3 CO 分子的近红外光谱在 $2144cm^{-1}$ 处有一强谱带，计算：

(1)基本谱带的频率；(2)振动周期；(3)力常数；(4)零点能。

12.4 HI 的近红外光谱基本谱带 $\tilde{\nu}=2230.1cm^{-1}$，求其力常数。

12.5 讨论弗兰克-康登原理对谱带强度分布的影响。

12.6 计算 $^{16}O^{12}C^{32}S$ 分子的转动惯量。其微观谱线频率为 24325.92MHz，364812.82MHz，48651.64 MHz，60814.08MHz。

12.7 实验测得二甲苯的三个异构体在 $650\sim900cm^{-1}$ 区间的红外光谱为(1)两个吸收峰 $767cm^{-1}$ 和 $692cm^{-1}$，(2)一个吸收峰 $792cm^{-1}$，(3)一个吸收峰 $742cm^{-1}$。试判断邻二甲苯、对二甲苯、间二甲苯的吸收峰各是哪个。

12.8 苯胺的紫外-可见吸收光谱和苯的紫外-可见吸收光谱差别较大，但苯胺的盐酸盐和苯的紫外吸收光谱相近，解释之。

第 13 章　光化学基元过程

13.1　基 本 知 识

13.1.1　光化学基元过程

按照能量递增的次序，将分子的单重态记为 S_0，S_1，…；三重态记为 T_1，…分子的发光过程实际上包含如下几种物理基元过程(图 13.1)：

(1)吸收：$S_0 \xrightarrow[h\nu]{k_a} S_1$，速率常数记为 k_a。

(2)发射荧光：$S_1 \xrightarrow[h\nu']{k_r} S_0$，速率常数记为 k_r。

(3)内转换(internal conversion, IC)：$S_1 \xrightarrow{k_{ic}} S_0$，速率常数记为 k_{ic}。

(4)系间窜越(intersystem crossing, ISC)：$S_1 \xrightarrow{k_{isc}} T_1$，速率常数记为 k_{isc}。

(5)三重态到单重态的系间窜越：$T_1 \xrightarrow{k'_{isc}} S_1$，速率常数记为 k'_{isc}。

(6)发射磷光：$T_1 \xrightarrow{k'_r} S_0$，速率常数记为 k'_r。

其中内转换和系间窜越过程都是非辐射跃迁过程，不发光。荧光的寿命为 10^{-9}～10^{-6}s，磷光的寿命为 10^{-3}～10s。

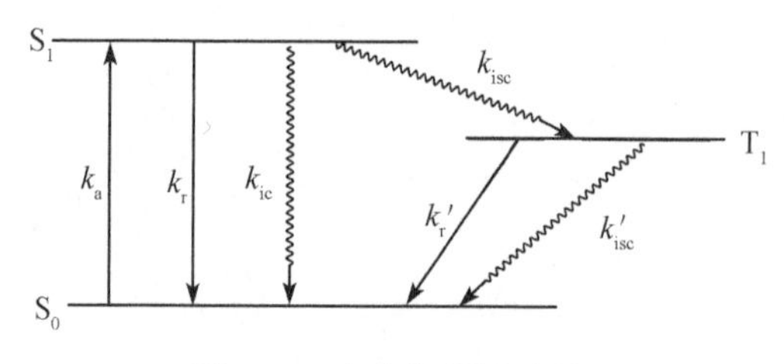

图 13.1　光化学基元过程

13.1.2　单重激发态 S_1

根据图 13.1 所示的全部基元过程，单重激发态 S_1 的浓度增速可以唯象地写作

$$\frac{\mathrm{d}[S_1]}{\mathrm{d}t} = k_a[S_0] - k_{S_1}[S_1] \tag{13.1}$$

式(13.1)称为速率方程。要用微观理论导出这个方程，还要研究该速率方程是否在所有的时间尺度上都成立。如果在光照一段时间后停止照射，则式(13.1)中吸收一项应当去掉，速率方程变为

$$\frac{\mathrm{d}[S_1]}{\mathrm{d}t} = -k_{S_1}[S_1] \tag{13.2}$$

式中

$$k_{S_1} \equiv k_r + \left(k_{isc} + k_{ic}\right) \tag{13.3}$$

第一项表示发光；第二项内转换和系间窜越都是不发光的过程，电子能量转变为振动能，即转变为声子。

将式(13.2)对时间积分得到单重激发态 S_1 的浓度：

$$\left[S_1\right] = \left[S_1\right]_0 e^{-k_{S_1} t} \tag{13.4}$$

式中，$\left[S_1\right]_0$ 为单重激发态 S_1 的起始浓度。荧光强度 I_F 随时间的变化为

$$I_F = I_F^0 e^{-k_{S_1} t} = I_F^0 e^{-t/\tau_{S_1}} \tag{13.5}$$

式中，单重激发态 S_1 的寿命 τ_{S_1} 定义为

$$\tau_{S_1} \equiv 1/k_{S_1} \tag{13.6}$$

式(13.5)表明 $\ln I_F$-t 图(图 13.2)为直线，斜率为 $-k_{S_1}$。若不呈直线，则表示其中还有其他基元过程。若单重激发态 S_1 的寿命 τ_{S_1} 很小，则激发态 S_1 存在的时间很短，就不能发生任何光化学过程。

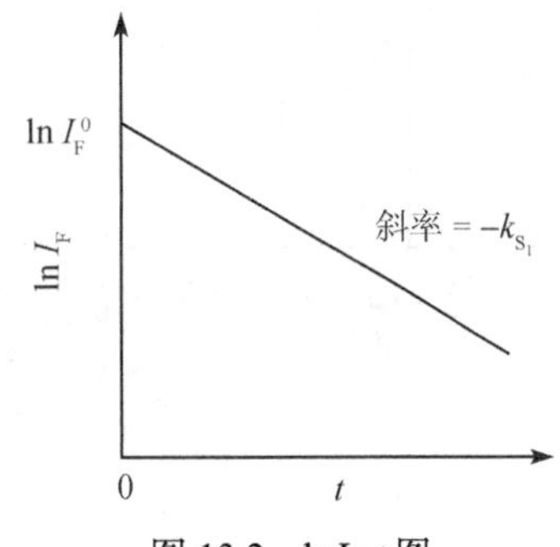

图 13.2　$\ln I_F$-t 图

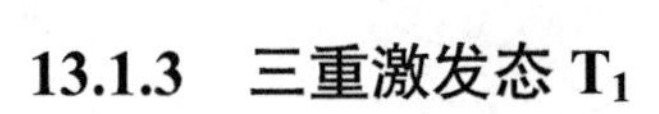

13.1.3　三重激发态 T_1

根据如图 13.1 所示的全部基元过程，从唯象角度分析，三重激发态 T_1 的浓度增速为

$$\frac{d\left[T_1\right]}{dt} = k_{isc}\left[S_1\right] - \left(k_r' + k_{isc}'\right)\left[T_1\right] \tag{13.7}$$

若 S_1 寿命很短，则

$$\frac{d\left[T_1\right]}{dt} \approx -k_{T_1}\left[T_1\right]$$

式中

$$k_{T_1} = k_r' + k_{isc}'$$

积分，得

$$\left[T_1\right] = \left[T_1\right]_0 e^{-k_{T_1} t} \tag{13.8}$$

式中，$\left[T_1\right]_0$ 为三重激发态 T_1 的起始浓度。

由式(13.8)得磷光强度 I_P 随时间的变化：

$$I_P = I_P^0 e^{-k_{T_1} t} = I_F^0 e^{-t/\tau_{T_1}} \tag{13.9}$$

式中，三重激发态 T_1 的寿命为

$$\tau_{T_1} \equiv 1/k_{T_1} \tag{13.10}$$

13.1.4 实验结果

关于激发态寿命 τ 的实验结果包括以下几种效应。

(1)温度效应：温度升高导致激发态寿命缩短。

(2)氘效应：例如，正常苯(C_6H_6)的磷光寿命小于氘化苯(C_6D_6)的磷光寿命，即 $\tau_{C_6H_6} < \tau_{C_6D_6}$。前者振动能级间距约为 3000cm^{-1}，而后者的振动能级间距约为 2000cm^{-1}。这是由于电子能量转化为振动能量的过程延长了滞留在后者激发态的时间。

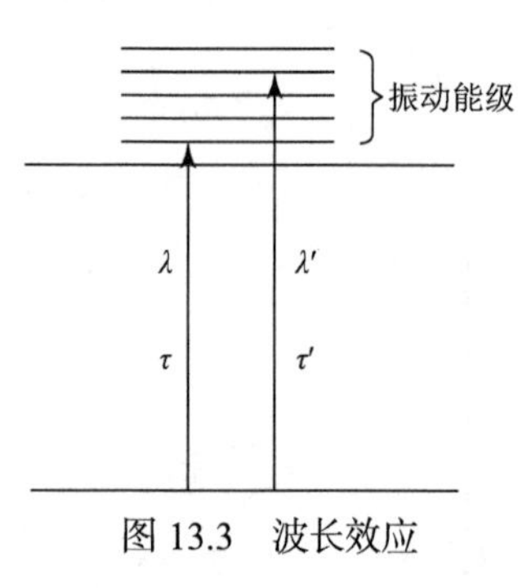

图 13.3　波长效应

(3)重原子效应或顺磁效应：如氩气中 C_6H_6 的磷光寿命大于它在氙气中的磷光寿命。加入重离子(如铁离子)，由于自旋-轨道耦合加强，加速了能量转移过程，磷光寿命缩短。

(4)波长效应(图 13.3)：用不同波长 λ 的光照射固体，结果寿命却几乎相同。这是由于固体振动能级之间的弛豫作用强，造成寿命 τ 与 λ 无关。但是在小分子或稀薄气体中粒子之间的碰撞概率很小，难于进行振动弛豫，寿命 τ 就与波长 λ 有关。

13.2　含时微扰法

13.2.1 费米黄金规则

含时薛定谔方程

$$\mathrm{i}\hbar\frac{\partial}{\partial t}\left|\Psi(q,t)\right\rangle = \hat{\boldsymbol{H}}\left|\Psi(q,t)\right\rangle \tag{13.11}$$

式中，$\hat{\boldsymbol{H}} = \hat{\boldsymbol{H}}_0 + \hat{\boldsymbol{H}}'$。$\hat{\boldsymbol{H}}_0$ 为未照光即未受微扰时体系的总能量算符，照光时体系哈密顿量增加 $\hat{\boldsymbol{H}}'$，即 $\hat{\boldsymbol{H}}'$ 是外场对速率过程的微扰。无微扰时，体系状态由 $\hat{\boldsymbol{H}}_0$ 的定态薛定谔方程决定

$$\hat{\boldsymbol{H}}_0\left|\Psi_n\right\rangle = E_n\left|\Psi_n\right\rangle \tag{13.12}$$

未扰动的含时薛定谔方程

$$\mathrm{i}\hbar\frac{\partial}{\partial t}\left|\Psi_n^0(q,t)\right\rangle = \hat{\boldsymbol{H}}\left|\Psi_n^0(q,t)\right\rangle \tag{13.13}$$

的解为

$$\left|\Psi_n^0(q,t)\right\rangle=\left|\Psi_n(q)\right\rangle \mathrm{e}^{-\mathrm{i}tE_n/\hbar} \tag{13.14}$$

可以用未扰动的完备集$\left\{\left|\Psi_n^0(q,t)\right\rangle\right\}$展开扰动的态$\left|\Psi(q,t)\right\rangle$

$$\left|\Psi(q,t)\right\rangle=\sum_n c_n(t)\left|\Psi_n^0(q,t)\right\rangle \tag{13.15}$$

由$\left|\Psi(q,t)\right\rangle$的归一化条件得

$$\sum_n\left|c_n(t)\right|^2=1 \tag{13.16}$$

将式(13.16)代入式(13.15)，得

$$\left(\hat{\boldsymbol{H}}_0+\hat{\boldsymbol{H}}'\right)\sum_n c_n\left|\Psi_n^0\right\rangle=\mathrm{i}\hbar\sum_n\left\{\left(\frac{\partial c_n}{\partial t}\right)\left|\Psi_n^0\right\rangle+c_n\frac{\partial}{\partial t}\left|\Psi_n^0\right\rangle\right\}$$

即

$$\sum_n c_n\hat{\boldsymbol{H}}_0\left|\Psi_n^0\right\rangle+\sum_n c_n\hat{\boldsymbol{H}}'\left|\Psi_n^0\right\rangle=\mathrm{i}\hbar\sum_n\left\{\left(\frac{\partial c_n}{\partial t}\right)\left|\Psi_n^0\right\rangle+c_n\frac{\partial}{\partial t}\left|\Psi_n^0\right\rangle\right\}$$

得

$$\sum_n c_n\hat{\boldsymbol{H}}'\left|\Psi_n^0\right\rangle=\mathrm{i}\hbar\sum_n\left(\frac{\partial c_n}{\partial t}\right)\left|\Psi_n^0\right\rangle$$

再利用$\left\{\left|\Psi_n^0\right\rangle\right\}$的归一化关系，将上式等号两边左乘$\left\langle\Psi_m^0\right|$，得

$$\mathrm{i}\hbar\frac{\partial c_m}{\partial t}=\sum_n\left\langle\Psi_m^0\right|\hat{\boldsymbol{H}}'\left|\Psi_n^0\right\rangle c_n \qquad \forall m \tag{13.17}$$

至此，未引入任何近似。可是式(13.17)难以求解，引入微扰参数λ，$\hat{\boldsymbol{H}}'$换成$\lambda\hat{\boldsymbol{H}}'$。$\lambda$在0、1之间任意变动，0相当于未扰动体系，1相当于微扰体系。于是式(13.17)写为

$$\mathrm{i}\hbar\frac{\partial c_m}{\partial t}=\lambda\sum_n\left\langle\Psi_m^0\right|\hat{\boldsymbol{H}}'\left|\Psi_n^0\right\rangle c_n \tag{13.18}$$

为了求系数$\{c_n\}$，继而求得$\left|\Psi(q,t)\right\rangle$。将$c_m(t)$展开成$\lambda$的幂级数

$$c_m(t)=c_m^{(0)}(t)+\lambda c_m^{(1)}(t)+\lambda^2 c_m^{(2)}(t)+\cdots \tag{13.19}$$

将式(13.19)代入式(13.18)，得

$$\mathrm{i}\hbar\left\{\frac{\partial c_m^{(0)}}{\partial t}+\lambda\frac{\partial c_m^{(1)}}{\partial t}+\lambda^2\frac{\partial c_m^{(2)}}{\partial t}+\cdots\right\}=\lambda\sum_n\left\langle\Psi_m^0\right|\hat{\boldsymbol{H}}'\left|\Psi_n^0\right\rangle\left\{c_n^{(0)}+\lambda c_n^{(1)}(t)+\lambda^2 c_n^{(2)}+\cdots\right\}$$

因为微扰参数λ可以任意变动，所以依次比较等式两边的λ^0，λ，λ^2，…次项的系数，得

$$
\begin{cases}
i\hbar\dfrac{\partial c_m^{(0)}}{\partial t}=0 \\
i\hbar\dfrac{\partial c_m^{(1)}}{\partial t}=\sum\limits_n\left\langle \Psi_m^0\middle|\hat{\boldsymbol{H}}'\middle|\Psi_n^0\right\rangle c_n^{(0)} \\
i\hbar\dfrac{\partial c_m^{(2)}}{\partial t}=\sum\limits_n\left\langle \Psi_m^0\middle|\hat{\boldsymbol{H}}'\middle|\Psi_n^0\right\rangle c_n^{(1)} \\
\qquad\vdots
\end{cases}
\tag{13.20}
$$

微分方程组(13.20)需有初始条件才能求解。设光照之前(t<0)体系处于$\left|\Psi_k\right\rangle$态，即

$$
\left|\Psi\left(q,t=0\right)\right\rangle=\sum_n c_n\left(0\right)\left|\Psi_n^0\left(q,0\right)\right\rangle=\sum_n c_n\left(0\right)\left|\Psi_n\left(q\right)\right\rangle=\left|\Psi_k\right\rangle
$$

所以

$$
\begin{cases}
c_k\left(0\right)=1 \\
c_n\left(0\right)=0 \quad \forall n\neq k
\end{cases}
\tag{13.21}
$$

再根据式(13.19)，得

$$
\begin{cases}
1=c_k\left(0\right)=c_k^{(0)}\left(0\right)+\lambda c_k^{(1)}\left(0\right)+\lambda^2 c_k^{(2)}\left(0\right)+\cdots \\
0=c_n\left(0\right)=c_n^{(0)}\left(0\right)+\lambda c_n^{(1)}\left(0\right)+\lambda^2 c_n^{(2)}\left(0\right)+\cdots \qquad \forall n\neq k
\end{cases}
$$

上式对于任意λ均成立，因此有

$$
\begin{cases}
\begin{cases}
c_k^{(0)}\left(0\right)=1 \\
c_k^{(1)}\left(0\right)=c_k^{(2)}\left(0\right)=\cdots=0
\end{cases} \\
c_n^{(0)}\left(0\right)=c_n^{(1)}\left(0\right)=c_n^{(2)}\left(0\right)=\cdots=0 \qquad \forall n\neq k
\end{cases}
\tag{13.22}
$$

微分方程组(13.20)的每一个方程都有初始条件，于是可以求解。

1. 零阶解$\left\{c_m^{(0)}\right\}$

根据式(13.20)

$$
i\hbar\frac{\partial c_m^{(0)}}{\partial t}=0 \quad \forall m
\tag{13.23}
$$

积分即可。设积分常数为$\alpha_m^{(0)}$，所以

$$
c_m^{(0)}\left(t\right)=\alpha_m^{(0)} \qquad \forall m
\tag{13.24}
$$

$\alpha_m^{(0)}$与时间无关，从式(13.24)和初始条件式(13.22)，得到各零阶系数

$$
\begin{cases}
c_k^{(0)}\left(t\right)=1 \\
c_n^{(0)}\left(t\right)=0 \quad \forall n\neq k
\end{cases}
\tag{13.25}
$$

2. 一阶解 $\left\{c_m^{(1)}\right\}$

根据式(13.20)和式(13.25)，得

$$\mathrm{i}\hbar\frac{\partial c_m^{(1)}}{\partial t}=\left\langle\Psi_m^0\middle|\hat{\boldsymbol{H}}'\middle|\Psi_k^0\right\rangle\quad\forall m \tag{13.26}$$

和零阶系数，可见式(13.26)右边都是已知的，积分后再引用初始条件式(13.22)求得一阶系数。同理，求得二阶系数、三阶系数等。通常对于单光子过程求到一阶系数就可以了，而多光子过程则需求高阶系数。至此，还没限定微扰哈密顿量 $\hat{\boldsymbol{H}}'$ 的形式。

先讨论 $\hat{\boldsymbol{H}}'$ 不含时的情况。根据式(13.14)和式(13.26)，得

$$\mathrm{i}\hbar\frac{\partial c_m^{(1)}}{\partial t}=\left\langle\Psi_m\mathrm{e}^{-\mathrm{i}tE_m/\hbar}\middle|\hat{\boldsymbol{H}}'\middle|\Psi_k\mathrm{e}^{-\mathrm{i}tE_k/\hbar}\right\rangle=\mathrm{e}^{\mathrm{i}t(E_m-E_k)/\hbar}\left\langle\Psi_m\middle|\hat{\boldsymbol{H}}'\middle|\Psi_k\right\rangle$$

即

$$\mathrm{i}\hbar\frac{\partial c_m^{(1)}}{\partial t}=\mathrm{e}^{\mathrm{i}\omega_{mk}t}H'_{mk} \tag{13.27}$$

式中，$\omega_{mk}\equiv\left(E_m-E_k\right)/\hbar$；$H'_{mk}\equiv\left\langle\Psi_m\middle|\hat{\boldsymbol{H}}'\middle|\Psi_k\right\rangle$ 与时间无关。将式(13.27)积分，利用初始条件式(13.22)中的 $c_m^{(1)}(0)=0\quad\forall m$，得

$$c_m^{(1)}(t)=\frac{H'_{mk}}{\hbar\omega_{mk}}\left(1-\mathrm{e}^{\mathrm{i}\omega_{mk}t}\right) \tag{13.28}$$

再由式(13.19)和零阶解式(13.25)，得

$$c_m(t)=\lambda c_m^{(1)}(t)+O\left(\lambda^2\right)\quad\left(m\neq k\right) \tag{13.29}$$

t 时刻体系处于 $\left|\Psi_m\right\rangle$ 态 $(m\neq k)$ 的概率 $P_m(t)=\left|c_m(t)\right|^2$ 的一阶近似为

$$\left|c_m(t)\right|^2=\lambda^2\left|c_m^{(1)}(t)\right|^2+O\left(\lambda^3\right)\approx\lambda^2\left|c_m^{(1)}(t)\right|^2=\lambda^2\frac{\left|H'_{mk}\right|^2}{\left(\hbar\omega_{mk}\right)^2}\left(1-\mathrm{e}^{\mathrm{i}\omega_{mk}t}\right)\left(1-\mathrm{e}^{-\mathrm{i}\omega_{mk}t}\right)$$

真实的微扰体系相当于 $\lambda=1$，故

$$\left|c_m(t)\right|^2=\frac{2\left|H'_{mk}\right|^2}{\hbar^2}\left\{\frac{1-\cos\left(\omega_{mk}t\right)}{\omega_{mk}^2}\right\}=\frac{2\left|H'_{mk}\right|^2}{\hbar^2}f\left(\omega_{mk}\right) \tag{13.30}$$

这里令函数

$$f(\omega)=\frac{1-\cos(\omega t)}{\omega^2}=\frac{2\sin^2(\omega t/2)}{\omega^2} \tag{13.31}$$

函数 $f(\omega)$ 有两个性质：

(1) 利用 $\lim\limits_{\theta\to0}\sin\theta=\theta$，可知当 $\omega\to0$ 时，$f(\omega)$ 有最大值

$$\lim_{\omega\to 0} f(\omega) = \frac{2(\omega t/2)^2}{\omega^2} = \frac{t^2}{2} \tag{13.32}$$

(2) 因为 $\omega = \dfrac{2n\pi}{t}(n = 0, \pm 1, \pm 2, \cdots)$ 时 $\sin\dfrac{\omega t}{2} = 0$，可见此时 $f(\omega) = 0$。所以，$f(\omega)$ 的曲线如图 13.4 所示。

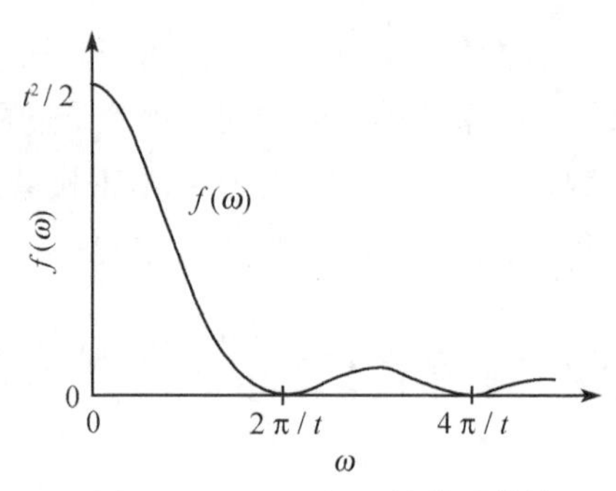

图 13.4　$f(\omega)$ 与 ω 的关系曲线

当 $t\to\infty$ 时，$f(\omega)$ 越来越窄，正比于 δ 函数，即

$$\delta(\omega) = \lim_{t\to\infty}\frac{1-\cos(\omega t)}{\pi t\omega^2} = \lim_{t\to\infty}\frac{f(\omega)}{\pi t}$$

所以，当 t 很大时，

$$\left|c_m(t)\right|^2 = \frac{2\pi t}{\hbar^2}\left|H'_{mk}\right|^2 \delta(\omega_{mk}) \tag{13.33}$$

于是，从始态 $|\Psi_k\rangle$ 跃迁到 $|\Psi_m\rangle$ 态的跃迁概率为

$$\frac{\mathrm{d}P_m}{\mathrm{d}t} = \frac{\mathrm{d}}{\mathrm{d}t}\left|c_m(t)\right|^2 = \frac{2\pi}{\hbar^2}\left|H'_{mk}\right|^2 \delta(\omega_{mk}) \equiv k_{k\to m} \tag{13.34}$$

$k_{k\to m}$ 称为“细致速率常数”(detailed rate constant) 或“态-态速率常数”(state-state rate constant)。实验中很难测定。通常只测量始态 $|\Psi_k\rangle$ 的变化，所以引入“单能级速率常数”(single state rate constant)

$$k_k \equiv \sum_m k_{k\to m} \tag{13.35}$$

这里对终态加和。该始态 $|\Psi_k\rangle$ 的寿命为

$$\tau_k \equiv \frac{1}{k_k} \tag{13.36}$$

有时实验测定的是“平均速率常数” k_r。例如，压力较大时，始态不只是一个 $|\Psi_k\rangle$ 态，而是一个玻尔兹曼分布，则

$$k_r = \sum_k P_k k_k = \sum_m\sum_k P_k k_{k\to m} \tag{13.37}$$

式中，起始时$|\Psi_k\rangle$态的概率为(取为吉布斯正则分布)

$$P_k = \frac{1}{Q}\mathrm{e}^{-\beta E_k} \tag{13.38}$$

结合式(13.34)和$\delta(\hbar\omega_{mk}) = \frac{1}{\hbar}\delta(\omega_{mk})$得到

$$k_r = \sum_m\sum_k P_k k_{k\to m} = \frac{2\pi}{\hbar^2}\sum_m\sum_k P_k \left|H'_{mk}\right|^2 \delta(\omega_{mk})$$

即

$$k_r = \frac{2\pi}{\hbar}\sum_m\sum_k P_k \left|H'_{mk}\right|^2 \delta(E_m - E_k) \tag{13.39}$$

这就是著名的“费米黄金规则”，式中矩阵元$H'_{mk} = \langle\Psi_m|\hat{H}'|\Psi_k\rangle$。基组$\{|\Psi_m\rangle\}$是未受微扰体系的哈密顿量$\hat{H}_0$的定态薛定谔方程的本征态集

$$\hat{H}_0|\Psi_m\rangle = E_m|\Psi_m\rangle \tag{13.40}$$

从式(13.39)可见，欲求平均速率常数k_r，需先求$\hat{H}_0$的本征态集$\{|\Psi_m\rangle\}$及其能级$\{E_m\}$。

13.2.2　弛豫速率常数的普遍表式

上述处理方法可以应用到如下几个方面。

1. 电子弛豫

将S_0态用激光激发到电子激发态S_1，然后通过 IC 或 ISC 弛豫。例如，苯的电子能量(约为$3\times10^4\mathrm{cm}^{-1}$)转变为分子的振动能。因为每个 C—H 键的振动能量约为$3\times10^3\mathrm{cm}^{-1}$，如果全部集中到一个 C—H 振动模上，就要达到振动量子数v=10，局部就非常热。这种能量分布的概率很小。需要计算电子能量转移时哪种振动能量分布最可几。

将始态ψ_k记为ψ_{av}，对应的能量为E_{av}。a指电子态，v指振动量子数。当$T = 0\mathrm{K}$时，v=0。终态ψ_m现在记为$\psi_{bv'}$，对应的能量为$E_{bv'}$。在 IC 中b就是S_0态。所以，根据式(13.39)，电子弛豫$a\to b$的速率常数为

$$k_r = \frac{2\pi}{\hbar}\sum_{v,v'} P_{av}\left|H'_{bv',av}\right|^2 \delta(E_{bv'} - E_{av}) \tag{13.41}$$

式中，矩阵元

$$H'_{bv',av} = \langle\psi_{bv'}|\hat{H}'|\psi_{av}\rangle = \iint \psi^*_{bv'}\hat{H}'\psi_{av}\mathrm{d}q\mathrm{d}Q \tag{13.42}$$

这里要对所有电子坐标q和核坐标Q积分。

2. 激发能转移

若用 D 表示能量给体，A 表示能量受体，加*号表示它们各自的激发态。当D^*与 A 之间距离较近时，会发生能量转移过程

$$\mathrm{D}^* + \mathrm{A} \longrightarrow \mathrm{D} + \mathrm{A}^* \tag{13.43}$$

例如，有单重态-单重态之间的能量转移

$$^1\mathrm{D}^* + {}^1\mathrm{A} \longrightarrow {}^1\mathrm{D} + {}^1\mathrm{A}^*$$

以及单重态-三重态之间的能量转移

$$^3\mathrm{D}^* + {}^1\mathrm{A} \longrightarrow {}^3\mathrm{D} + {}^1\mathrm{A}^*$$

这些都属于光化学的基元过程。

对于这些过程，都可以用式(13.11)或式(13.12)计算速率常数，公式中始态 k(或 av)和终态 m(或 bv')在这里分别为$(\mathrm{D}^* + \mathrm{A})$这个整体和$(\mathrm{D} + \mathrm{A}^*)$这个整体。

3. 电子转移过程

$$\mathrm{D}^* + \mathrm{A} \longrightarrow \mathrm{D}^+ + \mathrm{A}^- \tag{13.44}$$

也可以用式(13.41)的方法求速率常数。其中始态为$(\mathrm{D}^* + \mathrm{A})$，终态为$(\mathrm{D}^+ + \mathrm{A}^-)$。在玻恩-奥本海默近似下式(13.42)中的始态、终态可写为电子波函数 Φ 和核振动波函数 Θ 之积，于是

$$H'_{bv',av} = \iint \left[\Phi_b(q,Q)\Theta_{bv'}(Q)\right]^* \hat{H}' \left[\Phi_a(q,Q)\Theta_{av}(Q)\right] \mathrm{d}q\mathrm{d}Q = \int \mathrm{d}Q \Theta^*_{bv'}(Q) H'_{ba} \Theta_{av}(Q) \tag{13.45}$$

式中，矩阵元

$$H'_{ba}(Q) \equiv \int \mathrm{d}Q \Phi^*_b(q,Q) \hat{H}' \Phi_a(q,Q) \tag{13.46}$$

如果核坐标$\{Q_i\}$振动幅度足够小，可以将矩阵元 $H'_{ba}(Q)$ 在平衡核位置$(Q=0)$处作泰勒展开

$$H'_{ba}(Q) = H'_{ba}(0) + \sum_i \left(\frac{\partial H'_{ba}}{\partial Q_i}\right)_0 Q_i + \dots$$

式中，$\left(\frac{\partial H'_{ba}}{\partial Q_i}\right)_0$ 就是跃迁力。若 $H'_{ba}(0) \neq 0$ 且它在微振动中是个大项，于是

$$H'_{bv',av} \equiv H'_{ba}(0) \int \mathrm{d}Q \Theta^*_{bv'}(Q) \Theta_{av}(Q) \tag{13.47}$$

可见，对于一个允许的电子跃迁，将原为核坐标函数的 H'_{ba} 近似看作常数，称之为康登近似。此时得到

$$\left|H'_{bv',av}\right|^2 = \left|H'_{ba}(0)\right|^2 F_{bv',av} \tag{13.48}$$

式中

$$F_{bv',av} = \left|\langle \Theta_{bv'} | \Theta_{av} \rangle\right|^2 = \left|\int \mathrm{d}Q \Theta^*_{bv'}(Q) \Theta_{av}(Q)\right|^2 \tag{13.49}$$

称为弗兰克-康登因子(简称 F-C 因子)。进而，得到在玻恩-奥本海默近似和康登近似下的跃迁速率常数

$$k_r = \frac{2\pi}{\hbar}\left|H'_{ba}\right|^2 \sum_{v,v'} P_{av} F_{bv',av} \delta\left(E_{bv'} - E_{av}\right) \tag{13.50}$$

式中，温度对跃迁速率常数的影响体现在始态的概率分布 P_{av} 中。至此，为计算跃迁速率常数需要求出 F-C 因子。

13.2.3　弗兰克-康登因子

这里以双原子分子为例，并用简谐振子模型近似。振子的电子-振动始态 av 与终态 bv' 可以有三种情况：

(1) 始态与终态的键长不同 ($Q \neq Q'$)，且振动频率也不同 ($\omega \neq \omega'$)。这种情况称为“位移-变形振子” [图 13.5 (a)]。

(2) 振动的势能曲线形状相同，但是跃迁后键长改变了 ($Q \neq Q'$，$\omega = \omega'$) 称为“位移振子” [图 13.5 (b)]。

(3) 跃迁前后键长不变，但是振动频率有变化 ($Q = Q'$，$\omega \neq \omega'$)，称为“变形振子” [图 13.5 (c)]。

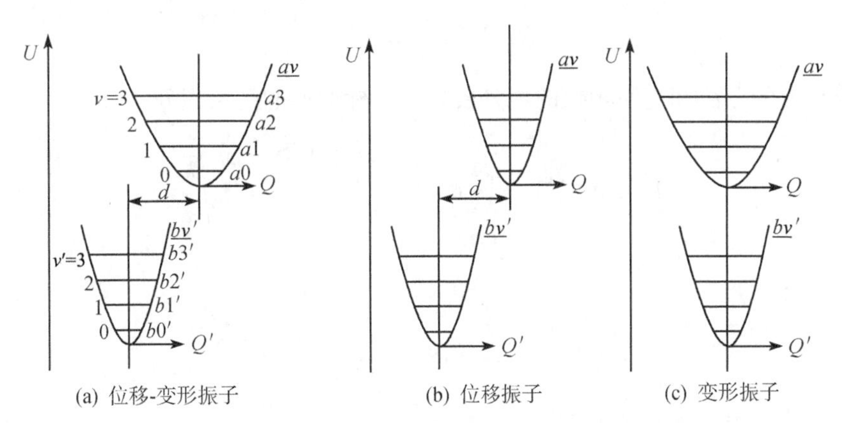

(a) 位移-变形振子　　(b) 位移振子　　(c) 变形振子

图 13.5　振子的电子-振动始态与终态

(a) $U_a = \frac{1}{2}\omega^2 Q^2$，$U_b = \frac{1}{2}\omega'^2 Q'^2$ 和 $Q' = Q + d$；(b) $U_a = \frac{1}{2}\omega^2 Q^2$，$U_b = \frac{1}{2}\omega'^2 Q'^2$ 和 $Q' = Q + d$；

(c) $U_a = \frac{1}{2}\omega^2 Q^2$，$U_a = \frac{1}{2}\omega'^2 Q^2$ 和 $Q' = Q$

谐振子的波函数为

$$\Theta_{av} = N_{av} H_v\left(\sqrt{\alpha} Q\right) \mathrm{e}^{-\alpha Q^2/2} \quad \left(v = 0,1,2,\cdots\right) \tag{13.51}$$

式中

$$\alpha = \omega / \hbar \tag{13.52}$$

归一化系数

$$N_{av} = \left(\frac{\sqrt{\alpha / \pi}}{2^v \cdot v!}\right)^{1/2} \tag{13.53}$$

核质量已经考虑在其中。H_v为厄米多项式。振动基态(v=0)的$H_0=1$。$H_v(z)$的最高幂次为z^v。始态av的振动势能$U_a=\frac{1}{2}\omega Q^2$，终态$bv'$的振动势能为$U_b=\frac{1}{2}\omega' Q'^2$。跃迁前后键长的变化即“位移”为

$$d \equiv Q' - Q \tag{13.54}$$

1. 最简单的 F-C 因子 $F_{b0',a0}$

$F_{b0',a0}$表示从电子-振动态$(a, v=0)$跃迁到$(b, v'=0)$的 F-C 因子。这是最普遍的“位移-变形振子”。从式(13.49)、式(13.51)和式(13.54)及$H_0(z)=1$，得

$$F_{b0',a0} = \left|\langle \Theta_{b0'} | \Theta_{a0} \rangle\right|^2 \tag{13.55}$$

和

$$\langle \Theta_{b0'} | \Theta_{a0} \rangle = N_{b0'} N_{a0} \int_{-\infty}^{\infty} \mathrm{d}Q \mathrm{e}^{-\frac{1}{2}\left[\alpha Q^2 + \alpha'(Q+d)^2\right]}$$
$$= N_{b0'} N_{a0} \int_{-\infty}^{\infty} \mathrm{d}Q \mathrm{e}^{\left[-\left(\frac{\alpha+\alpha'}{2}\right)Q^2 - Q\alpha' d - \frac{1}{2}\alpha' d^2\right]}$$

利用配成平方的办法和高斯函数的积分公式，作标准型的高斯积分：

$$\int_{-\infty}^{\infty} \mathrm{d}x \mathrm{e}^{-\alpha x^2 - bx} = \int_{-\infty}^{\infty} \mathrm{d}x \mathrm{e}^{-\alpha\left[\left(x+\frac{b}{2a}\right)^2 - \frac{b^2}{4a^2}\right]} = \mathrm{e}^{\frac{b^2}{4a}} \sqrt{\frac{\pi}{a}} \tag{13.56}$$

所以

$$\langle \Theta_{b0'} | \Theta_{a0} \rangle = N_{b0'} N_{a0} \mathrm{e}^{-\alpha' d^2/2} \sqrt{\frac{2\pi}{\alpha+\alpha'}} \mathrm{e}^{-\frac{\alpha'^2 d^2}{2(\alpha+\alpha')}}$$

从式(13.53)归一化系数的表式得

$$N_{b0'} = \left(\frac{\alpha'}{\pi}\right)^{1/4}$$

$$N_{a0} = \left(\frac{\alpha}{\pi}\right)^{1/4}$$

于是

$$F_{b0',a0} = \left[\frac{4\alpha\alpha'}{(\alpha+\alpha')^2}\right]^{1/2} \mathrm{e}^{-\frac{\alpha\alpha' d^2}{(\alpha+\alpha')}} \tag{13.57}$$

式(13.57)是普遍的，可见最简单的 F-C 因子$F_{b0',a0}$由α、α'和d值确定。在位移振子的特例中

$$F_{b0',a0}\Big|_{\text{位移振子}} = \mathrm{e}^{-\alpha d^2/2} \tag{13.58}$$

式(13.58)在光谱中常用。在变形振子的情况下，由于$d=0$、$\alpha\neq\alpha'$，因此

$$F_{b0',a0}\Big|_{\text{变形振子}}=\frac{2\sqrt{\alpha\alpha'}}{\alpha+\alpha'} \tag{13.59}$$

当既不发生位移，也没有变形时，即$d=0$、$\alpha=\alpha'$，则$F_{b0',a0}=1$。

2. 位移振子的 F-C 因子 $F_{bv',a0}$

下面讨论双原子分子在电子-振动始态和终态分别为$(a,v=0)$和(b,v')的情况下位移振子的 F-C 因子。由式(13.49)，得

$$F_{bv',a0}=\left|\left\langle\Theta_{bv'}|\Theta_{a0}\right\rangle\right|^2 \tag{13.60}$$

在简谐振子的近似下，因为$H_{a0}=1$、$\alpha=\alpha'$和$Q'=Q+d$，可得

$$\begin{aligned}\left\langle\Theta_{bv'}|\Theta_{a0}\right\rangle&=N_{bv'}N_{a0}\int_{-\infty}^{\infty}\mathrm{d}Q\left[H_{bv'}\left(\sqrt{\alpha}Q'\right)\mathrm{e}^{-\alpha Q'^2/2}\right]\left(H_{a0}\mathrm{e}^{-\alpha Q^2/2}\right)\\&=N_{bv'}N_{a0}\int_{-\infty}^{\infty}\mathrm{d}QH_{bv'}\left[\sqrt{\alpha}\left(Q+d\right)\right]\mathrm{e}^{-\alpha\left[\left(Q+d\right)^2+\frac{d^2}{4}\right]}\\&=N_{bv'}N_{a0}\mathrm{e}^{-\alpha d^2/4}\int_{-\infty}^{\infty}\mathrm{d}\bar{Q}H_{v'}\left(\sqrt{\alpha}\bar{Q}+\frac{\sqrt{\alpha}d}{2}\right)\mathrm{e}^{-\alpha\bar{Q}^2}\end{aligned} \tag{13.61}$$

式中，简记$H_{bv'}=H_{v'}$，且定义

$$\bar{Q}\equiv Q+\frac{d}{2} \tag{13.62}$$

至于$H_{v'}\left(\sqrt{\alpha}\bar{Q}+\frac{\sqrt{\alpha}d}{2}\right)$，可以利用厄米多项式的性质

$$\frac{\mathrm{d}}{\mathrm{d}z}H_n\left(z\right)=2nH_{n-1}\left(z\right)\qquad\left(n=1,2,\cdots\right) \tag{13.63}$$

将$H_n\left(z+\Delta z\right)$在$z$处作泰勒展开，并注意到多项式$H_n\left(z\right)$中最高幂次为$z^n$，于是得

$$\begin{aligned}H_n\left(z+\Delta z\right)&=H_n\left(z\right)+\frac{\mathrm{d}H_n\left(z\right)}{\mathrm{d}z}\Delta z+\frac{1}{2!}\frac{\mathrm{d}^2H_n\left(z\right)}{\mathrm{d}z^2}\left(\Delta z\right)^2+\cdots+\frac{1}{n!}\frac{\mathrm{d}^nH_n\left(z\right)}{\mathrm{d}z^n}\left(\Delta z\right)^n\\&=H_n\left(z\right)+2nH_{n-1}\left(z\right)\Delta z+\frac{2^2n\left(n-1\right)}{2!}H_{n-2}\left(z\right)\left(\Delta z\right)^2+\cdots\\&\quad+\frac{2^nn!}{n!}H_0\left(z\right)\left(\Delta z\right)^n\end{aligned}$$

代入式(13.61)，得

$$\left\langle\Theta_{bv'}|\Theta_{a0}\right\rangle=N_{bv'}N_{a0}\mathrm{e}^{-\alpha d^2/4}\int_{-\infty}^{\infty}\mathrm{d}\bar{Q}\left[H_{v'}\left(\sqrt{\alpha}\bar{Q}\right)+\cdots+\frac{2^{v'}v'!}{v'!}H_0\left(\sqrt{\alpha}\bar{Q}\right)\left(\frac{\sqrt{\alpha}d}{2}\right)^{v'}\right]\mathrm{e}^{-\alpha\bar{Q}^2}$$

再利用厄米多项式的正交性质

$$\int_{-\infty}^{\infty} \mathrm{d}z\mathrm{e}^{-z^2} H_n(z) H_{n'}(z) = \delta_{nn'} 2^n n! \sqrt{\pi} \tag{13.64}$$

及根据 $H_0(z)=1$，得

$$\langle \Theta_{bv'} | \Theta_{a0} \rangle = N_{bv'} N_{a0} \mathrm{e}^{-\alpha d^2/4} \left(\sqrt{\alpha} d\right)^{v'} \int_{-\infty}^{\infty} \mathrm{d}\bar{Q} \mathrm{e}^{-\alpha \bar{Q}^2} = \frac{\left(\sqrt{\alpha} d\right)^{v'}}{\left(2^{v'} v'!\right)^{1/2}} \mathrm{e}^{-\alpha d^2/4}$$

再平方得到位移振子的 F-C 因子

$$F_{bv',a0}\Big|_{\text{位移振子}} = \frac{\left(\alpha d^2\right)^{v'}}{2^{v'} v'!} \mathrm{e}^{-\alpha d^2/2} = \frac{S^{v'}}{v'!} \mathrm{e}^{-S} \tag{13.65}$$

式中，耦合常数 S 为

$$S = \frac{1}{2} \alpha d^2 = \frac{\omega d^2}{2\hbar} \tag{13.66}$$

它表征电子-振动始态与终态之间的关联，无量纲。可以证明，对于位移振子有

$$\sum_{v'=0}^{\infty} F_{bv',a0} = \sum_{v'=0}^{\infty} \frac{S^{v'}}{v'!} \mathrm{e}^{-S} = 1 \tag{13.67}$$

当 $v'=0$ 时，式(13.65)就还原为位移振子的 $F_{b0',a0}$ 表式(13.58)。

3. 弗兰克-康登原理

根据式(13.65)和式(13.50)，可以在位移振子的情况下导出的弗兰克-康登原理。式(13.50)说明跃迁速率常数 k_r 与弗兰克-康登因子有关。若 v' 较大，可以对 v' 求导，得到最可几的 v' 值，即发生最可几跃迁的终态振动量子数 v' 值。

对式(13.65)取自然对数，得

$$\ln F_{bv',a0} = v'\ln S - \ln v'! - S \approx v'\ln S - v'\ln v' + v' - S \tag{13.68}$$

这里用了简化的斯特林(Stirling)公式

$$\ln n! \approx n\ln n - n \tag{13.69}$$

将式(13.68)对 v' 求导，取导数为零，得

$$\frac{1}{F_{bv',a0}} \frac{\partial F_{bv',a0}}{\partial v'} = \ln S - \ln v' = 0$$

从而求得最可几的 v' 值

$$v'_{\max} = S = \frac{1}{2} \alpha d^2 \tag{13.70}$$

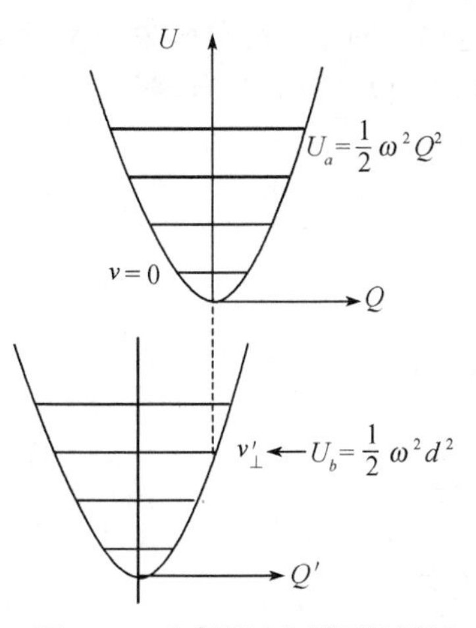

图 13.6　垂直跃迁和最可几跃迁

以上是对位移振子的讨论。在垂直跃迁时(图 13.6)，记与 U_a 极小处(Q=0)对应 U_b 的振动量子数为 $v'_\perp$，所以此处 $U_b=\left(v'_\perp+\frac{1}{2}\right)\hbar\omega$。而此处 $U_b=\frac{1}{2}\omega^2Q'^2=\frac{1}{2}\omega^2\left(Q+d\right)^2=\frac{1}{2}\omega^2d^2$，因此

$$U_b=\frac{1}{2}\omega^2d^2=\left(v'_\perp+\frac{1}{2}\right)\hbar\omega\approx v'_\perp\hbar\omega$$

即

$$v'_\perp\approx\frac{1}{2}\left(\frac{\omega}{\hbar}\right)d^2=\frac{1}{2}\alpha d^2=v'_{\max}\tag{13.71}$$

这就证明了位移振子的垂直跃迁就是最可几跃迁，此即弗兰克-康登原理。在不是位移振子的条件下，弗兰克-康登原理仍然成立。

以上讨论的双原子分子的情况可以推广到多原子分子的情况。

13.2.4　多原子分子的速率常数

1) 跃迁速率常数

在跃迁速率常数 k_r 的表式(13.50)中，因子 $\delta\left(E_{bv'}-E_{av}\right)$ 表示能量守恒关系。始态的电子-振动能量 E_{av} 为体系电子状态能量 E_a 和该体系中所有振子能量之和

$$E_{av}=E_a+\sum_i\left(v_i+\frac{1}{2}\right)\hbar\omega_i\tag{13.72a}$$

同样，终态有

$$E_{bv'}=E_b+\sum_i\left(v'_i+\frac{1}{2}\right)\hbar\omega'_i\tag{13.72b}$$

若振动弛豫足够快，则始态的概率分布可取为玻尔兹曼分布

$$P_{av}=\frac{1}{Q}\mathrm{e}^{-E_{av}/kT}\tag{13.73}$$

式中，总的振动配分函数

$$Q=\sum_{v_1}\cdots\sum_{v_M}\mathrm{e}^{-\left[E_a+\sum_i^M\left(v_i+\frac{1}{2}\right)\hbar\omega_i\right]/kT}=\mathrm{e}^{-E_a/kT}\sum_{v_1,\cdots,v_M}\prod_i^M\mathrm{e}^{-\left(v_i+\frac{1}{2}\right)\hbar\omega_i/kT}=\mathrm{e}^{-E_a/kT}\prod_i^M Q_i\tag{13.74}$$

式中，单个振子的配分函数为

$$Q_i=\sum_{v_i=0}^{\infty}\mathrm{e}^{-\left(v_i+\frac{1}{2}\right)\hbar\omega_i/kT}\tag{13.75}$$

这里总的振动配分函数 Q 分解为单个振子的配分函数 Q_i 的乘积。同样，始态的概率分布 P_{av} 也可以分解为各个振子的玻尔兹曼因子的乘积

$$P_{av}=\frac{\mathrm{e}^{-\left[E_a+\sum_i^M\left(v_i+\frac{1}{2}\right)\hbar\omega_i\right]/kT}}{\mathrm{e}^{-E_a/kT}\prod_i^M Q_i}=\frac{\mathrm{e}^{-\left[\sum_i^M\left(v_i+\frac{1}{2}\right)\hbar\omega_i\right]/kT}}{\prod_i^M Q_i}=\prod_i^M\frac{\mathrm{e}^{-\left(v_i+\frac{1}{2}\right)\hbar\omega_i/kT}}{Q_i}$$

即

$$P_{av}=\prod_i^M P_{av_i} \tag{13.76}$$

式中

$$P_{av_i}=\frac{\mathrm{e}^{-\left(v_i+\frac{1}{2}\right)\hbar\omega_i/kT}}{Q_i} \tag{13.77}$$

从式(13.76)和式(13.77)可见，始态的概率分布 P_{av} 与电子能量 E_a 无关，只取决于在振动态上的分布。由于各个振子的配分函数 Q_i 可以用等比递减级数和的公式简化，即

$$Q_i=\sum_{v_i=0}^{\infty}\mathrm{e}^{-\left(v_i+\frac{1}{2}\right)\hbar\omega_i/kT}=\mathrm{e}^{-\hbar\omega_i/2kT}\sum_{v_i=0}^{\infty}\mathrm{e}^{-v_i\hbar\omega_i/kT}=\frac{\mathrm{e}^{-\hbar\omega_i/2kT}}{1-\mathrm{e}^{-\hbar\omega_i/kT}}$$

于是式(13.77)成为

$$P_{av_i}=\mathrm{e}^{-v_i\hbar\omega_i/kT}\left(1-\mathrm{e}^{-\hbar\omega_i/kT}\right) \tag{13.78}$$

温度 T=0K 时，P_{av_i} 具有以下性质：

$$\lim_{T\to 0}P_{av_i}=\delta_{v0} \tag{13.79}$$

即此时所有振子都处于基态。所以式(13.50)的跃迁速率常数 k_r 在温度 T=0K 时为

$$\lim_{T\to 0}k_r=\lim_{T\to 0}\frac{2\pi}{\hbar}\left|H'_{ba}\right|^2\sum_{v'}F_{bv',a0}\delta\left(E_{bv'}-E_{a0}\right) \tag{13.80}$$

2)多原子分子的弗兰克-康登因子

式(13.49)为

$$F_{bv',av}=\left|\left\langle\Theta_{bv'}\middle|\Theta_{av}\right\rangle\right|^2 \tag{13.81a}$$

式中，多原子分子始态和终态的核振动波函数分别为

$$\Theta_{av}=\prod_i\chi_{av_i}\left(Q_i\right) \tag{13.81b}$$

$$\Theta_{bv'}=\prod_i\chi_{bv'_i}\left(Q'_i\right) \tag{13.81c}$$

即分解成所有简正振子波函数之积。对应地，总的振动能等于各振子能量之和。例如，自由度 $f=2$

$$\Theta_{av}=\chi_{av_1}(Q_1)\chi_{av_2}(Q_2)$$

$$\Theta_{bv'}=\chi_{bv_1'}(Q_1')\chi_{bv_2'}(Q_2')$$

于是

$$\langle\Theta_{bv'}|\Theta_{av}\rangle=\iint \mathrm{d}Q_1\mathrm{d}Q_2\Theta_{bv'}\Theta_{av}=\int \mathrm{d}Q_1\chi_{bv_1'}\chi_{av_1}\int \mathrm{d}Q_2\chi_{bv_2'}\chi_{av_2}=\langle\chi_{bv_1'}|\chi_{av_1}\rangle\langle\chi_{bv_2'}|\chi_{av_2}\rangle$$

可见，多振动自由度体系的 F-C 因子 $F_{bv',av}$ 可以分解为各自由度振子的 F-C 因子 F_{bv_i',av_i} 之积

$$F_{bv',av}=\prod_{i=1}^{3N-6}F_{bv_i',av_i} \tag{13.82}$$

式中，v 和 v' 分别表示始态和终态中各自由度的振子的振动量子数的集合，即

$$v\equiv\{v_1,v_2,\cdots,v_{3N-6}\} \tag{13.83a}$$

$$v'\equiv\{v_1',v_2',\cdots,v_{3N-6}'\} \tag{13.83b}$$

若在始态各振动态均处于基态，则跃迁速率常数为

$$k_r=\frac{2\pi}{\hbar}|H_{ba}'|^2\sum_{v'}\left(\prod_i F_{bv_i',a0_i}\right)\delta(E_{bv'}-E_{a0}) \tag{13.84}$$

又若各振子均为位移振子[式(13.65)]，则

$$F_{bv_i',a0_i}=\frac{S_i^{v_i'}}{v_i'!}\mathrm{e}^{-S_i} \tag{13.85}$$

式中，耦合常数 S_i 为

$$S_i\equiv\frac{\omega_i d_i^2}{2\hbar} \tag{13.86}$$

实例：苯的磷光寿命中的同位素效应。

苯(C_6H_6 或 C_6D_6)的电子基态与第一激发态的能量差折合波数为 $3\times10^4\mathrm{cm}^{-1}$。每个 C—H 键的振动能量约合波数 $\tilde{\omega}_{\mathrm{C-H}}\approx3\times10^3\mathrm{cm}^{-1}$。每个 C—D 键的振动能量 $\tilde{\omega}_{\mathrm{C-D}}\approx2\times10^3\mathrm{cm}^{-1}$。始态 $3\times10^4\mathrm{cm}^{-1}$ 的电子能量要分配在终态的 6 个 C—H 键或 C—D 键上，于是要对各种分布可能性加和。

一种分布的可能性是将所有的 $3\times10^4\mathrm{cm}^{-1}$ 能量都集中在 C_6H_6 终态的一个振动模上(如 v_1')。所以，$v'\equiv\{10,0,0,0,0,0\}$，即 $v_1'=10$、$v_2'=v_3'=v_4'=v_5'=v_6'=0$。于是体系的 F-C 因子

$$F_{bv',a0}=\prod_i F_{bv_i',a0_i}=\frac{S_1^{10}\mathrm{e}^{-S_1}}{10!}\frac{\mathrm{e}^{-S_2}}{0!}\cdots\frac{\mathrm{e}^{-S_6}}{0!} \tag{13.87a}$$

若能量在 C_6H_6 终态振动模上分布为 $v'\equiv\{2,2,2,1,1,2\}$，则

$$F_{bv',a0}=\frac{S_1^2\mathrm{e}^{-S_1}}{2!}\frac{S_2^2\mathrm{e}^{-S_2}}{2!}\frac{S_3^2\mathrm{e}^{-S_3}}{2!}\frac{S_4\mathrm{e}^{-S_4}}{1!}\frac{S_5\mathrm{e}^{-S_5}}{1!}\frac{S_6^2\mathrm{e}^{-S_6}}{2!} \tag{13.87b}$$

式(13.87b)的F-C因子要大于式(13.87a)所示的集中分布方式。显然，集中分布的跃迁速率常数最小，而最可几的是终态振动能均匀分布的方式。

在 C_6D_6 的情况下，$\tilde{\omega}_{\mathrm{C-D}}\approx 2\times10^3\mathrm{cm}^{-1}$。经过同样的分析可得集中分布，$v'\equiv\{15,0,0,0,0,0\}$ 的F-C因子最小，而最可几的跃迁速率也是发生在均匀分布 $v'\equiv\{3,2,3,2,3,2\}$。但后者与 C_6H_6 的均匀分布相比，由于

$$\frac{1}{(3!)^3(2!)^3}<\frac{1}{(2!)^4(1!)^2}$$

就能预期 C_6D_6 的F-C因子小于 C_6H_6 的F-C因子，这就解释了苯(C_6D_6)的磷光寿命 τ 大于苯(C_6H_6)的磷光寿命。这是一种同位素效应。

综上所述，根据对F-C因子的估计可以定性估计跃迁速率常数，判断可能发生的过程和能量传递后在各个振动模上的分布。

13.2.5 洛伦兹峰形

洛伦兹(Lorentz)峰形的定义为

$$D(\omega)\equiv\frac{1}{\pi}\frac{\gamma}{\gamma^2+(\omega-\omega_0)^2} \tag{13.88}$$

式中，γ 称为阻尼系数。此峰形如图13.7所示，极大值在 $\omega=\omega_0$ 处，峰高

$$D(\omega_0)=\frac{1}{\pi\gamma} \tag{13.89}$$

半高峰位 $\omega_{1/2}$ 处有关系式

$$D(\omega_{1/2})=\frac{1}{2\pi\gamma}=\frac{\gamma}{\pi\left[\gamma^2+(\omega_{1/2}-\omega_0)^2\right]} \tag{13.90}$$

由此求得

$$\omega_{1/2}=\omega_0\pm\gamma \tag{13.91}$$

即半高宽为 2γ。

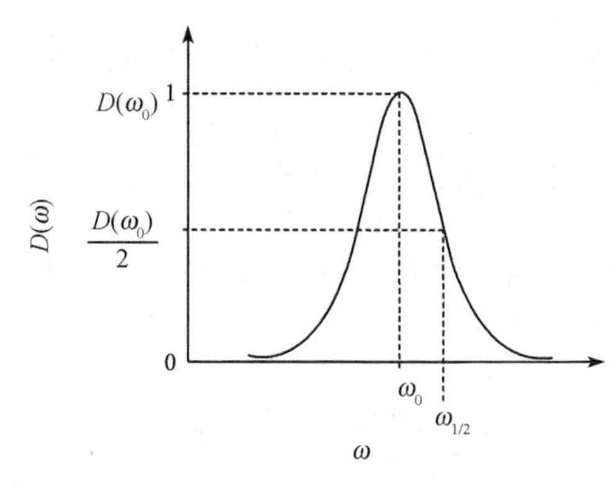

图 13.7　洛伦兹峰形

洛伦兹峰形的性质：

(1)阻尼很小时还原为狄拉克δ函数。

$$\lim_{\gamma\to 0}D(\omega)=\delta(\omega-\omega_0) \tag{13.92}$$

(2)归一化条件

$$\int_{-\infty}^{\infty}\mathrm{d}\omega D(\omega)=1 \tag{13.93}$$

“强度函数”I的定义为

$$I\equiv\int_{-\infty}^{\infty}\mathrm{d}t\mathrm{e}^{\mathrm{i}t\Delta\omega-\gamma|t|} \tag{13.94}$$

式中，$\Delta\omega\equiv\omega-\omega_0$。

容易证明

$$I=\frac{2\gamma}{\Delta\omega^2+\gamma^2}=2\pi D(\omega) \tag{13.95}$$

因此洛伦兹峰形$D(\omega)$可写成积分式

$$D(\omega)=\frac{1}{2\pi}\int_{-\infty}^{\infty}\mathrm{d}t\mathrm{e}^{\mathrm{i}t\Delta\omega-\gamma|t|} \tag{13.96}$$

若振动不存在阻尼，式(13.96)就变成$\delta(\omega-\omega_0)$的积分表示

$$\lim_{\gamma\to 0}D(\omega)=\frac{1}{2\pi}\int_{-\infty}^{\infty}\mathrm{d}t\mathrm{e}^{\mathrm{i}t(\omega-\omega_0)}=\delta(\omega-\omega_0) \tag{13.97}$$

13.2.6　$T=0\mathrm{K}$ 时位移振子的跃迁速率常数

假定起始振动状态均在基态，且该多原子分子的振子均为位移振子，则根据式(13.84)和式(13.85)，可得 $T=0\mathrm{K}$ 时位移振子的跃迁速率常数

$$k_r=\frac{2\pi}{\hbar}|H'_{ba}|^2\sum_{v'}\left(\prod_i\frac{S_i^{v'_i}}{v'_i!}\mathrm{e}^{-S_i}\right)\delta(E_{bv'}-E_{a0}) \tag{13.98}$$

由于$\delta\left(E_{bv'}-E_{a0}\right)=\delta\left(\hbar\omega_{bv',a0}\right)=\frac{1}{\hbar}\delta\left(\omega_{bv',a0}\right)$，以及$\delta\left(\omega_{bv',a0}\right)$的积分表示

$$\delta\left(\omega_{bv',a0}\right)=\frac{1}{2\pi}\int_{-\infty}^{\infty}\mathrm{d}t\mathrm{e}^{\mathrm{i}\omega_{bv',a0}t}=\frac{1}{2\pi}\int_{-\infty}^{\infty}\mathrm{d}t\mathrm{e}^{\frac{\mathrm{i}t}{\hbar}\left[E_b+\sum_i\left(v_i'+\frac{1}{2}\right)\hbar\omega_i'-E_a-\sum_i\frac{1}{2}\hbar\omega_i\right]} \tag{13.99}$$

式中，加和号是对所有振动自由度加和，又因为是位移振子，所以只有一套角频率$\{\omega_i\}$。将式(13.99)代入式(13.98)，得

$$\begin{aligned}k_r&=\frac{\left|H_{ba}'\right|^2}{\hbar^2}\sum_{\{v_i'\}}\prod_i\frac{S_i^{v_i'}}{v_i'!}\mathrm{e}^{-S_i}\int_{-\infty}^{\infty}\mathrm{d}t\mathrm{e}^{\frac{\mathrm{i}t}{\hbar}(E_b-E_a)}\mathrm{e}^{\sum_i v_i'\hbar\omega_i}\\&=\frac{\left|H_{ba}'\right|^2}{\hbar^2}\sum_{\{v_i'\}}\prod_i\frac{S_i^{v_i'}\mathrm{e}^{-S_i}}{v_i'!}\int_{-\infty}^{\infty}\mathrm{d}t\mathrm{e}^{\mathrm{i}t\omega ba}\prod_i\mathrm{e}^{\mathrm{i}tv_i'\omega_i}\\&=\frac{\left|H_{ba}'\right|^2}{\hbar^2}\int_{-\infty}^{\infty}\mathrm{d}t\mathrm{e}^{\mathrm{i}t\omega ba}\prod_i\left\{\sum_{v_i'=0}^{\infty}\frac{S_i^{v_i'}\mathrm{e}^{-S_i}}{v_i'!}\mathrm{e}^{\mathrm{i}tv_i'\omega_i}\right\}\end{aligned} \tag{13.100}$$

式中，$\omega_{ba}=\left(E_b-E_a\right)/\hbar$。

因为$S_i\equiv\frac{\omega_i d_i^2}{2\hbar}$与$v_i'$无关，且

$$\sum_{v_i'=0}^{\infty}\frac{S_i^{v_i'}\mathrm{e}^{-S_i}}{v_i'!}\mathrm{e}^{\mathrm{i}tv_i'\omega_i}=\mathrm{e}^{-S_i}\sum_{v_i'=0}^{\infty}\frac{\left(S_i\mathrm{e}^{\mathrm{i}t\omega_i}\right)^{v_i'}}{v_i'!}=\mathrm{e}^{-S_i}\mathrm{e}^{S_i\mathrm{e}^{\mathrm{i}t\omega_i}}=\mathrm{e}^{S_i\left(\mathrm{e}^{\mathrm{i}t\omega_i}-1\right)}$$

所以

$$k_r=\frac{\left|H_{ba}'\right|^2}{\hbar^2}\int_{-\infty}^{\infty}\mathrm{d}t\mathrm{e}^{\mathrm{i}t\omega_{ba}}\prod_i\mathrm{e}^{S_i\left(\mathrm{e}^{\mathrm{i}t\omega_i}-1\right)}$$

即

$$k_r=\frac{\left|H_{ba}'\right|^2}{\hbar^2}\int_{-\infty}^{\infty}\mathrm{d}t\mathrm{e}^{\left\{\mathrm{i}t\omega_{ba}+\sum_i S_i\left(\mathrm{e}^{\mathrm{i}t\omega_i}-1\right)\right\}} \tag{13.101}$$

式(13.101)的积分分两种情况讨论：$S_i>1$的“强耦合”的情况；$S_i\leqslant1$的“弱耦合”的情况。

1. 强耦合的情况——$S_i>1$

令

$$f(t)\equiv\sum_i S_i\left(\mathrm{e}^{\mathrm{i}t\omega_i}-1\right) \tag{13.102}$$

将$f(t)$在$t=0$处作泰勒展开

$$f(t)=f(0)+f'(0)t+\frac{1}{2!}f''(0)t^2+\cdots \tag{13.103}$$

因为

$$f(0)=0$$

$$f'(0)=i\sum_i S_i\omega_i$$

$$f''(0)=-i\sum_i S_i\omega_i^2$$

$$\vdots$$

所以代入式(13.103)，略去 $O(t^3)$ 项，再代入式(13.101)，用高斯积分公式(13.56)，得

$$\begin{aligned}k_r&=\frac{\left|H'_{ba}\right|^2}{\hbar^2}\int_{-\infty}^{\infty}\mathrm{d}t\mathrm{e}^{\left[-\frac{t^2}{2}\sum_i S_i\omega_i^2+\mathrm{i}t\left(\omega_{ba}+\sum_i S_i\,\omega_i^{?}\right)\right]}\\&=\frac{\left|H'_{ba}\right|^2}{\hbar^2}\sqrt{\frac{2\pi}{\sum_i S_i\,\omega_i^2}}\exp\left[\frac{\left(\omega_{ba}+\sum_i S_i\omega_i\right)^2}{2\sum_i S_i\,\omega_i^2}\right]\end{aligned}\tag{13.104}$$

式(13.104)是马尔丘斯(Marcus)等对 $T=0\text{K}$ 时的位移振子导出的，得到的速率常数呈高斯峰形。式(13.104)在电子传递能量中会用到。

2. 弱耦合的情况——$S_i\leqslant 1$

下面介绍一种求解积分的近似方法——最陡下降法。

Γ 积分(Gamma 积分)

$$\Gamma(n)=\int_0^{\infty}\mathrm{d}xx^n\mathrm{e}^{-x}=n!\quad(n\text{为正整数})\tag{13.105}$$

这是一个解析解。要用另一种方法来求近似解。因为高斯函数是可积的，即

$$\int_{-\infty}^{\infty}\mathrm{d}x\mathrm{e}^{-a^2x^2}=\frac{\sqrt{\pi}}{a}\tag{13.106}$$

对于具有如图 13.8 所示形状的函数 $f(x)$，求其定积分 $\int_{-\infty}^{\infty}\mathrm{d}xf(x)$。

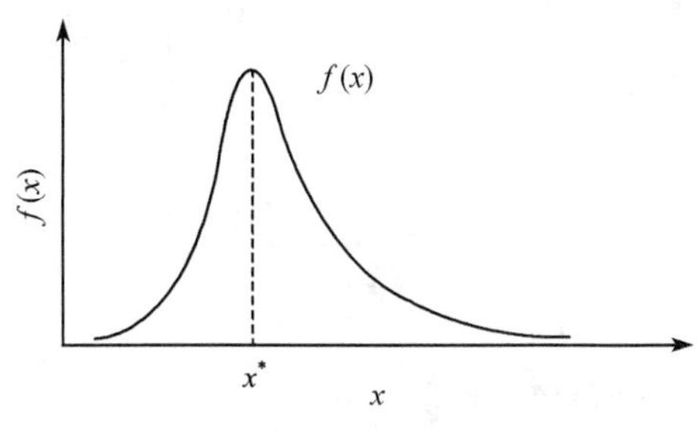

图 13.8　最陡下降法

令 $F(x)$ 满足

$$e^{F(x)} = f(x) \tag{13.107}$$

对于近似求解式(13.105)， $f(x)=x^n e^{-x}$ ，所以

$$F(x)=\ln f(x)=\ln\left(x^n e^{-x}\right)=n\ln x - x$$

$f(x)$ 的极值 $\dfrac{d\left(x^n e^{-x}\right)}{dx}=nx^{n-1}e^{-x}-x^n e^{-x}=0$ ，故 $x^*=n$。将 $F(x)$ 在 x^* 处作泰勒展开

$$F(x)=F\left(x^*\right)+F'\left(x^*\right)\left(x-x^*\right)+\frac{1}{2!}F''\left(x^*\right)\left(x-x^*\right)^2+\cdots$$

实际上， $f(x)$ 的极值 x^* 就是 $F(x)$ 的极值，所以一阶导数项为零。

因为

$$F\left(x^*\right)=n\ln n-n$$

$$F'\left(x^*\right)=0$$

$$F''\left(x^*\right)=-\frac{1}{n}\quad\left[\text{注意}F''\left(x^*\right)<0\right]$$

略去高阶项，得

$$F(x)\approx F\left(x^*\right)+\frac{1}{2!}F''\left(x^*\right)\left(x-x^*\right)^2$$

代入式(13.105)，得

$$\begin{aligned}n! &\approx \int_0^\infty dx e^{F(x)}=\int_0^\infty dx e^{\left[F\left(x^*\right)+\frac{1}{2!}F''\left(x^*\right)\left(x-x^*\right)^2\right]}=e^{F\left(x^*\right)}\int_0^\infty dx e^{\frac{1}{2!}F''\left(x^*\right)\left(x-x^*\right)^2}\\ &\approx e^{F\left(x^*\right)}\int_{-\infty}^\infty dx e^{\frac{1}{2!}F''\left(x^*\right)\left(x-x^*\right)^2}\end{aligned}$$

令 $\xi=x-x^*$ ，利用高斯积分公式 $\int_{-\infty}^{\infty}dx e^{-ax^2}=\sqrt{\dfrac{\pi}{a}}$ ，得

$$n!\approx e^{F\left(x^*\right)}\int_{-\infty}^{\infty}d\xi e^{\frac{1}{2!}F''\left(x^*\right)\xi^2}=e^{F\left(x^*\right)}\sqrt{-\frac{2\pi}{F''\left(x^*\right)}}$$

即

$$n!\approx\sqrt{2\pi n}\left(\frac{n}{e}\right)^n$$

此即用最陡下降法求得的斯特林高级近似公式。

下面用最陡下降法求解式(13.101)。由

$$k_r = \frac{\left|H'_{ba}\right|^2}{\hbar^2}\int_{-\infty}^{\infty} \mathrm{d}t \mathrm{e}^{\left[\mathrm{i}t\omega_{ba} + \sum_i S_i\left(\mathrm{e}^{\mathrm{i}t\omega_i} - 1\right)\right]}$$

令

$$F(t) = \mathrm{i}t\omega_{ba} + \sum_i S_i\left(\mathrm{e}^{\mathrm{i}t\omega_i} - 1\right) \tag{13.108}$$

所以

$$F'(t) = \mathrm{i}\omega_{ba} + \sum_i S_i \mathrm{i}\omega_i \mathrm{e}^{\mathrm{i}t\omega_i}$$

$$F''(t) = -\sum_i S_i \omega_i^2 \mathrm{e}^{\mathrm{i}t\omega_i} \tag{13.109}$$

令 $F'\left(t^*\right) = 0$，得

$$\mathrm{i}\omega_{ba} + \sum_i S_i \mathrm{i}\omega_i \mathrm{e}^{\mathrm{i}t^*\omega_i} = 0$$

即

$$\sum_i S_i \omega_i \mathrm{e}^{\mathrm{i}t^*\omega_i} = -\omega_{ba} = \omega_{ab} \tag{13.110}$$

因为 $E_a - E_b = \hbar\omega_{ab} > 0$，所以 $F''\left(t^*\right) = -\sum_i S_i\ \omega_i^2 \mathrm{e}^{\mathrm{i}t^*\omega_i} < 0$，从而满足极大值条件，于是可以采用最陡下降法。

将 $F(t)$ 在 t^* 处作泰勒展开，略去三阶及以上项，得

$$F(t) \approx F\left(t^*\right) + \frac{1}{2!}F''\left(t^*\right)\left(t - t^*\right)^2$$

进而

$$\begin{aligned}
k_r &= \frac{\left|H'_{ba}\right|^2}{\hbar^2}\int_{-\infty}^{\infty} \mathrm{d}t \mathrm{e}^{\left[F\left(t^*\right) + \frac{1}{2}F''\left(t^*\right)\left(t - t^*\right)^2\right]} \\
&= \frac{\left|H'_{ba}\right|^2}{\hbar^2}\mathrm{e}^{F\left(t^*\right)}\int_{-\infty}^{\infty} \mathrm{d}t \mathrm{e}^{\frac{1}{2}F''\left(t^*\right)\left(t - t^*\right)^2} \\
&= \frac{\left|H'_{ba}\right|^2}{\hbar^2}\mathrm{e}^{F\left(t^*\right)}\sqrt{-\frac{2\pi}{F''\left(t^*\right)}}
\end{aligned}$$

将式(13.108)和式(13.109)在 t^* 处的取值代入上式，得

$$k_r = \frac{\left|H'_{ba}\right|^2}{\hbar^2} e^{\left[\mathrm{i}t^*\omega_{ba} + \sum_i S_i\left(\mathrm{e}^{\mathrm{i}t^*\omega_i} - 1\right)\right]}\sqrt{\frac{2\pi}{\sum_i S_i \omega_i^2 \mathrm{e}^{\mathrm{i}t^*\omega_i}}} \tag{13.111}$$

利用式(13.110)求 t^*，定义平均角频率为

$$\omega_{ab}=\sum_i S_i\omega_i \mathrm{e}^{\mathrm{i}t^*\omega_i}\equiv S\bar{\omega}\mathrm{e}^{\mathrm{i}t^*\bar{\omega}} \tag{13.112}$$

即

$$\frac{\omega_{ab}}{\bar{\omega}}=S\mathrm{e}^{\mathrm{i}t^*\bar{\omega}} \tag{13.113}$$

式中，各振子耦合常数之和$S\equiv\sum_i S_i$。求得

$$t^*=\frac{1}{\mathrm{i}\bar{\omega}}\ln\frac{\omega_{ab}}{S\bar{\omega}} \tag{13.114}$$

式(13.111)中的

$$\mathrm{i}t^*\omega_{ba}+\sum_i S_i\left(\mathrm{e}^{\mathrm{i}t^*\omega_i}-1\right)=\mathrm{i}\omega_{ba}\left(\frac{1}{\mathrm{i}\bar{\omega}}\ln\frac{\omega_{ab}}{S\bar{\omega}}\right)+\sum_i S_i\,\mathrm{e}^{\mathrm{i}t^*\omega_i}-S=\frac{\omega_{ba}}{\bar{\omega}}\ln\frac{\omega_{ab}}{S\bar{\omega}}+S\mathrm{e}^{\mathrm{i}t^*\omega_i}-S$$

所以

$$\begin{aligned}\mathrm{e}^{\left[\mathrm{i}t^*\omega_{ba}+\sum_i S_i\left(\mathrm{e}^{\mathrm{i}t^*\omega_i}-1\right)\right]}&\approx\mathrm{e}^{\left[\frac{\omega_{ba}}{\bar{\omega}}\ln\frac{\omega_{ab}}{S\bar{\omega}}+S\mathrm{e}^{\mathrm{i}t^*\omega_i}-S\right]}=\mathrm{e}^{\left[\frac{\omega_{ba}}{\bar{\omega}}\ln\frac{\omega_{ab}}{S\bar{\omega}}+\frac{\omega_{ba}}{\bar{\omega}}-S\right]}\\&=\mathrm{e}^{\left[\frac{\omega_{ba}}{\bar{\omega}}\left(\ln\frac{\omega_{ab}}{S\bar{\omega}}+1\right)-S\right]}\end{aligned} \tag{13.115}$$

式(13.111)中的

$$\sqrt{\frac{2\pi}{\sum_i S_i\omega_i^2\mathrm{e}^{\mathrm{i}t^*\omega_i}}}\approx\sqrt{\frac{2\pi}{S\bar{\omega}^2\mathrm{e}^{\mathrm{i}t^*\bar{\omega}}}}=\sqrt{\frac{2\pi}{\bar{\omega}^2\dfrac{\omega_{ab}}{\bar{\omega}}}}=\sqrt{\frac{2\pi}{\bar{\omega}\omega_{ab}}} \tag{13.116}$$

将式(13.115)和式(13.116)代入式(13.111)，得

$$k_r=\frac{\left|H'_{ba}\right|^2}{\hbar^2}\sqrt{\frac{2\pi}{\bar{\omega}\omega_{ab}}}\mathrm{e}^{\left[\frac{\omega_{ba}}{\bar{\omega}}\left(\ln\frac{\omega_{ab}}{S\bar{\omega}}+1\right)-S\right]} \tag{13.117}$$

此即能隙定律公式。可见若能隙ω_{ab}变宽，则跃迁速率常数k_r下降。

13.2.7　$T\neq 0$K 时位移振子的跃迁速率常数

温度高于热力学零度要考虑玻尔兹曼因子。根据玻恩-奥本海默近似和康登近似，跃迁速率常数公式

$$k_r=\frac{2\pi}{\hbar}\left|H'_{ba}\right|^2\sum_{v,v'}P_{av}F_{bv',av}\delta\left(E_{bv'}-E_{av}\right) \tag{13.118}$$

式中，电子-振动始态的玻尔兹曼因子P_{av}可以分解为多原子分子中各振子的玻尔兹曼因子的乘积

$$P_{av}=\prod_i^M P_{av_i} \tag{13.119}$$

假定各振子均为谐振子，则由式(13.78)得

$$P_{av_i}=2\sinh\left(\frac{\hbar\omega_i}{2kT}\right)\mathrm{e}^{-\left(v_i+\frac{1}{2}\right)\hbar\omega_i/kT} \tag{13.120}$$

体系的振动波函数等于各振子振动波函数的乘积[式(13.81b)和式(13.81c)]，即

$$\Theta_{av}=\prod_i\chi_{av_i}(Q_i)\quad 和\quad \Theta_{bv'}=\prod_i\chi_{bv_i'}(Q_i')$$

所以多振动自由度体系的弗兰克-康登因子 $F_{bv',av}$ 可分解为各自由度振子的弗兰克-康登因子 F_{bv_i',av_i} 的乘积[式(13.82)]

$$F_{bv',av}=\left|\langle\Theta_{bv'}|\Theta_{av}\rangle\right|^2=\prod_i F_{bv_i',av_i} \tag{13.121}$$

式中

$$F_{bv_i',av_i}\equiv\left|\langle\chi_{bv_i'}|\chi_{av_i}\rangle\right|^2 \tag{13.122}$$

因为这里 $v\neq0$，所以难以用 $v=0$ 时的方法求算 $F_{bv',av}$。

利用 δ 函数的积分公式，得

$$\begin{aligned}\delta\left(E_{bv'}-E_{a0}\right)&=\frac{1}{\hbar}\delta\left(\omega_{bv',av}\right)=\frac{1}{2\pi\hbar}\int_{-\infty}^{\infty}\mathrm{d}t\mathrm{e}^{\mathrm{i}t\omega_{bv',av}}\\&=\frac{1}{2\pi\hbar}\int_{-\infty}^{\infty}\mathrm{d}t\mathrm{e}^{\frac{\mathrm{i}t}{\hbar}\left[E_b+\sum_i\left(v_i'+\frac{1}{2}\right)\hbar\omega_i'-E_a-\sum_i\left(v_i+\frac{1}{2}\right)\hbar\omega_i\right]}\end{aligned}$$

即

$$\delta\left(E_{bv'}-E_{a0}\right)=\frac{1}{2\pi\hbar}\int_{-\infty}^{\infty}\mathrm{d}t\mathrm{e}^{\mathrm{i}t\omega_{ba}}\prod\nolimits_i\mathrm{e}^{\mathrm{i}t\left[\left(v_i'+\frac{1}{2}\right)\omega_i'-\left(v_i+\frac{1}{2}\right)\omega_i\right]} \tag{13.123}$$

上式推导用了式(13.72a)和式(13.72b)。将式(13.123)代入式(13.118)，得

$$\begin{aligned}k_r&=\frac{1}{\hbar^2}|H_{ba}'|^2\sum_{v,v'}\left(\prod_i P_{avi}F_{bv_i',avi}\right)\int_{-\infty}^{\infty}\mathrm{d}t\mathrm{e}^{\mathrm{i}t\omega_{ba}}\prod_i\mathrm{e}^{\mathrm{i}t\left[\left(v_i'+\frac{1}{2}\right)\omega_i'-\left(v_i+\frac{1}{2}\right)\omega_i\right]}\\&=\frac{1}{\hbar^2}|H_{ba}'|^2\int_{-\infty}^{\infty}\mathrm{d}t\mathrm{e}^{\mathrm{i}t\omega_{ba}}\sum_{v,v'}\prod_i P_{avi}F_{bv_i',avi}\mathrm{e}^{\mathrm{i}t\left[\left(v_i'+\frac{1}{2}\right)\omega_i'-\left(v_i+\frac{1}{2}\right)\omega_i\right]}\end{aligned}$$

因为 $\sum_v$ 是指 $\sum_{v_1=0}^{\infty}\cdots\sum_{v_M=0}^{\infty}$，$\sum_{v'}$ 是指 $\sum_{v_1'=0}^{\infty}\cdots\sum_{v_M'=0}^{\infty}$ (M 为振子总数)，所以 $\sum_{v,v'}\prod_{i=1}^{M}(\cdots)=\prod_{i=1}^{M}\sum_{v_i=0}^{\infty}\sum_{v_i'=0}^{\infty}(\cdots)$，因而跃迁速率常数

$$k_r=\frac{1}{\hbar^2}|H_{ba}'|^2\int_{-\infty}^{\infty}\mathrm{d}t\mathrm{e}^{\mathrm{i}t\omega_{ba}}\prod_i G_i(t) \tag{13.124}$$

式中

$$G_i(t) \equiv \sum_{v_i=0}^{\infty}\sum_{v_i'=0}^{\infty} P_{av_i} F_{bv_i',av_i} \mathrm{e}^{\mathrm{i}t\left[\left(v_i'+\frac{1}{2}\right)\omega_i'-\left(v_i+\frac{1}{2}\right)\omega_i\right]} \tag{13.125}$$

显然在 T=0K 和位移振子的情况下（$v_i=0,\omega_i=\omega_i'$），根据式(13.120) $P_{a0_i}\big|_{T=0}=1$，又根据式(13.85) $F_{bv_i',a0_i}=\dfrac{S_i^{v_i'}}{v_i'!}\mathrm{e}^{-S_i}$，所以式(13.125)变为

$$\begin{aligned}G_i(t)\Big|_{\substack{T=0\\ \text{位移振子}}} &= \sum_{v_i'=0}^{\infty} P_{a0_i} F_{bv_i',a0_i}\mathrm{e}^{\mathrm{i}tv_i'\omega_i} = \sum_{v_i'=0}^{\infty}\frac{S_i^{v_i'}}{v_i'!}\mathrm{e}^{-S_i}\mathrm{e}^{\mathrm{i}tv_i'\omega_i}\\ &= \mathrm{e}^{-S_i}\sum_{v_i'=0}^{\infty}\frac{1}{v_i'!}\left(S_i\mathrm{e}^{\mathrm{i}t\omega_i}\right)^{v_i'} = \mathrm{e}^{-S_i}\mathrm{e}^{S_i\mathrm{e}^{\mathrm{i}t\omega_i}}\end{aligned}$$

即

$$G_i(t)\Big|_{\substack{T=0\\ \text{位移振子}}} = \mathrm{e}^{S_i\left(\mathrm{e}^{\mathrm{i}t\omega_i}-1\right)} \tag{13.126}$$

这样，式(13.124)就还原为 $T=0$K 和位移振子的情况下跃迁速率常数 k_r 的式(13.101)，验证了式(13.124)和式(13.125)的普遍意义。

下面讨论 $T\neq 0$K 时位移振子的情况。

既然是位移振子，则 $\omega_i=\omega_i'$。此时的玻尔兹曼因子可从式(13.120)得到，弗兰克-康登因子 F_{bv_i',av_i} 从式(13.122)得到，于是

$$\begin{aligned}G_i(t) &= 2\sinh\left(\frac{\hbar\omega_i}{2kT}\right)\sum_{v_i=0}^{\infty}\sum_{v_i'=0}^{\infty}\mathrm{e}^{-\left(v_i+\frac{1}{2}\right)\hbar\omega_i/2kT}\left|\left\langle\chi_{bv_i'}\middle|\chi_{av_i}\right\rangle\right|^2\mathrm{e}^{\mathrm{i}t\left[\left(v_i'+\frac{1}{2}\right)\omega_i'-\left(v_i'+\frac{1}{2}\right)\omega_i\right]}\\ &= 2\sinh\left(\frac{\hbar\omega_i}{2kT}\right)\sum_{v_i=0}^{\infty}\sum_{v_i'=0}^{\infty}\mathrm{e}^{-\left(v_i+\frac{1}{2}\right)\lambda_i}\mathrm{e}^{-\left(v_i'+\frac{1}{2}\right)\mu_i}\left|\left\langle\chi_{bv_i'}\middle|\chi_{av_i}\right\rangle\right|^2\end{aligned} \tag{13.127}$$

式中

$$\begin{cases}\lambda_i \equiv \dfrac{\hbar\omega_i}{kT}+\mathrm{i}t\omega_i\\ \mu_i \equiv -\mathrm{i}t\omega_i\end{cases} \tag{13.128}$$

而式中两个简正振动波函数之间的重叠积分

$$\left\langle\chi_{bv_i'}|\chi_{av_i}\right\rangle = \int_{-\infty}^{\infty}\mathrm{d}Q_i\chi_{bv_i'}^*\left(Q_i'\right)\chi_{av_i}\left(Q_i\right)$$

若简正模的波函数取实数，则

$$\left|\left\langle\chi_{bv_i'}|\chi_{av_i}\right\rangle\right|^2 = \int_{-\infty}^{\infty}\int_{-\infty}^{\infty}\mathrm{d}Q_i\mathrm{d}\bar{Q}_i\chi_{bv_i'}\left(Q_i'\right)\chi_{bv_i'}\left(\bar{Q}_i'\right)\chi_{av_i}\left(Q_i\right)\chi_{av_i}\left(\bar{Q}_i\right)$$

代入式(13.127)，先求和再求积分，得

$$
\begin{aligned}
G_i(t) &= 2\sinh\left(\frac{\hbar\omega_i}{2kT}\right)\sum_{v_i=0}^{\infty}\sum_{v_i'=0}^{\infty}\mathrm{e}^{-\left(v_i+\frac{1}{2}\right)\lambda_i}\mathrm{e}^{-\left(v_i'+\frac{1}{2}\right)\mu_i} \\
&\quad\times\int_{-\infty}^{\infty}\int_{-\infty}^{\infty}\mathrm{d}Q_i\mathrm{d}\bar{Q}_i\chi_{bv_i'}(Q_i')\chi_{bv_i'}(\bar{Q}_i')\chi_{av_i}(Q_i)\chi_{av_i}(\bar{Q}_i) \\
&= 2\sinh\left(\frac{\hbar\omega_i}{2kT}\right)\int_{-\infty}^{\infty}\int_{-\infty}^{\infty}\mathrm{d}Q_i\mathrm{d}\bar{Q}_i\left[\sum_{v_i=0}^{\infty}\mathrm{e}^{-\left(v_i+\frac{1}{2}\right)\lambda_i}\chi_{av_i}(Q_i)\chi_{av_i}(\bar{Q}_i)\right] \\
&\quad\times\left[\sum_{v_i'=0}^{\infty}\mathrm{e}^{-\left(v_i'+\frac{1}{2}\right)\mu_i}\chi_{bv_i'}(Q_i')\chi_{bv_i'}(\bar{Q}_i')\right]
\end{aligned}
\tag{13.129}
$$

从简谐振子波函数的公式(13.51)～式(13.53)得

$$
\chi_{av_i}(Q_i) = N_{av_i}H_{v_i}\left(\sqrt{\alpha_i}Q_i\right)\mathrm{e}^{-\alpha_iQ_i^2/2} \tag{13.130}
$$

式中

$$
\alpha_i = \omega_i/\hbar \tag{13.131}
$$

归一化系数

$$
N_{av_i} = \left(\frac{\sqrt{\alpha_i/\pi}}{2^{v_i}\cdot v_i!}\right)^{1/2} \tag{13.132}
$$

再利用厄米多项式的梅勒(Mehler)公式

$$
\begin{aligned}
&\sum_{n=0}^{\infty}\frac{\mathrm{e}^{-\left(n+\frac{1}{2}\right)t}}{\sqrt{\pi}2^n n!}H_n(x)H_n(x')\mathrm{e}^{-\left(x^2+x'^2\right)/2} \\
&= \frac{1}{(2\pi\sinh t)^{1/2}}\exp\left[-\frac{x^2+x'^2}{4}\tanh\frac{t}{2}-\frac{x^2-x'^2}{4}\coth\frac{t}{2}\right]
\end{aligned}
\tag{13.133}
$$

将式(13.129)中积分的因子演绎下去，如

$$
\begin{aligned}
&\sum_{v_i=0}^{\infty}\mathrm{e}^{-\left(v_i+\frac{1}{2}\right)\lambda_i}\chi_{av_i}(Q_i)\chi_{av_i}(\bar{Q}_i) \\
&= \sum_{v_i=0}^{\infty}\mathrm{e}^{-\left(v_i+\frac{1}{2}\right)\lambda_i}\frac{\sqrt{\alpha_i/\pi}}{2v_i\cdot v_i!}H_{vi}\left(\sqrt{\alpha_i}Q_i\right)H_{vi}\left(\sqrt{\alpha_i}\bar{Q}_i\right)\mathrm{e}^{-\alpha_i\left(Q_i^2+\bar{Q}_i^2\right)/2} \\
&= \frac{\sqrt{\alpha_i}}{(2\pi\sinh\lambda_i)^{1/2}}\exp\left\{-\frac{\alpha_i}{4}\left[\left(Q_i+\bar{Q}_i\right)^2\tanh\frac{\lambda_i}{2}+\left(Q_i-\bar{Q}_i\right)^2\coth\frac{\lambda_i}{2}\right]\right\}
\end{aligned}
$$

于是式(13.129)成为

$$
\begin{aligned}
G_i(t) &= \frac{2\alpha_i\sinh\left(\dfrac{\hbar\omega_i}{2kT}\right)}{\left(4\pi^2\sinh\lambda_i\sinh\mu_i\right)^{1/2}}\int_{-\infty}^{\infty}\int_{-\infty}^{\infty}\mathrm{d}Q_i\mathrm{d}\bar{Q}_i\exp\left\{-\frac{\alpha_i}{4}\left[\left(Q_i+\bar{Q}_i\right)^2\tanh\frac{\lambda_i}{2}\right.\right. \\
&\quad\left.\left.+\left(Q_i-\bar{Q}_i\right)^2\coth\frac{\lambda_i}{2}+\left(Q_i'+\bar{Q}'_i\right)^2\tanh\frac{\mu_i}{2}+\left(Q_i'-\bar{Q}'_i\right)^2\coth\frac{\mu_i}{2}\right]\right\}
\end{aligned}
\tag{13.134}
$$

对于位移振子 $Q_i' = Q_i + d_i$ 和 $\overline{Q'}_i = \bar{Q}_i + d_i$，所以

$$\begin{cases} Q_i' + \bar{Q}_i' = Q_i + \bar{Q}_i + 2d_i \\ Q_i' - \bar{Q}_i' = Q_i - \bar{Q}_i \end{cases} \tag{13.135}$$

将式(13.134)作如下的积分变换：

$$\begin{cases} x \equiv Q_i + \bar{Q}_i \\ y \equiv Q_i - \bar{Q}_i \end{cases} \tag{13.136}$$

积分的体积元关系为

$$\mathrm{d}Q_i \mathrm{d}\bar{Q}_i = \begin{vmatrix} \dfrac{\partial Q_i}{\partial x} & \dfrac{\partial \bar{Q}_i}{\partial x} \\ \dfrac{\partial Q_i}{\partial y} & \dfrac{\partial \bar{Q}_i}{\partial y} \end{vmatrix} \mathrm{d}x\mathrm{d}y = \frac{1}{2}\mathrm{d}x\mathrm{d}y \tag{13.137}$$

于是式(13.134)可写为

$$G_i(t) = \frac{\alpha_i \sinh\left(\dfrac{\hbar\omega_i}{2kT}\right)}{\left(4\pi^2 \sinh\lambda_i \sinh\mu_i\right)^{1/2}} \int_{-\infty}^{\infty}\int_{-\infty}^{\infty} \mathrm{d}x\mathrm{d}y$$
$$\times \exp\left\{-\frac{\alpha_i}{4}\left[x^2 \tanh\frac{\lambda_i}{2} + y^2\left(\coth\frac{\lambda_i}{2} + \coth\frac{\mu_i}{2}\right) + (x+2d_i)^2 \tanh\frac{\mu_i}{2}\right]\right\}$$

先对 dy 积分

$$\int_{-\infty}^{\infty} \mathrm{d}y \mathrm{e}^{-\frac{\alpha_i}{4}\left(\coth\frac{\lambda_i}{2} + \coth\frac{\mu_i}{2}\right)y^2} = \sqrt{\frac{\pi}{\dfrac{\alpha_i}{4}\left(\coth\dfrac{\lambda_i}{2} + \coth\dfrac{\mu_i}{2}\right)}} \tag{13.138}$$

于是

$$G_i(t) = \frac{\alpha_i \sinh\left(\dfrac{\hbar\omega_i}{2kT}\right)}{\left(4\pi^2 \sinh\lambda_i \sinh\mu_i\right)^{1/2}} \sqrt{\frac{4\pi}{\alpha_i\left(\coth\dfrac{\lambda_i}{2} + \coth\dfrac{\mu_i}{2}\right)}}$$
$$\times \int_{-\infty}^{\infty} \mathrm{d}x \exp\left\{-\frac{\alpha_i}{4}\left(\tanh\frac{\lambda_i}{2} + \tanh\frac{\mu_i}{2}\right)x^2 - \left(\alpha_i d_i \tanh\frac{\mu_i}{2}\right)x - \left(\alpha_i d_i^2 \tanh\frac{\mu_i}{2}\right)\right\} \tag{13.139}$$

再利用高斯函数的积分公式(13.56)

$$\int_{-\infty}^{\infty} \mathrm{d}x \mathrm{e}^{-\alpha x^2 - bx} = \int_{-\infty}^{\infty} \mathrm{d}x \mathrm{e}^{-\alpha\left[\left(x+\frac{b}{2a}\right)^2 - \frac{b^2}{4a^2}\right]} = \mathrm{e}^{\frac{b^2}{4a}}\sqrt{\frac{\pi}{a}}$$

及双曲函数的关系，得

$$G_i(t)=\frac{\alpha_i\sinh\left(\frac{\hbar\omega_i}{2kT}\right)}{\left(4\pi^2\sinh\lambda_i\sinh\mu_i\right)^{1/2}}\sqrt{\frac{4\pi}{\alpha_i\left(\coth\frac{\lambda_i}{2}+\coth\frac{\mu_i}{2}\right)}}$$

$$\times\exp\left[\alpha_i d_i^2\tanh\frac{\mu_i}{2}+\frac{\left(\alpha_i d_i^2\tanh\frac{\mu_i}{2}\right)^2}{\alpha_i\left(\tanh\frac{\lambda_i}{2}+\tanh\frac{\mu_i}{2}\right)}\right]\sqrt{\frac{\pi}{\frac{\alpha_i}{4}\left(\tanh\frac{\lambda_i}{2}+\tanh\frac{\mu_i}{2}\right)}}$$

$$=\exp\left[-\frac{\alpha_i d_i^2\tanh\frac{\lambda_i}{2}\tanh\frac{\mu_i}{2}}{\tanh\frac{\lambda_i}{2}+\tanh\frac{\mu_i}{2}}\right]=\exp\left[-\frac{\alpha_i d_i^2\sinh\frac{\lambda_i}{2}\sinh\frac{\mu_i}{2}}{\sinh\frac{\lambda_i+\mu_i}{2}}\right]$$

$$=\exp\left\{-S_i\left[\coth\left(\frac{\lambda_i+\mu_i}{2}\right)-\operatorname{csch}\left(\frac{\lambda_i+\mu_i}{2}\right)\cosh\left(\frac{\lambda_i-\mu_i}{2}\right)\right]\right\}$$

即

$$G_i(t)=\exp\left\{-S_i\left[\coth\left(\frac{\hbar\omega_i}{2kT}\right)-\operatorname{csch}\left(\frac{\hbar\omega_i}{2kT}\right)\cosh\left(\frac{\hbar\omega_i}{2kT}+\mathrm{i}t\omega_i\right)\right]\right\} \tag{13.140}$$

代入式(13.124)，得到 $T\neq 0\mathrm{K}$ 的跃迁速率常数

$$k_r=\frac{\left|H'_{ba}\right|^2}{\hbar^2}\int_{-\infty}^{\infty}\mathrm{d}t\exp\left\{\mathrm{i}t\omega_{ba}-\sum_i S_i\left[\coth\left(\frac{\hbar\omega_i}{2kT}\right)-\operatorname{csch}\left(\frac{\hbar\omega_i}{2kT}\right)\cosh\left(\frac{\hbar\omega_i}{2kT}+\mathrm{i}t\omega_i\right)\right]\right\} \tag{13.141}$$

若 $T=0\mathrm{K}$，则式(13.141)中的

$$\lim_{T\to 0}\coth\left(\frac{\hbar\omega_i}{2kT}\right)=\lim_{T\to 0}\frac{\mathrm{e}^{\hbar\omega_i/2kT}+\mathrm{e}^{-\hbar\omega_i/2kT}}{\mathrm{e}^{\hbar\omega_i/2kT}-\mathrm{e}^{-\hbar\omega_i/2kT}}=1$$

且

$$\lim_{T\to 0}\operatorname{csch}\left(\frac{\hbar\omega_i}{2kT}\right)\cosh\left(\frac{\hbar\omega_i}{2kT}+\mathrm{i}t\omega_i\right)=\lim_{T\to 0}\frac{\mathrm{e}^{\frac{\hbar\omega_i}{2kT}+\mathrm{i}t\omega_i}+\mathrm{e}^{-\frac{\hbar\omega_i}{2kT}-\mathrm{i}t\omega_i}}{\mathrm{e}^{\hbar\omega_i/2kT}-\mathrm{e}^{-\hbar\omega_i/2kT}}=\mathrm{e}^{\mathrm{i}t\omega_i}$$

因而还原到 T=0K 位移振子的式(13.101)，验证了式(13.141)的普遍性。

与 $T=0\mathrm{K}$ 的位移振子情况一样，$T\neq 0\mathrm{K}$ 的位移振子也有两种情况，即 $S_i>1$ 的“强耦合”情况和 $S_i\leq 1$ 的“弱耦合”情况。

与 $T=0\mathrm{K}$ 时类似，用最陡下降法处理式(13.141)中的积分。令

$$f(t)=-\sum_i S_i\left[\coth\left(\frac{\hbar\omega_i}{2kT}\right)-\operatorname{csch}\left(\frac{\hbar\omega_i}{2kT}\right)\cosh\left(\frac{\hbar\omega_i}{2kT}+\mathrm{i}t\omega_i\right)\right]$$

所以

$$f'(t)=\mathrm{i}\sum_i S_i\omega_i\operatorname{csch}\left(\frac{\hbar\omega_i}{2kT}\right)\sinh\left(\frac{\hbar\omega_i}{2kT}+\mathrm{i}t\omega_i\right)$$

$$f''^{(t)}=-\sum_i S_i\omega_i^2\operatorname{csch}\left(\frac{\hbar\omega_i}{2kT}\right)\cosh\left(\frac{\hbar\omega_i}{2kT}+\mathrm{i}t\omega_i\right)$$

将 $f(t)$ 在极值 $t=0$ 处作泰勒展开

$$f(t)=0+t\left(\mathrm{i}\sum_i S_i\omega_i\right)-\frac{t^2}{2}\sum_i S_i\omega_i^2\coth\left(\frac{\hbar\omega_i}{2kT}\right)+O\left(t^3\right)$$

略去三次及以上高次项，代入式(13.141)，得到标准型的高斯积分形式

$$\begin{aligned}k_r&=\frac{\left|H'_{ba}\right|^2}{\hbar^2}\int_{-\infty}^{\infty}\mathrm{d}t\exp\left[-\frac{t^2}{2}\sum_i S_i\omega_i^2\coth\left(\frac{\hbar\omega_i}{2kT}\right)+\mathrm{i}t\left(\omega_{ba}+\sum_i S_i\omega_i\right)\right]\\&=\frac{\left|H'_{ba}\right|^2}{\hbar^2}\sqrt{\frac{2\pi}{\sum_i S_i\omega_i^2\coth\left(\frac{\hbar\omega_i}{2kT}\right)}}\exp\left[-\frac{\left(\omega_{ba}+\sum_i S_i\omega_i\right)^2}{2\sum_i S_i\omega_i^2\coth\left(\frac{\hbar\omega_i}{2kT}\right)}\right]\end{aligned}\tag{13.142}$$

式(13.142)是里维奇(Levich)导出的，用于解电子转移问题。在高温 $\left(\frac{\hbar\omega_i}{2kT}\ll 1\right)$ 条件下，由于

$$\lim_{T\to 0}\coth\left(\frac{\hbar\omega_i}{2kT}\right)=\lim_{T\to 0}\frac{\mathrm{e}^{\hbar\omega_i/2kT}+\mathrm{e}^{-\hbar\omega_i/2kT}}{\mathrm{e}^{\hbar\omega_i/2kT}-\mathrm{e}^{-\hbar\omega_i/2kT}}\approx\frac{\left(1+\frac{\hbar\omega_i}{2kT}\right)+\left(1-\frac{\hbar\omega_i}{2kT}\right)}{\left(1+\frac{\hbar\omega_i}{2kT}\right)-\left(1-\frac{\hbar\omega_i}{2kT}\right)}=\frac{2kT}{\hbar\omega_i}$$

式(13.142)可写为阿伦尼乌斯公式的形式

$$k_r\big|_{高温}=\frac{\left|H'_{ba}\right|^2}{\hbar^2}\sqrt{\frac{\pi\hbar}{kT\sum_i S_i\omega_i}}\exp\left[-\frac{\hbar\left(\omega_{ba}+\sum_i S_i\omega_i\right)^2}{4kT\sum_i S_i\omega_i}\right]=A\mathrm{e}^{-\Delta E_{\mathrm{a}}/kT}\tag{13.143}$$

式中，频率因子

$$A=\frac{\left|H'_{ba}\right|^2}{\hbar^2}\sqrt{\frac{\pi\hbar}{kT\sum_i S_i\omega_i}}\tag{13.144a}$$

活化能

$$\Delta E_{\mathrm{a}}=\frac{\hbar\left(\omega_{ba}+\sum_i S_i\omega_i\right)^2}{4\sum_i S_i\omega_i}\tag{13.144b}$$

以上是关于多个振动模式的公式，马尔丘斯曾经对只有一个振动模的情况得到如下结果：

$$k_r = A\exp\left[-\frac{\hbar\left(\omega_{ba}+S\omega\right)^2}{4kTS\omega}\right] \tag{13.145}$$

称为马尔丘斯方程。它只对位移振子成立，式中

$$\hbar\omega_{ba} = \Delta G = -kT\ln\frac{Q_b}{Q_a} \tag{13.146}$$

ΔG 为吉布斯自由能变化。活化能为

$$\Delta E_{\text{a}} = \frac{\hbar\left(\omega_{ba}+S\omega\right)^2}{4S\omega} \tag{13.147}$$

式(13.147)还可从以下途径得出：对于位移振子的电子-振动状态的势能曲线，可以认为都是谐振子，所以这两条势能曲线能够相交，如图 13.9 所示。

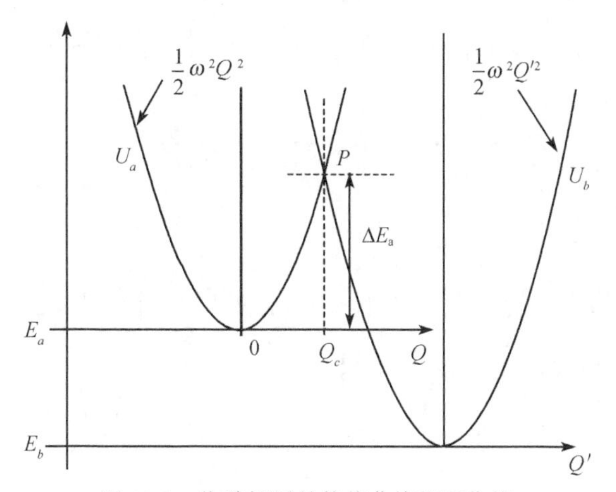

图 13.9　位移振子的势能曲线和活化能

设 $Q' = Q + d$ 。由于

$$\begin{cases} U_a = E_a + \dfrac{1}{2}\omega^2 Q^2 \\ U_b = E_b + \dfrac{1}{2}\omega^2 Q'^2 \end{cases}$$

两条势能曲线的交点为 P，$U_a(P) = U_b(P)$，即

$$E_a + \frac{1}{2}\omega^2 Q_c^2 = E_b + \frac{1}{2}\omega^2\left(Q_c + d\right)^2$$

得

$$Q_c = \frac{1}{\omega^2 d}\left(E_a - E_b - \frac{1}{2}\omega^2 d^2\right) \tag{13.148}$$

从始态到终态的活化能为

$$\Delta E_{\mathrm{a}} = U_a\left(Q_c\right) - E_a = \frac{1}{2}\omega^2 Q_c^2 \tag{13.149}$$

利用耦合常数$S = \dfrac{\omega^2 d^2}{2\hbar}$和式(13.148)及式(13.149)，就可以导出活化能公式(13.147)。

以上是一个自由度位移振子的活化能讨论。如果是多个自由度的位移振子，可以证明势能面的交叉点是个极小值点。

证明： 采用拉格朗日(Lagrange)不定乘子法。势能面为

$$\begin{cases} U_a = E_a + \dfrac{1}{2}\sum_i \omega_i^2 Q_i^2 \\ U_b = E_b + \dfrac{1}{2}\sum_i \omega_i^2 Q_i'^2 \end{cases} \tag{13.150}$$

式中，$Q_i' = Q_i + d_i \forall i$。

通过改变$\left\{Q_i\right\}$，在满足$U_a - U_b = 0$(交叉)的条件下，找到使U_a达到最小值的点。为此，定义新的泛函

$$U_a' \equiv U_a' - \lambda\left\{\left(U_a - U_b\right)\right\} \tag{13.151}$$

λ为不定乘子。所以

$$\begin{aligned} \frac{\partial U_a'}{\partial Q_j} &= \frac{\partial}{\partial Q_j}\left\{\left(E_a + \frac{1}{2}\sum_i \omega_i^2 Q_i^2\right) + \lambda\left[\left(E_a + \frac{1}{2}\sum_i \omega_i^2 Q_i^2\right) - \left(E_b + \frac{1}{2}\sum_i \omega_i^2 \left(Q_i + d_i\right)^2\right)\right]\right\} \\ &= \omega_j^2 Q_j + \lambda\left\{\omega_j^2 Q_j - \omega_j^2 (Q_j + d_j)\right\} \end{aligned}$$

极值有

$$\frac{\partial U_a'}{\partial Q_j} = 0 \qquad \forall j = 1, 2, \cdots, M$$

因此，极值点$\left\{Q_j\left(c\right)\right\}$为

$$Q_j\left(c\right) = \lambda d_j \qquad \forall j = 1, 2, \cdots, M \tag{13.152}$$

代入约束条件

$$U_a\left(c\right) = E_a + \frac{1}{2}\sum_i \omega_i^2 Q_i\left(c\right)^2 = U_b\left(c\right) = E_b + \frac{1}{2}\sum_i \omega_i^2\left(Q_i\left(c\right) + d_i\right)^2$$

即

$$E_a + \frac{1}{2}\sum_i \omega_i^2\left(\lambda d_i\right)^2 = E_b + \frac{1}{2}\sum_i \omega_i^2\left(\lambda d_i + d_i\right)^2$$

得

$$\lambda = \frac{E_a - E_b - \frac{1}{2}\sum_i \omega_i^2 d_i^2}{\sum_i \omega_i^2 d_i^2} \tag{13.153}$$

和

$$Q_j(c) = \frac{d_j\left(E_a - E_b - \frac{1}{2}\sum_i \omega_i^2 d_i^2\right)}{\sum_i \omega_i^2 d_i^2} \qquad \forall j = 1, 2, \cdots, M \tag{13.154}$$

得到活化能

$$\Delta E_{\mathrm{a}} = U_a\left(Q_c\right) - E_a = \frac{1}{2}\sum_i \omega_i^2 Q_i\left(c\right)^2 = \frac{1}{2}\sum_i \omega_i^2\left[\frac{d_j\left(E_a - E_b - \frac{1}{2}\sum_i \omega_i^2 d_i^2\right)}{\sum_i \omega_i^2 d_i^2}\right]^2$$

利用 $E_b - E_a = \hbar\omega_{ba}$ 和 $S_i = \frac{\omega_i d_i^2}{2\hbar}$，得

$$\sum_i \omega_i^2 d_i^2 = 2\hbar\sum_i \omega_i S_i$$

上式可写为

$$\Delta E_{\mathrm{a}} = \frac{1}{2}\left(\sum_i \omega_i^2 d_i^2\right)\frac{\left(-\hbar\omega_{ba} - \frac{1}{2}\sum_i \omega_i^2 d_i^2\right)^2}{\left(\sum_i \omega_i^2 d_i^2\right)^2} = \hbar\sum_i \omega_i S_i \frac{\left(\hbar\omega_{ba} + \hbar\sum_i \omega_i S_i\right)^2}{\left(2\hbar\sum_i \omega_i S_i\right)^2}$$

即

$$\Delta E_{\mathrm{a}} = \frac{\hbar\left(\omega_{ba} + \sum_i \omega_i S_i\right)^2}{4\sum_i \omega_i S_i} \tag{13.155}$$

式(13.155)与式(13.144b)相同。这里采用的是势能面交叉点的极值原理，而前面是采用把跃迁速率常数配成阿伦尼乌斯形式导出的。

粒子在一维固体中的扩散问题可以用以上跃迁理论来处理。

粒子 A 在一维固体中的势能可以看成一连串等高的二次势能曲线的叠加(图 13.10)。在任意相邻格点之间，从左向右或从右向左的跃迁速率常数 k_r 相同。因而，在第 n 个格点处物质 A 的浓度 C_n 的增加速率为

$$\frac{\mathrm{d}C_n}{\mathrm{d}t} = k_r\left(C_{n+1} + C_{n-1}\right) - 2k_r C_n \tag{13.156}$$

浓度 C_n 是浓度 $C(x)$ 在 $x=nl$ 处的值 $C(nl)$。同理

$$\begin{cases} C_{n+1} = C\left[(n+1)l\right] \\ C_{n-1} = C\left[(n-1)l\right] \end{cases} \tag{13.157}$$

根据在 $x=nl$ 处的泰勒展开

$$C_{n-1} = C(nl) + \frac{dC_n}{dx}(-l) + \frac{1}{2!}\frac{d^2C_n}{dx^2}(-l)^2 + \cdots$$

$$C_{n+1} = C(nl) + \frac{dC_n}{dx}l + \frac{1}{2!}\frac{d^2C_n}{dx^2}l^2 + \cdots$$

两式相加，略去三次及以上高次项，得

$$C_{n-1} + C_{n+1} = 2C_n + \frac{d^2C_n}{dx^2}l^2 \tag{13.158}$$

代入式(13.156)，得

$$\frac{dC_n}{dt} = k_r l^2 \frac{d^2C_n}{dx^2} \tag{13.159}$$

与菲克第二定律相比，求得一维固体中粒子的扩散系数：

$$D = k_r l^2 \tag{13.160}$$

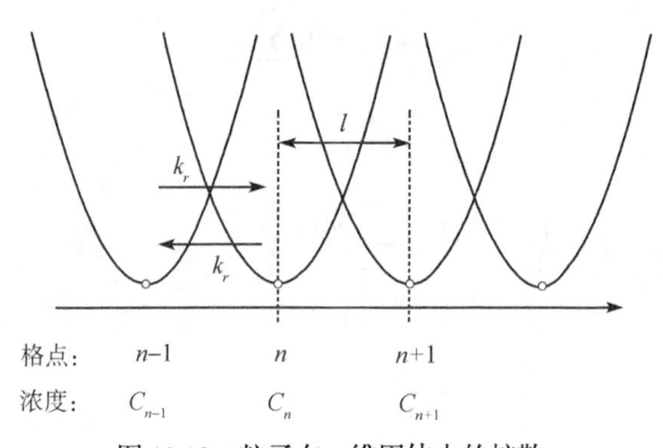

图 13.10 粒子在一维固体中的扩散

13.3 光的吸收

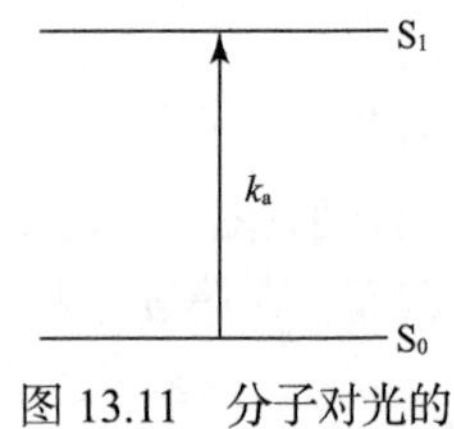

图 13.11 分子对光的吸收速率常数

13.3.1 量子理论

本节讨论在光的照射下，分子从基态(如 S_0)激发到激发态(如 S_1)的过程。设分子对光的吸收速率常数为 k_a(图 13.11)。含时薛定谔方程为

$$i\hbar\frac{\partial \Psi}{\partial t} = \hat{H}\Psi \tag{13.161}$$

式中，分子的哈密顿量 $\hat{\boldsymbol{H}}=\hat{\boldsymbol{H}}_0+\hat{\boldsymbol{H}}'$，$\hat{\boldsymbol{H}}'$ 是微扰量。没有微扰的薛定谔方程为

$$\mathrm{i}\hbar\frac{\partial \Psi_n^0}{\partial t}=\hat{\boldsymbol{H}}_0\Psi_n^0 \qquad \forall n \tag{13.162}$$

其解 $\Psi_n^0(q,t)$ 可写为

$$\Psi_n^0(q,t)=\psi_n^0(q)\mathrm{e}^{-\mathrm{i}tE_n/\hbar} \tag{13.163}$$

式中，q 代表电子的位置，$\psi_n^0(q)$ 为未受微扰的定态薛定谔方程

$$\hat{\boldsymbol{H}}_0\psi_n^0(q)=E_n\psi_n^0(q) \tag{13.164}$$

的解。用 $\{\Psi_n^0(q,t)\}$ 展开含时薛定谔方程的解 Ψ，记展开系数为 $\{c_n(t)\}$

$$\Psi=\sum_n c_n(t)\Psi_n^0(q,t) \tag{13.165}$$

代入式(13.161)，得

$$\mathrm{i}\hbar\frac{\partial c_m}{\partial t}=\sum_n\left\langle\Psi_m^0\left|\hat{\boldsymbol{H}}'\right|\Psi_n^0\right\rangle \qquad \forall m \tag{13.166}$$

引入微扰参量 λ，将 $\hat{\boldsymbol{H}}'$ 换为 $\lambda\hat{\boldsymbol{H}}'$。相应地，展开系数 $c_m(t)$ 可展开为 λ 的幂级数

$$c_m(t)=c_m^{(0)}(t)+\lambda c_m^{(1)}(t)+\lambda^2c_m^{(2)}(t)+\cdots \tag{13.167}$$

代入式(13.166)，等式两边λ的各幂次项的系数应当相等，于是得到

$$\mathrm{i}\hbar\frac{\partial c_m^{(0)}}{\partial t}=0 \qquad \left(\lambda^0\text{次项}\right) \tag{13.168a}$$

$$\mathrm{i}\hbar\frac{\partial c_m^{(1)}}{\partial t}=\sum_n\left\langle\Psi_m^0\left|\hat{\boldsymbol{H}}'\right|\Psi_n^0\right\rangle \qquad \left(\lambda^1\text{次项}\right) \tag{13.168b}$$

$$\vdots$$

设分子受光照射的始态为 Ψ_k^0。所以

$$\mathrm{i}\hbar\frac{\partial c_m^{(1)}}{\partial t}=\left\langle\Psi_m^0\left|\hat{\boldsymbol{H}}'\right|\Psi_k^0\right\rangle \tag{13.169}$$

当受光照射时，电场与分子偶极矩的相互作用要比磁场与分子磁矩的作用强得多，微扰为

$$\hat{\boldsymbol{H}}'=-\boldsymbol{\mu}\cdot\boldsymbol{E}_0\cos\omega t \tag{13.170}$$

式中，$\boldsymbol{\mu}$ 为分子电偶极矩算符；$\boldsymbol{E}_0\cos\omega t$ 为单色光的交变电场强度；ω 为光的角频率。将式(13.163)和式(13.170)代入矩阵元 $\left\langle\Psi_m^0\left|\hat{\boldsymbol{H}}'\right|\Psi_k^0\right\rangle$，得

$$\left\langle \Psi_m^0 \middle| \hat{H}' \middle| \Psi_k^0 \right\rangle = \left\langle \psi_m^0(q) \mathrm{e}^{-\frac{\mathrm{i}tE_m}{\hbar}} \middle| -\boldsymbol{\mu} \cdot \boldsymbol{E}_0 \cos\omega t \middle| \psi_k^0(q) \mathrm{e}^{-\frac{\mathrm{i}tE_k}{\hbar}} \right\rangle$$

$$= \int \mathrm{d}q \left\{ \psi_m^0(q) \mathrm{e}^{-\frac{\mathrm{i}tE_m}{\hbar}} \right\}^* (-\boldsymbol{\mu} \cdot \boldsymbol{E}_0 \cos\omega t) \left\{ \psi_k^0(q) \mathrm{e}^{-\frac{\mathrm{i}tE_k}{\hbar}} \right\}$$

$$= -\left\langle \psi_m^0 \middle| \boldsymbol{\mu} \middle| \psi_k^0 \right\rangle \cdot \boldsymbol{E}_0 \cos\omega t \mathrm{e}^{\frac{\mathrm{i}t(E_m - E_k)}{\hbar}}$$

根据

$$\hbar\omega_{mk} = E_m - E_k \tag{13.171}$$

令

$$\boldsymbol{\mu}_{mk} = \left\langle \psi_m^0 \middle| \boldsymbol{\mu} \middle| \psi_k^0 \right\rangle \tag{13.172}$$

得

$$\left\langle \Psi_m^0 \middle| \hat{H}' \middle| \Psi_k^0 \right\rangle = -\boldsymbol{\mu}_{mk} \cdot \boldsymbol{E}_0 \cos\omega t \mathrm{e}^{-\mathrm{i}t\omega_{mk}} \tag{13.173}$$

$\boldsymbol{\mu}_{mk}$ 称为电偶极跃迁矩阵元。将式(13.173) 代入式(13.169)，得

$$\frac{\partial c_m^{(1)}}{\partial t} = -\frac{1}{2\mathrm{i}\hbar} \boldsymbol{\mu}_{mk} \cdot \boldsymbol{E}_0 \left\{ \mathrm{e}^{\mathrm{i}t(\omega_{mk} + \omega)} + \mathrm{e}^{\mathrm{i}t(\omega_{mk} - \omega)} \right\}$$

积分

$$\int \mathrm{d}c_m^{(1)} = -\frac{1}{2\mathrm{i}\hbar} \boldsymbol{\mu}_{mk} \cdot \boldsymbol{E}_0 \int \left\{ \mathrm{e}^{\mathrm{i}t(\omega_{mk} + \omega)} + \mathrm{e}^{\mathrm{i}t(\omega_{mk} - \omega)} \right\} \mathrm{d}t$$

得

$$c_m^{(1)}(t) = \frac{1}{2\hbar} \boldsymbol{\mu}_{mk} \cdot \boldsymbol{E}_0 \left\{ \frac{\mathrm{e}^{\mathrm{i}t(\omega_{mk} + \omega)}}{\omega_{mk} + \omega} + \frac{\mathrm{e}^{\mathrm{i}t(\omega_{mk} - \omega)}}{\omega_{mk} - \omega} \right\} + \alpha_m^{(1)} \tag{13.174}$$

$\alpha_m^{(1)}$ 为待定的积分常数。

设 $t = 0$ 时开始光照，即

$$\begin{cases} c_m(0) = 0 & \forall m(\neq k) \\ c_k(0) = 1 \end{cases} \tag{13.175}$$

也就是 $c_m^{(1)}(0) = 0 \quad \forall m(\neq k)$，由此可以确定待定常数 $\alpha_m^{(1)}$

$$c_m^{(1)}(0) = \frac{1}{2\hbar} \boldsymbol{\mu}_{mk} \cdot \boldsymbol{E}_0 \left\{ \frac{1}{\omega_{mk} + \omega} + \frac{1}{\omega_{mk} - \omega} \right\} + \alpha_m^{(1)} = 0$$

即

$$\alpha_m^{(1)} = -\frac{1}{2\hbar} \boldsymbol{\mu}_{mk} \cdot \boldsymbol{E}_0 \left\{ \frac{1}{\omega_{mk} + \omega} + \frac{1}{\omega_{mk} - \omega} \right\}$$

代入式(13.174)，得

$$c_m^{(1)}(t)=\frac{1}{2\hbar}\boldsymbol{\mu}_{mk}\cdot\boldsymbol{E}_0\left\{\frac{\mathrm{e}^{\mathrm{i}t(\omega_{mk}+\omega)}-1}{\omega_{mk}+\omega}+\frac{\mathrm{e}^{\mathrm{i}t(\omega_{mk}-\omega)}-1}{\omega_{mk}-\omega}\right\}\quad\forall m(\neq k)\tag{13.176}$$

式中，第一项表示发射；第二项表示吸收。所以，关于光的吸收，有

$$c_m(t)\approx c_m^{(1)}(t)=\frac{1}{2\hbar}\boldsymbol{\mu}_{mk}\cdot\boldsymbol{E}_0\left\{\frac{\mathrm{e}^{\mathrm{i}t(\omega_{mk}-\omega)}-1}{\omega_{mk}-\omega}\right\}\quad\forall m(\neq k)\tag{13.177}$$

取复平方，得

$$\begin{aligned}\left|c_m(t)\right|^2&=\frac{1}{4\hbar^2}\left|\boldsymbol{\mu}_{mk}\cdot\boldsymbol{E}_0\right|^2\frac{\left(\mathrm{e}^{\mathrm{i}t(\omega_{mk}-\omega)}-1\right)\left(\mathrm{e}^{-\mathrm{i}t(\omega_{mk}-\omega)}-1\right)}{\left(\omega_{mk}-\omega\right)^2}\\&=\frac{1}{2\hbar^2}\left|\boldsymbol{\mu}_{mk}\cdot\boldsymbol{E}_0\right|^2\frac{1-\cos\left(\omega_{mk}-\omega\right)t}{\left(\omega_{mk}-\omega\right)^2}\quad\forall m(\neq k)\end{aligned}\tag{13.178}$$

当 t 值较大时，式(13.178)可写为 δ 函数

$$\left|c_m(t)\right|^2=\frac{1}{2\hbar^2}\left|\boldsymbol{\mu}_{mk}\cdot\boldsymbol{E}_0\right|^2\pi t\delta\left(\omega_{mk}-\omega\right)\quad\forall m(\neq k)\tag{13.179}$$

由此，可得到从 k 态 Ψ_k^0 跃迁到 m 态 Ψ_m^0 的吸收速率常数

$$k_{a,k\to m}=\frac{\mathrm{d}}{\mathrm{d}t}\left|c_m(t)\right|^2=\frac{\pi}{2\hbar^2}\left|\boldsymbol{\mu}_{mk}\cdot\boldsymbol{E}_0\right|^2\delta\left(\omega_{mk}-\omega\right)\quad\forall m(\neq k)\tag{13.180}$$

更精确的考虑可将式(13.180)的 δ 峰形修正为洛伦兹峰形，即

$$\delta\left(\omega_{mk}-\omega\right)\to\frac{\gamma_{mk}}{\pi\left[\gamma_{mk}^2+\left(\omega_{mk}-\omega\right)^2\right]}\tag{13.181}$$

式中

$$\begin{cases}\gamma_m=\dfrac{1}{\tau_m}\\[2mm]\gamma_{mk}=\dfrac{1}{2}\left(\gamma_m+\gamma_k\right)+\gamma_{mk}^{(d)}\end{cases}\tag{13.182}$$

式中，τ_m 为 m 态的寿命。当 k 态 Ψ_k^0 为基态时，由于 $\tau_k\to\infty$，所以 $\gamma_k=0$。比式(13.180)更为精确的 $k_{a,k\to m}$ 为

$$k_{a,k\to m}=\frac{\pi}{2\hbar^2}\left|\boldsymbol{\mu}_{mk}\cdot\boldsymbol{E}_0\right|^2D\left(\omega_{mk}-\omega\right)\tag{13.183}$$

式中，洛伦兹峰形

$$D\left(\omega_{mk}-\omega\right)=\frac{\gamma_{mk}}{\pi\left[\gamma_{mk}^2+\left(\omega_{mk}-\omega\right)^2\right]}\tag{13.184}$$

13.3.2 分子的随机取向

以上讨论的是一个分子在光场中对光的吸收。一个介质中的各个分子的偶极矩 $\boldsymbol{\mu}$ 相对于外电场 $\boldsymbol{E}_0\cos\omega t$ 的取向是随机的。所以式(13.183)中的 $|\boldsymbol{\mu}_{mk}\cdot\boldsymbol{E}_0|^2$ 应当修正为对取向角 θ 的平均值 $|\boldsymbol{\mu}_{mk}\cdot\boldsymbol{E}_0|^2$。取向角 θ 是 $\boldsymbol{\mu}_{mk}$ 和 $\boldsymbol{E}_0$ 的夹角

$$
\begin{aligned}
\left\langle|\boldsymbol{\mu}_{mk}\cdot\boldsymbol{E}_0|^2\right\rangle &= \left\langle|\boldsymbol{\mu}_{mk}|^2\right\rangle\left\langle|\boldsymbol{E}_0|^2\right\rangle\left\langle\cos^2\theta\right\rangle \\
&= \left\langle|\boldsymbol{\mu}_{mk}|^2\right\rangle\left\langle|\boldsymbol{E}_0|^2\right\rangle\frac{1}{4\pi}\int_0^{2\pi}\mathrm{d}\varphi\int_0^{\pi}\sin\theta\mathrm{d}\theta\cos^2\theta
\end{aligned}
$$

即

$$
\left\langle|\boldsymbol{\mu}_{mk}\cdot\boldsymbol{E}_0|^2\right\rangle = \frac{1}{3}\left\langle|\boldsymbol{\mu}_{mk}|^2\right\rangle\left\langle|\boldsymbol{E}_0|^2\right\rangle \tag{13.185}
$$

光强度

$$
I = \frac{c}{8\pi}\left\langle|\boldsymbol{E}_0|^2\right\rangle
$$

所以从 k 态 Ψ_k^0 跃迁到 m 态 Ψ_m^0 的吸收速率常数

$$
k_{a,k\to m} = \frac{4\pi^2}{3\hbar^2 c}I|\boldsymbol{\mu}_{mk}|^2 D(\omega_{mk}-\omega) \tag{13.186}
$$

近似解为

$$
k_{a,k\to m} = \frac{4\pi^2}{3\hbar^2 c}I|\boldsymbol{\mu}_{mk}|^2 \delta(\omega_{mk}-\omega) \tag{13.187}
$$

13.3.3 光吸收速率常数与吸收系数

根据朗伯-比尔(Lambert-Beer)定律，光强 I 透过厚度 $\mathrm{d}l$、浓度为 c 的介质后，强度减弱为

$$
-\mathrm{d}I = \alpha(\omega)Ic\,\mathrm{d}l \tag{13.188}
$$

式中，比例系数 $\alpha(\omega)$ 称为吸收系数。设在光通过的区域内(厚度 $\mathrm{d}l$、面积 A)有 N 个分子，且假定光的吸收只是由跃迁 $k\to m$ 造成的。于是，总的吸收光的能量的速率为

$$
Nk_{a,k\to m}\hbar\omega = A|\mathrm{d}I| = \alpha_{k\to m}(\omega)IcA\mathrm{d}l
$$

这里把 $\alpha(\omega)$ 记为 $\alpha_{k\to m}(\omega)$。由于 $N = cA\mathrm{d}l$，因此

$$
\alpha_{k\to m}(\omega) = \frac{\hbar\omega}{I}k_{a,k\to m} = \frac{4\pi^2\omega}{3\hbar c}|\boldsymbol{\mu}_{mk}|^2 D(\omega_{mk}-\omega) \tag{13.189}
$$

$\alpha_{k\to m}(\omega)$ 称为“单能级-单能级吸收系数”。还可以定义另两种吸收系数：

（1）将 $\alpha_{k\to m}(\omega)$ 对终态加和得到“单能级吸收系数”

$$\alpha_k(\omega)\equiv\sum_m\alpha_{k\to m}(\omega)=\frac{4\pi^2\omega}{3\hbar c}\sum_m\left|\boldsymbol{\mu}_{mk}\right|^2D(\omega_{mk}-\omega)\tag{13.190}$$

（2）将 $\alpha_k(\omega)$ 对始态加权加和得到“平均吸收系数”

$$\alpha(\omega)\equiv\sum_kP_k\alpha_k(\omega)=\frac{4\pi^2\omega}{3\hbar c}\sum_k\sum_mP_k\left|\boldsymbol{\mu}_{mk}\right|^2D(\omega_{mk}-\omega)\tag{13.191}$$

式中，$\alpha(\omega)$ 是实验测得的物理量；P_k 是分子处于 k 态的概率，热平衡时可取为玻尔兹曼分布。

13.3.4　电偶极矩矩阵元

由上述得知，欲求态-态吸收速率常数 $k_{a,k\to m}$ 和各种吸收系数[$\alpha_k(\omega)$、$\alpha_{k\to m}(\omega)$ 和 $\alpha(\omega)$]，就要先求电偶极矩矩阵元 $\boldsymbol{\mu}_{mk}=\left\langle\psi_m^0\left|\boldsymbol{\mu}\right|\psi_k^0\right\rangle$ [式(13.172)]。这里 $\left\{\psi_n^0(q)\right\}$ 为未受微扰的定态薛定谔方程的解[式(13.164)]。

在绝热近似的条件下，体系的电子-振动定态波函数可以分离为电子波函数与振动波函数两部分的乘积。因此，始态 $\psi_k^0(q,Q)$ 记为 $\psi_{av}^0(q,Q)$（a 为电子量子数的集合，v 为振动量子数的集合）

$$\psi_k^0\to\psi_{av}^0=\varPhi_a(q,Q)\varTheta_{av}(Q)\tag{13.192a}$$

终态 $\psi_m^0(q,Q)$ 记为 $\psi_{bv'}^0(q,Q)$

$$\psi_m^0\to\psi_{bv'}^0=\varPhi_b(q,Q)\varTheta_{bv'}(Q)\tag{13.192b}$$

将式(13.192a)和式(13.192b)代入式(13.172)和式(13.191)，得到从电子态 a 到电子态 b 的平均吸收系数

$$\alpha(\omega)=\frac{4\pi^2\omega}{3\hbar c}\sum_v\sum_{v'}P_{av}\left|\boldsymbol{\mu}_{bv',av}\right|^2D(\omega_{bv',av}-\omega)\tag{13.193}$$

式中

$$\begin{aligned}\boldsymbol{\mu}_{bv',av}&\equiv\left\langle\psi_{bv'}\left|\boldsymbol{\mu}\right|\psi_{av}\right\rangle\overset{\text{B-O}}{\approx}\iint\mathrm{d}q\mathrm{d}Q\left[\varPhi_b(q,Q)\varTheta_{bv'}(Q)\right]^*\boldsymbol{\mu}\left[\varPhi_a(q,Q)\varTheta_{av}(Q)\right]\\&=\int\mathrm{d}Q\varTheta_{bv'}^*(Q)\boldsymbol{\mu}_{ba}\varTheta_{av}(Q)\end{aligned}$$

即

$$\boldsymbol{\mu}_{bv',av}=\left\langle\varTheta_{bv'}\left|\boldsymbol{\mu}_{ba}\right|\varTheta_{av}\right\rangle\tag{13.194}$$

式中

$$\boldsymbol{\mu}_{ba}\equiv\int\mathrm{d}q\varPhi_b^*(q,Q)\boldsymbol{\mu}\varPhi_a(q,Q)\tag{13.195}$$

$\boldsymbol{\mu}_{ba}$ 只是核坐标 $Q \equiv \{Q_i\}$ 的函数，与电子坐标无关。将 $\boldsymbol{\mu}_{ba}(Q)$ 在平衡核位置(记为 0)处展开

$$\boldsymbol{\mu}_{ba}(Q) = \boldsymbol{\mu}_{ba}(0) + \sum_i \left(\frac{\partial \boldsymbol{\mu}_{ba}}{\partial Q_i} \right)_0 Q_i + O\left(\left\{ Q_i^2 \right\} \right) \tag{13.196}$$

若 $\boldsymbol{\mu}_{ba}(0) \neq 0$，则称为“允许跃迁”。若 $\boldsymbol{\mu}_{ba}(0) = 0$ 且 $\left(\frac{\partial \boldsymbol{\mu}_{ba}}{\partial Q_i} \right)_0 \neq 0$，则称为“对称性禁阻、电子-振动允许跃迁”。

对于允许跃迁的情况，$\boldsymbol{\mu}_{ba}(Q) \approx \boldsymbol{\mu}_{ba}(0)$，因而

$$\boldsymbol{\mu}_{bv',av} \approx \boldsymbol{\mu}_{ba}(0) \langle \Theta_{bv'} \mid \Theta_{av} \rangle$$

取复平方，考虑弗兰克-康登因子[式(13.49)]，得

$$\left| \boldsymbol{\mu}_{bv',av} \right|^2 = \left| \boldsymbol{\mu}_{ba}(0) \right|^2 F_{bv',av} \tag{13.197}$$

式(13.193)可写为

$$\alpha(\omega) = \frac{4\pi^2 \omega}{3\hbar c} \left| \boldsymbol{\mu}_{ba}(0) \right|^2 \sum_v \sum_{v'} P_{av} F_{bv',av} D\left(\omega_{bv',av} - \omega \right) \tag{13.198}$$

式(13.198)与跃迁速率常数 k_r 的公式[式(13.50)]相似，两者的区别仅在于矩阵元的平方和峰形。如果谱带没有重叠，那么式(13.198)的峰形也可以采用 δ 函数的峰形。但是无论采用什么样的峰形，均可采用峰形的积分表示，然后分别对温度 T=0K 和 $T \neq$0K 两种情况处理。

1. T=0K 时位移振子的平均吸收系数

因为 T=0K，各个多原子分子的简正振子均在基态，即 v=0。概率 $P_{a0} = 1$，因此

$$\alpha(\omega)\Big|_{T \to 0\mathrm{K}} = \frac{4\pi^2 \omega}{3\hbar c} \left| \boldsymbol{\mu}_{ba}(0) \right|^2 \sum_{v'} F_{bv',a0} \delta\left(\omega_{bv',a0} - \omega \right) \tag{13.199}$$

为方便计算采用 δ 峰形。对于位移振子，根据式(13.82)和式(13.85)，得

$$F_{bv',a0} = \prod_i F_{bv'_i,a0_i} = \prod_i \frac{S_i^{v'_i}}{v'_i!} \mathrm{e}^{-S_i} \tag{13.200}$$

这是对该体系的所有振动模累乘。峰形 $\delta\left(\omega_{bv',a0} - \omega \right)$ 可写成积分表示

$$\delta\left(\omega_{bv',a0} - \omega \right) = \frac{1}{2\pi} \int_{-\infty}^{\infty} \mathrm{d}t \mathrm{e}^{\mathrm{i}t\left(\omega_{bv',a0} - \omega \right)} \tag{13.201}$$

由于 $\omega_{bv',a0} = (E_{bv'} - E_{av}) / \hbar$，始态能量 $E_{a0} = E_a + \sum_i \frac{1}{2} \hbar \omega_i$，终态能量 $E_{bv'} = E_b + \sum_i \left(v'_i + \frac{1}{2} \right) \hbar \omega_i$ [式(13.72a)和式(13.72b)]，得

$$\omega_{bv',a0} = \omega_{ba} + \sum_i v_i'\omega_i \tag{13.202}$$

另

$$\omega_{ba}' = \omega_{ba} - \omega \tag{13.203}$$

因此，式(13.201)可写为

$$\delta\left(\omega_{bv',a0} - \omega\right) = \frac{1}{2\pi}\int_{-\infty}^{\infty} \mathrm{d}t \mathrm{e}^{\mathrm{i}t\omega_{ba}'} \prod_i \mathrm{e}^{\mathrm{i}tv_i'\omega_i} \tag{13.204}$$

将上式代入式(13.199)，得到 T=0K 时位移振子的平均吸收系数

$$\alpha(\omega)\Big|_{T\to 0\mathrm{K}} = \frac{2\pi\omega}{3\hbar c}\left|\boldsymbol{\mu}_{ba}(0)\right|^2 \sum_{v'}\left(\prod_i \frac{S_i^{v_i'}}{v_i'!}\mathrm{e}^{-S_i}\right)\int_{-\infty}^{\infty}\mathrm{d}t\mathrm{e}^{\mathrm{i}t\omega_{ba}'}\prod_i \mathrm{e}^{\mathrm{i}tv_i'\omega_i} \tag{13.205}$$

先把两个累乘合并，然后根据 $\sum_{v'}(\cdots) = \sum_{\{v_i'\}}(\cdots) = \sum_{v_1'}\sum_{v_2'}\cdots\sum_{v_i'}\cdots(\cdots)$，利用 $\sum_{\{v_i'\}}\prod_i(\cdots) = \prod_i\sum_{v_i'=0}^{\infty}(\cdots)$，得

$$\begin{aligned}\alpha(\omega)\Big|_{T\to 0\mathrm{K}} &= \frac{2\pi\omega}{3\hbar c}\left|\boldsymbol{\mu}_{ba}(0)\right|^2 \int_{-\infty}^{\infty}\mathrm{d}t\mathrm{e}^{\mathrm{i}t\omega_{ba}'}\sum_{\{v_i'\}}\prod_i\left(\frac{S_i^{v_i'}}{v_i'!}\mathrm{e}^{-S_i}\mathrm{e}^{\mathrm{i}tv_i'\omega_i}\right)\\ &= \frac{2\pi\omega}{3\hbar c}\left|\boldsymbol{\mu}_{ba}(0)\right|^2 \int_{-\infty}^{\infty}\mathrm{d}t\mathrm{e}^{\mathrm{i}t\omega_{ba}'}\prod_i\left(\sum_{v_i'=0}^{\infty}\frac{S_i^{v_i'}}{v_i'!}\mathrm{e}^{-S_i}\mathrm{e}^{\mathrm{i}tv_i'\omega_i}\right)\end{aligned} \tag{13.206}$$

式中

$$\sum_{v_i'=0}^{\infty}\frac{S_i^{v_i'}}{v_i'!}\mathrm{e}^{-S_i}\mathrm{e}^{\mathrm{i}tv_i'\omega_i} = \mathrm{e}^{-S_i}\sum_{v_i'=0}^{\infty}\frac{1}{v_i'!}\left(S_i\mathrm{e}^{\mathrm{i}t\omega_i}\right)^{v_i'} = \mathrm{e}^{-S_i}\mathrm{e}^{S_i\mathrm{e}^{\mathrm{i}t\omega_i}} = \mathrm{e}^{S_i\left(\mathrm{e}^{\mathrm{i}t\omega_i}-1\right)}$$

式(13.206)成为

$$\begin{aligned}\alpha(\omega)\Big|_{T\to 0\mathrm{K}} &= \frac{2\pi\omega}{3\hbar c}\left|\boldsymbol{\mu}_{ba}(0)\right|^2 \int_{-\infty}^{\infty}\mathrm{d}t\mathrm{e}^{\mathrm{i}t\omega_{ba}'}\prod_i \mathrm{e}^{S_i\left(\mathrm{e}^{\mathrm{i}t\omega_i}-1\right)}\\ &= \frac{2\pi\omega}{3\hbar c}\left|\boldsymbol{\mu}_{ba}(0)\right|^2 \int_{-\infty}^{\infty}\mathrm{d}t\exp\left\{\mathrm{i}t\omega_{ba}' + \sum_i S_i\left(\mathrm{e}^{\mathrm{i}t\omega_i}-1\right)\right\}\end{aligned}$$

根据式(13.203)，得到 T=0K 时多自由度位移振子对频率为 ω 的光的平均吸收系数

$$\alpha(\omega)\Big|_{T\to 0\mathrm{K}} = \frac{2\pi\omega}{3\hbar c}\left|\boldsymbol{\mu}_{ba}(0)\right|^2 \int_{-\infty}^{\infty}\mathrm{d}t\exp\left[\mathrm{i}t\left(\omega_{ba}-\omega\right) + \sum_i S_i\left(\mathrm{e}^{\mathrm{i}t\omega_i}-1\right)\right] \tag{13.207}$$

式(13.207)积分的计算要分两种情况：强耦合（$S_i > 1$）；弱耦合（$S_i \leqslant 1$）。下面以强耦合为例讨论。

强耦合(记为 S.C.)，将式(13.207)中指数 $\mathrm{i}t\left(\omega_{ba}-\omega\right) + \sum_i S_i\left(\mathrm{e}^{\mathrm{i}t\omega_i}-1\right)$ 展开成时间 t 的幂级数，化为标准型的高斯积分

$$\int_{-\infty}^{\infty}\mathrm{d}x\mathrm{e}^{-ax^2-bx}=\int_{-\infty}^{\infty}\mathrm{d}x\mathrm{e}^{-a\left[\left(x+\frac{b}{2a}\right)^2-\frac{b^2}{4a^2}\right]}=\mathrm{e}^{\frac{b^2}{4a}}\sqrt{\frac{\pi}{a}} \tag{13.56}$$

令 $f(t)\equiv \mathrm{i}t\omega_{ba}'+\sum_i S_i\left(\mathrm{e}^{\mathrm{i}t\omega_i}-1\right)$。

因为

$$\mathrm{e}^{\mathrm{i}t\omega_i}-1=\mathrm{i}t\omega_i-\frac{1}{2}t^2\omega_i^2+\cdots$$

略去高次项，最后得到

$$\begin{aligned}\alpha(\omega)\Big|_{\substack{T\to 0\mathrm{K}\\ \mathrm{S.C.}}} &\approx \frac{2\pi\omega}{3\hbar c}\left|\boldsymbol{\mu}_{ba}(0)\right|^2\int_{-\infty}^{\infty}\mathrm{d}t\exp\left[\mathrm{i}t\left(\omega_{ba}'+\sum_i S_i\omega_i\right)-\frac{1}{2}t^2\sum_i S_i\omega_i^2\right]\\ &=\frac{2\pi\omega}{3\hbar c}\left|\boldsymbol{\mu}_{ba}(0)\right|^2\sqrt{\frac{2\pi}{\sum_i S_i\omega_i^2}}\exp\left[-\frac{\left(\omega_{ba}-\omega+\sum_i S_i\omega_i\right)^2}{2\sum_i S_i\omega_i^2}\right]\end{aligned} \tag{13.208}$$

可见，强耦合平均吸收系数的频率响应呈高斯曲线，其极大值位于

$$\omega_{\max}=\omega_{ba}+\sum_i S_i\omega_i \tag{13.209}$$

式中，$\sum_i S_i\omega_i$ 称为“斯托克斯位移”。

对于高斯型分布

$$F(\omega)=N\mathrm{e}^{-(\omega-\omega_{\max})^2/\varDelta^2}$$

有

$$F(\omega_{\max})=N$$

半峰高处的频率 $\omega_{1/2}$ 满足

$$\frac{F(\omega_{\max})}{2}=\frac{N}{2}=N\mathrm{e}^{-(\omega_{1/2}-\omega_{\max})^2/\varDelta^2}$$

得到高斯型峰的“半宽高”：

$$\Delta\omega=2\left|\omega_{1/2}-\omega_{\max}\right|=2\sqrt{\ln 2}\varDelta \tag{13.210}$$

与式(13.208)比较，得到 T=0K 时多自由度强耦合位移振子的平均吸收系数 $\alpha(\omega)\Big|_{\substack{T\to 0\mathrm{K}\\ \mathrm{S.C.}}}$ 的半高宽

$$\Delta\omega=2\sqrt{2\ln 2\sum_i S_i\omega_i^2} \tag{13.211}$$

利用式(13.211)，从实验测到的峰形计算出 $\{S_i\}$ 值。这样得到的 $\{S_i\}$ 值可以用于其他场合。

2. $T\neq 0$K 时位移振子的平均吸收系数

平均吸收系数为

$$\alpha(\omega)=\frac{4\pi^2\omega}{3\hbar c}\left|\boldsymbol{\mu}_{ba}(0)\right|^2\sum_{v}\sum_{v'}P_{av}F_{bv',av}D\left(\omega_{bv',av}-\omega\right) \tag{13.198}$$

式中的玻尔兹曼分布 P_{av} 等于各振子 P_{av_i} 之积，$P_{av}=\prod_i P_{av_i}$ [式(13.76)]，弗兰克-康登因子也可以写成各振子的 F-C 因子的累乘，$F_{bv',av}=\prod_i F_{bv_i',av_i}$ [式(13.82)]。又如果采用 δ 峰形，于是

$$\begin{aligned}\alpha(\omega)&=\frac{4\pi^2\omega}{3\hbar c}\left|\boldsymbol{\mu}_{ba}(0)\right|^2\sum_{v}\sum_{v'}P_{av}F_{bv',av}\delta\left(\omega_{bv',av}-\omega\right)\\&=\frac{4\pi^2\omega}{3\hbar c}\left|\boldsymbol{\mu}_{ba}\right|^2\sum_{v}\sum_{v'}\left\{\prod_i P_{av_i}F_{bv_i',av_i}\right\}\frac{1}{2\pi}\int_{-\infty}^{\infty}\mathrm{d}t\mathrm{e}^{\mathrm{i}t\left(\omega_{bv',av}-\omega\right)}\end{aligned} \tag{13.212}$$

根据电子-振动能级能量 E_{av} 和 $E_{bv'}$ 的公式(13.72a)和公式(13.72b)，得

$$\omega_{bv',av}=\frac{1}{\hbar}\left(E_{bv'}-E_{av}\right)=\omega_{ba}+\sum_i\left[\left(v_i'+\frac{1}{2}\right)\omega_i'-\left(v_i+\frac{1}{2}\right)\omega_i\right] \tag{13.213}$$

令

$$\omega_{ba}'=\omega_{ba}-\omega \tag{13.214}$$

因此，利用 $\sum_{\{v_i'\}}\prod_i(\cdots)=\prod_i\sum_{v_i'=0}^{\infty}(\cdots)$，得

$$\alpha(\omega)=\frac{4\pi^2\omega}{3\hbar c}\left|\boldsymbol{\mu}_{ba}\right|^2\frac{1}{2\pi}\int_{-\infty}^{\infty}\mathrm{d}t\mathrm{e}^{\mathrm{i}t\omega_{ba}'}\prod_i\left\{\sum_{v_i=0}^{\infty}\sum_{v_i'=0}^{\infty}P_{av_i}F_{bv_i',av_i}\mathrm{e}^{\mathrm{i}t\left[\left(v_i'+\frac{1}{2}\right)\omega_i'-\left(v_i+\frac{1}{2}\right)\omega_i\right]}\right\}$$

令

$$G_i(t)\equiv\sum_{v_i=0}^{\infty}\sum_{v_i'=0}^{\infty}P_{av_i}F_{bv_i',av_i}\mathrm{e}^{\mathrm{i}t\left[\left(v_i'+\frac{1}{2}\right)\omega_i'-\left(v_i+\frac{1}{2}\right)\omega_i\right]} \tag{13.215}$$

式(13.215)与式(13.125)是相同的。因而

$$\alpha(\omega)=\frac{4\pi^2\omega}{3\hbar c}\left|\boldsymbol{\mu}_{ba}\right|^2\frac{1}{2\pi}\int_{-\infty}^{\infty}\mathrm{d}t\mathrm{e}^{\mathrm{i}t\omega_{ba}'}\prod_i G_i(t)$$

根据，$T\neq 0$K 时位移振子的公式(13.140)

$$G_i(t)=\exp\left\{-S_i\left[\coth\left(\frac{\hbar\omega_i}{2kT}\right)-\operatorname{csch}\left(\frac{\hbar\omega_i}{2kT}\right)\cosh\left(\frac{\hbar\omega_i}{2kT}+\mathrm{i}t\omega_i\right)\right]\right\}$$

得到平均吸收系数

$$\alpha(\omega)=\frac{4\pi^2\omega}{3\hbar c}|\boldsymbol{\mu}_{ba}|^2\frac{1}{2\pi}\int_{-\infty}^{\infty}\mathrm{d}t\exp\left\{\mathrm{i}t\omega'_{ba}-\sum_i S_i\left[\coth\left(\frac{\hbar\omega_i}{2kT}\right)-\operatorname{csch}\left(\frac{\hbar\omega_i}{2kT}\right)\cosh\left(\frac{\hbar\omega_i}{2kT}+\mathrm{i}t\omega_i\right)\right]\right\}$$

(13.216)

在强耦合（$S_i>1$）的情况下，同引用最陡下降法处理式(13.141)中的积分得到式(13.142)一样，从式(13.216)也同理可得

$$\alpha(\omega)\Big|_{\text{S.C.}}^{T\to 0\text{K}}=\frac{4\pi^2\omega}{3\hbar c}\frac{|\boldsymbol{\mu}_{ba}|^2}{\sqrt{2\pi\sum_i S_i\omega_i^2\coth\left(\frac{\hbar\omega_i}{2kT}\right)}}\exp\left[-\frac{\left(\omega'_{ba}+\sum_i S_i\omega_i\right)^2}{2\sum_i S_i\omega_i^2\coth\left(\frac{\hbar\omega_i}{2kT}\right)}\right] \tag{13.217}$$

令

$$\Delta^2=2\sum_i S_i\omega_i^2\coth\left(\frac{\hbar\omega_i}{2kT}\right) \tag{13.218a}$$

根据式(13.217)、式(13.214)和式(13.218a)，得

$$\frac{\alpha(\omega)}{\omega}=\frac{4\pi^2}{3\hbar c}\frac{|\boldsymbol{\mu}_{ba}|^2}{\Delta\sqrt{\pi}}\exp\left[-\frac{\left(\omega_{ba}+\sum_i S_i\omega_i-\omega\right)^2}{\Delta^2}\right] \tag{13.218b}$$

可见，$\dfrac{\alpha(\omega)}{\omega}$是个高斯峰。此峰的特征如下：

(1)峰位。吸收峰峰位在

$$\omega_{\max}=\omega_{ba}+\sum_i S_i\omega_i \tag{13.219}$$

处，与 T=0K 时的式(13.209)相同，即强耦合时吸收峰位不受温度影响。

(2)峰宽。低温时，

$$\lim_{T\to 0}\coth\left(\frac{\hbar\omega_i}{2kT}\right)=1$$

所以从式(13.217)和式(13.218)可见低温时吸收峰宽随温度的影响很小。高温时，

$$\lim_{T\to\infty}\coth\left(\frac{\hbar\omega_i}{2kT}\right)=\lim_{T\to\infty}\frac{\mathrm{e}^{\hbar\omega_i/2kT}+\mathrm{e}^{-\hbar\omega_i/2kT}}{\mathrm{e}^{\hbar\omega_i/2kT}-\mathrm{e}^{-\hbar\omega_i/2kT}}=\frac{2kT}{\hbar\omega_i}$$

所以从式(13.218b)可见，高温时吸收峰宽随温度升高而加宽。

(3)峰面积。因为式(13.219)，故吸收峰可写为

$$\frac{\alpha(\omega)}{\omega}=\frac{4\pi^2}{3\hbar c}\frac{|\boldsymbol{\mu}_{ba}|^2}{\Delta\sqrt{\pi}}\mathrm{e}^{-\frac{(\omega_{\max}-\omega)^2}{\Delta^2}}$$

峰面积为

$$\int_{-\infty}^{\infty} d\omega \frac{\alpha(\omega)}{\omega} = \frac{4\pi^2}{3\hbar c}|\boldsymbol{\mu}_{ba}|^2 \frac{1}{\Delta\sqrt{\pi}} \int_{-\infty}^{\infty} d\omega e^{-\frac{(\omega_{\max}-\omega)^2}{\Delta^2}} = \frac{4\pi^2}{3\hbar c}|\boldsymbol{\mu}_{ba}|^2 \tag{13.220}$$

这里引用了高斯积分公式$\int_{-\infty}^{\infty} e^{-ax^2} dx = \sqrt{\frac{\pi}{a}}$。从式(13.220)可知，吸收峰$\frac{\alpha(\omega)}{\omega}$的峰面积为$\frac{4\pi^2}{3\hbar c}|\boldsymbol{\mu}_{ba}|^2$，所以可从吸收峰面积求得$|\boldsymbol{\mu}_{ba}|^2$。在“对称性禁阻、电子-振动允许跃迁”的情况下，因为$\boldsymbol{\mu}_{ba}(Q) \approx \sum_i \left(\frac{\partial \boldsymbol{\mu}_{ba}}{\partial Q_i}\right)_0 Q_i$，随着温度的升高，振动加剧，吸收峰面积增大。

13.4　矩阵元H'_{ba}的讨论

在玻恩-奥本海默近似和康登近似下的跃迁速率常数[式(13.50)]为

$$k_r = \frac{2\pi}{\hbar}|H'_{ba}|^2 \sum_{v,v'} P_{av} F_{bv',av} \delta(E_{bv'} - E_{av}) \tag{13.221}$$

下面讨论在几种能量转移、无辐射跃迁等过程中影响式(13.221)中矩阵元H'_{ba}的因素。

13.4.1　三重态-三重态跃迁

三重态-三重态之间激发能的转移为

$$^3D^* + {}^1A \longrightarrow {}^1D + {}^3A^* \tag{13.222}$$

D 为能量给体，A 为能量受体。根据矩阵元H'_{ba}的定义

$$H'_{ba} \equiv \int dq \Phi_b^* \hat{\boldsymbol{H}}' \Phi_a = \left\langle b \middle| \hat{\boldsymbol{H}}' \middle| a \right\rangle \tag{13.223}$$

式中，a为电子始态，b为电子终态。过程式(13.222)中电子始态为($^3D^* + {}^1A$)这个整体，电子终态为($^1D + {}^3A^*$)。三重态 S=1，于是$M_S = 1, 0, -1$。若用体系电子状态的最简单的表式，即用单电子波函数χ构成斯莱特行列式波函数，可写为

三种可能的始态

$$^3\Phi_a(M_S = 1) = \left|\chi_D^+ \chi_{D^*}^+ \chi_A^+ \chi_A^-\right| \tag{13.224a}$$

$$^3\Phi_a(M_S = -1) = \left|\chi_D^- \chi_{D^*}^- \chi_A^+ \chi_A^-\right| \tag{13.224b}$$

$$^3\Phi_a(M_S = 0) = \frac{1}{\sqrt{2}}\left\{\left|\chi_D^+ \chi_{D^*}^- \chi_A^+ \chi_A^-\right| - \left|\chi_D^- \chi_{D^*}^+ \chi_A^+ \chi_A^-\right|\right\} \tag{13.224c}$$

终态

$$^3\Phi_b(M_S = 1) = \left|\chi_D^+ \chi_D^- \chi_A^+ \chi_{A^*}^+\right| \tag{13.224d}$$

式中，χ 的上标表示该电子的自旋状态[注：由于泡利不相容原理，式(13.224d)中第三个单电子轨道不能是 $\chi_{\mathrm{A}^*}^{+}$，只能是 χ_{A}^{+}]。将 ${}^3\Phi_b(M_S=1)$ 与三个始态相比，它只有与 ${}^3\Phi_a(M_S=1)$ 的体系行列式波函数相差两个单电子自旋轨道，与其余始态相差的单电子自旋轨道的个数更多。根据行列式波函数中的斯莱特-康登规则，要使 $H'_{ba}=\langle b|\hat{\boldsymbol{H}}'|a\rangle\neq 0$，微扰算符 $\hat{\boldsymbol{H}}'$ 必须是双电子算符才有可能。所以 $\hat{\boldsymbol{H}}'$ 是电子-电子互作用算符 $\sum\limits_{i<j}\dfrac{e^2}{r_{ij}}$。这样只有 ${}^3\Phi_b(M_S=1)$ 与 ${}^3\Phi_a(M_S=1)$ 之间的矩阵元 H'_{ba} 不为零。根据斯莱特-康登规则

$$
\begin{aligned}
H'_{ba}&=\left\langle {}^3\Phi_b(M_S=1)\middle|\hat{\boldsymbol{H}}'\middle|{}^3\Phi_a(M_S=1)\right\rangle\\
&=\left\langle \left|\chi_{\mathrm{D}}^{+}\chi_{\mathrm{D}}^{-}\chi_{\mathrm{A}}^{+}\chi_{\mathrm{A}^*}^{+}\right|\middle|\sum_{i<j}\frac{e^2}{r_{ij}}\middle|\left|\chi_{\mathrm{D}}^{+}\chi_{\mathrm{D}^*}^{+}\chi_{\mathrm{A}}^{+}\chi_{\mathrm{A}}^{-}\right|\right\rangle\\
&=\left\langle \left|\chi_{\mathrm{D}}^{-}\chi_{\mathrm{A}^*}^{+}\right|\middle|\frac{e^2}{r_{12}}\middle|\left|\chi_{\mathrm{D}^*}^{+}\chi_{\mathrm{A}}^{-}\right|\right\rangle-\left\langle \left|\chi_{\mathrm{D}}^{-}\chi_{\mathrm{A}^*}^{+}\right|\middle|\frac{e^2}{r_{12}}\middle|\left|\chi_{\mathrm{A}}^{-}\chi_{\mathrm{D}^*}^{+}\right|\right\rangle
\end{aligned}
$$

第一项自旋正交，所以积分值为零，得

$$
H'_{ba}=-\left\langle \left|\chi_{\mathrm{D}}^{-}\chi_{\mathrm{A}^*}^{+}\right|\middle|\frac{e^2}{r_{12}}\middle|\left|\chi_{\mathrm{A}}^{-}\chi_{\mathrm{D}^*}^{+}\right|\right\rangle \tag{13.225}
$$

可见三重态-三重态激发能转移的 H'_{ba} 是一种交换作用，它的作用强度取决于能量给体 D 与能量受体 A 之间的距离 R。因为难以得到式(13.225)的严格解，所以法斯特尔(Foster)将它取值为 $|H'_{ba}|^2\propto \mathrm{e}^{-\beta R}$。

13.4.2 单重态-单重态跃迁

单重态-单重态之间激发能的转移为

$$
{}^1\mathrm{D}^*+{}^1\mathrm{A}\longrightarrow {}^1\mathrm{D}+{}^1\mathrm{A}^* \tag{13.226}
$$

该过程的跃迁速率常数 k_r 公式中的 H'_{ba} 也可作如上类似的讨论。电子始态 a 为($^1\mathrm{D}^*+{}^1\mathrm{A}$)，电子终态 b 为($^1\mathrm{D}+{}^1\mathrm{A}^*$)。波函数分别为

始态

$$
{}^1\Phi_a=\frac{1}{\sqrt{2}}\left\{\left|\chi_{\mathrm{D}}^{+}\chi_{\mathrm{D}^*}^{-}\chi_{\mathrm{A}}^{+}\chi_{\mathrm{A}}^{-}\right|-\left|\chi_{\mathrm{D}}^{-}\chi_{\mathrm{D}^*}^{+}\chi_{\mathrm{A}}^{+}\chi_{\mathrm{A}}^{-}\right|\right\} \tag{13.227a}
$$

终态

$$
{}^1\Phi_b=\frac{1}{\sqrt{2}}\left\{\left|\chi_{\mathrm{D}}^{+}\chi_{\mathrm{D}}^{-}\chi_{\mathrm{A}}^{+}\chi_{\mathrm{A}^*}^{-}\right|-\left|\chi_{\mathrm{D}}^{+}\chi_{\mathrm{D}}^{-}\chi_{\mathrm{A}}^{-}\chi_{\mathrm{A}^*}^{+}\right|\right\} \tag{13.227b}
$$

两个体系波函数之间有两个不同的单电子自旋轨道，所以单电子算符的矩阵元必为零，而微扰算符 $\hat{\boldsymbol{H}}'$ 必须是双电子的电子-电子互作用算符 $\sum_{i<j}\frac{e^2}{r_{ij}}$ ，所以

$$\begin{aligned}H'_{ba}&=\left\langle {}^1\Phi_b\left|\sum_{i<j}\frac{e^2}{r_{ij}}\right|{}^1\Phi_a\right\rangle\\&=\frac{1}{2}\left\langle\left|\chi_D^+\chi_D^-\chi_A^+\chi_{A^*}^-\right|-\left|\chi_D^+\chi_{D^*}^-\chi_A^-\chi_{A^*}^+\right|\left|\sum_{i<j}\frac{e^2}{r_{ij}}\right|\left|\chi_D^+\chi_{D^*}^-\chi_A^+\chi_A^-\right|-\left|\chi_D^-\chi_{D^*}^+\chi_A^+\chi_A^-\right|\right\rangle\end{aligned}\tag{13.228}$$

展开后得到四项，如第一项

$$\begin{aligned}&\left\langle\left|\chi_D^+\chi_D^-\chi_A^+\chi_{A^*}^-\right|\left|\sum_{i<j}\frac{e^2}{r_{ij}}\right|\left|\chi_D^+\chi_{D^*}^-\chi_A^+\chi_A^-\right|\right\rangle\\&=\left\langle\left|\chi_D^-\chi_{A^*}^-\right|\left|\frac{e^2}{r_{12}}\right|\left|\chi_{D^*}^-\chi_A^-\right|\right\rangle-\left\langle\left|\chi_D^-\chi_{A^*}^-\right|\left|\frac{e^2}{r_{12}}\right|\left|\chi_A^-\chi_{D^*}^-\right|\right\rangle\\&=\left\langle\left|\chi_D\chi_{A^*}\right|\left|\frac{e^2}{r_{12}}\right|\left|\chi_{D^*}\chi_A\right|\right\rangle-\left\langle\left|\chi_D\chi_{A^*}\right|\left|\frac{e^2}{r_{12}}\right|\left|\chi_A\chi_{D^*}\right|\right\rangle\end{aligned}\tag{13.229}$$

以上推导的第一步是因为始态与终态相差两个单电子自旋轨道，第二步对自旋加和。如此类推，可以求得式(13.228)为

$$H'_{ba}=\left\langle {}^1\Phi_b\left|\sum_{i<j}\frac{e^2}{r_{ij}}\right|{}^1\Phi_a\right\rangle=2\left\langle\left|\chi_D\chi_{A^*}\right|\left|\frac{e^2}{r_{12}}\right|\left|\chi_{D^*}\chi_A\right|\right\rangle-\left\langle\left|\chi_D\chi_{A^*}\right|\left|\frac{e^2}{r_{12}}\right|\left|\chi_A\chi_{D^*}\right|\right\rangle\tag{13.230}$$

式(13.230)第一项代表了库仑作用，这是一种长程作用，随间距 R 的增大下降较慢。第二项代表交换作用，当浓度较小时，受体与给体的间距变大，则相互作用就会很快下降。所以法斯特尔把此项略去，得

$$H'_{ba}\approx2\left\langle\left|\chi_D\chi_{A^*}\right|\left|\frac{e^2}{r_{12}}\right|\left|\chi_{D^*}\chi_A\right|\right\rangle\tag{13.231}$$

受体 A 与给体 D 之间的相互作用如图 13.12 所示。当浓度不太高的情况下，R 远大于 $|\boldsymbol{r}_1|$ 和 $|\boldsymbol{r}_2|$ 。于是可作如下近似：

因为 $\boldsymbol{R}+\boldsymbol{r}_2=\boldsymbol{r}_1+\boldsymbol{r}_{12}$ ，即 $\boldsymbol{r}_{12}=\boldsymbol{R}+(\boldsymbol{r}_2-\boldsymbol{r}_1)$ 。所以

$$|\boldsymbol{r}_{12}|^2=\boldsymbol{R}^2+2\boldsymbol{R}(\boldsymbol{r}_2-\boldsymbol{r}_1)+(\boldsymbol{r}_2-\boldsymbol{r}_1)^2\tag{13.232}$$

$$\begin{aligned}\frac{1}{r_{12}}&=\frac{1}{|\boldsymbol{r}_{12}|}\left[\boldsymbol{R}^2+2\boldsymbol{R}(\boldsymbol{r}_2-\boldsymbol{r}_1)+(\boldsymbol{r}_2-\boldsymbol{r}_1)^2\right]^{-1/2}\\&=\frac{1}{R}\left[1+\frac{2\boldsymbol{R}(\boldsymbol{r}_2-\boldsymbol{r}_1)+(\boldsymbol{r}_2-\boldsymbol{r}_1)^2}{\boldsymbol{R}^2}\right]^{-1/2}\end{aligned}\tag{13.233}$$

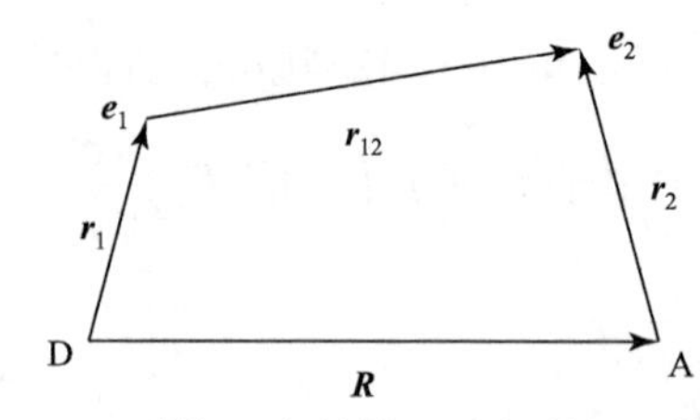

图 13.12 受体 A 与给体 D 之间的相互作用图

与 $\boldsymbol{R}^2$ 相比，$2\boldsymbol{R}(\boldsymbol{r}_2-\boldsymbol{r}_1)$ 是一阶小项，$(\boldsymbol{r}_2-\boldsymbol{r}_1)^2$ 是二阶小项。用泰勒展开

$$f(x)=f(0)+f'(0)x+\frac{1}{2!}f''(0)x^2+\cdots$$

得到近似式

$$(1+x)^{-1/2}=1-\frac{x}{2}+\frac{3}{8}x^2+\cdots \tag{13.234}$$

式(13.233)可简化为

$$\frac{1}{r_{12}}=\frac{1}{R}\left[1-\frac{\boldsymbol{R}(\boldsymbol{r}_2-\boldsymbol{r}_1)}{R^2}-\frac{(\boldsymbol{r}_2-\boldsymbol{r}_1)^2}{2R^2}+\frac{3}{2}\frac{\left[\boldsymbol{R}(\boldsymbol{r}_2-\boldsymbol{r}_1)\right]^2}{R^4}+\cdots\right]^{-1/2} \tag{13.235}$$

代入式(13.231)，得

$$\begin{aligned}H'_{ba}\approx{}&2\left\langle\chi_{\mathrm{D}}\chi_{\mathrm{A}^*}\left|\frac{e^2}{R}\right|\chi_{\mathrm{D}^*}\chi_{\mathrm{A}}\right\rangle-2\left\langle\chi_{\mathrm{D}}\chi_{\mathrm{A}^*}\left|\frac{e^2\boldsymbol{R}\cdot(\boldsymbol{r}_2-\boldsymbol{r}_1)}{R^3}\right|\chi_{\mathrm{D}^*}\chi_{\mathrm{A}}\right\rangle\\&-\left\langle\chi_{\mathrm{D}}\chi_{\mathrm{A}^*}\left|\frac{e^2(\boldsymbol{r}_2-\boldsymbol{r}_1)}{R^3}\right|\chi_{\mathrm{D}^*}\chi_{\mathrm{A}}\right\rangle+3\left\langle\chi_{\mathrm{D}}\chi_{\mathrm{A}^*}\left|\frac{e^2\langle\boldsymbol{R}\cdot(\boldsymbol{r}_2-\boldsymbol{r}_1)\rangle^2}{R^5}\right|\chi_{\mathrm{D}^*}\chi_{\mathrm{A}}\right\rangle\end{aligned} \tag{13.236}$$

由于 $\dfrac{e^2}{R}$ 为常数，而因正交关系 $\langle\chi_{\mathrm{D}}|\chi_{\mathrm{D}^*}\rangle=\langle\chi_{\mathrm{A}^*}|\chi_{\mathrm{A}}\rangle=0$，第一项为零。第二项也为零，这也是由于该正交关系

$$\begin{aligned}(\text{第二项})&=-2\left\langle\chi_{\mathrm{D}}\chi_{\mathrm{A}^*}\left|\frac{e^2\boldsymbol{R}\cdot\boldsymbol{r}_2}{R^3}\right|\chi_{\mathrm{D}^*}\chi_{\mathrm{A}}\right\rangle+2\left\langle\chi_{\mathrm{D}}\chi_{\mathrm{A}^*}\left|\frac{e^2\boldsymbol{R}\cdot\boldsymbol{r}_1}{R^3}\right|\chi_{\mathrm{D}^*}\chi_{\mathrm{A}}\right\rangle\\&=-2\langle\chi_{\mathrm{D}}|\chi_{\mathrm{D}^*}\rangle\frac{e^2\boldsymbol{R}}{R^3}\cdot\langle\chi_{\mathrm{A}^*}|\boldsymbol{r}_2|\chi_{\mathrm{A}}\rangle+2\langle\chi_{\mathrm{A}}|\chi_{\mathrm{A}^*}\rangle\frac{e^2\boldsymbol{R}}{R^3}\cdot\langle\chi_{\mathrm{D}^*}|\boldsymbol{r}_1|\chi_{\mathrm{D}}\rangle=0\end{aligned}$$

同理，第三项中由于 $(\boldsymbol{r}_2-\boldsymbol{r}_1)^2=\boldsymbol{r}_2{}^2+\boldsymbol{r}_1^2+2\boldsymbol{r}_2\cdot\boldsymbol{r}_1$，所以为三个子项之和，其中只有交叉项不为零，即

$$\begin{aligned}(\text{第三项})&=-\left\langle\chi_{\mathrm{D}}\chi_{\mathrm{A}^*}\left|\frac{e^2(\boldsymbol{r}_2-\boldsymbol{r}_1)^2}{R^3}\right|\chi_{\mathrm{D}^*}\chi_{\mathrm{A}}\right\rangle=2\frac{e^2}{R^3}\langle\chi_{\mathrm{D}}\chi_{\mathrm{A}^*}|\boldsymbol{r}_2\cdot\boldsymbol{r}_1|\chi_{\mathrm{D}^*}\chi_{\mathrm{A}}\rangle\\&=\frac{2}{R^3}\langle\chi_{\mathrm{D}}|e\boldsymbol{r}_1|\chi_{\mathrm{D}^*}\rangle\cdot\langle\chi_{\mathrm{A}^*}|e\boldsymbol{r}_2|\chi_{\mathrm{A}}\rangle\\&=\frac{\boldsymbol{\mu}_{\mathrm{D}}\cdot\boldsymbol{\mu}_{\mathrm{A}}}{R^3}\end{aligned} \tag{13.237}$$

式中，跃迁矩定义为

$$\boldsymbol{\mu}_{\mathrm{D}} \equiv \sqrt{2}\left\langle \chi_{\mathrm{D}} \left| e\boldsymbol{r}_1 \right| \chi_{\mathrm{D}^*} \right\rangle = \sqrt{2}\int \mathrm{d}q_1 \chi_{\mathrm{D}}^* \left(e\boldsymbol{r}_1 \right) \chi_{\mathrm{D}^*} \tag{13.238a}$$

$$\boldsymbol{\mu}_{\mathrm{A}} \equiv \sqrt{2}\left\langle \chi_{\mathrm{A}^*} \left| e\boldsymbol{r}_2 \right| \chi_{A} \right\rangle = \sqrt{2}\int \mathrm{d}q_2 \chi_{\mathrm{A}^*}^* \left(e\boldsymbol{r}_2 \right) \chi_{\mathrm{A}} \tag{13.238b}$$

第四项，由于$\left\langle \boldsymbol{R}\cdot\left(\boldsymbol{r}_2-\boldsymbol{r}_1\right)\right\rangle^2=\left(\boldsymbol{R}\cdot\boldsymbol{r}_2\right)^2+\left(\boldsymbol{R}\cdot\boldsymbol{r}_1\right)^2+2\left(\boldsymbol{R}\cdot\boldsymbol{r}_1\right)\left(\boldsymbol{R}\cdot\boldsymbol{r}_2\right)$，也同样可以看出只有交叉项不为零，即

$$\begin{aligned}(\text{第四项}) &= -6\left\langle \chi_{\mathrm{D}}\chi_{\mathrm{A}^*} \left| \frac{e^2\left(\boldsymbol{R}\cdot\boldsymbol{r}_1\right)\left(\boldsymbol{R}\cdot\boldsymbol{r}_2\right)}{R^5} \right| \chi_{\mathrm{D}^*}\chi_{\mathrm{A}} \right\rangle \\ &= -\frac{6}{R^5}\boldsymbol{R}\cdot\left\langle \chi_{\mathrm{D}} \left| \left(e\boldsymbol{r}_1\right) \right| \chi_{\mathrm{D}^*} \right\rangle \boldsymbol{R}\cdot\left\langle \chi_{\mathrm{A}^*} \left| \left(e\boldsymbol{r}_2\right) \right| \chi_{\mathrm{A}} \right\rangle \\ &= -\frac{3}{R^5}\left(\boldsymbol{R}\cdot\boldsymbol{\mu}_{\mathrm{D}}\right)\left(\boldsymbol{R}\cdot\boldsymbol{\mu}_{\mathrm{A}}\right)\end{aligned} \tag{13.239}$$

最后

$$H'_{ba} \approx 2\left\langle \chi_{\mathrm{D}}\chi_{\mathrm{A}^*} \left| \frac{e^2}{r_{12}} \right| \chi_{\mathrm{D}^*}\chi_{\mathrm{A}} \right\rangle = \frac{\boldsymbol{\mu}_{\mathrm{D}}\cdot\boldsymbol{\mu}_{\mathrm{A}}}{R^3} - \frac{3}{R^5}\left(\boldsymbol{R}\cdot\boldsymbol{\mu}_{\mathrm{D}}\right)\left(\boldsymbol{R}\cdot\boldsymbol{\mu}_{\mathrm{A}}\right) \tag{13.240}$$

矩阵元H'_{ba}代表了电偶极-电偶极的相互作用。从式(13.240)可知，H'_{ba}取决于$\boldsymbol{\mu}_{\mathrm{D}}$、$\boldsymbol{\mu}_{\mathrm{A}}$的相对取向，且

$$\left| H'_{ba} \right|^2 \propto R^{-6} \tag{13.241}$$

为什么在跃迁矩的定义$\boldsymbol{\mu}_{\mathrm{D}}=\sqrt{2}\int \mathrm{d}q_1 \chi_{\mathrm{D}}^*\left(e\boldsymbol{r}_1\right)\chi_{\mathrm{D}^*}$中出现$\sqrt{2}$呢？如图 13.13 所示，单重态的电子给体 D 受激发成为单重态的D^*。电子始态${}^1\Phi_a$可写成

$${}^1\Phi_a = \left| \chi_{\mathrm{D}}^+ \chi_{\mathrm{D}}^- \right| \tag{13.242}$$

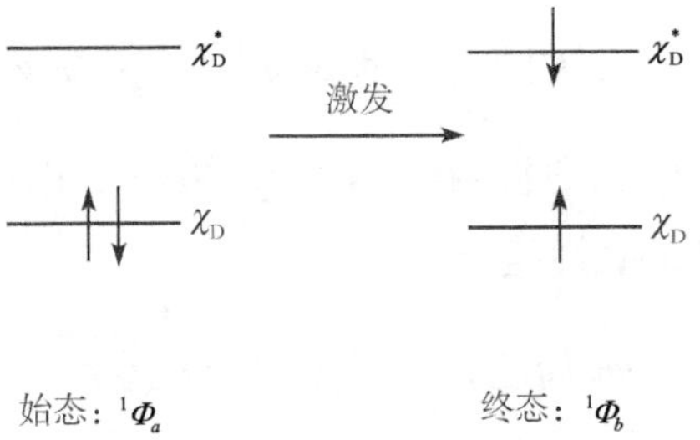

图 13.13　单重态的电子给体激发图

电子终态${}^1\Phi_b$为

$${}^1\Phi_b = \frac{1}{\sqrt{2}}\left\{ \left| \chi_{\mathrm{D}}^+ \chi_{\mathrm{D}^*}^- \right| - \left| \chi_{\mathrm{D}}^- \chi_{\mathrm{D}^*}^+ \right| \right\} \tag{13.243}$$

所以跃迁矩为

$$\boldsymbol{\mu}_{ba}=\left\langle {}^{1}\Phi_b\left|\boldsymbol{\mu}\right|{}^{1}\Phi_a\right\rangle=\left\langle\frac{1}{\sqrt{2}}\left|\chi_{\mathrm{D}}^{+}\chi_{\mathrm{D}^*}^{-}\right|-\left|\chi_{\mathrm{D}}^{-}\chi_{\mathrm{D}^*}^{+}\right|\left|\sum_i e\boldsymbol{r}_i\right|\left|\chi_{\mathrm{D}}^{+}\chi_{\mathrm{D}}^{-}\right|\right\rangle \tag{13.244}$$

根据单电子算符的斯莱特-康登规则，式(13.244)可写为

$$\begin{aligned}\boldsymbol{\mu}_{ba}&=\frac{1}{2}\left\langle\left|\chi_{\mathrm{D}}^{+}\chi_{\mathrm{D}^*}^{-}\right|\left|\sum_i e\boldsymbol{r}_i\right|\left|\chi_{\mathrm{D}}^{+}\chi_{\mathrm{D}}^{-}\right|\right\rangle-\frac{1}{\sqrt{2}}\left\langle\left|\chi_{\mathrm{D}}^{-}\chi_{\mathrm{D}^*}^{+}\right|\left|\sum_i e\boldsymbol{r}_i\right|\left|\chi_{\mathrm{D}}^{+}\chi_{\mathrm{D}}^{-}\right|\right\rangle\\&=\frac{1}{\sqrt{2}}\left\langle\chi_{\mathrm{D}}^{+}\middle|\chi_{\mathrm{D}}^{+}\right\rangle\left\langle\chi_{\mathrm{D}^*}^{-}\middle|e\boldsymbol{r}_2\middle|\chi_{\mathrm{D}}^{-}\right\rangle+\frac{1}{\sqrt{2}}\left\langle\left|\chi_{\mathrm{D}^*}^{+}\chi_{\mathrm{D}}^{-}\right|\left|\sum_i e\boldsymbol{r}_i\right|\left|\chi_{\mathrm{D}}^{+}\chi_{\mathrm{D}}^{-}\right|\right\rangle\\&=\frac{1}{\sqrt{2}}\left\langle\chi_{\mathrm{D}^*}^{-}\middle|e\boldsymbol{r}_2\middle|\chi_{\mathrm{D}}^{-}\right\rangle+\frac{1}{\sqrt{2}}\left\langle\chi_{\mathrm{D}^*}^{+}\middle|e\boldsymbol{r}_1\middle|\chi_{\mathrm{D}}^{+}\right\rangle\left\langle\chi_{\mathrm{D}}^{-}\middle|\chi_{\mathrm{D}}^{-}\right\rangle\end{aligned}$$

即

$$\boldsymbol{\mu}_{ba}=\sqrt{2}\left\langle\chi_{\mathrm{D}^*}^{+}\middle|e\boldsymbol{r}_1\middle|\chi_{\mathrm{D}}^{+}\right\rangle \tag{13.245}$$

可见因子$\sqrt{2}$的存在。

13.4.3 非辐射跃迁过程的 $\boldsymbol{H}'_{ba}$

电子弛豫 $a\rightarrow b$ 的速率常数

$$k_r=\frac{2\pi}{\hbar}\sum_{v,v'}P_{av}\left|H'_{bv',av}\right|^2\delta\left(E_{bv'}-E_{av}\right) \tag{13.41}$$

在玻恩-奥本海默近似和康登近似下，由于$\left|H'_{bv',av}\right|^2=\left|H'_{ba}(0)\right|^2F_{bv',av}$，所以有式(13.50)

$$k_r=\frac{2\pi}{\hbar}\left|H'_{ba}\right|^2\sum_{v,v'}P_{av}F_{bv',av}\delta\left(E_{bv'}-E_{av}\right)$$

式(13.41)中

$$H'_{bv',av}=\left\langle\psi_{bv'}\middle|\hat{\boldsymbol{H}}'\middle|\psi_{av}\right\rangle=\int\mathrm{d}q\mathrm{d}Q\psi_{bv'}^{*}(q,Q)\hat{H}'\psi_{av}(q,Q) \tag{13.246}$$

整个体系(包括原子核和电子)的总波函数$\psi_{\mathrm{T}}(q,Q)$可写成电子波函数$\{\Phi_a(q,Q)\}$和核波函数(振动波函数)$\{\Theta_a(Q)\}$的线性组合

$$\psi_{\mathrm{T}}(q,Q)=\sum_a\Phi_a(q,Q)\Theta_a(Q) \tag{13.247}$$

式中，q 和 Q 分别为电子坐标和核坐标。在非相对论量子力学中，总波函数$\psi_{\mathrm{T}}(q,Q)$服从定态薛定谔方程

$$\hat{\boldsymbol{H}}_{\mathrm{T}}\psi_{\mathrm{T}}=E_{\mathrm{T}}\psi_{\mathrm{T}} \tag{13.248}$$

总哈密顿算符$\hat{\boldsymbol{H}}_{\mathrm{T}}$由核动能算符$\hat{\boldsymbol{T}}_{\mathrm{N}}$、电子动能算符$\hat{\boldsymbol{T}}_{\mathrm{e}}$和势能算符$\hat{\boldsymbol{V}}(q,Q)$之和组成

$$\hat{\boldsymbol{H}}_{\mathrm{T}}=\hat{\boldsymbol{T}}_{\mathrm{N}}+\hat{\boldsymbol{T}}_{\mathrm{e}}+\hat{\boldsymbol{V}}(q,Q) \tag{13.249}$$

式中

$$\hat{\boldsymbol{H}}_{\mathrm{e}}\equiv\hat{\boldsymbol{T}}_{\mathrm{e}}+\hat{\boldsymbol{V}}(q,Q) \tag{13.250}$$

是电子的哈密顿算符。将式(13.247)、式(13.249)和式(13.250)代入式(13.248)，得

$$\left(\hat{\boldsymbol{T}}_{\mathrm{N}}+\hat{\boldsymbol{H}}_{\mathrm{e}}\right)\sum_{a}\varPhi_{a}(q,Q)\varTheta_{a}(Q)=E_{\mathrm{T}}\sum_{a}\varPhi_{a}(q,Q)\varTheta_{a}(Q)$$

因为电子的哈密顿算符 $\hat{\boldsymbol{H}}_{\mathrm{e}}$ 中的微分运算只是对于电子坐标 q 的微分，与核坐标 Q 无关，所以

$$\hat{\boldsymbol{T}}_{\mathrm{N}}\sum_{a}\varPhi_{a}\varTheta_{a}+\sum_{a}\varTheta_{a}(Q)\hat{\boldsymbol{H}}_{\mathrm{e}}\varPhi_{a}(q,Q)=E_{\mathrm{T}}\sum_{a}\varPhi_{a}(q,Q)\varTheta_{a}(Q) \tag{13.251}$$

而本征方程

$$\hat{\boldsymbol{H}}_{\mathrm{e}}\varPhi_{a}(q,Q)=E_{a}(Q)\varPhi_{a}(q,Q) \tag{13.252}$$

相当于在固定的核坐标 Q 时电子的薛定谔定态方程，式中 a 为表征电子运动的所有量子数。于是式(13.251)可以写为

$$\hat{\boldsymbol{T}}_{\mathrm{N}}\sum_{a}\varPhi_{a}\varTheta_{a}+\sum_{a}\varTheta_{a}(Q)E_{a}(Q)\varPhi_{a}(q,Q)=E_{\mathrm{T}}\sum_{a}\varPhi_{a}(q,Q)\varTheta_{a}(Q) \tag{13.253}$$

其中核动能算符 $\hat{\boldsymbol{T}}_{\mathrm{N}}$ 为

$$\hat{\boldsymbol{T}}_{\mathrm{N}}=-\sum_{i}\frac{\hbar^{2}}{2M_{i}}\frac{\partial^{2}}{\partial Q_{i}^{2}} \tag{13.254}$$

这里对所有的核加和，M_i 为第 i 号核的质量。于是式(13.251)等式左边第一项为

$$\begin{aligned}\hat{\boldsymbol{T}}_{\mathrm{N}}\sum_{a}\varPhi_{a}\varTheta_{a}&=\sum_{a}\hat{\boldsymbol{T}}_{\mathrm{N}}\left(\varPhi_{a}\varTheta_{a}\right)=-\sum_{a}\sum_{i}\frac{\hbar^{2}}{2M_{i}}\frac{\partial^{2}}{\partial Q_{i}^{2}}\left(\varPhi_{a}\varTheta_{a}\right)\\&=\sum_{i}\frac{\hbar^{2}}{2M_{i}}\sum_{a}\left(\frac{\partial^{2}\varTheta_{a}}{\partial Q_{i}^{2}}\varPhi_{a}+2\frac{\partial\varTheta_{a}}{\partial Q_{i}}\frac{\partial\varPhi_{a}}{\partial Q_{i}}+\varTheta_{a}\frac{\partial^{2}\varPhi_{a}}{\partial Q_{i}^{2}}\right)\\&=\sum_{a}\varPhi_{a}\left(\sum_{i}-\frac{\hbar^{2}}{2M_{i}}\frac{\partial^{2}}{\partial Q_{i}^{2}}\right)\varTheta_{a}+\sum_{a}\left[\sum_{i}-\frac{\hbar^{2}}{2M_{i}}\left(2\frac{\partial\varTheta_{a}}{\partial Q_{i}}\frac{\partial\varPhi_{a}}{\partial Q_{i}}+\varTheta_{a}\frac{\partial^{2}\varPhi_{a}}{\partial Q_{i}^{2}}\right)\right]\\&=\sum_{a}\varPhi_{a}\hat{T}_{\mathrm{N}}\varTheta_{a}+\sum_{a}\left[\sum_{i}-\frac{\hbar^{2}}{2M_{i}}\left(2\frac{\partial\varTheta_{a}}{\partial Q_{i}}\frac{\partial\varPhi_{a}}{\partial Q_{i}}+\varTheta_{a}\frac{\partial^{2}\varPhi_{a}}{\partial Q_{i}^{2}}\right)\right]\end{aligned} \tag{13.255}$$

定义算符 $\hat{\boldsymbol{H}}'_{\mathrm{B-O}}$ 为

$$\hat{\boldsymbol{H}}'_{\mathrm{B-O}}\left\{\varTheta_{a}\varPhi_{a}\right\}=-\sum_{i}\frac{\hbar^{2}}{2M_{i}}\left(2\frac{\partial\varTheta_{a}}{\partial Q_{i}}\frac{\partial\varPhi_{a}}{\partial Q_{i}}+\varTheta_{a}\frac{\partial^{2}\varPhi_{a}}{\partial Q_{i}^{2}}\right) \tag{13.256}$$

代表核运动和电子运动之间的耦合，称为玻恩-奥本海默耦合算符。于是式(13.255)变为

$$\hat{\boldsymbol{T}}_{\mathrm{N}}\sum_{a}\Phi_a\Theta_a=\sum_{a}\left[\Phi_a\hat{T}_{\mathrm{N}}\Theta_a+\hat{\boldsymbol{H}}'_{\mathrm{B-O}}\left(\Phi_a\Theta_a\right)\right]$$

或

$$\hat{\boldsymbol{T}}_{\mathrm{N}}\left\{\Phi_a\Theta_a\right\}=\Phi_a\hat{\boldsymbol{T}}_{\mathrm{N}}\Theta_a+\hat{\boldsymbol{H}}'_{\mathrm{B-O}}\left\{\Phi_a\Theta_a\right\} \tag{13.257}$$

式(13.253)可以写为

$$\sum_{a}\left[\Phi_a\hat{\boldsymbol{T}}_{\mathrm{N}}\Theta_a+\hat{\boldsymbol{H}}'_{\mathrm{B-O}}\left(\Phi_a\Theta_a\right)\right]+\sum_{a}E_a\Phi_a\Theta_a=E_{\mathrm{T}}\sum_{a}\Phi_a\Theta_a \tag{13.258}$$

因为$\{\Phi_a\}$是电子薛定谔定态方程的解，所以是正交归一的。将式(13.258)两边乘以Φ_b后积分，由于$\hat{\boldsymbol{T}}_{\mathrm{N}}\Theta_a$只与核坐标$Q$有关，与电子坐标$q$无关，得

$$\hat{\boldsymbol{T}}_{\mathrm{N}}\Theta_b+\sum_{a}\left\{\int \mathrm{d}q\Phi_b^*\hat{\boldsymbol{H}}'_{\mathrm{B-O}}\Phi_a\right\}\Theta_a+E_b\Theta_b=E_{\mathrm{T}}\Theta_b \quad \forall b \tag{13.259}$$

到目前为止对多电子体系的讨论未引入近似。如果忽略核运动和电子运动之间的耦合，即在假定$\hat{\boldsymbol{H}}'_{\mathrm{B-O}}=0$的情况下，可以不计式(13.259)左边的第二项，则

$$\hat{\boldsymbol{T}}_{\mathrm{N}}\Theta_b=\left(E_{\mathrm{T}}-E_b\right)\Theta_b \quad \forall b \tag{13.260}$$

式(13.260)是在所有电子组成的势场中所有核的运动方程。这就是玻恩-奥本海默近似或“绝热近似”。在核运动和电子运动之间耦合不太小的情况下，即$\hat{\boldsymbol{H}}'_{\mathrm{B-O}}\neq 0$时，则出现“非绝热效应”。

将$\hat{\boldsymbol{H}}'_{\mathrm{B-O}}$作为微扰法中的微扰项$\hat{\boldsymbol{H}}'$，通过式(13.50)和式(13.246)，考察核运动和电子运动之间的耦合是如何影响电子态之间的跃迁速率常数k_r的，即非绝热效应。

根据式(13.246)

$$\hat{H}'_{bv',av}=\left\langle\psi_{bv'}\left|\hat{\boldsymbol{H}}'_{\mathrm{B-O}}\right|\psi_{av}\right\rangle=\left\langle\Phi_b\Theta_{bv'}\left|\hat{\boldsymbol{H}}'_{\mathrm{B-O}}\right|\Phi_a\Theta_{av}\right\rangle \tag{13.261}$$

为了简化核运动和电子运动之间的耦合作用，略去式(13.256)中相对较小的第二项，把核质量M_i通过变换吸收到Q_i中，近似有

$$\hat{\boldsymbol{H}}'_{\mathrm{B-O}}\left\{\Phi_a\Theta_{av}\right\}\approx-\hbar^2\sum_{i}\frac{\partial\Phi_a}{\partial Q_i}\frac{\partial\Theta_{av}}{\partial Q_i} \tag{13.262}$$

将上式代入式(13.261)，得

$$\begin{aligned}H'_{bv',av}&\approx\left\langle\Phi_b\Theta_{bv'}\left|-\hbar^2\sum_{i}\frac{\partial\Phi_a}{\partial Q_i}\frac{\partial\Theta_{av}}{\partial Q_i}\right.\right\rangle\\&=-\hbar^2\sum_{i}\int\mathrm{d}Q\Theta_{bv'}^*\left\{\int\mathrm{d}q\Phi_b^*\frac{\partial\Phi_a}{\partial Q_i}\right\}\frac{\partial\Theta_{av}}{\partial Q_i}\end{aligned} \tag{13.263}$$

在所有的加和项中有一项是最重要的，记为第j项，满足$\left\langle\Phi_b\left|\frac{\partial\Phi_a}{\partial Q_j}\right.\right\rangle\neq 0$，于是发生电子能量转移到振动能量的允许的非辐射跃迁(这种跃迁的选律由分子的对称性来考虑)。式(13.263)简化为

$$H'_{bv',av} \approx -\hbar^2 \int \mathrm{d}Q\Theta^*_{bv'} \frac{\partial \Theta_{av}}{\partial Q_j} \left\langle \Phi_b \left| \frac{\partial \Phi_a}{\partial Q_j} \right. \right\rangle \tag{13.264}$$

假定$\left\langle \Phi_b \left| \frac{\partial \Phi_a}{\partial Q_j} \right. \right\rangle$与核坐标无关(康登近似)，则

$$H'_{bv',av} \approx -\hbar^2 \left\langle \Phi_b \left| \frac{\partial \Phi_a}{\partial Q_j} \right. \right\rangle \int \mathrm{d}Q\Theta^*_{bv'} \frac{\partial \Theta_{av}}{\partial Q_j} \tag{13.265}$$

根据多振动自由度体系中振动核波函数可以分解成所有简正振子波函数$\left\{\chi_{av_k}\right\}$之积[式(13.81b)]

$$\Theta_{av} = \prod_k \chi_{av_k}(Q_k)$$

有

$$\frac{\partial \Theta_{av}}{\partial Q_j} = \frac{\partial \chi_{av_j}}{\partial Q_j} \prod_{k(\neq j)} \chi_{av_k}(Q_k)$$

因此，式(13.265)中的积分项为

$$\begin{aligned} \int \mathrm{d}Q\Theta^*_{bv'} \frac{\partial \Theta_{av}}{\partial Q_j} &= \int \prod_n \mathrm{d}Q_n \left\{ \prod_m \chi_{bv'_m}(Q_m) \right\}^* \frac{\partial \chi_{av_j}}{\partial Q_j} \prod_{k(\neq j)} \chi_{av_k}(Q_k) \\ &= \left\{ \int \mathrm{d}Q_j \chi^*_{bv'_j} \frac{\partial \chi_{av_j}}{\partial Q_j} \right\} \prod_{k(\neq j)} \int \mathrm{d}Q_k \chi^*_{bv'_k} \chi_{av_k} \end{aligned} \tag{13.266}$$

代入式(13.265)，再求复平方得

$$\left| H'_{bv',av} \right|^2 = \hbar^4 \left| \left\langle \Phi_b \left| \frac{\partial \Phi_a}{\partial Q_j} \right. \right\rangle \right|^2 \left| \left\langle \chi_{bv'_j} \left| \frac{\partial \chi_{av_j}}{\partial Q_j} \right. \right\rangle \right|^2 \prod_{k(\neq j)} \left| \left\langle \chi_{bv'_k} \mid \chi_{av_k} \right\rangle \right|^2 \tag{13.267}$$

从式(13.81a)和式(13.81b)可见，式(13.267)的$\prod_{k(\neq j)} \left| \left\langle \chi_{bv'_k} \middle| \chi_{av_k} \right\rangle \right|^2$是一个弗兰克-康登因子。造成电子能量转移到振动能量的振动模Q_j称为“促进模”，它与选律有关。而所有其他的振动模$\left\{Q_{k(\neq j)}\right\}$称为“接受模”。

13.4.4　$\left\langle \boldsymbol{\Phi}_b \left| \frac{\partial \boldsymbol{\Phi}_a}{\partial \boldsymbol{Q}_j} \right. \right\rangle$的求算

根据式(13.249)和式(13.252)，Φ_a、Φ_b是电子哈密顿算符$\hat{\boldsymbol{H}}_\mathrm{e}$的本征函数。将$\Phi_a(q,Q)$在平衡核位置处作泰勒展开

$$\Phi_a(q,Q)=\Phi_a^0(q)+\sum_i\left(\frac{\partial\Phi_a}{\partial Q_i}\right)_0 Q_i+\cdots \tag{13.268}$$

电子哈密顿算符 $\hat{\boldsymbol{H}}_{\mathrm{e}}$ 中的势能项与振动有关，即

$$\hat{\boldsymbol{H}}_{\mathrm{e}}=\hat{\boldsymbol{T}}_{\mathrm{e}}+\hat{\boldsymbol{V}}(q,Q)=\hat{\boldsymbol{T}}_{\mathrm{e}}+\hat{\boldsymbol{V}}(q,0)+\sum_i\left(\frac{\partial\hat{\boldsymbol{V}}}{\partial Q_i}\right)_0 Q_i+\cdots \tag{13.269}$$

略去高次项。

令

$$\hat{\boldsymbol{H}}_{\mathrm{e}}^0\equiv\hat{\boldsymbol{T}}_{\mathrm{e}}+\hat{\boldsymbol{V}}(q,0) \tag{13.270}$$

所以

$$\hat{\boldsymbol{H}}_{\mathrm{e}}=\hat{\boldsymbol{H}}_{\mathrm{e}}^0+\hat{\boldsymbol{H}}_{\mathrm{e}}' \tag{13.271}$$

式中

$$\hat{\boldsymbol{H}}_{\mathrm{e}}'=\sum_i\left(\frac{\partial\hat{\boldsymbol{V}}}{\partial Q_i}\right)_0 Q_i \tag{13.272}$$

称为“电子-振动耦合项”，表示电子运动与核运动之间的耦合。代入式(13.252)，得

$$\left(\hat{\boldsymbol{H}}_{\mathrm{e}}^0+\hat{\boldsymbol{H}}_{\mathrm{e}}'\right)\Phi_a(q,Q)=E_a(Q)\Phi_a(q,Q) \tag{13.273}$$

这个方程可以用微扰法求解，把 $\hat{\boldsymbol{H}}_{\mathrm{e}}'$ 看作微扰。先解电子-振动未耦合时的方程的解

$$\hat{\boldsymbol{H}}_{\mathrm{e}}^0\Phi_a^0(q,Q)=E_a^0(Q)\Phi_a^0(q,Q) \tag{13.274}$$

得到解集 $\left\{\Phi_a^0(q,Q)\right\}$，其实未扰动时的 Φ_a^0 就是 $\Phi_a^0(q,0)$。再由微扰法求解微扰后的波函数

$$\Phi_a(q,Q)=\Phi_a^0+\sum_{c(\neq a)}\frac{\left\langle\Phi_c^0\middle|\hat{\boldsymbol{H}}_{\mathrm{e}}'\middle|\Phi_a^0\right\rangle}{E_a^0-E_c^0}\Phi_c^0+\ldots \tag{13.275}$$

将式(13.272)代入，得

$$\Phi_a(q,Q)=\Phi_a^0(q,0)+\sum_i\sum_{c(\neq a)}\frac{\left\langle\Phi_c^0\middle|\left(\frac{\partial\hat{\boldsymbol{V}}}{\partial Q_i}\right)_0\middle|\Phi_a^0\right\rangle}{E_a^0-E_c^0}\Phi_c^0 Q_i+\cdots \tag{13.276}$$

与式(13.268)相比较，得

$$\left(\frac{\partial\Phi_a}{\partial Q_i}\right)_0=\sum_{c(\neq a)}\frac{\left\langle\Phi_c^0\middle|\left(\frac{\partial\hat{\boldsymbol{V}}}{\partial Q_i}\right)_0\middle|\Phi_a^0\right\rangle}{E_a^0-E_c^0}\Phi_c^0 \tag{13.277}$$

所以

$$\left\langle \Phi_b \left| \frac{\partial \Phi_a}{\partial Q_j} \right.\right\rangle = \sum_{c(\neq a)} \frac{\left\langle \Phi_c^0 \left| \left(\frac{\partial \hat{V}}{\partial Q_i}\right)_0 \right| \Phi_a^0 \right\rangle}{E_a^0 - E_c^0} \left\langle \Phi_b | \Phi_c^0 \right\rangle \tag{13.278}$$

在所有的$\left\{\Phi_{c(\neq a)}^0\right\}$中，$\Phi_b^0$最接近$\Phi_b$，即只有$\left\langle \Phi_b | \Phi_b^0 \right\rangle$的值最大，近似等于 1，所以

$$\left\langle \Phi_b \left| \frac{\partial \Phi_a}{\partial Q_j} \right.\right\rangle \approx \frac{\left\langle \Phi_b^0 \left| \left(\frac{\partial \hat{V}}{\partial Q_i}\right)_0 \right| \Phi_a^0 \right\rangle}{E_a^0 - E_b^0} \tag{13.279}$$

13.4.5　对称性禁阻跃迁

根据式(13.41)，电子弛豫$a \to \mathrm{b}$的跃迁速率常数

$$k_r = \frac{2\pi}{\hbar} \sum_{v,v'} P_{av} \left| H'_{bv',av} \right|^2 \delta\left(E_{bv'} - E_{av}\right)$$

在玻恩-奥本海默近似和康登近似下，有式(13.50)

$$k_r = \frac{2\pi}{\hbar} \left| H'_{ba} \right|^2 \sum_{v,v'} P_{av} F_{bv',av} \delta\left(E_{bv'} - E_{av}\right)$$

根据式(13.240)和式(13.244)可知，矩阵元H'_{ba}与跃迁矩$\boldsymbol{\mu}_{ba}(Q) = \left\langle \Phi_b | \boldsymbol{\mu} | \Phi_a \right\rangle$有关。跃迁矩大，则$\left|H'_{ba}\right|^2$值大，跃迁速率常数$k_r$也变大。跃迁矩为零时，跃迁速率常数$k_r$也为零。

将跃迁矩$\boldsymbol{\mu}_{ba}$在平衡核位置处展开，即

$$\boldsymbol{\mu}_{ba}(Q) = \boldsymbol{\mu}_{ba}(0) + \sum_i \left(\frac{\partial \boldsymbol{\mu}_{ba}}{\partial Q_i}\right)_0 Q_i + \cdots \tag{13.280}$$

因为$\boldsymbol{\mu}_{ba}(Q) = \left\langle \Phi_b | \boldsymbol{\mu} | \Phi_a \right\rangle$，在考虑电子-振动耦合的情况下，其中始态$\Phi_a$、终态$\Phi_b$是有振动微扰时的电子状态[式(13.275)]，即

$$\Phi_a(q,Q) = \Phi_a^0 + \sum_{c(\neq a)} \frac{\left\langle \Phi_c^0 | \hat{\boldsymbol{H}}_{\mathrm{e}}' | \Phi_a^0 \right\rangle}{E_a^0 - E_c^0} \Phi_c^0$$

$$\Phi_b(q,Q) = \Phi_b^0 + \sum_{d(\neq b)} \frac{\left\langle \Phi_d^0 | \hat{\boldsymbol{H}}_{\mathrm{e}}' | \Phi_b^0 \right\rangle}{E_b^0 - E_d^0} \Phi_d^0$$

所以

$$\boldsymbol{\mu}_{ba}(Q)=\left\langle \Phi_b^0+\sum_{d(\neq b)}\frac{\Phi_d^0\left|\widehat{\boldsymbol{H}}_{\mathrm{e}}'\right|\Phi_b^0}{E_b^0-E_d^0}\Phi_d^0\left|\boldsymbol{\mu}\right|\Phi_a^0+\sum_{c(\neq a)}\frac{\Phi_c^0\left|\widehat{\boldsymbol{H}}_{\mathrm{e}}'\right|\Phi_a^0}{E_a^0-E_c^0}\Phi_c^0\right\rangle$$

$$=\left\langle \Phi_b^0\left|\boldsymbol{\mu}\right|\Phi_a^0\right\rangle+\sum_{d(\neq b)}\frac{\left\langle \Phi_d^0\left|\widehat{\boldsymbol{H}}_{\mathrm{e}}'\right|\Phi_b^0\right\rangle}{E_b^0-E_d^0}\left\langle \Phi_d^0\left|\boldsymbol{\mu}\right|\Phi_a^0\right\rangle+\sum_{c(\neq a)}\frac{\left\langle \Phi_c^0\left|\widehat{\boldsymbol{H}}_{\mathrm{e}}'\right|\Phi_a^0\right\rangle}{E_a^0-E_c^0}\left\langle \Phi_b^0\left|\boldsymbol{\mu}\right|\Phi_c^0\right\rangle+\cdots \tag{13.281}$$

其中式(13.281)右边第一项$\left\langle \Phi_b^0|\boldsymbol{\mu}|\Phi_a^0\right\rangle=\boldsymbol{\mu}_{ba}(0)$，上述考虑对称性其实就是分析在振动平衡位置的不同始态、不同终态时$\left\langle \Phi_b^0\left|\boldsymbol{\mu}\right|\Phi_a^0\right\rangle$是否为零。而式(13.281)右边的其余项$\left[\sum_i\left(\frac{\partial \boldsymbol{\mu}_{ba}}{\partial Q_i}\right)_0 Q_i\right]$是电子运动与核振动运动耦合的贡献。若$\left\langle \Phi_b^0\left|\boldsymbol{\mu}\right|\Phi_a^0\right\rangle=0$，而$\left(\frac{\partial \boldsymbol{\mu}_{ba}}{\partial Q_i}\right)_0\neq 0$，则这种情况称为对称性禁阻和电子-振动允许的跃迁。

习 题

13.1 用含时微扰法解含时薛定谔方程。

13.2 何谓费米黄金规则？

13.3 何谓弗朗克-康登原理？用弗朗克-康登原理解释双原子分子电子-振动光谱。

13.4 何谓洛伦兹峰形？简述洛伦兹峰形的性质。

13.5 概述光吸收的量子力学描述。

13.6 何谓对称性禁阻跃迁？

参 考 文 献

李俊清. 1984. 量子化学中的 x_α 方法及其应用. 合肥: 安徽科学技术出版社.
唐敖庆, 杨忠志, 李前树. 1982. 量子化学. 北京: 科学出版社.
徐光宪, 黎乐民, 王德民. 2009. 量子化学. 北京: 科学出版社.
翟玉春. 2020. 结构化学. 北京: 科学出版社.
郑一善. 1963. 分子光谱导论. 上海: 上海科学技术出版社.
周世勋. 1979. 量子力学教程. 北京: 人民教育出版社.
Condon E U, Shortley G H. 1935. The Theory of Atomic Spectra. Cambridge：Cambridge University Press.
Eyring H, Lin S H, Lin S M. 1984. 基础化学动力学. 王作新, 潘强余, 译. 北京: 科学出版社.
Hartree D R. 1957. The Calculation of Atomic Structure. New York：Wiley.
Herzberg G. 1959. 原子光谱与原子结构. 汤拒非, 译. 北京: 科学出版社.
Levine I N. 1980. 量子化学. 宁世光, 余敬曾, 刘尚长, 译. 北京: 人民教育出版社.
Levine I N. 1985. 分子光谱学. 徐广智, 张建中, 李碧钦, 译. 北京: 高等教育出版社.
Murrell J N, Kettle S F A, Tedder J M. 1979. 价键理论. 文振翼, 姚惟馨, 译. 北京: 科学出版社.
Pauling L, Wilson E B. 1964. 量子力学导论. 陈洪生, 译. 北京: 科学出版社.
Phillips L F. 1974. 基础量子化学. 王志中, 译. 北京: 科学出版社.
Popel J A, Bevexidge O L. 1976. 分子轨道近似方法理论. 江元生, 译. 北京: 科学出版社.
Slater J C. 1983. 原子结构的量子理论. 杨朝潢, 宋汝安, 译. 上海: 上海科学技术出版社.
Wilson E B, Decius J C, Cross P C. 1985. 分子振动. 胡皆汉, 译. 北京: 科学出版社.